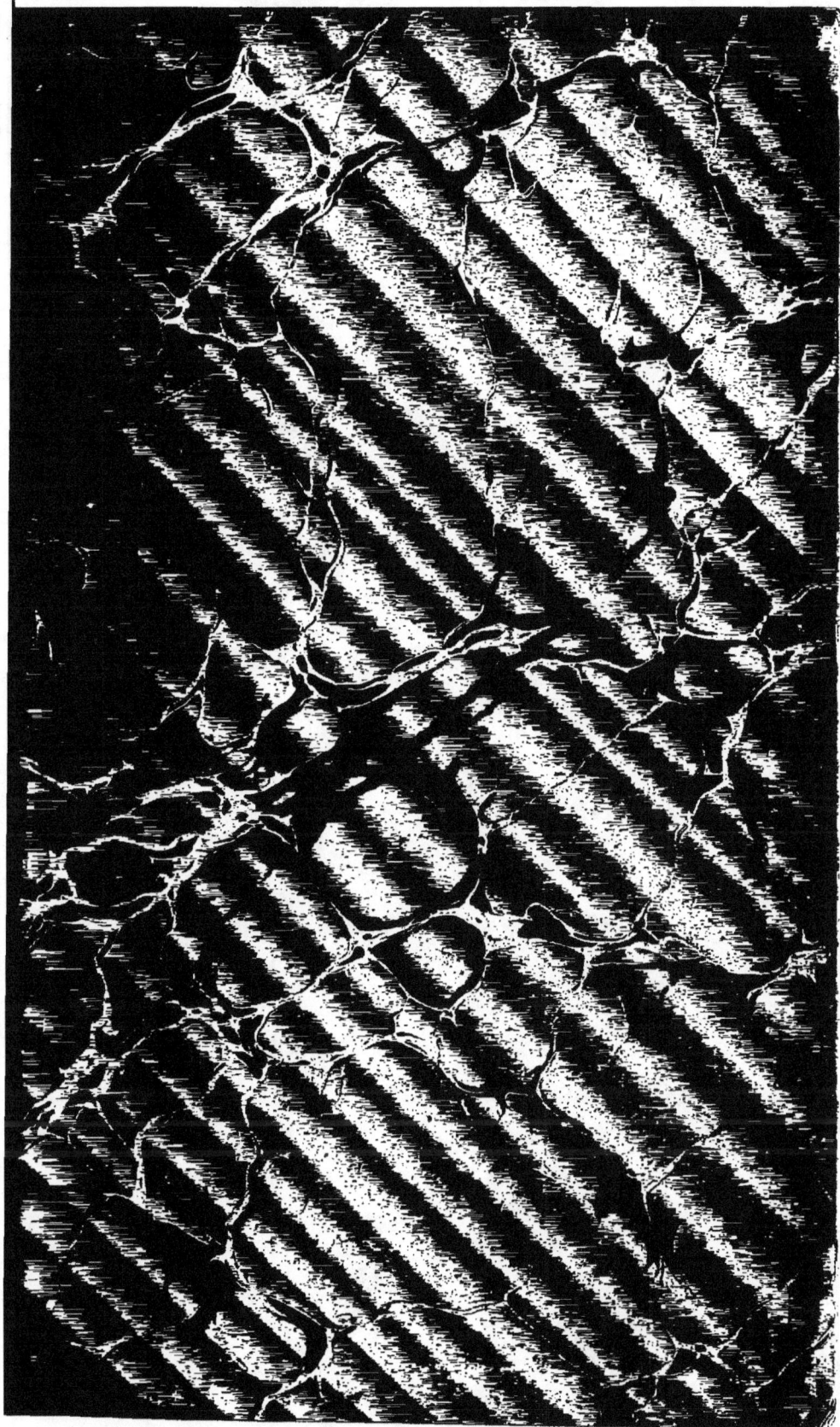

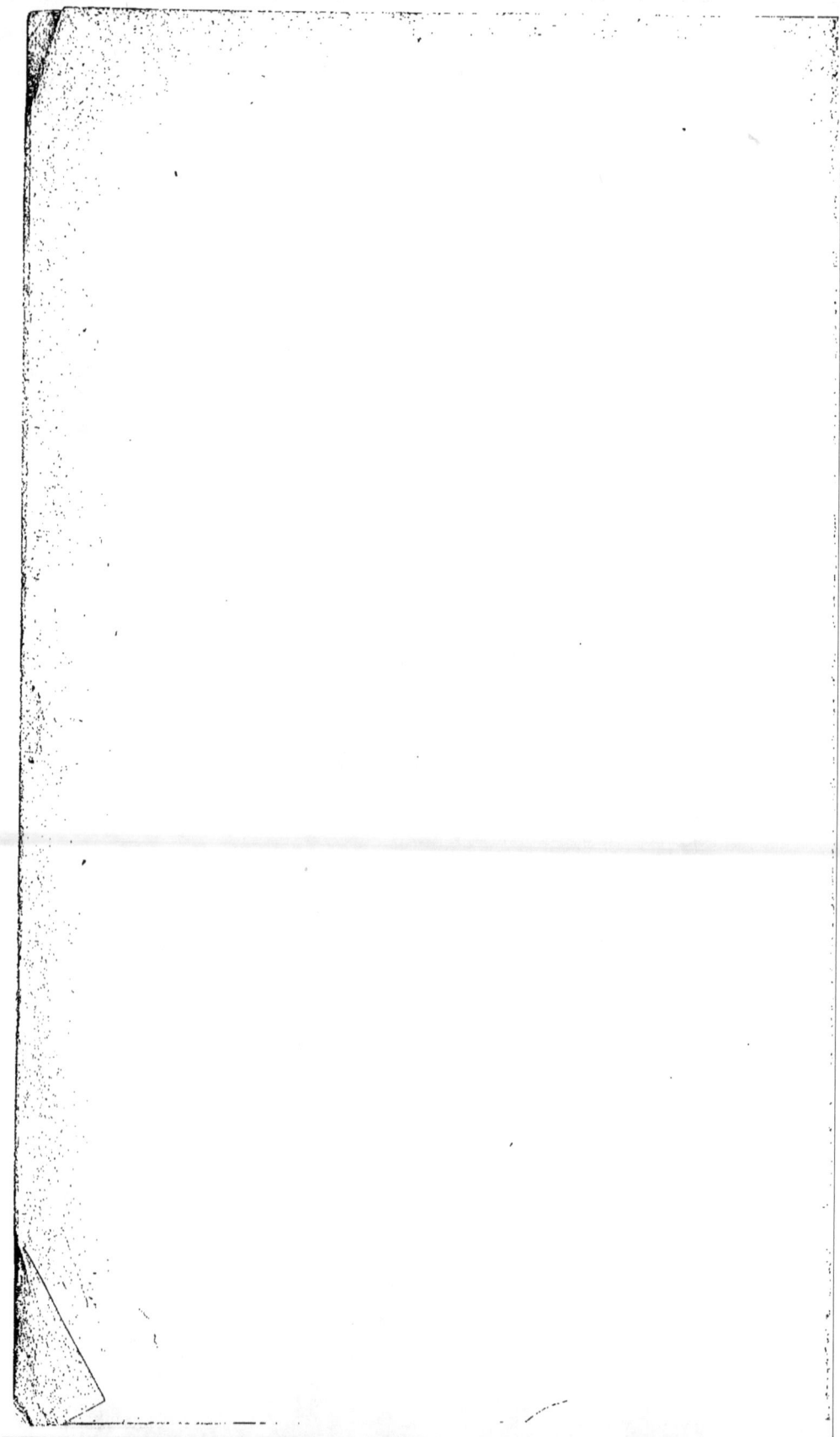

COURS

DE MATHÉMATIQUES.

PARIS. — IMPRIMERIE DE GAUTHIER-VILLARS,

Quai des Augustins, 55.

COURS

DE

MATHÉMATIQUES

A L'USAGE DES CANDIDATS

A L'ÉCOLE POLYTECHNIQUE, A L'ÉCOLE NORMALE SUPÉRIEURE,
A L'ÉCOLE CENTRALE DES ARTS ET MANUFACTURES.

PAR

CHARLES DE COMBEROUSSE,

Ingénieur civil,
Professeur de Mécanique à l'École Centrale des Arts et Manufactures,
Examinateur d'Admission à la même École,
Professeur de Mathématiques spéciales au Collége Chaptal.

DEUXIÈME ÉDITION, REFONDUE ET AUGMENTÉE.

TOME PREMIER.

ARITHMÉTIQUE. — ALGÈBRE ÉLÉMENTAIRE.

PARIS,

GAUTHIER-VILLARS, IMPRIMEUR-LIBRAIRE
DE L'ÉCOLE POLYTECHNIQUE, DU BUREAU DES LONGITUDES,
SUCCESSEUR DE MALLET-BACHELIER,
Quai des Augustins, 55.

1876

©

Cette deuxième édition **du Tome Ier du** *Cours de Mathé-* *matiques* est, en grande **partie, un** nouveau travail. Nous pensons avoir amélioré, **et nous avons** beaucoup ajouté. Le lecteur pourra s'en convaincre en parcourant la Table analytique des matières.

Nous demandons la **permission de signaler** spéciale- ment :

En Arithmétique, tout ce qui a rapport à la Théorie des nombres premiers, à celle des fractions décimales, au calcul des nombres approchés, aux grandeurs propor- tionnelles et inversement **proportionnelles, aux** applica- tions;

En Algèbre élémentaire, les Chapitres consacrés aux quantités négatives, à la Théorie des Déterminants, à la Discussion des Problèmes, à la recherche des Maximums et des Minimums, aux premières notions relatives à l'Étude des Fonctions, à la Théorie élémentaire des Lo- garithmes.

Nous avons cru devoir, comme dans la première Édi- tion, terminer l'Algèbre élémentaire par l'exposition de la formule du binôme. Nous nous réservons d'ailleurs de revenir avec plus de détails sur ce sujet important, dans le volume qui traite de l'Algèbre supérieure.

Les énoncés de nombreux exercices, deux Notes, dont l'une très-étendue sur la *Règle à calcul*, et d'utiles *Tables numériques*, terminent ce premier Volume, qui n'est pas indigne, nous l'espérons, de la bienveillance habituelle de nos collègues.

Juin 1876.

TABLE ANALYTIQUE

DES MATIÈRES.

ARITHMÉTIQUE.

LIVRE PREMIER.

NUMÉRATION ET OPÉRATIONS FONDAMENTALES SUR LES NOMBRES ENTIERS.

CHAPITRE PREMIER.

NUMÉRATION.

CHAPITRE II.

ADDITION ET SOUSTRACTION.

CHAPITRE III.

MULTIPLICATION.

CHAPITRE IV.

DIVISION.

CHAPITRE V.

THÉORÈMES RELATIFS AUX QUATRE OPÉRATIONS. — DES PUISSANCES.

CHAPITRE VI.

DES DIFFÉRENTS SYSTÈMES DE NUMÉRATION.

LIVRE DEUXIÈME.

PROPRIÉTÉS ÉLÉMENTAIRES DES NOMBRES ENTIERS.

CHAPITRE PREMIER.

THÉORIE DE LA DIVISIBILITÉ.

CHAPITRE II.

THÉORIE DU PLUS GRAND COMMUN DIVISEUR.

CHAPITRE III.

THÉORIE DES NOMBRES PREMIERS.

CHAPITRE IV.

THÉORIE DU PLUS PETIT COMMUN MULTIPLE.

CHAPITRE V.

APPLICATION DE LA THÉORIE DES NOMBRES PREMIERS.

CHAPITRE VI.

NOTIONS SUR LES PRINCIPES DE LA THÉORIE DES NOMBRES.

LIVRE TROISIÈME.

LES FRACTIONS ET LES NOMBRES DÉCIMAUX.

———

CHAPITRE PREMIER.
PROPRIÉTÉS DES FRACTIONS.

CHAPITRE II.
OPÉRATIONS SUR LES FRACTIONS.

CHAPITRE III.
DES NOMBRES DÉCIMAUX.

CHAPITRE IV.
RÉDUCTION DES FRACTIONS ORDINAIRES EN DÉCIMALES.

CHAPITRE V.
DES OPÉRATIONS ABRÉGÉES.

———

LIVRE QUATRIÈME.

DES NOMBRES INCOMMENSURABLES.

CHAPITRE PREMIER.
THÉORIE DE LA RACINE CARRÉE.

CHAPITRE II.
THÉORIE DE LA RACINE CUBIQUE.

CHAPITRE III.
CALCUL DES NOMBRES APPROCHÉS.

LIVRE CINQUIÈME.

LES MESURES ET LES APPLICATIONS.

CHAPITRE PREMIER.

SYSTÈME MÉTRIQUE.

CHAPITRE II.

DES ANCIENNES MESURES DE FRANCE.

CHAPITRE III.

RAPPORTS ET PROPORTIONS.

CHAPITRE IV.

DES GRANDEURS PROPORTIONNELLES OU INVERSEMENT PROPORTIONNELLES.

CHAPITRE V.

PROBLÈMES ET APPLICATIONS.

ALGÈBRE ÉLÉMENTAIRE.

LIVRE PREMIER.

LE CALCUL ALGÉBRIQUE.

CHAPITRE PREMIER.

NOTIONS PRÉLIMINAIRES.

CHAPITRE II.

ADDITION ET SOUSTRACTION.

CHAPITRE III.

MULTIPLICATION.

CHAPITRE IV.

DES QUANTITÉS NÉGATIVES.

CHAPITRE VII.

THÉORIE DES INÉGALITÉS.

LIVRE TROISIÈME.

LES ÉQUATIONS DU SECOND DEGRÉ.

CHAPITRE PREMIER.

CARRÉ ET RACINE CARRÉE DES QUANTITÉS ALGÉBRIQUES.

CHAPITRE II.

RÉSOLUTION DES ÉQUATIONS DU SECOND DEGRÉ A UNE INCONNUE.

CHAPITRE III.

PROPRIÉTÉS DES ÉQUATIONS DU SECOND DEGRÉ.

CHAPITRE IV.

PROBLÈMES CONDUISANT A UNE ÉQUATION DU SECOND DEGRÉ A UNE INCONNUE.

LIVRE QUATRIÈME.

PROGRESSIONS ET LOGARITHMES. — FORMULE DU BINOME.

CHAPITRE PREMIER.

THÉORIE DES PROGRESSIONS.

CHAPITRE II.

THÉORIE ÉLÉMENTAIRE DES LOGARITHMES. ¦

CHAPITRE III.

INTÉRÊTS COMPOSÉS ET ANNUITÉS. ¦

CHAPITRE IV.

FORMULE DU BINOME.

QUESTIONS PROPOSÉES
SUR L'ARITHMÉTIQUE.

QUESTIONS PROPOSÉES
SUR L'ALGÈBRE ÉLÉMENTAIRE.

NOTES.

TABLES NUMÉRIQUES.

FIN DE LA TABLE DES MATIÈRES DU PREMIER VOLUME.

COURS
DE MATHÉMATIQUES.

ARITHMÉTIQUE.

LIVRE PREMIER.

NUMÉRATION ET OPÉRATIONS FONDAMENTALES SUR LES NOMBRES ENTIERS.

CHAPITRE PREMIER.

NUMÉRATION.

Notions préliminaires.

1. On appelle *grandeur* tout ce qui est susceptible d'augmentation ou de diminution.

Les *Mathématiques* sont la science des grandeurs. A ce point de vue, tout serait du domaine des Mathématiques, car tout est susceptible d'augmentation ou de diminution; mais les Mathématiques ne traitent que des grandeurs *mesurables*. Le génie, le courage, la bonté échappent, par leur nature même, à tout procédé exact de mesure.

2. *Mesurer* une grandeur, c'est la comparer à une grandeur de même espèce prise pour *unité*, c'est chercher combien de fois elle contient cette unité.

Quand on a ainsi mesuré plusieurs grandeurs de même espèce, on peut les comparer entre elles d'une manière précise en rapprochant les résultats obtenus.

Le choix de l'unité, c'est-à-dire de la *commune mesure* des grandeurs proposées, est arbitraire; il faut seulement que cette unité soit parfaitement définie.

3. Le résultat de la comparaison d'une grandeur à son unité s'appelle *rapport*. On représente le rapport au moyen du *nombre*.

Nous ne nous occuperons d'abord que du cas où la grandeur à mesurer contient exactement son unité : on dit alors que le rapport obtenu et le nombre qui le représente sont *entiers*.

Quand on remplace ainsi la considération des grandeurs par celle des nombres correspondants, elles prennent le nom de *quantités*.

4. L'idée de nombre a son origine naturelle dans la réunion de plusieurs objets à la fois distincts et semblables; mais une remarque est ici nécessaire.

Si l'on pose cette question : Combien ce régiment renferme-t-il d'hommes? le choix de l'unité est forcé. L'idée de *pluralité* domine alors celle de *mesure*.

Si l'on cherche, au contraire, à exprimer la capacité d'un réservoir, le choix de l'unité devient arbitraire et fait varier l'expression du résultat obtenu.

Dans les deux cas, l'indication de l'unité adoptée est indispensable. Seulement, dans le premier cas, cette unité représente simplement l'opération de *compter* ou de prendre un certain objet une fois; et ce n'est que dans le second cas qu'elle est un véritable terme de comparaison. On pourrait donc, pour éviter toute confusion entre l'idée de pluralité et celle de mesure, appeler *module* (¹) d'une espèce de quantités celle qu'on aurait choisie comme mesure commune de ces quantités.

5. Quand on fait connaître la nature de l'unité adoptée, le nombre considéré est dit *concret;* quand on ne fait pas connaître la nature de cette unité, il est dit *abstrait*.

Le nombre abstrait est le véritable nombre, le nombre con-

(¹) F. VALLÈS, *Science du Calcul.*

cret se composant toujours d'un nombre abstrait et du module choisi.

L'*Arithmétique* comprend l'étude des opérations à effectuer sur les nombres abstraits (c'est le *calcul* proprement dit) et l'étude de leurs propriétés élémentaires (c'est le point de départ d'un vaste ensemble constituant la *Théorie des nombres*).

6. Il y a une infinité de grandeurs, une infinité de manières de les comparer; par suite, une infinité de rapports et une infinité de nombres.

Il faut pouvoir *nommer* et *écrire* tous ces nombres. L'ensemble des procédés employés pour le faire le plus simplement possible constitue ce qu'on appelle un *système de numération.*

On distingue entre eux les différents systèmes de numération par leur *base,* c'est-à-dire par le nombre de caractères qu'on y emploie.

Numération parlée.

7. Nous ne traiterons ici que de la numération *décimale,* et nous commencerons par exposer les règles de la numération parlée. Les principes trouvés s'appliqueront ensuite sans difficulté aux autres systèmes de numération. (*Voir* Chapitre VI.)

Les premiers nombres ont reçu des noms indépendants les uns des autres; ce sont :

un, deux, trois, quatre, cinq, six, sept, huit, neuf.

Le nombre suivant, qui est la base du système, a été appelé *dix* ou une *dizaine.*

8. On ne donne ensuite de nouveaux noms qu'à des collections d'unités de *dix en dix fois plus grandes :*

Ainsi l'on forme une collection de *dix* dizaines, et on l'appelle *cent* ou *centaine;*

Une collection de *dix* centaines, et on l'appelle *mille* ou *unité de mille;*

Une collection de *dix* unités de mille, et on l'appelle *dix mille* ou *dizaine de mille;*

Une collection de *dix* dizaines de mille, et on l'appelle *cent mille* ou *centaine de mille;*

Une collection de *dix* centaines de mille, et on l'appelle *million* ou *unité de million;*

I.

Une collection de *dix* millions, et on l'appelle *dix millions* ou *dizaine de millions;*

Une collection de *dix* dizaines de millions, et on l'appelle *cent millions* ou *centaine de millions;*

Une collection de *dix* centaines de millions, et on l'appelle *billion* (¹) ou *unité de billion*, etc.

Ces collections successives, formées de nombres de dix en dix fois plus grands, portent le nom d'*unités des différents ordres.* Un est l'unité du *premier ordre*, dix l'unité du *second ordre*, cent l'unité du *troisième ordre*, mille l'unité du *quatrième ordre*, dix mille l'unité du *cinquième ordre*, cent mille l'unité du *sixième ordre*, un million l'unité du *septième ordre*, etc.

Cette création des unités des différents ordres constitue en réalité toute la numération parlée et, par suite, la numération elle-même.

Il faut remarquer que les mots *unité, dix, cent* se répètent constamment de trois ordres en trois ordres ou de trois rangs en trois rangs, et qu'un nouveau nom n'apparaît que lorsqu'il s'agit des unités du quatrième, du septième, du dixième ordre, etc., qui deviennent ainsi *des unités d'ordres ternaires, de mille en mille fois plus grandes.*

9. Nous pouvons maintenant énoncer un nombre quelconque; car *un nombre quelconque peut être décomposé en ses unités des différents ordres, le nombre de ces unités étant, pour chaque collection particulière, inférieur à dix.*

Supposons qu'on veuille compter combien un sac contient de billes.

On rangera ces billes dix par dix, et l'on finira par trouver une dernière collection inférieure à dix, qui comprendra, par exemple, *sept* billes.

On rangera ensuite les collections de dix billes en les réunissant dix par dix à leur tour, et l'on finira par trouver une collection inférieure à dix dizaines de billes, qui comprendra, par exemple, *neuf dizaines* de billes.

On rangera ensuite les collections de cent billes en les réunissant dix par dix, et l'on finira par trouver une collection

---

(¹) Ou *milliard.*

inférieure à dix centaines de billes, qui comprendra, par exemple, *trois centaines* de billes.

Supposons qu'il reste alors seulement cinq collections de dix centaines de billes; le nombre de billes contenu dans le sac pourra s'énoncer :

cinq mille trois centaines neuf dizaines sept unités.

10. Si des unités d'un certain nombre viennent à manquer, on l'exprime en disant qu'elles sont en nombre *zéro*. Si le nombre précédemment énoncé ne contenait pas de centaines, par exemple, on pourrait dire qu'il est égal à

cinq mille zéro centaines neuf dizaines sept unités.

Numération écrite.

11. Les neuf premiers nombres sont représentés par les caractères ou *chiffres*

$$1, \quad 2, \quad 3, \quad 4, \quad 5, \quad 6, \quad 7, \quad 8, \quad 9,$$

qu'on appelle chiffres *significatifs*, pour les distinguer du dixième caractère o qui représente le zéro.

12. Puisque, pour énoncer un nombre, il suffit d'énoncer combien il renferme d'unités des différents ordres (9), pour l'écrire il suffira aussi d'écrire les chiffres correspondant aux collections qui le composent.

Il faut seulement pouvoir représenter par l'écriture adoptée la succession établie entre ces collections.

La convention suivante résulte immédiatement du principe fondamental de la numération parlée :

Tout chiffre placé à la droite d'un autre vaut dix fois moins que s'il était à la place de cet autre, ou, en d'autres termes, exprime des unités de l'ordre immédiatement inférieur.

D'après cette convention, pour écrire le nombre *cinq mille trois centaines neuf dizaines sept unités,* nous écrirons un 5 pour représenter les mille, un 3 à la droite du 5 pour représenter les centaines, un 9 à la droite du 3 pour représenter les dizaines, un 7 à la droite du 9 pour représenter les unités; et nous obtiendrons le nombre 5397.

S'il n'y a pas de centaines, on écrira 5097.

On voit que le zéro sert seulement à donner aux différents chiffres significatifs la *valeur relative* convenable.

13. Les unités des différents ordres sont représentées par

$$1, \quad 10, \quad 100, \quad 1000, \quad 10000, \quad 100000, \ldots$$

Lecture et écriture des nombres.

14. Pour lire un nombre écrit, lorsqu'il ne contient pas plus de quatre chiffres, on lit chaque chiffre significatif en commençant par la gauche et en indiquant l'espèce d'unités qu'il représente.

L'usage a prévalu de dire *onze, douze, treize, quatorze, quinze, seize,* au lieu de *dix un, dix deux, dix trois, dix quatre, dix cinq, dix six.*

De même, au lieu de dire *deux dix, trois dix, quatre dix, cinq dix, six dix, sept dix, huit dix, neuf dix,* on dit : *vingt, trente, quarante, cinquante, soixante, soixante-dix, quatre-vingts, quatre-vingt-dix.*

D'après ce qui précède, le nombre 8412 s'énoncera : *huit mille quatre cent douze.* De même, le nombre 6325 s'énoncera : *six mille trois cent vingt-cinq.*

15. Lorsque le nombre considéré a plus de quatre chiffres, on le partage en tranches de trois chiffres, à partir de la droite et en remontant vers la gauche, de sorte que la dernière tranche à gauche peut n'avoir qu'un ou deux chiffres. La première tranche, qui renferme les unités, dizaines et centaines, est la *tranche des unités;* la deuxième tranche, qui renferme les unités de mille, les dizaines de mille et les centaines de mille, est la *tranche des mille;* la troisième tranche, qui renferme les unités de millions, les dizaines de millions et les centaines de millions, est la *tranche des millions;* la quatrième tranche est la *tranche des billions;* la cinquième *celle des trillions,* et ainsi de suite.

Cela posé, on lit chaque tranche comme si elle était seule, en commençant par la dernière à gauche, et en faisant suivre cet énoncé du nom qui convient à la tranche considérée ou à l'ordre ternaire du chiffre qui la termine.

Ainsi l'on énoncera le nombre 3578009217305

trois trillions, cinq cent soixante-dix-huit billions, neuf millions, deux cent dix-sept mille, trois cent cinq.

16. Pour écrire un nombre énoncé, on n'a qu'à écrire chaque tranche énoncée au rang qui lui convient, en ayant soin de remplacer par des zéros les tranches ou parties de tranche qui manquent.

Ainsi le nombre

sept billions, trois millions, deux cent trente-neuf

est représenté par

7003000239.

17. Les principes sur lesquels la numération est fondée (**8, 12**) sont très-importants. Tout l'art du *calcul* repose sur cette décomposition d'un nombre en unités de différents ordres, décomposition qui peut s'opérer d'une infinité de manières. On peut partager, par exemple, un nombre en deux groupes : ses centaines d'une part, et de l'autre le nombre formé par ses dizaines et ses unités.

CHAPITRE II.

ADDITION ET SOUSTRACTION.

Addition.

18. *L'addition a pour but de réunir plusieurs nombres en un seul, c'est-à-dire de trouver un nombre qui contienne à lui seul autant d'unités que plusieurs nombres donnés.*

Le résultat de l'opération s'appelle *somme* ou *total*.

19. L'addition repose sur ce principe fondamental : *Pour ajouter plusieurs nombres ou les réunir en un seul, on peut les concevoir décomposés en unités, dizaines, centaines, etc.; ajouter alors les unités avec les unités, les dizaines avec les dizaines, les centaines avec les centaines, etc., et réunir tous ces résultats partiels.*

20. Nous ne nous arrêterons pas aux cas simples de l'addition : nous supposerons que l'habitude a appris à additionner immédiatement deux nombres d'un seul chiffre ou un nombre de plusieurs chiffres avec un nombre d'un seul.

21. Supposons qu'on cherche la somme des trois nombres

$$8432, \quad 927, \quad 15803.$$

Le principe énoncé (**19**) conduit immédiatement à écrire ces trois nombres l'un au-dessous de l'autre, de manière que les unités de même ordre se correspondent dans une même colonne verticale :

$$
\begin{array}{r}
8432 \\
927 \\
15803 \\
\hline
25162
\end{array}
$$

On additionne alors colonne par colonne, en commençant par celle des unités. Il résulte de la numération que, si le résultat

donné par une colonne ne surpasse pas 9, *on doit l'écrire tel
qu'on le trouve sous la colonne correspondante, en séparant
par un trait horizontal les chiffres du total de ceux des nombres à ajouter. Si le résultat trouvé surpasse* 9, *on doit
n'écrire sous la colonne considérée que les unités de ce résultat, en ayant soin d'ajouter avec la colonne suivante autant
d'unités que ce résultat contient de dizaines : ces unités
forment ce qu'on appelle la retenue.*

Ainsi, dans l'exemple proposé, la colonne des unités donnant 12 pour somme partielle, on pose 2 sous cette colonne,
et l'on *retient* 1 pour l'ajouter avec la colonne des dizaines.

La colonne des dizaines donnant alors 6 pour somme partielle, on pose 6 sous cette colonne.

La colonne des centaines donnant 21 pour somme partielle,
on pose 1 sous cette colonne, et l'on retient 2 pour l'ajouter aux
mille de la colonne suivante.

La colonne des mille donnant alors 15, on pose 5 sous cette
colonne, et l'on retient 1 pour l'ajouter aux dizaines de mille
de la colonne suivante : on pose donc 2 sous cette dernière colonne, et la somme des nombres proposés est 25162.

22. On doit commencer l'opération par la droite ; en effet,
si on la commençait par la gauche et si quelques-unes des
colonnes ajoutées fournissaient des retenues, on serait obligé,
pour en tenir compte, d'effacer ou de modifier des chiffres
déjà écrits.

23. On appelle *preuve* d'une opération une seconde opération ayant pour but de contrôler l'exactitude de la première.

Lorsque la preuve d'une opération réussit, l'exactitude du
résultat est *probable*, elle n'est pas *certaine*.

L'addition étant la plus simple de toutes les opérations, sa
preuve consiste en une autre addition. Si l'on a, par exemple,
additionné en descendant, c'est-à-dire en allant de haut en
bas, on recommence le calcul en montant, c'est-à-dire en
allant de bas en haut (¹).

(¹) Quand on recommence de la même manière une addition fautive, il est
assez ordinaire de refaire la même faute : si l'on a dit 37 et 9 font 45, il a été
remarqué qu'on était sujet à le répéter. En recommençant l'addition en sens
inverse, on rompt la consonnance, et l'on ne commet plus d'erreur, parce qu'on
n'a plus à ajouter 37 et 9.

On peut aussi, surtout si l'on a beaucoup de nombres à
ajouter, partager l'addition donnée en additions *partielles*. La
somme des totaux *partiels* obtenus doit reproduire le total
général trouvé d'abord.

Soustraction.

24. *La soustraction a pour but, deux nombres étant donnés,
de chercher de combien d'unités le plus grand surpasse le plus
petit.*

Le résultat de l'opération s'appelle *reste, excès* ou *différence.*

La définition adoptée prouve que le plus petit nombre augmenté du reste trouvé doit reproduire le plus grand nombre.

On peut donc dire encore que *la soustraction a pour but,
étant donnés la somme de deux nombres et l'un de ces nombres, de trouver l'autre.*

25. De même que pour ajouter plusieurs nombres on peut
ajouter leurs différentes parties, pour soustraire deux nombres,
on peut aussi retrancher successivement les unités, dizaines,
centaines, etc., du second nombre, des unités, dizaines, centaines, etc., du premier, et grouper ensuite les résultats partiels obtenus.

26. Nous ne nous arrêterons pas aux cas simples de la soustraction, et nous admettrons que l'habitude a appris à soustraire immédiatement un nombre d'un seul chiffre d'un nombre d'un seul chiffre ou d'un nombre de plusieurs chiffres.

27. Passons au cas général, et supposons qu'on ait à soustraire 357816 de 910549.

Nous nous appuierons ici sur ce principe évident :

*La différence de deux nombres ne change pas quand on
les augmente tous les deux d'une même quantité.*

La remarque faite plus haut (25) conduit à écrire le plus
petit nombre sous le plus grand, de manière que les unités
de même ordre se correspondent dans une même colonne
verticale.

$$
\begin{array}{r}
910549 \\
357816 \\
\hline
552733
\end{array}
$$

On retranche alors colonne par colonne en commençant par celle des unités. Si le chiffre inférieur est plus faible que le chiffre supérieur qui lui correspond, on écrit immédiatement le résultat trouvé sous la colonne considérée, en séparant par un trait horizontal les chiffres du reste de ceux du nombre à soustraire. Si le chiffre inférieur l'emporte au contraire sur le chiffre supérieur, on augmente ce dernier de dix, de manière que la soustraction soit toujours possible, mais par compensation on augmente d'une unité le chiffre inférieur de la colonne suivante.

De cette manière, les deux nombres croissant d'une même quantité, leur différence ne change pas, et la soustraction peut se poursuivre jusqu'à la fin, comme dans le cas particulier où tous les chiffres du plus petit nombre tombent au-dessous de ceux qui leur correspondent dans le plus grand nombre.

Ainsi, dans l'exemple proposé, on dira 6 de 9 reste 3, qu'on pose sous la colonne des unités; 1 de 4 reste 3, qu'on pose sous celle des dizaines.

Arrivé à la colonne des centaines, on ne peut retrancher 8 de 5. On dira alors 8 de 15, reste 7, en augmentant le chiffre supérieur de 10, c'est-à-dire le nombre supérieur de dix centaines ou d'un mille, et l'on écrira 7 sous la colonne des centaines.

Passant à la colonne des mille, on augmente par compensation le chiffre inférieur 7 d'une unité, ce qui revient à augmenter d'un mille le nombre inférieur, et l'on dit, en employant le même procédé, 8 de 10 reste 2, qu'on écrit sous la colonne des mille.

On continue en disant 6 de 11 reste 5, 4 de 9 reste 5, et le reste demandé est 552733.

28. Il faut commencer la soustraction par la droite; en effet, si on la commençait par la gauche et si l'on rencontrait dans le plus petit nombre quelques chiffres qui l'emportassent sur ceux qui leur correspondent dans le plus grand nombre, on serait obligé, pour faire croître les deux nombres donnés d'une même quantité, de modifier ou d'effacer des chiffres déjà écrits au résultat.

29. La preuve de la soustration s'effectue en ajoutant le reste trouvé au plus petit nombre : on doit ainsi reproduire le plus grand (24).

Notions sur les compléments.

30. *On appelle complément arithmétique d'un nombre ce qu'il faut ajouter à ce nombre pour former une unité de l'ordre immédiatement supérieur à celui de ses plus hautes unités, en d'autre termes, ce qu'il faut ajouter à ce nombre pour obtenir l'unité suivie d'autant de zéros qu'il contient de chiffres.*

Pour avoir le complément d'un nombre, on le retranchera donc de l'unité suivie d'autant de zéros qu'il a de chiffres. D'après cela, le complément de 682817 sera 317183.

$$\begin{array}{r} 1000000 \\ 682817 \\ \hline 317183 \end{array}$$

Pour faire cette soustraction, on peut regarder 1000000 comme égal à 999990 plus 10 unités, c'est-à-dire retrancher de 9 tous les chiffres de 682817, sauf le dernier que l'on retranchera de 10.

S'il y a des zéros à droite du nombre proposé, ils se retrouvent en nombre égal à droite de son complément : le complément de 5670 est 4330.

$$\begin{array}{r} 10000 \\ 5670 \\ \hline 4330 \end{array}$$

En résumé, la règle sera *de retrancher de 9 tous les chiffres du nombre donné, excepté le dernier chiffre significatif à droite qu'on retranchera de 10, en ayant soin d'écrire à la droite du complément tous les zéros qui, à partir de ce chiffre, peuvent se trouver à la droite du nombre donné.*

31. On peut transformer la soustraction en véritable addition au moyen des compléments. En effet, puisqu'on ne change pas la différence de deux nombres en les augmentant d'une même quantité, on peut ajouter à ces deux nombres le complément du plus petit; mais le plus petit nombre augmenté de son complément donne une unité de l'ordre immédiatement supérieur à celui de ses plus hautes unités. La soustraction sera donc ramenée à retrancher cette unité de la somme obtenue en ajoutant au plus grand nombre le complément du plus petit.

Soit à soustraire 578190 de 1417813. On ajoutera 1417813 et 421810, complément de 578190, et, arrivé à la colonne des millions, on aura soin de diminuer d'une unité le résultat fourni par cette colonne :

```
  1417813          1417813
   578190           421810
  ───────          ───────
   839623           839623
```

32. Quand il s'agit seulement de la soustraction de deux nombres, l'usage des compléments n'offre aucun avantage; mais, si l'on doit ajouter et retrancher successivement plusieurs nombres, il est bon de les employer. Nous verrons plus loin comment on simplifie les calculs par logarithmes, en s'appuyant sur ce qui précède.

Supposons qu'on ait en même temps à additionner les nombres 32843, 6812, 25714, et à retrancher les nombres 8917, 13415, 7216. Pour obtenir le résultat, il faut ajouter à part les trois premiers nombres et à part les trois derniers, puis retrancher l'un de l'autre les deux totaux obtenus.

Si l'on emploie les compléments arithmétiques, on aura une seule opération à effectuer au lieu de trois. Il suffira, en effet, d'ajouter aux trois premiers nombres les compléments des trois derniers, en ayant soin de retrancher, pour chaque complément, une unité de l'ordre immédiatement supérieur à celui de ses plus hautes unités. On peut d'ailleurs, pour plus de commodité, écrire immédiatement cette unité soustractive à la gauche de chaque complément, en la surmontant du signe —, qui indique qu'elle doit être retranchée du résultat fourni par les autres chiffres de la colonne correspondante. Le tableau ci-dessous permet de comparer les deux procédés :

```
  32843       8917       32843
   6813      13415        6812
  25714       7216       25714
  ──────     ──────      ──────
  65369      29548       11083
  29548                 186585
  ──────                ──────
  35821                 12784
                        ──────
                         35821
```

CHAPITRE III.

MULTIPLICATION.

------

33. *La multiplication a pour but de répéter ou d'ajouter un nombre appelé multiplicande autant de fois qu'il y a d'unités dans un autre nombre appelé multiplicateur.*

Le résultat de l'opération s'appelle *produit.* Le multiplicande et le multiplicateur sont les *facteurs* du produit.

Multiplier 5 par 3, c'est répéter 5 trois fois.

La multiplication est une addition où tous les nombres à ajouter sont égaux.

Multiplication de deux nombres d'un seul chiffre.

34. Supposons d'abord qu'on ait à multiplier l'un par l'autre deux nombres d'un seul chiffre. On arrivera facilement au produit, en suivant la règle donnée pour l'addition. Mais, comme on ramène à ce premier cas tous les autres, il est essentiel de savoir par cœur les produits des nombres d'un seul chiffre par les nombres d'un seul chiffre. Ces produits sont renfermés dans une table appelée *table de multiplication,* qu'on forme de la manière suivante :

1	2	3	4	5	6	7	8	9
2	4	6	8	10	12	14	16	18
3	6	9	12	15	18	21	24	27
4	8	12	16	20	24	28	32	36
5	10	15	20	25	30	35	40	45
6	12	18	24	30	36	42	48	54
7	14	21	28	35	42	49	56	63
8	16	24	32	40	48	56	64	72
9	18	27	36	45	54	63	72	81

On écrit sur une ligne horizontale les neuf premiers nombres ;

en les ajoutant à eux-mêmes, on obtient une seconde ligne qui renferme les produits des neuf premiers nombres par 2; en ajoutant les nombres correspondants de ces deux premières lignes, on obtient une troisième ligne qui renferme les produits des neuf premiers nombres par 3; en ajoutant les nombres de la première ligne à ceux qui leur correspondent dans la troisième ligne, on obtient une quatrième ligne qui contient les produits des neuf premiers nombres par 4; on continue ainsi jusqu'à la neuvième ligne, en ajoutant toujours la première ligne avec la dernière formée, ce qui revient évidemment à augmenter chaque fois le multiplicateur d'une unité.

Il suit de la formation de la table que chaque ligne horizontale renferme les produits des neuf premiers nombres par le nombre qui la commence, et que chaque ligne verticale renferme les produits du nombre qui la commence par les neuf premiers nombres.

Cela posé, soit demandé le produit de 6 par 8 : ce produit devra se trouver à la fois dans la ligne horizontale commencée par 8 et dans la ligne verticale commencée par 6; il se trouvera à la rencontre de ces deux lignes et sera 48.

Multiplication d'un nombre de plusieurs chiffres par un nombre d'un seul chiffre.

35. Soit à multiplier 4837 par 5. On a pour but de répéter 4837 autant de fois qu'il y a d'unités dans 5, c'est-à-dire d'ajouter 5 nombres égaux à 4837. On sera donc conduit à répéter 5 fois chacun des chiffres du multiplicande. Mais, puisqu'on connaît les produits partiels correspondants d'après la table de multiplication, on pourra se dispenser d'indiquer l'addition, et écrire immédiatement les différents résultats en tenant compte des retenues comme pour l'addition.

$$
\begin{array}{cc}
4837 & 4837 \\
4837 & \ \ \ 5 \\
4837 & \overline{24185} \\
4837 & \\
4837 & \\
\overline{24185} & \\
\end{array}
$$

Ainsi, disposant le calcul comme il est indiqué, on dira :

5 fois 7 font 35 : je pose 5 unités et je retiens 3 dizaines;
5 fois 3 font 15 et 3 de retenue font 18 : je pose 8 dizaines et
je retiens 1 centaine; 5 fois 8 font 40 et 1 de retenue font 41 :
je pose 1 centaine et je retiens 4 mille; 5 fois 4 font 20 et
4 de retenue font 24 : je pose 24 mille, c'est-à-dire 4 mille et
2 dizaines de mille.

Il est nécessaire de commencer l'opération par la droite,
puisqu'elle n'est autre chose qu'une addition abrégée (22).

Multiplication de deux nombres de plusieurs chiffres.

36. Passons au cas général de la multiplication; il repose
sur le principe suivant :

*Pour multiplier un nombre par un chiffre significatif suivi
d'un ou plusieurs zéros, il suffit de multiplier ce nombre par
le chiffre significatif et d'ajouter à la droite du résultat autant
de zéros qu'il y en a à la droite de ce chiffre.*

Si le chiffre significatif est l'unité, si l'on a par exemple 584
à multiplier par 100, le produit de 584 par 1 étant 584, le résultat sera égal à 58400. En effet, chacun des chiffres de 584
se trouve ainsi placé deux rangs plus loin vers la gauche,
c'est-à-dire exprime des unités cent fois plus grandes et ac-
quiert par conséquent une valeur centuple. La valeur d'un
nombre étant formée de la somme des valeurs relatives des
chiffres qui le composent, 584 aura bien été multiplié par 100.

Soit maintenant à multiplier 584 par 300. Il faudra additionner 300 nombres égaux à 584. Mais on peut partager une
addition en plusieurs additions partielles, et les sommes partielles ajoutées donnent le total demandé. Or, 300 étant égal à
3 multiplié par 100 d'après ce qui précède, on pourra additionner trois nombres égaux à 584, et il faudra répéter 100 fois
la somme trouvée : ce qui se fera en écrivant deux zéros à la
droite de cette somme; on obtiendra ainsi le même résultat
qu'en effectuant l'addition de 300 nombres égaux à 584. Donc,
pour multiplier 584 par 300, il suffit de multiplier 584 par 3
et d'ajouter deux zéros à la droite du résultat; c'est ce que
nous voulions établir.

37. Cela posé, proposons-nous de multiplier deux nombres
quelconques l'un par l'autre : 9752 par 846, par exemple.
Nous avons pour but de répéter le multiplicande 9752 autant
de fois qu'il y a d'unités dans le multiplicateur, c'est-à-dire

846 fois, ou encore 6 fois, plus 40 fois, plus 800 fois. Nous sommes donc conduits à multiplier 9752 successivement par 6, par 40 et par 800, puis à ajouter les produits partiels obtenus :

$$
\begin{array}{r}
9752 \\
846 \\
\hline
58512 \\
39008 \\
78016 \\
\hline
8250192
\end{array}
$$

Nous savons multiplier 9752 par 6, et le produit correspondant sera 58512. Pour multiplier 9752 par 40, nous multiplierons 9752 par 4 et nous ajouterons un zéro à la droite du résultat : nous obtiendrons ainsi 390080. Mais il est inutile d'ajouter ce zéro à la droite du produit de 9752 par 4. En effet, nous devons, pour préparer l'addition des différents produits partiels, les écrire l'un au-dessous de l'autre, en faisant correspondre les unités de même ordre. Le zéro ne comptant pas dans l'addition, il suffira alors d'écrire le produit 39008 sous le produit précédent, de manière que le chiffre de ses unités soit au rang des dizaines, c'est-à-dire corresponde au chiffre du multiplicateur employé pour le former. De même, pour multiplier 9752 par 800, on multipliera 9752 par 8, et l'on écrira le produit trouvé 78016 sous les produits précédents, de manière que le chiffre 6 de ses unités soit au rang des centaines : ce sera le reculer d'un rang vers la gauche par rapport au produit précédent, comme celui-ci l'a déjà été par rapport au premier produit.

On ajoutera les trois produits partiels, et l'on obtiendra pour produit total le nombre 8250192, qu'on séparera des produits partiels qui ont concouru à le former par un trait horizontal; un autre trait doit séparer le multiplicande et le multiplicateur de ces mêmes produits partiels.

Pour multiplier deux nombres quelconques l'un par l'autre, la règle générale sera donc celle-ci : *Multiplier successivement le multiplicande par tous les chiffres du multiplicateur en commençant par le premier à droite, écrire les produits obtenus les uns au-dessous des autres en reculant chacun d'eux d'un rang vers la gauche par rapport au précédent, ajouter tous ces produits.*

38. Il est essentiel (35) d'opérer les multiplications partielles en commençant par la droite du multiplicande; mais on peut employer les chiffres du multiplicateur dans un ordre quelconque, la seule précaution à prendre étant de faire exprimer à chaque produit partiel des unités de même ordre que le chiffre correspondant du multiplicateur.

Remarques sur la multiplication.

39. REMARQUE I.— *Si les deux facteurs sont terminés par des zéros, il suffit de les multiplier, abstraction faite de ces zéros, puis d'en écrire un pareil nombre à la droite du résultat.*

Ainsi, pour multiplier 327000 par 4200, on multipliera 327 par 42, et l'on écrira cinq zéros à la droite du résultat.

En effet, multiplier par 4200 revient (36) à multiplier par 42, puis à ajouter deux zéros à la droite du produit obtenu; multiplier 327000 par 42 revient à multiplier 327 unités de mille par 42, et ce produit contiendra autant d'unités de mille que le produit de 327 par 42 contient d'unités. Il faudra donc, à la droite du produit de 327 par 42, écrire d'abord trois zéros, parce que le multiplicande représente des unités de mille, et ensuite deux autres zéros, parce que le multiplicateur représente des centaines.

40. REMARQUE II. — *Le nombre des chiffres du produit est au plus égal au nombre des chiffres des deux facteurs réunis et, au moins, à ce nombre diminué de 1.*

Soit 2345 à multiplier par 839. 839 étant compris entre 100 et 1000, le produit sera compris entre 234500 et 2345000 : il aura donc au moins six chiffres, et au plus sept chiffres.

La démonstration est générale, car l'unité de même ordre que les plus hautes unités du multiplicateur renferme toujours un zéro de moins que ce multiplicateur ne contient de chiffres, et l'unité de l'ordre immédiatement supérieur renferme le même nombre de zéros.

On n'a souvent besoin que de connaître les plus hautes unités d'un produit : on y parvient en s'appuyant sur ce qui précède, et en considérant les chiffres des plus hautes unités des deux facteurs.

Dans l'exemple indiqué plus haut, le produit des deux chiffres qui représentent les plus hautes unités des deux facteurs étant égal à 16, le produit partiel correspondant au dernier chiffre à gauche du multiplicateur contiendra 5 chiffres et, comme il doit être reculé de deux rangs vers la gauche, le produit total renfermera 7 chiffres : ce produit est égal à 1967455.

Si l'on a 2345 à multiplier par 239, le produit des chiffres extrêmes des deux facteurs étant égal à 4, on peut affirmer que le produit total n'aura que 6 chiffres : ce produit est égal à 560455.

41. REMARQUE III. — *On ne change pas un produit de deux facteurs en renversant l'ordre de ces facteurs.*

Soit 5 à multiplier par 3; ce produit est égal à celui de 3 par 5. En effet, multiplier 5 par 3, c'est répéter 5 unités 3 fois. Écrivons trois lignes horizontales renfermant chacune 5 unités, ce tableau représentera le nombre d'unités contenues dans le produit de 5 par 3 :

$$
\begin{array}{ccccc}
1 & 1 & 1 & 1 & 1 \\
1 & 1 & 1 & 1 & 1 \\
1 & 1 & 1 & 1 & 1
\end{array}
$$

Mais si, au lieu de considérer les lignes horizontales, on considère les lignes verticales, on voit que ce tableau représente aussi 3 unités répétées 5 fois, c'est-à-dire le produit de 3 par 5. Les deux produits sont donc identiques.

42. De même que pour faire la preuve de l'addition il faut la recommencer d'une autre manière, pour faire la preuve de la multiplication il faut la recommencer d'une autre manière. D'après ce qui précède (41), on renversera l'ordre des facteurs, et l'on devra trouver le même produit.

On pourrait encore faire la preuve de la multiplication, en évitant de former les différents produits partiels et en écrivant immédiatement les chiffres du produit total. Il suffit pour cela de considérer successivement dans les deux facteurs les chiffres qui influent directement sur les différents chiffres du produit. Ainsi le chiffre des unités du produit provient seulement du produit des chiffres des unités des deux facteurs. Celui des dizaines est fourni à la fois par les dizaines du multiplicande multipliées par les unités du multiplicateur, et par les unités du multiplicande multipliées par les dizaines du multiplicateur. Le chiffre des centaines du produit

2.

correspond à trois produits élémentaires : centaines du multiplicande multipliées par les unités du multiplicateur, dizaines
du multiplicande multipliées par les dizaines du multiplicateur, unités du multiplicande multipliées par les centaines du
multiplicateur. On poursuivra facilement. Il est bien entendu
qu'on doit toujours tenir compte des retenues.

$$
\begin{array}{r}
9752 \\
846 \\
\hline
8250192
\end{array}
$$

Si l'on prend l'exemple du n° 37, on dira : 6 fois 2 font 12,
je pose 2 *unités* et je retiens 1. 6 fois 5 font 30, plus 4 fois 2
font 38, et 1 de retenue font 39; je pose 9 *dizaines* et je retiens 3. 6 fois 7 font 42, plus 8 fois 2 font 58, plus 4 fois 5
font 78, plus 3 de retenue font 81; je pose 1 *centaine* et je retiens 8. 6 fois 9 font 54, plus 4 fois 7 font 82, plus 8 fois 5
font 122, plus 8 de retenue font 130; je pose 0 *mille* et je retiens 13. 4 fois 9 font 36, plus 8 fois 7 font 92, plus 13 de retenue font 105; je pose 5 *dizaines de mille* et je retiens 10.
Enfin, 8 fois 9 font 72 et 10 de retenue font 82; je pose 82 *centaines de mille* ou 2 centaines de mille et 8 millions.

CHAPITRE IV.

DIVISION.

43. *La division a pour but de chercher le plus grand nombre de fois qu'un nombre appelé dividende en contient un autre appelé diviseur : ce nombre de fois s'appelle quotient.*

Sous ce point de vue, la division peut s'effectuer au moyen de la soustraction.

Soit à diviser 23 par 5. Retranchons 5 de 23, nous trouve-

$$\begin{array}{r} 23 \\ 5 \\ \hline 18 \\ 5 \\ \hline 13 \\ 5 \\ \hline 8 \\ 5 \\ \hline 3 \end{array}$$

rons 18; 5 de 18, nous trouverons 13; 5 de 13, nous trouverons 8; 5 de 8, nous trouverons 3, quantité plus petite que 5. Nous avons dû faire 4 soustractions pour arriver à ce résultat; 23 contient donc 4 fois 5, et un *reste* 3 plus petit que 5.

4, ou le nombre des soustractions effectuées, est donc le quotient cherché.

Le reste 3 s'appelle le *reste de la division* de 23 par 5 : *le reste d'une division est toujours plus petit que le diviseur.* On voit que c'est la quantité qu'il faut ajouter au produit du diviseur par le quotient pour reproduire le dividende. Ainsi, dans toute division, *le dividende est égal au produit du diviseur par le quotient, plus le reste.*

44. Il peut se faire que le reste soit nul. Dans ce cas, le dividende est simplement égal au produit du diviseur par le quotient. On peut dire alors que *la division a pour but, étant donnés un produit de deux facteurs et l'un de ces facteurs, de trouver l'autre.* Nous généraliserons plus tard cette définition. On dit souvent dans ce cas que la division est *exacte.*

Pour qu'un nombre soit le quotient d'une division exacte, il suffit donc que, multipliant le diviseur, il reproduise le dividende.

Si, dans le cas indiqué, on regarde le diviseur comme tenant la place du multiplicateur, on peut dire encore, en se reportant à la définition de la multiplication, qu'*on veut partager le dividende en autant de parties égales qu'il y a d'unités dans le diviseur : l'une de ces parties est le quotient qui joue alors le rôle de multiplicande.* Cette remarque justifie les dénominations de *dividende* et de *diviseur.*

45. On comprend sans peine que le procédé indiqué (43) est en général tout à fait impraticable. Nous allons donc chercher une autre méthode. Nous distinguerons deux cas, suivant que le quotient aura *un* ou *plusieurs* chiffres.

Cas où le quotient n'a qu'un chiffre.

46. Supposons que le quotient et le diviseur n'aient qu'un chiffre. Le dividende sera au plus égal à 9 fois 9 plus 8 ou à 89; il ne pourra donc avoir qu'un ou deux chiffres, et l'on obtiendra le quotient en se servant de la table de multiplication.

Soit 39 à diviser par 5. En descendant dans la ligne verticale commencée par 5, on verra que 39 tombe entre les produits de 5 par 7 et par 8.

39 contient donc 7 fois le diviseur 5, plus un reste 4, différence entre 39 et le produit 35 qui en approche le plus par défaut : 7 est donc le quotient demandé, et 4 est le reste de la division.

47. Supposons maintenant que le diviseur ait plusieurs chiffres, le quotient n'en ayant toujours qu'un seul.

Soit 6843 à diviser par 839. On voit immédiatement que le quotient n'a qu'un chiffre, parce que le dividende, étant plus petit que 10 fois le diviseur ou 8390, ne contient pas 10 fois ce diviseur.

Cela posé, au lieu de diviser 6843 par 839, divisons 6843 par 800. Puisque nous employons un diviseur plus petit que le diviseur donné, nous *pourrons* trouver un quotient plus grand que le quotient cherché, mais *seulement plus grand*.

Diviser 6843 par 800 revient à diviser 6800 par 800. En effet, si l'on divise 68 centaines par 8 centaines, on trouvera pour reste un nombre de centaines inférieur à 8 centaines au moins d'une centaine; pour que le dividende contînt une fois de plus le diviseur, il faudrait donc l'augmenter au moins d'une centaine, et non pas seulement de 43 unités.

Enfin diviser 6800 par 800 revient à diviser 68 par 8; car 68 unités de centaines renferment autant de fois 8 unités de centaines, que 68 unités renferment 8 unités.

On est par suite *conduit à diviser, par les plus hautes unités du diviseur, les unités de même ordre du dividende; et l'on obtient ainsi ou le quotient exact ou un quotient supérieur au quotient exact.*

Il faut donc vérifier l'exactitude du chiffre trouvé : il faut l'*essayer*.

Pour cela, on multiplie le diviseur par ce chiffre, et, selon que le produit trouvé est plus petit ou plus grand que le dividende, le quotient obtenu est exact ou trop fort.

Si le quotient obtenu est trop fort, on le diminue d'une unité et l'on recommence l'essai jusqu'à ce qu'il réussisse ([1]).

Dans l'exemple proposé, en divisant 68 par 8,

$$\begin{array}{c|c} 6843 & 839 \\ 6712 & \overline{8} \\ \hline 131 & \end{array}$$

on trouve 8 pour quotient (46). Le produit du diviseur 839 par 8 est égal à 6712; ce produit peut se retrancher du dividende 6843, et l'on obtient 131 pour reste. Le quotient demandé est donc 8, et le reste de l'opération est égal à 131 ([2]).

48. On peut effectuer à la fois la multiplication et la sous-

([1]) Si l'on obtenait pour quotient un nombre plus grand que 9, on ne devrait évidemment commencer les essais qu'au chiffre 9.

([2]) De même qu'on a divisé en réalité 6800 par 800, on aurait pu diviser 6800 par 900 ou 68 par 9; on augmente ainsi le diviseur : on *peut* donc trouver un quotient plus petit que le quotient cherché, mais *seulement plus petit*. On essaye le chiffre trouvé comme il est dit plus haut et, suivant que la soustraction donne un reste plus petit ou plus grand que le diviseur, on en conclut que le quotient obtenu est exact ou trop faible; s'il est trop faible, on l'augmente du nouveau quotient que donne le reste divisé par le diviseur.

On a intérêt à augmenter ou à *forcer* ainsi d'une unité le chiffre des plus hautes unités du diviseur, lorsque le chiffre qui vient après surpasse 5. Soit, par exemple,

$$\begin{array}{c|c} 1509 & 275 \\ 1375 & \overline{5} \\ \hline 134 & \end{array}$$

à diviser 1509 par 275. En divisant 15 par 2, on trouve 7; en divisant 15 par 3, on obtient immédiatement le véritable quotient qui est 5. Ici le diviseur est bien plus près de 300 que de 200.

traction que l'essai du chiffre 8 exige. On y parvient en augmentant chaque chiffre du dividende d'autant de fois dix qu'il est nécessaire pour qu'on puisse en retrancher immédiatement le produit partiel correspondant, et en augmentant d'autant d'unités le produit partiel suivant.

Multiplions le diviseur 839 par 8. On dira d'abord 8 fois 9, 72. Il faudra alors augmenter le chiffre 3 des unités du dividende de 70, et dire 72 de 73, reste 1 et je retiens 7. En passant au produit partiel suivant, qui représente des dizaines, il faudra par compensation l'augmenter de 7 unités, et dire 8 fois 3 font 24 et 7 de retenue font 31. On continuera de la même manière, en disant 31 de 34, reste 3 et je retiens 3; 8 fois 8 font 64 et 3 de retenue 67; 67 de 68, reste 1.

L'opération présentera alors une forme plus simple.

$$6843 \mid 839$$
$$131 \mid 8$$

En suivant la marche qu'on vient d'indiquer, on pourra faire l'essai d'un chiffre sans rien écrire.

La vérification sera souvent plus rapide, si l'on commence la soustraction par la gauche. Ainsi, en disant dans l'exemple précédent, 8 fois 8, 64; 64 de 68, reste 4 centaines, on est immédiatement *sûr* du chiffre 8; car, le chiffre suivant du diviseur étant 3, le produit partiel suivant ne peut contenir plus de 3 centaines.

Cas ou le quotient a plusieurs chiffres.

49. Soit à diviser 425782 par 785. On voit immédiatement que le quotient a plusieurs chiffres; car 10 fois le diviseur 785 donnent un nombre 7850, inférieur au dividende.

Séparons alors sur la gauche du dividende autant de chiffres qu'il est nécessaire pour former un nombre compris *entre une fois et dix fois le diviseur*. Ce nombre sera 4257; ses unités correspondant aux centaines du dividende, *les plus hautes unités du quotient seront des centaines*.

En effet, 4257 contenant au moins une fois le diviseur, 4257 centaines contiendront au moins cent fois ce diviseur, et il en sera de même à plus forte raison du dividende 425782.

D'autre part, 4257 est inférieur à dix fois le diviseur d'au moins une unité. Par suite, 4257 centaines seront inférieures à cent fois dix fois ou à mille fois ce diviseur d'au moins une centaine. Le dividende tout entier, qui ne surpasse 4257 centaines que de 82 unités, sera donc lui-même inférieur à mille fois le diviseur.

Le diviseur étant contenu dans le dividende plus de 100 fois et moins de 1000 fois, les plus hautes unités du quotient sont des centaines.

Ainsi, *lorsqu'on sépare sur la gauche du dividende un nombre compris entre une fois et dix fois le diviseur, le chiffre auquel on s'arrête sur la droite marque l'ordre des plus hautes unités du quotient.*

Cela posé, si l'on divise les 4257 centaines du dividende par le diviseur 785 (ce qu'on sait faire [47]), *le chiffre 5 obtenu est le chiffre exact des centaines du quotient.*

Car, puisque 4257 contient 5 fois le diviseur 785, 4257 centaines contiennent 500 fois ce diviseur, et il en est de même à plus forte raison du dividende 425782.

D'ailleurs, 4257 étant inférieur à 6 fois le diviseur 785 au moins d'une unité, 4257 centaines sont inférieures à 600 fois le même diviseur au moins d'une centaine, et, par conséquent, le dividende 425782 ne contient pas 600 fois le diviseur 785.

Le dividende étant compris entre 500 et 600 fois le diviseur, le quotient lui-même est compris entre 500 et 600, c'est-à-dire contient 5 centaines et un certain nombre de dizaines et d'unités, qu'il reste à déterminer.

On voit donc qu'*on obtient exactement le chiffre des plus hautes unités du quotient, en divisant les unités de même ordre du dividende par le diviseur.*

50. Si l'on retranche 5 fois 785 de 4257, il reste 332. Donc, en retranchant 500 fois 785 de 4257 centaines, il restera 332 centaines; et en retranchant 500 fois le diviseur du dividende tout entier, on obtiendra pour reste 33282.

$$
\begin{array}{r|l}
425782 & 785 \\
\cline{2-2}
3925 & 542 \\
\hline
33282 & \\
3140 & \\
\hline
1882 & \\
1570 & \\
\hline
312 & \\
\end{array}
$$

Il faut donc chercher maintenant combien de fois ce reste contient le diviseur, c'est-à-dire qu'on a à effectuer *une nouvelle division* où le nouveau dividende est le reste 33282 et où le diviseur 785 est conservé.

D'après ce qui précède (49), on séparera sur la gauche de ce reste assez de chiffres pour former un nombre compris entre une fois et dix fois le diviseur. *Si l'on est conduit ainsi à séparer les dizaines du reste, c'est que le quotient contient des dizaines; si l'on est forcé d'aller jusqu'aux unités, c'est que le quotient ne contient que des unités, et il faut alors mettre un zéro au quotient pour tenir la place des dizaines manquantes.*

Dans l'exemple proposé, les 3328 dizaines du reste 33282 contenant 4 fois le diviseur, le chiffre des dizaines du quotient est 4. En retranchant 4 fois 785 de 3328, on trouve pour reste 188. Donc, en retranchant 40 fois 785 de 33282, on trouvera pour reste 1882.

Ainsi le nouveau dividende 33282 contient 40 fois le diviseur 785, plus un reste 1882. Il faut donc chercher combien de fois ce reste 1882 contient le diviseur 785, en regardant à son tour 1882 comme un nouveau dividende.

1882 contient 2 fois le diviseur 785, plus un reste 312.

Le dividende 425782 renferme donc 500 fois, plus 40 fois, plus 2 fois, le diviseur 785, avec un reste égal à 312. Le quotient demandé est donc 542, et le reste de l'opération est 312.

51. En relisant attentivement la démonstration précédente, on est conduit à cette règle pratique pour la division de deux nombres quelconques : *Il faut séparer le dividende du diviseur par un trait vertical, le diviseur du quotient par un trait horizontal; marquer ensuite sur la gauche du dividende un nombre compris entre une fois et dix fois le diviseur, diviser ce nombre par le diviseur : le quotient obtenu est le chiffre des plus hautes unités du quotient. On multiplie le diviseur par ce chiffre, on retranche le produit obtenu de la partie séparée à gauche du dividende, qu'on appelle premier dividende partiel; et l'on forme un second dividende partiel en abaissant à côté du reste trouvé le chiffre suivant du dividende. En divisant le second dividende partiel par le diviseur, on trouve le second chiffre du quotient. On multiplie le diviseur par ce second chiffre,*

et l'on retranche le produit correspondant du second dividende partiel. On obtient un second reste à côté duquel on abaisse un nouveau chiffre du dividende, et l'on opère sur le troisième dividende partiel ainsi formé comme sur les précédents. On continue jusqu'à ce qu'on ait abaissé le dernier chiffre à droite du dividende.

Si quelques-uns des dividendes partiels obtenus sont inférieurs au diviseur, on met pour chacun d'eux un zéro au quotient et l'on abaisse le chiffre suivant du dividende.

En employant la simplification déjà indiquée (48), on dispose l'opération comme il suit. — Dans le second exemple, le quotient présente plusieurs zéros.

$$\begin{array}{r|l} 425782 & 785 \\ 3328 & \overline{542} \\ 1882 & \\ 312 & \end{array} \qquad \begin{array}{r|l} 1919022 & 927 \\ 6502 & \overline{2070} \\ 132 & \end{array}$$

Remarques sur la division.

52. REMARQUE I. — Lorsque le diviseur n'a qu'un chiffre, l'opération se simplifie, parce que, les dividendes partiels successifs n'ayant qu'un ou deux chiffres (49), on peut se dispenser de les écrire. On note seulement les chiffres du quotient, qu'on écrit sous le dividende à mesure qu'on les trouve, et le dernier reste.

Soit, par exemple, 45839 à diviser par 7.

$$\begin{array}{r|l} 45839 & 7 \\ 6548 & \\ 3 & \end{array}$$

On dira: en 45, 7 est contenu 6 fois pour 42, et il reste 3; en 38, 7 est contenu 5 fois pour 35, et il reste 3; en 33, 7 est contenu 4 fois pour 28, et il reste 5; en 59, 7 est contenu 8 fois pour 56, et il reste 3. Le quotient est donc 6548 et le reste est 3.

La marche qu'on vient d'indiquer peut être utilisée d'une manière générale, lorsqu'on essaye un chiffre du quotient (47, 48, 49). Soit à diviser, par exemple, 28239 par 7315. L'application de la règle ordinaire conduit à essayer le chiffre 4. Ce chiffre, quotient de 28 par 7, est *exact* ou *trop fort*. S'il est

exact, le dividende est au moins égal à 4 fois le diviseur et,
par conséquent, son quart est au moins égal à 7315. On prendra alors le quart du dividende et, si ce quart est moindre que
le diviseur, on en conclura que le chiffre 4 est trop fort. On
n'aura donc qu'à comparer les chiffres qu'on trouvera successivement avec les chiffres correspondants du diviseur.

Le quart de 28 est 7, et il reste o. Le quart de 2 est o, tandis que le chiffre suivant du diviseur est 3. Le chiffre 4 est donc
trop fort, et il faut essayer le chiffre 3.

Ce procédé est surtout avantageux lorsque les chiffres successivement obtenus sont tous égaux aux chiffres correspondants du diviseur, parce qu'on obtient alors immédiatement
le reste de la division partielle entreprise.

Soit à diviser 65652 par 9378. Il faut essayer le chiffre 7,
quotient de 65 par 9. Le septième de 65 est 9, et il reste 2;
le septième de 26 est 3, et il reste 5; le septième de 55 est 7,
et il reste 6; le septième de 62 est 8, et il reste 6. Le quotient 7
est donc exact, et le *reste* de l'opération est 6.

53. REMARQUE II. — Quand le quotient doit avoir un très-
grand nombre de chiffres, on a intérêt à former d'avance les
produits du diviseur par les neuf premiers nombres. En comparant ensuite ces produits aux dividendes partiels successifs,
on trouve immédiatement les différents chiffres du quotient
et les restes qui leur correspondent.

$$
\begin{array}{l|l}
105702350981347263 & 576 \\
\hline
4810 & 183511026009283 \\
2022 & \\
2943 & \\
\end{array}
$$

635	1 fois 576...	576
590	2..........	1152
1498	3..........	1728
3461	4..........	2304
5347	5..........	2880
1632	6..........	3456
4806	7..........	4032
1983	8..........	4608
255	9..........	5184

54. REMARQUE III. — Il suit des démonstrations précédentes

que diviser 54817 par 2700, par exemple, revient à diviser 548 par 27.

En effet, diviser 54817 par 2700 revient d'abord à diviser 54800 par 2700 : car, quand on divise deux nombres de centaines l'un par l'autre, il faut au moins ajouter une centaine au dividende pour faire varier le quotient d'une unité (47); et diviser 548 unités de centaines par 27 unités de centaines revient évidemment à diviser 548 par 27.

$$\begin{array}{c|c} 54817 & 2700 \\ 817 & 20 \end{array}$$

On trouve alors pour quotient 20 et pour reste 8. En divisant 548 centaines plus 17 unités par 27 centaines, on trouvera pour quotient 20 et pour reste 8 centaines et 17 unités ou 817.

Donc, *quand le diviseur est terminé par des zéros, on les néglige en même temps qu'un pareil nombre de chiffres sur la droite du dividende : on ne modifie pas le quotient en opérant ainsi; seulement, à côté du reste trouvé, il faut abaisser les chiffres négligés à droite du dividende.*

55. REMARQUE IV. — *Le nombre des chiffres du quotient est égal à la différence des nombres de chiffres du dividende et du diviseur augmentée de 1 ou à cette différence elle-même.*

En effet, le premier dividende partiel renferme autant de chiffres que le diviseur, ou autant plus 1, puisque le produit du diviseur par un nombre d'un seul chiffre doit être contenu dans ce dividende partiel (51, 40). Si le premier cas a lieu, le nombre des chiffres à abaisser au dividende étant égal à la différence qui existe entre les nombres de chiffres du dividende et du diviseur, et chacun d'eux devant fournir un chiffre au quotient, ce quotient contient un nombre de chiffres égal à la différence indiquée plus 1, puisque le premier dividende partiel fournit aussi un chiffre au quotient.

Si le premier dividende partiel contient un chiffre de plus que le diviseur, le nombre des chiffres à abaisser au dividende étant diminué de 1, il en est de même du nombre de chiffres du quotient, qui est alors égal à la différence indiquée.

56. Pour faire la preuve de la division, il suffit de vérifier la relation fondamentale : *le dividende égale le produit du diviseur par le quotient, plus le reste.*

57. On peut faire la preuve de la multiplication au moyen de la division. En divisant le produit, considéré comme dividende, par l'un des facteurs, considéré comme diviseur, on doit trouver pour quotient le second facteur avec un reste zéro (44).

CHAPITRE V.

THÉORÈMES RELATIFS AUX QUATRE OPÉRATIONS.
DES PUISSANCES.

———

Notations correspondant aux quatre opérations.

58. Les quatre opérations que nous venons d'étudier ont chacune leur signe représentatif.

L'addition s'indique au moyen du signe +; l'expression 5 + 3 signifie 5 *plus* 3.

La soustraction s'indique au moyen du signe —; l'expression 7 — 2 signifie 7 *moins* 2.

La multiplication s'indique au moyen du signe ×; l'expression 15 × 9 signifie 15 *multiplié par* 9.

La division s'indique au moyen du signe :; l'expression 12 : 3 signifie 12 *divisé par* 3.

59. Quand on veut soumettre à une certaine opération le résultat d'une opération qui n'est elle-même qu'indiquée, il faut employer un signe particulier : on met alors *entre parenthèses* l'indication de la première opération, et le signe de la seconde opération porte sur toute la parenthèse.

Soit la somme 5 + 3 à multiplier par 7; il faudra mettre 5 + 3 entre parenthèses et écrire (5 + 3) × 7. Si l'on ne prenait pas cette précaution, et si l'on écrivait simplement 5 + 3 × 7, au lieu d'indiquer le produit de la somme 5 + 3 par 7, on indiquerait la somme de 5 et du produit 7 × 3.

De même, si l'on veut indiquer la division de la différence 15 — 3 par la somme 2 + 7, on écrira (15 — 3) : (2 + 7).

60. Quand deux expressions sont égales ou doivent donner des résultats égaux lorsqu'on exécute les calculs qui y sont indiqués, on les réunit par le signe =; ainsi 14 × 2 = 4 × 7 veut dire que le produit de 14 par 2 est égal au produit de 4 par 7. 14 × 2 est le premier membre, 4 × 7 est le second membre de l'égalité 14 × 2 = 4 × 7.

Quand deux expressions sont inégales, on l'indique en les séparant par le signe $>$, l'ouverture du signe devant être tournée du côté de la plus grande quantité. Ainsi, on écrira $15 \times 2 > 3 \times 9$, pour indiquer que le produit de 15 par 2 surpasse celui de 3 par 9, ou $3 \times 9 < 15 \times 2$ pour indiquer que le premier produit est plus petit que le second. Dans le premier cas, on dit 15×2 *plus grand* que 3×9; et dans le second, 3×9 *plus petit* que 15×2.

61. On remplace quelquefois en Arithmétique les nombres par des lettres quelconques, pour rendre le raisonnement plus rapide ou l'expression d'une vérité plus facile à retenir.

Le produit de deux nombres représentés par les lettres a et b s'indique alors en écrivant ces deux lettres à côté l'une de l'autre. Ainsi $a \times b = ab$; de même $a \times 5 = 5a$.

Si l'on représente, par exemple, par D le dividende d'une division quelle qu'elle soit, par d le diviseur, par Q le quotient, par R le reste de l'opération, on se rendra très-nettement compte de la composition du dividende en écrivant :

$$D = dQ + R.$$

Lorsque plusieurs nombres ont une propriété commune ou un mode de formation analogue, on les représente souvent par la même lettre, et on les distingue entre eux en accentuant successivement cette lettre d'un, ou deux, ou trois accents. Ainsi, pour représenter une série de quotients se déduisant les uns des autres, on écrira q, q', q'', et l'on énoncera les lettres affectées d'accents, en disant q *prime*, q *seconde*, etc.

On peut démontrer, sur les opérations précédentes, plusieurs *théorèmes* ([1]) qui facilitent beaucoup les calculs et qui sont essentiels à connaître : nous allons les parcourir.

Théorème relatif à la soustraction.

62. *Pour retrancher d'un nombre la différence de deux autres, il faut lui ajouter le plus petit de ces deux nombres, et retrancher le plus grand du résultat.*

([1]) On entend par théorème l'énoncé d'une vérité qui a besoin de démonstration; *corollaire* signifie : conséquence d'un théorème. Un *problème* est une question à résoudre.

Soit 8 dont on veut retrancher $15 - 10$: on ne changera rien à la différence demandée en augmentant 8 et $15 - 10$ d'une même quantité 10; mais alors il reste 15 à retrancher de la somme $8 + 10$. On exprime ce théorème par l'égalité

$$8 - (15 - 10) = 8 + 10 - 15.$$

Théorèmes relatifs à la multiplication.

63. I. *Pour multiplier une somme par un nombre, il faut multiplier chaque partie de la somme par ce nombre et ajouter les produits partiels obtenus.*

Soit $(4 + 5 + 7) \times 3$. Il faut répéter 3 fois la somme $4 + 5 + 7$, et le résultat renferme 3 fois chaque partie de cette somme. On a donc bien

$$(4 + 5 + 7) \times 3 = 4 \times 3 + 5 \times 3 + 7 \times 3.$$

Il est évident que, *pour multiplier un nombre par une somme, il faut de même multiplier ce nombre par chaque partie de la somme, et ajouter les résultats partiels obtenus;* car (**41**)

$$3 \times (4 + 5 + 7) = (4 + 5 + 7) \times 3$$

et, dans chacun des résultats 4×3, 5×3, 7×3, on peut renverser l'ordre des deux facteurs.

Enfin, *pour multiplier deux sommes l'une par l'autre, il faut multiplier chaque partie de la première somme par chaque partie de la seconde, et ajouter les résultats partiels obtenus.*

Soit $(4 + 5 + 7) \times (2 + 9)$. On pourra regarder la première somme comme effectuée : le résultat sera alors égal à

$$(4 + 5 + 7) \times 2 + (4 + 5 + 7) \times 9,$$

c'est-à-dire en réalité à la somme obtenue en multipliant chaque partie de la première somme par chaque partie de la seconde.

64. II. *Pour multiplier une différence par un nombre, il faut multiplier chaque partie de la différence par ce nombre et retrancher le plus petit produit du plus grand.*

Soit $(15 - 10) \times 2$. La différence $15 - 10$ étant égale à 5, on a

$$15 = 10 + 5 \, (24), \quad \text{d'où} \quad 15 \times 2 = 10 \times 2 + 5 \times 2 \, (63).$$

Puisque 15×2 est la somme des deux produits 10×2 et 5×2, le produit 5×2 ou $(15 - 10) \times 2$ est bien égal à son tour à la différence des deux produits 15×2 et 10×2.

Il est évident que, *pour multiplier un nombre par une différence, il faut multiplier ce nombre par chaque partie de la différence et retrancher le plus petit produit du plus grand*.

Soit, en effet, $2 \times (15 - 10)$. Ce produit est égal à $(15 - 10) \times 2$ et, dans chacun des résultats 15×2 et 10×2, on peut renverser l'ordre des deux facteurs.

65. Soit l'expression $5 \times 3 \times 7 \times 2 \times 9$, qu'on appelle *produit de plusieurs facteurs*. Elle signifie qu'il faut effectuer le produit de 5 par 3, puis multiplier ce résultat par 7, le nouveau résultat obtenu par 2, et ainsi de suite jusqu'à ce qu'on ait employé tous les facteurs 5, 3, 7, 2, 9 [1].

66. III. *Étant donné un produit de plusieurs facteurs, on peut intervertir leur ordre de toutes les manières possibles, sans que le produit varie.*

Ce théorème est fondamental; nous partagerons sa démonstration en trois parties.

1° *Dans un produit de trois facteurs, on peut changer l'ordre des deux derniers sans changer le produit.*

Soit $6 \times 3 \times 5$. On peut poser

$$6 \times 3 \times 5 = 6 \times 5 \times 3.$$

En effet

$$6 \times 3 = 6 + 6 + 6$$

et

$$6 \times 3 \times 5 = (6 + 6 + 6) \times 5 = 6 \times 5 + 6 \times 5 + 6 \times 5,$$

d'où

$$6 \times 3 \times 5 = 6 \times 5 \times 3.$$

On en déduit immédiatement que, *dans un produit d'un nombre quelconque de facteurs, on peut changer l'ordre des deux derniers sans changer le produit*.

---

[1] Il est évident que si, au lieu de deux facteurs, on en a un nombre quelconque, le nombre des chiffres du produit est *au plus* égal au nombre des chiffres de tous les facteurs réunis et *au moins* à ce même nombre diminué de celui des facteurs moins un (40).

On aura, par exemple,

$$2 \times 7 \times 9 \times 3 \times 8 = 2 \times 7 \times 9 \times 8 \times 3.$$

En effet, pour former ces deux produits, il faudra toujours commencer par multiplier entre eux les trois premiers facteurs qui sont identiques de part et d'autre, et la question sera ramenée à prouver que $216 \times 3 \times 8 = 216 \times 8 \times 3$.

2° *Dans un produit d'un nombre quelconque de facteurs, on peut changer l'ordre de deux facteurs consécutifs quelconques sans changer le produit.*

On aura, par exemple,

$$3 \times 5 \times 2 \times 8 \times 6 \times 9 = 3 \times 5 \times 8 \times 2 \times 6 \times 9.$$

En effet, puisqu'on a, d'après ce qui précède (1°),

$$3 \times 5 \times 2 \times 8 = 3 \times 5 \times 8 \times 2,$$

on obtiendra encore des produits égaux en multipliant successivement ces deux produits égaux par les mêmes facteurs 6 et 9.

3° *On peut faire passer un facteur quelconque à tous les rangs, sans changer le produit.*

Dans le produit $2 \times 9 \times 7 \times 4 \times 5$, on peut, par exemple, sans modifier le produit (2°), échanger le facteur 7 d'abord avec le facteur 9, puis ensuite avec le facteur 2, ou bien l'échanger avec le facteur 4, et ensuite avec le facteur 5. On peut répéter pour tout autre facteur ce qu'on vient de dire pour le facteur 7. Il en résulte que l'ordre des facteurs n'influe en rien sur le produit.

67. On déduit du théorème fondamental que nous venons d'établir les remarques suivantes.

Remarque I. — *Pour multiplier un nombre par un produit de plusieurs facteurs, il suffit de former un produit unique avec ce nombre et tous les facteurs du produit.*

Soit $35 \times (2 \times 3 \times 4)$. Ce produit est égal à

$$35 \times 2 \times 3 \times 4.$$

En effet on peut écrire

$$35 \times (2 \times 3 \times 4) = (2 \times 3 \times 4) \times 35.$$

3.

Qu'on laisse ou qu'on enlève les parenthèses dans le second membre de cette égalité, rien ne sera changé au résultat, puisqu'il faudra toujours former le produit 24 des trois premiers facteurs et le multiplier ensuite par 35. On aura donc

$$35 \times (2 \times 3 \times 4) = 2 \times 3 \times 4 \times 35 = 35 \times 2 \times 3 \times 4.$$

REMARQUE II. — *Pour multiplier deux produits de plusieurs facteurs, il suffit de former un produit unique avec tous les facteurs de ces deux produits.*

$(3 \times 4 \times 7) \times (5 \times 9) = 3 \times 4 \times 7 \times 5 \times 9$; car, en regardant le premier produit comme effectué et en s'appuyant sur la remarque précédente, le premier membre de l'égalité revient d'abord à $(3 \times 4 \times 7) \times 5 \times 9$; et cette dernière expression donnera toujours le même résultat, qu'on conserve ou qu'on enlève les parenthèses.

REMARQUE III. — *Dans un produit de plusieurs facteurs, on peut en remplacer un nombre quelconque par leur produit effectué.*

Soit $2 \times 7 \times 5 \times 4 \times 9$. On pourra remplacer les facteurs 7 et 4 par leur produit 28 et écrire

$$2 \times 7 \times 5 \times 4 \times 9 = 2 \times 28 \times 5 \times 9.$$

En effet on a

$$2 \times 7 \times 5 \times 4 \times 9 = 7 \times 4 \times 2 \times 5 \times 9 = 28 \times 2 \times 5 \times 9$$
$$= 2 \times 28 \times 5 \times 9.$$

REMARQUE IV. — *Pour multiplier un produit de plusieurs facteurs par un nombre, il suffit de multiplier l'un des facteurs du produit par ce nombre.*

Soit $(2 \times 3 \times 7) \times 5$. On pourra écrire

$$(2 \times 3 \times 7) \times 5 = 2 \times 15 \times 7.$$

On a en effet, d'après les remarques II et III,

$$(2 \times 3 \times 7) \times 5 = 2 \times 3 \times 7 \times 5 = 2 \times 15 \times 7.$$

Théorèmes relatifs à la division.

68. I. *Lorsqu'on multiplie le dividende et le diviseur d'une division par un même nombre, le quotient ne change pas et le reste est multiplié par le même nombre.*

Soit 38 à diviser par 5. On trouve pour quotient 7 et pour reste 3. On peut donc écrire (43)

$$(1) \qquad 38 = 5 \times 7 + 3.$$

Multiplions les deux membres de cette égalité par 2, par exemple. Il viendra (63)

$$38 \times 2 = (5 \times 7) \times 2 + 3 \times 2.$$

Pour multiplier le produit 5×7 par 2, on peut multiplier le facteur 5 par 2 (67, IV) et écrire

$$(2) \qquad 38 \times 2 = (5 \times 2) \times 7 + 3 \times 2.$$

De plus, le reste 3 étant plus petit que le diviseur 5, on aura nécessairement $3 \times 2 < 5 \times 2$. L'égalité (2) signifie alors que le produit 5×2 est contenu 7 fois dans le produit 38×2, avec un reste 3×2; c'est ce qu'il fallait établir.

69. II. *Pour diviser un produit de plusieurs facteurs par l'un d'eux, il suffit de supprimer ce facteur.*
Soit $(3 \times 5 \times 7) : 5$.
Le quotient sera bien égal à 3×7 (44), puisqu'on peut écrire

$$3 \times 5 \times 7 = 5 \times (3 \times 7).$$

Il suit de là que, *pour diviser un produit de plusieurs facteurs par un nombre, il suffit de diviser l'un des facteurs du produit par ce nombre, lorsque cette division est possible exactement.*
Soit $(17 \times 28 \times 5) : 4$.
De même qu'on peut remplacer deux facteurs 4 et 7 par leur produit effectué 28 (67, III), on peut remplacer 28 par les deux facteurs 4 et 7. On a alors

$$(17 \times 4 \times 7 \times 5) : 4 = 17 \times 7 \times 5,$$

ce qu'il fallait établir.

70. III. *Pour diviser un nombre par un produit de plusieurs facteurs, la division étant supposée exacte, on peut diviser ce nombre par le premier facteur, le résultat obtenu par le second facteur, et ainsi de suite jusqu'à ce qu'on ait épuisé tous les facteurs.*

Soit 38o : 38. Le quotient sera égal à 10 et l'on aura

$$38o = 38 \times 10.$$

38 étant égal à 2 × 19, on pourra écrire

$$38o = 2 \times 19 \times 10.$$

Si l'on divise les deux membres de cette égalité par 2, on aura

$$38o : 2 = 19 \times 10;$$

car 2 étant facteur du second membre, pour diviser ce second membre par 2, il suffira de supprimer 2 (69). Divisons par 19 les deux membres de la nouvelle égalité, nous aurons

$$(38o : 2) : 19 = 10.$$

Le quotient reste donc le même, qu'on divise directement par 38 ou *successivement* par les facteurs de 38; l'ordre des divisions partielles est d'ailleurs indifférent ([1]).

([1]) Si la division ne s'effectuait pas exactement, les deux procédés conduiraient encore au même quotient, mais les restes définitifs ne seraient pas les mêmes. Si l'on divise 385 par 38, le quotient est 10 et le reste 5. Si l'on divise 385 par 2, le quotient est 192 et le reste 1; si l'on divise ce quotient par 19, le quotient définitif est encore 10, mais le dernier reste est égal à 2.

Désignons en effet, d'une manière générale, par D le dividende, par d le diviseur, par a, b, c les facteurs qui le constituent. Si l'on divise directement D par d, on obtiendra un certain quotient Q et un reste R. On pourra donc écrire

$$D = dQ + R.$$

Si l'on divise, au contraire, D par a, puis le quotient q obtenu par b, puis le nouveau quotient q' obtenu par c, on obtiendra un dernier quotient q''. Il faut prouver que $q'' = Q$. Désignons par r, r', r'' les restes des divisions successives. On pourra poser les égalités

$$D = aq + r, \quad q = bq' + r', \quad q' = cq'' + r''.$$

Si l'on substitue à q et à q' leurs valeurs, il vient

$$D = a[b(cq'' + r'') + r'] + r \quad \text{ou} \quad D = abcq'' + abr'' + ar' + r.$$

r'' est au plus égal à $c - 1$, r' au plus égal à $b - 1$, r au plus égal à $a - 1$. La somme $abr'' + ar' + r$ est donc au plus égale à

$$ab(c - 1) + a(b - 1) + a - 1 \quad \text{ou à} \quad abc - 1.$$

La dernière égalité posée prouve par suite que le plus grand nombre de fois que D contient $abc = d$ est q''. La première prouve que ce plus grand nombre de fois est Q. On a donc bien $q'' = Q$. On voit en même temps que le dernier reste r'' est toujours inférieur à R, puisqu'on a nécessairement

$$R = abr'' + ar' + r.$$

Des puissances.

71. On appelle *puissance* d'un nombre le produit qu'on obtient en prenant ce nombre plusieurs fois comme facteur.

On dit que la puissance est une puissance $m^{ième}$ lorsque le nombre est pris m fois comme facteur : m est alors le *degré* de la puissance.

On appelle, en particulier, *carré* la seconde puissance et *cube* la troisième puissance d'un nombre.

72. On indique le degré de la puissance au moyen de l'*exposant :* l'exposant est un nombre égal au degré de la puissance, qu'on écrit sur la droite et un peu au-dessus du nombre élevé à la puissance.

Ainsi l'on indiquera que 5 est élevé à la puissance 13, en écrivant 5^{13}.

La notation de l'exposant est extrêmement importante, et son emploi facilite beaucoup les calculs.

Par analogie, on dit que 5 est la première puissance de 5; on n'écrit pas l'exposant 1.

Les opérations sur les puissances se ramènent à des opérations plus simples sur les exposants de ces puissances.

73. I. *Pour multiplier deux puissances d'un même nombre, il suffit d'ajouter leurs exposants.*

Soit $7^3 \times 7^2$. Le résultat cherché est égal à 7^{3+2} ou 7^5. En effet, 7^3 représentant le produit de trois facteurs égaux à 7 et 7^2 le produit de deux facteurs égaux à 7, le produit $7^3 \times 7^2$ renferme cinq facteurs égaux à 7.

74. II. Il suit de là que, *pour diviser deux puissances d'un même nombre, il suffit de retrancher leurs exposants.*

Soit $7^5 : 7^2$. Puisqu'on a

$$5 = 2 + 3,$$

on a aussi

$$7^5 = 7^2 \times 7^3,$$

d'où

$$7^5 : 7^2 = 7^3 = 7^{5-2}.$$

Si l'on applique le résultat précédent au cas où le dividende et le diviseur sont égaux, si l'on divise, par exemple, 7^3 par 7^3, on trouve

$$7^3 : 7^3 = 7^{3-3} = 7^0.$$

D'autre part, $7^3 : 7^3 = 1$. *On est ainsi conduit à regarder tout nombre affecté de l'exposant zéro comme équivalent à l'unité.*

75. III. Il suit encore de là que, *pour élever une puissance à une autre puissance, il suffit de multiplier les exposants des deux puissances.*

Soit 7^2 à élever au cube, ce qu'on indique ainsi : $(7^2)^3$. Il faut faire le produit de trois facteurs égaux à 7^2, ce qui revient à ajouter trois fois l'exposant 2. On a donc

$$(7^2)^3 = 7^{2+2+2} = 7^{2\times3} = 7^6.$$

76. IV. Enfin, *pour élever un produit à une puissance, il suffit d'élever tous ses facteurs à cette puissance.*

Soit le produit $5 \times 7^2 \times 4$ à élever au cube. On a

$$(5 \times 7^2 \times 4)^3 = (5 \times 7^2 \times 4) \times (5 \times 7^2 \times 4) \times (5 \times 7^2 \times 4).$$

On peut enlever les parenthèses (67, II) et remplacer autant de facteurs que l'on voudra par leur produit effectué (67, III). En réunissant les facteurs 5, les facteurs 7^2 et les facteurs 4, on peut donc écrire

$$(5 \times 7^2 \times 4)^3 = 5^3 \times (7^2)^3 \times 4^3.$$

77. Extraire la *racine $m^{ième}$* d'un nombre, c'est chercher un nombre qui, élevé à la puissance $m^{ième}$, reproduise le nombre donné.

Pour terminer ce qui a rapport au calcul proprement dit, il faudrait exposer l'opération inverse de l'élévation aux puissances, au moins dans ses deux cas les plus simples. Mais, pour ne pas trop nous écarter des habitudes de l'enseignement, nous renverrons l'étude de l'extraction des racines carrée et cubique au livre IV.

Nous ferons seulement remarquer que nous avons été successivement conduit à la considération de six opérations particulières sur les nombres, opérations qui n'ont jamais pour but que la composition et la décomposition de ces nombres. Les nombres se composent au moyen de l'addition, de la multiplication et de l'élévation aux puissances. Dans la multiplication les nombres à ajouter sont égaux; dans l'élévation aux puissances, les facteurs employés sont égaux. Les nombres se décomposent au moyen de la soustraction, de la division, de l'extraction des racines. Dans la division, les nombres à soustraire sont égaux; dans l'extraction des racines, les facteurs qui, par leur produit, doivent reconstituer le nombre donné sont égaux. Les trois premières opérations ont pour *inverses* les trois dernières.

CHAPITRE VI.

DES DIFFÉRENTS SYSTÈMES DE NUMÉRATION.

Principes fondamentaux.

78. Les principes sur lesquels repose la Numération décimale ont été démontrés dans le Chapitre premier. Ces principes, qui se réduisent à deux, s'appliquent sans modifications à tout autre système; et comme les procédés de calcul sont fondés eux-mêmes sur l'ensemble de la Numération, il en résulte que, quel que soit le système choisi, les règles posées dans les Chapitres précédents demeurent intactes. Il suffit de remplacer, dans les raisonnements et les énoncés, la base *dix* par la nouvelle base adoptée.

Désignons cette nouvelle base par a. Les deux principes fondamentaux pourront être formulés comme il suit :

Tout nombre est composé de collections successives qui représentent ses unités des différents ordres; a unités d'un certain ordre formant une unité de l'ordre immédiatement supérieur, chaque collection est en valeur absolue inférieure à a.

Tout chiffre placé à la droite d'un autre vaut a fois moins que s'il était à la place de cet autre.

79. Comme le *zéro* est toujours indispensable pour tenir la place des unités manquantes, le nombre des chiffres significatifs (11) est toujours $a - 1$ dans chaque système.

Ainsi, dans le système *octaval*, c'est-à-dire dans celui dont la base est *huit*, les caractères employés sont

$$0, \quad 1, \quad 2, \quad 3, \quad 4, \quad 5, \quad 6, \quad 7.$$

Dans le système *binaire*, c'est-à-dire dans celui dont la base est *deux*, les caractères employés sont

$$0, \quad 1.$$

Quand la base dépasse dix, il faut imaginer de nouveaux caractères pour représenter les nombres compris entre neuf et la base considérée. Dans le système *duodécimal*, c'est-à-dire dans celui dont la base est *douze*, on prend les lettres grecques α et β pour représenter les nombres dix et onze. Les caractères employés sont alors

$$0, \quad 1, \quad 2, \quad 3, \quad 4, \quad 5, \quad 6, \quad 7, \quad 8, \quad 9, \quad \alpha, \quad \beta.$$

80. Parmi tous les systèmes qu'on pouvait choisir, on s'est arrêté au système de Numération décimale, sans doute à cause des dix doigts de nos deux mains qui ont naturellement servi, dans les temps primitifs, soit d'indicateurs, soit de points de repère pour figurer la série des nombres.

La Numération duodécimale présente cependant des avantages particuliers à cause du plus grand nombre de diviseurs de la base douze. La base dix n'est divisible exactement que par 2 et par 5, tandis que la base douze l'est à la fois par 2, par 3, par 4 et par 6. Aussi les anciennes mesures se rapportent-elles souvent, par leur mode de division, à la base douze.

Il est clair que, dans le système binaire, les multiplications et les divisions reviennent à de simples additions et à de simples soustractions. 1 est, en effet, le seul chiffre significatif de ce système; mais les nombres les plus simples s'y trouvent exprimés par un trop grand nombre de chiffres pour qu'on puisse penser à l'employer d'une manière usuelle.

Passage d'un système à un autre.

81. Deux questions se présentent naturellement : *passer d'un système quelconque au système décimal; passer du système décimal à un système quelconque.*

Le nombre $32\alpha78$ étant exprimé dans le système duodécimal, proposons-nous d'abord de l'écrire dans le système décimal.

D'après le premier principe fondamental (78) et en effectuant les calculs dans le système décimal, on voit que le nombre donné contient $3 \times 12 + 2$ ou 38 unités du quatrième ordre duodécimal. Il renferme, par suite, $38 \times 12 + 10$ ou 466 unités du troisième ordre duodécimal; puis $466 \times 12 + 7$ ou 5599 unités du deuxième ordre duodécimal; et enfin $5599 \times 12 + 8$ ou 67196 unités du premier ordre duodécimal et, par conséquent, du premier ordre décimal, car les unités simples sont identiques dans tout système.

$$
\begin{array}{r}
3 \\
12 \\
\hline
36 \\
2 \\
\hline
38 \\
12 \\
\hline
456 \\
10 \\
\hline
466 \\
12 \\
\hline
5592 \\
7 \\
\hline
5599 \\
12 \\
\hline
67188 \\
8 \\
\hline
67196
\end{array}
$$

Nous avons indiqué ci-contre la série des opérations. En mettant chaque base en indice, on obtiendra comme résultat l'égalité

$$32\alpha78_{(12)} = 67196_{(10)},$$

qu'on énoncera en disant que le nombre duodécimal $32\alpha78$ équivaut au nombre décimal 67196.

Ce qui précède conduit à cette règle : *Pour passer d'un nombre écrit dans un système quelconque à ce même nombre écrit dans le système décimal, on multiplie le premier chiffre à gauche du nombre donné par la base qui lui correspond et l'on ajoute au produit le second chiffre à gauche; on multiplie le résultat obtenu par la même base et l'on ajoute au produit le troisième chiffre; on continue ainsi jusqu'à ce qu'on ait été amené à ajouter le dernier chiffre à droite du nombre proposé.*

82. Étant donné le nombre décimal 67196, proposons-nous inversement de l'écrire dans le système duodécimal.

En opérant toujours dans le système décimal, divisons par 12 le nombre donné. Le quotient trouvé représentera (78) la quotité des unités du second ordre du nombre proposé écrit dans le système duodécimal, et le reste correspondant fera connaître les unités simples du même nombre. En divisant encore par 12 ce premier quotient, on obtiendra un second quotient égal aux unités du troisième ordre duodécimal et un reste égal aux unités du second ordre. On continuera de la même manière jusqu'à ce qu'on parvienne à un dernier quotient inférieur à 12. Ce dernier quotient représentera le chiffre des plus hautes unités du nombre duodécimal demandé et le reste correspondant, l'avant-dernier chiffre à gauche de ce nombre. L'opération offrira la disposition suivante :

$$
\begin{array}{r|l}
67196 & 12 \\
\hline
71 & 5599 \ | \ 12 \\
119 & 79 \ \ | \ \overline{466} \ | \ 12 \\
116 & 79 \quad 106 \ | \ \overline{38} \ | \ 12 \\
8 & 7 \quad (10) \quad 2 \ | \ \overline{3}
\end{array}
$$

En remplaçant le reste (10) par α, le nombre demandé sera donc $32\alpha78$.

On peut évidemment énoncer cette règle : *Pour passer d'un nombre écrit dans le système décimal à ce nombre écrit dans un système quelconque, on divise le nombre donné par la nouvelle base, puis le quotient obtenu par cette même base, et ainsi de suite, jusqu'à ce qu'on arrive à un quotient inférieur au diviseur constant employé. Si l'on écrit alors, à côté les uns des autres et de gauche à droite, le dernier quotient et les restes successivement trouvés en les prenant de droite à gauche, on a le résultat cherché.*

Si l'on voulait, en appliquant cette règle, écrire le nombre décimal 87 dans le système binaire, on parviendrait à l'égalité

$$87_{(10)} = 1010111_{(2)}.$$

Il faudrait donc, dans le nouveau système, sept chiffres là où deux suffisaient (80).

83. *Pour passer d'un nombre écrit dans un certain système à ce nombre écrit dans tout autre système*, le plus simple est de prendre pour intermédiaire le système décimal. Ainsi, pour passer du système a au système a', on écrira dans le système décimal le nombre donné dans le système a, en suivant la règle du n° 81 ; puis on transformera dans le système a' le nombre décimal obtenu, en suivant la règle du n° 82.

84. Si l'on désigne par A, B, C,..., L les différents chiffres de droite à gauche d'un nombre donné N écrit dans le système dont la base est x (ce qui entraîne les conditions $A < x$, $B < x$, $C < x$,..., $L < x$), et si les plus hautes unités de ce nombre sont de l'ordre $m + 1$, on pourra, d'après le second principe fondamental (78), poser l'égalité

$$N = A + Bx + Cx^2 + Dx^3 + \ldots + Lx^m.$$

Cette égalité résume évidemment les théorèmes établis précédemment (81, 82).

Numération grecque et numération romaine.

85. Le système décimal nous a été transmis par les Arabes; mais on ne sait pas exactement à quel peuple on doit reporter l'honneur de l'idée, aussi simple qu'admirable, d'attribuer aux différents chiffres des valeurs relatives ou de position indépendamment de leurs valeurs propres ou absolues.

La supériorité de la Numération décimale a rejeté complétement dans l'ombre les procédés de calcul des anciens, rendus pénibles et prolixes par le mode même de représentation qu'ils avaient adopté.

Nous nous bornerons à indiquer rapidement la notation employée par les Grecs et celle qui était usitée chez les Romains.

86. La numération des Grecs était toute littérale.

Au lieu des caractères......	1,	2,	3,	4,	5,	6,	7,	8,	9,
ils employaient les lettres...	α,	β,	γ,	δ,	ε,	ϛ,	ζ,	η,	θ.
Ils représentaient les dizaines.	10,	20,	30,	40,	50,	60,	70,	80,	90,
par les autres lettres.......	ι,	χ,	λ,	μ,	ν,	ξ,	ο,	π,	ϙ;
et les centaines...........	100,	200,	300,	400,	500,	600,	700,	800,	900,
par celles-ci.............	ρ,	σ,	τ,	υ,	φ,	χ,	ψ,	ω,	ϡ.

Ainsi, ils se servaient comme chiffres des vingt-quatre lettres de leur alphabet et de trois signes particuliers (ϛ ou 6, ϙ ou 90, ϡ ou 900) correspondant à d'anciennes lettres disparues.

Les mille, depuis une unité de mille jusqu'à neuf unités de mille, étaient indiqués à l'aide des mêmes lettres que les unités simples; et, pour distinguer, on affectait les lettres représentant les mille d'un accent placé au-dessous.

La lettre initiale M correspondait à une myriade ou à une dizaine de mille. Pour indiquer un nombre quelconque de myriades compris entre 1 et 9999, on écrivait ce nombre au-dessus du signe M; ou bien on plaçait après ce nombre les deux lettres initiales Mυ, qu'on remplaçait encore souvent par un simple point.

Remarquons enfin que, pour distinguer les nombres des mots que l'ensemble de leurs chiffres pouvait former, on surmontait en général d'un accent leur dernier chiffre à droite.

D'après cela, δφοη′ représentait 4578 unités. ϛτλβ.ωπθ′ représentait 5332 myriades et 8089 unités, c'est-à-dire 53328089 unités.

On voit que les Grecs pouvaient s'élever de cette manière jusqu'au nombre 99999999. Le suivant (100000000 ou 10 000²) était une myriade carrée.

Archimède imagina des nombres du second, du troisième, du quatrième ordre, etc. L'unité des nombres du second ordre était la myriade carrée ; l'unité des nombres du troisième ordre était la quatrième puissance de la myriade ; l'unité des nombres du quatrième ordre était la sixième puissance de la myriade, etc. Par là, Archimède partageait en réalité les nombres en collections successives correspondant à nos tranches de huit chiffres. Apollonius, après lui, se rapprocha davantage de notre système en composant ses tranches de quatre chiffres seulement. La première à droite était celle des unités, la seconde celle des myriades simples, la troisième celle des myriades doubles ou du second ordre, et ainsi de suite indéfiniment. Les différentes tranches étaient marquées par un trait, de sorte qu'Apollonius leur attribuait bien une valeur de position. Si ce grand géomètre avait fait pour les simples dizaines ce qu'il avait été conduit à faire pour les dizaines de mille, il aurait créé notre système actuel. Il est bien singulier que de profonds génies aient passé ainsi à côté de la Numération décimale sans en apercevoir les principes et les avantages.

87. Pour représenter les nombres, les Romains employaient les caractères suivants, dont l'usage est encore très-fréquent et qu'on qualifie toujours du nom de leurs inventeurs supposés :

Un,	deux,	trois,	cinq,	dix,	cinquante,	cent,	cinq cents,	mille.
I,	II,	III,	V,	X,	L,	C,	D ou IƆ,	M ou CIƆ.

Une convention spéciale permettait d'écrire tous les nombres à l'aide de ces caractères.

Si deux ou plusieurs chiffres romains sont placés à la suite l'un de l'autre de manière que leurs valeurs numériques aillent en décroissant de gauche à droite ou restent égales entre elles, on doit ajouter leurs valeurs propres ; mais, lorsqu'un chiffre est précédé d'un autre de valeur moindre, il doit être diminué d'autant.

D'après cela quatre était représenté par IV, six par VI, sept par VII, huit par VIII, neuf par IX, onze par XI, vingt par XX, trente par XXX, quarante par XL, soixante par LX, soixante-dix par LXX, quatre-vingts par **LXXX**, quatre-vingt-dix par XC, cent-dix par CX, deux cents par CC, quatre cents par CD, six cents par DC, neuf cents par CM.

Pour changer les unités en mille, on plaçait un trait au-dessus des chiffres employés. Ainsi, $\overline{X}$ représentait 10000, $\overline{MM}$ représentait 2 000 000.

On remplaçait souvent M par le signe ∞. On pouvait donner au symbole D (ou mieux IƆ) une valeur dix, cent, mille fois plus grande, en ajoutant à sa droite un, deux, trois Ɔ. Pour doubler chacune de ces valeurs, on plaçait à gauche du signe I autant de C qu'il avait de Ɔ à sa droite. Ainsi, IƆ, IƆƆ, IƆƆƆ, représentant 500, 5000, 50000, CIƆ, CCIƆƆ, CCCIƆƆƆ, vaudront 1000, 10000, 100000.

Si l'on veut représenter la date 1875 en chiffres romains, on écrira CIƆIƆCCCLXXV ou, plus simplement, MDCCCLXXV.

88. La notation romaine a été employée en Occident jusqu'à l'introduction des chiffres arabes. On fixe cette introduction vers la fin du xe siècle. Encore paraît-il qu'on employa d'abord seulement les neuf chiffres significatifs et qu'on ne se servit du zéro que dans la dernière moitié du douzième siècle. On voit par là combien l'adoption du système décimal s'opéra lentement. Il ne devint d'un usage commun en France que vers 1500. On continua pendant un certain temps à mêler les deux systèmes. On écrivait, par exemple, X^1, X^2, X^3 pour 11, 12, 13. La forme des chiffres subit elle-même des variations, et ne fut définitivement arrêtée que vers 1650.

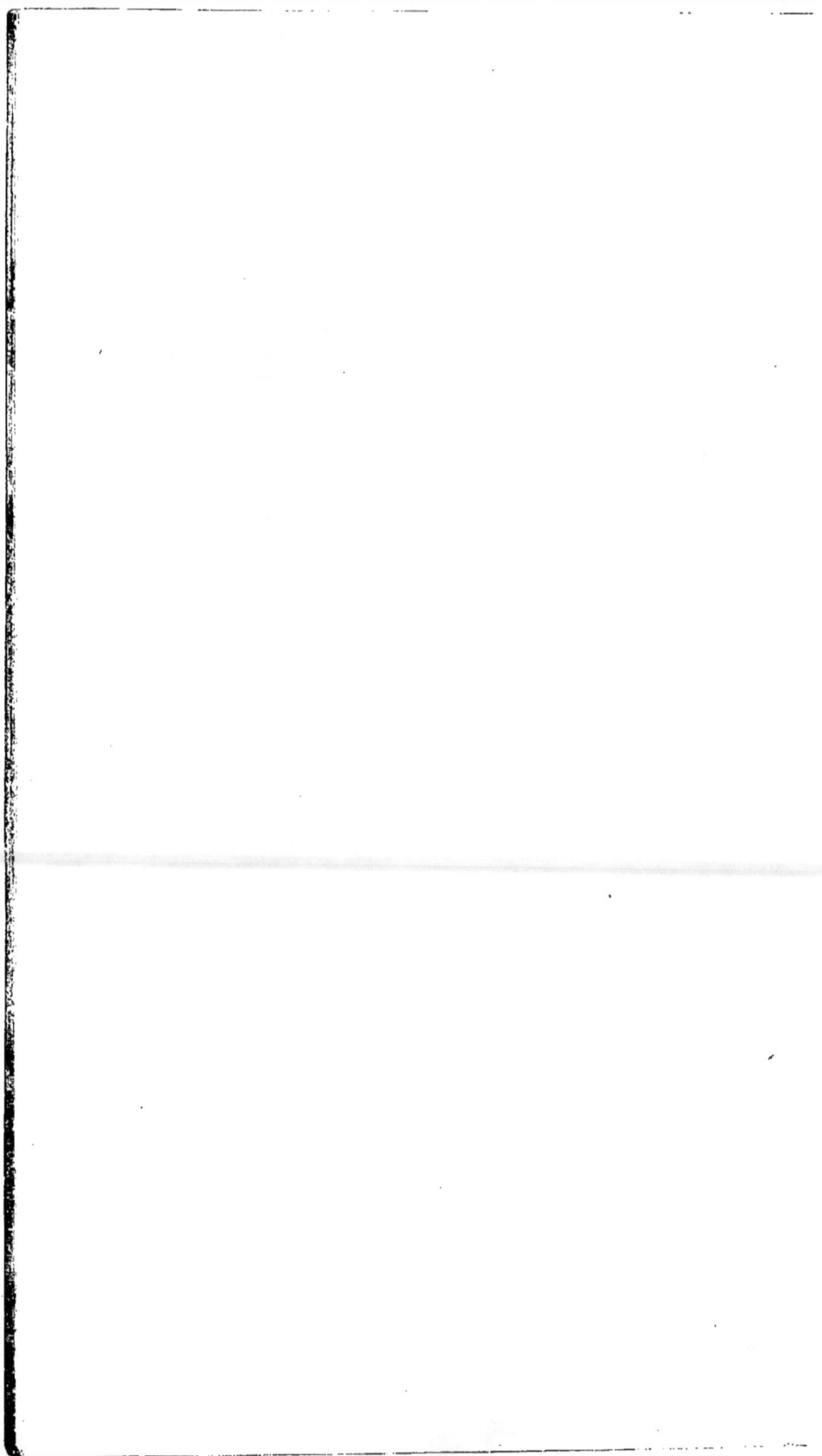

LIVRE DEUXIÈME.

PROPRIÉTÉS ÉLÉMENTAIRES DES NOMBRES ENTIERS.

CHAPITRE PREMIER.

THÉORIE DE LA DIVISIBILITÉ.

Théorèmes sur les diviseurs.

89. Lorsqu'un nombre en divise un autre sans reste, on l'appelle *diviseur exact* ou simplement *diviseur* de cet autre.

Lorsqu'un nombre admet un diviseur exact, on dit qu'il est *divisible* par ce diviseur ou qu'il en est un *multiple* ([1]); le diviseur, à son tour, est un *sous-multiple* ou un *facteur* de ce nombre.

Il est utile de pouvoir juger, à certains caractères particuliers, si un nombre est diviseur exact d'un autre nombre, au moins dans les cas où le diviseur considéré est très-petit et la condition correspondante facile à vérifier. On ramène la question à la recherche des restes fournis par un nombre quelconque, lorsqu'on essaye les diviseurs dont il s'agit. En effet, si ce nombre divisé par 9, par exemple, donne un reste nul, ce nombre sera un multiple de 9.

Avant d'indiquer les conditions de divisibilité nécessaires à connaître dans la pratique, nous démontrerons plusieurs théorèmes essentiels sur les diviseurs.

([1]) On peut dire, d'après cela, que la division a pour but de chercher le plus grand multiple du diviseur contenu dans le dividende.

90. I. *Lorsqu'un nombre est diviseur de chaque partie d'une somme, il est diviseur de cette somme.*

En effet, puisqu'il est contenu exactement dans chaque partie de la somme, cette somme en est nécessairement un multiple.

Par la même raison, *tout diviseur d'un nombre divise les multiples de ce nombre.*

91. II. *Lorsqu'un nombre en divise deux autres, il divise leur différence.*

En effet, puisqu'il est contenu exactement dans chaque partie de la différence, cette différence en est nécessairement un multiple.

Il résulte de là que *tout diviseur de deux nombres divise le reste de leur division;* car, si l'on écrit l'égalité fondamentale (61)

$$D = dQ + R,$$

on voit que tout diviseur de D et de d l'est de dQ multiple de d (90) et, par suite, de la différence $D - dQ = R$.

On peut dire, d'après cela, que *lorsqu'on divise le dividende et le diviseur d'une division par un même nombre, le quotient ne change pas, et le reste est divisé par le même nombre* (68).

92. III. *On ne change pas le reste d'une division en faisant varier le dividende d'un multiple du diviseur,* ce qui revient à dire que, *lorsque deux dividendes ne diffèrent que d'un multiple d'un certain diviseur, ils donnent des restes égaux quand on les divise respectivement par ce diviseur.*

En effet, le reste d'une division, représentant l'*excès* du dividende sur le plus grand multiple du diviseur qui y est contenu, ne dépend en rien de ce plus grand multiple, qu'on peut augmenter ou diminuer à volonté sans influer sur le reste.

On le voit encore en écrivant l'égalité

$$D = dQ + R.$$

Si l'on augmente le dividende D d'un multiple md du diviseur, le nouveau dividende D' satisfera à la nouvelle égalité

$$D' = dQ + R + md = d(Q + m) + R,$$

qui prouve que le quotient de la seconde division est augmenté de *m* sans que le reste R varie.

93. IV. Réciproquement, *si deux nombres divisés par un troisième donnent des restes égaux, leur différence est un multiple de ce troisième nombre.*

Des deux égalités

$$D = dQ + R \quad \text{et} \quad D' = dQ' + R,$$

on tire en effet immédiatement, en supposant $D > D'$,

$$D - D' = d(Q - Q').$$

94. V. *Si l'on divise un produit* P *de plusieurs facteurs par un certain nombre, on obtient un certain reste; si l'on divise ensuite chaque facteur par le même nombre, si l'on multiplie entre eux les restes successivement obtenus, et si l'on divise encore leur produit par le même nombre, on trouve le reste déjà donné par le produit* P.

On énonce plus rapidement ce théorème en disant : *Le reste d'un produit est égal au reste du produit des restes des facteurs, le diviseur employé restant le même.*

Soient le produit $P = ABC$ et le diviseur *d*. Divisons respectivement les facteurs A, B, C par *d*. Si nous représentons, d'une manière générale, par mult. de *d* le plus grand multiple du diviseur renfermé dans chaque dividende, et si nous désignons par r, r', r'' les restes correspondant aux divisions successives, nous aurons les égalités suivantes :

$$A = \text{mult. de } d + r,$$
$$B = \text{mult. de } d + r',$$
$$C = \text{mult. de } d + r''.$$

Ces égalités montrent (63) que le produit AB se compose de quatre termes dont les trois premiers sont multiples de *d* et dont le dernier est rr', de sorte qu'on peut écrire

$$AB = \text{mult. de } d + rr'.$$

De même le produit ABC se compose à son tour de quatre termes, dont les trois premiers sont aussi multiples de *d* et dont le dernier est $rr'r''$. On a donc finalement

$$ABC = P = \text{mult. de } d + rr'r''.$$

4.

Les deux produits P et $rr'r''$ différant d'un multiple de d donneront des restes égaux quand on les divisera respective-ment par d (92).

Caractères de divisibilité par 2, 5, 3, 9, 11, 7.

95. I. *Pour qu'un nombre soit divisible par 2^m ou 5^m, il faut et il suffit que le nombre formé par ses m derniers chiffres à droite soit divisible par 2^m ou 5^m:*

En effet, tout nombre peut se décomposer en ses unités du $(m+1)^{ième}$ ordre, plus le nombre formé par ses m derniers chiffres à droite. Les unités du $(m+1)^{ième}$ ordre sont suivies de m zéros, c'est-à-dire qu'elles sont toujours (76) un multiple de 10^m ou de $2^m \times 5^m$, puisque $10 = 2 \times 5$. Il en résulte que la première partie du nombre donné est toujours divisible par 2^m ou 5^m, et que le reste de sa division par 2^m ou 5^m ne peut provenir que du nombre formé par ses m derniers chiffres à droite (92).

En particulier, supposons d'abord $m = 1$. Nous en déduirons la règle suivante : *Pour qu'un nombre soit divisible par 2 ou par 5, il faut que son dernier chiffre à droite, c'est-à-dire le chiffre de ses unités, soit divisible par 2 ou par 5.*

Quand un nombre est divisible par 2, on dit qu'il est *pair :* il est *impair* dans le cas contraire. On regarde 0 comme le premier nombre pair. Donc *un nombre est divisible par 2 quand le chiffre de ses unités est pair; il est divisible par 5 quand le chiffre de ses unités est 0 ou 5.*

Supposons $m = 2$. Nous en déduirons cette seconde règle : *Pour qu'un nombre soit divisible par 2^2 ou par 5^2, c'est-à-dire par 4 ou par 25, il faut que le nombre formé par ses deux derniers chiffres à droite soit divisible par 4 ou par 25.*

Supposons encore $m = 3$. Nous en déduirons cette troisième règle : *Pour qu'un nombre soit divisible par 2^3 ou par 5^3, c'est-à-dire par 8 ou par 125, il faut que le nombre formé par ses trois derniers chiffres à droite soit divisible par 8 ou par 125.*

96. II. *Pour qu'un nombre soit divisible par 9 ou par 3, il faut et il suffit que la somme de ses chiffres soit divisible par 9 ou par 3.*

Nous partagerons la démonstration en trois parties.

1° *L'unité, suivie d'un nombre quelconque de zéros, est un multiple de 9 ou de 3, plus 1.*

En effet, un nombre formé seulement de 9 est un multiple de 9 ou de 3, car, divisé par 9 ou par 3, il donne au quotient autant de 1 ou de 3 qu'il renferme de 9 (**52**). De plus, si l'on ajoute 1 à ce nombre, on obtient l'unité suivie d'autant de zéros qu'il contient de 9.

2° *Un chiffre significatif autre que l'unité, suivi d'un nombre quelconque de zéros, est un multiple de 9 ou de 3, plus ce chiffre.*

On a, par exemple,

$$5000 = 1000 \times 5,$$

d'où (**63**)

$$5000 = (\text{un mult. de 9 ou de 3} + 1) \times 5$$
$$= \text{un mult. de 9 ou de 3} + 5.$$

3° Soit maintenant un nombre quelconque 82643. On peut le décomposer en ses unités des différents ordres et poser

$$82643 = 80000 + 2000 + 600 + 40 + 3.$$

On pourra écrire alors, d'après ce qui précède, les égalités suivantes :

$$80000 = \text{un mult. de 9 ou de 3} + 8$$
$$2000 = \text{un mult. de 9 ou de 3} + 2$$
$$600 = \text{un mult. de 9 ou de 3} + 6$$
$$40 = \text{un mult. de 9 ou de 3} + 4$$
$$3 = \dots\dots\dots\dots\dots\dots\dots + 3$$

Si on les ajoute membre à membre, on trouve

$$82643 = \text{un mult. de 9 ou de 3} + (8 + 2 + 6 + 4 + 3).$$

Le reste de la division de ce nombre par 9 ou par 3 ne peut donc provenir que de la somme de ses chiffres (**92**) : le théorème est, par suite, établi.

Dans la pratique, on fait la somme des chiffres en supprimant 9 successivement, et l'on dit : 8 et 2, 10; 1 et 6, 7; 7 et 4, 11; 2 et 3, 5. 5 est le reste de la division du nombre considéré par 9. Si l'on essaye le diviseur 3, on fait la somme des chiffres, et on la divise directement par 3. On dit : 8 et

2, 10; 10 et 6, 16; 16 et 4, 20 et 3, 23. 23 divisé par 3 donne 2 pour reste. 2 est le reste de la division du nombre considéré par 3.

97. III. *Pour qu'un nombre soit divisible par* 11, *il faut et il suffit que l'excès de la somme de ses chiffres de rang impair à partir de la droite, sur la somme de ses chiffres de rang pair, soit divisible par* 11.

Nous partagerons la démonstration en trois parties.

1° *L'unité suivie d'un nombre impair de zéros est un multiple de* 11 *moins* 1, *et l'unité suivie d'un nombre pair de zéros est un multiple de* 11 *plus* 1.

En effet, divisons par 11 l'unité suivie d'un nombre quelconque de zéros, et prenons successivement pour dividendes 10, 100, 1000, 10000, 100000, etc.,

$$
\begin{array}{r|l}
1000000\ldots & 11 \\ \cline{2-2}
100 & \\
100 & 090909\ldots \\
1\ldots &
\end{array}
$$

Les chiffres 0 et 9 se reproduiront périodiquement au quotient, et les restes correspondants seront alternativement 10 et 1.

Il en résulte (61) que l'unité suivie d'un nombre impair de zéros est un multiple de 11 plus 10, c'est-à-dire, puisque $10 = 11 - 1$, un multiple de 11 moins 1, tandis que l'unité suivie d'un nombre pair de zéros est un multiple de 11 plus 1.

2° *Un chiffre significatif autre que l'unité, suivi d'un nombre impair de zéros, est un multiple de* 11 *moins ce chiffre; et un chiffre significatif autre que l'unité, suivi d'un nombre pair de zéros, est un multiple de* 11, *plus ce chiffre.*

Soit 500000. On aura

$$500000 = 100000 \times 5 = (\text{un mult. de } 11 - 1) \times 5,$$

c'est-à-dire (64)

$$500000 = \text{un mult. de } 11 - 5.$$

Soit 8000000. On aura

$$8000000 = 1000000 \times 8 = (\text{un mult. de } 11 + 1) \times 8,$$

c'est-à-dire (63)

$$8000000 = \text{un mult. de } 11 + 8.$$

3° Soit maintenant le nombre 487569. On pourra le décomposer en ses unités des différents ordres et poser

$$487569 = 400000 + 80000 + 7000 + 500 + 60 + 9.$$

On pourra alors écrire, d'après ce qui précède, les égalités suivantes :

$$400000 = \text{un mult. de } 11 - 4$$
$$80000 = \text{un mult. de } 11 + 8$$
$$7000 = \text{un mult. de } 11 - 7$$
$$500 = \text{un mult. de } 11 + 5$$
$$60 = \text{un mult. de } 11 - 6$$
$$9 = \ldots\ldots\ldots\ldots 9$$

Si on les ajoute membre à membre, on trouve

$$487569 = \text{un mult. de } 11 - 4 + 8 - 7 + 5 - 6 + 9$$

ou

$$487569 = \text{un mult. de } 11 + (9 + 5 + 8) - (6 + 7 + 4);$$

ce qui démontre le théorème (92).

Le reste de la division du nombre proposé par 11 ne peut provenir que de l'excès de la somme $9 + 5 + 8$ sur la somme $6 + 7 + 4$; il est donc, dans l'exemple considéré, égal à 5.

Il peut arriver que la somme des chiffres de rang pair l'emporte sur la somme des chiffres de rang impair. Dans ce cas, on augmente la somme des chiffres de rang impair d'autant de fois 11 qu'il est nécessaire pour que la soustraction soit possible. En effet, on peut toujours détacher ce nombre de fois 11 du multiple de 11 qui forme la première partie du nombre donné. Soit 35291. On aura

$$35291 = \text{un mult. de } 11 + 6 - 14.$$

Si l'on détache une fois 11 du multiple de 11, on aura

$$35291 = \text{un mult. de } 11 + 11 + 6 - 14$$
$$= \text{un mult. de } 11 + 17 - 14 = \text{un mult. de } 11 + 3.$$

98. Indiquons maintenant la marche à suivre dans un cas quelconque, et prenons pour exemple le diviseur 7.

Divisons par 7 l'unité suivie d'un nombre quelconque de zéros, et examinons si la série des restes obtenus en prenant pour dividendes successifs l'unité et les différentes puissances de 10 présente une loi qui permette de substituer à la division directe du nombre proposé par 7 une suite d'opérations conduisant plus rapidement au résultat cherché.

$$
\begin{array}{c|l}
1000000\ldots & 7 \\
\quad 3o & \overline{0142857\ldots} \\
\quad 20 & \\
\quad 6o & \\
\quad 4o & \\
\quad 5o & \\
\quad 1. &
\end{array}
$$

On a successivement pour restes les nombres 1, 3, 2, 6, 4, 5. La septième division ramène le reste 1. Se retrouvant ainsi au point de départ, on voit que, si l'on continue la division, les restes primitifs se reproduiront périodiquement et dans le même ordre. D'ailleurs

$$6 = 7 - 1, \quad 4 = 7 - 3, \quad 5 = 7 - 2.$$

On a donc les égalités suivantes :

$$1 = 1, \qquad 10 = \text{mult. de } 7 + 3, \qquad 10^2 = \text{mult. de } 7 + 2,$$
$$10^3 = \text{mult. de } 7 - 1, \quad 10^4 = \text{mult. de } 7 - 3, \quad 10^5 = \text{mult. de } 7 - 2,$$
$$10^6 = \text{mult. de } 7 + 1, \quad 10^7 = \text{mult. de } 7 + 3, \quad 10^8 = \text{mult. de } 7 + 2,$$
$$10^9 = \text{mult. de } 7 - 1, \quad 10^{10} = \text{mult. de } 7 - 3, \quad 10^{11} = \text{mult. de } 7 - 2,$$
$$\ldots\ldots\ldots\ldots\ldots ; \quad \ldots\ldots\ldots\ldots\ldots ; \quad \ldots\ldots\ldots\ldots\ldots$$

et ainsi de suite indéfiniment.

Il en résulte que les unités des différents ordres sont des multiples de 7 augmentés respectivement, en allant de droite à gauche, des nombres 1, 3, 2, pour chaque tranche ternaire de rang impair, et diminués respectivement des mêmes nombres pour chaque tranche ternaire de rang pair.

D'ailleurs, si l'on remplace l'unité d'un certain ordre par un chiffre significatif quelconque suivi du même nombre de zéros, on obtiendra un résultat analogue, le multiple de 7 devant être augmenté ou diminué, d'après le rang considéré, du produit du chiffre significatif par l'un des nombres périodiques 1, 3, 2.

D'après cela, soit le nombre 94675813. On écrira au-dessous, de droite à gauche, les chiffres 1, 3, 2, en les répétant autant de fois qu'il sera nécessaire.

$$
\begin{array}{c}
94675813 \\
31231231
\end{array}
$$

On multipliera respectivement par ces chiffres les chiffres immédiatement supérieurs du nombre proposé, on ajoutera les produits correspondant aux tranches ternaires de rang impair à partir de la droite, on en retranchera ceux qui sont fournis par les tranches ternaires de rang pair, et le résultat ainsi obtenu donnera le même reste que le nombre considéré, quand on le divisera par 7. On parvient ici à 15 qui, divisé par 7, donne le reste 1. Tel est donc aussi le reste de la division de 94675813 par 7.

Ce procédé est évidemment beaucoup trop compliqué pour qu'on le suive dans la pratique. Il est beaucoup plus simple de prendre le septième du nombre donné (52).

On simplifie un peu en remarquant que, d'après ce qui précède,

$$10^3 = \text{mult. de } 7 - 1, \quad 10^6 = \text{mult. de } 7 + 1, \quad 10^9 = \text{mult. de } 7 - 1, \ldots$$

On en conclut que, dans un nombre entier quelconque, les différentes tranches ternaires de rang impair à partir de la droite sont des multiples de 7 augmentés de la valeur absolue de la tranche, tandis que les tranches ternaires de rang pair sont des multiples de 7 diminués de la valeur absolue de la tranche.

Par suite, tout nombre est un multiple de 7 augmenté de la somme de ses tranches ternaires de rang impair et diminué de la somme de ses tranches ternaires de rang pair.

Donc, *pour qu'un nombre soit divisible par 7, il faut et il suffit que, si on le partage en tranches de trois chiffres, de droite à gauche, l'excès de la somme des tranches de rang impair sur la somme des tranches de rang pair soit divisible par 7.*

Dans l'exemple ci-dessus, on obtient pour cet excès le nombre 232 qui, divisé par 7, donne 1 pour reste.

On pourrait opérer de la même manière pour tout autre diviseur et arriver ainsi à des règles plus ou moins curieuses, plus ou moins pénibles à appliquer. Mais, sans nous arrêter à ces cas particuliers, nous allons montrer ce qu'il y a de général dans les caractères de divisibilité trouvés jusqu'à présent.

Généralisation des résultats précédents.

99. On peut appliquer à tout système de Numération les raisonnements qui ont conduit aux caractères de divisibilité par 9 (qui est la base décimale moins 1) et par 11 (qui est la base décimale plus 1).

Par conséquent, dans tout système dont la base est a, l'unité suivie d'un nombre quelconque de zéros, c'est-à-dire une puissance quelconque a^m de la base, est un multiple de $(a - 1)$, augmenté de 1. On a alors

$$a^m = \text{mult. de } (a - 1) + 1,$$

c'est-à-dire

$$a^m - 1 = \text{mult. de } (a - 1).$$

On peut donc énoncer ce premier théorème :

Quels que soient la base a et l'entier m, $a^m - 1$ est toujours divisible par $a - 1$.

De même, dans tout système dont la base est a, l'unité suivie d'un nombre impair de zéros, c'est-à-dire une puissance impaire quelconque a^{2k+1} de la base, est un multiple de $(a+1)$ diminué de 1 ; et l'unité suivie d'un nombre pair de zéros, c'est-à-dire une puissance paire quelconque a^{2k} de la base, est un multiple de $(a+1)$ augmenté de 1. On a alors

$$a^{2k+1} = \text{mult. de } (a+1) - 1 \quad \text{ou} \quad a^{2k+1} + 1 = \text{mult. de } (a+1)$$

et

$$a^{2k} = \text{mult. de } (a+1) + 1 \quad \text{ou} \quad a^{2k} - 1 = \text{mult. de } (a+1).$$

On peut donc énoncer ce second théorème :

Quels que soient la base a et l'entier m, $a^m + 1$ est toujours divisible par $(a+1)$ quand m est impair, et $a^m - 1$ est toujours divisible par $a+1$ quand m est pair.

100. Soit maintenant un nombre quelconque N écrit dans le système dont la base quelconque est a. Partageons-le en tranches de m chiffres, en allant de droite à gauche ; la dernière tranche à gauche pourra avoir moins de m chiffres. Désignons par A, B, C, D,... les valeurs absolues des tranches obtenues. On peut évidemment (84) mettre N sous l'une des trois formes suivantes :

$$N = A + (B + Ca^m + Da^{2m} + \ldots)a^m,$$

$$N = A + B + C + D + \ldots + B(a^m - 1) + C(a^{2m} - 1) + D(a^{3m} - 1) + \ldots,$$

$$N = (A + C + \ldots) - (B + D + \ldots)$$
$$+ B(a^m + 1) + C(a^{2m} - 1) + D(a^{3m} + 1) + \ldots.$$

L'examen de ces différentes formes conduit à trois théorèmes généraux, dont nous n'avons vu jusqu'à présent que des applications particulières.

101. PREMIÈRE FORME. — Tout diviseur de a^m divise un multiple de a^m. Donc, *pour qu'un nombre soit divisible par un diviseur quelconque de la $m^{ième}$ puissance de la base, il faut et il suffit que le nombre formé par ses m derniers chiffres à droite admette ce diviseur* (95).

102. DEUXIÈME FORME. — Nous venons de voir (99) que $a^m - 1$ est toujours divisible par $a - 1$. Il en résulte que $a^{mx} - 1$ est toujours divisible par $a^m - 1$, x étant un entier quelconque. En effet, si l'on remplace a^m par α, a^{mx} devient α^x (74), et la division indiquée revient à celle de $\alpha^x - 1$ par $\alpha - 1$. D'ailleurs tout diviseur d'un nombre divise ses multiples. Donc, *pour qu'un nombre soit divisible par un diviseur de la $m^{ième}$ puissance de la base, diminuée de 1, il faut et il suffit que la somme des valeurs absolues des tranches de m chiffres formées dans ce nombre, en allant de droite à gauche, admette ce diviseur* (96).

Par exemple, si l'on divise 1000 par 37 en revenant au système décimal, on trouve 1 pour reste. Par suite, 37 est un diviseur de $10^3 - 1$. Donc, *pour qu'un nombre soit divisible par 37, il faut et il suffit que la somme des valeurs absolues de ses tranches ternaires soit divisible par 37.*

Le nombre 45237819 donne 1101 pour somme de ses tranches ternaires. En appliquant la même règle à 1101, la question est ramenée à diviser 102 par 37. Le reste de la division du nombre proposé par 37 est donc 28.

103. TROISIÈME FORME. — Nous venons de voir (99) que $a^m + 1$ est toujours divisible par $a + 1$ quand m est impair, et que $a^m - 1$ est toujours divisible par le même diviseur quand m est pair. Il en résulte que $a^{mx} + 1$ est toujours divisible par $a^m + 1$ quand l'entier x est impair, et que $a^{mx} - 1$ est toujours divisible par le même diviseur quand l'entier x est pair. En effet, si l'on remplace a^m par α, a^{mx} devient α^x (74), et l'on a à diviser par $\alpha + 1$: dans le premier cas, $\alpha^x + 1$, et dans le second $\alpha^x - 1$.

D'ailleurs tout diviseur d'un nombre divise ses multiples. Donc, *pour qu'un nombre soit divisible par un diviseur de la $m^{ième}$ puissance de la base augmentée de 1, il faut et il suffit que, le nombre proposé ayant été partagé en tranches de m chiffres comme nous l'avons dit, l'excès de la somme des valeurs absolues des tranches de rang impair sur la somme des valeurs absolues des tranches de rang pair admette le diviseur considéré* (97).

Par exemple, si l'on divise 1000 par 7, en revenant au système décimal, on trouve pour reste 6 ou $7 - 1$. Si l'on divise de même 1000 par 13, on trouve pour reste 12 ou $13 - 1$. Par suite, 7 et 13 sont des diviseurs de $10^6 + 1$.

Donc, *pour qu'un nombre soit divisible par 7 ou par 13, il faut et il suffit que l'excès de la somme des valeurs absolues de ses tranches ternaires de rang impair sur la somme des valeurs absolues de ses tranches ternaires de rang pair soit divisible par 7 ou par 13.*

Le nombre 82678213927 donne pour cet excès le nombre 1310. En appliquant la même règle à 1310, la question est ramenée à diviser 309 par 7 ou par 13. Le reste de la division du nombre proposé par 7 est donc 1 ; le reste de sa division par 13 est 10.

Preuves des quatre opérations, au moyen des caractères de divisibilité.

104. Pour faire ces preuves, il vaut mieux employer un diviseur tel que 9, parce que tous les chiffres du résultat concourent alors à la preuve (96), ce qui n'aurait pas lieu pour les diviseurs qui sont des puissances de 2 ou de 5 (95).

105. ADDITION ET SOUSTRACTION. — Soit à additionner les nombres 8457, 2392, 1547 ; leur somme est égale à 12396. On aura les égalités suivantes (96) :

$$8457 = \text{un mult. de } 9 + 6,$$
$$2392 = \text{un mult. de } 9 + 7,$$
$$1547 = \text{un mult. de } 9 + 8,$$
$$12396 = \text{un mult. de } 9 + 3.$$

En comparant les trois premières égalités et la dernière, on voit que la somme des restes partiels 6 + 7 + 8 ne doit différer du reste 3 que d'un multiple de 9 ; ce qui a lieu en effet.

Soit à soustraire les nombres 82357 et 19853 : leur différence est 62504. Il faudra, d'après ce qu'on vient de dire pour l'addition, que la somme des restes fournis par le plus petit nombre 19853 et la différence 62504 ne diffère du reste donné par le plus grand nombre 82357 que d'un multiple de 9. Le reste de la division de 82357 par 9 est 7, celui de la division de 62504 est 8, comme celui de la division de 19853. La somme 8 + 8 ou 16 diffère bien de 7 d'un multiple de 9.

106. MULTIPLICATION. — La preuve de la multiplication par 9 résulte immédiatement du théorème démontré au n° 94. Nous indiquerons donc seulement la marche à suivre sur un exemple. Soit 4832 à multiplier par 627. Le produit est 3029664. Le reste de la division de ce produit par 9 est 3. Les restes de la division du multiplicande et du multiplicateur par 9 sont 8 et 6. Le produit de ces deux restes est 48, et le reste de la division de ce produit par 9 est 3, comme on l'a déjà trouvé pour le produit 3029664 : l'exactitude de la multiplication est donc probable.

107. DIVISION. — S'il s'agit de vérifier une division, on n'a qu'à appliquer ce qu'on vient de dire pour l'addition et la multiplication, puisque le dividende doit être égal au produit du diviseur par le quotient, plus le reste. Soit à diviser 3031991 par 4832; on trouve pour quotient 627 et pour reste 2327. Le dividende divisé par 9 donne pour reste 8. Le produit du diviseur par le quotient donne, d'après ce qui précède, le même reste que le produit 8 × 6 des restes obtenus en divisant séparément par 9 le diviseur et le quotient : ce reste est donc 3. Enfin le reste 2327 de l'opération, divisé par 9, donne pour reste 5. Il faut donc que la somme des deux derniers restes 3 + 5 soit égale au premier reste trouvé 8 ou n'en diffère que d'un multiple de 9.

108. Si l'erreur commise dans une opération était juste égale à un multiple du diviseur employé, la marche indiquée ne pourrait la faire découvrir.

CHAPITRE II.

THÉORIE DU PLUS GRAND COMMUN DIVISEUR.

Plus grand commun diviseur de deux nombres.

109. Deux nombres peuvent admettre un diviseur commun; ils peuvent en admettre plusieurs : le plus grand de tous ces diviseurs s'appelle leur *plus grand commun diviseur*. Ainsi 36 et 24 ont pour diviseurs communs 2, 3, 4, 6 et 12 : 12 est leur plus grand commun diviseur.

110. I. *Le plus grand commun diviseur de deux nombres divisibles l'un par l'autre est le plus petit d'entre eux.*

Si 36 divise exactement 180, il est le plus grand commun diviseur de 36 et de 180; car le plus grand nombre qui puisse diviser 36 est 36.

On sera donc conduit, pour chercher le plus grand commun diviseur de deux nombres, à essayer leur division. Si la division réussit, la recherche du plus grand commun diviseur est terminée; sinon on s'appuie pour la continuer sur le théorème suivant.

111. II. *Le plus grand commun diviseur de deux nombres est le même que celui du plus petit d'entre eux et du reste de leur division.*

Soit à chercher le plus grand commun diviseur des nombres 672 et 276. En effectuant leur division, on trouve 2 pour quotient et 120 pour reste. On remarque alors que tous les diviseurs communs à 672 et à 276 divisent 120, reste de leur division (**91**), c'est-à-dire sont diviseurs communs de 276 et de 120.

On remarque ensuite que $672 = 276 \times 2 + 120$ et que, par conséquent, tous les diviseurs communs à 276 et à 120, divisant 276×2, divisent aussi la somme $276 \times 2 + 120$ ou 672, c'est-à-dire sont diviseurs communs de 672 et de 276.

On en conclut que les deux groupes 672 et 276 d'une part, 276 et 120 de l'autre, admettant la même série de diviseurs communs, ont en particulier le même plus grand commun diviseur.

112. Reprenons l'exemple proposé. On est conduit à diviser 276 par 120 : on trouve 2 pour quotient et 36 pour reste. La recherche est donc ramenée à celle du plus grand commun diviseur des nombres 120 et 36. On divise 120 par 36, on trouve 3 pour quotient et 12 pour reste. Enfin on cherche le plus grand commun diviseur des nombres 36 et 12. En divisant 36 par 12, on trouve 3 pour quotient et o pour reste : 12 est donc le plus grand commun diviseur demandé.

$$
\begin{array}{c|c|c|c|c}
 & 2 & 2 & 3 & 3 \\
672 & 276 & 120 & 36 & 12 \\
120 & \overline{36} & \overline{12} & \overline{0} &
\end{array}
$$

On remarquera que les quotients successifs doivent être écrits au-dessus des diviseurs correspondants.

On voit qu'*il faut diviser le plus grand nombre par le plus petit, le plus petit par le reste trouvé, ce premier reste par le second, et ainsi de suite, jusqu'à ce qu'on trouve un reste qui, divisant exactement le reste précédent, soit le plus grand commun diviseur cherché.*

113. L'opération se terminera nécessairement; car, puisqu'il s'agit de nombres entiers et que tout reste doit être plus petit que le diviseur correspondant, les restes iront toujours en diminuant; il faudra donc qu'on arrive au moins au reste 1 qui divise tous les nombres.

Lorsque deux nombres ont pour plus grand commun diviseur l'unité, on dit qu'ils sont *premiers entre eux.*

Si, dans la recherche du plus grand commun diviseur de deux nombres, on arrive à deux restes qu'on sache être premiers entre eux, le plus grand commun diviseur des deux nombres proposés est aussi 1, puisque ce plus grand commun diviseur est celui de deux restes consécutifs quelconques(**112**).

Théorèmes relatifs au plus grand commun diviseur de deux nombres.

114. I. *Tout commun diviseur de deux nombres divise leur plus grand commun diviseur.*

En effet, tout commun diviseur de deux nombres divise le reste de leur division.

Reportons-nous à l'exemple précédent (**112**), et considérons 4 qui divise 672 et 276. Il divisera alors 120; divisant 276 et 120, il divisera 36; divisant 120 et 36, il divisera 12.

On voit par là que, pour obtenir tous les diviseurs communs de deux nombres, il suffit de trouver tous les diviseurs de leur plus grand commun diviseur.

115. II. *En multipliant ou en divisant deux nombres par un troisième nombre, on multiplie ou l'on divise leur plus grand commun diviseur par ce troisième nombre.*

En effet, en multipliant ou en divisant deux nombres par un troisième nombre, on multiplie ou l'on divise le reste de leur division par ce troisième nombre (**68, 91**).

Reprenons encore l'exemple du n° **112**. En multipliant ou en divisant 672 et 276 par 3, on multipliera ou l'on divisera le reste 120 par 3. Le dividende 276 et le diviseur 120 étant multipliés ou divisés par 3, le reste 36 sera lui-même multiplié ou divisé par 3. Enfin, le dividende 120 et le diviseur 36 étant multipliés ou divisés par 3, le reste 12 sera lui-même multiplié ou divisé par 3. Le dividende 36 et le diviseur 12 donnaient 0 pour reste : il en sera de même de ces deux nombres multipliés ou divisés par 3, c'est-à-dire que le plus grand commun diviseur sera 12 multiplié ou divisé par 3.

116. Ce qui précède permet de simplifier dans certains cas la recherche du plus grand commun diviseur de deux nombres. Si l'on demande, par exemple, le plus grand commun diviseur des nombres 36800 et 24000, on pourra diviser ces deux nombres par 100 et chercher le plus grand commun diviseur 16 des quotients 368 et 240. Pour avoir ensuite le plus grand commun diviseur des nombres proposés, il suffira de multiplier 16 par 100.

117. III. *Les quotients de deux nombres divisés par leur plus grand commun diviseur sont premiers entre eux.*

En effet, en divisant deux nombres par leur plus grand commun diviseur, on divise ce plus grand commun diviseur par lui-même (115), de sorte que le plus grand commun diviseur des deux quotients obtenus est l'unité.

La réciproque (¹) de ce théorème est évidente.

Soient, en effet, les nombres A et B qui, divisés par D, donnent les quotients a et b premiers entre eux. a et b ayant 1 pour plus grand commun diviseur, les produits aD et bD, c'est-à-dire A et B, auront $1 \times$ D ou D pour plus grand commun diviseur (115).

118. En Arithmétique, l'utilité de la théorie que nous venons d'exposer est bornée à la recherche des quotients de deux nombres par leur plus grand commun diviseur. Il est donc bon d'indiquer une règle pour trouver rapidement ces quotients, au moyen de l'opération même qui fournit le plus grand commun diviseur.

Reprenons encore l'exemple du n° 112. 12 se contient lui-même 1 fois : écrivons 1 au-dessous de 12. 36 contient 3 fois 12 : écrivons 3 au-dessous de 36. 120 contient 3 fois 36 + 12, c'est-à-dire un nombre de fois 12 représenté par $3 \times 3 + 1$ ou 10 : écrivons 10 au-dessous de 120. On voit qu'il faut, pour obtenir ce résultat, multiplier le résultat précédent 3 par le quotient qui est placé au-dessus, et ajouter à ce produit le nombre 1 placé à droite de 3. 276 contient 2 fois 120 plus 36, c'est-à-dire un nombre de fois 12 représenté par $10 \times 2 + 3$ ou 23 : écrivons 23 au-dessous de 276. Ce résultat s'obtient encore en multipliant le précédent par le quotient 2 placé au-dessus, et en ajoutant au produit le résultat anté-précédent. Enfin 672

(¹) Dans l'énoncé d'un théorème, il y a toujours une hypothèse et une conclusion ; la démonstration a pour but de passer de l'hypothèse à la conclusion, à l'aide d'une série de déductions évidentes. Le théorème réciproque s'obtient en prenant la conclusion du théorème direct pour hypothèse, et l'hypothèse de ce théorème pour conclusion. Dans le cas considéré, l'hypothèse du théorème direct est que l'on divise deux nombres par leur plus grand commun diviseur ; la conclusion est que les quotients obtenus sont premiers entre eux. Le théorème réciproque s'énonce en disant : Si l'on divise deux nombres par un troisième nombre et que les quotients obtenus soient premiers entre eux, le troisième nombre est le plus grand commun diviseur des deux premiers. Les réciproques ne sont pas toutes vraies, parce que l'hypothèse et la conclusion n'ont pas toujours le même degré de généralité : nous en verrons des exemples en Géométrie.

contient 2 fois 276 plus 120, c'est-à-dire un nombre de fois 12 représenté par 23 × 2 + 10 ou 56 : écrivons 56 au-dessous de 672. Les quotients cherchés sont 56 et 23.

$$
\begin{array}{ccccc}
 & 2 & 2 & 3 & 3 \\
672 \mid & 276 \mid & 120 \mid & 36 \mid & 12 \\
120 \mid & \overline{36} \mid & 12 \mid & 0 \mid & \\
56 & 23 & 10 & 3 & 1
\end{array}
$$

On voit sans peine la règle à suivre. *Après avoir écrit 1 sous le plus grand commun diviseur, et avoir placé le quotient qui lui correspond à gauche de 1, il faut multiplier successivement le dernier résultat obtenu par le quotient qui est au-dessus et ajouter au produit l'avant-dernier résultat.* On trouve ainsi la série des quotients des restes consécutifs et des deux nombres proposés par leur plus grand commun diviseur.

Plus grand commun diviseur de plusieurs nombres.

119. n nombres peuvent admettre un diviseur commun, ils peuvent en admettre plusieurs : le plus grand de tous ces diviseurs s'appelle leur *plus grand commun diviseur.*

On peut ramener la recherche du plus grand commun diviseur de plusieurs nombres à celle du plus grand commun diviseur de deux nombres, à l'aide du théorème suivant :

Soient n nombres α, β, γ, ..., λ; si d est le plus grand commun diviseur de deux d'entre eux α et β, le plus grand commun diviseur des n nombres α, β, γ, ..., λ est le même que celui des $(n-1)$ nombres d, γ, ..., λ.

$$
\begin{array}{cccc}
\alpha & \beta & \gamma \dots\dots\dots & \lambda \\
d & & \gamma \dots\dots\dots & \lambda
\end{array}
$$

En effet, tout diviseur commun des nombres α, β, γ, ..., λ est diviseur commun des nombres d, γ, ..., λ, puisque tout nombre qui divise α et β divise leur plus grand commun diviseur d (114). Réciproquement, tout diviseur commun des nombres d, γ, ..., λ est diviseur commun des nombres α, β, γ, ..., λ, puisque tout nombre qui divise d divise ses multiples α et β. Le plus grand commun diviseur est donc le même pour les deux suites.

D'après ce théorème, la recherche du plus grand commun

diviseur de n nombres, ramenée d'abord à celle du plus grand
commun diviseur de $(n-1)$ nombres, le sera de même à celle
du plus grand commun diviseur de $(n-2)$ nombres, et ainsi
de suite, jusqu'à ce qu'on parvienne à deux nombres seulement, dont le plus grand commun diviseur sera le plus grand
commun diviseur cherché.

Si l'on a, par exemple, les quatre nombres α, β, γ, δ, on
cherchera le plus grand commun diviseur d des nombres α
et β, et la série des nombres α, β, γ, δ sera remplacée par
celle des nombres d, γ, δ. On cherchera ensuite le plus grand
commun diviseur d' des nombres d et γ, et les nombres d, γ, δ
seront remplacés par les nombres d' et δ. Le plus grand commun diviseur d'' des nombres d' et δ sera donc le plus grand
commun diviseur cherché. On peut représenter la suite des
opérations par le tableau ci-dessous :

$$\underbrace{\alpha \quad \overbrace{\beta \quad \gamma}}_{\displaystyle d \quad \underbrace{\gamma}} \quad \delta$$

$$
\begin{array}{cccc}
\alpha & \beta & \gamma & \delta \\
& d & \gamma & \delta \\
& & d' & \delta \\
& & & d''.
\end{array}
$$

120. Dans la pratique, on a intérêt à exécuter le calcul précédent en opérant toujours sur les plus petits nombres. Il peut
arriver, en effet, que le plus grand commun diviseur cherché
soit le plus petit des nombres considérés. En prenant la précaution indiquée, on diminue d'ailleurs généralement le
nombre des divisions à effectuer.

121. D'après ce qui précède, les théorèmes démontrés aux
n°s 114, 115, 117 s'étendent immédiatement au cas de plusieurs nombres. Ainsi :

*Tout diviseur commun de plusieurs nombres est diviseur de
leur plus grand commun diviseur.* Il en résulte que, pour
trouver les diviseurs communs de plusieurs nombres, il suffit
de déterminer tous les diviseurs de leur plus grand commun
diviseur.

*Lorsqu'on multiplie ou qu'on divise plusieurs nombres par
un certain nombre, leur plus grand commun diviseur est multiplié ou divisé par le même nombre.*

*Lorsqu'on divise plusieurs nombres par leur plus grand com-
mun diviseur, les quotients obtenus sont premiers entre eux.*

Réciproquement, *lorsque les quotients obtenus en divisant plusieurs nombres par un même nombre sont premiers entre eux, le diviseur employé est le plus grand commun diviseur des nombres considérés.*

Simplification dans la recherche du plus grand commun diviseur.

122. On peut simplifier la recherche du plus grand commun diviseur de deux ou plusieurs nombres, à l'aide des considérations suivantes.

Dans toute division non *exacte* (44), le dividende est compris entre deux multiples consécutifs du diviseur. Le multiple inférieur représente le quotient *pris par défaut,* le multiple supérieur représente le quotient *pris par excès.* Dans le premier cas, le reste est l'excès du dividende sur le produit du diviseur par le quotient : il est *additif.* Dans le second cas, le reste est l'excès du produit du diviseur par le quotient sur le dividende : il est *soustractif.* Le reste soustractif est évidemment l'excès du diviseur sur le reste additif. Par suite, *quand le reste additif est plus grand que la moitié du diviseur, le reste soustractif est plus petit que cette moitié.*

En effet, si l'on se reporte à l'égalité fondamentale

$$D = dQ + R,$$

on voit que le dividende D est compris entre les deux multiples consécutifs dQ et $d(Q+1)$; et si l'on veut prendre le quotient par excès, on a nécessairement (62)

$$D = d(Q+1) - (d - R).$$

Cela posé, dans la recherche du plus grand commun diviseur de deux nombres, on a intérêt à rendre chaque reste moindre que la moitié du diviseur correspondant. Cherchons, par exemple, le plus grand commun diviseur des nombres 624 et 216.

La première division donne pour quotient 2 et pour reste 192 qui surpasse la moitié du diviseur 216. Si l'on prend alors le quotient par excès, c'est-à-dire égal à 3, le reste devient 216 — 192 ou 24. On a, dans ce cas,

$$624 = 216 \times 3 - 24.$$

Cette égalité montre d'abord que tout diviseur commun de 624 et de 216, divisant 216 × 3, divise la différence 216 × 3 — 624 ou 24, c'est-à-dire est diviseur commun de 216 et de 24. Elle montre ensuite que, réciproquement, tout diviseur commun de 216 et de 24, divisant 216 × 3, divise

5.

la différence $216 \times 3 - 24$ ou 624, c'est-à-dire est diviseur commun de 624 et de 216. Donc les nombres 624 et 216 d'une part, 216 et 24 d'autre part, admettant la même série de diviseurs communs, ont en particulier le même plus grand commun diviseur.

On arrive par suite au même plus grand commun diviseur, en divisant 216 par le reste additif 192 ou par le reste soustractif 24. De plus, comme le reste additif 192 est ici plus grand que la moitié du diviseur 216, la division de 216 par 192 donne 1 pour quotient et $216 - 192$ ou 24 pour reste. En d'autres termes, la différence entre les deux procédés, c'est que le reste soustractif sur lequel on opère immédiatement dans la seconde méthode n'est autre chose que le reste additif fourni par la division suivante quand on applique la première méthode.

A chaque transformation d'un reste additif plus grand que la moitié du diviseur en reste soustractif correspond donc une division de moins.

123. L'algorithme développé au n° 118 peut encore être suivi quand on pratique la simplification qu'on vient d'indiquer, à la condition de retrancher de chaque produit le terme précédent de la série (au lieu de l'ajouter), lorsqu'on emploie comme facteur un quotient pris par excès. C'est ce que les calculs ci-dessus mettent suffisamment en évidence.

124. Passons maintenant au cas de plusieurs nombres α, β, γ, δ, et supposons-les rangés par ordre de grandeur croissante.

Divisons successivement β, γ, δ par α, en opérant de manière que chaque reste soit inférieur à la moitié de α (122). Si l'on désigne ces restes, additifs ou soustractifs, par r, r', r'', il résulte de ce qui précède que les groupes α et β, α et γ, α et δ admettent *respectivement* les mêmes diviseurs que les groupes α et r, α et r', α et r''. Donc les deux séries α, β, γ, δ, d'une part, et α, r, r', r'', d'autre part, ont les mêmes diviseurs communs et, en particulier, le même plus grand commun diviseur.

En opérant sur la série α, r, r', r'' de la même manière que sur la série α, β, γ, δ, on obtiendra une nouvelle série de nombres moindres admettant toujours le même plus grand commun diviseur; et, en continuant ainsi, on mettra rapidement en évidence le plus grand commun diviseur cherché, qui sera le plus petit des quatre nombres obtenus lorsque ce plus petit nombre divisera les trois autres.

Prenons, par exemple, les nombres,

$$672, \quad 1320, \quad 2712, \quad 5208.$$

En divisant successivement 1320, 2712, 5208 par 672, on obtient les restes 24, 24, 168. Le second reste est additif, le premier et le troisième sont soustractifs. Deux des restes obtenus étant égaux, la question est ramenée à trouver le plus grand commun diviseur des trois nombres

$$24, \quad 168, \quad 672.$$

24, divisant exactement 168 et 672, est le plus grand commun diviseur demandé.

Limite du nombre de divisions à effectuer dans la recherche du plus grand commun diviseur de deux nombres.

125. Quand on divise deux nombres par leur plus grand commun diviseur, les quotients obtenus sont premiers entre eux (117); et, pour trouver le plus grand commun diviseur 1 de ces quotients, il faut évidemment (115) effectuer le même nombre de divisions que pour obtenir le plus grand commun diviseur des deux nombres donnés. On peut donc supposer immédiatement que les nombres considérés a et b sont premiers entre eux.

Soit
$$b = r_0, \quad r_1, \quad r_2, \quad r_3, \ldots, \quad r_{n-1}, \quad r_n = 1$$

la série des diviseurs consécutifs, qui se termine par le plus grand commun diviseur 1. Le nombre des divisions effectuées est alors égal à $n+1$.

Dans toute division où le quotient est pris par défaut, le dividende est au moins égal au diviseur augmenté du reste. D'ailleurs, r_{n-1} est au moins égal à 2, sans quoi la recherche du plus grand commun diviseur aurait exigé une division de moins. Il en résulte que : r_{n-2} est au moins égal à $2+1$ ou 3, r_{n-3} est au moins égal à $3+2$ ou 5, r_{n-4} est au moins égal à $5+3$ ou 8, r_{n-5} est au moins égal à $8+5$ ou 13, r_{n-6} est au moins égal à $13+8$ ou 21. On peut donc poser

$$r_{n-5} > 10 \quad \text{et} \quad r_{n-6} > 2 \times 10.$$

Les multiplicateurs de 10 sont ici 1 et 2, et ces multiplicateurs représentent également les limites inférieures de r_n et de r_{n-1}. Si l'on continue à remonter dans la série des diviseurs, les nombres 3, 5, 8, 13, 21, qu'on vient d'obtenir comme limites des différents diviseurs à partir de l'antépénultième, se reproduiront donc nécessairement comme multiplicateurs de 10, et l'on aura

$$r_{n-7} > 3 \times 10, \quad r_{n-8} > 5 \times 10, \quad r_{n-9} > 8 \times 10,$$
$$r_{n-10} > 13 \times 10, \quad r_{n-11} > 21 \times 10,$$

d'où l'on déduira encore

$$r_{n-10} > 10^2 \quad \text{et} \quad r_{n-11} > 2 \times 10^2.$$

Ces deux derniers résultats peuvent s'écrire

$$r_{n-2\times5} > 10^2 \quad \text{et} \quad r_{n-(2\times5+1)} > 2 \times 10^2.$$

En poursuivant, les nombres 3, 5, 8, 13, 21 reparaîtront de nouveau comme multiplicateurs de 10^2, et l'on sera conduit à

$$r_{n-3\times5} > 10^3 \quad \text{et} \quad r_{n-(3\times5+1)} > 2 \times 10^3.$$

La loi est évidente. On aura donc, en général,

$$r_{n-5p} > 10^p.$$

Pour que r_{n-5p} se confonde avec b ou r_y, il faut que $n = 5p$. On a alors

$$b > 10^p.$$

Mais 10^p est le plus petit nombre de $p + 1$ chiffres. Donc, pour qu'on ait à effectuer $n + 1$ divisions, c'est-à-dire plus de $n = 5p$, il faut que b renferme au moins $(p + 1)$ chiffres.

En d'autres termes, si b renferme seulement p chiffres, le nombre des divisions aura $5p$ pour limite supérieure.

On peut donc énoncer ce théorème dû à LAMÉ :

Dans la recherche du plus grand commun diviseur de deux nombres, le nombre des divisions à effectuer ne peut pas dépasser 5 fois le nombre des chiffres du plus petit nombre.

126. Quand on applique la simplification indiquée au n° 122, la limite précédente peut se trouver beaucoup diminuée, puisque certains groupes de deux divisions consécutives peuvent être remplacés par une seule division.

Considérons les nombres 17838 et 12906. Le plus petit nombre ayant 5 chiffres, la méthode ordinaire ne pourra pas donner lieu à plus de 25 divisions. D'ailleurs, si l'on remarque que les deux nombres donnés sont divisibles par 18, qu'en opérant cette division on ne modifie en rien (115) le nombre des divisions à effectuer dans la recherche du plus grand commun diviseur, et que le plus petit nombre présente alors 3 chiffres seulement, on peut remplacer immédiatement la limite 25 par 15.

La règle ordinaire conduit ici à effectuer 12 divisions; la règle simplifiée abaisse ce nombre à 8. Nous indiquons ci-dessous le tableau des opérations, et nous donnons en même temps dans les deux cas (118, 123) la série des quotients des nombres proposés et des restes consécutifs par leur plus grand commun diviseur :

	1	2	1	1	1	1	1	1	3	1	1	2
17838	12906	4932	3042	1890	1152	738	414	324	90	54	36	18
4932	3042	1890	1152	738	414	324	90	54	36	18	0	
991	717	274	169	105	64	41	23	18	5	3	2	1

	1	3	3	3	2	4	2	2
17838	12906	4932	1890	738	324	90	36	18
4932	1890	738	324	90	36	18	0	
991	717	274	105	41	18	5	2	1

CHAPITRE III.

THÉORIE DES NOMBRES PREMIERS.

Notions préliminaires.

127. Un nombre est *premier* lorsqu'il n'a pas d'autres diviseurs que lui-même et l'unité.

Lorsqu'un nombre *premier* ne divise pas un autre nombre il est *premier avec lui;* car il ne peut plus avoir avec lui que l'unité pour diviseur commun.

5, 11, 23 sont des nombres premiers.

128. I. *Tout nombre qui n'est pas premier admet un diviseur premier.*

En effet, le nombre proposé n'étant pas premier, admet un diviseur. Ce diviseur, à son tour, s'il n'est pas premier, admet lui-même un diviseur dont le nombre proposé est nécessairement un multiple. Ce second diviseur, ou bien est premier, ou bien admet lui-même un diviseur qui divise le nombre proposé. En continuant toujours le même raisonnement, comme les diviseurs considérés sont entiers et vont toujours en diminuant, on finit par arriver au moins à l'unité comme dernier diviseur; mais alors l'avant-dernier diviseur est un nombre premier.

Il en résulte que : *Deux nombres qui ne sont pas premiers entre eux admettent un diviseur premier commun.*

En effet, ces nombres ont un plus grand commun diviseur qui, s'il n'est pas premier, admet lui-même un diviseur premier.

129. II. *La suite des nombres premiers est illimitée.*

Soit en effet un nombre premier quelconque p : il existe un nombre premier supérieur à p.

Formons le produit des nombres premiers jusqu'à p : ce

produit sera

$$1 \times 2 \times 3 \times 5 \times 7 \times 11 \times \ldots \times p.$$

Ajoutons 1 à ce produit, nous formerons le nombre

$$1 \times 2 \times 3 \times 5 \times 7 \times 11 \times \ldots \times p + 1.$$

Ce nombre, supérieur à p, est premier ou admet un diviseur premier; et, dans ce dernier cas, ce diviseur premier doit être supérieur à p; car il ne peut se trouver dans la suite

$$1 \times 2 \times 3 \times 5 \times 7 \times 11 \times \ldots \times p,$$

sans quoi, divisant la première partie du nombre considéré sans diviser la seconde, il ne pourrait diviser ce nombre.

130. III. *Formation d'une table de nombres premiers.*

Pour former une table des nombres premiers, compris depuis 1 jusqu'à une limite donnée, on écrit tous les nombres depuis 1 jusqu'à cette limite :

```
 1   2   3   4   5   6   7   8   9  10  11  12  13  14  15  16
17  18  19  20  21  22  23  24  25  26  27  28  29  30  31  32
33  34  35  36  37  38  39  40  41  42  43  44  45  46  47  48
49  50  51  52  53  54  55  56  57 . . . . . . . . . . . . . . . . . .
```

On *barre* alors les nombres de cette suite de 2 en 2, à partir de 2, comme multiples de 2 : on conserve 1 et 2, qui sont évidemment des nombres premiers.

Le premier nombre *non barré* après 2 étant 3, 3 est un nombre premier, puisqu'il n'est pas divisible par les nombres plus petits que lui, sauf l'unité (127).

On barre les nombres de la suite de 3 en 3, à partir de 3, comme multiples de 3. Le premier nombre non barré après 3 étant 5, 5 est un nombre premier.

On barre les nombres de la suite de 5 en 5, à partir de 5, comme multiples de 5. Le premier nombre non barré après 5 étant 7, 7 est un nombre premier.

On barre les nombres de la suite de 7 en 7, à partir de 7, comme multiples de 7. Le premier nombre non barré après 7 étant 11, 11 est un nombre premier.

On continue en suivant toujours la même marche (¹).

(¹) La Table I, placée à la fin du volume, fait connaître les nombres premiers compris entre 2 et 3550.

Il faut remarquer qu'on doit s'arrêter dès qu'on est parvenu à un nombre premier dont le carré surpasse la limite de la table, tous les nombres conservés dans la table étant alors nécessairement premiers.

Supposons, par exemple, que la limite de la table soit 260, et qu'on soit arrivé au nombre premier 17 dont le carré est 289 : tous les nombres non barrés sont des nombres premiers. En effet, si un seul de ces nombres n'était pas premier, il admettrait un diviseur premier plus grand que 13, puisque tous les multiples de 13 ont dû être barrés. Supposons que ce diviseur premier soit 17 ou plus grand que 17. Puisque le nombre dont il s'agit est compris dans la table, il est inférieur à 289 et contient par suite 17 ou un diviseur plus grand que 17 moins de 17 fois ; donc, ou le quotient de sa division par ce diviseur est un nombre premier inférieur à 17, ou ce quotient admet lui-même un diviseur premier plus petit que 17. Le nombre considéré, étant nécessairement multiple de ce dernier diviseur, a donc déjà été effacé, et tous les nombres non barrés sont bien des nombres premiers.

131. IV. Ce que nous venons de dire prouve évidemment qu'*un nombre est premier* (**128**) *lorsqu'il n'est divisible par aucun des nombres premiers dont les carrés sont plus petits que lui ;* car il ne peut alors être divisible par aucun des nombres premiers dont les carrés le surpassent.

Théorèmes sur les nombres premiers.

132. I. *Lorsqu'un nombre quelconque divise un produit de deux facteurs et qu'il est premier avec l'un de ces facteurs, il divise nécessairement l'autre.*

Soit le produit 100×36 qui est divisible par 9 ; 9 étant premier avec 100 divisera 36. En effet, 100 et 9 étant premiers entre eux ont pour plus grand commun diviseur l'unité. Multiplions 100 et 9 par 36, nous multiplierons leur plus grand commun diviseur par 36 (**115**), de sorte que le plus grand commun diviseur des nombres 100×36 et 9×36 sera 1×36 ou 36. Tout nombre qui en divise deux autres divise leur plus grand commun diviseur (**114**) ; 9 divisant 100×36 par hypothèse, et 9×36, parce qu'il est un facteur de ce produit (**69**), divisera donc 36.

Il faut remarquer que le théorème n'aurait plus de sens si le diviseur considéré n'était pas premier avec l'un des facteurs du produit, c'est-à-dire qu'un nombre quelconque peut diviser un produit de deux facteurs sans diviser l'un d'eux. Ainsi 22×15 est divisible par 10, et 10 ne divise ni 22 ni 15. Mais les facteurs 2 et 5 qui composent 10 se retrouvant, l'un dans 22, l'autre dans 15, 10 n'est premier avec aucun des facteurs du produit proposé.

133. II. *Lorsqu'un nombre premier divise un produit de plusieurs facteurs, il divise au moins l'un d'eux.*

Soit le produit $39 \times 42 \times 25$ qui est divisible par le nombre premier 13, 13 devra diviser l'un des facteurs du produit. En effet, on peut considérer ce produit comme composé des deux facteurs (39×42) d'une part, 25 de l'autre. Si 13 divise 25, le théorème est démontré; sinon, 13 étant premier sera premier avec 25 (**127**): divisant le produit $(39 \times 42) \times 25$ et étant premier avec 25, il devra diviser le facteur (39×42) [**132**]. Mais (39×42) peut être regardé comme le produit des deux facteurs 39 et 42. Si 13 divise 42, le théorème est démontré; sinon 13 sera premier avec 42, et, divisant le produit 39×42, il devra diviser 39; ce qui a lieu en effet.

On peut déduire de ce théorème les deux conséquences suivantes :

1° *Lorsqu'un nombre premier divise une puissance, il divise le nombre élevé à la puissance.* Si 7 divise 35^3, il divise 35. En effet, 7, nombre premier, divisant le produit de 3 facteurs égaux à 35, devra diviser l'un d'eux, c'est-à-dire 35.

2° *Lorsque deux nombres sont premiers entre eux, leurs puissances quelconques sont premières entre elles.* Soient les nombres 22 et 15 qui sont premiers entre eux, les puissances 22^3 et 15^2 seront aussi premières entre elles. En effet, s'il n'en était pas ainsi, 22^3 et 15^2 admettraient un diviseur premier commun (**128**) qui diviserait alors à la fois 22 et 15.

134. III. *Tout nombre premier avec les facteurs d'un produit est premier avec ce produit; réciproquement, tout nombre premier avec un produit est premier avec les facteurs de ce produit.*

Soit un produit $P = ABC$. Si N est premier avec les facteurs A, B, C, il sera premier avec leur produit P; car s'il admettait avec lui un diviseur premier commun (**128**), ce divi-

seur devrait diviser au moins l'un des facteurs A, B, C (133),
qui alors ne seraient plus tous premiers avec N.

Réciproquement, si N est premier avec le produit P, il le
sera avec tous les facteurs A, B, C; car s'il admettait avec A,
par exemple, un diviseur premier commun, ce diviseur diviserait P qui est un multiple de A; P ne serait donc plus premier avec N.

135. IV. *Lorsqu'un nombre est divisible séparément par
plusieurs nombres premiers entre eux deux à deux, il est divisible par leur produit.*

Soit le nombre N, divisible séparément par les nombres a,
b, c, premiers entre eux deux à deux. Si l'on effectue la division de N par a, on trouve un quotient exact q, et l'on peut
poser $N = aq$. N est divisible par b, le produit aq doit donc
l'être; mais b est premier avec a, il devra donc diviser q. Si
l'on effectue la division de q par b, on trouve un quotient
exact q', et l'on peut poser $q = bq'$, c'est-à-dire $N = abq'$. N est
divisible par c, le produit abq' doit donc l'être; mais c, étant
premier avec a et avec b, le sera avec leur produit ab (134);
c divisant le produit abq' ou $ab \times q'$ et étant premier avec le
facteur ab devra diviser q'. Si l'on effectue la division de q'
par c, on trouve un quotient exact q'', et l'on peut poser
$q' = cq''$, c'est-à-dire $N = abcq''$. N est donc un multiple du
produit abc.

136. *Le théorème qui précède permet de combiner entre
eux les caractères de divisibilité déjà obtenus.*

Supposons qu'on cherche quelle condition doit remplir un
nombre divisible par 66. On remarque que $66 = 2 \times 3 \times 11$.
Les nombres 2, 3 et 11 étant premiers entre eux, tout nombre
divisible séparément par ces trois nombres sera divisible
par 66. Donc, pour qu'un nombre soit divisible par 66, il faut
et il suffit qu'il réunisse les caractères de divisibilité par 2,
3 et 11 (95, 96, 97).

Décomposition d'un nombre en facteurs premiers.

137. I. *Tout nombre qui n'est pas premier est un produit
de nombres premiers.*

En effet, soit le nombre N qu'on suppose n'être pas premier : il admettra un diviseur premier a (128). Désignons par N'

le quotient de N par a : on aura $N = aN'$. Si N' est premier, le théorème est démontré; sinon N' admettra un diviseur premier b. Désignons par N'' le quotient de N' par b : on aura $N' = bN''$, c'est-à-dire $N = abN''$. On répétera pour N'' ce qu'on vient de dire pour N'. Si l'on remarque alors que les quotients N', N'',... vont toujours en diminuant, on voit qu'on doit finir par arriver à un quotient au moins égal à 1, auquel cas le quotient précédent est un nombre premier, puisqu'il n'est divisible que par lui-même.

On en conclut que tout nombre non premier est un produit de nombres premiers.

Remarquons que ces nombres premiers peuvent se trouver répétés dans le produit considéré un nombre quelconque de fois. Si un nombre contient 3 fois le facteur 2, 2 fois le facteur 3, une fois le facteur 5, comme 360, on se sert de la notation des exposants (**72**), et l'on écrit

$$360 = 2^3 \times 3^2 \times 5.$$

Quand on cherche les nombres premiers dont le produit constitue un nombre donné, on dit qu'on veut *décomposer ce nombre en ses facteurs premiers.*

Avant d'indiquer la marche à suivre pour arriver à cette décomposition dans un cas quelconque, il est nécessaire de prouver qu'elle n'est possible que d'une seule manière; en d'autres termes, il faut démontrer qu'un nombre n'admet qu'un seul système de facteurs premiers.

138. II. *Un nombre quelconque n'est décomposable que d'une seule manière en facteurs premiers.*

Supposons que le nombre N soit égal à la fois aux deux systèmes de facteurs premiers $abcd$ et $a'b'c'd'$. Nous allons prouver que ces deux systèmes sont forcément identiques. En effet, on a

$$abcd = a'b'c'd'.$$

a divisant le premier membre doit diviser le second; mais a étant un nombre premier doit diviser au moins l'un des facteurs du produit $a'b'c'd'$, et, comme tous ces facteurs sont premiers, il ne peut diviser l'un d'eux que si ce dernier lui est égal (**133, 127**).

Supposons $a = a'$. On pourra diviser le premier membre de

l'égalité considérée par a et le second par a' : il restera

$$bcd = b'c'd'.$$

On pourra répéter pour b ce qu'on vient de dire pour a, et l'on prouvera qu'on a, par exemple, $b = b'$. En continuant le même raisonnement, on démontrera que tous les facteurs du premier système se retrouvent parmi ceux du second, et réciproquement.

Remarquons que le raisonnement indiqué n'exclut pas le cas où quelques-uns des facteurs du premier système sont égaux entre eux; mais alors ils se répètent en même nombre dans l'autre système.

Les deux systèmes considérés sont donc identiques, non-seulement quant aux facteurs qui les composent, mais encore quant aux exposants de ces facteurs.

139. III. *Décomposition d'un nombre en ses facteurs premiers.*

Cela posé, prenons pour exemple le nombre 54252.

Nous commencerons par essayer la division de ce nombre par le plus petit nombre premier après 1, c'est-à-dire par 2. Elle réussira, puisque le nombre proposé est pair. On obtient pour quotient 27126, et l'on a

$$54252 = 2 \times 27126.$$

Les facteurs premiers de 54252 sont donc 2 et les facteurs premiers de 27126. Essayons de nouveau la division de 27126 par 2. On trouve pour quotient 13563, et l'on a

$$27126 = 2 \times 13563,$$

c'est-à-dire

$$54252 = 2 \times 2 \times 13563.$$

La question est donc ramenée à chercher les facteurs premiers de 13563. La division par 2 n'étant plus possible, il faut essayer la division par le nombre premier suivant, c'est-à-dire par 3 : elle réussira, puisque la somme des chiffres de 13563 est divisible par 3. On trouve pour quotient 4521, et l'on a

$$13563 = 3 \times 4521,$$

c'est-à-dire

$$54252 = 2 \times 2 \times 3 \times 4521.$$

La question est ramenée à chercher les facteurs premiers
de 4521. Lorsqu'on a cessé d'employer un diviseur, on n'a
d'ailleurs plus besoin d'y revenir. Ainsi 4521 ne saurait être
divisible par 2, puisque, sans cela, son multiple 13563 le serait. 4521 est encore divisible par 3, et l'on trouve pour quotient 1507. On a donc

$$4521 = 3 \times 1507,$$

c'est-à-dire

$$54252 = 2 \times 2 \times 3 \times 3 \times 1507.$$

La question est ramenée à chercher les facteurs premiers
de 1507. 1507 n'est plus divisible par 3, ni par 5, puisqu'il est
terminé par un 7, ni par 7. Il faut essayer la division par 11 :
elle réussira, puisque l'excès de la somme des chiffres de rang
impair sur la somme des chiffres de rang pair est égal à 11.
On trouve pour quotient 137, et l'on a

$$1507 = 11 \times 137,$$

c'est-à-dire

$$54252 = 2 \times 2 \times 3 \times 3 \times 11 \times 137.$$

La question est ramenée à chercher les facteurs premiers
de 137. 137 n'étant plus divisible par 11, il n'est pas nécessaire
d'essayer la division par 13. Le carré de 13 ou 169 étant supérieur à 137, on peut affirmer que 137 est un nombre premier.
En effet, 137 n'étant divisible par aucun des nombres premiers
dont les carrés sont plus petits que 137 ne sera divisible
par aucun des nombres premiers dont les carrés sont plus
grands (131).

La décomposition se trouve donc terminée, et l'on a

$$54252 = 2 \times 2 \times 3 \times 3 \times 11 \times 137 \text{ ou } 54252 = 2^2 \times 3^2 \times 11 \times 137.$$

Voici comment on indique habituellement le calcul :

54252	2
27126	2
13563	3
4521	3
1507	11
137	137
1	

140. Lorsqu'un nombre est le produit de nombres connus,

on abrége l'opération en cherchant les facteurs premiers de ces nombres et en les réunissant ensuite. Ainsi, si l'on a le nombre 26800, on cherche séparément les facteurs premiers de 268 et ceux de 100. On a

$$268 = 2^2 \times 67 \quad \text{et} \quad 100 = 2^2 \times 5^2,$$

par suite

$$26800 = 2^4 \times 5^2 \times 67.$$

141. IV. *Lorsqu'un nombre est une puissance exacte, les exposants de ses facteurs premiers sont divisibles par le degré de la puissance.*

Si l'on a $N = N'^2$, et si $N' = 2^2 \times 3 \times 7$, on a

$$N = (2^2 \times 3 \times 7)^2,$$

c'est-à-dire

$$N = 2^{2 \times 2} \times 3^2 \times 7^2 \quad (74, 76).$$

La réciproque est évidente. Si l'on a

$$N = 2^{2 \times 2} \times 3^2 \times 7^2,$$

on a aussi

$$N = (2^2 \times 3 \times 7)^2.$$

142. La table II, placée à la fin du volume, donne la décomposition en facteurs premiers des nombres composés compris entre 1 et 3550. Nous avons omis seulement dans cette table les nombres divisibles par les facteurs premiers 2, 3, 5, qu'on découvre facilement. Si un nombre plus petit que 3550 et non divisible par un de ces facteurs n'est pas dans la table II, il est premier et l'on doit le retrouver dans la table I.

On demande, par exemple, de décomposer en facteurs premiers les nombres 1859, 2063, 12030.

La table II donne immédiatement

$$1859 = 11 \times 13^2.$$

2063 ne se trouvant pas dans cette table et n'étant divisible ni par 2, ni par 3, ni par 5, est un nombre premier. C'est ce que confirme la table I.

12030 est divisible par 2, 3 et 5, et le quotient 401 de 12030 par le produit 30 de ces facteurs est un nombre premier. On a donc

$$12030 = 2 \times 3 \times 5 \times 401.$$

CHAPITRE IV.

THÉORIE DU PLUS PETIT COMMUN MULTIPLE.

---

143. Un nombre peut être divisible par plusieurs nombres donnés. Il est alors un *commun multiple* de ces nombres. Parmi tous les communs multiples de plusieurs nombres, le plus petit est ce qu'on appelle leur *plus petit commun multiple*. Quand on l'a déterminé, on peut en déduire immédiatement tous les communs multiples des nombres proposés.

Plus petit commun multiple de deux nombres.

144. I. *Le plus petit commun multiple de deux nombres est égal au quotient de leur produit divisé par leur plus grand commun diviseur.*

Soient A et B les deux nombres donnés, D leur plus grand commun diviseur, a et b les quotients premiers entre eux (**117**) qu'on obtient en divisant ces deux nombres par leur plus grand commun diviseur. On a

$$A = Da \quad \text{et} \quad B = Db.$$

Désignons par M un commun multiple quelconque des nombres A et B. M étant divisible par A est divisible par le produit Da et, pour effectuer cette division, on peut diviser M par D et, le quotient obtenu, par a (**70**). De même, M étant divisible par B est divisible par le produit Db et, pour effectuer cette division, on peut diviser M par D et, le quotient obtenu, par b. Il en résulte que le quotient de M par D, divisible séparément par les nombres a et b premiers entre eux, est divisible par leur produit ab (**135**). Donc le quotient de M par D est un multiple du produit ab, et M est un multiple du produit Dab. Ainsi tout commun multiple des nombres A et B est un multiple du produit Dab.

Réciproquement, tout multiple de Dab est divisible par

A $= \mathrm{D}a$ et par B $= \mathrm{D}b$, c'est-à-dire que tous les multiples du produit Dab sont des communs multiples des nombres A et B.

La série des multiples étant la même de part et d'autre, il est prouvé que le plus petit commun multiple des nombres A et B n'est autre que le plus petit multiple de Dab. Or ce plus petit multiple est le produit Dab lui-même.

D'après les égalités A $= \mathrm{D}a$ et B $= \mathrm{D}b$, ce produit peut s'écrire (69)

$$\mathrm{D}ab = \mathrm{A}b = (\mathrm{AB}) : \mathrm{D}.$$

C'est le théorème qu'on voulait démontrer. Dans la pratique, on prend pour expression du plus petit commun multiple le produit Ab de l'un des nombres donnés par le quotient de l'autre nombre divisé par leur plus grand commun diviseur.

145. II. D'après ce qui précède, tous les communs multiples des nombres A et B, étant les multiples du produit Dab, s'obtiendront en multipliant Dab par la suite naturelle des nombres 1, 2, 3, 4,.... En d'autres termes, *tous les communs multiples de deux nombres sont les multiples de leur plus petit commun multiple.*

146. Quand les nombres A et B sont premiers entre eux, leur plus petit commun multiple se confond avec leur produit (144), car le plus grand commun diviseur D devient alors égal à 1.

147. Quand les deux nombres donnés sont divisibles l'un par l'autre, leur plus petit commun multiple se confond avec le plus grand des deux; car, si B divise A, B se confond avec D.

Plus petit commun multiple de plusieurs nombres.

148. On peut ramener la recherche du plus petit commun multiple de plusieurs nombres à celle du plus petit commun multiple de deux nombres, à l'aide du théorème suivant :

Soient n nombres α, β, γ,..., λ; *si m est le plus petit commun multiple de deux d'entre eux* α *et* β, *le plus petit commun multiple des n nombres* α, β, γ,..., λ *est le même que celui des* $(n - 1)$ *nombres m*, γ,..., λ.

$$\alpha \quad \beta \quad \gamma \dots \lambda$$
$$m \quad \quad \gamma \dots \lambda.$$

En effet, tout commun multiple des nombres α, β, γ,..., λ est commun multiple des nombres m, γ,..., λ, puisque tout commun multiple de α et de β est multiple de m (145). Réciproquement, tout commun multiple des nombres m, γ,..., λ est commun multiple des nombres α, β, γ,..., λ, puisque tout multiple de m est commun multiple des nombres α et β. Le plus petit commun multiple est donc le même pour les deux suites.

La démonstration qu'on vient d'exposer prouve que, si deux des nombres considérés se divisent mutuellement, on doit supprimer le plus petit de ces deux nombres qui ne peut avoir aucune influence sur le résultat cherché. En effet, si β divise α, ce dernier nombre est immédiatement le plus petit commun multiple de α et de β (147), et la suite α, β, γ,..., λ se trouve remplacée sans calcul par la suite α, γ,..., λ.

149. D'après le théorème précédent, la recherche du plus petit commun multiple de n nombres, ramenée d'abord à celle du plus petit commun multiple de $(n-1)$ nombres, le sera de même à celle du plus petit commun multiple de $(n-2)$ nombres, et ainsi de suite, jusqu'à ce qu'on parvienne à deux nombres seulement dont le plus petit commun multiple sera le plus petit commun multiple cherché.

Soient, par exemple, les quatre nombres α, β, γ, δ. On cherchera le plus petit commun multiple m des nombres α et β, et la série des nombres α, β, γ, δ sera remplacée par celle des nombres m, γ, δ. On cherchera ensuite le plus petit commun multiple m' des nombres m et γ, et les nombres m, γ, δ seront remplacés par les nombres m' et δ. Le plus petit commun multiple m'' des nombres m' et δ sera donc le plus petit commun multiple cherché.

On peut représenter la suite des opérations par le tableau ci-dessous :

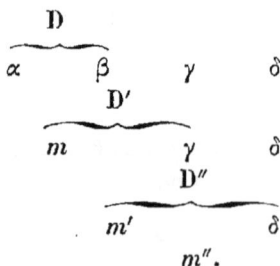

$$
\begin{array}{cccc}
& \overbrace{\qquad\qquad}^{D} & & \\
\alpha & \beta & \gamma & \delta \\
& \overbrace{\qquad\qquad}^{D'} & & \\
m & & \gamma & \delta \\
& & \overbrace{\qquad\qquad}^{D''} & \\
& m' & & \delta \\
& & m''. &
\end{array}
$$

Pratiquement, soient D le plus grand commun diviseur des nombres α et β, et Q le quotient $(\beta : D)$; on aura

$$m = \alpha Q \quad (144).$$

De même, soient D′ le plus grand commun diviseur des nombres m et γ, et Q′ le quotient $(\gamma : D')$; on aura

$$m' = mQ' = \alpha Q Q'.$$

Soient enfin D″ le plus grand commun diviseur des nombres m' et δ, et Q″ le quotient $(\delta : D'')$; on aura finalement

$$m'' = m'Q'' = \alpha Q Q' Q''.$$

150. *Tous les communs multiples de plusieurs nombres sont les multiples de leur plus petit commun multiple* (145).

CHAPITRE V.

APPLICATIONS DE LA THÉORIE DES NOMBRES PREMIERS.

Recherche des diviseurs d'un nombre.

151. I. *Pour que deux nombres soient divisibles l'un par l'autre, il faut et il suffit que tous les facteurs premiers du diviseur se retrouvent parmi ceux du dividende, avec un exposant au moins égal.*

En effet, lorsque la division est possible, cette condition se trouve remplie, puisque le dividende est égal au produit du diviseur par le quotient. Et lorsque cette condition se trouve remplie, la division est possible, puisque les facteurs qui restent lorsqu'on a supprimé dans le dividende ceux du diviseur forment précisément le quotient.

D'après cela, les diviseurs d'un nombre ne pouvant contenir d'autres facteurs premiers que ceux de ce nombre, pour les avoir tous, il suffit de décomposer le nombre proposé en ses facteurs premiers et de les combiner entre eux de toutes les manières possibles. La seule précaution à prendre est de suivre une marche telle, qu'on ne puisse oublier aucune de ces combinaisons.

152. II. *Calcul des diviseurs d'un nombre.*

Soit le nombre 360 qui est égal à $2^3 \times 3^2 \times 5$.

Sur une première ligne horizontale, on écrit l'unité qui divise tous les nombres et les diverses puissances du facteur 2, c'est-à-dire les diviseurs qui contiennent seulement ce facteur. On forme une seconde ligne horizontale en multipliant les nombres de la première ligne par les diverses puissances du facteur 3. En multipliant 1 par ces puissances, on a les diviseurs qui contiennent seulement le facteur 3. En multipliant les diverses puissances de 2 par les diverses puissances de 3, on a les diviseurs qui contiennent à la fois les facteurs 2 et 3. On forme une troisième ligne en multipliant les nombres contenus dans les deux premières par les diverses puissances du troisième facteur, puissances qui se réduisent ici à la première du facteur 5. En multipliant 1 par ces puissances, on a les diviseurs qui contiennent seulement le troisième facteur premier. En multipliant les puissances de 2 par 5, on a les diviseurs qui contiennent à la fois les facteurs 2 et 5. En multipliant la seconde ligne par 5, on a d'abord les diviseurs qui contiennent les facteurs 3 et 5, et ensuite les diviseurs qui contiennent à la fois les facteurs 2, 3 et 5. Aucune combinaison n'a donc été oubliée.

```
1    2    4    8
3    9|   6   12   24   18   36   72
5|  10   20   40|  15   45|  30   60   120   90   180   360
```

Les diviseurs extrêmes sont l'unité et le nombre donné lui-même.

153. III. *Nombre des diviseurs d'un nombre.*

Il est facile de déduire de l'ordre adopté le nombre des diviseurs qu'on doit obtenir.

La première ligne renferme un nombre de diviseurs marqué par l'exposant du facteur premier 2, plus l'unité, c'est-à-dire $(3 + 1)$ diviseurs.

La seconde ligne, obtenue en multipliant la première par les diverses puissances de 3, en contiendra 2 fois autant, puisque le facteur 3 est affecté de l'exposant 2, c'est-à-dire $(3 + 1) \times 2$.

Les deux premières lignes réunies renfermeront donc $[(3 + 1) + (3 + 1) \times 2]$ diviseurs, c'est-à-dire $(3 + 1) \times (2 + 1)$.

La troisième ligne, obtenue en multipliant les deux premières par les diverses puissances du troisième facteur, en contiendra une fois, deux fois, trois fois autant que ces deux lignes, suivant que l'exposant du troisième facteur considéré sera 1, 2 ou 3. Dans l'exemple choisi, la troisième colonne renfermera donc $(3 + 1) \times (2 + 1)$ diviseurs.

Les trois lignes réunies renfermeront donc un nombre de diviseurs représenté par

$$(3 + 1) \times (2 + 1) + (3 + 1) \times (2 + 1),$$

c'est-à-dire que le nombre total des diviseurs devra être égal à

$$(3 + 1) \times (2 + 1) \times (1 + 1).$$

La loi est évidente : *Pour avoir le nombre des diviseurs d'un nombre, il faut ajouter 1 aux exposants de ses différents facteurs premiers, et multiplier entre eux les résultats obtenus.*
Le nombre 360 doit avoir 24 diviseurs.

154. Il résulte de ce théorème et de celui du n° 141 que, *lorsqu'un nombre est un carré, le nombre de ses diviseurs est impair, et qu'il est pair dans le cas contraire.*

Composition du plus grand commun diviseur et du plus petit commun multiple de plusieurs nombres.

155. I. *Le plus grand commun diviseur de plusieurs nombres est le produit des facteurs premiers communs à ces nombres, pris avec leur plus faible exposant* (¹).
Soient les nombres

$$N = 2^3 \times 3^2 \times 5,$$
$$N' = 2^2 \times 3 \times 7,$$
$$N'' = 2^3 \times 3^3 \times 5^2 \times 11;$$

leur plus grand commun diviseur sera formé des facteurs premiers 2 et 3, pris avec les exposants 2 et 1. En effet, tout diviseur commun aux nombres proposés ne peut contenir que des facteurs premiers communs à ces nombres (151), c'est-à-dire les facteurs 2 et 3; et il peut les contenir *au plus* avec les exposants les plus faibles qui les affectent dans les nombres proposés, sans quoi il cesserait d'être diviseur *commun*. Le plus grand commun diviseur cherché sera donc $2^2 \times 3$.

156. II. *Le plus petit commun multiple de plusieurs nombres est le produit des facteurs premiers différents* (communs ou non communs) *contenus dans ces nombres, pris avec leur exposant le plus élevé.*

(¹) Il résulte de ce théorème que, si l'on cherche le plus grand commun diviseur de deux nombres en opérant par voie de division, on peut supprimer dans l'un des nombres tout facteur premier qui n'entre pas dans l'autre nombre, sans changer le plus grand commun diviseur cherché.

Soient les nombres

$$N = 2^3 \times 3^2 \times 5,$$
$$N' = 2^2 \times 3 \times 7,$$
$$N'' = 2^3 \times 3^3 \times 5^2 \times 11;$$

leur plus petit commun multiple sera formé des facteurs premiers 2, 3, 5, 7 et 11, pris respectivement avec les exposants 3, 3, 2, 1 et 1. En effet, tout multiple commun des nombres donnés doit contenir tous les facteurs premiers contenus dans ces nombres (151); et il doit les contenir *au moins* avec les exposants les plus élevés qui les affectent dans les nombres proposés, sans quoi il cesserait d'être multiple *commun*. Le plus petit commun multiple cherché sera donc

$$2^3 \times 3^3 \times 5^2 \times 7 \times 11.$$

REMARQUE. — Si, parmi les nombres donnés, il en est qui se divisent exactement, on doit négliger les plus petits de ces nombres dans la recherche du plus petit commun multiple. Si l'on cherche, par exemple, le plus petit commun multiple des nombres 5160, 180 et 36, il est inutile de considérer 36 qui est un diviseur exact de 180, et dont les facteurs premiers font partie des facteurs premiers de 180. Cette remarque concorde avec celle qui termine le n° 148.

157. III. *Quand on considère seulement deux nombres, leur produit est égal au produit de leur plus grand commun diviseur par leur plus petit commun multiple.*

En effet, les facteurs premiers communs aux deux nombres entrent dans le plus grand commun diviseur avec leur plus faible exposant et dans le plus petit commun multiple avec leur exposant le plus élevé; le plus petit commun multiple contient en outre les facteurs non communs aux deux nombres. Le produit du plus grand commun diviseur par le plus petit commun multiple contient donc tous les facteurs des nombres proposés.

Ce théorème a déjà été établi d'une autre manière au n° 144.

CHAPITRE VI.

NOTIONS SUR LES PRINCIPES DE LA THÉORIE DES NOMBRES.

Définitions.

158. Quand deux nombres divisés par un troisième donnent des restes ou des *résidus* égaux, on dit que ces nombres sont *congrus* ou *équivalents* par rapport au diviseur ou au *module* considéré.

Le signe $\equiv$ est employé pour exprimer la *congruence* ou l'*équivalence* de deux nombres.

Soient, par exemple, les nombres 40 et 61 qui, divisés par 7, donnent le même résidu 5. On exprimera leur équivalence par rapport au module 7, en écrivant

$$61 \equiv 40 \quad (\text{mod. } 7).$$

Puisque 61 équivaut à 40 par rapport au module 7, la différence $61 - 40$ est exactement divisible par 7 (93). Comme zéro est divisible par tous les nombres, on peut dire alors que $61 - 40$ équivaut à zéro, et poser

$$61 - 40 \equiv 0 \quad (\text{mod. } 7).$$

C'est une autre forme de l'équivalence précédente.

Propriétés des résidus des multiples.

159. I. *a et m étant deux nombres premiers entre eux, si l'on divise par m les* $(m-1)$ *premiers multiples de a, les résidus obtenus sont, dans un certain ordre, les* $(m-1)$ *premiers nombres.*

Considérons la suite des multiples

$$a, \quad 2a, \quad 3a, \ldots, \quad (m-1)a.$$

Aucun multiple de cette suite, tel que ka, ne peut donner zéro pour reste par rapport au module m. En effet, m étant premier avec a ne peut diviser ka, car alors (132) il diviserait $k < m$.

Deux multiples de la même suite, tels que ka et $k'a$, ne peuvent être équivalents par rapport au module m. En effet, leur différence $(k'-k)a$, qui est un terme de cette suite, serait dans ce cas divisible par m (93) et conduirait au reste zéro, ce qui est impossible d'après l'alinéa précédent.

En résumé, on effectue $(m-1)$ divisions; les résidus obtenus, tous inférieurs au diviseur m, sont inégaux et différents de zéro; ces résidus reproduisent donc, dans un certain ordre, la série des nombres

$$1, \quad 2, \quad 3, \ldots, \quad (m-1).$$

160. REMARQUE I. — Le calcul qui précède peut être fait de la manière suivante. Comme le dividende s'accroît de a à chaque division, le résidu s'accroît également de celui de a. Seulement, quand la somme des deux résidus considérés surpasse le module m, on doit en soustraire ce module.

D'après cela, si l'on commence la série des multiples de a par $0.a$ et si on la poursuit au delà de $(m-1)a$, on voit que, les deux multiples $0.a$ et ma ayant zéro pour résidu commun, les deux multiples suivants a et $(m+1)a$ donnent aussi le même résidu. Les multiples $2a$ et $(m+2)a$ remplissent donc à leur tour la même condition, et ainsi de suite.

On peut dire, par conséqnent, que *les résidus* $0, 1, 2, 3, (m-1)$ *se reproduisent périodiquement dans un certain ordre, lorsqu'on poursuit indéfiniment la série des multiples de a à partir de* $0.a$.

Le nombre de termes de la période des résidus étant alors égal à m, si le multiple ka donne un certain résidu par rapport au module m, le multiple $(k+lm)a$, où l représente un entier quelconque, donne le même résidu par rapport à m.

Les deux multiples ka et $k'a$, tels que $k+k'=m$, donnent des résidus r et r' qui sont aussi *complémentaires* par rapport à m; car, la somme de ces deux multiples égale à ma étant exactement divisible par m, il faut qu'on ait $r+r'=m$. Il est d'ailleurs évident que les dividendes ka et $k'a$ sont également éloignés des termes extrêmes dans la série des multiples $a, 2a, 3a, \ldots, (m-1)a$; il en sera donc de même des restes complémentaires dans la série des résidus.

161. REMARQUE II. — D'après ce qu'on vient de dire, si les nombres a et b, premiers avec m, sont équivalents par rapport à ce module, l'ordre des résidus reste identique pour ces deux nombres. Il n'en est plus de même lorsque les nombres a et b ne sont pas équivalents par rapport au module choisi.

Si l'on divise a par m, on obtient un résidu $r < m$, qui est équivalent à a par rapport au module m; en outre, si a est premier avec m, r l'est aussi en vertu de l'égalité $a = $ mult. de $m+r$. On peut donc toujours remplacer a par r, lorsqu'on veut appliquer le théorème du n° 159, c'est-à-dire lorsqu'il s'agit de former la série des résidus fournis par les $(m-1)$ premiers multiples de a.

Pour chaque valeur possible de r, on obtiendra la série des résidus dans un autre ordre. *Il y a* donc *autant d'ordres différents pour la série des résidus* $1, 2, 3, \ldots, (m-1)$, *ou il y a autant de manières différentes d'obtenir cette série, qu'il existe de nombres inférieurs à m et premiers avec lui.*

162. II. *a et b étant deux nombres premiers entre eux et f un entier quelconque, si l'on divise par b les b dividendes*

$$f, \quad a+f, \quad 2a+f, \ldots, \quad (b-1)a+f,$$

on obtient pour résidus, dans un certain ordre, les b nombres

$$0, \quad 1, \quad 2,\ldots, \quad (b-1).$$

En effet, deux quelconques des dividendes considérés, $ka+f$ et $k'a+f$, ne peuvent donner des résidus égaux, sans quoi leur différence $(k'-k)a$ serait divisible par b; ce qui est impossible, puisque b est premier avec a et plus grand que $k'-k$.

Les b résidus obtenus, étant inégaux et inférieurs à b, forment nécessairement la suite indiquée.

163. REMARQUE. — Lorsqu'un des dividendes $ka+f$ est premier avec b, le résidu r qui lui correspond l'est aussi, et réciproquement. C'est ce que montre immédiatement l'égalité $ka+f =$ mult. de $b+r$.

Il y a donc autant de nombres premiers avec b dans la suite des dividendes que dans celle des résidus, et ces nombres se correspondent deux à deux.

De plus, *tous ces dividendes sont ou non premiers avec a, suivant que f et a sont ou non premiers entre eux.*

164. III. *Calculer le nombre des nombres premiers avec un nombre donné et inférieurs à ce nombre.*

Il est commode de représenter, avec EULER, par le symbole $\varphi(N)$, le nombre des nombres premiers et inférieurs à N.

En adoptant cette notation, nous partagerons notre démonstration en quatre parties.

1° Soient a et b deux nombres premiers entre eux. Nous établirons d'abord la formule

$$\varphi(ab) = \varphi(a).\varphi(b).$$

Les ab premiers nombres peuvent être écrits de manière à former un tableau composé de b lignes horizontales contenant chacune a nombres consécutifs. On a ainsi

$1,$	$2,$	$3,\ldots,$	$f,\ldots,$	$a,$
$a+1,$	$a+2,$	$a+3,\ldots,$	$a+f,\ldots,$	$2a,$
$2a+1,$	$2a+2,$	$2a+3,\ldots,$	$2a+f,\ldots,$	$3a,$
$\ldots\ldots,$	$\ldots\ldots,$	$\ldots\ldots\ldots,$	$\ldots\ldots\ldots,$	$\ldots,$
$(b-1)a+1,$	$(b-1)a+2,$	$(b-1)a+3,\ldots,$	$(b-1)a+f,\ldots,$	$ba.$

Les nombres premiers avec le produit ab sont à la fois premiers avec a et premiers avec b (134).

Tous les nombres premiers et inférieurs à a sont compris dans la première ligne horizontale du tableau formé. Cette ligne renferme donc $\varphi(a)$ nombres premiers avec a. D'ailleurs, si f est un nombre premier avec a, tous les nombres de la colonne verticale commencée par f remplissent la même condition; et, si f n'est pas premier avec a, aucun nombre de cette colonne ne l'est lui-même (163). Les b lignes horizontales du tableau renferment donc toutes le même nombre $\varphi(a)$ de nombres premiers avec a.

Il reste maintenant à découvrir parmi ces nombres ceux qui, étant en outre premiers avec b, le sont avec le produit ab.

Or (162, 163) chacune des $\varphi(a)$ colonnes verticales considérées renferme le même nombre de nombres premiers avec b que la suite o, 1, 2, 3,..., $(b-1)$, c'est-à-dire qu'elle en comprend nécessairement $\varphi(b)$. Par conséquent, le nombre des nombres premiers avec le produit ab et inférieurs à ce produit est précisément $\varphi(a).\varphi(b)$; ce qui démontre la formule proposée.

2° On peut étendre immédiatement cette formule au cas d'un nombre quelconque de facteurs.

Soient, par exemple, a, b, c, d quatre nombres premiers entre eux deux à deux. On a, d'après ce qui précède (1°) et en employant un artifice connu (133),

$$\varphi(abcd) = \varphi(a).\varphi(bcd),$$
$$\varphi(bcd) = \varphi(b).\varphi(cd),$$
$$\varphi(cd) = \varphi(c).\varphi(d),$$

d'où, en multipliant toutes ces égalités membre à membre et en simplifiant,

$$\varphi(abcd) = \varphi(a).\varphi(b).\varphi(c).\varphi(d).$$

3° Cela posé, admettons d'abord que le nombre donné N renferme un seul facteur premier, et soit $N = a^{\alpha}$. Formons la suite

$$1, \quad 2, \quad 3,\ldots, \quad N.$$

Si, dans cette suite, on barre tous les nombres qui contiennent a comme facteur ou tous les nombres multiples de a, les nombres restants seront les nombres premiers avec N et inférieurs à ce nombre. Les nombres de la suite multiples de a sont évidemment les seuls nombres

$$a, \quad 2a, \quad 3a,\ldots, \quad \frac{N}{a}a,$$

dont la quotité est $\dfrac{N}{a}$. Par conséquent on a, dans ce cas particulier,

$$\varphi(N) = N - \frac{N}{a} = N\left(1 - \frac{1}{a}\right).$$

4° Soit, enfin, un nombre quelconque N qui, décomposé en facteurs premiers, donne
$$N = a^{\alpha}.b^{\beta}.c^{\gamma}.$$

Nous aurons à la fois (2° et 3°)
$$\varphi(N) = \varphi(a^{\alpha}).\varphi(b^{\beta}).\varphi(c^{\gamma}),$$
$$\varphi(a^{\alpha}) = a^{\alpha}\left(1 - \frac{1}{a}\right), \quad \varphi(b^{\beta}) = b^{\beta}\left(1 - \frac{1}{b}\right), \quad \varphi(c^{\gamma}) = c^{\gamma}\left(1 - \frac{1}{c}\right).$$

Il en résulte donc

$$\varphi(N) = N\left(1 - \frac{1}{a}\right)\left(1 - \frac{1}{b}\right)\left(1 - \frac{1}{c}\right) = a^{\alpha-1}.b^{\beta-1}.c^{\gamma-1}.(a-1)(b-1)(c-1).$$

165. REMARQUE I. — Si N est un nombre impair, 2 est premier avec N. D'ailleurs $\varphi(2) = 2^0 = 1$. On a donc dans ce cas

$$\varphi(2N) = \varphi(2).\varphi(N) = \varphi(N).$$

166. REMARQUE II. — Si $N = 1$, on a $\varphi(N) = 0$. Mais, le nombre quelconque a étant égal à $a \times 1$ et premier avec 1, on aurait alors

$$\varphi(a \times 1) = \varphi(a).\varphi(1) = 0.$$

Au lieu de $\varphi(1) = 0$, on est donc conduit à admettre la relation $\varphi(1) = 1$. Pour faire concorder cette relation avec ce qui précède, il suffit de modifier la définition de $\varphi(N)$, en disant que ce symbole représente le nombre des nombres *premiers et non supérieurs* à N. En effet, 1 est premier avec 1 et ne lui est pas supérieur.

167. REMARQUE III. — Quand un nombre p est premier, on a

$$\varphi(p) = p - 1;$$

car les nombres premiers et non supérieurs à p sont tous les nombres plus petits que lui. La formule générale confirme cette indication.

168. REMARQUE IV. — Le résultat qu'on vient d'obtenir présente de nombreuses applications.

Cherchons, par exemple, de combien de manières la série de résidus qui correspond au module 8 peut se produire. Le nombre cherché (161) est égal à $\varphi(8)$, c'est-à-dire à 2^2 ou 4. En effet, les nombres premiers et non supérieurs à 8 sont 1, 3, 5, 7.

Si l'on divise successivement par 8 les sept premiers multiples de ces nombres (159), les résidus trouvés forment les quatre séries suivantes :

$$1, \quad 2, \quad 3, \quad 4, \quad 5, \quad 6, \quad 7,$$
$$3, \quad 6, \quad 1, \quad 4, \quad 7, \quad 2, \quad 5,$$
$$5, \quad 2, \quad 7, \quad 4, \quad 1, \quad 6, \quad 3,$$
$$7, \quad 6, \quad 5, \quad 4, \quad 3, \quad 2, \quad 1.$$

On voit que, dans chaque série, les termes également éloignés des extrêmes sont complémentaires (160) par rapport au module 8. On voit de plus que les nombres 1 et 7, 3 et 5, étant respectivement complémentaires par rapport à ce même module, les séries qui leur appartiennent sont les mêmes en ordre inverse.

D'une manière générale, les nombres premiers et non supérieurs à un nombre donné m se répondent deux à deux à égale distance du plus petit et du plus grand de ces nombres qui sont 1 et $(m-1)$. Si $r < m$ est premier avec m, il en est de même du nombre complémentaire $r' = m - r$; car, si r' n'était pas premier avec m, le nombre $r = m - r'$ ne le serait pas non plus.

Ainsi le nombre des nombres premiers et non supérieurs à m est toujours pair. [Il n'y a d'exception que dans le cas de $m = 2$, puisque $\varphi(2) = 1$.] En outre, pour ceux de ces nombres qui sont complémentaires par rapport à m, les résidus fournis par leurs $(m - 1)$ premiers multiples divisés par m forment deux séries inverses l'une de l'autre.

169. IV. Théorème de Wilson. — *Quand un nombre est premier, il divise le produit des nombres plus petits que lui, augmenté de* 1.

Soit p un nombre premier. Il s'agit de démontrer l'équivalence

$$1.2.3\ldots\ \ldots\quad (p - 1) + 1 \equiv 0 \quad (\text{mod. } p).$$

Désignons par a l'un quelconque des $(p - 1)$ premiers nombres et formons la série des multiples

$$a,\quad 2a,\quad 3a, \ldots,\quad (p - 1)a.$$

Si on les divise successivement par p, on sait (159) que l'un d'eux et un seul donnera 1 pour résidu. Soit ka ce multiple, on aura

$$ka \equiv 1 \quad (\text{mod. } p).$$

k et a, tous les deux moindres que p, sont en général inégaux. Il n'y a d'exception que pour $a = 1$ et $a = p - 1$. Car, si l'on pose $k = a$, l'équivalence considérée devient

$$a^2 \equiv 1 \quad (\text{mod. } p) \quad \text{ou} \quad a^2 - 1 \equiv 0 \quad (\text{mod. } p).$$

Or, pour que $a^2 - 1$ ou $(a + 1)(a - 1)$ soit divisible par p, il faut, à cause de $a < p$, que $a - 1$ soit égal à zéro ou que $a + 1$ soit égal à p, c'est-à-dire il faut qu'on ait $a = 1$ ou $a = p - 1$.

Il résulte alors de ce qui précède que, si on laisse de côté les termes extrêmes de la suite

$$1.2.3\ldots\ (p - 2)(p - 1),$$

tous les autres peuvent être associés deux à deux de manière que leur produit soit équivalent à l'unité par rapport au module p. Mais, d'après un théorème connu (94), le produit de plusieurs dividendes équivaut au produit de leurs résidus, quand on emploie le même diviseur. On aura donc

$$2.3\ldots\ (p - 2) \equiv 1 \quad (\text{mod. } p)$$

et, par suite, en introduisant les deux dividendes extrêmes 1 et $(p - 1)$ et en remarquant que le dernier donne le résidu $p - 1$,

$$1.2.3\ldots\ (p - 2)(p - 1) \equiv p - 1 \quad (\text{mod. } p);$$

ce qui revient évidemment à l'équivalence annoncée

$$1.2.3\ldots \ (p-1)+1 \equiv 0 \quad (\mathrm{mod}.\ p).$$

170. REMARQUE. — Le théorème précédent est important, en ce qu'il exprime un caractère distinctif des nombres premiers. Si p n'est pas premier, l'égalité qu'on vient de démontrer est impossible. En effet, si elle avait lieu dans ce cas, son premier membre serait divisible par tous les facteurs premiers de p. Or l'un quelconque d'entre eux se retrouve dans le produit $1.2.3\ldots (p-1)$ et ne peut diviser 1.

Propriétés des résidus des puissances.

171. I. *a et m étant deux nombres premiers entre eux, $a^{\varphi(m)}$ équivaut à l'unité, par rapport au module m.*
Il faut démontrer l'équivalence

$$a^{\varphi(m)} \equiv 1 \quad (\mathrm{mod}.\ m) \quad \text{ou} \quad a^{\varphi(m)}-1 \equiv 0 \quad (\mathrm{mod}.\ m),$$

c'est-à-dire il faut démontrer que m divise exactement $a^{\varphi(m)}-1$.
Désignons par

$$1, \quad \alpha, \quad \beta, \quad \gamma, \ldots, \quad (m-1)$$

la série des nombres premiers et non supérieurs à m. Le nombre des termes de cette suite est représenté (164) par $\varphi(m)$.
Considérons la série correspondante des multiples de a :

$$a, \quad \alpha a, \quad \beta a, \quad \gamma a, \ldots, \quad (m-1)a.$$

a étant premier avec m, les résidus obtenus en divisant ces multiples par m sont inégaux et différents de zéro (159). D'ailleurs, tous ces multiples sont premiers avec m, puisque les deux facteurs qui les composent sont premiers avec m; les résidus correspondants sont donc aussi premiers avec m, et, comme leur nombre est $\varphi(m)$, la série de ces résidus n'est autre, dans un certain ordre, que la série

$$1, \quad \alpha, \quad \beta, \quad \gamma, \ldots, \quad \ldots, \quad (m-1).$$

Mais, d'après un théorème (94) déjà rappelé, lorsqu'on considère une série de dividendes et de résidus par rapport à un diviseur constant, le produit des dividendes équivaut au produit des résidus par rapport à ce même diviseur. On peut donc écrire, en remarquant que a entre $\varphi(m)$ fois comme facteur dans le produit des dividendes,

$$1.\alpha.\beta.\gamma\ldots \ (m-1).a^{\varphi(m)} \equiv 1.\alpha.\beta.\gamma\ldots \ (m-1) \quad [\mathrm{mod}.\ m].$$

On en déduit (158)

$$1.\alpha.\beta.\gamma\ldots \ (m-1)[a^{\varphi(m)}-1] \equiv 0 \quad (\mathrm{mod}.\ m).$$

Cette équivalence signifie que m divise exactement le produit indiqué dans le premier membre. Or, m étant premier avec tous les facteurs de ce produit, moins le dernier, doit alors diviser ce dernier facteur. On a donc

$$a^{\varphi(m)} - 1 \equiv 0 \quad (\text{mod. } m),$$

et $a^{\varphi(m)}$ divisé par m donne l'unité pour résidu.

172. Si m, nombre quelconque, se trouve remplacé par un nombre premier p, la formule précédente devient (167)

$$a^{p-1} - 1 \equiv 0 \quad (\text{mod. } p).$$

C'est l'expression d'un théorème célèbre dû à FERMAT et qu'on peut énoncer de la manière suivante :

II. THÉORÈME DE FERMAT. — *L'entier a n'étant pas divisible par le nombre premier p ou étant premier avec lui, a^{p-1} équivaut à l'unité par rapport au module p.*

La démonstration directe de ce cas particulier est très-simple et analogue à celle du théorème général. Considérons les multiples

$$a, \quad 2a, \quad 3a,\dots, \quad (p-1)a.$$

Puisque a et p sont premiers entre eux, les résidus qu'on obtient en divisant ces multiples par p forment, dans un certain ordre (159), la suite

$$1, \quad 2, \quad 3,\dots, \quad (p-1).$$

Le produit des dividendes étant équivalent au produit des résidus par rapport au module p, on a donc

$$1.2.3\dots (p-1).a^{p-1} \equiv 1.2.3\dots (p-1) \quad [\text{mod. } p],$$

d'où (158)

$$1.2.3\dots (p-1)[a^{p-1}-1] \equiv 0 \quad (\text{mod. } p).$$

Cette équivalence signifie que p divise exactement le produit indiqué dans le premier membre. Mais p est premier avec tous les nombres plus petits que lui ; il est donc facteur exact de la différence $a^{p-1}-1$, c'est-à-dire qu'en divisant a^{p-1} par p on trouvera l'unité pour résidu.

173. REMARQUE I. — Considérons la série des puissances

$$a^0, \quad a^1, \quad a^2, \quad a^3,\dots, \quad a^{\varphi(m)}, \quad a^{\varphi(m)+1},\dots,$$

et poursuivons-la indéfiniment. m étant toujours supposé premier avec a, divisons toutes ces puissances par m, et cherchons la série des résidus correspondants.

On pourra effectuer le calcul de la manière suivante. Comme à chaque division le dividende est multiplié par a, le résidu lui-même est multiplié par celui de a (94). Seulement, quand ce produit des deux résidus surpasse m, on doit en retrancher m autant de fois que possible.

Cela posé, a^0 donne le résidu 1 comme $a^{\varphi(m)}$ (171). Il en résulte que a^1 et $a^{\varphi(m)+1}$ donneront aussi des résidus égaux, et qu'il en sera de même pour les puissances suivantes considérées deux à deux ; par suite, *les résidus obtenus se reproduisent périodiquement dans un certain ordre.*

D'une manière générale, si a^α donne un certain résidu par rapport au module m, $a^{\alpha+k\varphi(m)}$, k étant un entier quelconque, donnera le même résidu.

174. REMARQUE II. — Le résidu de $a^{\varphi(m)}$ commençant une période comme celui de a^0, il y a entre ces deux résidus, soit une période, soit un nombre exact de périodes. Mais, de a^0 jusqu'à $a^{\varphi(m)}$ exclusivement, le nombre des termes est égal à $\varphi(m)$. Donc, pour les résidus des puissances, le nombre des termes de la période est juste $\varphi(m)$ ou un facteur de $\varphi(m)$.

Si m est un nombre premier p, non diviseur de a, $\varphi(m)$ est égal à $p-1$, et le nombre des termes de la période des résidus devient $p-1$ ou un facteur de $p-1$.

175. REMARQUE III. — Désignons par n le plus petit nombre positif tel, qu'on ait

$$a^n \equiv 1 \quad (\text{mod. } m).$$

On dit alors que, relativement au module m, le nombre a *appartient à l'exposant n,* et l'on énonce comme il suit la remarque précédente (174) : *L'exposant auquel appartient a, premier avec m, par rapport au module m, est un diviseur de $\varphi(m)$.*

176. REMARQUE IV. — b étant un autre nombre premier avec m, considérons la suite

$$b, \quad ba, \quad ba^2, \quad ba^3, \ldots, \quad ba^{\varphi(m)}, \quad ba^{\varphi(m)+1}, \ldots,$$

qu'on déduit de la suite

$$a^0, \quad a^1, \quad a^2, \quad a^3, \ldots, \quad a^{\varphi(m)}, \quad a^{\varphi(m)+1}, \ldots,$$

en multipliant tous ses termes par b.

Prenons deux termes de la première suite ba^k et ba^{k+f}. Leur différence sera $ba^k[a^f-1]$, c'est-à-dire celle des termes correspondants de la seconde suite multipliée par b. Puisque a et b sont premiers avec m, les deux différences seront donc, à la fois, divisibles ou non par m.

Par conséquent, si deux termes de l'une des suites donnent des résidus égaux par rapport au module m, il en sera de même des termes correspondants de l'autre suite (92, 93). D'après cela, le terme qui, dans la première suite, ramène le même reste que b, répond au terme qui, dans la seconde suite, ramène le reste 1 fourni par a^0. On voit donc que les résidus donnés par la première suite prolongée indéfiniment composent une période dont le nombre des termes est, comme pour la seconde suite, égal à $\varphi(m)$ ou à un diviseur de $\varphi(m)$.

177. REMARQUE V. — Considérons enfin un nombre c, premier avec m

comme les nombres a et b, et comparons les deux suites

$$b, \quad ba, \quad ba^2, \quad ba^3, \dots, \quad ba^{\varphi(m)}, \quad ba^{\varphi(m+1)}, \dots;$$
$$c, \quad ca, \quad ca^2, \quad ca^3, \dots, \quad ca^{\varphi(m)}, \quad ca^{\varphi(m+1)}, \dots.$$

D'après ce qu'on vient de dire (176), ces suites, que nous pouvons désigner par (b) et (c), présenteront toutes deux le même nombre de termes, dans la période de leurs résidus par rapport au module m, que la suite primitive

$$a^0, \quad a^1, \quad a^2, \quad a^3, \dots, \quad a^{\varphi(m)}, \quad a^{(\varphi m)+1}, \dots$$

Supposons que l'un des résidus de la suite (b) se retrouve parmi ceux de la suite (c), et soient ba^l et ca^f les dividendes correspondants. A cause de la périodicité des résidus, on peut toujours admettre l'inégalité $l > f$. La différence des deux dividendes est donc $a^f.[ba^{l-f} - c]$. Cette différence devant être divisible par m, qui est premier avec a, il faut que le facteur $[ba^{l-f} - c]$ soit un multiple de m; ce qui entraîne l'équivalence des termes ba^{l-f} et c par rapport au module m. Mais, dans ce cas, les résidus fournis par les suites (b) et (c) seront les mêmes dans un ordre différent (173); de sorte que, si on les range de part et d'autre circulairement, on obtient deux cercles qu'on peut rendre identiques par la simple rotation de l'un d'eux autour de son centre. On dit alors que les deux périodes de résidus se déduisent l'une de l'autre *par permutation circulaire*.

Si, au contraire, le résidu de c par rapport à m ne fait pas partie de la période des résidus de la suite (b) par rapport au même module, les deux périodes de résidus n'ont aucun terme commun et sont complétement indépendantes l'une de l'autre.

LIVRE TROISIÈME.

LES FRACTIONS ET LES NOMBRES DÉCIMAUX.

CHAPITRE PREMIER.

PROPRIÉTÉS DES FRACTIONS.

Notions préliminaires.

178. Jusqu'ici nous avons considéré les nombres *entiers*, c'est-à-dire le cas où l'unité choisie est contenue exactement dans la grandeur à mesurer (3).

Si cette condition n'est plus remplie, il peut arriver qu'une certaine partie *aliquote* de l'unité (c'est-à-dire contenue exactement dans l'unité) soit elle-même comprise exactement dans la grandeur qu'on veut évaluer. On dit alors que le rapport de la grandeur à son unité et le nombre qui représente ce rapport sont *fractionnaires*.

Si la *septième* partie de l'unité est renfermée 23 fois dans la grandeur à mesurer, on dit que cette grandeur est égale aux 23 septièmes de l'unité : 23 septièmes, surpassant l'unité qui vaut 7 septièmes, est un nombre *fractionnaire*.

Si la septième partie de l'unité est renfermée 5 fois dans la grandeur à mesurer, on dit que cette grandeur est égale aux 5 septièmes de l'unité : 5 septièmes, tombant au-dessous de l'unité, est une *fraction proprement dite*.

Les mêmes règles de calcul s'étendent d'ailleurs aux nombres fractionnaires et aux fractions, et l'on ne doit établir entre eux aucune distinction.

7.

On peut définir une fraction : *une ou plusieurs parties de l'unité divisée en parties égales.*

179. Pour exprimer une fraction, il faut deux nombres, qui sont *les termes* de la fraction : l'un, appelé *dénominateur*, indique en combien de parties égales il a fallu diviser l'unité ; l'autre, appelé *numérateur*, indique combien on a dû prendre de ces parties.

Pour écrire une fraction, on écrit le dénominateur au-dessous du numérateur, et on les sépare par un trait horizontal :

23 septièmes, 5 septièmes s'écrivent $\dfrac{23}{7}$, $\dfrac{5}{7}$.

On énonce une fraction en énonçant successivement ses deux termes, et en faisant suivre l'énoncé du dénominateur de la terminaison *ième*, excepté lorsque ce dénominateur est

2, 3 ou 4. Ainsi on énonce les fractions $\dfrac{1}{2}$, $\dfrac{2}{3}$, $\dfrac{3}{4}$ en disant *un demi, deux tiers, trois quarts.*

Une fraction est plus grande ou plus petite que 1, c'est-à-dire qu'elle est un nombre fractionnaire ou une fraction proprement dite, suivant que son numérateur est plus grand ou plus petit que son dénominateur. Elle représente l'unité, lorsque son numérateur et son dénominateur sont égaux.

180. *On peut convertir un entier en fraction de dénominateur donné.*

Soit 3 à convertir en septièmes. Chaque unité valant 7 septièmes, 3 unités vaudront 21 septièmes et l'on aura $3 = \dfrac{3 \times 7}{7}$.

On doit donc multiplier l'entier par le dénominateur donné, et donner ce dénominateur au produit.

Il en résulte que *tout nombre entier peut être regardé comme une fraction dont il est le numérateur et qui a pour dénominateur l'unité.* On a

$$5 = \frac{5 \times 1}{1} \quad \text{ou} \quad 5 = \frac{5}{1}.$$

Cette remarque est importante, parce qu'elle permet d'étendre immédiatement les théorèmes concernant les fractions au cas où quelques-unes de ces fractions seraient remplacées par des nombres entiers.

181. *Une expression fractionnaire étant donnée, on peut extraire les entiers qu'elle contient.*

Soit $\frac{43}{9}$. Autant de fois cette expression renferme 9 neuvièmes, c'est-à-dire autant de fois 43 contient 9, autant elle renferme d'entiers. 43 contenant 4 fois 9 avec un reste 7, on peut écrire $\frac{43}{9} = 4 + \frac{7}{9}$. *On doit donc diviser le numérateur par le dénominateur : le quotient représente les entiers demandés, et le reste est le numérateur de la fraction complémentaire.*

Réciproquement, si l'on donne une expression telle que $4 + \frac{7}{9}$, on peut réduire les entiers en fraction ayant aussi 9 pour dénominateur et écrire

$$4 + \frac{7}{9} = \frac{4 \times 9}{9} + \frac{7}{9} = \frac{36}{9} + \frac{7}{9} = \frac{43}{9}.$$

182. *De deux fractions ayant même dénominateur, la plus grande est celle qui a le plus grand numérateur,* puisqu'elle contient *plus* des mêmes parties de l'unité.

De deux fractions ayant même numérateur, la plus grande est celle qui a le plus petit dénominateur, puisqu'elle contient le même nombre de parties *plus grandes* de l'unité.

183. I. *Lorsqu'on multiplie ou qu'on divise le numérateur d'une fraction par un certain nombre, on multiplie ou l'on divise la valeur de la fraction par ce nombre.*

$\frac{5 \times 3}{7}$ est une fraction 3 fois plus grande que $\frac{5}{7}$, puisqu'elle renferme 3 fois plus de septièmes. A son tour, $\frac{5}{7}$ ou $\frac{15 : 3}{7}$ est une fraction 3 fois plus petite que $\frac{15}{7}$.

184. II. *Lorsqu'on multiplie ou qu'on divise le dénominateur d'une fraction par un certain nombre, on divise ou l'on multiplie la valeur de la fraction par ce nombre.*

$\frac{5}{7 \times 2}$ est une fraction 2 fois plus petite que $\frac{5}{7}$. En effet, si l'on divise l'unité en 7 parties, puis en 14 parties égales, chaque septième contient 2 quatorzièmes; en d'autres termes, les quatorzièmes sont 2 fois plus petits que les septièmes.

A son tour, $\dfrac{5}{7}$ ou $\dfrac{5}{14:2}$ est une fraction 2 fois plus grande que $\dfrac{5}{14}$.

185. III. *On ne change pas la valeur d'une fraction lorsqu'on multiplie ou qu'on divise ses deux termes par un même nombre.*

Soit la fraction $\dfrac{5}{7}$. Les deux fractions $\dfrac{5}{7}$ et $\dfrac{5 \times 3}{7 \times 3}$ sont toutes les deux, d'après ce qui précède, 3 fois plus petites que la fraction $\dfrac{5 \times 3}{7}$, c'est-à-dire qu'elles sont égales.

Il résulte de là qu'une valeur fractionnaire donnée est susceptible d'une infinité d'expressions. On a

$$\frac{2}{3} = \frac{4}{6} = \frac{10}{15} = \frac{16}{24} = \ldots$$

Théorie des fractions irréductibles.

186. Une fraction est *irréductible* lorsque sa valeur ne peut pas être exprimée en termes plus simples : on dit alors qu'elle est *réduite à sa plus simple expression.*

187. I. Il est évident qu'*une fraction irréductible doit avoir ses deux termes premiers entre eux ;* car, sans cela, on pourrait diviser ses deux termes par leur plus grand commun diviseur, sa valeur ne changerait pas, et elle serait exprimée en termes plus simples.

Mais il n'est pas évident qu'une fraction dont les deux termes sont premiers entre eux soit irréductible; car on ne sait pas *a priori* si, en *diminuant* les deux termes de cette fraction dans un certain rapport, on ne pourra pas obtenir une fraction égale et plus simple. Il faut donc démontrer le théorème suivant.

188. II. *Toutes les fractions égales à une fraction dont les termes sont premiers entre eux s'obtiennent en multipliant les deux termes de cette fraction par un même nombre quelconque.*

Soit la fraction $\dfrac{5}{7}$ dont les termes sont premiers entre eux, et soit la fraction $\dfrac{a}{b}$ qui lui est égale. Multiplions les deux termes de chaque fraction par le dénominateur de l'autre; elles resteront égales, et l'on aura

$$\frac{5 \times b}{7 \times b} = \frac{a \times 7}{b \times 7}.$$

Les dénominateurs étant alors égaux, les numérateurs le seront (**182**), et l'on aura

$$5 \times b = a \times 7.$$

5 divisant le premier membre de cette égalité divisera le second; de plus, 5 étant premier avec 7 devra diviser a (**132**). Si q est le quotient de cette division, on aura

$$a = 5 \times q.$$

Il en résulte

$$5 \times b = 5 \times q \times 7,$$

c'est-à-dire, en divisant les deux membres de l'égalité par 5,

$$b = 7 \times q.$$

On a donc bien

$$\frac{a}{b} = \frac{5 \times q}{7 \times q}.$$

$\dfrac{a}{b}$ représentant la valeur $\dfrac{5}{7}$ moins simplement que $\dfrac{5}{7}$, cette dernière fraction est, par suite, réduite à sa plus simple expression, *elle est irréductible*.

Ainsi, *pour réduire une fraction à sa plus simple expression, il faut rendre et il suffit de rendre ses deux termes premiers entre eux*. On y parvient en divisant les deux termes de la fraction par leur plus grand commun diviseur (**117**).

De plus, *pour obtenir toutes les fractions égales à une fraction irréductible donnée, il suffit de multiplier les deux termes de cette fraction par la suite naturelle des nombres*.

189. Soit, par exemple, à réduire la fraction $\dfrac{799}{2961}$. On cherche le plus grand commun diviseur des nombres 799 et 2961;

$$
\begin{array}{c|c|c|c|c|c}
 & 3 & 1 & 2 & 2 & 2 \\
\hline
2961 & 799 & 564 & 235 & 94 & 47 \\
564 & 235 & 94 & 47 & 0 & \\
63 & 17 & 12 & 5 & 2 & 1
\end{array}
$$

et, en employant l'algorithme indiqué (118), on trouve que la plus simple expression de la fraction $\frac{799}{2961}$ est $\frac{17}{63}$.

Souvent, dans la pratique, on évite la recherche du plus grand commun diviseur, en supprimant dans les deux termes de la fraction proposée tous les facteurs communs qu'on y aperçoit. Soit la fraction $\frac{1540}{1980}$. Si l'on divise les deux termes par 10, il vient $\frac{154}{198}$. Si on les divise par 2, il vient $\frac{77}{99}$. Enfin, en divisant encore les deux termes par 11, on trouve la fraction irréductible $\frac{7}{9}$.

La réduction des fractions à leur plus simple expression a une grande importance. On simplifie les calculs, en opérant sur des fractions irréductibles, et l'on juge mieux de la valeur des quantités considérées.

190. *Deux fractions irréductibles égales sont identiques;* car chacune doit être obtenue en multipliant les deux termes de l'autre par un même nombre (188), qui ne peut, dans ce cas, être que l'unité.

Réduction des fractions au même dénominateur et au plus petit dénominateur commun.

191. Pour pouvoir comparer des fractions, il faut qu'elles aient même dénominateur ou même numérateur (182). L'usage est de les réduire au même dénominateur.

Si l'on opère sur deux fractions, il suffit de *multiplier les deux termes de chaque fraction par le dénominateur de l'autre :* elles ont alors toutes deux pour dénominateur le produit des dénominateurs primitifs. Soient les fractions $\frac{3}{4}$ et $\frac{5}{7}$; réduites au même dénominateur, elles deviendront

$$
\frac{3 \times 7}{4 \times 7} \quad \text{et} \quad \frac{5 \times 4}{7 \times 4},
$$

c'est-à-dire

$$\frac{21}{28} \quad \text{et} \quad \frac{20}{28}.$$

Si l'on opère sur plus de deux fractions, il suffit de *multiplier les deux termes de chaque fraction par le produit des dénominateurs de toutes les autres;* elles ont alors pour dénominateur commun le produit de tous les dénominateurs primitifs.

Soient les fractions $\frac{2}{3}$, $\frac{4}{5}$, $\frac{6}{7}$, $\frac{8}{11}$. Réduites au même dénominateur, elles deviendront

$$\frac{2\times5\times7\times11}{3\times5\times7\times11}, \quad \frac{4\times3\times7\times11}{5\times3\times7\times11}, \quad \frac{6\times3\times5\times11}{7\times3\times5\times11}, \quad \frac{8\times3\times5\times7}{11\times3\times5\times7},$$

c'est-à-dire

$$\frac{770}{1155}, \quad \frac{924}{1155}, \quad \frac{990}{1155}, \quad \frac{840}{1155}.$$

192. Lorsque les dénominateurs des fractions proposées sont premiers entre eux, on ne peut pas suivre une autre marche; dans le cas contraire, on peut réduire ces fractions *à leur plus petit dénominateur commun.*

Il faut d'abord supposer ces fractions *irréductibles.* On ne pourra alors transformer chacune d'elles, sans changer sa valeur, qu'en multipliant ses deux termes par un certain nombre (188). Le dénominateur commun qu'on leur donnera à toutes, quel qu'il soit, sera donc divisible par tous les dénominateurs primitifs, puisqu'il les contiendra comme facteurs, c'est-à-dire qu'il en sera un *commun multiple.* Si l'on veut avoir le plus petit dénominateur commun, il faut donc chercher *le plus petit commun multiple* des dénominateurs des fractions proposées. Il est évident d'ailleurs qu'on pourra bien donner ce plus petit commun multiple comme dénominateur à toutes les fractions considérées; car il suffira pour cela de *multiplier les deux termes de chacune d'elles par le quotient obtenu en divisant par son dénominateur le plus petit commun multiple* (¹).

(¹) Si les fractions données n'étaient pas préalablement réduites à leur plus simple expression, la règle indiquée ne conduirait pas toujours au plus petit dénominateur commun. En effet, tous les termes des fractions proposées pourraient alors admettre un facteur commun que la réduction au même dénominateur ne ferait pas disparaître; ce facteur commun supprimé, les fractions conserveraient un même dénominateur, plus petit que le précédent.

Proposons-nous, par exemple, de réduire au plus petit dénominateur commun les fractions $\frac{189}{1215}$, $\frac{10}{504}$, $\frac{45}{875}$. Ces fractions, réduites à leur plus simple expression, deviendront $\frac{7}{45}$, $\frac{5}{252}$, $\frac{9}{175}$. En décomposant les dénominateurs en leurs facteurs premiers, on obtient

$$45 = 3^2 \times 5, \quad 252 = 2^2 \times 3^2 \times 7, \quad 175 = 5^2 \times 7.$$

Leur plus petit commun multiple est donc $2^2 \times 3^2 \times 5^2 \times 7$ ou 6300. Divisons maintenant le plus petit commun multiple par les dénominateurs : ce qu'on doit faire en supprimant parmi les facteurs de ce plus petit commun multiple ceux qui appartiennent au dénominateur considéré. Ici, on aura pour quotients successifs 140, 25, 36. Il faudra donc multiplier respectivement les deux termes de chaque fraction par 140, par 25, par 36. On trouvera

$$\frac{980}{6300}, \quad \frac{125}{6300}, \quad \frac{324}{6300}.$$

On dispose ordinairement le calcul comme ci-dessous :

Fractions proposées.	Quotients du P. P. C. M. par les différents dénominateurs.	Fractions réduites.	Décomposition des dénominateurs en facteurs premiers.
$\frac{7}{45}$	140	$\frac{980}{6300}$	$45 = 3^2 \times 5$
$\frac{5}{252}$	25	$\frac{125}{6300}$	$252 = 2^2 \times 3^2 \times 7$
$\frac{9}{175}$	36	$\frac{324}{6300}$	$175 = 5^2 \times 7$

$$\text{P. P. C. M.} = 2^2 \times 3^2 \times 5^2 \times 7 = 6300.$$

Théorèmes sur les fractions.

193. I. *Lorsque plusieurs fractions sont égales, en les ajoutant terme à terme, on obtient une fraction égale à chacune des fractions proposées.*

En effet, les fractions proposées, étant égales, sont toutes équivalentes à la même fraction irréductible (188). Leurs termes sont alors respectivement des équimultiples des termes de cette fraction irréductible. La fraction obtenue en ajoutant les fractions données terme à terme remplit donc encore la même condition, c'est-à-dire qu'elle est égale à la même fraction irréductible et, par suite, à chacune des fractions considérées.

On démontre de même qu'*en retranchant terme à terme deux fractions égales on obtient une fraction égale à chacune d'elles.*

194. II. *Lorsqu'on ajoute terme à terme deux fractions inégales, la fraction obtenue est comprise entre les deux fractions données.*

Soient les deux fractions $\frac{3}{4}$ et $\frac{11}{7} > \frac{3}{4}$. Si on les réduit au même dénominateur, la plus grande aura le plus grand numérateur. Par suite, on peut écrire

$$11 \times 4 > 3 \times 7.$$

Cela posé, pour comparer les deux fractions $\frac{11}{7}$ et $\frac{3+11}{4+7}$, il faut les réduire au même dénominateur et comparer leurs nouveaux numérateurs $11 \times (4+7)$ et $(3+11) \times 7$. En supprimant la partie commune 11×7 et en se reportant à l'inégalité précédente, on voit que la première fraction a le plus grand numérateur. On a donc

$$\frac{11}{7} > \frac{3+11}{4+7}.$$

En comparant de la même manière les deux fractions $\frac{3+11}{4+7}$ et $\frac{3}{4}$, on trouve

$$\frac{3+11}{4+7} > \frac{3}{4}.$$

Le théorème est donc démontré.

Il en résulte immédiatement que, *si l'on a plusieurs fractions inégales et qu'on les ajoute terme à terme, la fraction obtenue est comprise entre la plus grande et la plus petite des fractions données.*

Soient les fractions inégales $\frac{3}{4}$, $\frac{8}{9}$, $\frac{11}{7}$, rangées par ordre de grandeur croissante. D'après ce qui précède, la fraction

$\frac{3+8}{4+9}$ tombe entre les fractions $\frac{3}{4}$ et $\frac{8}{9}$, et les fractions $\frac{3}{4}$, $\frac{3+8}{4+9}$, $\frac{8}{9}$, $\frac{11}{7}$ sont rangées par ordre de grandeur. Si l'on ajoute terme à terme les fractions $\frac{3+8}{4+9}$ et $\frac{11}{7}$, la fraction $\frac{3+8+11}{4+9+7}$ est comprise entre elles deux : elle est donc plus grande que la fraction $\frac{3}{4}$ et plus petite que la fraction $\frac{11}{7}$.

195. En rapprochant les n°s 193 et 194, on voit qu'*une fraction dont les deux termes changent à la fois ne peut conserver la même valeur qu'autant que ces mêmes termes varient de quantités formant une fraction égale à la proposée.*

196. III. *Lorsqu'on ajoute une même quantité aux deux termes d'une fraction, elle augmente ou diminue suivant qu'elle est plus petite ou plus grande que 1; dans les deux cas, elle se rapproche de l'unité.*

Lorsqu'on retranche une même quantité aux deux termes d'une fraction, elle diminue ou augmente suivant qu'elle est plus petite ou plus grande que 1; dans les deux cas, elle s'éloigne de l'unité.

Soit la fraction $\frac{5}{7}$. Ajoutons à ses deux termes une quantité quelconque m. Nous aurons la fraction $\frac{5+m}{7+m}$. Remarquons qu'on peut mettre l'unité sous la forme d'une fraction dont les deux termes sont égaux (**179**) et poser $1 = \frac{m}{m}$. On peut alors regarder la fraction $\frac{5+m}{7+m}$ comme ayant été obtenue en ajoutant terme à terme les fractions $\frac{5}{7}$ et $\frac{m}{m}$; cette fraction, toujours plus petite que 1, est donc plus grande que la fraction $\frac{5}{7}$ (**194**).

Réciproquement, la fraction $\frac{5}{7}$ est plus petite que la fraction $\frac{5+m}{7+m}$.

Soit la fraction $\frac{7}{5}$ plus grande que 1. On peut regarder la fraction $\dfrac{7+m}{5+m}$ comme ayant été obtenue en ajoutant terme à terme les fractions $\dfrac{7}{5}$ et $\dfrac{m}{m}$; cette fraction, toujours plus grande que 1, est donc plus petite que la fraction $\dfrac{7}{5}$ (194).

Réciproquement, la fraction $\dfrac{7}{5}$ est plus grande que la fraction $\dfrac{7+m}{5+m}$.

197. Il est utile de remarquer qu'à mesure que la quantité ajoutée aux deux termes de la fraction augmente cette fraction approche de plus en plus de l'unité sans jamais pouvoir l'atteindre, puisque les deux termes de la fraction résultante ne peuvent jamais devenir égaux.

Quand une quantité variable d'une manière continue converge ainsi vers une quantité fixe, la quantité fixe s'appelle *la limite* de la quantité variable. L'unité est ici la limite commune des séries croissantes qu'on obtient en partant d'une fraction quelconque plus petite que 1, et des séries décroissantes qu'on obtient en partant d'une fraction quelconque plus grande que 1.

La considération des limites est extrêmement importante en Mathématiques ; nous en verrons beaucoup d'autres exemples.

198. IV. *Moyenne arithmétique.* — On appelle en général *moyenne* de plusieurs quantités une quantité comprise entre la plus grande et la plus petite des quantités données, et formée à l'aide de ces quantités.

Si l'on a plusieurs nombres 57, 72, 93, on peut les considérer comme des fractions ayant pour dénominateur l'unité. Si l'on ajoute terme à terme ces fractions $\dfrac{57}{1}$, $\dfrac{72}{1}$, $\dfrac{93}{1}$, la fraction obtenue $\dfrac{57+72+93}{3}$ est comprise entre les fractions extrêmes $\dfrac{57}{1}$ et $\dfrac{93}{1}$, c'est-à-dire entre les nombres 57 et 93 (194). Cette moyenne, qu'on trouve en ajoutant les quantités données et en divisant leur somme par leur nombre, s'appelle la *moyenne arithmétique* des quantités considérées.

CHAPITRE II.

OPÉRATIONS SUR LES FRACTIONS.

Addition.

199. *L'addition a pour but de trouver un nombre qui contienne à lui seul autant d'unités et de parties d'unité que plusieurs nombres donnés. Le résultat de l'opération s'appelle* somme.

Cette définition est générale ; elle s'applique, que les nombres considérés soient entiers ou fractionnaires, que ces nombres soient des fractions proprement dites.

200. *Pour ajouter plusieurs fractions qui ont même dénominateur, il suffit d'ajouter leurs numérateurs.*

La somme des fractions $\dfrac{3}{7} + \dfrac{8}{7} + \dfrac{15}{7}$ est évidemment égale à $\dfrac{3 + 8 + 15}{7}$ ou à $\dfrac{26}{7}$.

201. *Si les fractions proposées n'ont pas le même dénominateur,* on commence par les y réduire ; car on ne peut additionner que des quantités de même espèce.

Soient les fractions $\dfrac{3}{4}, \dfrac{2}{5}, \dfrac{4}{9}$. Réduites au même dénominateur, elles deviennent $\dfrac{135}{180}, \dfrac{72}{180}, \dfrac{80}{180}$, et leur somme est

$$\frac{135 + 72 + 80}{180} = \frac{287}{180}.$$

202. *Lorsqu'on a à additionner des nombres entiers suivis de fractions,* on fait à part la somme des entiers et celle des fractions suivant les règles connues ; on a soin de commencer par additionner les fractions : leur somme, en effet, peut renfermer des entiers qu'on doit ajouter aux entiers proposés.

Soient à additionner les nombres fractionnaires $7 + \dfrac{8}{9}$, $4 + \dfrac{2}{11}$, $15 + \dfrac{7}{33}$. On disposera le calcul comme il est indiqué, en n'écrivant que les numérateurs des fractions réduites à leur plus petit dénominateur commun, et en en divisant la somme par ce plus petit dénominateur pour extraire les entiers.

$$
\begin{array}{cccc}
7 & \dfrac{8}{9} & 11 & 88 \\[2mm]
4 & \dfrac{2}{11} & 9 & 18 \\[2mm]
15 & \dfrac{7}{33} & 3 & 21 \\[2mm]
 & & & 127 \;\big|\; 99 \\[1mm]
1 & & & 28 \;\big|\; 1
\end{array}
\qquad
\begin{array}{l}
9 = 3^2 \\[2mm]
11 = 11 \qquad \text{P.P.C.M.} = 3^2 \times 11 = 99 \\[2mm]
33 = 3 \times 11
\end{array}
$$

$$27 + \dfrac{28}{99}$$

Soustraction.

203. *La soustraction a pour but de retrancher d'un nombre donné toutes les unités et parties d'unité renfermées dans un autre nombre donné. Le résultat de l'opération s'appelle* reste, *excès ou* différence.

Cette définition est générale.

On peut dire encore que *la soustraction a pour but, étant données une somme de deux parties et l'une de ses parties, de trouver l'autre.* En effet, le plus petit nombre plus le reste doit reproduire le plus grand nombre.

204. *Pour retrancher deux fractions, on les réduit au même dénominateur, s'il y a lieu ; puis on retranche leurs numérateurs, et l'on donne à la différence obtenue le dénominateur commun.*

Soient les fractions $\dfrac{4}{7}$ et $\dfrac{3}{11}$. Réduites au même dénominateur, elles deviennent $\dfrac{44}{77}$ et $\dfrac{21}{77}$: leur différence est donc égale à $\dfrac{44 - 21}{77}$ ou à $\dfrac{23}{77}$.

205. *Si l'on doit retrancher l'un de l'autre des entiers*

suivis de fractions, on retranche à part les entiers et les fractions, en commençant par soustraire les fractions.

Il peut arriver, en effet, que le plus grand entier soit joint à la plus petite fraction. Dans ce cas, on augmente le plus petit numérateur du dénominateur commun des fractions, ce qui revient à augmenter d'une unité la plus petite fraction; par compensation, on ajoute aussi une unité au plus petit entier.

Soit à soustraire $4 + \dfrac{19}{28}$ de $12 + \dfrac{5}{42}$. Les deux fractions réduites au plus petit dénominateur commun deviennent $\dfrac{10}{84}$ et $\dfrac{57}{84}$. On augmente alors la fraction $\dfrac{10}{84}$ d'une unité ou de $\dfrac{84}{84}$, ce qui revient à ajouter 84 au numérateur 10. On dispose le calcul comme il est indiqué, en ajoutant en même temps 10 et 84 et en retranchant 57 de leur somme.

$$
\begin{array}{cccc}
12 & \dfrac{5}{42} & 2 & \left\{ \begin{matrix} 10 \\ 84 \end{matrix} \right. \\
\left\{ \begin{matrix} \\ \end{matrix} \right. 4 & \dfrac{19}{28} & 3 & 57 \\
\quad 1 & & & \\
\hline
7 & + & & \dfrac{37}{84}
\end{array}
$$

$42 = 2 \times 3 \times 7$

$28 = 2^2 \times 7$

P.P.C.M. $= 2^2 \times 3 \times 7 = 84$.

Multiplication.

206. *Si le multiplicateur est un entier, la multiplication a pour but de répéter le multiplicande autant de fois que le multiplicateur contient d'unités.*

Si le multiplicateur est une fraction, la multiplication a pour but de partager le multiplicande en autant de parties égales qu'il y a d'unités dans le dénominateur de la fraction multiplicateur, et de prendre autant de ces parties qu'il y a d'unités dans le numérateur de cette fraction.

Le résultat de l'opération s'appelle produit.

Si l'on voulait réunir ces deux énoncés en un seul, on pourrait dire que, *pour obtenir le produit, il faut opérer sur le multiplicande comme on a opéré sur l'unité pour obtenir le multiplicateur,*

Multiplier 10 par 4, c'est répéter 10, 4 fois; multiplier 10 par $\frac{2}{7}$, c'est répéter 2 fois la septième partie de 10, c'est en prendre les $\frac{2}{7}$.

Le produit est supérieur, inférieur ou égal au multiplicande, suivant que le multiplicateur est supérieur, inférieur ou égal à l'unité.

207. *Pour multiplier deux fractions l'une par l'autre, il suffit de les multiplier terme à terme.*

Soient les fractions $\frac{3}{4}$ et $\frac{5}{7}$. On a pour but de prendre les $\frac{5}{7}$ de $\frac{3}{4}$. Le septième de $\frac{3}{4}$ est égal à $\frac{3}{4 \times 7}$ (184); pour répéter 5 fois ce septième ou pour multiplier la fraction $\frac{3}{4 \times 7}$ par 5, il suffit de multiplier son numérateur par 5 (183). Le résultat cherché est donc bien égal à $\frac{3 \times 5}{4 \times 7}$.

Ainsi

$$\frac{3}{4} \times \frac{5}{7} = \frac{3 \times 5}{4 \times 7}.$$

Si l'on avait eu $\frac{5}{7}$ à multiplier par $\frac{3}{4}$, on aurait trouvé

$$\frac{5}{7} \times \frac{3}{4} = \frac{5 \times 3}{7 \times 4}.$$

Nous savons (66) que $3 \times 5 = 5 \times 3$ et que $4 \times 7 = 7 \times 4$. Par suite, on peut écrire $\frac{3}{4} \times \frac{5}{7} = \frac{5}{7} \times \frac{3}{4}$, ce qui démontre qu'*on ne change pas le produit de deux facteurs fractionnaires en renversant leur ordre.*

208. *Pour multiplier un entier par une fraction ou une fraction par un entier, on multiplie le numérateur de la fraction par l'entier et l'on donne au produit le dénominateur de la fraction.*

Soit $\frac{3}{5} \times 4$. On peut (180) regarder 4 comme une fraction ayant pour dénominateur l'unité. On a donc

$$\frac{3}{5} \times 4 = \frac{3}{5} \times \frac{4}{1} = \frac{3 \times 4}{5 \times 1} \quad \text{ou} \quad \frac{3 \times 4}{5}.$$

Ce dernier résultat correspond à celui déjà trouvé (183).
De même

$$4 \times \frac{3}{5} = \frac{4}{1} \times \frac{3}{5} = \frac{4 \times 3}{1 \times 5} = \frac{4 \times 3}{5}.$$

On a évidemment

$$\frac{3}{5} \times 4 = 4 \times \frac{3}{5}.$$

Le théorème relatif au changement d'ordre de deux fac-
teurs est donc vrai, que ces facteurs soient tous les deux en-
tiers, tous les deux fractionnaires, ou l'un entier et l'autre
fractionnaire.

209. Soit *un produit de plusieurs fractions* $\frac{4}{9} \times \frac{5}{7} \times \frac{42}{35} \times \frac{11}{8}$.
Cette expression signifie qu'il faut multiplier la première
fraction par la deuxième, le résultat obtenu par la troisième et
ainsi de suite jusqu'à ce qu'on ait épuisé toutes les fractions.
Il est évident (207) qu'on obtiendra le résultat définitif *en mul-*
tipliant terme à terme toutes les fractions proposées.

Il faut avoir soin d'*indiquer* le résultat avant d'*effectuer* les
calculs, afin de pouvoir supprimer tous les facteurs communs
que peuvent présenter les termes de la fraction résultante.
Reprenons l'exemple donné : on a

$$\frac{4}{9} \times \frac{5}{7} \times \frac{42}{35} \times \frac{11}{8} = \frac{\overset{}{4} \times \overset{}{5} \times \overset{6}{42} \times 11}{\underset{3}{9} \times \underset{7}{7} \times \underset{}{35} \times \underset{2}{8}}.$$

On peut diviser les deux termes par 4, en supprimant le facteur 4 au numérateur et en remplaçant par 2 le facteur 8 du
dénominateur. On peut les diviser par 5, en supprimant le
facteur 5 au numérateur et en remplaçant par 7 le facteur 35
du dénominateur. On peut les diviser par 7, en remplaçant
par 6 le facteur 42 du numérateur et en supprimant l'un des
facteurs 7 du dénominateur. Enfin on peut les diviser par 6,
en supprimant ce facteur au numérateur; au dénominateur,

on remplace par compensation le facteur 9 par 3, et l'on supprime le facteur 2. Il reste alors, pour le produit cherché, la fraction $\frac{11}{3 \times 7}$ ou $\frac{11}{21}$.

210. Puisque le produit de plusieurs fractions est une fraction qui a pour numérateur le produit de tous les numérateurs, et pour dénominateur le produit de tous les dénominateurs des fractions proposées, il en résulte que ce produit ne change pas, quel que soit l'ordre des facteurs fractionnaires. En effet, le produit des numérateurs reste le même quel que soit leur ordre, et il en est de même du produit des dénominateurs (66).

Le théorème général du changement d'ordre des facteurs est donc vrai, que les facteurs considérés soient tous entiers ou tous fractionnaires, que les uns soient entiers et les autres fractionnaires; car, dans ce dernier cas, on peut regarder les facteurs entiers comme des facteurs ayant pour dénominateur l'unité.

211. *Pour multiplier des entiers suivis de fractions,* on réduit respectivement chaque entier en fraction de même espèce que celle qui le suit, et l'on applique les règles précédentes aux résultats obtenus.

Soit $8 + \frac{11}{9}$ à multiplier par $5 + \frac{7}{12}$. On réduit 8 en neuvièmes et l'on remplace le multiplicande par la fraction $\frac{83}{9}$. On réduit 5 en douzièmes, et l'on remplace le multiplicateur par la fraction $\frac{67}{12}$. On a alors

$$\left(8 + \frac{11}{9}\right) \times \left(5 + \frac{7}{12}\right) = \frac{83}{9} \times \frac{67}{12} = \frac{83 \times 67}{9 \times 12} = \frac{5561}{108} = 51 + \frac{53}{108}.$$

Division.

212. *La division a pour but, étant donnés un produit appelé dividende et l'un de ses facteurs appelé diviseur, de trouver l'autre facteur appelé quotient.*

Cette définition est générale. Elle s'applique aux nombres

8.

entiers, lorsque la division s'effectue sans reste ; nous allons prouver qu'elle s'étend aussi au cas d'un reste.

Soit 38 à diviser par 5. On trouve pour quotient 7 et pour reste 3. 38 est donc compris entre les produits du diviseur 5 par les entiers consécutifs 7 et 8. Si la définition peut s'étendre à ce cas, il faut donc que 38 soit le produit exact du diviseur 5 par un nombre fractionnaire plus grand que 7 et plus petit que 8.

En effet, *le quotient de la division de deux nombres quelconques est une fraction ayant pour numérateur le dividende et pour dénominateur le diviseur.* Pour le prouver, reprenons l'exemple proposé et soit 38 à diviser par 5. Si l'on multiplie le diviseur 5 par la fraction $\frac{38}{5}$, on obtient $\frac{5 \times 38}{5}$ (208), c'est-à-dire le dividende 38 : cette fraction $\frac{38}{5}$ est donc bien le quotient cherché.

Si l'on extrait les entiers contenus dans l'expression $\frac{38}{5}$, c'est-à-dire si l'on effectue la division de 38 par 5 suivant la règle donnée pour les nombres entiers, on a

$$\frac{38}{5} = 7 + \frac{3}{5}.$$

La partie entière 7 du quotient complet s'appelle *quotient entier* des deux nombres 38 et 5 ; le quotient complet $\frac{38}{5}$ ou $7 + \frac{3}{5}$ s'appelle simplement *quotient* de ces deux nombres. On voit que, *pour compléter le quotient entier, il suffit de lui ajouter une fraction ayant pour numérateur le reste de la division effectuée suivant la méthode ordinaire, et pour dénominateur le diviseur.*

213. Jusqu'à présent nous avons indiqué la division de deux nombres, au moyen du signe :. Le quotient de cette division étant une fraction ayant pour numérateur le dividende et pour dénominateur le diviseur, le signe : pourra être désormais remplacé par une barre de fraction entre les deux nombres. Ainsi nous regarderons les deux expressions 38 : 5 et $\frac{38}{5}$ comme équivalentes.

214. *Soit* maintenant *à diviser l'une par l'autre les deux fractions* $\frac{3}{4}$ *et* $\frac{5}{7}$.

Le dividende $\frac{3}{4}$ doit être égal au diviseur $\frac{5}{7}$ multiplié par le quotient ou à ce quotient multiplié par $\frac{5}{7}$ (208); en d'autres termes, le dividende $\frac{3}{4}$ représente les $\frac{5}{7}$ du quotient (206): La cinquième partie du dividende, c'est-à-dire $\frac{3}{4 \times 5}$ (184), représente donc $\frac{1}{7}$ du quotient; et, par suite, le quotient tout entier est égal à la fraction $\frac{3}{4 \times 5}$ multipliée par 7 ou à $\frac{3 \times 7}{4 \times 5}$ (183). On a donc

$$\frac{3}{4} : \frac{5}{7} = \frac{3 \times 7}{4 \times 5} = \frac{3}{4} \times \frac{7}{5}.$$

Si l'on compare la fraction $\frac{7}{5}$ au diviseur $\frac{5}{7}$, on voit qu'elle n'est que ce diviseur renversé. On arrive donc à cette règle :

Pour diviser deux fractions, on multiplie la fraction dividende par la fraction diviseur renversée.

215. Cette règle est la règle générale, toujours applicable; mais il est bon, au point de vue théorique, de l'indiquer encore sous une autre forme.

En reprenant le même exemple, on voit qu'il a fallu d'abord diviser par 5 la fraction $\frac{3}{4}$ pour obtenir la septième partie du quotient, et ce premier résultat peut être mis sous la forme $\frac{3:5}{4}$ (183); il faut ensuite le multiplier par 7 pour obtenir le quotient, qui peut alors être représenté par l'expression $\frac{3:5}{4:7}$ (184). On peut donc dire aussi :

Pour diviser deux fractions, il suffit de les diviser terme à terme (207).

216. *Soit à diviser un entier par une fraction ou une fraction par un entier.* On pourra regarder l'entier comme une

fraction ayant pour dénominateur l'unité, et la règle sera toujours, pour obtenir le quotient, de multiplier le dividende
par la fraction diviseur renversée.

Soit 4 à diviser par $\frac{5}{7}$. On a

$$4 : \frac{5}{7} = \frac{4}{1} : \frac{5}{7} = \frac{4}{1} \times \frac{7}{5} = 4 \times \frac{7}{5}.$$

Soit $\frac{3}{4}$ à diviser par 7. On a

$$\frac{3}{4} : 7 = \frac{3}{4} : \frac{7}{1} = \frac{3}{4} \times \frac{1}{7} = \frac{4}{4 \times 7}.$$

Ce dernier résultat correspond à celui déjà trouvé (184).

217. *Pour diviser l'un par l'autre des entiers suivis de fractions,* on convertit chaque entier en fraction de même espèce
que celle qui le suit, et l'on applique les règles précédentes
aux résultats obtenus.

Soit $37 + \frac{11}{8}$ à diviser par $9 + \frac{5}{12}$. On réduit 37 en huitièmes,
et l'on remplace le dividende par la fraction $\frac{307}{8}$. On réduit 9
en douzièmes, et l'on remplace le diviseur par la fraction $\frac{113}{12}$.
On a alors

$$\left(37 + \frac{11}{8}\right) : \left(9 + \frac{5}{12}\right) = \frac{307}{8} : \frac{113}{12} = \frac{307}{8} \times \frac{12}{113} = \frac{307 \times 12}{8 \times 113}$$

$$= \frac{307 \times 3}{2 \times 113} = \frac{921}{226} = 4 + \frac{17}{226}.$$

Puissances.

218. *Élever une fraction à la puissance $m^{ième}$, c'est la prendre m fois comme facteur.* Par conséquent, *pour élever une
fraction à la puissance $m^{ième}$, il faut élever ses deux termes à
cette puissance* (209). Ainsi l'on a

$$\left(\frac{5}{7}\right)^3 = \frac{5^3}{7^3}.$$

219. *Lorsqu'une fraction est irréductible, toutes ses puis-*

sances sont des fractions irréductibles. Car nous avons démontré que, lorsque deux nombres sont premiers entre eux, leurs puissances sont premières entre elles (133, 2°).

Par conséquent : 1° *aucun nombre entier ne peut être égal à une puissance quelconque d'une fraction irréductible;* 2° de plus, *lorsqu'une fraction irréductible est une puissance exacte d'un certain degré, ses deux termes sont des puissances exactes de ce même degré.* Si l'on a la fraction irréductible $\frac{A}{B}$ qui soit un cube parfait, elle ne peut l'être, d'après ce qui précède, que d'une certaine fraction $\frac{a}{b}$ qu'on peut toujours supposer irréductible. Par suite,

$$\frac{A}{B} = \left(\frac{a}{b}\right)^3 = \frac{a^3}{b^3}.$$

La dernière fraction étant irréductible, et deux fractions irréductibles égales étant identiques (190), on a

$$A = a^3 \quad \text{et} \quad B = b^3.$$

Généralisation des théorèmes relatifs aux opérations.

220. Nous avons déduit précédemment du théorème fondamental sur le changement d'ordre des facteurs une série de théorèmes très-importants au point de vue du calcul (67 et suivants). Ayant étendu ce même théorème fondamental au cas des facteurs fractionnaires, nous pouvons regarder tous les autres théorèmes comme démontrés aussi pour ce dernier cas. Nous nous contenterons donc d'en rappeler les énoncés :

1° *Pour multiplier ou diviser un nombre par un produit de plusieurs facteurs, on peut multiplier ou diviser ce nombre par le premier facteur, le résultat obtenu par le second facteur, et ainsi de suite, jusqu'à ce qu'on ait épuisé tous les facteurs* (67, I et 70).

2° *Pour multiplier deux produits de plusieurs facteurs, on forme un produit unique avec les facteurs du multiplicande et ceux du multiplicateur* (67, II);

3° *Dans un produit de plusieurs facteurs, on peut en remplacer un nombre quelconque par leur produit effectué* (67, III);

4° *Pour diviser un produit par l'un de ses facteurs, il suffit de supprimer ce facteur* (69);

5° *Pour multiplier ou diviser un produit de plusieurs facteurs par un nombre, il suffit de multiplier ou de diviser l'un des facteurs du produit par ce nombre* (67, IV et 69);

6° *Pour multiplier ou diviser deux puissances d'un même nombre, il suffit d'ajouter ou de retrancher les exposants de ces puissances* (73, 75);

7° *Pour élever une puissance à une autre puissance, il suffit de multiplier les exposants de ces puissances* (74);

8° *Pour élever un produit à une puissance, il suffit d'élever ses facteurs à cette puissance* (76).

CHAPITRE III.

DES NOMBRES DÉCIMAUX.

Notions préliminaires.

221. Nous avons vu (12) que la numération écrite repose sur ce principe : que *tout chiffre placé à la droite d'un autre vaut dix fois moins que s'il était à la place de cet autre*. Nous nous sommes arrêté, pour l'application de cette convention, au chiffre des unités; mais rien n'empêche de la poursuivre à droite de ce chiffre.

Si une grandeur renferme 5 unités, plus un certain reste, on pourra chercher combien ce reste renferme de *dixièmes* de l'unité puis combien le nouveau reste obtenu renferme de dixièmes de dixième ou de *centièmes* de l'unité, et ainsi de suite.

Le nombre qui exprime combien une grandeur contient d'unités et de parties de dix en dix fois plus petites de l'unité s'appelle *nombre décimal;* ces parties de dix en dix fois plus petites de l'unité sont les *unités des divers ordres décimaux*.

Les chiffres qui représentent les *dixièmes*, les *centièmes*, les *millièmes* d'unité s'appellent *chiffres décimaux* ou *décimales*, et leur ensemble constitue la *partie décimale* du nombre proposé, par opposition à sa partie entière. Pour qu'on ne confonde pas dans l'écriture des nombres décimaux la partie entière et la partie décimale, on les sépare par une virgule.

Si un nombre décimal doit représenter 5 unités, 7 dixièmes, 9 centièmes, o millième, 4 dix-millièmes, on place une virgule après le chiffre 5, et à droite de cette virgule, d'après la convention générale rappelée précédemment, on écrit successivement les chiffres 7, 9, o, 4. On a ainsi 5,7904.

222. Il est important de remarquer que les nombres décimaux ne sont en réalité que des expressions fractionnaires ayant pour dénominateur une puissance quelconque de dix.

Ainsi le nombre décimal 9,527 revient à $9 + \dfrac{5}{10} + \dfrac{2}{100} + \dfrac{7}{1000}$

ou à $\dfrac{9000}{1000} + \dfrac{500}{1000} + \dfrac{20}{1000} + \dfrac{7}{1000}$, c'est-à-dire à $\dfrac{9527}{1000}$.

On voit que, *pour obtenir la fraction qui correspond à un nombre décimal donné, il faut prendre pour numérateur le nombre décimal lui-même, abstraction faite de la virgule, et pour dénominateur l'unité suivie d'autant de zéros que le nombre proposé contient de chiffres décimaux.*

Réciproquement, *toute fraction ayant pour dénominateur une puissance de* 10 *représente un nombre décimal qui est formé des mêmes chiffres que le numérateur de la fraction et qui contient autant de décimales qu'il y a de zéros au dénominateur de cette fraction.* Ces sortes de fractions s'appellent *fractions décimales* et se confondent entièrement avec les nombres décimaux.

Lecture et écriture des nombres décimaux.

223. On peut d'abord remarquer que, dans un nombre décimal, les chiffres placés dans la partie entière et dans la partie décimale, à égale distance du chiffre des unités, se correspondent en ce sens que, si le chiffre placé trois rangs plus loin *vers la gauche* représente des *mille*, le chiffre placé trois rangs plus loin *vers la droite* représente des *millièmes*. Les mêmes noms se répètent donc à gauche et à droite du chiffre des unités, sauf la terminaison *ième* qui caractérise les fractions.

Cela posé, *si le nombre des chiffres décimaux n'est pas trop grand, on énonce à part la partie entière et à part la partie décimale, en regardant le dernier chiffre décimal comme représentant les unités simples de cette partie décimale.*

Ainsi les nombres 4,6258 et 10,307052 s'énoncent 4 unités, 6258 dix-millièmes, et 10 unités, 307052 millionièmes. En effet, 6 dixièmes valent 60 centièmes ou 600 millièmes ou 6000 dix-millièmes ; 2 centièmes valent 20 millièmes ou 200 dix-millièmes ; 5 millièmes valent 50 dix-millièmes, etc.

Quelquefois on réunit dans l'énoncé la partie entière et la partie décimale. Ainsi le nombre 37,017 peut s'énoncer 37017 millièmes. En effet, 1 unité vaut 1000 millièmes.

Si le nombre des chiffres décimaux est considérable, comme un *dixième* vaut dix *centièmes* ou cent *millièmes* et qu'un *centième* vaut dix *millièmes*, comme un *dix-millième* vaut dix *cent-millièmes* ou cent *millionièmes* et qu'un *cent-millième* vaut dix *millionièmes*, etc., on pourra former la tranche des *millièmes*, celle des *millionièmes*, celle des *billionièmes*, etc., comme on a formé la tranche des *mille*, celle des *millions*, celle des *billions*, etc. De sorte que, *pour lire la partie décimale, on la partagera en tranches de trois chiffres à partir de la virgule* (la dernière tranche à droite pourra n'avoir qu'un ou deux chiffres) *et l'on énoncera chacune de ces tranches en désignant l'espèce d'unité représentée par son dernier chiffre à droite.* On verra mieux, en opérant de cette manière, quelle importance on doit accorder aux différents chiffres décimaux.

D'après ce que nous venons de dire, le nombre

$$4278,60781270478102$$

s'énonce : 4278 unités, 607 millièmes, 812 millionièmes, 704 billionièmes, 781 trillionièmes, 2 cent-trillionièmes.

224. *Pour écrire un nombre décimal, il suffit d'écrire la partie entière et la partie décimale telles qu'elles sont énoncées, en ayant soin de remplacer par des zéros les tranches ou parties de tranches qui peuvent manquer, soit dans la partie entière, soit dans la partie décimale.*

Ainsi les nombres 57 unités, 325 millièmes, et 10 unités, 307052 millionièmes, s'écrivent

$$57,325 \text{ et } 10,307052.$$

De même on écrit le nombre 82625 unités, 32 millièmes, 512 millionièmes, 3 dix-billionièmes :

$$82625,0325120003 \quad (^1).$$

(¹) Si l'on avait énoncé la partie décimale de ce même nombre sous la forme : trois cent vingt-cinq millions cent vingt mille trois dix-billionièmes, il aurait fallu remarquer que le dernier chiffre décimal devant représenter des dix-bil-

Lorsque le nombre proposé ne renferme pas de partie entière, on la remplace par un zéro. 25 dix-millièmes s'écrivent 0,0025.

Enfin, 4257 centièmes s'écrivent 42,57, en plaçant la virgule de manière que le dernier chiffre 7 représente des centièmes.

225. En résumé, quand on lit un nombre décimal, la seule difficulté est de donner au dernier chiffre décimal le nom qui convient au rang qu'il occupe; quand on écrit un nombre décimal, la seule difficulté est de placer le dernier chiffre décimal au rang énoncé.

226. *On ne change pas la valeur d'un nombre décimal en écrivant des zéros à sa droite.* En effet, 205 millièmes, par exemple, équivalent à 2050 dix-millièmes ou à 20500 cent-millièmes, etc.

Il est utile de remarquer, d'après cela, que *tout nombre entier peut être regardé comme un nombre décimal dans lequel il n'y a que des zéros après la virgule.*

Pour multiplier ou diviser un nombre décimal par l'unité suivie d'un nombre quelconque de zéros, il suffit de reculer la virgule d'autant de rangs vers la droite ou vers la gauche qu'il y a de zéros après l'unité.

En effet, chaque chiffre du nombre proposé représente alors des unités 10, 100, 1000 fois plus grandes ou plus petites.

227. Il ne faut jamais perdre de vue que les nombres décimaux proviennent d'une simple extension des conditions générales de la numération aux parties de l'unité qui sont de dix en dix fois plus petites, c'est-à-dire aux parties de l'unité dont la succession graduée a lieu comme celle à laquelle les unités des différents ordres entiers obéissent. On pourra donc soumettre aux mêmes règles de calcul la partie entière et la partie décimale des nombres décimaux; et la seule recherche sera la place que la virgule doit occuper dans le résultat.

---

lionièmes et dix billions indiquant dix rangs à *gauche* du chiffre des unités, la partie décimale doit contenir nécessairement dix chiffres, pour que le chiffre des dix-billionièmes se trouve dix rangs à *droite* du chiffre des unités (223). Par suite, on aurait complété ces dix chiffres en écrivant un zéro entre la virgule et le premier chiffre significatif de la partie décimale énoncée.

Addition et soustraction.

228. En se reportant à la remarque qui précède, on suit, pour additionner et soustraire les nombres décimaux, des règles identiques à celles indiquées pour les nombres entiers (21, 27).

Pour que les unités de même ordre se trouvent rangées dans une même colonne verticale, il suffit d'écrire les nombres proposés les uns au-dessous des autres de manière que leurs virgules se correspondent.

Exemples :

$$75,82075 \qquad\qquad 8,20593$$
$$1,273 \qquad\qquad 2,0571$$
$$0,1024 \qquad\qquad \overline{6,14883}$$
$$\overline{77,19615}$$

Lorsque, dans la soustraction, le plus grand nombre contient le moins de chiffres décimaux, on écrit à sa droite autant de zéros qu'il est nécessaire (226) pour que les deux nombres proposés contiennent le même nombre de chiffres décimaux.

Soit à soustraire 15,30721 de 29,815; on indiquera l'opération comme il suit :

$$29,81500$$
$$15,30721$$
$$\overline{14,50779}$$

Multiplication.

229. *Pour multiplier deux nombres décimaux, on effectue leur produit en faisant abstraction de la virgule dans chacun d'eux, et l'on sépare sur la droite de ce produit autant de décimales qu'il y en a dans les deux facteurs.*

Soit 325,948 à multiplier par 19,72. En faisant abstraction de la virgule dans le multiplicande, on le multiplie par 1000, et en faisant abstraction de la virgule dans le multiplicateur, on le multiplie par 100. On peut donc écrire

$$325948 \times 1972 = 325,948 \times 1000 \times 19,72 \times 100$$
$$= (325,948 \times 19,72) \times 100000.$$

Par suite,

$$325,948 \times 19,72 = \frac{325948 \times 1972}{100000}.$$

Division.

230. La division des nombres décimaux présente deux cas:
1° le diviseur est entier; 2° le diviseur est un nombre décimal.
Le second cas se ramène au premier.

1° Soit à diviser 493,607 par 78. En divisant 493607 par 78,
on trouve 6328 pour quotient et 23 pour reste; en divisant
493607 millièmes par 78, on trouvera donc 6328 millièmes
pour quotient et 23 millièmes pour reste.

On voit que, *pour diviser un nombre décimal par un nombre
entier, il faut faire abstraction de la virgule au dividende et
séparer sur la droite du quotient et du reste obtenus autant
de décimales que ce dividende en contient;* ce qui revient,
dans la pratique, à mettre une virgule au quotient aussitôt
que l'opération conduit à abaisser le premier chiffre décimal
du dividende.

$$\begin{array}{r|l} 493,607 & 78 \\ 25\ 6 & \overline{6,328} \\ 2\ 20 & \\ 647 & \\ 23 & \end{array}$$

Le quotient demandé est, dans l'exemple proposé, 6,328
et le reste 0,023.

231. 2° Soit à diviser 942,84059 par 86,192.

*On supprime la virgule du diviseur pour le rendre entier, et
on la recule d'autant de rangs vers la droite dans le dividende
que le diviseur renferme de chiffres décimaux.* De cette manière on ne change pas le quotient, puisque le dividende et le
diviseur se trouvent multipliés par un même nombre 1000;
mais le reste est multiplié par ce même nombre (68). La question est donc ramenée à diviser 942840,59 par 86192 : c'est le
cas précédent.

$$\begin{array}{r|l} 942840,59 & 86192 \\ 80920\ 5 & \overline{10,93} \\ 3347\ 79 & \\ 762\ 03 & \end{array}$$

On trouve pour quotient 10,93 et pour reste 762,03 (**230**). Ce dernier résultat doit être divisé par 1000 : le reste de la division proposée est, par suite, 0,76203.

On peut remarquer que *le reste de la division de deux nombres décimaux doit toujours représenter des unités de même ordre que le dernier chiffre décimal du dividende tel qu'il est donné; et que le dernier chiffre décimal du quotient est de l'ordre du dernier chiffre décimal du dividende modifié de manière que le diviseur soit entier.*

Soit encore à diviser 285,73 par 8,9461. On regardera le dividende proposé comme égal à 285,7300 et, en appliquant la règle, on sera conduit à diviser les deux nombres entiers 2857300 et 89461.

Le quotient est donc 31 et le reste 8,4009.

232. Il résulte des règles posées plus haut que le quotient est toujours obtenu à une unité près de l'ordre auquel on s'arrête, car la fraction complémentaire (**212**) est toujours moindre qu'une unité de cet ordre. On peut, en comparant le reste trouvé au diviseur, obtenir le quotient à une demi-unité près du même ordre, par défaut ou par excès. En effet, *si le reste est plus petit que la moitié du diviseur*, la fraction qu'il faudra ajouter au quotient pour le compléter sera plus petite qu'une demi-unité du dernier ordre conservé. *Si le reste est plus grand que la moitié du diviseur*, cette fraction sera plus grande qu'une demi-unité du même ordre, et, dans ce cas, il faudra forcer l'unité sur le dernier chiffre du quotient pour l'obtenir à une demi-unité près de cet ordre par excès. Dans le premier exemple considéré (**230**), le reste 23 étant inférieur à la moitié du diviseur 78, la fraction complémentaire $\frac{0,023}{78}$ sera inférieure à un demi-millième. Dans le second exemple (**231**), le reste 76203 surpassant la moitié du diviseur 86192, la fraction complémentaire $\frac{762,03}{86192}$ sera plus grande qu'un demi-centième. Dans le premier cas, on dira que le quotient est 6,328 à un demi-millième près par défaut. Dans le second, on prendra pour quotient 10,94, et l'on dira qu'il est obtenu à un demi-centième près par excès.

233. Il résulte de ce qui précède la possibilité de trouver le quotient de la division de deux nombres entiers, avec telle approximation décimale qu'on voudra. Il suffit pour cela de transformer le dividende en un nombre décimal dont le dernier chiffre soit du même ordre que l'approximation indiquée, en ajoutant à sa droite un nombre convenable de zéros. Si l'on demande, par exemple, le quotient de 285 par 7 à 0,001 près, on divisera 285,000 par 7. Dans la pratique, on divise d'abord 285 par 7 : on trouve pour quotient 40 et pour reste 5. On place alors une virgule au quotient, et l'on continue la division en écrivant un zéro à la droite du reste 5 et de ceux qu'on obtient successivement, jusqu'à ce qu'on atteigne au quotient l'ordre des millièmes. Par suite, le quotient de 285 par 7 à 0,001 près est 40,714.

CHAPITRE IV.

RÉDUCTION DES FRACTIONS ORDINAIRES EN DÉCIMALES.

Évaluation approchée des grandeurs et des nombres.

234. Évaluer une grandeur *à moins d'une unité*, c'est trouver le plus grand nombre d'unités qu'elle contient. Si, par exemple, la grandeur considérée est plus grande que m unités et moindre que $m + 1$ unités, ces deux nombres expriment la mesure de cette grandeur à moins d'une unité, le premier *par défaut*, le second *par excès*.

Évaluer une grandeur *à moins de* $\frac{1}{n}$, c'est trouver le plus grand nombre de fois qu'elle contient la $n^{ième}$ partie de l'unité. Si, par exemple, cette grandeur est supérieure à m fois, et inférieure à $m + 1$ fois la $n^{ième}$ partie de l'unité, les deux nombres $\frac{m}{n}$ et $\frac{m + 1}{n}$ expriment la mesure de la grandeur considérée à moins de $\frac{1}{n}$, le premier par défaut, le second par excès.

Ces définitions s'appliquent à la fois aux grandeurs et aux nombres qui les représentent.

235. *Pour évaluer une fraction à moins d'une unité, il suffit de prendre l'entier qui y est contenu ou l'entier immédiatement supérieur.*

Ainsi, la fraction $\frac{333}{106}$ étant égale à $3 + \frac{15}{106}$, les nombres 3 et 4 sont les valeurs approchées de cette fraction à moins d'une unité, la première par défaut, la seconde par excès.

236. *Pour évaluer une fraction à moins de* $\frac{1}{n}$, *il suffit d'éva-*

luer le produit de cette fraction par n à moins d'une unité, et de diviser ensuite par n l'un des deux entiers ainsi obtenus.

Soit la fraction $\frac{a}{b}$. Représentons par x le plus grand nombre de $n^{ièmes}$ qu'elle contient. Nous aurons à la fois

$$\frac{x}{n} < \frac{a}{b} \quad \text{et} \quad \frac{x+1}{n} > \frac{a}{b},$$

c'est-à-dire, en multipliant par n les fractions comparées,

$$x < \frac{a \times n}{b} \quad \text{et} \quad x+1 > \frac{a \times n}{b}.$$

La fraction $\frac{a \times n}{b}$ étant comprise entre les deux entiers consécutifs x et $x+1$, on n'a, pour trouver l'inconnue x, qu'à extraire l'entier contenu dans la fraction $\frac{a \times n}{b}$.

Si l'on veut, par exemple, évaluer la fraction $\frac{333}{106}$ à $\frac{1}{7}$ près, on a

$$\frac{333 \times 7}{106} = \frac{2331}{106} = 21 + \frac{105}{106};$$

par conséquent, les deux valeurs approchées demandées sont $\frac{21}{7}$ et $\frac{22}{7}$. La valeur par excès diffère très-peu de la fraction donnée. La différence est $\frac{1}{106 \times 7}$ ou $\frac{1}{742}$.

237. *Pour qu'une fraction soit exactement réductible en fraction de dénominateur donné, il faut et il suffit que son dénominateur divise exactement le dénominateur donné.*

Soit la fraction $\frac{a}{b}$ qu'on peut toujours supposer irréductible et qu'on veut réduire en $n^{ièmes}$. Si x représente son nouveau numérateur, on doit avoir

$$\frac{x}{n} = \frac{a}{b} \quad \text{ou} \quad x = \frac{a \times n}{b}.$$

x devant être un nombre entier, et b étant premier avec a, il faut et il suffit, pour que la transformation réussisse, que b divise exactement n.

Réduction des fractions ordinaires en décimales.

238. Nous avons vu (Chap. II) que les règles du calcul des fractions entraînaient une complication plus grande que les règles du calcul des entiers. En effet, l'addition et la soustraction des fractions exigent toujours qu'on les réduise préalablement au même dénominateur; et leur multiplication et leur division renferment une double opération sur des nombres entiers. D'autre part, le calcul des nombres décimaux (Chap. III) ne présente en réalité aucune différence avec celui des nombres entiers, et permet d'obtenir le résultat cherché avec une approximation plus facile à apprécier que lorsqu'on complète la partie entière de ce résultat à l'aide d'une fraction. On est donc conduit à chercher à remplacer les expressions fractionnaires par des expressions décimales équivalentes : c'est ce qu'on appelle *réduire une fraction ordinaire en décimales.*

239. Soit la fraction $\dfrac{5}{7}$. Réduire cette fraction en décimales, c'est chercher à combien de dixièmes, de centièmes, de millièmes, etc., elle équivaut. En d'autres termes, puisque la fraction $\dfrac{5}{7}$ représente le quotient de 5 par 7 (212), c'est effectuer la division de 5 par 7 à un dixième, un centième, un millième près (233). Il en résulte immédiatement que, *pour réduire une fraction ordinaire en décimales, il faut ajouter à la droite de son numérateur autant de zéros que l'expression décimale cherchée doit contenir de chiffres décimaux, et diviser le nombre ainsi obtenu par le dénominateur de la fraction. Dans la pratique, on n'écrit pas ces zéros, on les ajoute successivement à la droite des restes partiels, et l'on écrit une virgule au quotient dès qu'on est conduit à employer un premier zéro.*

D'après cela, l'expression décimale de $\dfrac{5}{7}$ en millionièmes sera 0,714285 à moins d'un millionième par défaut ou 0,714286 à moins d'un demi-millionième par excès (232).

L'expression décimale de $\dfrac{285}{7}$ en millièmes sera 40,714 à

9.

moins d'un demi-millième par défaut (232).

5o	7		285	7
10	0,714285		5o	40,714
3o			10	
20			3o	
6o			2	
4o				
5				

Le théorème du n° 236 conduit à la même règle; car, si l'on veut trouver la valeur de la fraction $\frac{a}{b}$ à moins de $\frac{1}{10^p}$, il faut extraire l'entier contenu dans l'expression $\frac{a \times 10^p}{b}$, et le diviser ensuite par 10^p.

240. *Il y a deux cas à distinguer :* ou la réduction est possible exactement, c'est-à-dire que la division poursuivie convenablement conduit à un reste nul; ou la réduction est impossible exactement, c'est-à-dire que la division continuée indéfiniment ne se termine jamais.

241. I. *Pour qu'une fraction ordinaire se réduise exactement en décimales, il faut et il suffit que son dénominateur ne contienne pas d'autres facteurs premiers que 2 et 5, et le plus grand des exposants de ces facteurs indique le nombre de chiffres décimaux de l'expression décimale équivalente à la fraction donnée.*

Soit, en effet, la fraction irréductible $\frac{a}{b}$. Il résulte du n° 236 que, pour qu'elle se réduise exactement en décimales, il faut et il suffit qu'on puisse multiplier a par une puissance de 10, telle que l'expression $\frac{a \times 10^p}{b}$ se réduise à un entier x. Or il faut, pour qu'il en soit ainsi, que b divise exactement 10^p ou $2^p \times 5^p$; ce qui exige (151) que b ne renferme que des facteurs premiers 2 et 5, et que p soit au moins égal à l'exposant le plus élevé de ces facteurs.

Supposons qu'on ait $b = 2^p \times 5^q$ et $p \geq q$. Il vient (74)

$$x = \frac{a \times 2^p \times 5^p}{2^p \times 5^q} = a \times 5^{p-q}.$$

Si l'on a simplement $b = 2^p$, on trouve $x = a \times 5^p$.

On peut donc obtenir immédiatement les chiffres qui composent l'expression décimale cherchée, *sans effectuer aucune division*. Soit, par exemple, la fraction $\frac{7}{8}$ qui est exactement réductible en décimales, puisque son dénominateur $8 = 2^3$. On a, dans ce cas, $p = 3$ et $x = 7 \times 5^3 = 875$; par suite,

$$\frac{7}{8} = 0,875.$$

242. II. *Lorsque le dénominateur de la fraction donnée contient des facteurs premiers étrangers aux facteurs 2 et 5, la réduction exacte est impossible, et le quotient illimité qu'on obtient est périodique.*

S'il s'agit, par exemple, de la fraction $\frac{5}{7}$, quelle que soit la puissance de 10 par laquelle on multiplie le numérateur 5, on ne pourra jamais introduire au dividende le facteur premier 7; la division n'aura donc jamais de fin (151).

De plus, les restes successivement obtenus seront toujours inférieurs au diviseur, et, comme on ne peut trouver le reste 0, on ne pourra obtenir que les *six* restes 1, 2, 3, 4, 5, 6. Par conséquent, après *six* divisions *au plus*, un des restes déjà trouvés reparaîtra; ce reste ramènera le même dividende partiel et le même chiffre du quotient, et, puisqu'on sera alors dans des conditions identiques à celles où l'on était placé à la première apparition de ce reste, les chiffres du quotient, à partir du chiffre considéré, se reproduiront d'une manière indéfinie, périodiquement et dans le même ordre. On dit alors que ce quotient est un quotient décimal périodique ou une *fraction décimale périodique*.

```
5o       | 7
  10     | 0,71428571...
   3o
    20
     6o
      4o
       5o
        10
         3
```

Pour la fraction $\frac{5}{7}$, on trouve les six restes possibles dans un ordre irrégulier; après quoi, le premier reste 5 reparaît. Le quotient périodique est donc

$$0,714285\ 714285\ 714285\ 71\ldots$$

Remarquons que ce quotient représente $\dfrac{5}{7}$ à un dixième, à un centième,..., à un millionième près, suivant qu'on s'arrête au premier, au deuxième,..., au sixième chiffre décimal. On approche donc autant qu'on veut de $\dfrac{5}{7}$, à mesure qu'on prend au quotient un plus grand nombre de chiffres, et l'on peut écrire que $\dfrac{5}{7}$ est (197) la *limite* de ce quotient illimité ou

$$\frac{5}{7}=\text{limite de }0,714285\ 714285\ 714285\ 71\ldots$$

L'ensemble des chiffres qui se reproduisent constitue la *période* de la fraction décimale périodique considérée. On peut remarquer que cette période contient au plus $b-1$ chiffres, si le dénominateur de la fraction ordinaire génératrice est b.

La période peut commencer immédiatement après la virgule : la fraction est alors dite *périodique simple*.

La période peut commencer un certain nombre de rangs après la virgule : la fraction est alors dite *périodique mixte*. L'ensemble des chiffres placés entre la virgule et la partie périodique, chiffres qui ne se reproduisent pas, constitue la *partie non périodique*.

Ainsi $0,365\,365\,365\ldots$ est une fraction décimale périodique simple, dont la période est 365.

De même, $0,42\,365\,365\,365\ldots$ est une fraction périodique mixte, dont la période est 365 et dont la partie non périodique est 42.

243. *Lorsque deux fractions ordinaires, réduites en décimales, conduisent au même quotient décimal périodique, elles sont équivalentes, puisqu'elles ont les mêmes valeurs approchées à un dixième, à un centième,..., à un millionième près....*

Des fractions décimales périodiques.

244. I. *Toute fraction ordinaire, dont le dénominateur est premier avec 10, conduit à une fraction décimale périodique simple.*

Soit, en effet, la fraction irréductible $\frac{a}{b}$, dont le dénominateur b est premier avec 10. Il faut, pour la réduire en décimales, diviser par le dénominateur b le numérateur a suivi d'un nombre quelconque de zéros (**239**). Les dividendes successifs sont donc

$$a, \quad a \times 10, \quad a \times 10^2, \quad a \times 10^3, \ldots ;$$

le quotient étant périodique (**242**), désignons par $a \times 10^f$ et $a \times 10^k$ deux dividendes donnant des restes égaux. Leur différence sera alors un multiple de b (**93**). En supposant $k > f$, cette différence peut s'écrire (**73**)

$$10^f \times (a \times 10^{k-f} - a);$$

b étant premier avec 10^f, puisqu'il est premier avec 10 (**134**), il faut donc (**132**) qu'il divise exactement le facteur

$$(a \times 10^{k-f} - a).$$

Il en résulte (**92**) que, dans la série des opérations effectuées, les deux dividendes a et $a \times 10^{k-f}$ donnent des restes égaux. Le premier reste qui reparaît correspond donc au premier dividende a, et le quotient décimal illimité qu'on obtient est, par suite, périodique simple (**242**).

245. On peut encore démontrer le théorème précédent et le compléter en s'appuyant sur les premiers principes de la *Théorie des nombres* (Liv. II, Chap. VI).

Soit, par exemple, la fraction irréductible $\frac{8}{21}$, qu'on veut convertir en décimales. Les dividendes successifs sont, comme on vient de le dire,

(1) $$8, \quad 8 \times 10, \quad 8 \times 10^2, \quad 8 \times 10^3, \ldots.$$

Comparons cette suite avec la suite correspondante

(2) $$1, \quad 10, \quad 10^2, \quad 10^3, \ldots.$$

Le dénominateur 21 de la fraction donnée étant premier à la fois avec 10 et avec le numérateur 8, il résulte immédiatement de la Remarque du n° 176 que, si l'on divise par 21 les différents termes des suites (1) et (2), les restes obtenus forment deux séries périodiques dont les périodes commencent et se terminent aux mêmes rangs; et, comme pour la suite (2) le premier reste qui reparaît (160) est 1, le premier reste qui reparaît pour la suite (1) est 8. Les chiffres du quotient décimal fourni par la réduction de la fraction $\frac{8}{21}$ se reproduisent donc périodiquement dès la virgule.

De plus, si 10^n est la plus petite puissance de 10 qui, divisée par 21, donne le reste 1 comme 1 lui-même, 8×10^n sera également le premier dividende qui, après 8, donnera le reste 8. Le nombre de chiffres de la période du quotient décimal périodique simple obtenu est donc égal à n. D'ailleurs (175) ce nombre n est toujours un diviseur de $\varphi(21)$.

$$\begin{array}{r|l} 80 & 21 \\ 170 & \overline{0,3809523\ldots} \\ \quad 200 & \\ \quad 110 & \\ \quad\quad 50 & \\ \quad\quad 80 & \\ \quad\quad\vdots & \end{array}$$

Par conséquent, *quand on réduit en décimales une fraction irréductible dont le dénominateur est premier avec 10, on trouve un quotient périodique simple, dont le nombre de chiffres de la période est un diviseur exact du nombre qui exprime combien il existe de nombres premiers et non supérieurs au dénominateur de la fraction donnée* (164, 166).

Dans l'exemple proposé, $\varphi(21) = 12$ et $n = 6$.

246. D'après ce qui précède, le nombre de chiffres de la période décimale ne dépend que du dénominateur de la fraction considérée. Par suite, *toutes les fractions irréductibles, qui ont un même dénominateur premier avec 10, présentent le même nombre de chiffres à la période, lorsqu'on les convertit en décimales.*

Si, pour deux numérateurs différents, on rencontre alors, dans la série des opérations, deux restes égaux, tous le seront nécessairement (177). Les deux périodes décimales correspondantes comprendront, dans ce cas, les mêmes chiffres, rangés seulement d'une autre manière, de sorte qu'on pourra passer de l'une à l'autre par permutation circulaire.

247. II. *Toute fraction ordinaire dont le dénominateur renferme à la fois des facteurs premiers 2 et 5 et des facteurs premiers différents, conduit à une fraction décimale périodique mixte, dans laquelle le nombre des chiffres de la partie non périodique est marqué par l'exposant le plus élevé des* *facteurs premiers 2 et 5 qui se trouvent au dénominateur de la fraction donnée.*

Soit, par exemple, la fraction irréductible

$$\frac{13}{1050} = \frac{13}{21 \times 2 \times 5^2}.$$

Multiplions ses deux termes par 2, afin d'introduire au dénominateur une puissance exacte de 10. Nous aurons

$$\frac{13}{1050} = \frac{13 \times 2}{21 \times 2^2 \times 5^2} = \frac{26}{21} \times \frac{1}{10^2}.$$

En réduisant $\dfrac{26}{21} = \dfrac{26}{3 \times 7}$ en décimales ([1]), nous obtiendrons un quotient périodique simple, à partir de la virgule (244); ce quotient sera 1,238095 238095.... Pour en déduire l'expression décimale de la fraction proposée, il faudra le diviser par 100 en reculant la virgule de deux rangs vers la gauche. On a ainsi

$$\frac{13}{1050} = 0,01\,238095\,238095....$$

Il y a donc deux chiffres à la partie non périodique, ce qui correspond à l'exposant dont est affecté le facteur 5 dans le dénominateur de la fraction donnée.

248. Dans les exemples qui précèdent, nous avons considéré des fractions ordinaires proprement dites. S'il en était autrement, on extrairait d'abord les entiers contenus dans l'expression fractionnaire donnée, et on les ajouterait ensuite au quotient décimal périodique, simple ou mixte, fourni par la réduction de la fraction complémentaire en décimales.

Retour à la fraction ordinaire génératrice.

249. I. *La fraction ordinaire génératrice d'une fraction décimale périodique simple, sans partie entière, a pour numé-*

([1]) Pour faire cette réduction, on convertit la fraction $\dfrac{5}{21}$ en décimales, et l'on ajoute 1 au résultat.

*rateur la période, et pour dénominateur un nombre formé
d'autant de 9 qu'il y a de chiffres dans la période.*

Soit, en effet, la fraction décimale périodique simple

$$0,365\,365\,365\,365\,365\ldots$$

On a évidemment

$$365 = 0,365 \times 1000 = 0,365 \times 999 + 0,365,$$

et cette égalité exprime que, si l'on réduit la fraction ordinaire $\dfrac{365}{999}$ en décimales, on trouve, après trois divisions partielles, le quotient $0,365$ et le reste $0,365$. On est donc placé,
après ces trois divisions, dans les mêmes conditions qu'au
début de l'opération, et il est démontré par là que les trois
premiers chiffres du quotient se reproduisent indéfiniment et
périodiquement. $\dfrac{365}{999}$ est donc la *fraction ordinaire génératrice* de la fraction périodique simple considérée, c'est-à-dire
celle qui, par sa réduction en décimales, lui donne naissance.

Si l'on considère un nombre n de périodes de plus en plus
grand, la fraction $0,365\,365\,365\ldots 365_{(n)}$ tend donc (**242**)
vers une limite déterminée, égale à $\dfrac{365}{999}$.

250. Le dénominateur de la fraction ordinaire génératrice
d'une fraction périodique simple, étant formé de chiffres tous
égaux à 9, ne peut renfermer ni le facteur 2, ni le facteur 5 (**95**);
en réduisant cette fraction à sa plus simple expression, on
ne supprime d'ailleurs que les facteurs communs à ses deux
termes. Il en résulte que *le dénominateur de la fraction ordinaire génératrice d'une fraction périodique simple est toujours premier avec 10.*

C'est la réciproque du théorème du n° **244.**

251. II. *La fraction ordinaire génératrice d'une fraction
décimale périodique mixte, sans partie entière, a pour numérateur l'ensemble de la partie non périodique suivie d'une
période, diminué de la partie non périodique, et pour dénominateur un nombre formé d'autant de 9 qu'il y a de chiffres
dans la période, suivis d'autant de zéros qu'il y a de chiffres
dans la partie non périodique.*

Soit, en effet, la fraction périodique mixte

$$0,42\,365\,365\,365\,365\,365\ldots$$

La fraction $0,42\,365\,365\ldots365_{(n)}$ est égale à

$$\frac{42}{100} + \frac{1}{100}\,0,365\,365\ldots365_{(n)}.$$

Lorsque le nombre n des périodes croît indéfiniment, cette fraction a donc (249) une limite déterminée égale à

$$\frac{42}{100} + \frac{1}{100}\cdot\frac{365}{999},$$

c'est-à-dire à

$$\frac{42\times999+365}{99900} = \frac{42000-42-365}{99900} = \frac{42365-42}{99900},$$

ce qui vérifie l'énoncé.

252. Le dénominateur de la fraction ordinaire génératrice d'une fraction périodique mixte, étant composé de chiffres 9 suivis d'un certain nombre de zéros, renferme à la fois des facteurs premiers 2 et 5 et des facteurs premiers différents.

Lorsqu'on réduira cette fraction génératrice à sa plus simple expression, les facteurs premiers du dénominateur autres que 2 et 5 ne pourront pas tous disparaître; sans quoi la fraction ordinaire obtenue conduirait à un quotient décimal exact (241), et non à une fraction périodique mixte.

De plus, on ne pourra jamais diviser par 10 les deux termes de la fraction génératrice. Il faudrait pour cela, en effet, que le numérateur de la fraction fût terminé par un zéro, c'est-à-dire que le dernier chiffre de la période fût égal au dernier chiffre de la partie non périodique. Mais alors on se serait trompé dans l'évaluation de la période, qui commencerait, en réalité, un rang plus tôt. Ainsi, dans l'exemple précédent, si l'on remplaçait 2 par 5, la fraction périodique mixte deviendrait $0,45365365365365\ldots$, et la période, au lieu d'être 365, serait 536.

Les deux termes de la fraction génératrice n'étant pas à la fois divisibles par 10, si l'on peut les diviser par 2 *ou* par 5, on ne pourra pas les diviser par 5 *ou* par 2. Par conséquent, lorsqu'on réduira cette fraction à sa plus simple expression, son dénominateur contiendra, dans tous les cas, autant de fac-

teurs 2 ou autant de facteurs 5 qu'il contenait primitivement
de zéros. Il en résulte que *l'exposant le plus élevé des facteurs premiers 2 et 5 que renferme le dénominateur de la
fraction ordinaire génératrice est toujours égal au nombre de
chiffres de la partie non périodique de la fraction périodique
mixte considérée.*

C'est la réciproque du théorème du n° 247.

253. *En rapprochant les n°s 244 et 250, 247 et 252, il est
démontré qu'une fraction décimale périodique simple ne peut
provenir que d'une fraction ordinaire dont le dénominateur
est premier avec 10, et qu'une fraction décimale périodique
mixte ne peut provenir que d'une fraction ordinaire dont le
dénominateur renferme à la fois des facteurs premiers 2 et 5
et des facteurs premiers différents.*

254. Si des entiers se trouvent joints à la fraction décimale
périodique proposée, on en fait d'abord abstraction, et on les
ajoute ensuite à la fraction génératrice obtenue. Il est d'ailleurs facile de remplacer l'expression illimitée donnée, par une
expression fractionnaire équivalente, en s'aidant des résultats
précédents.

Soit, par exemple,

$$x = 3,2727272727\ldots$$

On en déduit

$$\frac{x}{10} = 0,32727272727\ldots$$

Le second membre étant une fraction périodique mixte, on a
(**251**)

$$\frac{x}{10} = \frac{327 - 3}{990},$$

d'où

$$x = \frac{327 - 3}{99}.$$

Soit encore

$$x = 31,2765656565\ldots$$

On en déduit

$$\frac{x}{100} = 0,312765656565\ldots$$

ou

$$\frac{x}{100} = \frac{312765 - 3127}{990000},$$

c'est-à-dire

$$x = \frac{312765 - 3127}{9900}.$$

Si la période est 9, on force l'unité sur le chiffre qui précède la première période, et l'on a la valeur exacte de l'expression périodique.

Ainsi (249)

$$3,9999\ldots = 3 + \frac{9}{9} = 3 + 1 = 4.$$

De même

$$5,479999\ldots = 5,47 + 0,009999\ldots = 5,47 + \frac{9}{900}$$
$$= 5,47 + 0,01 = 5,48.$$

255. REMARQUE. — On peut facilement réduire en décimales toutes les fractions qui ont un même dénominateur premier avec 10, lorsqu'on a réduit en décimales celle d'entre elles qui a pour numérateur l'unité (246). Ainsi, la fraction $\frac{1}{7}$ étant égale à

$$0,142857\,142857\,1\ldots,$$

la fraction $\frac{3}{7}$ sera égale à cette même valeur multipliée par 3 ou à $0,4285714285714\ldots$.

CHAPITRE V.

DES OPÉRATIONS ABRÉGÉES.

Remarques préliminaires.

256. Les règles données précédemment pour le calcul des nombres entiers et décimaux sont générales et conduisent toujours exactement aux résultats demandés, mais elles entraînent souvent des longueurs inutiles.

Supposons, par exemple, qu'on veuille multiplier deux nombres contenant chacun sept décimales; la règle du n° 229 donnera le produit avec quatorze décimales, et la connaissance de ces quatorze décimales sera en partie le plus souvent illusoire, soit à cause de l'insuffisance de nos procédés pratiques, soit parce que les sept décimales des deux facteurs ne seront pas elles-mêmes toutes certaines. Il est donc important d'indiquer une marche qui permette de ne poser au produit que le nombre de décimales indiqué d'avance par la nature de la question; et il faut, pour cela, ne faire concourir à la formation du produit approché que les décimales des deux facteurs qui peuvent influer sur les chiffres qu'on veut conserver dans ce produit.

257. Avant d'exposer les méthodes abrégées, il faut montrer quelle erreur on commet lorsqu'on néglige plusieurs chiffres sur la droite d'un nombre décimal.

Soit le nombre 65,718249 supposé exact. Remarquons d'abord qu'*en négligeant des chiffres sur la droite de ce nombre on ne fera jamais une erreur qui atteigne une unité de l'ordre du dernier chiffre conservé.* Si l'on prend, par exemple, 65,718 au lieu du nombre proposé, l'erreur sera plus petite qu'un millième; en effet, lors même que tous les chiffres négligés seraient des 9, il résulte du principe général de la numération que la somme de leurs valeurs respectives serait toujours inférieure à un millième. En négligeant 9 dix-millièmes, il s'en faut d'un dix-millième qu'on néglige un millième; en négligeant 99 cent-millièmes, il s'en faut d'un cent-millième, etc.

Quand le nombre approché est plus petit que le nombre exact, on dit que l'erreur est *en moins* ou qu'elle a lieu *par défaut;* quand le nombre approché est plus grand que le nombre exact, on dit que l'erreur est *en plus* ou qu'elle a lieu *par excès.*

Cela posé, on peut toujours faire en sorte que l'erreur commise soit, en plus ou en moins, plus petite qu'une demi-unité de l'ordre du dernier chiffre conservé.

Soit le même nombre 65,7182 49. En le remplaçant par le nombre 65,718, on néglige 249 millionièmes, c'est-à-dire un nombre inférieur à 300 millionièmes et, à plus forte raison, à 500 millionièmes ou à 5 dix-millièmes. Par suite, un millième valant 10 dix-millièmes, l'erreur, *par défaut,* est plus petite qu'un demi-millième.

En remplaçant le nombre proposé par 65,72, on l'augmente de la différence qui existe entre un centième ou 10000 millionièmes et 8249 millionièmes, c'est-à-dire de 1751 millionièmes, quantité inférieure à 2000 millionièmes et, à plus forte raison, a 5000 millionièmes ou à 5 millièmes. Par suite, un centième valant 10 millièmes, l'erreur, *par excès,* est plus petite qu'un demi-centième.

Donc, *lorsque le premier chiffre négligé est plus petit que 5, l'erreur est par défaut; lorsque le premier chiffre négligé est égal ou supérieur à 5, on force l'unité sur le dernier chiffre conservé (c'est-à-dire qu'on l'augmente d'une unité), et l'erreur est par excès : dans les deux cas, elle est plus petite qu'une demi-unité du dernier ordre conservé.*

Addition abrégée.

258. Soit à ajouter les nombres suivants :

48,315928, 93,86173, 19,2734, 4,82015,
27,84374, 11,20175, 54,8221,

dont on veut trouver la somme à 0,001 près.

On conserve, dans chacun des nombres donnés, une décimale

de plus que ne l'indique l'approximation demandée, de sorte que l'opération est disposée de la manière suivante :

$$
\begin{array}{r}
48,3159 \\
93,8617 \\
19,2734 \\
4,8201 \\
27,8437 \\
11,2017 \\
54,8221 \\
\hline
260,1386
\end{array}
$$

Dans le résultat obtenu, *on supprime le dernier chiffre à droite et l'on augmente d'une unité le chiffre précédent;* 260,139 représente alors la somme cherchée à 0,001 près, *par défaut* ou *par excès.*

En effet, l'erreur par défaut commise sur chacun des nombres ajoutés est moindre que 0,0001 (257), et, comme nous considérons *moins de dix nombres*, l'erreur sur le total est moindre que 0,0001 $\times$ 10. ou que 0,001. La somme exacte est donc comprise entre 260,1386 et 260,1386 + 0,001 et, à plus forte raison, *en éloignant les limites*, entre 260,138 et 260,140. Or, si nous prenons le nombre intermédiaire 260,139, la somme exacte tombera nécessairement entre 260,138 et 260,139 *ou* entre 260,139 et 260,140. Le nombre 260,139 représente donc bien la somme cherchée, à 0,001 près, par défaut ou par excès.

On voit, d'après cet exemple, quelle est la règle à suivre dans tous les cas analogues.

Si l'on a à ajouter plus de dix nombres et moins de cent, on doit conserver, dans chacun des nombres donnés, *deux décimales de plus* que ne l'indique l'ordre d'approximation demandé. Sauf cette modification, tous les raisonnements précédents restent applicables.

Soustraction abrégée.

259. Soit à retrancher les deux nombres 34,5985 et 13,678413, dont on veut trouver la différence à 0,001 près.

On conserve, dans les nombres donnés, le même nombre de décimales que celui qui est indiqué par l'approximation demandée, et l'on fait en sorte que les deux nombres donnés soient tous deux approchés dans le même sens, par défaut ou par excès. L'opération est alors disposée de la manière suivante :

$$34,598$$
$$13,678$$
$$\overline{20,920}$$

Le résultat obtenu exprime la différence cherchée, à 0,001 près, *par défaut ou par excès.* En effet, si l'on désigne par α et par β les deux erreurs par défaut ou par excès, moindres qu'un millième, commises sur les nombres proposés, leur différence exacte est égale (¹) à $(34,598 + \alpha) - (13,678 + \beta)$ ou à $(34,598 - \alpha) - (13,678 - \beta)$. Par suite, cette différence exacte est égale au reste trouvé, augmenté *ou* diminué de la différence (62) de deux quantités moindres qu'un millième.

Multiplication abrégée.

260. Soit à multiplier les deux nombres

$$32,51369825 \quad \text{et} \quad 40,9230681,$$

dont le produit exact est

$$1330,560287668600825.$$

Supposons qu'on demande ce produit seulement avec *trois décimales,* c'est-à-dire jusqu'au chiffre des *millièmes.*

On écrit le *chiffre des unités* du multiplicateur (ce chiffre peut être zéro) sous le chiffre du multiplicande qui représente des *unités cent fois plus faibles* que celles qu'on veut conserver au produit, c'est-à-dire, dans le cas considéré, sous le chiffre des *cent-millièmes;* puis on renverse les chiffres du multiplicateur à droite et à gauche du chiffre des unités. De cette manière, le chiffre des dizaines du multiplicateur se trouve sous le chiffre des millionièmes du multiplicande, tandis que le chiffre des dixièmes se trouve sous celui des dix-millièmes, etc.

Il résulte de cette disposition que le produit d'un chiffre quelconque du multiplicande par le chiffre du multiplicateur placé au-dessous représente des *cent-millièmes;* car la valeur

---

(¹) Dans l'exemple considéré, c'est la première hypothèse qui a lieu.

DE C. — *Cours.* I.   10

relative des chiffres du multiplicande devenant de dix en dix fois *plus petite,* celle des chiffres correspondants du multiplicateur devient de dix en dix fois *plus grande,* et inversement.

Si l'on a soin alors de multiplier le multiplicande par les différents chiffres du multiplicateur, *en commençant chaque multiplication au chiffre du multiplicande placé au-dessus du chiffre qu'on emploie au multiplicateur,* tous les produits partiels obtenus représentent des *cent-millièmes,* et les chiffres des unités de ces différents produits partiels doivent être écrits dans une même colonne verticale. On voit qu'on ne fait ainsi participer au produit que les chiffres des deux facteurs dont la combinaison peut donner *au moins* des cent-millièmes.

Le calcul présente la disposition suivante :

$$
\begin{array}{r}
32,51369825 \\
186\ 032904 \\
\hline
130\ 054792 \\
2\ 926224 \\
65026 \\
9753 \\
192 \\
24 \\
\hline
1330,56011
\end{array}
$$

On néglige alors les deux derniers chiffres du produit trouvé, on force l'unité sur le chiffre des millièmes, et le produit demandé est 1330,561 à 0,001 près, *par excès* ou *par défaut.*

En effet, les chiffres négligés sur la droite de chaque *multiplicande partiel* ne forment pas un nombre égal à une unité du dernier ordre conservé (257). Donc l'erreur sur chaque produit partiel correspondant est moindre que le chiffre employé au multiplicateur multiplié par 0,00001 (dans le cas considéré). Par suite, il faut d'abord tenir compte d'une erreur par défaut égale à la somme des chiffres employés au multiplicateur, multipliée par 0,00001.

Il faut remarquer que, si le multiplicateur renversé dépasse le multiplicande sur la droite, on doit ajouter par la pensée des zéros à la suite du multiplicande, de manière à ne négliger aucun chiffre sur la droite du multiplicateur renversé; les chiffres du multiplicateur qui correspondent à ces zéros additionnels n'entrent pas alors dans l'évaluation de l'erreur.

Les chiffres du multiplicateur qui dépassent le multiplicande sur la gauche étant au contraire laissés de côté, il s'agit d'apprécier l'erreur qui en résulte. D'après ce qui précède, ces chiffres ne forment pas un nombre égal à une unité du dernier ordre conservé sur la gauche du multiplicateur. De plus, la valeur du multiplicande est inférieure à celle de son dernier chiffre à gauche augmenté de 1. Par conséquent, les chiffres négligés sur la gauche du multiplicateur entraînent (en cent-millièmes) une erreur par défaut inférieure au dernier chiffre à gauche du multiplicande plus 1.

L'erreur par défaut commise sur le produit cherché est donc, dans l'exemple considéré, au plus égale à

$$(4+9+2+3+6+8)\times 0,00001+(3+1)\times 0,00001 = 0,00036,$$

quantité inférieure à 100 *cent-millièmes* ou 1 *millième*.

Le produit exact tombe donc entre

$$1330,56011, \quad \text{et} \quad 1330,56011 + 0,001 = 1330,56111.$$

A plus forte raison sera-t-il compris, *en éloignant les limites*, entre

$$1330,560 \quad \text{et} \quad 1330,562.$$

Le nombre 1330,561, qui diffère de ces deux limites juste de 0,001, représente le produit cherché *à moins* de 0,001 *par excès* ou *par défaut ;* car le produit exact, tombant entre 1330,560 et 1330,562, tombe nécessairement entre 1330,560 et 1330,561 ou entre 1330,561 et 1330,562.

Dans la pratique, on peut ne pas écrire les chiffres du multiplicande et du multiplicateur qui ne doivent pas être employés. Soit, par exemple, à multiplier 42,3057806 par 9528,6023071 à 0,01 près; le produit exact est

$$403114,9534833811176426.$$

Le calcul présente la disposition suivante :

```
      42,305 7800
       3 206 8259
      ───────────
     380 752 0200
      21 152 8900
         846 1156
         338 4456
          25 3830
             846
             126
      ───────────
     403 114,9514
```

10.

et le produit cherché est 403114,96 à 0,01 près, par excès ou par défaut.

261. On voit facilement comment il faudrait modifier la règle, si la limite de l'erreur surpassait une unité de l'ordre d'approximation demandé. Au lieu d'écrire le chiffre des unités du multiplicateur sous le chiffre du multiplicande qui représente des unités *cent* fois plus petites que celle qui exprime ce degré d'approximation, on l'écrirait sous le chiffre qui représente des unités *mille* fois plus petites. On répondrait ainsi à tous les cas possibles de la pratique.

Si l'on avait, par exemple, à multiplier 40000,57071238 par 99,99999999071, et si l'on demandait le produit à 0,001 près, on obtiendrait, en appliquant la première règle indiquée (260), la disposition suivante :

$$40000,570712$$
$$\underline{99999\ 999999}$$

On verrait immédiatement que la limite supérieure de l'erreur commise peut atteindre 104 cent-millièmes, quantité plus grande que 0,001. On aurait alors recours à la règle modifiée, c'est-à-dire qu'on écrirait le chiffre des unités du multiplicateur sous le chiffre des millionièmes du multiplicande. Il vaudrait mieux d'ailleurs, dans l'exemple proposé, renverser l'ordre des deux facteurs, ce qui est évidemment permis. On aurait ainsi

$$99,999999999$$
$$\underline{21\ 707500004}$$

et l'erreur sur le produit aurait pour limite 0,00036, quantité moindre que 0,001.

Enfin, dans le cas où la somme des chiffres qui entrent dans l'évaluation de l'erreur est inférieure à 10, la règle au contraire se simplifie, puisqu'on peut écrire le chiffre des unités du multiplicateur sous le chiffre du multiplicande qui représente seulement des unités dix fois plus faibles que le degré d'approximation voulu.

Division abrégée.

262. De même que l'approximation avec laquelle on veut calculer un produit de deux facteurs conduit à n'employer que certains chiffres de ces deux facteurs, de même l'approximation demandée au quotient permet de négliger certains chiffres du dividende et du diviseur. C'est sur cette remarque qu'est fondé le procédé de la division abrégée. Nous poserons d'abord les deux règles suivantes :

1° Dans la division de deux nombres quelconques, avant tout calcul, il faut rendre le diviseur entier (231);

2° Nous supposerons dans tout ce qui va suivre que le quotient est demandé à l'unité près. S'il est demandé en effet à un dixième, un centième, un millième près, il suffit de rendre le dividende 10, 100, 1000 fois plus grand, et de chercher le quotient à l'unité près; puisqu'on devra ensuite le rendre 10, 100, 1000 fois plus petit, il sera obtenu à un dixième, un centième, un millième près. Si l'on demande au contraire le quotient à une dizaine ou à une centaine près, il faut rendre le dividende 10 ou 100 fois plus petit, et chercher le quotient à l'unité près. Comme on devra ensuite le multiplier par 10 ou par 100, il sera bien obtenu à une dizaine ou à une centaine près.

263. Soit donc à diviser dans ces conditions 83645012,37 par 612345. Le quotient trouvé par la méthode ordinaire est 136,59 à 0,01 près. Si l'on veut trouver ce quotient à 0,01 près, par la méthode abrégée, on doit chercher à l'unité près le quotient des nombres 8364501237 et 612345.

Nous commencerons par déterminer le nombre des chiffres du quotient (49) : ce nombre est égal à 5. Il faut alors séparer sur la gauche du diviseur assez de chiffres pour former un nombre au moins égal à 5×9. Ces chiffres forment le *dernier diviseur* qui est 61. On compte alors $5 - 1$ ou 4 chiffres sur la droite du dernier diviseur, et l'on a le *premier diviseur* qui est 612345. S'il y avait d'autres chiffres au diviseur, après ceux qui constituent le premier diviseur, *on les supprimerait*. On efface alors sur la droite du dividende autant de chiffres qu'il y en a dans le diviseur après le *dernier diviseur,* et l'on obtient le *premier dividende* 836450.

On divise le premier dividende par le premier diviseur en suivant le procédé ordinaire. On a ainsi le chiffre des plus hautes unités du quotient, qui est 1, et un reste égal à 224105. *C'est ce reste qu'on prend pour second dividende;* mais on *barre* alors un chiffre sur la droite du premier diviseur, de sorte que *le second diviseur* est 61234. On obtient 3 pour second chiffre du quotient, et un reste égal à 40403. C'est ce reste qu'on prend pour troisième dividende. Le troisième diviseur 6123 s'obtient en barrant un nouveau chiffre sur la droite du second diviseur. On continue de la même manière, jusqu'à ce qu'on soit conduit à employer *le dernier diviseur* qui correspond nécessairement au dernier chiffre ou au chiffre des unités du quotient : en effet, pour former le *premier diviseur,* on a compté à la suite du *dernier diviseur* autant de chiffres moins un qu'il doit y en avoir au quotient.

$$
\begin{array}{r|l}
83645\overline{01237} & 6\overline{1234}\cancel{5} \\
224105 & 13659 \\
40403 & \\
3665 & \\
605 & \\
56 &
\end{array}
$$

Il reste à prouver que le quotient 13659, obtenu en appliquant ce procédé, est bien exact à l'unité près.

On a d'abord négligé la partie 1237 du dividende. On néglige ensuite à la fin de l'opération le reste 56, qui représente des dizaines de mille. La somme de ces deux erreurs est donc égale à 561237, *et c'est une erreur par défaut.* Le reste 56 étant moindre que le dernier diviseur 61, *cette erreur par défaut est moindre que le diviseur proposé,* puisqu'on a effacé sur la droite du dividende autant de chiffres qu'il y en avait au diviseur après le dernier diviseur.

De plus, dans le courant de l'opération, on a négligé de multiplier les chiffres barrés sur la droite de chaque diviseur par les chiffres correspondants du quotient, et comme les produits partiels successivement obtenus ont été retranchés des différents dividendes ou du dividende total, on a fait ainsi sur les différents dividendes ou sur le dividende total *une erreur par excès* qu'il faut évaluer.

Écrivons le quotient sous le premier diviseur en le renversant comme dans la multiplication abrégée (260), et posons le chiffre des unités du quotient sous le chiffre des unités du dernier diviseur.

$$612345$$
$$95631$$

Nous verrons alors facilement qu'on a précisément formé les différents produits partiels du diviseur par les chiffres successifs du quotient, comme s'il s'agissait de trouver le produit des deux nombres par le procédé de la multiplication abrégée. Le chiffre des unités du dernier diviseur représentant des dizaines de mille, et ce chiffre correspondant au chiffre des unités du quotient, l'erreur sur le produit sera inférieure à la somme des chiffres du quotient multipliée par une dizaine de mille (260). Le nombre des chiffres du quotient étant 5 et ces chiffres étant *au plus* tous égaux à 9, la limite supérieure de l'*erreur par excès* que nous cherchons à évaluer sera 9×5 dizaines de mille. *Le dernier diviseur* 61 *ayant été pris supérieur à* 9×5, il en résulte que l'*erreur totale par excès* est encore moindre que le diviseur proposé 612345.

En résumé, l'*erreur commise sur le dividende se compose de deux erreurs : l'une par défaut, l'autre par excès ; et chacune de ces erreurs est moindre que le diviseur.* En effectuant la division, on divise aussi l'erreur. Par conséquent, l'*erreur sur le quotient se compose elle-même de deux erreurs : l'une par défaut, l'autre par excès ; et chacune de ces erreurs est moindre qu'une unité.* En réalité, le quotient est donc obtenu, *par excès ou par défaut*, à l'unité près.

Le quotient 13659 étant exact à moins d'une unité, le véritable quotient 136,59 est exact à moins d'un centième.

Supposons, comme second exemple, qu'on demande de diviser 63817,908451273 par 49,6923 à 0,001 près. On commence par rendre le diviseur entier, puis on multiplie le dividende par 1000 (262), et la question est ramenée à chercher le quotient de 63817908451 2,73 par 496923 *à l'unité près.* On doit donc négliger d'abord les deux chiffres décimaux du dividende (232).

Le quotient devant avoir 7 chiffres et 7 × 9 étant égal à 63, 496 sera *le dernier diviseur*. On doit compter 7 — 1 ou 6 chiffres à la suite de 496 pour avoir *le premier diviseur*. Mais le nombre des chiffres du diviseur proposé n'étant pas assez grand pour permettre l'application de la règle, on écrit trois zéros à la droite du dividende et du diviseur (68) : on a ainsi 496923000 pour *premier diviseur*. Pour avoir le premier dividende, il faut supprimer 6 chiffres sur la droite de 638179084512000; *le premier dividende* est donc 638179084.

L'opération présente la disposition suivante :

$$
\begin{array}{r|l}
638179084 & 496923000 \\ \hline
141256084 & 1284261 \\
41871484 & \\
2117644 & \\
129952 & \\
30568 & \\
754 & \\
258 &
\end{array}
$$

Le quotient donné par la méthode abrégée étant 1284261, le quotient cherché est 1284,261 à 0,001 près.

264. Il peut arriver qu'un dividende partiel contienne 10 fois le diviseur correspondant. On peut alors en général appliquer la règle indiquée sans modification aucune, en ayant soin d'écrire le quotient égal à 10 entre deux parenthèses.

Soit à diviser 3279814615 par 780913 à l'unité près. Le quotient contenant 4 chiffres, et 4 × 9 étant moindre que 78, 78 forme le dernier diviseur. On doit compter trois chiffres après 78, de sorte que 78091 est le premier diviseur. On barre le dernier chiffre du diviseur proposé, et l'on supprime 4 chiffres sur la droite du dividende, puisque le diviseur donné en contient 4 à la suite du dernier diviseur. Le premier dividende est donc 327981, et l'opération présente la disposition suivante. Nous traçons une barre horizontale au-dessus de l'ensemble des chiffres supprimés tout d'abord à la droite

des nombres considérés : on pourrait d'ailleurs se dispenser
d'écrire ces chiffres.

$$\begin{array}{r|l} 3279814\overline{6}1\overline{5} & 78091\overline{3} \\ 15617 & 41(10)0 \\ 7808 & \\ 8 & \end{array}$$

Le quotient demandé est 4200.

Il faut remarquer avec soin que le deuxième reste 7808 est
moindre que le deuxième diviseur 7809. Par conséquent, si
ce reste 7808, qui devient le troisième dividende, contient
10 fois le troisième diviseur 780, il ne peut surpasser 10 fois
ce troisième diviseur que d'une quantité inférieure au chiffre
9 qu'on a barré sur sa droite. En d'autres termes, le reste suivant ou quatrième dividende *ne contient qu'un chiffre*.
Comme le dernier diviseur en contient 2, *tous les chiffres suivants du quotient sont des zéros*.

On peut donc formuler cette règle : *Lorsqu'on est conduit à
poser* (10) *au quotient, il faut forcer l'unité sur le chiffre trouvé
précédemment et compléter le quotient par des zéros*.

Il peut arriver qu'on ait à poser immédiatement (10) au quotient, comme chiffre de ses plus hautes unités. Il est facile de
voir que la règle précédente est encore applicable. Désignons
par α le nombre des chiffres du dividende, par β le nombre des
chiffres du diviseur. Le quotient aura alors (55) un nombre de
chiffres égal à $\alpha - \beta$ ou à $\alpha - \beta + 1$.

Si l'on suppose que le dernier diviseur contienne p chiffres, le premier diviseur en contiendra autant que le quo-
tient plus $p - 1$, c'est-à-dire $\alpha - \beta + p - 1$ ou $\alpha - \beta + p$.

Quant au premier dividende, puisqu'il est obtenu en barrant sur la droite du dividende proposé autant de chiffres que
le diviseur en contient à la suite du dernier diviseur, il en
renfermera $\alpha - \beta + p$.

Ainsi, *le premier dividende contient un chiffre de plus que
le premier diviseur ou le même nombre de chiffres*.

On peut donc être conduit, *dans le premier cas*, à poser immédiatement (10) au quotient; mais alors le quotient n'aura
plus $\alpha - \beta$ chiffres : il en aura $\alpha - \beta + 1$; ce qui prouve d'abord
qu'on ne peut jamais avoir à poser que 10 au quotient (et non
pas 11, 12, etc.). En effet, le quotient devant réellement
contenir $\alpha - \beta$ chiffres et la méthode abrégée en donnant

$\alpha - \beta + 1$ avec une erreur moindre qu'une unité, c'est que le procédé ordinaire conduirait à un quotient composé de $\alpha - \beta$ neuf, *avec une erreur par défaut moindre qu'une unité*. Le procédé abrégé doit donc donner (10) suivi de $\alpha - \beta - 1$ zéros, et l'*erreur moindre qu'une unité est alors par excès* (¹).

On peut vérifier ce que nous venons de dire sur l'exemple suivant. Soit à diviser 437538 par 4378. On aura :

Procédé abrégé.   Procédé ordinaire.

$$\begin{array}{r|l} 437\overline{538} & 437\overline{8} \\ 5 & \overline{(10)\,0} \end{array} \qquad \begin{array}{r|l} 437538 & 4378 \\ 43518 & \overline{99} \\ 4116 & \end{array}$$

Pour évaluer, dans le cas qui nous occupe, l'erreur par excès commise sur le dividende (263), on doit écrire le quotient renversé sous le diviseur, de manière que le chiffre des unités du quotient corresponde, non pas au chiffre des unités, mais au chiffre des dizaines du dernier diviseur : en effet, *le quotient renferme un chiffre de plus*. L'erreur cherchée sera donc moindre que la somme des chiffres du quotient ou 1, multiplié par 1000. Le diviseur étant au moins égal à 1000, *l'erreur par excès commise sur le quotient est encore plus petite que* 1.

_____

(¹) Il faut, pour bien comprendre ce qui précède, se rappeler que, lorsque le quotient a ($\alpha - \beta$) chiffres, le premier dividende partiel employé *en suivant le procédé ordinaire* doit contenir un chiffre de plus que le diviseur (55). D'ailleurs, ce premier dividende partiel divisé par le diviseur ne pouvant donner qu'un chiffre au quotient, on voit que le premier chiffre du dividende sera *au plus* égal au premier chiffre du diviseur. Lorsque cette condition sera remplie, il faudra qu'en comparant les chiffres suivants du diviseur à ceux qui leur correspondent dans le premier dividende partiel on trouve au moins un chiffre du diviseur plus grand que celui de même rang dans le premier dividende partiel, les chiffres précédents étant égaux deux à deux ; sinon le premier dividende partiel renfermerait dix fois le diviseur.

Cela posé, en appliquant le procédé abrégé, le *premier* dividende contiendra donc *dix fois au plus le premier* diviseur (car les chiffres conservés dans le premier diviseur doivent être *au moins* égaux à ceux de même rang dans le premier dividende qui en renferme *un de plus*), et le reste obtenu ou *second* dividende n'aura alors qu'un *seul* chiffre. Comme le *dernier* diviseur en contient *au moins deux*, tous les chiffres suivants du quotient seront bien des zéros.

Si le premier chiffre du dividende est inférieur au premier chiffre du diviseur, le *premier* dividende ne pourra pas contenir dix fois le *premier* diviseur, et l'on rentrera dans l'un des cas déjà examinés.

Quant à l'erreur par défaut, pour l'évaluer, il n'y a rien à changer aux raisonnements précédents (263).

Remarque générale.

265. Les règles qu'on vient d'exposer permettent d'obtenir le résultat de l'une quelconque des quatre premières opérations, à une unité près d'un ordre désigné d'avance, mais *sans que le sens de l'erreur commise soit fixé*. Si l'on voulait connaître ce résultat à une demi-unité près de l'ordre du dernier chiffre, dans un sens déterimné, il suffirait de calculer, à l'aide des mêmes règles, un ou deux chiffres de plus.

LIVRE QUATRIÈME.

DES NOMBRES INCOMMENSURABLES.

CHAPITRE PREMIER.

THÉORIE DE LA RACINE CARRÉE.

Notions préliminaires.

266. Nous avons terminé tout ce qui a rapport aux deux formes sous lesquelles on peut *directement* considérer les nombres. Les nombres *entiers* répondent à l'addition successive de l'unité ; les nombres *fractionnaires*, à l'addition successive d'une certaine partie aliquote de l'unité. Cette partie aliquote peut être variée d'une manière quelconque, de sorte que le champ des nombres fractionnaires est beaucoup plus vaste que celui des nombres entiers. La progression des nombres entiers se retrouve à la fois au numérateur et au dénominateur de l'expression fractionnaire et, de plus, à un numérateur donné on peut faire correspondre tel dénominateur qu'on veut.

Il nous reste à étudier une dernière classe de quantités que nous retrouverons constamment en Mathématiques et qui naissent, en particulier, de la considération des racines, c'est-à-dire qu'on y est conduit par la sixième opération fondamentale, inverse de l'élévation aux puissances (77). Nous commencerons par compléter les notions relatives à la mesure des grandeurs.

267. Lorsqu'une grandeur ou une quantité *variable* X se rapproche indéfiniment d'une grandeur ou d'une quantité *fixe* A, de manière que la différence A — X ou X — A puisse devenir plus petite que toute quantité donnée, on dit que A est la *limite* de X.

La théorie des fractions ordinaires et celle des fractions décimales périodiques nous ont déjà offert (197, 242) des exemples de limites.

268. Lorsque deux grandeurs sont multiples d'une troisième grandeur, cette troisième grandeur se nomme leur *commune mesure.* Deux grandeurs sont *commensurables* ou *incommensurables* entre elles, suivant qu'elles ont ou qu'elles n'ont pas de commune mesure.

269. Lorsqu'une grandeur a une commune mesure avec l'unité choisie, cette commune mesure est l'unité elle-même ou une partie aliquote de l'unité. Dans le premier cas, la grandeur considérée est mesurée par un nombre entier; dans le second cas, elle est mesurée par un nombre fractionnaire (**178**).

Réciproquement, toute grandeur mesurée par un nombre entier ou par un nombre fractionnaire est commensurable avec l'unité choisie, car cette grandeur est un multiple de l'unité ou d'une quelconque de ses parties aliquotes.

270. Lorsqu'une grandeur G est *incommensurable* avec l'unité adoptée, on peut partager cette unité en un nombre quelconque n de parties égales entre elles et moindres que G. En prenant successivement 1, 2, 3, 4,..., k, $k+1$,... de ces parties, on forme une série de grandeurs A_1, A_2, A_3, A_4,..., A_k, A_{k+1},..., qui croissent indéfiniment et qui sont respectivement mesurées par les nombres $\frac{1}{n}$, $\frac{2}{n}$, $\frac{3}{n}$, $\frac{4}{n}$, ..., $\frac{k}{n}$, $\frac{k+1}{n}$, ...

Par hypothèse, la grandeur G ne peut pas être égale à un multiple de $\frac{1}{n}$, mais elle est nécessairement comprise entre deux multiples consécutifs, tels que $\frac{k}{n}$, et $\frac{k+1}{n}$. En substituant à G l'une des deux grandeurs correspondantes, A_k ou A_{k+1}, on commet une erreur moindre que la différence $A_{k+1} - A_k$, c'est-à-dire aussi petite qu'on veut, puisque cette différence, égale à la $n^{ième}$ partie de l'unité, peut être diminuée à volonté en faisant n assez grand.

La grandeur incommensurable G étant la limite commune (267) vers laquelle convergent les grandeurs commensurables A_k et A_{k+1} qui la comprennent, lorsque n augmente indéfiniment, le nombre qui *mesure* G est, *par définition*, la limite commune des nombres $\dfrac{k}{n}$ et $\dfrac{k+1}{n}$ qui mesurent ces grandeurs; et, en remplaçant le nombre qui mesure G par $\dfrac{k}{n}$ ou par $\dfrac{k+1}{n}$, on l'obtient, par défaut ou par excès, à moins de $\dfrac{1}{n}$, c'est-à-dire avec telle approximation qu'on veut.

Toutes les fois, d'ailleurs, qu'on aura à considérer une grandeur incommensurable avec l'unité, on pourra déduire, de son origine même, le moyen de comprendre son expression entre des fractions aussi peu différentes qu'il sera nécessaire.

271. Un nombre est dit *commensurable* ou *incommensurable*, suivant que la grandeur correspondante est commensurable ou incommensurable avec l'unité choisie.

Les nombres commensurables sont les entiers et les fractions (269).

D'après ce qui précède (270), *les nombres incommensurables ne peuvent être représentés exactement qu'à l'aide de symboles particuliers.*

De la racine carrée.

272. On appelle *racine carrée* d'un nombre le nombre qui élevé au carré reproduit le nombre proposé. Ainsi, 25 étant le carré de 5, 5 est la racine carrée de 25; de même, $\dfrac{4}{9}$ étant le carré de $\dfrac{2}{3}$, $\dfrac{2}{3}$ est la racine carrée de $\dfrac{4}{9}$.

On indique la racine carrée d'un nombre au moyen du *signe* $\sqrt{}$, qu'on nomme *radical*. On écrit donc

$$\sqrt{25} = 5, \qquad \sqrt{\dfrac{4}{9}} = \dfrac{2}{3}.$$

Le carré d'un nombre entier ou fractionnaire est dit *carré parfait*. Tout nombre carré parfait a donc sa racine carrée exprimée exactement par un nombre entier ou fractionnaire.

273. Tout nombre entier qui n'est pas carré parfait d'un autre nombre entier ne peut pas l'être non plus d'une fraction; sa racine carrée ne peut donc être exprimée exactement ni par un nombre entier ni par une fraction. De même, toute fraction irréductible dont les deux termes ne sont pas carrés parfaits ne peut être carré parfait d'une autre fraction (219); sa racine carrée ne peut donc être exprimée exactement ni par un nombre entier ni par une fraction.

Il résulte de là (**271**) que les racines carrées des nombres entiers qui ne sont pas carrés parfaits et des fractions irréductibles dont les deux termes ne sont pas carrés parfaits sont des nombres *incommensurables* ([1]) dont on peut seulement obtenir la valeur avec une approximation quelconque. Ainsi les racines carrées des nombres 2 et $\dfrac{5}{7}$ sont des nombres incommensurables qu'on ne peut représenter exactement que par les symboles $\sqrt{2}$ et $\sqrt{\dfrac{5}{7}}$.

274. L'opération par laquelle on détermine la racine carrée d'un nombre est appelée *extraction de la racine carrée*.

Nous avons donc à résoudre cette question :

Étant donné un nombre N, entier ou fractionnaire, extraire sa racine carrée, exactement si N est un carré parfait, avec l'approximation demandée dans le cas contraire.

Pour y arriver, il faut établir d'abord quelques propriétés des carrés.

Composition du carré d'une somme de deux parties, et remarques sur les carrés.

275. Pour trouver le carré de la somme $7 + 3$, il faut multiplier $7 + 3$ par $7 + 3$. En suivant la règle indiquée (63), on

---

([1]) Il est bon de remarquer que tout ce qui précède est *relatif* au choix de l'unité, une grandeur incommensurable avec une certaine unité pouvant devenir commensurable avec une autre. Ajoutons qu'il n'y a aucune analogie entre les nombres incommensurables et les fractions décimales périodiques, ces dernières étant toujours susceptibles d'une représentation numérique exacte (249, 251).

trouve pour résultat

$$
\begin{array}{r}
7 + 3 \\
7 + 3 \\
\hline
7^2 + 7 \times 3 \\
+ 7 \times 3 + 3^2 \\
\hline
7^2 + 2.(7 \times 3) + 3^2
\end{array}
$$

$7^2 + 2.(7 \times 3) + 3^2$; c'est-à-dire que *le carré d'une somme de deux parties est égal au carré de la première partie, plus le double produit de la première partie par la seconde, plus le carré de la seconde partie* ([1]).

Tout nombre plus grand que 9 étant composé de dizaines et d'unités, on peut dire d'une manière générale que le carré d'un nombre entier est égal *au carré de ses dizaines, plus le double produit de ses dizaines par ses unités, plus le carré de ses unités.*

Ainsi l'on a

$$37^2 = (30 + 7)^2 = 30^2 + 2 \times 30 \times 7 + 7^2.$$

D'après ce qui précède,

$$(a + 1)^2 = a^2 + 2a + 1,$$

d'où

$$(a + 1)^2 - a^2 = 2a + 1.$$

Par conséquent, *la différence des carrés de deux nombres entiers consécutifs est égale à deux fois le plus petit nombre plus 1.*

Si le carré de 30 est égal à 900, le carré de 31 est égal à $900 + 2 \times 30 + 1$ ou à 961.

276. La table suivante donne les carrés des neuf premiers nombres :

1	2	3	4	5	6	7	8	9
1	4	9	16	25	36	49	64	81

On peut remarquer que le carré d'un nombre est nécessairement terminé par le même chiffre que le carré de ses unités.

([1]) Si l'on élevait $7 - 3$ au carré, on trouverait évidemment (64)

$$7^2 - 2.(7 \times 3) + 3^2.$$

En effet, le carré des dizaines étant terminé par deux zéros, et le double produit des dizaines par les unités par un zéro, quand on additionne les trois parties qui constituent le carré, la colonne des unités ne renferme que le chiffre qui termine le carré des unités. Si, de plus, le nombre proposé est terminé par un 5, son carré doit être terminé par 25; car le double produit des dizaines par les unités est, dans ce cas, terminé par deux zéros. Ainsi

$$35^2 = (30 + 5)^2 = 30^2 + 2 \times 30 \times 5 + 5^2 = 900 + 300 + 25 = 1225.$$

Enfin, si un nombre est terminé par un nombre quelconque de zéros, son carré est terminé par deux fois plus de zéros : c'est ce qui résulte des principes de la multiplication (39).

En se reportant à la table des carrés des neuf premiers nombres, on voit que les nombres terminés par 1 et 9 ont leurs carrés terminés par 1; que les nombres terminés par 2 et 8 ont leurs carrés terminés par 4; que les nombres terminés par 3 et 7 ont leurs carrés terminés par 9; que les nombres terminés par 4 et 6 ont leurs carrés terminés par 6; enfin que les nombres terminés par 5 ont leurs carrés terminés par 25.

Il en résulte immédiatement les caractères d'exclusion suivants : *Tout nombre terminé par 2, 3, 7 ou 8 ne peut pas être un carré parfait; tout nombre terminé par 5, sans l'être par 25, ne peut pas être un carré parfait; tout nombre terminé par un nombre impair de zéros ne peut pas être un carré parfait.*

Extraction de la racine carrée d'un nombre entier ou fractionnaire à l'unité près.

277. Nous commencerons par remarquer que, *pour extraire la racine carrée d'un nombre fractionnaire à l'unité près, il suffit d'extraire à l'unité près la racine carrée de sa partie entière.*

En effet, pour que la racine carrée d'un nombre entier croisse d'une unité, il faut que ce nombre croisse lui-même *au moins* d'une unité, puisque la différence des carrés de deux nombres entiers consécutifs est égale à deux fois le plus petit nombre *plus un* (275). Si l'on augmente un nombre entier d'une fraction proprement dite, on ne peut donc changer la partie entière de sa racine carrée : ainsi extraire la racine carrée de $332 + \frac{19}{27}$ à l'unité près ou extraire la racine carrée de 332 à l'unité près revient au même.

278. Cela posé, et la question se trouvant ramenée dans tous les cas à extraire la racine carrée d'un nombre entier à l'unité près, il faut distinguer entre les nombres plus petits et plus grands que 100.

Lorsqu'un nombre est plus petit que 100, il suffit de consulter la table des carrés des neuf premiers nombres. On voit immédiatement, par exemple, que la racine carrée de 49 est 7, et que, 78 tombant entre 64 et 81, sa racine carrée tombe entre 8 et 9 (276), de sorte qu'elle est 8 par défaut et 9 par excès à l'unité près.

279. Si le nombre considéré est plus grand que 100, comme 487919, sa racine carrée est plus grande que 10 : elle renferme alors des dizaines et des unités. Si le nombre donné est un carré parfait, il contient les trois parties qui composent le carré de sa racine (275); s'il n'est pas un carré parfait, il contient en outre une quatrième partie qui représente son excès par rapport au carré de sa racine, et qu'on appelle le *reste* de l'opération.

Le carré des dizaines de la racine ne pouvant donner que des centaines, le carré de ce *nombre de dizaines* est nécessairement contenu dans le *nombre 4879 des centaines* du nombre proposé, et ce nombre 4879 peut renfermer en outre quelques centaines provenant des autres parties du carré de la racine et du reste. En extrayant la racine carrée du plus grand carré entier contenu dans 4879, on aura donc le nombre des dizaines de la racine cherchée ou un nombre trop fort. *Il est facile de voir que le résultat trouvé ne peut jamais être trop fort.* En effet, si 69 est la racine carrée du plus grand carré entier compris dans 4879, le carré de 69 pourra se retrancher de 4879; par suite, le carré de 690 pourra se retrancher de 487900 et, à plus forte raison, de 487919.

On arrive ainsi à cette première règle : *Le nombre des dizaines de la racine carrée d'un entier N > 100 est toujours égal à la racine carrée du plus grand carré entier contenu dans le nombre des centaines de N.*

11.

On est donc conduit à extraire la racine carrée du plus grand carré entier contenu dans 4879, c'est-à-dire à extraire la racine carrée de ce nombre à l'unité près. Mais 4879 étant $>$ 100, sa racine est plus grande que 10; les raisonnements précédents sont donc applicables, et il faut extraire la racine carrée du plus grand carré entier contenu dans les 48 centaines de 4879, pour obtenir les dizaines de sa racine carrée. Le plus grand carré entier contenu dans 48 est 36 dont la racine carrée est 6. Le chiffre des dizaines de la racine carrée de 4879 est donc 6; reste à trouver le chiffre des unités.

$$
\begin{array}{c|c}
4\ 8.7\ 9 & 69 \\
3\ 6 & \overline{} \\
\hline
& 129 \\
\overline{1\ 2\ 7.9} & 9 \\
1\ 1\ 6\ 1 & \overline{} \\
\hline
1\ 1\ 8 &
\end{array}
$$

L'excès de 48 sur 36 étant égal à 12, si l'on retranche de 4879 le carré de 60, c'est-à-dire le carré des dizaines de la racine ou 3600, on trouvera pour reste 1279. Le reste 1279 ainsi obtenu contient *au moins* le double produit des dizaines de la racine par les unités cherchées, plus le carré de ces unités. Le double produit des dizaines de la racine par ses unités ne pouvant donner que des dizaines, le double produit de ce *nombre de dizaines* par le chiffre des unités sera compris dans les 127 dizaines du reste 1279. En divisant 127 par le double 12 du nombre de dizaines de la racine, on aura donc pour quotient *le chiffre des unités de la racine* ou *un chiffre supérieur.* En effet, 127 représente non-seulement le double produit du nombre de dizaines de la racine par ses unités, mais contient en outre les dizaines des autres parties qui composent 1279. Le quotient obtenu doit donc toujours être *essayé :* le premier chiffre de la racine est le seul qui soit nécessairement exact.

On peut, par suite, énoncer cette seconde règle : *Si l'on retranche d'un entier N le carré des dizaines de sa racine carrée, et qu'on divise le nombre des dizaines du reste par le double du nombre de dizaines de la racine, le quotient obtenu est égal ou supérieur au chiffre des unités de la racine.*

127 divisé par 12 donne 10 pour quotient; mais, comme le chiffre cherché est inférieur à 10, nous essayerons 9. La racine carrée de 4879, à l'unité près, est égale ou inférieure à 69. Si le

carré de 69 peut se retrancher de 4879, le chiffre 9 est exact; sinon il faut le diminuer d'une unité et recommencer l'essai. Nous avons déjà retranché de 4879, 3600 ou 60²; il faut donc seulement vérifier si l'on peut retrancher du reste 1279 les deux autres parties du carré de 69. On peut évidemment former ces deux parties d'un seul coup, en écrivant le chiffre 9 à côté du double 12 du premier chiffre 6 de la racine et en multipliant le résultat 129 par 9. On obtient 1161 qui, retranché de 1279, donne 118 pour reste. 69 représente donc la racine carrée du plus grand carré entier contenu dans 4879.

Par conséquent, en revenant au nombre 487919, 69 représente les dizaines de la racine carrée de ce nombre; reste à trouver le chiffre des unités.

En retranchant 69² de 4879, on trouve 118; en retranchant le carré de 690 de 487900, on trouvera donc 11800 et, par suite, en retranchant de 487919 le carré de 690 ou le carré des dizaines de la racine, on trouvera pour reste 11819.

11819 contient *au moins* le double produit des dizaines de la racine par les unités cherchées, plus le carré de ces unités. Les dizaines 1181 du nombre 11819 sont donc *au moins* égales au double produit du nombre 69 des dizaines de la racine par les unités inconnues et, en divisant 1181 par 69 × 2 ou 138 = 129 + 9, on obtiendra un quotient *égal* ou *supérieur* à ces mêmes unités.

$$
\begin{array}{c|cc}
48.7\ 9.1\ 9 & 698 & \\
36 & \overline{129} & \overline{1388} \\
\hline
12\ 7\cdot9 & 9 & 8 \\
11\ 6\ 1 & & \\
\hline
1\ 1\ 8\ 1.9 & & \\
1\ 1\ 1\ 0\ 4 & & \\
\hline
7\ 1\ 5 & &
\end{array}
$$

1181 divisé par 138 donne 8 pour quotient. Pour essayer le chiffre 8, il faut voir si l'on peut retrancher de 487919 le carré de 698. On a déjà retranché de 487919 le carré de 690; il faut donc seulement retrancher du reste 11819 les deux autres parties du carré de 698, parties qu'on formera en écrivant à côté du double 138 de la partie 69 déjà écrite à la racine le chiffre 8 à essayer, et en multipliant par 8 le résultat 1388. On obtient

11104 qui, retranché de 11819, donne le reste 715. La racine carrée demandée est donc 698 à l'unité près par défaut, et 715 représente le reste de l'opération.

280. En relisant attentivement les raisonnements précédents, on arrive à formuler la règle suivante :

Pour extraire la racine carrée d'un nombre entier à l'unité près, on le partage en tranches de deux chiffres à partir de la droite et en remontant vers la gauche, de sorte que la dernière tranche à gauche peut n'avoir qu'un chiffre. Le nombre des tranches obtenues indique le nombre des chiffres de la racine. On obtient le premier chiffre de la racine en extrayant la racine carrée du plus grand carré entier contenu dans la dernière tranche à gauche. On retranche le carré de ce chiffre de cette même tranche et, à côté du reste, on abaisse la tranche suivante ; on sépare les dizaines de l'ensemble obtenu. En divisant ces dizaines par le double du premier chiffre de la racine, on a le second chiffre de la racine ou un chiffre trop fort. Pour l'essayer, on l'écrit à côté du double du premier chiffre de la racine et l'on multiplie le résultat obtenu par le chiffre essayé. Si le produit peut se retrancher de l'ensemble du premier reste et de la seconde tranche, le chiffre essayé est exact ; sinon on le diminue d'une unité, et l'on recommence l'essai. A côté du second reste, on abaisse la troisième tranche, on sépare les dizaines de l'ensemble obtenu, on les divise par le double de la partie écrite à la racine, et l'on a le troisième chiffre de la racine ou un chiffre trop fort dont l'essai s'effectue comme précédemment. On continue à suivre la même marche, jusqu'à l'abaissement de la dernière tranche qui conduit au dernier chiffre de la racine et au reste de l'opération.

Il est évident qu'on ne peut poser à la fois qu'un chiffre à la racine, et que ce chiffre est zéro lorsque les dizaines du reste considéré sont inférieures au double de la partie déjà écrite à la racine.

En employant la simplification indiquée déjà (48), on donne au calcul la disposition suivante :

$$
\begin{array}{ll|l|l}
48_7\,91_9 & & 6_98 & \\
12_7 \cdot 9 & & 1_29 & 1388 \\
11\,8\,1 \cdot 9 & & 9 & 8 \\
7\,1\,5 & & & \\
\end{array}
$$

281. *Le reste de l'opération ne peut pas dépasser deux fois la racine.*

En effet, le nombre proposé N est égal au carré de sa racine A, plus le reste trouvé R. Si ce reste était seulement égal à deux fois la racine plus un, le nombre donné égal à $A^2 + R$ serait égal à $A^2 + 2A + 1$ ou $(A + 1)^2$. Sa racine carrée ne serait donc pas A à l'unité près, mais bien $A + 1$; et la crainte d'écrire au résultat un chiffre trop fort en aurait fait écrire un trop faible.

Cette remarque s'applique évidemment aux restes trouvés dans le courant de l'opération, comparés aux nombres déjà écrits à la racine.

282. *En comparant le reste de l'opération à la racine trouvée, on peut obtenir cette racine à moins d'une demi-unité par défaut ou par excès.*

En effet, on a en même temps

$$N = A^2 + R \quad \text{et} \quad \left(A + \frac{1}{2}\right)^2 = A^2 + A + \frac{1}{4}.$$

Si R est $< A$, c'est-à-dire égal au plus à A, on a

$$N < \left(A + \frac{1}{2}\right)^2 \quad \text{et} \quad \sqrt{N} < A + \frac{1}{2}.$$

A représente alors la racine carrée demandée à moins d'une demi-unité par défaut.

Si R est $> A$, c'est-à-dire égal au moins à $A + 1$, on a au contraire

$$N > \left(A + \frac{1}{2}\right)^2 \quad \text{et} \quad \sqrt{N} > A + \frac{1}{2};$$

de sorte qu'en prenant A pour la racine l'erreur par défaut surpasse une demi-unité, et qu'il faut alors, pour avoir cette racine à moins d'une demi-unité, mais par excès, forcer l'unité sur le résultat trouvé A.

Si l'on cherche la racine carrée de 815718, on trouve 903, et le reste est 309 < 903 : la racine est donc obtenue par défaut à une demi-unité près. Si l'on cherche la racine de 487919, on trouve 698, et le reste est 715 > 698 : la racine à moins d'une demi-unité par excès est donc 699.

Extraction de la racine carrée d'un nombre entier ou fractionnaire avec une approximation quelconque.

283. Extraire la racine carrée d'un nombre entier ou fractionnaire N, avec une approximation marquée par la fraction $\frac{1}{n}$, c'est déterminer le plus grand multiple de $\frac{1}{n}$ renfermé dans $\sqrt{N}$.

Désignons par x ce plus grand multiple ; nous devrons avoir

$$\frac{x}{n} < \sqrt{N} < \frac{x+1}{n}.$$

Si l'on élève au carré les trois nombres considérés, les trois résultats $\frac{x^2}{n^2}$, N, $\frac{(x+1)^2}{n^2}$ seront encore rangés par ordre de grandeur croissante, et il en sera de même si on les multiplie par n^2. On peut donc écrire

$$x^2 < N n^2 < (x+1)^2.$$

x^2 est donc le plus grand carré entier contenu dans $N n^2$, et le nombre inconnu x est la racine carrée de ce produit à l'unité près.

On parvient ainsi à la règle suivante :

Pour extraire la racine carrée d'un nombre entier ou fractionnaire N, à moins de $\frac{1}{n}$, il faut extraire la racine carrée du produit $N n^2$ à moins d'une unité, et diviser le résultat par n.

284. Si la fraction qui indique l'approximation demandée est de la forme $\frac{m}{n}$, on commence par la ramener à la forme $\dfrac{1}{\frac{n}{m}}$, et l'on applique ensuite la règle précédente en remplaçant n par $\frac{n}{m}$.

285. Nous avons dit (270) que, toutes les fois qu'on a à considérer une grandeur incommensurable avec l'unité, on peut déduire, de sa définition même, le moyen de comprendre son expression entre des fractions aussi peu différentes qu'on veut. C'est ce que nous allons vérifier pour la racine carrée d'un nombre qui n'est pas carré parfait (273).

Soit, par exemple, un nombre entier ou fractionnaire N qui n'est pas carré parfait. Cherchons sa racine carrée à moins de $\frac{1}{n}$, et désignons par m la racine carrée à l'unité près du produit Nn^2; le nombre N sera compris entre $\frac{m^2}{n^2}$ et $\frac{(m+1)^2}{n^2}$ (283).

Cela posé, soient n, n', n'',... une série de nombres entiers croissant indéfiniment à partir de n. En cherchant la racine carrée du nombre N à moins de $\frac{1}{n}$, $\frac{1}{n'}$, $\frac{1}{n''}$,..., on obtiendra une série correspondante d'autres nombres entiers m, m', m'',..., croissant aussi indéfiniment à partir de m.

Écrivons alors les deux suites

$$(1) \qquad \frac{m}{n}, \quad \frac{m'}{n'}, \quad \frac{m''}{n''}, \cdots,$$

$$(2) \qquad \frac{m+1}{n}, \quad \frac{m'+1}{n'}, \quad \frac{m''+1}{n''}, \cdots.$$

D'après ce qui précède (283), le nombre N sera constamment compris entre les carrés de deux termes correspondants quelconques des suites (1) et (2).

La différence de ces deux termes correspondants, égale à $\frac{1}{n}$, ou $\frac{1}{n'}$, ou $\frac{1}{n''}$,..., peut devenir plus petite que toute quantité donnée, puisque les dénominateurs communs n, n', n'',... vont en croissant indéfiniment; et il en est de même de la différence des carrés des deux termes considérés. Prenons, par exemple, $\frac{m^2}{n^2}$ et $\frac{(m+1)^2}{n^2}$. On a

$$\frac{(m+1)^2}{n^2} - \frac{m^2}{n^2} = \frac{2m+1}{n^2} = \frac{m}{n} \times \frac{2}{n} + \frac{1}{n^2}.$$

Or, $\frac{m}{n}$ est moindre que $\sqrt{N}$. La différence des carrés des premiers termes des suites (1) et (2) est donc moindre que $\frac{2\sqrt{N}}{n} + \frac{1}{n^2}$. La différence des carrés des seconds termes des mêmes suites est, à son tour, moindre que $\frac{2\sqrt{N}}{n'} + \frac{1}{n'^2}$, ...

Comme les nombres n, n', n'',... croissent indéfiniment, il en est de même de leurs carrés, et les différences calculées ont pour limite zéro. On voit par là que les carrés des termes correspondants des suites (1) et (2) s'approchent indéfiniment du nombre N qu'ils comprennent, et qui est, pour ces deux suites de carrés, *une limite commune*. Les suites (1) et (2) ont donc elles-mêmes une limite commune, et *cette limite est la racine carrée du nombre* N. Les termes correspondants des suites (1) et (2) sont les valeurs de cette racine carrée, à moins de $\frac{1}{n}$, de $\frac{1}{n'}$, de $\frac{1}{n''}$, $\cdots$, par défaut ou par excès.

286. Si nous choisissons maintenant une certaine unité de longueur, les termes des suites (1) et (2) pourront représenter des longueurs, portées sur une même droite à partir d'une origine fixe. Les extrémités des longueurs commensurables, mesurées alors par les termes de la suite (1), occuperont une première région de cette droite ; les extrémités des longueurs commensurables, mesurées par les termes de la suite (2), en occuperont une seconde. D'après ce que nous venons de démontrer (285), il ne peut exister aucun intervalle déterminé entre les deux régions ainsi définies, et elles sont séparées par un simple point de démarcation. La distance de ce point particulier à l'origine fixe est précisément la longueur incommensurable représentée ou mesurée exactement par le nombre incommensurable $\sqrt{N}$.

Racine carrée des fractions et des nombres décimaux.

287. Pour élever une fraction au carré, il faut élever ses deux termes au carré (218). Par conséquent, quelle que soit la fraction proposée $\frac{a}{b}$, on a d'une manière générale

$$\sqrt{\frac{a}{b}} = \frac{\sqrt{a}}{\sqrt{b}},$$

le carré de la seconde expression étant $\frac{a}{b}$, comme celui de la première (272). Pour obtenir exactement la racine carrée d'une fraction, il faut donc que ses deux termes soient des carrés parfaits (273).

Lorsqu'il n'en est pas ainsi, il faut rendre le dénominateur de la fraction carré parfait, afin de pouvoir apprécier immédiatement le degré d'approximation obtenu ; et, pour que cette condition soit remplie, il suffit de multiplier les deux termes de la fraction proposée par son dénominateur. On a de cette manière

$$\sqrt{\frac{a}{b}} = \sqrt{\frac{ab}{b^2}} = \frac{\sqrt{ab}}{\sqrt{b^2}} = \frac{\sqrt{ab}}{b}.$$

Si l'on extrait alors la racine carrée du produit ab à l'unité près, comme on doit diviser par b le résultat trouvé, on obtient la racine carrée de la fraction $\frac{a}{b}$ avec une approximation marquée par $\frac{1}{b}$.

288. Pour rendre le dénominateur de la fraction donnée carré parfait, il suffit d'ailleurs de multiplier les deux termes de la fraction par les facteurs premiers du dénominateur qui ont un exposant impair. On emploie ainsi le *dénominateur carré minimum*.

Soit, par exemple, $\frac{7}{40} = \frac{7}{2^3 \times 5}$. On n'a qu'à multiplier les deux termes de cette fraction par 2×5 ou 10, pour remplacer son dénominateur par le carré parfait $2^4 \times 5^2 = (2^2 \times 5)^2 = 20^2$.

289. Soit, maintenant, à extraire la racine carrée d'un nombre décimal tel que $325,714$. Pour que le dénominateur de la fraction décimale correspondante soit un carré parfait (**288**), il faut que ce dénominateur contienne un nombre pair de zéros; on doit donc d'abord compléter par un zéro le nombre des chiffres décimaux du nombre donné. On a ensuite, d'après ce qui précède (**287**),

$$\sqrt{325,7140} = \sqrt{\frac{3257140}{10000}} = \frac{\sqrt{3257140}}{\sqrt{100^2}} = \frac{\sqrt{3257140}}{100}.$$

Si l'on extrait alors la racine carrée de 3257140 à l'unité près, on obtient la racine demandée à $0,01$ près.

On peut donc énoncer cette règle pratique :

Pour extraire la racine carrée d'un nombre décimal, on complète par un zéro, s'il est nécessaire, le nombre de ses chiffres décimaux de manière que ce nombre soit toujours pair ; on extrait la racine carrée du résultat à l'unité près, en faisant abstraction de la virgule ; enfin on sépare sur la droite de cette racine moitié moins de décimales qu'il n'y en a dans le nombre donné, après que le nombre de ses chiffres décimaux a été rendu pair.

290. Le plus souvent, la racine carrée d'un nombre entier ou fractionnaire doit être exprimée en décimales, et l'approximation demandée est elle-même une partie décimale de l'unité. On n'a, dans ce cas, qu'à appliquer la règle générale du n° 283.

S'il s'agit, par exemple, *d'un nombre entier* N *et qu'on veuille obtenir sa racine carrée à* $\frac{1}{10^n}$ *près, il faut multiplier* N *par* 10^{2n}, *c'est-à-dire écrire* $2n$ *zéros à sa droite, extraire la racine carrée du nombre obtenu à l'unité près, et séparer* n *chiffres décimaux sur la droite de cette racine.*

On voit qu'on est conduit à écrire à la droite du nombre donné autant de tranches de deux zéros que sa racine doit contenir de chiffres décimaux. Dans la pratique, on place successivement ces tranches de deux zéros à côté des restes correspondants, à mesure qu'on en a besoin, sans les écrire d'abord en totalité à la droite du nombre proposé, et l'on met une virgule à la racine dès qu'on emploie la première de ces tranches.

Passons, à présent, au cas où l'on veut extraire la racine carrée d'un nombre fractionnaire $\frac{A}{B}$ à $\frac{1}{10^n}$ près. On le multiplie par 10^{2n}, en écrivant $2n$ zéros à la droite de son numérateur. Pour extraire ensuite la racine carrée du résultat $\frac{A \times 10^{2n}}{B}$ à l'unité près, il faut extraire la racine carrée de sa partie entière à l'unité près (277), puis diviser cette racine carrée par 10^n.

Or on obtient évidemment la partie entière de $\frac{A \times 10^{2n}}{B}$ en réduisant $\frac{A}{B}$ en décimales jusqu'au rang marqué par $\frac{1}{10^{2n}}$ et en faisant ensuite abstraction de la virgule (239). On parvient ainsi à cette seconde règle :

Pour extraire la racine carrée d'un nombre fractionnaire avec une approximation décimale donnée, on réduit ce nombre fractionnaire en décimales jusqu'à ce qu'on obtienne deux fois plus de chiffres décimaux ([1]) *qu'on n'en veut à la racine, et l'on extrait ensuite la racine carrée du nombre décimal obtenu d'après la règle qui termine le n° 289.*

([1]) Nous verrons bientôt qu'on peut pousser beaucoup moins loin la réduction en décimales.

291. EXEMPLES : 1° *Extraire la racine carrée de 2 à 0,001 près.*

Le calcul sera disposé comme il suit :

$$
\begin{array}{c|l}
2 & 1,414 \\
10.0 & \begin{array}{|c|c|c|}\hline 24 & 281 & 2824 \\ 4 & 1 & 4 \\\hline\end{array} \\
\quad 40.0 & \\
\quad 11\ 90.0 & \\
\quad\quad 60\ 4 &
\end{array}
$$

La valeur de $\sqrt{2}$ à $\frac{1}{2}$ millième près par défaut (**282**) est donc 1,414.

2° *Extraire la racine carrée de $\frac{22}{7}$ à 0,001 près.*

$$
\begin{array}{ll|l}
22 & 7 & 3,1\ 42\ 85\ 7 \quad 1,772 \\
10 & \overline{3,142857} & 2\ 1.4 \quad \begin{array}{|c|c|c|}\hline 27 & 347 & 3542 \\ 7 & 7 & 2 \\\hline\end{array} \\
30 & & 2\ 52.8 \\
\quad 20 & & 9.95.7 \\
\quad 60 & & 2\ 87\ 3 \\
\quad\ 40 & \\
\quad\ 50 & \\
\quad\ 1 &
\end{array}
$$

On trouve $\frac{22}{7} = 3,142857$. La racine carrée de $3,142857$ est 1,773 à $\frac{1}{2}$ millième près par excès (**282**). Telle est donc la racine carrée de $\frac{22}{7}$, avec la même approximation.

Simplification qu'on peut apporter à l'extraction de la racine carrée.

292. *Lorsqu'on a calculé en général plus de la moitié des chiffres de la racine carrée d'un nombre entier, on peut obtenir les autres chiffres en divisant le reste auquel on s'est arrêté par le double de la partie déjà écrite à la racine, suivie du nombre de zéros qui correspond aux unités qu'elle représente.*

Soit N le nombre proposé. Désignons par a le nombre formé par la partie déjà écrite à la racine, suivie d'autant de zéros qu'il est nécessaire pour que le premier chiffre de cette racine soit au rang qui convient aux unités qu'il représente. Appelons x la quantité quelconque, commensurable ou incommensurable, qu'il faut ajouter à a pour avoir exactement la racine carrée de N. On aura aussi exactement

$$(1) \qquad N = (a + x)^2 = a^2 + 2ax + x^2,$$

d'où

$$N - a^2 = 2ax + x^2.$$

$N - a^2$ est évidemment le reste R auquel on parvient, lorsqu'on cesse de poursuivre le calcul de la racine suivant le procédé ordinaire. On a donc

$$R = 2ax + x^2,$$

d'où

$$x = \frac{R}{2a} - \frac{x^2}{2a}.$$

Pour que la partie entière de x soit, par défaut ou par excès, égale au quotient entier (154) de $\frac{R}{2a}$, il suffit que l'expression $\frac{x^2}{2a}$ soit une fraction proprement dite ou que la partie entière de x^2 soit inférieure à $2a$. Pour l'affirmer *a priori*, il faut que la partie entière de x^2 contienne moins de chiffres que $2a$.

Cela posé, admettons d'abord que la racine cherchée doive contenir $2n + 1$ chiffres. Si l'on a trouvé $n + 1$ chiffres par le procédé habituel, x n'en contiendra plus que n à sa partie entière; x^2 en contiendra *au plus* $2n$ (40), tandis que $2a$ en contiendra *au moins* $2n + 1$. Dans ce cas, $\frac{x^2}{2a}$ sera une fraction moindre que l'unité.

De même, si la racine doit contenir $2n$ chiffres et si l'on en a déjà trouvé $n + 1$, x en contiendra $n - 1$ à sa partie entière; x^2 en contiendra *au plus* $2n - 2$, tandis que $2a$ en contiendra *au moins* $2n$. On arrive donc encore à la même conclusion.

Enfin, si, la racine contenant toujours $2n$ chiffres, son premier chiffre est égal ou supérieur à 5, il suffit de chercher n chiffres par le procédé habituel. En effet, x^2 contiendra alors *au plus* $2n$ chiffres, et $2a$, à cause de la retenue, en contiendra $2n + 1$.

Si ce cas se présentait lorsque la racine renferme $2n + 1$ chiffres et si l'on voulait ne chercher que n chiffres par le procédé ordinaire, x^2 contiendrait $2n + 2$ chiffres *au plus* à sa partie entière, mais $2a$ en contiendrait aussi $2n + 2$, de sorte qu'il y aurait doute.

En résumé, on voit que, lorsque le nombre des chiffres de la racine est *impair*, il faut en calculer la moitié plus un avant de terminer l'opération en ayant recours à la division, et que, lorsque ce nombre est *pair*, il suffit d'en calculer seulement la moitié, si le premier chiffre de la racine est égal ou supérieur à 5.

Si l'on appelle r le reste de la division de R par $2a$ et q le quotient de cette division, on peut remplacer $\dfrac{R}{2a}$ par $q + \dfrac{r}{2a}$; d'où

(2)
$$x = q + \frac{r}{2a} - \frac{x^2}{2a}.$$

On voit alors qu'en remplaçant x par q la racine est obtenue à l'unité près par défaut ou par excès, suivant que r est plus grand ou plus petit que x^2 : cette racine serait exacte si l'on avait $r = x^2$.

Mais, d'après l'égalité (2), si r est $> x^2$, on a aussi $x > q$ et, par suite, $r > q^2$; si r est $< x^2$, on a aussi $x < q$ et, par suite, $r < q^2$; enfin, si $r = x^2$, $x = q$ et $r = q^2$.

$a + q$ représente donc la racine cherchée à moins d'une unité, par défaut ou par excès, suivant que r est supérieur ou inférieur à q^2; si l'on a $r = q^2$, $a + q$ est la racine exacte.

293. On peut demander de calculer, d'après les résultats fournis par l'opération abrégée, le reste que donnerait l'extraction de la racine si l'on suivait la méthode ordinaire.

Quand la racine $a + q$ est obtenue par défaut, $(a + q)^2$ représente le plus grand carré entier contenu dans le nombre donné N. On a alors, d'après les égalités (1) et (2) du numéro précédent,

$$N = a^2 + 2ax + x^2 = a^2 + 2aq + r,$$

d'où

$$N - (a + q)^2 = r - q^2.$$

Quand la racine $a + q$ est obtenue par excès, $(a + q - 1)^2$ représente le plus grand carré entier contenu dans le nombre donné N, et l'on a (275), en remarquant que $a + q - 1$ est la somme des deux quantités a et $q - 1$,

$$N - (a + q - 1)^2 = a^2 + 2aq + r - [a^2 + 2a(q - 1) + (q - 1)^2],$$

c'est-à-dire

$$N - (a + q - 1)^2 = 2a + r - (q - 1)^2.$$

294. EXEMPLE. *On demande de calculer la racine carrée de 3 avec huit décimales.*

La question revient à chercher la racine carrée de 3 suivi de seize zéros à l'unité près. Puisque nous devons avoir *neuf* chiffres à la racine, nous chercherons d'abord les *cinq* premiers par la méthode ordinaire.

On a alors, d'après ce premier calcul,

$$2a = 3464000000 \quad \text{et} \quad R = 1760000000000.$$

Si nous divisons R par $2a$ (ou 17600000 par 3464), nous trouvons pour quotient q le nombre 5080 et pour reste complété r le nombre 288000000 qui surpasse q^2. La racine demandée est donc $1,73205080$, à l'unité près par défaut. En suivant la méthode ordinaire, on aurait trouvé pour reste de l'opération $r - q^2 = 262193600$. Voici le détail du calcul :

3		17320			
20.0		27	343	3462	34640
110.0		7	3	2	0
710.0					
1760.0					

17600000	3464	$r = 288000000$
28000	5080	$q^2 = 25806400$
2880		$r - q^2 = 262193600$

CHAPITRE II.

THÉORIE DE LA RACINE CUBIQUE.

De la racine cubique.

295. On appelle *racine cubique* d'un nombre le nombre qui, élevé au cube, reproduit le nombre proposé. Ainsi, 8 étant le cube de 2 et $\frac{27}{64}$ étant le cube de $\frac{3}{4}$, la racine cubique de 8 est égale à 2 et celle de $\frac{27}{64}$ est égale à $\frac{3}{4}$.

On représente la racine cubique d'un nombre en l'écrivant sous le radical $\sqrt[3]{\ }$, dans l'ouverture duquel est placé le chiffre 3 appelé *degré* de la racine ou *indice* du radical. On a, par suite,

$$\sqrt[3]{8} = 2, \quad \sqrt[3]{\frac{27}{64}} = \frac{3}{4}.$$

296. Le cube d'un nombre entier ou fractionnaire se nomme *cube parfait*.

Tout nombre entier qui n'est pas cube parfait d'un nombre entier, ou toute fraction irréductible dont les deux termes ne sont pas des cubes parfaits, a pour racine cubique un nombre incommensurable (**273, 271**). Nous avons donc à résoudre cette question :

Étant donné un nombre N, *entier ou fractionnaire, extraire sa racine cubique, exactement si* N *est un cube parfait, avec l'approximation demandée dans le cas contraire.*

Pour y arriver, il faut établir d'abord quelques propriétés des cubes.

Composition du cube d'une somme de deux parties et remarques sur les cubes.

297. Pour trouver le cube de la somme $8 + 5$, il faut d'abord en faire le carré, ce qui donne $8^2 + 2 \times (8 \times 5) + 5^2$, et multiplier ce carré par $8 + 5$.

$$8^2 + 2 \times (8 \times 5) + 5^2$$
$$8 + 5$$

$$8^3 + 2 \times (8^2 \times 5) + 8 \times 5^2$$
$$+ \quad (8^2 \times 5) + 2 \times (8 \times 5^2) + 5^3$$

$$8^3 + 3 \times (8^2 \times 5) + 3 \times (8 \times 5^2) + 5^3$$

On trouve pour résultat

$$8^3 + 3 \times (8^2 \times 5) + 3 \times (8 \times 5^2) + 5^3,$$

c'est-à-dire que *le cube d'une somme de deux parties est égal au cube de la première partie, plus trois fois le carré de la première partie multiplié par la seconde, plus trois fois la première partie multipliée par le carré de la seconde, plus le cube de la seconde.*

Tout nombre plus grand que 9 étant composé de dizaines et d'unités, on peut dire d'une manière générale que *le cube d'un nombre entier représente le cube de ses dizaines, plus le triple produit du carré de ses dizaines par ses unités, plus le triple produit de ses dizaines par le carré de ses unités, plus le cube de ses unités.*

Ainsi l'on a

$$47^3 = (40 + 7)^3 = 40^3 + 3 \times 40^2 \times 7 + 3 \times 40 \times 7^2 + 7^3.$$

D'après ce qui précède,

$$(a+1)^3 = a^3 + 3a^2 + 3a + 1, \quad \text{d'où} \quad (a+1)^3 - a^3 = 3a^2 + 3a + 1.$$

Par conséquent, *la différence des cubes de deux nombres entiers consécutifs est égale à trois fois le carré du plus petit nombre, plus trois fois ce plus petit nombre, plus 1.*

298. La table suivante donne les cubes des neuf premiers nombres :

1	2	3	4	5	6	7	8	9
1	8	27	64	125	216	343	512	729

On peut remarquer que le cube d'un nombre est nécessaire-ment terminé par le même chiffre que le cube de ses unités; mais cette remarque ne fournit aucun moyen de distinguer les nombres qui peuvent être cubes parfaits ; car un cube parfait peut être indifféremment terminé par l'un des neuf premiers nombres, puisque les cubes des nombres terminés par 1, 4, 5, 6 et 9 le sont aussi par 1, 4, 5, 6 et 9, tandis que les cubes des nombres terminés par 2, 3, 7 et 8 le sont inversement par 8, 7, 3 et 2.

Si un nombre est terminé par un nombre quelconque de zéros, son cube est terminé par trois fois plus de zéros. Donc un nombre terminé par un nombre de zéros qui n'est pas mul-tiple de trois ne peut pas être cube parfait. C'est le seul ca-ractère d'exclusion que nous puissions indiquer.

Extraction de la racine cubique d'un nombre entier ou fractionnaire à l'unité près.

299. Nous commencerons par remarquer que, *pour extraire la racine cubique d'un nombre fractionnaire à l'unité près, il suffit d'extraire à l'unité près la racine cubique de la partie entière de ce nombre.*

En effet, pour que la racine cubique d'un nombre entier croisse d'une unité, il faut que ce nombre croisse lui-même *au moins* d'une unité, d'après la différence qui existe entre les cubes de deux nombres entiers consécutifs (297). Si l'on augmente un nombre entier d'une fraction proprement dite, on ne peut donc modifier la partie entière de sa racine cu-bique. Ainsi, extraire la racine cubique de $42327 + \dfrac{137}{415}$ à l'unité près, ou extraire la racine cubique de 42327 à l'unité près, revient au même.

300. Cela posé, et la question se trouvant ramenée dans tous les cas à extraire la racine cubique d'un nombre entier à l'unité près, il faut distinguer entre les nombres plus petits et plus grands que 1000.

12.

Lorsqu'un nombre est plus petit que 1000, il suffit de consulter la table des cubes des neuf premiers nombres. On voit immédiatement, par exemple, que la racine cubique de 512 est 8; et que 275 tombant entre 216 et 343, sa racine cubique tombe entre 6 et 7, de sorte qu'elle est 6 par défaut et 7 par excès à l'unité près.

301. Si le nombre considéré est plus grand que 1000, comme 57817233, sa racine cubique est plus grande que 10; elle renferme alors des dizaines et des unités. Si le nombre donné est un cube parfait, il contient les quatre parties qui composent le cube de sa racine (**297**); s'il n'est pas un cube parfait, il contient, en outre, une cinquième partie qui représente son excès par rapport au cube de sa racine, et qu'on appelle le *reste* de l'opération.

Le cube des dizaines de la racine ne pouvant donner que des mille, le cube de ce *nombre de dizaines* est nécessairement contenu dans le *nombre 57817 des mille* du nombre proposé, et ce nombre 57817 peut renfermer, en outre, quelques mille provenant des autres parties du cube de la racine et du reste. En extrayant la racine cubique du plus grand cube entier contenu dans 57817, on aura donc le nombre des dizaines de la racine cherchée ou un nombre trop fort. *Il est facile de voir que le résultat trouvé ne peut jamais être trop fort.* En effet, si 38 est la racine cubique du plus grand cube entier compris dans 57817, le cube de 38 pourra se retrancher de 57817; par suite, le cube de 380 pourra se retrancher de 57817000 et, à plus forte raison, de 57817233.

. On arrive ainsi à cette première règle : *Le nombre des dizaines de la racine cubique d'un entier N > 1000 est toujours égal à la racine cubique du plus grand cube entier contenu dans le nombre des mille de N.*

On est donc conduit à extraire la racine cubique du plus grand cube entier contenu dans 57817, c'est-à-dire à extraire la racine cubique de ce nombre à l'unité près. Mais 57817 étant > 1000, sa racine est plus grande que 10; les raisonnements précédents sont donc applicables, et il faut extraire la racine cubique du plus grand cube entier contenu dans les 57 mille de 57817, pour obtenir les dizaines de sa racine cubique. Le plus grand cube entier contenu dans 57 est 27 dont la racine cubique est 3. Le chiffre des dizaines de la racine cubique de

57817 est donc 3; reste à trouver le chiffre des unités.

$$
\begin{array}{l|l}
57817 & 38 \\ \hline
27 & 2700 \times 8 = 3 \times 30^2 \times 8 \\ \hline
30817 & 720 \times 8 = 3 \times 30 \times 8^2 \\
27872 & 64 \times 8 = 8^3 \\ \hline
2945 & 3484 \times 8 = 3 \times 30^2 \times 8 + 3 \times 30 \times 8^2 + 8^3
\end{array}
$$

Pour cela, retranchons 27 de 57; on trouve 30 pour reste. En retranchant le cube de 30, c'est-à-dire le cube des dizaines de la racine ou 27000 de 57817, on trouvera donc pour reste 30817. Le reste ainsi obtenu contient *au moins* le triple produit du carré des dizaines de la racine par les unités cherchées, plus le triple produit de ces dizaines par le carré des unités, plus le cube des unités. Le triple carré des dizaines par les unités ne pouvant donner que des centaines, le triple produit du carré de *ce nombre de dizaines* par le chiffre des unités sera compris dans les 308 centaines du reste 30817. En divisant 308 par le triple carré 27 du nombre de dizaines de la racine, on aura donc pour quotient *le chiffre des unités de la racine ou un chiffre supérieur.* En effet, 308 représente non-seulement le triple produit du carré du nombre de dizaines de la racine par ses unités, mais contient, en outre, les centaines des autres parties qui composent 30817. Le quotient obtenu doit donc toujours être *essayé :* le premier chiffre de la racine est le seul qui soit nécessairement exact.

On peut, par suite, énoncer cette seconde règle : *Si l'on retranche d'un entier* N *le cube des dizaines de sa racine cubique, et qu'on divise le nombre des centaines du reste par le triple carré du nombre de dizaines de la racine, le quotient obtenu est égal ou supérieur au chiffre des unités de la racine.*

308 divisé par 27 donne 11 pour quotient; mais, comme le chiffre cherché est inférieur à 10, nous essayerons 9 et même 8; car 9 serait trop fort, parce que le cube de 39 est supérieur à 57817. La racine cubique à l'unité près de 57817 est donc égale ou inférieure à 38. Si le cube de 38 peut se retrancher de 57817, le chiffre 8 est exact; sinon, il faut le diminuer d'une unité, et recommencer l'essai. Nous avons déjà retranché de 57817, 27000 ou 30³; il faut donc vérifier seulement si l'on peut retrancher du reste 30817 les trois autres parties du cube de 38. Pour former ces 3 parties, on opère comme il suit.

Le triple carré de 3 étant 27, le triple carré de 30 est 2700 : il suffit de multiplier 2700 par 8 pour avoir la première partie cherchée ou le triple carré des dizaines par les unités. Le triple produit de 30 par 8 est 720; 720×8 représente donc le triple produit des dizaines par le carré des unités ou la seconde partie cherchée. Enfin, 64×8 représente le cube de 8 ou la troisième partie demandée. L'essai est ainsi ramené à voir si l'on peut retrancher du reste 30817 la somme 3484×8 ou 27872. La soustraction réussit, et le reste obtenu est 2945. 38 représente donc la racine cubique du plus grand cube entier contenu dans 57817.

Par conséquent, en revenant au nombre 57817233, 38 représente les dizaines de la racine cubique de ce nombre. Il reste à trouver le chiffre des unités.

En retranchant 38^3 de 57817, on trouve 2945; en retranchant le cube de 380 de 57817000, on trouve donc 2945000; et, par suite, en retranchant le cube de 380 ou le cube des dizaines de la racine de 57817233, on trouve pour reste 2945233. 2945233 contient donc *au moins* le triple carré des dizaines de la racine multiplié par les unités cherchées, plus le triple produit des dizaines par le carré des unités, plus le cube des unités. Les centaines 29452 du nombre 2945233 sont donc *au moins* égales au triple carré du nombre 38 des dizaines de la racine, multiplié par les unités inconnues; et, en divisant 29452 par $38^2 \times 3$, on obtiendra un quotient *égal* ou *supérieur* à ces mêmes unités.

On peut facilement former, à l'aide des résultats précédents, le triple carré de 38. On a

$$
\begin{array}{l|l}
5\,7\,8\,1\,7\,2\,3\,3 & 386 \\
\underline{2\,7} & \underline{} \\
3\,0\,8.1\,7 & 2700 = 3 \times 30^2 \\
2\,7\,8\,7\,2 & 720 = 3 \times 30 \times 8 \\
\underline{2\,9\,4\,5\,2.3\,3} & 64 = 8^2 \\
2\,6\,4\,0\,4\,5\,6 & \underline{3484 = 3 \times 30^2 + 3 \times 30 \times 8 + 8^2} \\
3\,0\,4\,7\,7\,7 & 64 = 8^2 \\
& 433200 = 3 \times 380^2 \\
& 6840 = 3 \times 380 \times 6 \\
& 36 = 6^2 \\
& \underline{} \\
& 440076
\end{array}
$$

$38^2 \times 3 = 3 \times 30^2 + 6 \times 30 \times 8 + 3 \times 8^2$. Puisque 3484 représente déjà $3 \times 30^2 + 3 \times 30 \times 8 + 8^2$, il suffit d'ajouter à 3484, 720 ou $3 \times 30 \times 8$, 64 ou 8^2, plus encore une fois 64 ou 8^2, pour compléter $38^2 \times 3 = 4332$. En divisant 29452 par 4332, on trouve 6 pour quotient. La racine cherchée à l'unité près sera donc égale ou inférieure à 386. Pour essayer le chiffre 6, il faut voir si l'on peut retrancher 386^3 du nombre donné. On en a déjà retranché le cube de 380; il reste donc à voir si, du reste obtenu, on peut retrancher les trois autres parties du cube de 386. On a comme précédemment

$$433200 = 3 \times 380^2, \quad 6840 = 3 \times 380 \times 6, \quad 36 = 6^2.$$

L'essai consistera donc à retrancher du reste 2945233 la somme 440076×6 ou 2640456. La soustraction réussit, et le reste obtenu est 304777. La racine cubique demandée est donc 386 à l'unité près par défaut, et 304777 représente le reste de l'opération.

Si l'on emploie la simplification connue, le calcul présente la disposition suivante :

5 7 8 1 7 2 3 3	386	38	386
3 0 8 . 1 7		38	386
2 9 4 5 2 . 3 3	2700		
3 0 4 7 7 7	720	304	2316
	64	114	3088
	3484	$1444 \times 3 = 4332$	1158
	64	38	148996
	433200	11552	386
	6840	4332	893976
	36	54872	1191968
	440076		446988
			57512456

Dans la pratique, pour essayer les chiffres 8 et 6, on peut se contenter d'élever au cube les nombres 38 et 386, et de voir si l'on peut retrancher le premier résultat de 57817 et le second du nombre proposé lui-même. En formant le cube de 38, on obtient son carré, et l'on peut en déduire le produit $38^2 \times 3$, par lequel on doit diviser le nombre de centaines du reste 2945233. Nous avons indiqué les deux procédés.

302. En relisant attentivement les raisonnements précédents, on arrive à formuler la règle suivante :

Pour extraire la racine cubique d'un nombre entier à l'unité près, on le partage en tranches de trois chiffres à partir de la droite et en remontant vers la gauche, de sorte que la dernière tranche à gauche peut n'avoir qu'un ou deux chiffres. Le nombre des tranches obtenues indique le nombre des chiffres de la racine. On obtient le premier chiffre de la racine en extrayant la racine cubique du plus grand cube entier contenu dans la dernière tranche à gauche. On retranche le cube de ce chiffre de cette même tranche et, à côté du reste, on abaisse la tranche suivante : on sépare les centaines de l'ensemble obtenu. En divisant ces centaines par le triple carré du premier chiffre de la racine, on a le second chiffre de la racine ou un chiffre trop fort. Pour l'essayer, on peut opérer comme nous l'avons indiqué, ou, plus simplement, élever au cube le nombre formé par les deux premiers chiffres de la racine et voir si l'on peut retrancher ce cube de l'ensemble des deux premières tranches à gauche du nombre proposé. Si la soustraction est possible, le chiffre essayé est exact; sinon, on le diminue d'une unité, et l'on recommence l'essai. A côté du second reste obtenu, on abaisse la troisième tranche : on sépare les centaines de l'ensemble obtenu, on les divise par le triple carré du nombre déjà écrit à la racine; on a le troisième chiffre de cette racine qu'on essaye comme précédemment. On continue de la même manière, jusqu'à ce qu'on ait abaissé la dernière tranche.

303. *Le reste de l'opération ne peut pas dépasser 3 fois le carré de la racine, plus 3 fois cette racine.*

En effet, le nombre proposé N est égal au cube de sa racine A, plus le reste trouvé R. Si ce reste était seulement égal à $3A^2 + 3A + 1$, le nombre donné égal à $A^3 + R$ serait égal à $A^3 + 3A^2 + 3A + 1$ ou à $(A + 1)^3$. Sa racine cubique ne serait donc pas A à l'unité près, mais bien $A + 1$; et la crainte d'écrire au résultat un chiffre trop fort en aurait fait écrire un trop faible.

Cette remarque s'applique évidemment aux restes trouvés dans le courant de l'opération, comparés aux nombres déjà écrits à la racine.

Extraction de la racine cubique d'un nombre entier ou fractionnaire, avec une approximation quelconque.

304. Extraire la racine cubique d'un nombre entier ou fractionnaire N, avec une approximation marquée par la fraction $\frac{1}{n}$, c'est déterminer le plus grand multiple de $\frac{1}{n}$ renfermé dans $\sqrt[3]{\mathrm{N}}$.

Désignons par x ce plus grand multiple; nous devrons avoir

$$\frac{x}{n} < \sqrt[3]{\mathrm{N}} < \frac{x+1}{n}.$$

Si l'on élève au cube les trois nombres considérés, les trois résultats $\frac{x^3}{n^3}$, N, $\frac{(x+1)^3}{n^3}$ seront encore rangés par ordre de grandeur croissante, et il en sera de même si on les multiplie par n^3. On peut donc écrire

$$x^3 < \mathrm{N}\,n^3 < (x+1)^3.$$

x^3 est donc le plus grand cube entier contenu dans $\mathrm{N}\,n^3$, et le nombre inconnu x est la racine cubique de ce produit à l'unité près.

On parvient ainsi à la règle suivante :

Pour extraire la racine cubique d'un nombre entier ou fractionnaire N, *à moins de* $\frac{1}{n}$, *il faut extraire la racine cubique du produit* $\mathrm{N}\,n^3$ *à moins d'une unité, et diviser le résultat par* n.

305. Si la fraction qui indique l'approximation demandée est de la forme $\frac{m}{n}$, on commence par la ramener à la forme $\frac{1}{\frac{n}{m}}$, et l'on applique ensuite la règle précédente en remplaçant n par $\frac{n}{m}$.

Racine cubique des fractions et des nombres décimaux.

306. Pour élever une fraction au cube, il faut élever ses deux termes au cube (**218**). Par conséquent, quelle que soit la fraction proposée $\frac{a}{b}$, on a d'une manière générale

$$\sqrt[3]{\frac{a}{b}} = \frac{\sqrt[3]{a}}{\sqrt[3]{b}},$$

le cube de la seconde expression étant $\frac{a}{b}$ comme celui de la première (**295**). Pour obtenir exactement la racine cubique d'une fraction, il faut donc que ses deux termes soient des cubes parfaits (**296**).

Lorsqu'il n'en est pas ainsi, il faut rendre le dénominateur de la fraction cube parfait, afin de pouvoir apprécier immédiatement le degré d'approximation obtenu; et, pour que cette condition soit remplie, il suffit de multiplier les deux termes de la fraction proposée par le carré de son dénominateur. On a de cette manière

$$\sqrt[3]{\frac{a}{b}} = \sqrt[3]{\frac{ab^2}{b^3}} = \frac{\sqrt[3]{ab^2}}{\sqrt[3]{b^3}} = \frac{\sqrt[3]{ab^2}}{b}.$$

Si l'on extrait alors la racine cubique du produit ab^2 à l'unité près, comme on doit diviser par b le résultat trouvé, on obtient la racine cubique de la fraction $\frac{a}{b}$ avec une approximation marquée par $\frac{1}{b}$.

307. Pour rendre le dénominateur de la fraction donnée cube parfait, il suffit d'ailleurs de multiplier les deux termes de la fraction par les facteurs premiers du dénominateur, élevés à des puissances telles que leurs exposants deviennent au dénominateur tous multiples de 3. On emploie ainsi le *dénominateur cube minimum* (**288**).

308. Soit, maintenant, à extraire la racine cubique d'un nombre décimal tel que 2487,8256. Pour que le dénominateur de la fraction décimale correspondante soit un cube parfait (**307**), il faut que ce dénominateur contienne un nombre de zéros multiple de 3; on doit donc d'abord compléter ici, par deux zéros, le nombre des chiffres décimaux du nombre donné. On a ensuite, d'après ce qui précède (306),

$$\sqrt[3]{2487,8256} = \sqrt[3]{\frac{2487825600}{1000000}} = \frac{\sqrt[3]{2487825600}}{\sqrt[3]{100^3}} = \frac{\sqrt[3]{2487825600}}{100}.$$

Si l'on extrait alors la racine cubique de 2487825600 à l'unité près, on obtient la racine demandée à 0,01 près.

On peut donc énoncer cette règle pratique : *Pour extraire la racine cubique d'un nombre décimal, on complète par un ou deux zéros, s'il est nécessaire, le nombre de ses chiffres décimaux, de manière que ce nombre soit toujours multiple de 3; on extrait la racine cubique du résultat à l'unité près, en faisant abstraction de la virgule; enfin on sépare sur la droite de cette racine trois fois moins de décimales qu'il n'y en a dans le nombre donné, après que le nombre de ses chiffres décimaux a été rendu multiple de 3.*

309. Le plus souvent la racine cubique d'un nombre entier ou fractionnaire doit être exprimée en décimales, et l'approximation demandée est elle-même une partie décimale de l'unité. On n'a, dans ce cas, qu'à appliquer la règle générale du n° 304.

En nous reportant aux considérations développées au n° 290, nous nous contenterons d'énoncer les deux règles suivantes :

Pour extraire la racine cubique d'un nombre entier N à $\frac{1}{10^n}$ près, il faut multiplier N par 10^{3n}, c'est-à-dire écrire 3 n zéros à sa droite, extraire la racine cubique du nombre obtenu, à l'unité près, et séparer n chiffres décimaux sur la droite de cette racine.

Pour extraire la racine cubique d'un nombre fractionnaire avec une approximation décimale donnée, on réduit ce nombre fractionnaire en décimales jusqu'à ce qu'on obtienne trois fois plus de chiffres décimaux (¹) qu'on n'en veut à la racine, et l'on extrait ensuite la racine cubique du nombre décimal obtenu d'après la règle qui termine le n° 308.

(¹) Nous verrons bientôt qu'on peut pousser beaucoup moins loin la réduction en décimales.

Des racines en général.

310. Comme nous l'avons déjà dit (77), extraire la racine $m^{ième}$ d'un nombre, c'est chercher le nombre qui, élevé à la puissance m, reproduit le nombre donné.

Pour indiquer la racine $m^{ième}$ d'un nombre, on place ce nombre sous le signe $\sqrt[m]{}$, dans l'ouverture duquel on écrit le degré ou l'indice m de la racine. Ainsi $\sqrt[7]{128}$ représente la racine septième de 128. *Lorsqu'il s'agit d'une racine carrée, on supprime l'indice.*

Les considérations sur lesquelles repose la définition des nombres incommensurables (270) et, en particulier, celles dont nous avons fait usage pour donner une idée précise de la racine carrée d'un nombre qui n'est pas carré parfait (283), s'étendent d'elles-mêmes aux racines de degré quelconque.

Les racines des nombres entiers qui ne sont pas des puissances exactes de même degré d'autres nombres entiers, et les racines des fractions irréductibles dont les deux termes ne sont pas des puissances exactes de même degré que la racine demandée, sont des nombres incommensurables dont on obtient les valeurs approchées en suivant une marche analogue à celle exposée avec détails dans le cas de la racine carrée. On obtiendra, par exemple, la valeur de $\sqrt[p]{N}$ à $\dfrac{1}{n}$ près en extrayant, à l'unité près, la racine $p^{ième}$ du produit $N\,n^p$, et en divisant le résultat par n.

Mais l'extraction directe des racines de degré supérieur au deuxième n'est pas, en réalité, une opération pratique. C'est au moyen des *logarithmes*, comme nous l'expliquerons plus tard, que cette extraction doit être effectuée. En traitant de la racine cubique, on a seulement pour but de bien faire comprendre quelle généralisation comporte la théorie de la racine carrée.

CHAPITRE III.

CALCUL DES NOMBRES APPROCHÉS.

Remarques préliminaires.

311. La théorie des racines carrée et cubique nous a familiarisés avec la notion des nombres incommensurables. Leur calcul se ramène, d'après ce qui précède et dans tous les cas analogues, à celui d'autres nombres commensurables dont les nombres incommensurables considérés représentent les limites (267). Il n'y a donc pas lieu de donner, à ce sujet, de nouvelles définitions des opérations fondamentales. Comme nous le verrons bientôt, le résultat d'opérations à effectuer sur des nombres incommensurables peut être obtenu avec une approximation quelconque, en substituant à ces nombres des valeurs commensurables suffisamment approchées.

312. *Les nombres approchés* s'introduisent directement lorsqu'on a à opérer sur des nombres incommensurables ; mais l'imperfection de nos sens, jointe à celle de nos instruments de mesure, nous oblige à employer de pareils nombres toutes les fois qu'il s'agit d'applications réelles. Il est donc indispensable d'établir des règles pratiques très-simples qui permettent de résoudre rapidement, pour les six opérations de l'Arithmétique, les deux questions suivantes :

1º *Des nombres approchés devant être soumis à une certaine opération, indiquer le degré d'approximation sur lequel on peut compter au résultat ;*

2º *Le degré d'approximation du résultat d'une opération à effectuer sur des nombres définis étant fixé d'avance, indiquer avec quelle approximation ces nombres doivent être eux-mêmes calculés.*

En suivant ces règles, on évitera (ce qui arrive encore trop souvent) de formuler des résultats compliqués d'un grand nombre de décimales dont la plupart sont douteuses ou fautives, et l'on ne fera plus intervenir dans un calcul que les chiffres des données qui, eu égard au degré d'approximation demandé, doivent être seuls conservés.

De l'erreur absolue et de l'erreur relative d'un nombre.

313. *L'erreur absolue d'un nombre est la différence qui existe entre sa valeur approchée et sa valeur exacte.* Suivant que la valeur exacte est supérieure ou inférieure à la valeur approchée, l'erreur absolue est commise *par défaut* ou *par excès.*

L'erreur relative d'un nombre approché est le quotient de l'erreur absolue de ce nombre, divisée par sa valeur exacte.

Par suite, *l'erreur absolue est égale au produit de l'erreur relative par le nombre exact.*

C'est l'erreur relative qui permet de juger le plus exactement du degré de précision obtenu dans un calcul ou dans une mesure, puisqu'elle montre de quelle manière l'erreur absolue totale se répartit sur les différentes unités du nombre donné.

Soit, par exemple, le nombre exact $35,6_27_24$. Si l'on néglige ses deux derniers chiffres décimaux, on néglige une quantité inférieure à $0,001$; par conséquent, on commet une erreur absolue par défaut moindre que $0,001$.

L'erreur relative correspondante est alors moindre que $\dfrac{0,001}{35,6_27_24}$ ou, *à fortiori*, que $\dfrac{1}{356_27}$.

314. Désignons d'une manière générale par A un nombre exact, par A′ et A″ deux valeurs approchées de ce nombre, la première par excès, la seconde par défaut. Représentons en même temps par e l'erreur absolue commise sur A quand on le remplace par l'une de ses deux valeurs approchées, et par r l'erreur relative correspondante. Nous aurons, par définition (313),

$$r = \frac{e}{A}, \quad \text{d'où} \quad r < \frac{e}{A''} \quad \text{et} \quad e < r\,A'.$$

En divisant l'erreur absolue d'un nombre par une valeur

de ce nombre approchée par défaut, on obtient donc une limite supérieure de son erreur relative.

De même, *en multipliant l'erreur relative d'un nombre par une valeur de ce nombre approchée par excès, on obtient une limite supérieure de son erreur absolue.*

315. I. *Si, dans un nombre approché, on peut compter, à partir du premier chiffre à gauche et y compris ce chiffre, (n + 1) chiffres exacts, l'erreur relative de ce nombre est moindre que l'unité divisée par son premier chiffre à gauche suivi de n zéros.*

Soit le nombre 59,42748, dans lequel les *cinq* premiers chiffres à gauche sont exacts. L'erreur relative de ce nombre aura pour limite supérieure (314)

$$\frac{0,001}{50} \quad \text{ou} \quad \frac{1}{50000} = \frac{1}{5 \times 10^4}.$$

Considérons encore le nombre 0,0004872, dont les *trois* premiers chiffres significatifs sont exacts. L'erreur relative de ce nombre aura de même pour limite supérieure

$$\frac{0,000001}{0,000400} \quad \text{ou} \quad \frac{1}{400} = \frac{1}{4 \times 10^2}.$$

On voit, par ce dernier exemple, que lorsqu'il s'agit d'un nombre décimal sans partie entière, les zéros qui peuvent exister entre son premier chiffre significatif et la virgule ne doivent pas compter dans l'évaluation des chiffres exacts.

En résumé, *si l'on désigne par K le chiffre des plus hautes unités du nombre proposé, et si ce nombre comprend (n + 1) chiffres exacts, son erreur relative a pour limite supérieure le quotient*

$$\frac{1}{K \times 10^n}.$$

Dans la pratique on substitue souvent, pour plus de simplicité, l'unité au chiffre K, et l'on remplace l'expression précédente par le quotient supérieur $\frac{1}{10^n}$.

316. II. Réciproquement, *si l'erreur relative d'un nombre approché est exprimée par un quotient de la forme* $\frac{1}{K' \times 10^n}$, *K' étant un des neuf premiers nombres, on peut compter sur*

l'exactitude des $(n+1)$ *ou des* n *premiers chiffres à gauche du nombre approché.*

En effet, soit le nombre approché 324,82179, dont l'erreur relative est inférieure à $\frac{1}{50000} = \frac{1}{5 \times 10^4}$. Son erreur absolue sera alors (314) moindre que cette limite multipliée par 400, valeur approchée par excès du nombre donné; elle aura donc pour limite supérieure $\frac{4}{500}$ ou, *à fortiori*, $\frac{1}{100}$, et l'on pourra compter sur les *cinq* premiers chiffres à gauche du nombre proposé. Mais on a ici K' ou $5 > 3$ (premier chiffre à gauche de ce nombre).

Soit encore le nombre approché 875,1014, dont l'erreur relative est inférieure à $\frac{1}{50000} = \frac{1}{5 \times 10^4}$. Son erreur absolue sera alors moindre que $\frac{1}{50000} \times 900$ ou que $\frac{9}{500}$, c'est-à-dire moindre seulement que $\frac{1}{10}$. On ne pourra donc compter que sur les *quatre* premiers chiffres à gauche du nombre considéré. Mais on a ici K' ou $5 < 8$ (premier chiffre à gauche de ce nombre).

Soit enfin le nombre 58,71394, dont l'erreur relative est inférieure à $\frac{1}{50000} = \frac{1}{5 \times 10^4}$. Son erreur absolue sera alors moindre que $\frac{1}{50000} \times 60$ ou que $\frac{6}{5000}$, c'est-à-dire moindre seulement que $\frac{1}{100}$. On ne pourra donc compter que sur les *quatre* premiers chiffres à gauche du nombre donné. Mais on a ici K' ou $5 = 5$ (premier chiffre à gauche de ce nombre).

En résumé, *si l'on désigne par* K *le chiffre des plus hautes unités d'un nombre approché, et si l'erreur relative de ce nombre a pour limite supérieure l'expression* $\frac{1}{k' \times 10^n}$, *on pourra compter sur les* $(n+1)$ *ou sur les* n *premiers chiffres à gauche du nombre proposé, suivant que* K' *sera supérieur ou au plus égal à* K.

Si K' $= 1$, *on ne pourra donc compter que sur* n *chiffres exacts.*

317. REMARQUE. — Reprenons le premier des exemples précédents. Puisque nous ne pouvons compter que sur les cinq premiers chiffres à gauche du nombre 324,82179, nous devons supprimer les trois chiffres suivants. Mais, en remplaçant ainsi 324,82179 par 324,82, la suppression de la partie 179 correspond à une seconde erreur par défaut qui vient s'ajouter à la première ou s'en retrancher, suivant que le nombre donné est approché lui-même par défaut ou par excès. Dans le second cas, les deux erreurs, de sens contraires, se compensent dans une certaine proportion, et on laisse le dernier chiffre conservé tel qu'il est. Dans le premier cas, comme la somme des deux erreurs de même sens pourrait dépasser une unité de l'ordre de ce dernier chiffre, il faut l'augmenter d'une unité. Mais, si l'on ignore le sens de l'erreur commise sur le nombre donné, on ne peut plus faire cette correction, et tout ce qu'on peut affirmer, c'est que la somme des deux erreurs n'atteint pas deux unités de l'ordre du dernier chiffre conservé.

318. Dans les calculs d'approximation, il est utile de se servir, suivant les cas particuliers qu'on a à traiter, soit de la considération de l'erreur absolue, soit de celle de l'erreur relative.

Addition et soustraction.

319. Pour ces deux opérations, c'est l'erreur absolue dont il convient de tenir compte. Les règles à appliquer sont alors identiquement les mêmes que celles indiquées (235, 237) relativement à l'addition et à la soustraction abrégées. Nous nous contenterons donc de les rappeler.

320. *Pour obtenir la somme de plusieurs nombres à moins de* $\frac{1}{10^p}$, *il faut, en supposant qu'il n'y ait pas plus de dix nombres à considérer, calculer chacun d'eux par défaut à moins de* $\frac{1}{10^{p+1}}$, *puis les ajouter et supprimer le dernier chiffre à droite du total, en forçant l'unité sur l'avant-dernier chiffre.*

Pour obtenir la différence de deux nombres à moins de $\frac{1}{10^p}$, *il faut les calculer tous les deux, par défaut ou par*

excès, à moins de $\frac{1}{10^p}$, puis retrancher les valeurs ainsi trouvées.

321. Les réciproques des règles qu'on vient d'énoncer sont
évidentes.

*Si l'on a à ajouter au plus dix nombres approchés et que,
parmi les fractions qui indiquent leur degré d'approximation, la plus grande soit* $\frac{1}{10^p}$, *on ne devra conserver que
p décimales dans chacun des nombres proposés; leur total
sera alors obtenu à moins de* $\frac{1}{10^{p-1}}$, *en suivant la règle du*
n° 320.

De même, *si l'on a à retrancher deux nombres approchés
et que la plus grande des deux fractions qui indiquent leur
degré d'approximation soit* $\frac{1}{10^p}$, *on conservera p décimales
dans les deux nombres donnés, en faisant en sorte qu'ils soient
approchés tous les deux dans le même sens, et leur différence
présentera la même approximation* $\frac{1}{10^p}$ (320).

Multiplication et division.

322. I. *L'erreur absolue du produit de deux facteurs, l'un
exact, l'autre approché, est égale au produit du facteur exact
par l'erreur absolue du facteur approché.*

*L'erreur relative du même produit est égale à l'erreur rela-
tive du facteur approché.*

Soit, en effet, le produit ab dont les deux facteurs sont
exacts. Substituons au premier facteur une valeur approchée
par défaut telle que $a - \alpha$. Le produit approché sera alors
$(a - \alpha) b$ ou (64) $ab - b\alpha$; son erreur absolue sera donc $b\alpha$,
et son erreur relative (313) $\frac{b\alpha}{ab}$ ou $\frac{\alpha}{a}$.

La conclusion serait évidemment la même si le facteur
inexact était approché par excès.

323. II. *L'erreur absolue du produit de deux facteurs, tous
deux approchés par défaut, est moindre que la somme des*

résultats qu'on obtient en multipliant chaque facteur par l'erreur absolue de l'autre.

L'erreur relative du même produit est moindre que la somme des erreurs relatives des deux facteurs.

Soit, en effet, le produit ab dont les deux facteurs sont exacts. Substituons à ces deux facteurs des valeurs approchées par défaut telles que $a - \alpha$ et $b - \beta$. Le produit approché sera alors

$$(a - \alpha) \times (b - \beta) \quad \text{ou (64, 62)} \quad ab - b\alpha - a\beta + \alpha\beta;$$

son erreur absolue sera, par conséquent,

$$b\alpha + a\beta - \alpha\beta,$$

et son erreur relative

$$\frac{b\alpha + a\beta - \alpha\beta}{ab} \quad \text{ou} \quad \frac{\alpha}{a} + \frac{\beta}{b} - \frac{\alpha}{a} \times \frac{\beta}{b}.$$

On voit, en même temps, que la différence entre l'erreur absolue ou relative et la limite correspondante, indiquée dans l'énoncé, est le produit des erreurs absolues ou relatives des deux facteurs.

On prouverait, par un raisonnement analogue, que :

L'erreur absolue du produit de deux facteurs approchés par excès est égale à la somme des résultats qu'on obtient en multipliant chaque facteur par l'erreur absolue de l'autre et les deux erreurs absolues entre elles.

L'erreur relative du même produit est égale à la somme des erreurs relatives des deux facteurs, augmentée du produit de ces erreurs.

De même :

L'erreur absolue du produit de deux facteurs approchés en sens contraires est égale à la différence des résultats qu'on obtient en multipliant chaque facteur par l'erreur absolue de l'autre, cette différence devant être augmentée ou diminuée du produit des erreurs absolues des deux facteurs.

L'erreur relative du même produit est égale à la différence des erreurs relatives des deux facteurs, augmentée ou diminuée du produit de ces erreurs.

324. Dans les calculs qui exigent de la précision, les er-

reurs absolues ou relatives des nombres approchés sur lesquels on opère sont, en général, de très-petites fractions. Le produit de deux pareilles fractions peut alors être négligé devant l'une d'elles, *d'autant plus qu'on ne se propose ici, en réalité, que de déterminer l'ordre d'unités au delà duquel les chiffres trouvés peuvent être fautifs.*

On peut donc, au point de vue pratique, adopter l'énoncé suivant :

L'erreur absolue d'un produit de deux facteurs est égale à la somme ou à la différence des produits qu'on obtient en multipliant chaque facteur par l'erreur absolue de l'autre.

L'erreur relative du même produit est égale à la somme ou à la différence des erreurs relatives des facteurs.

Dans les cas particuliers où l'énoncé ainsi modifié ne serait pas applicable, on reviendrait à l'énoncé exact.

En s'en tenant à l'énoncé modifié, on voit qu'*on obtiendra toujours une limite supérieure de l'erreur absolue ou relative d'un produit de deux facteurs approchés, en faisant la somme des produits de chacun d'eux par l'erreur absolue de l'autre ou en faisant la somme de leurs erreurs relatives.*

C'est cette règle usuelle que nous appliquerons désormais. On peut l'étendre immédiatement au cas d'un nombre quelconque de facteurs.

325. III. *L'erreur absolue d'un produit de n facteurs approchés a pour limite supérieure la somme des résultats qu'on obtient en multipliant l'erreur absolue de chaque facteur par le produit des $(n-1)$ autres facteurs.*

L'erreur relative de ce même produit a pour limite supérieure la somme des erreurs relatives de tous les facteurs qui le composent.

Pour établir cette proposition, il suffit de prouver que, si elle est vraie dans le cas de $(n-1)$ facteurs, elle l'est nécessairement dans celui de n facteurs. On pourra alors s'élever *successivement* du cas de deux facteurs (324) à celui d'un nombre quelconque de facteurs (').

Soient a, b, c, .., h, k les $(n-1)$ facteurs donnés, dont les erreurs absolues sont α, β, γ, ..., η, $\varkappa$. Si l'on désigne par

---

(') C'est là un mode de démonstration très-usité et qu'il faut remarquer dès à présent.

E′ et par R′ l'erreur absolue et l'erreur relative du produit de ces $(n-1)$ facteurs, on a, par hypothèse,

$$E' < bc\ldots k\alpha + ac\ldots k\beta + \ldots + abc\ldots h\varkappa$$

et

$$R' < \frac{\alpha}{a} + \frac{\beta}{b} + \frac{\gamma}{c} + \ldots + \frac{\varkappa}{k}\cdot$$

Si l'on considère un $n^{\text{ième}}$ facteur l dont l'erreur absolue soit λ, on pourra regarder le produit $abc\ldots hkl$ comme formé des deux facteurs $abc\ldots hk$ et l, de sorte qu'en désignant son erreur absolue par E et son erreur relative par R on aura (324)

$$E < E'l + abc\ldots hk.\lambda$$

et

$$R < R' + \frac{\lambda}{l}\cdot$$

En remplaçant E′ et R′ par les limites précédentes, il viendra, *a fortiori*,

$$E < bc\ldots kl\alpha + ac\ldots kl\beta + \ldots + abc\ldots hl\varkappa + abc\ldots hk\lambda$$

et

$$R < \frac{\alpha}{a} + \frac{\beta}{b} + \frac{\gamma}{c} + \ldots + \frac{\varkappa}{k} + \frac{\lambda}{l}\cdot$$

Le théorème est donc démontré; car, établi pour le cas de deux facteurs (324), il le sera, d'après ce qu'on vient de voir, pour le cas de trois facteurs; on pourra alors, du cas de trois facteurs, passer à celui de quatre, et ainsi de suite indéfiniment.

326. IV. *L'erreur absolue du quotient de deux nombres approchés a pour limite supérieure la somme des produits de chacun d'eux par l'erreur absolue de l'autre, divisée par le carré du diviseur.*

L'erreur relative de ce même quotient a pour limite supérieure la somme des erreurs relatives du dividende et du diviseur.

Supposons d'abord le diviseur approché *par excès*.

Soient a et b deux nombres exacts. Remplaçons-les par

les nombres approchés $a - \alpha$ et $b + \beta$. Le quotient $\dfrac{a - \alpha}{b + \beta}$ sera alors approché *par défaut*, et son erreur absolue sera représentée par la différence

$$\frac{a}{b} - \frac{a - \alpha}{b + \beta} = \frac{a\beta + b\alpha}{b(b + \beta)}.$$

Cette erreur absolue sera donc moindre que

$$\frac{a\beta + b\alpha}{b^2}.$$

Quant à l'erreur relative du quotient, elle sera alors inférieure au résultat précédent divisé par le quotient exact $\dfrac{a}{b}$ (313), c'est-à-dire à

$$\frac{a\beta + b\alpha}{b^2} \times \frac{b}{a} \quad \text{ou à} \quad \frac{\alpha}{a} + \frac{\beta}{b}.$$

Si l'on remplace les nombres exacts a et b par des nombres $a + \alpha$ et $b + \beta$, tous deux approchés par excès, on ne sait plus dans quel sens le quotient est approché. Son erreur absolue est alors égale à

$$\frac{a}{b} - \frac{a + \alpha}{b + \beta} = \frac{a\beta - b\alpha}{b(b + \beta)}$$

ou à

$$\frac{a + \alpha}{b + \beta} - \frac{a}{b} = \frac{b\alpha - a\beta}{b(b + \beta)}.$$

Elle est donc, dans les deux cas, moindre que $\dfrac{a\beta + b\alpha}{b^2}$, et l'erreur relative correspondante est aussi inférieure à $\dfrac{\alpha}{a} + \dfrac{\beta}{b}$.

Supposons maintenant le diviseur approché *par défaut*.

Si l'on remplace les nombres exacts a et b par les nombres approchés $a + \alpha$ et $b - \beta$, le quotient est approché *par excès*. Son erreur absolue devient

$$\frac{a + \alpha}{b - \beta} - \frac{a}{b} = \frac{a\beta + b\alpha}{b(b - \beta)},$$

et son erreur relative

$$\frac{a\beta + b\alpha}{a(b-\beta)}.$$

Si l'on remplace enfin les nombres exacts a et b par des nombres $a - \alpha$ et $b - \beta$, tous deux approchés par défaut, on ne sait plus dans quel sens le quotient est approché. Son erreur absolue est donc égale à

$$\frac{a}{b} - \frac{a-\alpha}{b-\beta} = \frac{b\alpha - a\beta}{b(b-\beta)}$$

ou à

$$\frac{a-\alpha}{b-\beta} - \frac{a}{b} = \frac{a\beta - b\alpha}{b(b-\beta)};$$

de même, son erreur relative a pour expression

$$\frac{b\alpha - a\beta}{a(b-\beta)} \quad \text{ou} \quad \frac{a\beta - b\alpha}{a(b-\beta)}.$$

Le théorème énoncé n'est donc rigoureusement exact que lorsque le diviseur est approché par excès.

C'est une condition qu'il est, en général, facile de remplir. D'ailleurs, dans la pratique, β est le plus souvent négligeable devant b. Au point de vue où l'on est placé dans le calcul des nombres approchés (324), on peut donc, quand le diviseur est donné par défaut, remplacer, dans l'expression de l'erreur absolue, le dénominateur $b(b-\beta)$ par b^2, et regarder alors les deux résultats

$$\frac{a\beta + b\alpha}{b^2} \quad \text{et} \quad \frac{\alpha}{a} + \frac{\beta}{b}$$

comme représentant, dans tous les cas, des limites supérieures de l'erreur absolue et de l'erreur relative du quotient.

327. *Si le dividende est exact*, il faut faire $\alpha = 0$. L'erreur absolue du quotient est, dans cette hypothèse, égale à $\frac{a\beta}{b^2}$, et son erreur relative se réduit à $\frac{\beta}{b}$ ou à l'erreur relative du diviseur, comme cela doit être (322).

Si le diviseur est exact, il faut faire $\beta = 0$. L'erreur absolue du quotient devient $\frac{\alpha}{b}$, et son erreur relative $\frac{\alpha}{a}$ (322). On voit que l'erreur absolue du dividende se trouve divisée par le diviseur exact.

Règles pratiques relatives à la multiplication et à la division des nombres approchés.

328. Le plus simple, pour ces deux opérations, est de recourir aux erreurs relatives. Si l'on détermine, en effet, une limite supérieure de l'erreur relative de chacun des nombres proposés, les théorèmes précédents (325, 326) permettront d'en déduire une limite supérieure de l'erreur relative du produit ou du quotient cherché. Cette limite étant calculée, on saura (316) sur combien de chiffres exacts on peut compter au résultat.

329. I. *Pour obtenir le produit ou le quotient de deux nombres approchés, avec m chiffres exacts, il suffit de connaître chacun de ces nombres avec m + 2 chiffres exacts.*

En effet, pour que le résultat demandé présente m chiffres exacts, il suffit (316) que son erreur relative soit moindre que $\frac{1}{10^m}$, et, par suite (325, 326), que l'erreur relative de chacun des nombres proposés soit moindre que $\frac{1}{2.10^m}$. Or c'est ce qui aura lieu si, chacun de ces nombres étant pris avec $(m + 2)$ chiffres exacts, son erreur relative est inférieure à $\frac{1}{10^{m+1}}$, quantité moindre elle-même que $\frac{1}{2.10^m}$.

330. *Le plus souvent, dans la pratique, chacun des deux nombres donnés n'a besoin d'être déterminé qu'avec (m + 1) chiffres exacts;* car, lorsque le premier chiffre à gauche d'un pareil nombre est supérieur à l'unité, son erreur relative est moindre que $\frac{1}{2.10^m}$ (316).

331. De même, *lorsqu'un des deux nombres donnés est exact, il suffit toujours de calculer l'autre nombre avec (m + 1) chiffres exacts;* car l'erreur relative du résultat, égale à celle du nombre seul approché (322, 327), est alors toujours inférieure à $\frac{1}{10^m}$.

332. II. Réciproquement, *lorsque celui des deux nombres approchés qui contient le moins de chiffres exacts en contient m, le produit ou le quotient de ces deux nombres peut être obtenu avec (m — 2) chiffres exacts.*

En effet, l'erreur relative de chacun des nombres donnés est alors moindre que $\dfrac{1}{10^{m-1}}$, et, par suite, l'erreur relative du résultat cherché n'atteint pas $\dfrac{2}{10^{m-1}}$, quantité moindre que $\dfrac{1}{10^{m-2}}$.

333. Le plus souvent, dans la pratique, on peut compter sur $m — 1$ chiffres exacts. Il suffit pour cela que l'erreur relative du résultat cherché n'atteigne pas $\dfrac{1}{10^{m-1}}$; or c'est ce qui aura lieu si aucun des nombres proposés ne commence par 1, puisque l'erreur relative de chacun d'eux sera alors inférieure à $\dfrac{1}{2.10^{m-1}}$.

334. De même, *lorsque l'un des nombres donnés est exact, on peut toujours compter sur m — 1 chiffres exacts au résultat, si l'autre nombre présente m chiffres exacts.* Dans ce cas, en effet, l'erreur relative du résultat se trouve réduite à l'erreur relative du seul nombre approché, et a pour limite supérieure $\dfrac{1}{10^{m-1}}$.

335. *On a souvent à multiplier ou à diviser l'un par l'autre deux nombres tels que* A *et* B, *dont le premier* A *renferme seulement m chiffres exacts, et dont le second* B *peut être obtenu, comme* π, $\sqrt{2}, \ldots$, *avec une approximation illimitée.*

On remarque alors que, si B pouvait être connu exactement, on ne pourrait répondre, au plus (334), que de $m — 1$ chiffres dans le résultat. *On pourra atteindre ici cette même limite, si le nombre* A *ne commence pas par* 1 ; car, en calculant B avec m chiffres exacts, s'il ne commence pas par 1, et avec $m + 1$ chiffres dans le cas contraire, l'erreur relative du résultat sera moindre que $\dfrac{1}{2.10^{m-1}} + \dfrac{1}{2.10^{m-1}}$ dans le premier cas, et que $\dfrac{1}{2.10^{m-1}} + \dfrac{1}{10^{m}}$ dans le second, c'est-à-dire toujours inférieure à $\dfrac{1}{10^{m-1}}$.

Si le nombre A *commence par* 1, *on ne pourra compter que sur* $m - 2$ *chiffres dans le résultat.* En effet, on peut seulement affirmer que l'erreur relative de A est moindre que $\frac{1}{10^{m-1}}$. Par suite, quel que soit le nombre de chiffres avec lequel on calcule B, on ne pourra pas faire tomber l'erreur relative du résultat au-dessous de $\frac{1}{10^{m-1}}$. En prenant alors B avec m chiffres exacts comme A, l'erreur relative du résultat sera moindre que $\frac{1}{10^m} + \frac{1}{10^{m-1}}$ ou que $\frac{1}{10^{m-2}}$; ce qui permettra de compter, dans ce résultat, sur $m - 2$ chiffres.

336. Les théorèmes des numéros 329 et 332 s'étendent immédiatement au cas d'un produit composé de plus de deux facteurs approchés, pourvu que le nombre p de ces facteurs soit inférieur à 10.

Pour obtenir le produit avec m *chiffres exacts, il suffit alors de calculer chacun des facteurs proposés avec* $(m + 1)$ *ou* $(m + 2)$ *chiffres exacts, suivant que son premier chiffre à gauche* k *est plus grand ou plus petit que* p.

En effet, pour pouvoir compter sur m chiffres exacts au produit, il faut que son erreur relative soit inférieure à $\frac{1}{10^m}$; c'est ce qui aura lieu (325), si l'erreur relative de chacun de ses facteurs est inférieure à $\frac{1}{p \cdot 10^m}$. Or, si l'on calcule exactement les $(m + 1)$ premiers chiffres à gauche d'un facteur dans lequel k est $> p$, son erreur relative moindre que $\frac{1}{k \cdot 10^m}$ sera, *a fortiori*, moindre que $\frac{1}{p \cdot 10^m}$; et, si l'on calcule exactement les $(m + 2)$ premiers chiffres à gauche d'un facteur dans lequel k est $< p$, son erreur relative inférieure à $\frac{1}{k \cdot 10^{m+1}}$ ou à $\frac{1}{10 k \cdot 10^m}$ sera encore, *a fortiori*, moindre que $\frac{1}{p \cdot 10^m}$.

Réciproquement, si, parmi p *facteurs approchés* $(p < 10)$, *celui qui renferme le moins de chiffres exacts en contient* m, *le produit de ces* p *facteurs peut être obtenu avec* $(m - 2)$ *chiffres exacts.*

En effet, l'erreur relative de chaque facteur est moindre

que $\frac{1}{k \cdot 10^{m-1}}$, en désignant par k le chiffre de ses plus hautes unités. Pour $k > p$, cette limite est moindre que $\frac{1}{p \cdot 10^{m-1}}$ et, pour $k < p$, elle est inférieure à $\frac{1}{p \cdot 10^{m-2}}$, puisqu'on a toujours $10 k > p$. La somme des erreurs relatives des p facteurs est donc certainement inférieure à $\frac{p}{p \cdot 10^{m-2}}$ ou à $\frac{1}{10^{m-2}}$, de sorte qu'on peut compter sur $(m - 2)$ chiffres exacts au produit.

On voit que si, pour tous les facteurs proposés, on avait $k > p$, on pourrait compter sur $(m - 1)$ chiffres exacts au produit.

Applications.

337. 1° *Calculer, à moins de* 0,01, *le produit*

$$P = 1000\pi\left(\sqrt{5} - 1\right).$$

La partie entière de P ayant évidemment 4 chiffres, on demande le résultat avec 6 chiffres exacts. D'après la règle du n° 329, on devrait donc calculer chacun des facteurs 1000π et $\sqrt{5} - 1$ avec 8 chiffres ; mais, le dernier seul commençant par 1, il suffira (330) de calculer le premier avec 7 chiffres. On aura ainsi, par défaut, $1000\pi = 3141,592$ et $\sqrt{5} - 1 = 1,2360679$. Par suite, en désignant par α une quantité moindre que 0,01, on peut écrire

$$P = 3141,592 \times 1,2360679 + \alpha.$$

Il y a lieu alors de se servir de la méthode de la multiplication abrégée (219), pour calculer le produit $3141,592 \times 1,2360679$ à 0,01 près.

$$
\begin{array}{r}
3141\ 5920 \\
9760\ 6321 \\
\hline
3141\ 5920 \\
628\ 3184 \\
94\ 2477 \\
18\ 8490 \\
1884 \\
217 \\
27 \\
\hline
3883,2199 \\
\end{array}
$$

Mais ici se présente une remarque. α désigne l'erreur qui résulte du nombre de chiffres pris dans les deux facteurs approchés. La multiplication abrégée en introduit une seconde, également inférieure à 0,01.

Il faut évidemment faire en sorte que ces deux erreurs soient de sens contraires, pour pouvoir affirmer que le produit P est obtenu à moins de 0,01, par défaut ou par excès.

Or, les deux facteurs considérés étant approchés par défaut, α représente une erreur par défaut. D'ailleurs, sur le produit abrégé 3883,2199, l'erreur par défaut est moindre (219) que

$$(1 + 2 + 3 + 6 + 6 + 7 + 9) \times 0,0001,$$

ou que 34 dix-millièmes. Le produit $3141,592 \times 1,2360679$ est donc compris entre 3883,2199 et 3883,2233. En prenant pour ce produit 3883,2233, l'erreur par excès est au plus de 34 dix-millièmes ; en prenant 3883,23, cette erreur par excès a pour limite supérieure 101 dix-millièmes ; mais la compensation s'établit ainsi par rapport à α, et 3883,23 représente le produit demandé P à 0,01 près, par défaut ou par excès.

Si les deux facteurs donnés avaient été approchés par excès, α aurait désigné une erreur par excès, et il aurait fallu, au contraire, prendre P égal à 3883,22.

2° *Calculer à moins de* 0,1 *le produit*

$$P = 620289 \times \sqrt{2}.$$

La partie entière de P ayant évidemment 6 chiffres, on veut le résultat avec 7 chiffres exacts. Comme un seul des facteurs est approché, il faut calculer ce facteur (331) avec 8 chiffres et prendre $\sqrt{2} = 1,4142135$ par défaut. En désignant par α une quantité moindre que 0,1, on aura donc

$$P = 620289 \times 1,4142135 + \alpha.$$

En employant la multiplication abrégée, on trouve

$$620289 \times 1,4142135 = 877221,074.$$

L'erreur qu'entraîne l'opération abrégée est moindre que 15 millièmes, car les trois premiers produits partiels sont exacts ; par suite, le produit considéré est compris entre 877221,074 et 877221,089. Pour compenser l'erreur par défaut α, on doit prendre ce produit par excès et égal à 877221,1. Telle est la valeur de P à 0,1 près par défaut ou par excès.

338. 1° *Calculer, avec la plus grande approximation possible, le quotient*

$$\frac{4,723}{3,1416},$$

sachant que le dividende et le diviseur sont approchés l'un et l'autre à moins d'une unité de l'ordre de leur dernier chiffre, le premier par défaut, le second par excès.

Aucun des deux nombres donnés ne commençant par 1, et celui qui contient le moins de chiffres exacts en contenant 4, on voit (333) qu'on peut compter au quotient sur 3 chiffres exacts; comme il a évidemment un seul chiffre à sa partie entière, on doit donc le calculer à 0,01 près. D'ailleurs, le dividende étant donné par défaut et le diviseur par excès, ce quotient sera obtenu par défaut. En désignant par Q le quotient exact et par α une quantité moindre que 0,01, on aura

$$Q = \frac{4,723}{3,1416} + \alpha.$$

Si l'on emploie alors la méthode de la division abrégée (263), on devra prendre par excès le quotient correspondant, afin de compenser l'erreur par défaut α.

$$\begin{array}{r|l} 4723\overline{000} & 31\overset{***}{4}16 \\ 1582 & 1\overset{\cdot}{5}0 \\ 12 & \end{array}$$

L'opération abrégée donnant pour quotient 1,50, à 0,01 près *par défaut,* la valeur de Q sera 1,51 à 0,01 près, par défaut ou par excès.

On peut souvent savoir le sens de l'erreur du quotient fourni par la division abrégée. Ainsi, dans le calcul précédent, l'erreur par défaut de ce quotient est représentée (263) par $\frac{12000}{31416}$, et son erreur par excès a pour limite supérieure $\frac{6000}{31416}$, de sorte qu'il est bien obtenu par défaut.

Mais il peut arriver qu'on ne connaisse pas le sens de l'erreur commise sur les deux nombres donnés. On ne sait pas alors si α est une erreur par défaut ou par excès; on ne peut donc pas décider entre la valeur par défaut et la valeur par excès du quotient fourni par la division abrégée. En prenant l'une d'elles, on peut seulement affirmer que l'erreur commise sur Q est moindre que 2 unités de l'ordre du dernier chiffre conservé.

On se trouve encore dans le même cas lorsqu'on ne peut pas répondre du sens de l'erreur commise dans la division abrégée.

2° *Calculer, avec* 13 *décimales exactes, le quotient*

$$\frac{\pi}{64800}.$$

Le premier chiffre significatif du quotient représentant des cent-millièmes, et les chiffres significatifs d'un nombre décimal comptant seuls dans l'évaluation de l'erreur relative, on voit qu'on demande 9 chiffres exacts au quotient cherché. Le dividende π étant seul approché, on doit (334) le prendre avec 10 chiffres, par défaut, c'est-à-dire poser $\pi = 3,141592653$. En effectuant alors la division abrégée, on obtient un quotient par excès 0,0000484813681, qui représente le quotient cherché à moins d'une unité du treizième ordre, par défaut ou par excès.

Si l'on avait voulu se servir, dans cet exemple, de la considération de l'erreur absolue, on aurait désigné par ε l'erreur absolue qu'on doit commettre sur le dividende π pour que celle du quotient soit moindre que $\frac{1}{10^{13}}$, et l'on aurait posé (327)

$$\frac{\varepsilon}{64800} < \frac{1}{10^{13}} \quad \text{ou} \quad \varepsilon < \frac{64800}{10^{13}}.$$

Cette condition sera remplie *a fortiori*, si ε est moindre que $\frac{10^4}{10^{13}}$ ou que $\frac{1}{10^9}$. Il faut donc prendre π avec neuf décimales exactes. C'est le même résultat que précédemment.

339. 1° *Calculer à moins d'une unité le produit*

$$P = 1000\,\pi\,\left(\sqrt{5} - 1\right)\sqrt{3}.$$

La partie entière de ce produit ayant évidemment 4 chiffres, on veut le calculer avec quatre chiffres exacts. Il suffirait donc (329) de prendre chaque facteur avec 6 chiffres. Mais on peut aussi regarder P comme le produit des deux facteurs $1000\,\pi\left(\sqrt{5}-1\right)$ et $\sqrt{3}$. Le dernier facteur commençant seul par 1, on le prendra avec 6 chiffres, et le premier avec 5 seulement (330). Nous avons déjà trouvé (337, 1°) $1000\,\pi\left(\sqrt{5}-1\right) = 3883,2$ par défaut; d'ailleurs, $\sqrt{3} = 1,73205$ par défaut; on a donc

$$P = 3883,2 \times 1,73205 + \alpha,$$

en désignant par α une quantité moindre que 1. Il reste donc à calculer le produit $3883,2 \times 1,73205$, à l'unité près, par excès, en employant la multiplication abrégée. On trouve ainsi P = 6726 à moins d'une unité, par défaut ou par excès,

. 2° *Calculer, à 0,01 près de sa valeur, le produit*

$$P = \left(\sqrt{11} + 4\right) \times \left(\sqrt{54} - 1\right) \times \left(\sqrt{8} + 1\right).$$

On veut que l'erreur relative sur ce produit soit inférieure à $\frac{1}{10^2}$, c'est-à-dire on veut l'obtenir avec 3 chiffres exacts. Comme le premier chiffre à gauche de chacun des facteurs donnés est au moins égal à 3, il suffit (336) de les prendre tous avec 4 chiffres exacts. Mais, si l'on veut appliquer le procédé de la multiplication abrégée, il convient de calculer d'abord le produit des deux premiers facteurs avec 5 chiffres exacts, pour être sûr d'avoir ce produit *par défaut* avec 4 chiffres exacts, ce qui conduit à calculer ces facteurs par défaut avec 6 chiffres exacts. On a ainsi

$$\sqrt{11} + 4 = 7,31662, \quad \sqrt{54} - 1 = 6,34846, \quad \sqrt{8} + 1 = 3,828.$$

Le produit des deux premiers facteurs contient 2 chiffres à sa partie entière. On doit chercher ce produit, par la multiplication abrégée, à 0,001 près par défaut. On trouve ainsi 46,449. Par conséquent, le produit des deux premiers facteurs est, par défaut, avec 4 chiffres exacts, 46,44. En multipliant ce résultat par le troisième facteur, on voit que le produit définitif contiendra 3 chiffres à sa partie entière, et qu'on doit, par suite, l'obtenir à l'unité près. On a donc

$$P = 46,44 \times 3,828 + \alpha,$$

en désignant par α une quantité moindre que 1. Il reste à calculer le produit $46,44 \times 3,828$ à l'unité près par excès, pour compenser l'erreur par défaut α. En employant la multiplication abrégée, on trouve $P = 178$, à moins d'une unité, par défaut ou par excès.

Puissances et racines.

340. *L'erreur absolue de la puissance $n^{ième}$ d'un nombre approché a pour limite supérieure n fois le produit de la $(n-1)^{ième}$ puissance du même nombre par son erreur absolue.*

L'erreur relative de la $n^{ième}$ puissance d'un nombre approché a pour limite supérieure n fois l'erreur relative de ce nombre.

Ces deux énoncés résultent immédiatement du théorème du n° 325, en supposant égaux entre eux tous les facteurs considérés.

a étant un nombre exact, et $a - \alpha$ une valeur de ce nombre approchée par défaut, on aura donc, en désignant par e et par r l'erreur absolue et l'erreur relative de $(a - \alpha)^n$,

$$e < na^{n-1}\alpha \quad \text{et} \quad r < n\frac{\alpha}{a}.$$

D'après ce qui précède (337, 339), les calculs relatifs à l'élévation aux puissances des nombres approchés ne présenteront aucune difficulté. Les seules applications usuelles concernent d'ailleurs les carrés et les cubes.

341. Pour l'extraction des racines, c'est la considération de l'erreur relative qui conduit aux règles les plus simples.

Remarquons qu'*un nombre peut toujours être regardé, par définition (257), comme la $n^{ième}$ puissance de sa racine $n^{ième}$.*

Il résulte alors du numéro précédent que l'erreur relative commise sur ce nombre approché par défaut est moindre que n fois l'erreur relative de sa racine $n^{ième}$ et, par suite, que l'erreur relative de la racine $n^{ième}$ d'un nombre approché par défaut surpasse, à son tour, la $n^{ième}$ partie de l'erreur relative de ce nombre.

Mais, comme il ne s'agit, dans les cas ordinaires de la pratique, que de déterminer le rang du dernier chiffre sur lequel on peut compter au résultat, il est permis, en se plaçant à ce point de vue, d'adopter l'énoncé suivant :

L'erreur relative de la racine $n^{ième}$ d'un nombre approché est égale à la $n^{ième}$ partie de l'erreur relative de ce nombre.

Les seules applications usuelles de cet énoncé concernent les racines carrée et cubique.

Règles pratiques pour l'extraction de la racine carrée et de la racine cubique d'un nombre approché.

342. 1. *Pour obtenir la racine carrée d'un nombre avec m chiffres exacts, il suffit de connaître ce nombre avec m ou $(m+1)$ chiffres exacts, suivant que le chiffre de ses plus hautes unités est plus petit que 5 ou au moins égal à 5.*

En effet, l'erreur relative de la racine carrée d'un nombre approché peut être, en général, regardée comme égale à la moitié de l'erreur relative de ce nombre (341).

Par suite, si l'erreur relative du nombre donné est moindre que $\frac{2}{10^m}$ ou que $\frac{1}{5 \times 10^{m-1}}$, l'erreur relative de sa racine carrée sera moindre que $\frac{1}{10^m}$, et l'on pourra conserver comme exacts les m premiers chiffres de cette racine.

Or, si le chiffre K des plus hautes unités du nombre proposé est plus petit que 5, et si l'on connaît dans ce nombre $(m+1)$ chiffres exacts, son erreur relative, moindre que $\frac{1}{K \times 10^m}$, ou que $\frac{1}{10 K \times 10^{m-1}}$, sera, *a fortiori*, moindre que $\frac{1}{5 \times 10^{m-1}}$. Si K est égal à 5 ou plus grand que 5, et si l'on connaît seulement m chiffres exacts dans le nombre proposé, son erreur relative, moindre que $\dfrac{1}{K \times 10^{m-1}}$, sera aussi moindre que $\dfrac{1}{5 \times 10^{m-1}}$.

343. Réciproquement, *un nombre approché étant donné avec m chiffres exacts, on peut calculer sa racine carrée avec* $(m-1)$ *ou avec m chiffres exacts, suivant que le chiffre de ses plus hautes unités est plus petit que 5 ou au moins égal à 5.*

En effet, K étant le chiffre des plus hautes unités du nombre proposé, son erreur relative est, d'après l'hypothèse, moindre que $\dfrac{1}{K \times 10^{m-1}}$; par suite (341), l'erreur relative de sa racine carrée est moindre que $\dfrac{1}{2K.10^{m-1}}$.

Si K est plus petit que 5, l'erreur relative sur la racine carrée cherchée est donc moindre que $\dfrac{1}{10^{m-1}}$, et l'on peut compter sur ses $(m-1)$ premiers chiffres. Si K est égal à 5 ou plus grand que 5, l'erreur relative sur cette racine carrée est moindre que $\dfrac{1}{10^m}$, et l'on peut conserver comme exacts ses m premiers chiffres.

344. Les deux théorèmes précédents (342, 343) s'appliquent à la racine cubique, en remplaçant par 4 le chiffre 5 qui figure dans leurs énoncés.

345. Il est essentiel de remarquer combien les résultats qu'on vient d'obtenir simplifient les règles données aux n°s 274, 275 et 295, pour l'évaluation en décimales de la racine carrée ou cubique d'un nombre quelconque.

Applications.

346. 1° *Calculer* $\sqrt{\pi}$ *à* 0,01 *près.*

$\sqrt{\pi}$ ayant un chiffre à sa partie entière, on veut trouver le résultat avec 3 chiffres exacts. Le premier chiffre de π étant moindre que 5, il faut prendre π avec 4 chiffres (342). Si l'on prend sa valeur par excès, on a

$$\sqrt{\pi} = \sqrt{3,142} - \alpha,$$

DE C. — *Cours.* I. 14

en désignant par α une quantité moindre que 0,01. Il ne reste donc plus qu'à extraire la racine carrée du nombre 3,142 à 0,01 près par défaut, pour compenser l'erreur α qui est par excès. On trouve ainsi 1,77, qui représente $\sqrt{\pi}$ à 0,01 près, par défaut ou par excès.

2° *Calculer* $\sqrt[3]{851 + \sqrt{2}}$ à 0,1 *près.*

La partie entière du résultat ne renfermant qu'un chiffre, on veut ce résultat avec 2 chiffres exacts. Comme le premier chiffre du nombre $851 + \sqrt{2}$ est plus grand que 5, il suffit de connaître 2 chiffres exacts de ce nombre (342). On cherchera donc $\sqrt[3]{850}$ à 0,1 près, en prenant cette racine par excès pour compenser l'erreur par défaut due à la substitution opérée. On obtient ainsi 9,5. C'est la racine cubique demandée, à 0,1 près, par défaut ou par excès.

3° *Extraire la racine carrée de* 28,27 *avec la plus grande approximation possible, sachant que ce nombre est approché par défaut à moins de* 0,01.

Le nombre proposé a 4 chiffres exacts, mais il commence par 2; on ne peut donc compter (343) que sur trois chiffres exacts à la racine.

En extrayant cette racine à 0,01 près par excès, pour compenser l'erreur par défaut qu'entraîne celle commise sur le nombre, on trouve 5,32. C'est la racine carrée demandée, à 0,01 près, par défaut ou par excès.

4° *Calculer* $\sqrt{\dfrac{4,723}{3,1416}}$ *avec la plus grande approximation possible, sachant que les deux termes de la fraction placée sous le radical sont approchés à moins d'une unité de l'ordre de leur dernier chiffre, sans qu'on connaisse le sens des erreurs commises.*

On doit d'abord calculer le quotient soumis au radical avec la plus grande approximation possible. On trouve ainsi (340, 1°) que ce quotient est compris entre 1,49 et 1,52. La racine carrée demandée est donc (343) 1,2 à moins de 0,1 par défaut.

5° *Calculer* $\sqrt{64 + \dfrac{7}{\pi}}$, à 0,001 *près.*

La racine cherchée ayant 1 chiffre à sa partie entière, on doit l'obtenir avec 4 chiffres exacts. Le premier chiffre du nombre $64 + \dfrac{7}{\pi}$ étant supérieur à 5, il suffit de prendre ce nombre avec 4 chiffres exacts (342). Il faut donc calculer le quotient $\dfrac{7}{\pi}$ avec 4 chiffres exacts, ou à 0,001 près; mais, comme il convient de connaître le sens de l'erreur commise sur ce quotient, on doit le calculer en réalité avec 5 chiffres, et prendre, par suite, π avec 6 chiffres (336). On a ainsi $\dfrac{7}{\pi} = \dfrac{7}{3,14159}$. π étant pris par défaut, le quotient indiqué est obtenu par excès. On devra donc, en employant la division abrégée, calculer par compensation le quotient par défaut. On trouve ainsi 2,228 à 0,001 près, par défaut ou par excès. Par conséquent, $\frac{7}{\pi} = 2,22$ à o,o1 près par défaut. On est ainsi ramené à calculer par compensation $\sqrt{66,22}$ à o,oo1 près par excès. La racine carrée de l'expression $64 + \frac{7}{\pi}$ est alors $8,138$ à o,oo1 près, par défaut ou par excès.

Ce dernier exemple montre bien avec quel soin il faut diriger les calculs, en établissant pas à pas la compensation des erreurs, pour qu'elles ne s'accumulent pas constamment dans le même sens et pour qu'on puisse répondre finalement de l'approximation du résultat.

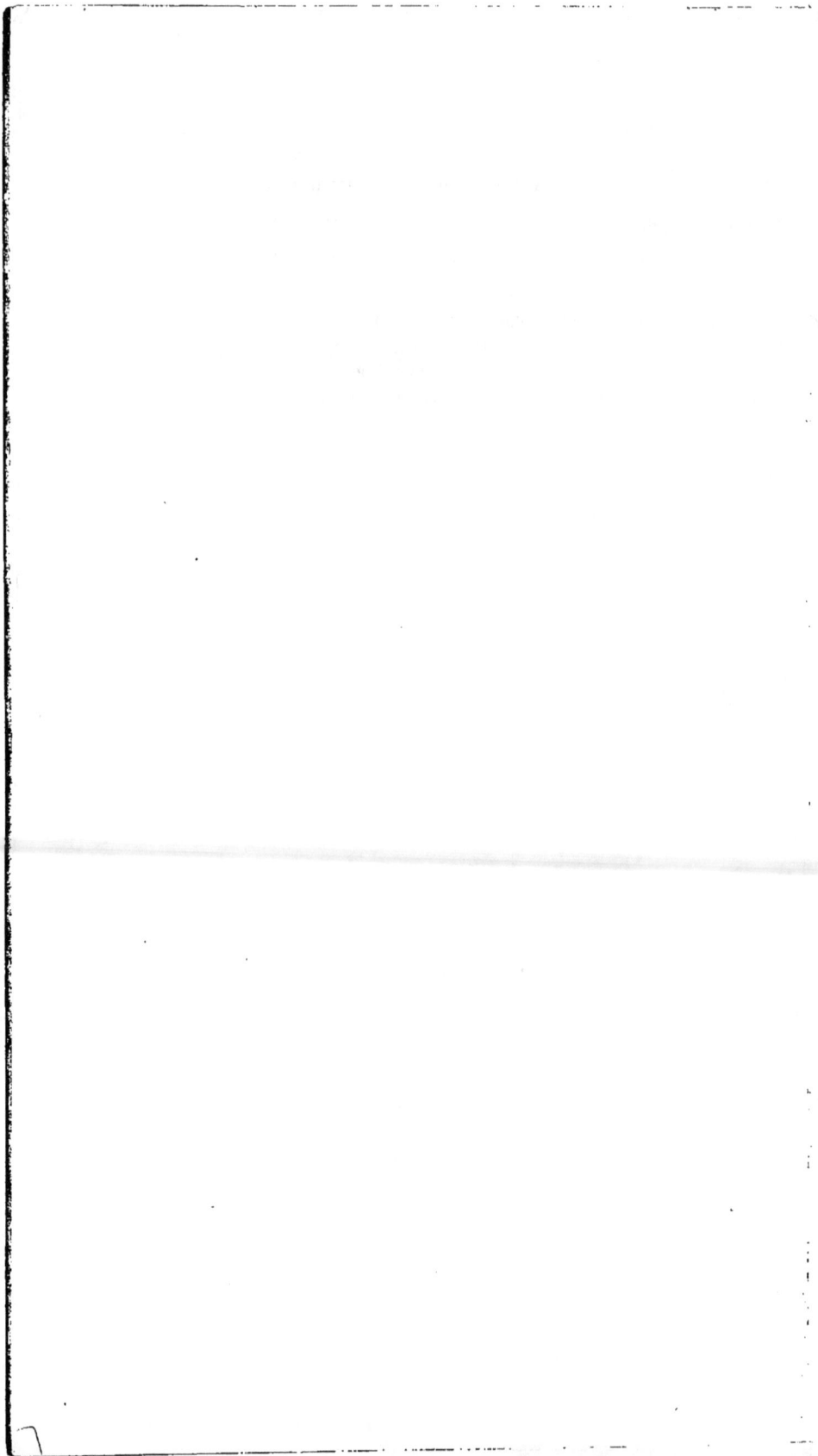

LIVRE CINQUIÈME.

LES MESURES ET LES APPLICATIONS.

CHAPITRE PREMIER.

SYSTÈME MÉTRIQUE.

Notions préliminaires.

347. Nous avons achevé tout ce qui concerne le calcul quand on considère seulement les six premières opérations fondamentales. L'étude des logarithmes en Algèbre et celle des rapports trigonométriques augmenteront plus tard nos ressources sous ce point de vue.

Pour terminer l'Arithmétique proprement dite, nous devons maintenant exposer ses applications usuelles. Ces applications sont plutôt du ressort de l'Algèbre; car l'Arithmétique ne trouve pas les solutions, elle les calcule. Mais il ne sera pas inutile de montrer, par comparaison, quels sont les avantages de l'Algèbre et, après avoir résolu certaines questions à l'aide de l'Arithmétique, de les résoudre de nouveau algébriquement, avec une rapidité et une simplicité bien plus grandes.

Comme les calculs les plus ordinaires ont pour objet des longueurs, des surfaces, des volumes et des poids, nous exposerons d'abord le système général de ces mesures.

348. « L'excessive diversité des mesures de longueur, de volume et de poids, autrefois usitées dans les diverses provinces de la France, présentait au gouvernement, ainsi qu'au commerce, des inconvénients depuis longtemps reconnus. Mais le caractère légal, attaché aux usages individuels de ces provinces, n'aurait pas aisément permis à l'Administration royale de les ramener à l'uniformité. Lorsque la grande Révolution de 1789 eut mis toute la force d'un pouvoir central aux mains de l'Assemblée constituante, quelques hommes éclairés songèrent à profiter de cette position pour donner à la France un système de mesures général et uniforme, dont toutes les parties fussent astreintes à un mode régulier de dérivation. Une Commission, prise dans l'Académie des Sciences, composée de Borda, Lagrange, Laplace, Monge et Condorcet, fut chargée de proposer un choix d'unité fondamentale, et d'indiquer les opérations nécessaires pour la déterminer. » (Biot, *Astronomie physique*, t. III, p. 334.)

L'unité fondamentale qui a été choisie par la Commission *est la dix-millionième partie du quart d'un méridien terrestre* ([1]) : *cette unité fondamentale a reçu le nom de* mètre. Les résultats des opérations exécutées, pour la déterminer d'une manière aussi précise que possible, par Méchain, Delambre et Borda, furent approuvés par le Corps législatif le 4 messidor an VII (22 juin 1799), et les étalons des mesures de longueur et de poids adoptées déposés aux Archives ([2]).

349. Remarque. — D'après les opérations géodésiques exécutées et les calculs auxiliaires, le quart du méridien terrestre elliptique avait été trouvé égal à 5130740 toises ([3]) ou le mètre égal à $0^{Toise},5130740$: telle est la longueur du mètre *légal*. Des calculs plus exacts ont prouvé depuis que cette valeur est *un peu plus petite* que la dix-millionième partie du quart du méridien terrestre considéré, lequel passe par Paris en allant de Dunkerque à Barcelone. Il est très-heureux cependant qu'on ait accepté immédiatement les résultats indiqués : ce qui importait, c'était l'établissement légal de l'uniformité des mesures pour toute la France. Le mètre théorique et le mètre légal diffèrent d'ailleurs très-peu, puisque l'erreur présumée affecte seulement les centièmes de ligne. Le mètre légal étant représenté par le nombre $0^{Toise},5130740$ ou $443^{Lignes},296$, le calcul indique la valeur $0^{Toise},5131276$ ou $443^{Lignes},342$.

([1]) On démontre que la Terre peut être regardée approximativement comme un ellipsoïde de révolution aplati aux pôles et renflé à l'équateur. Toute section passant par l'axe, c'est-à-dire par la ligne des pôles, détermine un méridien terrestre. (*Voir* la *Géométrie*.)

([2]) L'étalon en platine déposé aux Archives donne la longueur légale du mètre à la température de la glace fondante.

([3]) La toise était l'ancienne unité de mesure pour les longueurs : elle se subdivisait en 6 pieds, chaque pied en 12 pouces, chaque pouce en 12 lignes; la toise renfermait donc 72 pouces ou 864 lignes.

Mesures de longueur.

350. Comme le dit Laplace (*Exposition du Système du monde*, livre I, ch. XIV) : « L'identité du calcul décimal et de celui des nombres entiers ne laisse aucun doute sur les avantages de la division de toutes les espèces de mesures en parties décimales. »

On a donc soumis les multiples et les subdivisions du mètre à la loi décimale : les multiples représentent des longueurs de dix en dix fois plus grandes, les subdivisions des longueurs de dix en dix fois plus petites. Les noms des multiples sont formés du nom de l'unité principale, précédé des mots grecs *déca, hecto, kilo, myria*, qui signifient *dix, cent, mille, dix mille ;* et les noms des subdivisions sont formés du nom de l'unité principale, précédé des mots latins *déci, centi, milli*, qui signifient *dixième, centième, millième.* Cette règle est également suivie pour toutes les autres mesures. Les mesures de longueur sont comprises dans le tableau suivant :

Myriamètre	(MM)	dix mille mètres.
Kilomètre	(KM)	mille mètres.
Hectomètre	(HM)	cent mètres.
Décamètre	(DM)	dix mètres.
Mètre	(M)	*unité de longueur, unité fondamentale.*
Décimètre	(dM)	dixième de mètre.
Centimètre	(cM)	centième de mètre.
Millimètre	(mM)	millième de mètre.

D'après ce tableau, une longueur contenant

3 *kilomètres*, 5 *hectomètres*, 2 *décamètres*, 7 *mètres*,
8 *décimètres*, 9 *centimètres*,

est représentée par

$$3527^M,89.$$

351. On ne prend pas toujours le mètre pour unité. S'il s'agit de distances itinéraires, on rapporte le nombre considéré au myriamètre ou au kilomètre. Dans l'arpentage, c'est l'hectomètre ou le décamètre qui devient l'unité. Les physiciens, dans leurs expériences délicates, expriment les résultats qu'ils obtiennent en centimètres ou en millimètres.

Il est évident d'ailleurs que, lorsqu'on veut changer d'unité, il suffit de placer la virgule à la droite du chiffre de même espèce que la nouvelle unité. Ainsi, le nombre $3275^M,713$ représente aussi $32^{HM},75713$. Le déplacement de la virgule ne change pas l'espèce d'unité représentée par le dernier chiffre à droite.

Dans tous les cas, l'unité adoptée ne doit être ni trop grande ni trop petite par rapport aux longueurs à mesurer.

352. On mesure les longueurs à l'aide de règles. On emploie pour le dessin le double décimètre, longueur de 2 décimètres, divisée en centimètres et en millimètres, à l'aide de laquelle on peut très-facilement évaluer une petite longueur à $\frac{1}{2}$ millimètre près. Dans le lever des plans, on se sert de règles en bois ou en métal ayant 1, 2, 4 ou 6 mètres. La chaîne d'arpenteur est une chaîne de 10 mètres.

En France, des bornes placées le long des routes indiquent les kilomètres parcourus.

On compte par lieue métrique de 4000 mètres ou de 4 kilomètres; par lieue de 25 au degré ([1]) (c'est-à-dire qu'on en compte 25 dans l'arc d'un degré) ou par lieue de $4444^M,44$ ([2]); par lieue marine de 20 au degré ou de $5555^M,56$; par mille marin de 60 au degré ou de 1 minute, contenant $1851^M,85$.

Dans la mesure directe des longueurs, on ne peut pas compter sur une approximation supérieure à $0^M,0001$.

Mesures de surface.

353. L'unité de surface est *toujours* le carré (*fig.* 1) construit sur l'unité de longueur (*voir* la *Géométrie*). Cette unité porte le nom de *mètre carré*. Les multiples du mètre carré sont de cent en cent fois plus grands, les subdivisions de cent en cent fois plus petites. Pour nous en rendre compte, considérons le carré construit sur un mètre. Divisons le côté AB en dix parties égales : chacune représentera un décimètre; par les points de division obtenus, menons des parallèles au

---

([1]) Le quart du méridien terrestre est divisé en 90 degrés, chaque degré en 60 minutes, chaque minute en 60 secondes.

([2]) Il s'agit ici, bien entendu, d'une valeur moyenne.

côté BC. Nous diviserons le carré en dix bandes ayant 1^M de

Fig. 1.

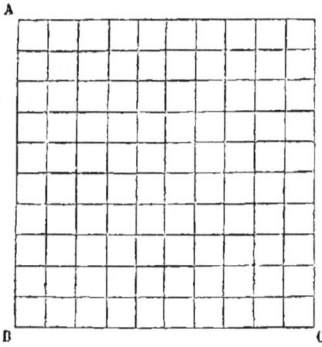

longueur et $0^M,1$ de hauteur. Divisons de même le côté BC en dix décimètres et, par les points de division, menons des parallèles au côté AB. Nous partagerons chacune des dix premières bandes en dix carrés ayant pour côté $0^M,1$ ou en dix décimètres carrés. Le mètre carré en contient donc 100. Même démonstration pour les autres multiples ou subdivisions. On peut donc former le tableau suivant :

Myriamètre carré.....	(MMq)	100000000 M. carrés.
Kilomètre carré.......	(KMq)	1000000 M. carrés.
Hectomètre carré	(HMq)	10000 M. carrés.
Décamètre carré......	(DMq)	100 M. carrés.
MÈTRE CARRÉ........	(Mq)	*carré construit sur l'unité de longueur.*
Décimètre carré......	(dMq)	0,01 de M. carré.
Centimètre carré	(cMq)	0,0001 de M. carré.
Millimètre carré......	(mMq)	0,000001 de M. carré.

On voit que deux chiffres sont nécessaires pour représenter chaque multiple ou subdivision, de sorte qu'une surface renfermant

$$3^{HMq} \ 25^{DMq} \ 7^{Mq} \ 83^{dMq} \ 9^{cMq}$$

sera représentée par le nombre $32507^{Mq},8309$.

Lorsqu'on veut passer d'une unité à une autre, il suffit évidemment de placer la virgule après le chiffre qui correspond à la nouvelle unité.

354. Quand il s'agit de mesures agraires ou d'arpentage, l'unité principale devient le décamètre carré, et on lui donne alors le nom d'*are*. L'are n'admet qu'un seul multiple : l'*hectare*, qui vaut cent ares; qu'une seule subdivision : le *centiare*, égal à la centième partie de l'are. En se reportant à ce qui précède, on peut donc former le tableau suivant :

Hectare.......	(Ha)	100 ares ou 1^{HMq} ou	10000^{Mq}
Are..........	(a)	.... 1^{DMq} ou	100^{Mq}
Centiare......	(ca)	0,01 d'are ou	1^{Mq}

La superficie d'un terrain renfermant 135 hectares, 7 ares, 12 centiares sera alors représentée par le nombre $135^{ha},0712$ ou par le nombre $13507^a,12$ ou par le nombre 1350712^{ca}.

Pour transformer un nombre d'hectares en mètres carrés, il suffit de le transformer en centiares, puisque le centiare et le mètre carré représentent la même surface. Ainsi une surface de $3127^{ha},2598$ renferme 31272598^{ca} ou 31272598^{mq}.

355. Les surfaces ne sont jamais mesurées directement, c'est-à-dire qu'on ne *porte* pas l'unité de surface autant de fois que possible sur la surface à évaluer. La Géométrie ramène cette évaluation à celle de la longueur d'une ligne ou de plusieurs lignes ayant une liaison déterminée avec la surface considérée.

Mesures de volume et de capacité.

356. On prend *toujours* pour unité de volume le cube (*fig.* 2) construit sur l'unité de longueur (*voir* la *Géométrie*). Cette unité porte le nom de *mètre cube*. Les multiples du mètre cube sont de mille en mille fois plus grands, les subdi-

Fig. 2.

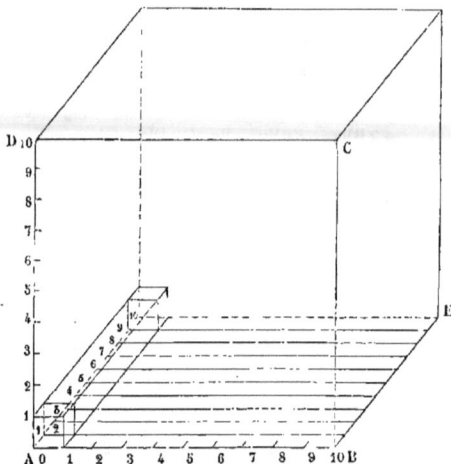

visions de mille en mille fois plus petites. Pour nous en rendre compte, considérons le cube construit sur un mètre. Sa face ABCD renfermera 100 décimètres carrés, puisque cette face est un mètre carré. Sur chacun de ces décimètres carrés comme base, on peut construire un volume ayant pour hauteur l'arête BE du cube : le mètre cube considéré renfermera cent de ces volumes. On peut maintenant diviser l'arête $BE = 1^M$ en 10^{dM} et, par les points de division obtenus, faire passer des plans parallèles à la face ABCD. On décomposera chacun des cent volumes déjà construits en dix volumes, et ces dix volumes seront évidemment des cubes ayant 1^{dM} de côté, c'est-à-dire des décimètres cubes. Le mètre cube contient donc bien 1000 décimètres cubes. Même démonstration pour les autres multiples ou subdivisions. On peut donc former le tableau suivant :

....

Hectomètre cube.......	(HMc)	1000000 M. cubes.
Décamètre cube.......	(DMc)	1000 M. cubes.
MÈTRE CUBE..........	(Mc)	*cube construit sur l'unité de longueur.*
Décimètre cube........	(dMc)	0,001 de M. cube.
Centimètre cube.......	(cMc)	0,000001 de M. cube.
Millimètre cube........	(mMc)	0,000000001 de M. cube.

On voit que trois chiffres sont nécessaires pour représenter chaque multiple ou subdivision, de sorte qu'un volume renfermant

$$37^{DMc} \ 365^{Mc} \ 27^{dMc} \ 9^{cMc}$$

sera représenté par le nombre $37365^{Mc},027009$. Lorsqu'on veut passer d'une unité à une autre, il suffit évidemment de placer la virgule après le chiffre qui correspond à la nouvelle unité.

357. Les mesures géométriques, les déblais et remblais, les blocs extraits des carrières, etc., sont exprimés en mètres cubes. Lorsqu'il s'agit d'évaluer le volume des bois de chauffage ou de charpente, l'unité de volume prend le nom de *stère*.

Le stère n'a qu'un multiple : le *décastère*, qui vaut dix stères; qu'une subdivision : le *décistère*, qui est la dixième partie du stère. On fait aussi usage du *double stère* et du *demi-décastère*.

Les volumes, de même que les surfaces, ne sont jamais mesurés directement.

358. L'unité de capacité, ou l'unité employée pour la mesure des liquides et des grains, a reçu le nom de *litre*. Le litre est la capacité d'un décimètre cube. On compte par litres comme on compte par mètres : on peut donc former le tableau suivant :

Kilolitre.............	(Kl)	1000 litres.
Hectolitre.....	(Hl)	100 litres.
Décalitre.	(Dl)	10 litres.
LITRE................	(l)	*ou décimètre cube.*
Décilitre.............	(dl)	0,1 du litre.
Centilitre............	(cl)	0,01 du litre.
Millilitre.............	(ml)	0,001 du litre.

Le mètre cube vaut 1000 décimètres cubes et le kilolitre vaut 1000 litres. Par conséquent, *le kilolitre est la capacité d'un mètre cube.*

Une capacité renfermant

$$15^{Hl}\ 7^{Dl}\ 8^{l}\ 9^{dl}\ 8^{cl}$$

sera représentée par le nombre $1578^l,98$. Si l'on demande à combien de mètres cubes équivaut cette capacité, il suffira de prendre d'abord pour unité le kilolitre, c'est-à-dire de placer la virgule après le chiffre qui exprime des kilolitres. On obtient ainsi

$$1^{Kl},57898\ \text{ou}\ \ 1^{Mc},578980.$$

359. Les boissons se mesurent en hectolitres ou en litres ; les grains, en hectolitres, décalitres ou litres ; les graines propres au jardinage, en décilitres.

Pour la mesure des liquides on se sert de vases en étain. Ces vases sont cylindriques, et leur hauteur est double du diamètre de leur base. Ces vases sont de 1^l, 5^{dl}, 2^{dl}, 1^{dl}, 5^{cl}, 2^{cl}, 1^{cl}.

Pour la mesure des grains, on se sert de vases en bois. Ces vases sont cylindriques, et leur hauteur est égale au diamètre de leur base. Ces vases sont de 1^{Hl}, 5^{Dl}, 2^{Dl}, 1^{Dl}, 5^l, 2^l, 1^l, 5^{dl}, 2^{dl}, 1^{dl}.

Mesures de poids.

360. L'unité de poids a reçu le nom de *gramme.*

Le gramme est le poids dans le vide d'un centimètre cube d'eau distillée, à la température de 4 degrés centigrades.

On a pris de l'eau distillée, c'est-à-dire parfaitement pure, parce que le poids de l'eau varie avec les matières qu'elle tient en suspension. On a choisi la température de 4 degrés centi-

grades, parce que le poids de l'eau varie avec la température et que ce poids atteint son maximum à la température
de 4 degrés centigrades. Enfin on a considéré le poids dans
le vide, parce qu'on a voulu éviter la poussée de l'air qui
aurait diminué le poids accusé par les appareils, et, en outre,
parce que le poids dans l'air varie suivant l'état de l'atmosphère.

On compte par grammes comme on compte par mètres. On
peut donc former le tableau suivant :

Millier, tonne ou tonneau de mer....	(T)	1000 kilogrammes.
Quintal métrique.................	(Q)	100 kilogrammes.
....	....	....
Kilogramme.....................	(Kg)	1000 grammes.
Hectogramme....................	(Hg)	100 grammes.
Décagramme.....................	(Dg)	10 grammes.
GRAMME........................	(g)	*unité de poids.*
Décigramme.....................	(dg)	0,1 de gramme.
Centigramme....................	(cg)	0,01 de gramme.
Milligramme....................	(mg)	0,001 de gramme.

Comme le gramme eût été trop petit, c'est le kilogramme
qui a été déposé aux Archives, sous forme d'un cylindre en
platine, dont la hauteur égale le diamètre de la base.

Dans la mesure directe des poids, on ne peut pas compter
sur une approximation supérieure à $\frac{1}{2}$ milligramme.

361. Le kilogramme, valant 1000 grammes, représente le
poids de 1000^{cMc} d'eau distillée dans les conditions indiquées :
il équivaut donc au poids de 1^{dMc} *ou d'un litre d'eau distillée.*

De même, *la tonne*, valant 1000 kilogrammes, représente le
poids de 1000 litres d'eau distillée, c'est-à-dire *équivaut au
poids d'un mètre cube d'eau distillée.* Pour évaluer le chargement des navires, on se sert de la tonne ou tonneau. Un navire de 1000 tonneaux est un navire capable de porter 1000000
de kilogrammes.

362. Les poids adoptés dans le commerce sont en fonte de
fer, en cuivre ou en laiton; on les divise en trois séries. Les
gros poids dépassent le kilogramme; les *poids moyens* vont du
kilogramme au gramme; les *petits poids* sont comptés à partir
du gramme.

Les poids en fonte de fer sont de 50^{Kg}, 20^{Kg}, 10^{Kg}, 5^{Kg}, 2^{Kg},
1^{Kg}, 5^{Hg}, 2^{Hg}, 1^{Hg}, 5^{Dg}.

Les poids en cuivre sont de 20^{Kg}, 10^{Kg}, 5^{Kg}, 2^{Kg}, 1^{Kg}, 5^{Hg}, 2^{Hg}, 1^{Hg}, 5^{Dg}, 2^{Dg}, 1^{Dg}, 5^{g}, 2^{g}, 1^{g}, 5^{dg}, 2^{dg}, 1^{dg}, 5^{cg}, 2^{cg}, 1^{cg}, 5^{mg}, 2^{mg}, 1^{mg}.

Les poids inférieurs au gramme sont surtout employés dans les analyses chimiques, les pesées pharmaceutiques ou les expériences de Physique.

Les gros poids en fonte de fer affectent, jusqu'à 10 kilogrammes, la forme d'un parallélipipède rectangle; au-dessous, ils affectent la forme d'un tronc de pyramide hexagonal; un anneau permet de les soulever.

Les poids moyens en cuivre ou en laiton ont la forme d'un cylindre surmonté d'un bouton; la hauteur du cylindre est égale au diamètre de sa base, sauf pour le gramme et le double gramme qui présentent un diamètre double de la hauteur. On emploie aussi, du kilogramme jusqu'au gramme, des poids dits *à godet*, c'est-à-dire ayant la forme de cônes tronqués creux, qui rentrent exactement les uns dans les autres.

Enfin les petits poids sont en cuivre, en laiton ou en platine; on leur donne la forme d'une plaque carrée, dont l'un des angles est relevé pour qu'on puisse la saisir avec une pince.

363. Le rapport qui lie le kilogramme au litre ou la tonne au mètre cube permet d'apprécier immédiatement le volume d'une masse d'eau dont le poids est connu ou inversement.

Si une masse d'eau pèse 257^{Kg},825, elle occupe une capacité de 257^{l},825 et son volume est égal à 0^{Mc},257825.

Si une masse d'eau occupe une capacité de 2459^{l},7, elle pèse 2459^{Kg},7 ou 2^{T},4597.

On peut résoudre le même problème pour tous les corps, pourvu qu'on connaisse leur poids sous l'unité de volume ou *leur poids spécifique*.

Remarquons que, lorsqu'on fait correspondre l'unité de poids ou le kilogramme et l'unité de capacité ou le litre, le même nombre abstrait représente le poids de la masse d'eau considérée et son volume. On peut donc dire encore que *le poids spécifique d'un corps est le rapport de son poids à celui d'une masse d'eau de même volume.*

Supposons qu'on demande le poids d'un bloc de marbre de 2^{Mc},875. S'il s'agissait d'un volume d'eau, le poids correspondant serait 2^{T},875 ou 2875^{Kg}; le poids spécifique du marbre étant égal à 2,8376, le poids cherché sera $2875^{Kg} \times 2,8376$ ou 8158^{Kg},1.

Si l'on demande le volume occupé par un bloc de marbre pesant $459^{Kg}, 27$, il faut remarquer que le même poids d'eau occuperait un volume égal à $459^{dMc}, 270$; mais le marbre pesant près de 3 fois plus que l'eau, sous le même volume, occupera, pour un poids donné, un volume environ trois fois plus petit : plus exactement, on obtiendra le volume cherché en divisant le poids $459^{Kg}, 27$ ou le volume d'eau correspondant $459^{dMc}, 270$ par le poids spécifique $2,8376$; on trouve $161^{dMc}, 851$.

Monnaies.

364. L'unité de monnaie est le *franc*.

Le franc est une pièce du poids de 5 grammes : sur 10 parties, elle est composée, en poids, de 9 parties d'argent et 1 de cuivre. Cet alliage donne à la monnaie une plus grande dureté et lui permet de mieux résister à l'action du frottement.

Le franc a pour subdivisions le *décime,* ou dixième du franc, et le *centime,* ou centième du franc. Ses multiples n'ont pas reçu de noms particuliers.

Les monnaies françaises sont en argent, en or et en bronze. Les monnaies d'or, sur 10 parties en poids, sont composées de 9 parties d'or pur et de 1 partie de cuivre. Les monnaies de bronze, sur 100 parties en poids, sont composées de 95 parties de cuivre, de 4 parties d'étain et de 1 de zinc.

Ces monnaies sont toutes décimales, et elles comprennent toutes celles qu'on peut intercaler dans l'intervalle de 1 centime à 100 francs, en remarquant que l'échelle décimale n'admet que les diviseurs 2 et 5 de 10. Ainsi, dans la série des monnaies françaises, on trouve le double et la moitié des pièces décimales fondamentales qui sont : 1 centime, 10 centimes, 1 franc, 10 francs, 100 francs. C'est ce qui a lieu également, comme nous l'avons indiqué (359, 362), pour les poids et les mesures de capacité.

Toutes les monnaies françaises sont comprises dans les tableaux suivants :

Monnaies d'or.

VALEURS EN FRANCS.	POIDS en grammes.	DIAMÈTRE en millimètres.
Pièce de 100.................	32,25806	35
— 50.................	16,12903	28
— 20.................	6,45161	21
— 10.................	3,22580	19
— 5.................	1,61290	17

La tolérance pour le poids est de 1 millième en plus ou en moins pour la pièce de 100 francs; de 2 millièmes pour les pièces de 50 francs, de 20 francs et de 10 francs; de 3 millièmes pour la pièce de 5 francs.

Monnaies d'argent.

VALEURS EN FRANCS.	POIDS en grammes.	DIAMÈTRE en millimètres.
Pièce de 5.................	25	37
— 2.................	10	27
— 1.................	5	23
— 0,50.................	2,5	18
— 0,20.................	1	16

La tolérance pour le poids est de 3 millièmes en plus ou en moins pour la pièce de 5 francs; de 5 millièmes pour les pièces de 2 francs et de 1 franc; de 7 millièmes pour la pièce de $0^{fr},50$, et de 10 millièmes pour la pièce de $0^{fr},20$.

Monnaies de bronze.

VALEURS EN FRANCS.	POIDS en grammes.	DIAMÈTRE en millimètres.
Pièce de 0,10.................	10	30
— 0,05.................	5	25
— 0,02.................	2	20
— 0,01.................	1	15

La tolérance pour le poids est de 10 millièmes en plus ou en moins pour les pièces de $0^{fr},10$ et de $0^{fr},05$; et de 15 millièmes pour les pièces de $0^{fr},02$ et de $0^{fr},01$.

365. *Légalement,* l'or vaut, sous le même poids, 15 fois et demie plus que l'argent; l'argent vaut, sous le même poids, 20 fois plus que le bronze.

Il est facile d'après cela de déterminer directement le poids de la pièce d'or de 20 francs, par exemple. En effet, 20 francs en argent pesant 100 grammes, 20 francs en or devront peser 15 fois et demie moins. Le poids de la pièce d'or de 20 francs sera donc égal à $\frac{100^{gr}}{15,5}$ ou à $\frac{1000^{gr}}{155}$, c'est-à-dire à $6^{gr},45161$. Ce calcul prouve en même temps que 155 pièces d'or de 20 francs pèsent 1000 grammes ou que 1 kilogramme d'or monnayé représente 3100 francs.

Il est bon de remarquer que les monnaies peuvent, d'après les tableaux précédents, servir de poids usuels.

Pour avoir en grammes le poids d'une somme d'argent exprimée en francs, il suffit de la multiplier par 5, puisque 1 franc pèse 5 grammes. Pour avoir en francs la valeur d'une somme d'argent dont le poids est connu en grammes, il suffit de diviser ce poids par 5. Ainsi, 1 kilogramme d'argent monnayé représente 200 francs.

366. On appelle *alliage* le résultat de la fonte de plusieurs métaux. Toute portion d'alliage ou de métal pur s'appelle *lingot.* Le rapport du poids d'un des métaux qui entrent dans l'alliage au poids total du lingot est le *titre* du lingot par rapport au métal considéré. On exprime ordinairement les titres monétaires en millièmes. On dira que les monnaies d'or françaises sont au titre de 0,900 *de fin,* en indiquant par cette expression qu'on veut parler du métal le plus précieux entrant dans l'alliage. On accorde sur le titre une tolérance de 2 millièmes en plus ou en moins, toujours pour les monnaies d'or.

Les frais de fabrication des monnaies s'élèvent à $6^{fr},70$ par kilogramme d'or monnayé et à $1^{fr},50$ par kilogramme d'argent monnayé, tous deux au titre de 0,900. Par suite, un alliage d'argent au titre de 0,900 et pesant 1 kilogramme, vaut $198^{fr},50$; un alliage d'or au titre de 0,900 et pesant 1 kilogramme vaut $3093^{fr},30$.

1 kilogramme d'argent pur vaut par conséquent

$$\frac{198,5 \times 1000}{900} = 220^{fr},55.$$

En effet, dans 1 kilogramme d'argent monnayé il n'entre que

900 grammes d'argent pur. De même 1 kilogramme d'or pur
vaut $\dfrac{3093^{fr},30 \times 1000}{900} = 3437^{fr}$ ([1]).

367. Une loi du 25 mai 1864 a abaissé le titre des pièces
de 50 centimes et de 20 centimes à 835 millièmes de fin. Une
autre loi, du 27 juin 1866, a étendu cette même décision aux
pièces de 1 franc et de 2 francs. Les anciennes pièces, au titre
de 900 millièmes, ont été refondues et employées à la nouvelle fabrication. On a évité ainsi leur démonétisation et leur
exportation.

Cette disposition, prise en dérogation de la loi régulatrice
du 7 germinal, an XI, n'altère pas d'ailleurs sensiblement les
caractères de notre système monétaire dans ses rapports avec
l'ensemble de nos poids et mesures, puisqu'elle ne fait que
modifier légèrement les titres de quelques pièces d'argent.

368. Indépendamment des titres monétaires, il y a trois,
titres légaux pour les *ouvrages* d'or : ce sont les titres de
0,920, de 0,840 et de 0,750. Il y en a deux pour les ouvrages
d'argent, ce sont les titres de 0,950 et de 0,800. Ces titres sont
indiqués par une marque spéciale frappée dans les hôtels des
monnaies, et qu'on appelle *contrôle*.

Il est facile de calculer la valeur intrinsèque d'un objet en
or ou en argent, lorsqu'on connaît son poids et son titre.

*Un ouvrage d'or, au titre de 0,920, pèse 85 grammes, quelle
est sa valeur propre?* La quantité d'or pur contenue dans cet
objet est égale à $85^{gr} \times 0,920$, c'est-à-dire à $78^{gr},2$. Puisque
1 kilogramme d'or pur vaut 3437^{fr}, 1 gramme d'or pur vaut
$3^{fr},437$: par suite, l'objet considéré vaut $3^{fr},437 \times 78,2$ ou
$268^{fr},77$.

Résumé.

369. Le système métrique, malgré les efforts du gouvernement, fut assez long à triompher des résistances de la rou-
tine. On comprit bien, cependant, dès le principe, ses avantages de toute nature. « ... Il faut publier et répandre le
tableau de comparaison entre les anciens et les nouveaux
poids pour faciliter, pour accélérer le passage trop lent de

([1]) Nous n'entrerons dans aucun détail sur les retenues spéciales qui, dans
certains cas, peuvent venir diminuer un peu les valeurs indiquées.

l'ancien chaos, de l'ancienne confusion de tous les poids et de toutes les mesures, au nouveau système métrique qui doit influer si puissamment sur la simplicité, sur la moralité même des transactions commerciales...». (Discours de B. M. DE CONDEROUSSE, au Conseil des Anciens, le 3 floréal, an VII.)

Aujourd'hui, on n'a plus à lutter pour le triomphe de cette belle création, qui a été l'une des plus grandes entreprises des sciences. Pour en mieux saisir l'utilité et l'opportunité, il faudrait pouvoir se représenter par la pensée « le véritable chaos dans lequel l'incroyable et incohérente diversité des mesures, qui changeaient pour ainsi dire de village à village, avait mis toutes les relations sociales. L'Institut de France et le gouvernement de notre pays ont donné à cette occasion un grand et bel exemple au monde, exemple unique dans l'histoire des sciences : ils ont voulu qu'un congrès de savants de toutes les nations qui voudraient bien envoyer des députés s'assemblât pour prendre connaissance de toutes les observations, de toutes les expériences déjà faites, pour les vérifier et les recommencer au besoin, pour s'assurer de l'exactitude de toutes les déterminations et de tous les calculs. » Les nations qui comprirent alors la grandeur du problème posé doivent s'en honorer. Il nous reste à désirer que ce magnifique projet s'accomplisse dans toute son étendue et que le système des mesures métriques et décimales soit adopté par tous les peuples. Cette adoption générale sera d'autant plus rationnelle, indépendamment de toute condition économique, que « son établissement s'est rattaché aux plus hautes questions astronomiques, et a servi à confirmer les lois de l'attraction universelle en donnant une idée complétement exacte de la forme et des dimensions de notre globe ». (ARAGO, *Astronomie populaire*, t. IV, p. 73 et suiv.)

Une dernière remarque est importante. Lorsque l'unité de longueur est fixée, toutes les autres unités le sont nécessairement. Ainsi, si l'on prend le décimètre pour unité de longueur, l'unité de surface est le décimètre carré, l'unité de volume est le décimètre cube, l'unité de capacité est le litre, l'unité de poids est le kilogramme. Si l'on négligeait cette précaution dans les calculs, on pourrait être conduit à des erreurs grossières.

CHAPITRE II.

DES ANCIENNES MESURES DE FRANCE.

Mesures de longueur.

370. La principale unité de longueur, comme nous l'avons déjà dit, était la *toise*. Elle se subdivisait en 6 *pieds*, chaque pied en 12 *pouces*, chaque pouce en 12 *lignes*, chaque ligne en 12 *points*.

Pour la mesure des étoffes, on employait l'*aune*, qui valait 6322 points.

Les distances itinéraires étaient évaluées en *milles* de 1000 toises et en *lieues de poste* de 2000 toises.

Le mètre satisfaisant, d'après ce qui précède (348), à l'égalité $10000000^M = 5130740^T$, on en déduit

$$1^T = \frac{10000000^M}{5130740} = 1^M,94904.$$

On en déduit aussi $1^M = 0^T,5130740$, et comme la toise renferme 864 lignes, on a

$$1^M = 0,5130740 \times 864^{\text{lignes}} = 443^{\text{lignes}},296.$$

On voit par là que, pour convertir un nombre de toises en mètres, il faut d'abord le convertir en lignes, puis diviser le résultat obtenu par le nombre 443,296.

En multipliant la valeur du mètre en toise, c'est-à-dire 0,5130740 par 6, on aura cette valeur exprimée en pieds, puisque la toise vaut 6 pieds. On trouve ainsi $1^M = 3^{\text{pieds}},07844$. En multipliant la partie décimale par 12, on aura le nombre de pouces correspondant, puisqu'un pied vaut 12 pouces; mais, cette partie décimale étant inférieure à $\frac{1}{12}$, il faut la multiplier immédiatement par 144 pour trouver le nombre de lignes auquel elle équivaut, puisqu'un pied vaut 144 lignes. On a

$$0,07844 \times 144^{\text{lignes}} = 11^{\text{lignes}},296.$$

Par suite, $1^{\text{M}} = 3^{\text{pieds}}0^{\text{pouce}}11^{\text{lignes}},296.$

371. Pour faciliter les calculs de conversion, on construit des tables, publiées chaque année dans l'*Annuaire du Bureau des Longitudes*. La Table qui concerne les mesures de longueur renferme les valeurs en mètres des différents multiples de la toise, du pied, du pouce, de la ligne, depuis 1 jusqu'à 9.

QUOTITÉ.	TOISES en mètres.	PIEDS en mètres.	POUCES en mètres.	LIGNES en millimètres.
1	1,94904	0,32484	0,027070	2,256
2	3,89807	0,64968	0,054140	4,512
3	5,84711	0,97452	0,081210	6,767
4	7,79615	1,29936	0,108280	9,023
5	9,74518	1,62420	0,135350	11,279
6	11,69422	1,94904	0,162420	13,535
7	13,64326	2,27388	0,189490	15,791
8	15,59229	2,59872	0,216560	18,047
9	17,54133	2,92355	0,243630	20,302

Supposons qu'on demande la valeur en mètres de 316 toises, 2 pieds, 7 pouces, 9 lignes. On aura, d'après la table :

$$
\begin{aligned}
300 \text{ toises} &= 584^{\text{M}},711 \\
10 \text{ toises} &= 19,4904 \\
6 \text{ toises} &= 11,69422 \\
2 \text{ pieds} &= 0,64968 \\
7 \text{ pouces} &= 0,18949 \\
9 \text{ lignes} &= 0,020302 \\
\hline
&\ 616^{\text{M}},755092
\end{aligned}
$$

On ne peut compter que sur les trois premiers chiffres décimaux. On a donc

$$316^{\text{T}}2^{\text{P}}7^{\text{P}}9^{\text{l}} = 616^{\text{M}},755.$$

Mesures de superficie.

372. Les unités de superficie étaient les carrés construits sur les diverses unités de longueur. La toise carrée vaut 3^{Mq},798743.

Pour les mesures agraires, on comptait par *perches* et par *arpents*. On distinguait la perche des Eaux et Forêts ou carré de 22 pieds de côté, la perche de Paris ou carré de 18 pieds de côté. L'arpent des Eaux et Forêts valait 100 perches des Eaux et Forêts; l'arpent de Paris valait 100 perches de Paris.

Il suffit de savoir, pour les conversions, que 1 arpent des Eaux et Forêts vaut 0^{Ha},5107 et que 1 arpent de Paris vaut 0^{Ha},3419. Réciproquement, 1 hectare vaut 1^{arpent},9580 de Eaux et Forêts et $2^{arpents}$,9249 de Paris.

Ainsi 1 hectare vaut environ 2 arpents des Eaux et Forêts et 3 arpents de Paris.

Mesures de volume et de capacité.

373. Les unités de volume étaient les cubes construits sur les diverses unités de longueur. La toise cube vaut 7^{Mc},403887.

Pour mesurer les bois de chauffage on employait la *voie*, ou 56 pieds cubes ([1]), et la *corde* des Eaux et Forêts, qui valait 2 voies.

Pour mesurer les bois de charpente on employait la *solive* ou 3 pieds cubes.

La voie équivaut à 1^{Mc},91952 : c'est donc à peu près 2 stères.

On mesurait les liquides à l'aide de la *pinte*, contenance de 0^{litre},9313. La *velte* valait 8 pintes; le *quartaut* valait 9 veltes; la *feuillette* valait 2 quartauts, et le *muid* 2 feuillettes.

([1]) La toise cube vaut évidemment 216 pieds cubes, 1 pied cube vaut 1728 pouces cubes, 1 pouce cube vaut 1728 lignes cubes. De même, la toise carrée vaut 36 pieds carrés, 1 pied carré vaut 144 pouces carrés, 1 pouce carré vaut 144 lignes carrées.

On mesurait les grains à l'aide du *litron*, contenance de $0^{litre},8130$. Le *boisseau* valait 16 litrons, et le *setier* 12 boisseaux.

Mesures de poids.

374. L'unité de poids était la *livre-poids* (¹). Elle vaut $0^{kg},489506$. Le kilogramme, réciproquement, vaut

$$2^{livres\text{-}poids},0428765.$$

Ainsi le kilogramme vaut un peu plus de 2 livres.

La livre-poids se subdivisait en 2 *marcs*, le marc en 8 *onces*, l'once en 8 *gros*, le gros en 3 *deniers* ou *scrupules*, le denier en 24 *grains* ou le gros en 72 grains. Le *quintal* valait 100 livres.

Nous donnons la table de conversion des anciens poids en nouveaux.

QUOTITÉ	LIVRES en kilogrammes.	ONCES en grammes.	GROS en grammes.	GRAINS en grammes.	QUINTAUX en myriagramm.
1	0,48951	30,59	3,824	0,053	4,8951
2	0,97901	61,19	7,649	0,106	9,7901
3	1,46852	91,78	11,473	0,159	14,6852
4	1,95802	122,38	15,297	0,212	19,5802
5	2,44753	152,97	19,121	0,266	24,4753
6	2,93704	183,56	22,946	0,319	29,3704
7	3,42654	214,16	26,770	0,372	34,2654
8	3,91605	244,75	30,594	0,425	39,1605
9	4,40555	275,35	34,418	0,478	44,0555

On voit qu'en multipliant le *prix* du kilogramme d'une substance par 0,4895, on a le prix de la livre; et qu'en multipliant le *prix* de la livre par 2,0429, on a le prix du kilogramme.

(¹) On indiquait la livre-poids par le signe ℔.

Monnaies.

375. L'unité monétaire était la *livre-tournois* ([1]); elle se subdivisait en 20 *sous*, chaque sou en 4 *liards* ou 12 *deniers*. La livre-tournois n'avait pas de représentation monétaire.

Les monnaies d'or étaient le *double-louis*, de 48 livres; le *louis*, de 24 livres; le *demi-louis*, de 12 livres.

Les monnaies d'argent étaient l'*écu* de 6 livres et l'écu de 3 livres; la pièce de 30 *sols*, celle de 24 sols, celle de 15 sols et celle de 12 sols.

Les monnaies de billon étaient la pièce de 2 sols et celle de 6 liards.

Enfin les monnaies de cuivre étaient la pièce de 2 sols et celle de 1 sol, celle de 2 liards et celle de 1 liard.

81^{lt} valent 80 francs, de sorte que $1^{lt} = \dfrac{80^{fr}}{81} = 0^{fr},98765$. On prend ordinairement $1^{lt} = 0^{fr},99$.

Mesures de temps.

376. Le temps employé par la terre pour faire une révolution entière autour de son axe est l'unité de temps appelée *jour* ([2]).

Le jour se divise en 24 *heures*, l'heure en 60 *minutes*, la minute en 60 *secondes*, la seconde en 60 *tierces*. Cette dernière subdivision est peu employée, et l'on compte par dixièmes et centièmes de seconde. Les heures, minutes et secondes s'indiquent au moyen des lettres initiales h, m et s. Ainsi 23 heures, 32 minutes, 7 secondes, 9 dixièmes de seconde seront représentés comme il suit : $23^h 32^m 7^s,9$.

377. Les calculs sur les nombres complexes qui corres-

([1]) On indiquait la livre-tournois par le signe ^{lt}.

([2]) Le jour ainsi défini représente le temps qui s'écoule entre les passages supérieurs successifs d'une même étoile au méridien : c'est le jour *sidéral*. Lorsqu'on considère les passages supérieurs du Soleil, l'intervalle entre deux passages successifs est le jour solaire vrai, plus long que le jour sidéral, mais non constant comme ce dernier. Enfin, le jour *solaire moyen* ou jour *civil* est un troisième jour constant, qui peut par conséquent servir aussi d'unité de temps, et surpasse le jour sidéral de 236 secondes.

pondent aux mesures de temps ne présentent pas de difficultés.

Pour l'addition et la multiplication, il suffit de tenir compte des retenues, en se rappelant que 60 secondes valent 1 minute, et 60 minutes 1 heure. Les opérations suivantes indiquent la marche à suivre :

$$15^h\,33^m\,56^s,8$$
$$35\quad 52\quad 19\,,7$$
$$27\quad 50\quad 33\,,2$$
$$\overline{79^h\,16^m\,49^s,7}$$

$$3^h\,17^m\,32^s,4$$
$$9$$
$$\overline{29^h\,37^m\,51^s,6}$$

Pour la soustraction, si les secondes du nombre supérieur sont trop faibles, on les augmente de 60, et par compensation on augmente d'une minute les minutes du nombre inférieur. On opère de même par rapport aux minutes. C'est ce que montre l'exemple suivant :

$$43^h\,22^m\,\,5^s,4$$
$$19\quad 37\quad 18\,,3$$
$$\overline{23^h\,44^m\,47^s,1}$$

Soit enfin à diviser par 14 le nombre $92^h\,57^m\,32^s,5$. Le quotient sera égal à

$$\frac{92^h}{14}\quad\frac{57^m}{14}\quad\frac{32^s,5}{14}.$$

$\frac{92^h}{14}=6^h+\frac{8^h}{14}=6^h+\frac{480^m}{14}.$ Si l'on ajoute les deux fractions de minute, on a

$$\frac{480^m}{14}+\frac{57^m}{14}=\frac{537^m}{14}=38^m+\frac{5^m}{14}.$$

La fraction $\frac{5^m}{14}$ revient à $\frac{300^s}{14}.$ Si l'on ajoute les deux fractions de seconde, il vient

$$\frac{300^s}{14}+\frac{32^s,5}{14}=\frac{332^s,5}{14}=23^s,75.$$

Le quotient cherché est donc, en réunissant les résultats successivement obtenus, $6^h\,38^m\,23^s,75$.

378. Pour donner un exemple de la marche à suivre dans des cas plus compliqués, supposons qu'on ait à résoudre cette question :

On a exécuté en 1 heure $5^T 4^P 3^P$ *d'un certain ouvrage ; quelle sera l'expression du travail produit en* $3^h 32^m 45^s$?

Nous commencerons par réduire le multiplicande $5^T 4^P 3^P$ en toises et fraction *décimale* de la toise; puis nous réduirons le multiplicateur en heures et fraction décimale de l'heure.

Nous aurons ainsi

$$3^P = \frac{3^P}{12} = \frac{1^P}{4} = 0^P,25.$$

Il viendra ensuite

$$4^P,25 = \frac{4^T,25}{6} = 0^T,7083.$$

Le multiplicande sera donc égal à $5^T,7083$.

Nous aurons de même

$$45^s = \frac{45^m}{60} = \frac{3^m}{4} = 0^m,75.$$

Il viendra ensuite

$$32^m,75 = \frac{32^h,75}{60} = 0^h,5458.$$

Le multiplicateur sera donc égal à $3^h,5458$.

Il faut multiplier les deux nombres 5,7083 et 3,5458 : le produit représentera des toises. On ne peut compter au produit que sur le chiffre des millièmes. Employons le procédé de la multiplication abrégée :

$$
\begin{array}{r}
5,7083. \\
85453 \\
\hline
17\ 12490 \\
2\ 85415 \\
22832 \\
2850 \\
456 \\
\hline
20,24043
\end{array}
$$

Le produit est égal à $20^T,241$. Mais on a

$$0^T,241 = 0,241 \times 6^P = 1^P,446,$$
$$0^P,446 = 0,446 \times 12^P = 5^P,352,$$
$$0^P,352 = 0,352 \times 12^l = 4^l,224.$$

Le produit demandé est donc $20^T 1^P 5^P 4^l,22$.

CHAPITRE III.

RAPPORTS ET PROPORTIONS.

Propriétés des rapports.

379. On nomme *rapport* de deux grandeurs de même espèce le nombre qui mesure la première quand on prend la seconde pour unité (3).

380. I. *Le rapport de deux grandeurs de même espèce est le nombre par lequel il faut multiplier la seconde pour obtenir la première.*

1° Supposons le rapport donné *commensurable* et égal à $\frac{3}{5}$. La première grandeur étant représentée par $\frac{3}{5}$ quand la seconde est l'unité choisie, la première grandeur est les $\frac{3}{5}$ de la seconde, c'est-à-dire qu'il faut multiplier la seconde grandeur par $\frac{3}{5}$ pour obtenir la première.

2° Si le rapport donné est un nombre *incommensurable r*, ce rapport tombe entre deux nombres commensurables tels que $\frac{k}{n}$ et $\frac{k+1}{n}$ (270). Par conséquent, si A et B sont les grandeurs considérées, on a nécessairement (1°)

$$B\frac{k}{n} < A < B\frac{k+1}{n};$$

c'est-à-dire que, si l'on prend B pour unité, les deux grandeurs commensurables représentées par $\frac{k}{n}$ et $\frac{k+1}{n}$ comprennent entre elles la grandeur A. Pour obtenir A, il faut donc multiplier B par un nombre *m* compris entre $\frac{k}{n}$ et $\frac{k+1}{n}$.

Or il ne peut y avoir aucune différence assignable entre ce nombre m et le rapport donné r, puisqu'on peut rapprocher autant qu'on veut leurs limites communes en prenant n assez grand.

381. **II.** *Le rapport de deux grandeurs de même espèce est égal au quotient des nombres qui les mesurent, l'unité choisie restant la même.*

En effet, si les rapports des grandeurs A et B à la grandeur C prise pour unité sont représentés par les nombres a et b, on a (380)

$$A = Ca, \quad B = Cb,$$

d'où l'on déduit immédiatement

$$A = B\,\frac{a}{b}.$$

Le quotient $\frac{a}{b}$ exprime donc le rapport des deux grandeurs A et B.

C'est ainsi qu'on est conduit à appeler rapport de deux nombres a et b le quotient de leur division. Par exemple, le rapport du nombre $\frac{3}{4}$ au nombre $\frac{5}{7}$ est $\dfrac{\frac{3}{4}}{\frac{5}{7}}$; le premier nombre $\frac{3}{4}$ est le *numérateur* du rapport, le deuxième nombre $\frac{5}{7}$ en est le *dénominateur*. Ces dénominations sont naturelles : on a vu effectivement (212) que les fractions ordinaires à termes entiers ne sont autre chose que des quotients ou des rapports.

382. Deux rapports sont *inverses* l'un de l'autre lorsque le numérateur de l'un est égal au dénominateur de l'autre, et réciproquement. Ainsi $\frac{a}{b}$ et $\frac{b}{a}$ sont des rapports inverses.

383. Les règles du calcul des fractions à termes entiers sont applicables aux rapports ou fractions générales $\frac{a}{b}$, dans les-

quelles les termes a et b peuvent être eux-mêmes des nombres fractionnaires ou incommensurables.

384. **III.** *Un rapport ne change pas de valeur quand on multiplie ou quand on divise ses deux termes par un même nombre.*

Soit le rapport $\dfrac{a}{b}$. Si nous désignons par q le quotient des deux termes, nous aurons

$$\frac{a}{b} = q \quad \text{et} \quad a = bq.$$

Multiplions par un même nombre m les deux membres de cette égalité; il vient

$$am = bmq$$

et, par suite,

$$\frac{am}{bm} = q = \frac{a}{b}.$$

On voit, par ce qu'on vient de démontrer, que l'on peut réduire plusieurs rapports au même dénominateur en suivant la règle établie pour les fractions ordinaires à termes entiers. On voit aussi qu'on peut appliquer aux rapports les règles de l'addition et de la soustraction des fractions.

385. **IV.** *Pour multiplier deux rapports l'un par l'autre, il suffit de les multiplier terme à terme.*

Soient les deux rapports $\dfrac{a}{b}$ et $\dfrac{a'}{b'}$. Si nous désignons par q et q' les quotients correspondants, nous aurons

$$a = bq \quad \text{et} \quad a' = b'q'.$$

Si nous multiplions membre à membre ces deux égalités, il vient

$$aa' = bb'\,qq',$$

et, par suite,

$$\frac{aa'}{bb'} = qq' = \frac{a}{b} \times \frac{a'}{b'}.$$

On étend facilement la même règle au cas d'un nombre quelconque de rapports.

On voit que *deux rapports inverses* (382) *ont pour produit l'unité.*

D'après ce qu'on vient de démontrer et d'après la définition de la division, il est évident que, *pour diviser un rapport par un autre, il suffit de multiplier le rapport dividende par l'inverse du rapport diviseur,* ou encore *de diviser les deux rapports terme à terme* (215).

386. V. *Lorsqu'on a une suite de rapports égaux, la somme de leurs numérateurs divisée par la somme de leurs dénominateurs forme un rapport égal à chacun des rapports proposés.*

Soit la suite

$$\frac{a}{b} = \frac{a'}{b'} = \frac{a''}{b''}.$$

Si nous désignons par q le quotient commun, nous aurons

$$a = bq, \quad a' = b'q, \quad a'' = b''q,$$

c'est-à-dire, en ajoutant toutes ces égalités membre à membre,

$$a + a' + a'' = (b + b' + b'')q;$$

on en déduit

$$\frac{a + a' + a''}{b + b' + b''} = q = \frac{a}{b} = \frac{a'}{b'} = \frac{a''}{b''}.$$

On démontre de même que, *si l'on a deux rapports égaux, la différence de leurs numérateurs divisée par la différence de leurs dénominateurs forme un rapport égal à chacun des rapports proposés.*

Théorie des proportions.

387. *On appelle proportion l'égalité de deux rapports.*

Si les deux rapports $\frac{a}{b}$ et $\frac{c}{d}$ sont égaux, ils forment la proportion

$$\frac{a}{b} = \frac{c}{d}.$$

On écrit aussi une proportion en remplaçant chaque barre de

fraction par le signe : . On a alors

$$a : b = c : d.$$

Il résulte du théorème du n° 381 que, *lorsque quatre grandeurs forment proportion, il en est de même des nombres qui les représentent.*

On peut donc toujours supposer évaluées en nombres les grandeurs qui forment les proportions considérées dans les différentes parties des Mathématiques.

Dans la proportion $\dfrac{a}{b} = \dfrac{c}{d}$ ou $a : b = c : d$, les numérateurs des deux rapports prennent le nom d'*antécédents*, les dénominateurs prennent le nom de *conséquents*. Les termes a et d sont les deux *extrêmes*, les termes b et c sont les deux *moyens*. On énonce souvent une proportion, surtout en Géométrie, en disant : *a est à b comme c est à d.*

388. I. *Dans toute proportion, le produit des extrêmes est égal au produit des moyens.*

Soit la proportion

$$\frac{a}{b} = \frac{c}{d}.$$

Réduisons les deux rapports au même dénominateur, il viendra

$$\frac{a \times d}{b \times d} = \frac{c \times b}{d \times b}.$$

Ces deux rapports étant égaux et ayant même dénominateur, leurs numérateurs sont égaux, et l'on a

$$a \times d = b \times c.$$

389. II. Réciproquement, *si quatre nombres sont tels, que le produit des extrêmes soit égal à celui des moyens, ces quatre nombres forment proportion dans l'ordre même où ils sont écrits.*

En effet, si l'on a l'égalité

$$a \times d = b \times c,$$

on peut en diviser les deux membres par le produit $d \times b$.

Il vient

$$\frac{a \times d}{d \times b} = \frac{b \times c}{d \times b},$$

c'est-à-dire, en simplifiant,

$$\frac{a}{b} = \frac{c}{d}.$$

390. *Étant donnés trois termes d'une proportion, on peut,* d'après cela, *déterminer facilement le quatrième.*

Si c'est un extrême qui est inconnu, il faut diviser le produit des moyens par l'extrême connu. Si c'est un moyen qui est inconnu, il faut diviser le produit des extrêmes par le moyen connu.

Comme *la condition pour qu'il y ait proportion est que le produit des extrêmes soit égal au produit des moyens,* on peut faire subir à une proportion, sans qu'il cesse d'y avoir proportion, les changements suivants :

1° *On peut échanger les moyens entre eux.* De la proportion

$$a : b = c : d,$$

on déduit alors

$$a : c = b : d.$$

2° *On peut échanger les extrêmes.* Si l'on fait subir cette transformation aux deux proportions précédentes, il vient

$$d : b = c : a,$$
$$d : c = b : a.$$

3° *On peut changer les moyens de place avec les extrêmes.* Si l'on fait subir cette transformation aux quatre proportions déjà obtenues, on trouve

$$b : a = d : c,$$
$$c : a = d : b,$$
$$b : d = a : c,$$
$$c : d = a : b.$$

En tout, trois changements donnant lieu à huit proportions.

De C. — *Cours.* 16

On peut de même multiplier ou diviser par un même nombre les deux termes du premier ou du second rapport, multiplier ou diviser par un même nombre les deux antécédents ou les deux conséquents.

391. III. *Lorsque deux proportions ont un rapport commun, les deux autres rapports forment proportion.*

Si l'on a

$$\frac{a}{b} = \frac{c}{d}, \quad \frac{a}{b} = \frac{e}{f},$$

on en déduit

$$\frac{c}{d} = \frac{e}{f}.$$

Il résulte de ce que nous venons de dire que, *lorsque deux proportions ont les mêmes antécédents ou les mêmes conséquents, leurs conséquents ou leurs antécédents forment proportion.*

Soient les proportions

$$\frac{a}{b} = \frac{c}{d}, \quad \frac{a}{e} = \frac{c}{f}.$$

Changeons les moyens de place dans ces deux proportions; elles deviennent

$$\frac{a}{c} = \frac{b}{d}, \quad \frac{a}{c} = \frac{e}{f},$$

et l'on en déduit

$$\frac{b}{d} = \frac{e}{f}.$$

392. IV. *Dans toute proportion, la somme ou la différence des antécédents est à la somme ou à la différence des conséquents comme un antécédent est à son conséquent.*

De la proportion $\frac{a}{b} = \frac{c}{d}$, on tire immédiatement (386)

$$\frac{a \pm c}{b \pm d} = \frac{a}{b}.$$

En séparant les signes, on a à la fois

$$\frac{a+c}{b+d} = \frac{a}{b} \quad \text{et} \quad \frac{a-c}{b-d} = \frac{a}{b}.$$

On en déduit

$$\frac{a+c}{b+d} = \frac{a-c}{b-d},$$

ou, en échangeant les moyens,

$$\frac{a+c}{a-c} = \frac{b+d}{b-d};$$

ce qu'on énonce en disant que, *dans toute proportion, la somme des antécédents est à leur différence comme la somme des conséquents est à leur différence.*

393. V. *Dans toute proportion, la somme ou la différence des deux premiers termes est à la somme ou à la différence des deux derniers comme le premier terme est au troisième ou le second au quatrième.*

Dans la proportion $\frac{a}{b} = \frac{c}{d}$, changeons les moyens de place; nous aurons $\frac{a}{c} = \frac{b}{d}$. Appliquons le théorème précédent (392) à cette dernière proportion; il vient

$$\frac{a \pm b}{c \pm d} = \frac{a}{c} = \frac{b}{d}.$$

En séparant les signes, on a à la fois

$$\frac{a+b}{c+d} = \frac{a}{c} \quad \text{et} \quad \frac{a-b}{c-d} = \frac{a}{c}.$$

On en déduit

$$\frac{a+b}{c+d} = \frac{a-b}{c-d}$$

ou, en échangeant les moyens,

$$\frac{a+b}{a-b} = \frac{c+d}{c-d};$$

ce qu'on énonce en disant que, *dans toute proportion, la somme des deux premiers termes est à leur différence comme la somme des deux derniers termes est à leur différence.*

394. VI. *En multipliant plusieurs proportions terme à terme, on obtient une proportion.*

16.

Soient les proportions

$$\frac{a}{b} = \frac{c}{d}, \quad \frac{a'}{b'} = \frac{c'}{d'}, \quad \frac{a''}{b''} = \frac{c''}{d''}.$$

Multiplions membre à membre ces trois égalités. On trouve

$$\frac{a}{b} \times \frac{a'}{b'} \times \frac{a''}{b''} = \frac{c}{d} \times \frac{c'}{d'} \times \frac{c''}{d''},$$

c'est-à-dire, en suivant la règle de multiplication des rapports (385),

$$\frac{aa'a''}{bb'b''} = \frac{cc'c''}{dd'd''}.$$

395. VII. *Si l'on divise deux proportions terme à terme, les quotients obtenus forment proportion.*

Soient les proportions

$$\frac{a}{b} = \frac{c}{d}, \quad \frac{a'}{b'} = \frac{c'}{d'}.$$

Divisons membre à membre ces deux égalités; nous aurons

$$\frac{a}{b} : \frac{a'}{b'} = \frac{c}{d} : \frac{c'}{d'},$$

c'est-à-dire, en suivant la seconde règle de division des rapports (385),

$$\frac{a : a'}{b : b'} = \frac{c : c'}{d : d'}.$$

396. VIII. *Les puissances ou les racines de même degré des quatre termes d'une proportion forment proportion.*

De l'égalité $\frac{a}{b} = \frac{c}{d}$ on tire évidemment

$$\left(\frac{a}{b}\right)^m = \left(\frac{c}{d}\right)^m \quad \text{ou (385)} \quad \frac{a^m}{b^m} = \frac{c^m}{d^m}.$$

On en déduit aussi

$$\sqrt[m]{\frac{a}{b}} = \sqrt[m]{\frac{c}{d}} \quad \text{ou} \quad \frac{\sqrt[m]{a}}{\sqrt[m]{b}} = \frac{\sqrt[m]{c}}{\sqrt[m]{d}}.$$

En effet, la puissance $m^{ième}$ de $\dfrac{\sqrt[m]{a}}{\sqrt[m]{b}}$ est égale à $\dfrac{a}{b}$, comme celle

de $\sqrt[m]{\dfrac{a}{b}}$ (385, 77); les deux égalités considérées sont donc bien identiques.

De la moyenne proportionnelle.

397. Déterminer *la moyenne proportionnelle ou géométrique* de deux grandeurs ou de deux nombres, c'est former une proportion qui ait pour extrêmes les grandeurs ou les nombres donnés et dont les moyens soient égaux.

Soient, par exemple, a et b les nombres donnés et x la moyenne proportionnelle cherchée. On doit avoir

$$\frac{a}{x} = \frac{x}{b},$$

d'où (388)

$$x^2 = ab \quad \text{et} \quad x = \sqrt{ab}.$$

La moyenne proportionnelle de deux nombres est donc *égale à la racine carrée de leur produit.*

x tombe nécessairement entre les nombres donnés a et b, d'où le terme de *moyenne* employé (198).

398. La considération des moyennes est d'un usage très-fréquent dans la Statistique et dans toutes les sciences d'observation. Nous avons donné précédemment (198) la définition de la *moyenne arithmétique.*

Des expériences successives fournissent, en général, pour tout nombre qu'on veut calculer expérimentalement, des valeurs un peu différentes. On prend alors, pour valeur de ce nombre, la moyenne arithmétique des résultats obtenus. C'est admettre que les erreurs commises par les observateurs se compensent sensiblement. Nous croyons qu'il faut se défier de cette manière d'opérer. Il est beaucoup plus prudent de ne conserver, dans la valeur du nombre cherché, que les chiffres communs à toutes les expériences regardées comme les meilleures.

399. *La moyenne arithmétique de deux nombres est plus grande que leur moyenne géométrique.*

En désignant par a et b ($a > b$) les deux nombres donnés, il faut comparer $\dfrac{a+b}{2}$ (198) et $\sqrt{ab}$ (397). Or, on a (397, 386)

$$\frac{a}{\sqrt{ab}} = \frac{\sqrt{ab}}{b} = \frac{a - \sqrt{ab}}{\sqrt{ab} - b}.$$

Comme le premier rapport est supérieur à l'unité, on a aussi

$$a - \sqrt{ab} > \sqrt{ab} - b;$$

c'est-à-dire, en ajoutant $b + \sqrt{ab}$ aux deux membres de cette inégalité et en les divisant ensuite par 2,

$$\frac{a+b}{2} > \sqrt{ab}.$$

CHAPITRE IV.

DES GRANDEURS PROPORTIONNELLES OU INVERSEMENT PROPORTIONNELLES.

Grandeurs proportionnelles.

400. *Lorsque deux grandeurs varient ensemble, de manière que le rapport de deux valeurs quelconques de la première grandeur soit égal au rapport des deux valeurs correspondantes de la seconde grandeur, on dit que ces grandeurs sont proportionnelles.*

Ainsi, il est de convention que le salaire d'un ouvrier est proportionnel à la durée de son travail.

On démontre en Mécanique que l'espace parcouru par un corps doué d'un mouvement uniforme est proportionnel au temps écoulé.

La Géométrie prouve que la longueur d'une circonférence de cercle est proportionnelle à celle de son rayon.

Dans les exemples précédents, comme dans tous ceux qu'on peut citer, on admet la proportionnalité des grandeurs considérées comme un fait qui est connu ou qui résulte d'une convention. La démonstration de cette proportionnalité n'est pas du ressort de l'Arithmétique; elle appartient, dans chaque cas, à la science qui traite des grandeurs que l'on considère. On peut, cependant, s'assurer souvent de la proportionnalité de deux grandeurs à l'aide de la proposition que nous allons développer.

401. Soient deux grandeurs A et B (de même espèce ou d'espèce différente) qui sont supposées proportionnelles. Soient A_1 et A_2 deux états ou deux valeurs quelconques de la première grandeur, B_1 et B_2 les valeurs correspondantes de la

seconde grandeur. On a, par hypothèse (400),

$$\frac{A_2}{A_1} = \frac{B_2}{B_1}.$$

Si nous désignons par q le quotient commun, on peut écrire

$$A_2 = A_1 q,$$
$$B_2 = B_1 q.$$

Donc, lorsque deux grandeurs sont proportionnelles, en multipliant par un même nombre quelconque deux valeurs correspondantes de ces grandeurs, on obtient deux nouvelles valeurs correspondantes.

Réciproquement, si cette condition est remplie, les deux grandeurs considérées sont proportionnelles; car on déduit alors immédiatement des égalités précédentes

$$\frac{A_2}{A_1} = \frac{B_2}{B_1}.$$

On obtient ainsi ce théorème :

Deux grandeurs sont proportionnelles si elles sont liées l'une à l'autre de manière que, une valeur quelconque de l'une étant multipliée par un nombre quelconque, la valeur correspondante de l'autre soit nécessairement multipliée par le même nombre.

De plus, *il suffit* (ce qui simplifie beaucoup l'application de ce théorème) *que la condition indiquée soit remplie lorsqu'on choisit pour multiplicateur un nombre entier, pour qu'elle le soit forcément quand ce multiplicateur devient un nombre fractionnaire ou incommensurable.*

En effet, soient A_1 et B_1 deux valeurs correspondantes des grandeurs considérées A et B. Si l'on multiplie A_1 par la fraction $\frac{1}{n}$, on obtient la grandeur $\frac{A_1}{n}$. En multipliant cette dernière grandeur par l'entier n, on revient à la grandeur A_1. Il faut donc, d'après l'hypothèse, que la valeur de B qui correspond à $\frac{A_1}{n}$ soit telle, qu'en la multipliant par n on retrouve la grandeur B_1 qui correspond à A_1; cette valeur correspondante est donc $\frac{B_1}{n}$.

Prenons maintenant pour multiplicateur le nombre fractionnaire $\frac{m}{n}$. On commencera par multiplier les deux grandeurs correspondantes A_1 et B_1 par $\frac{1}{n}$, et l'on obtiendra deux valeurs correspondantes $\frac{A_1}{n}$ et $\frac{B_1}{n}$, qui, multipliées à leur tour par l'entier m, donneront encore deux valeurs correspondantes $\frac{mA_1}{n}$ et $\frac{mB_1}{n}$.

Supposons enfin que le multiplicateur soit un nombre incommensurable r. Ce nombre (270) tombera entre deux nombres commensurables $\frac{k}{n}$ et $\frac{k+1}{n}$. Si l'on part des grandeurs correspondantes A_1 et B_1, les grandeurs $\frac{k}{n}A_1$ et $\frac{k+1}{n}A_1$ correspondront aux grandeurs $\frac{k}{n}B_1$ et $\frac{k+1}{n}B_1$, d'après l'alinéa précédent; par suite, la grandeur rA_1 comprise entre les deux premières correspondra à la grandeur rB_1 comprise entre les deux autres, puisqu'en prenant n assez grand, les deux limites des grandeurs rA_1 et rB_1 diffèrent aussi peu qu'on veut, tout en continuant de se correspondre.

402. Rapportons à une certaine unité de même espèce chacune des grandeurs proportionnelles A et B, et représentons par a_1, a_2, b_1, b_2 les nombres qui mesurent les valeurs particulières A_1, A_2, B_1, B_2. Nous aurons alors (381, 387)

$$\frac{a_2}{a_1} = \frac{b_2}{b_1}.$$

En échangeant les moyens, cette proportion numérique devient

$$\frac{a_2}{b_2} = \frac{a_1}{b_1}.$$

Les valeurs considérées étant quelconques, on peut donc dire que, *lorsque deux grandeurs sont proportionnelles, le rapport de leurs valeurs correspondantes est constant.*

Ainsi, en désignant par a et b deux valeurs quelconques, mais correspondantes, des grandeurs considérées, on voit que les grandeurs proportionnelles sont caractérisées par la formule générale

$$\frac{a}{b} = \text{const.}$$

Si l'expérience donne deux valeurs particulières des grandeurs proposées, la constante, égale à leur quotient, se trouve déterminée, et l'on connaît la relation numérique qui lie les deux grandeurs. *Il est utile de remarquer que cette constante est la valeur numérique de a lorsque b devient égal à 1.*

Grandeurs inversement proportionnelles.

403. *Lorsque deux grandeurs varient ensemble de manière que le rapport de deux valeurs quelconques de la première grandeur soit égal au rapport inverse des deux valeurs correspondantes de la seconde grandeur, on dit que ces grandeurs sont inversement proportionnelles.*

Ainsi, dans certaines limites, on peut admettre que le temps nécessaire pour l'achèvement d'un travail donné est inversement proportionnel au nombre des ouvriers employés.

On démontre en Mécanique que le temps employé par un corps, doué d'un mouvement uniforme, à parcourir un certain espace, est inversement proportionnel à la vitesse constante du mouvement.

La Physique prouve que les hauteurs de deux liquides différents se faisant équilibre dans les deux branches d'un vase communiquant sont inversement proportionnelles aux poids spécifiques de ces liquides.

On peut souvent s'assurer que deux grandeurs sont inversement proportionnelles à l'aide de la proposition suivante.

404. Soient deux grandeurs A et B (de même espèce ou d'espèce différente) qui sont supposées inversement proportionnelles. Soient A_1 et A_2 deux états ou deux valeurs quelconques de la première grandeur, B_1 et B_2 les valeurs correspondantes de la seconde grandeur. On a, par hypothèse (403),

$$\frac{A_2}{A_1} = \frac{B_1}{B_2}.$$

Si nous désignons par q le quotient commun, on peut écrire

$$A_2 = A_1 q,$$

$$B_2 = B_1 \frac{1}{q}.$$

Donc, lorsque deux grandeurs sont inversement proportionnelles, en multipliant et en divisant respectivement par un même nombre quelconque deux valeurs correspondantes de ces grandeurs, on obtient deux nouvelles valeurs correspondantes.

Réciproquement, si cette condition est remplie, les deux grandeurs considérées sont inversement proportionnelles; car on déduit alors immédiatement des égalités précédentes

$$\frac{A_2}{A_1} = \frac{B_1}{B_2}.$$

On obtient ainsi ce théorème :

Deux grandeurs sont inversement proportionnelles si elles sont liées l'une à l'autre de manière que, une valeur quelconque de l'une étant multipliée par un nombre quelconque, la valeur correspondante de l'autre soit nécessairement divisée par le même nombre.

De plus, *il suffit* (ce qui simplifie beaucoup l'application de ce théorème) *que la condition indiquée soit remplie lorsqu'on emploie comme multiplicateur et diviseur un nombre entier, pour qu'elle le soit forcément quand ce nombre entier est remplacé par un nombre fractionnaire ou incommensurable.*

C'est ce qu'on établit facilement en imitant les raisonnements faits au n° 401.

En effet, soient A_1 et B_1 deux valeurs correspondantes des grandeurs considérées A et B. Si l'on multiplie A_1 par la fraction $\frac{1}{n}$ on obtient la grandeur $\frac{A_1}{n}$. En multipliant cette dernière grandeur par l'entier n, on revient à la grandeur A_1. Il faut donc, d'après l'hypothèse, que la valeur de B qui correspond à $\frac{A_1}{n}$ soit telle, qu'en la divisant par n on retrouve la grandeur B_1 qui correspond à A_1; cette valeur correspondante est donc $n B_1$.

Prenons maintenant le nombre fractionnaire $\frac{m}{n}$. Si l'on divise A_1 par n, on muliplie B_1 par n d'après l'alinéa précédent, et l'on obtient les deux valeurs correspondantes $\frac{A_1}{n}$ et nB_1. Si l'on multiplie alors la première par l'entier m, il faut diviser la seconde par m, de sorte que les deux nouvelles valeurs correspondantes sont $\frac{mA_1}{n}$ et $\frac{nB_1}{m}$.

Supposons enfin que l'on multiplie A_1 par le nombre incommensurable r. Ce nombre tombe entre deux nombres commensurables $\frac{k}{n}$ et $\frac{k+1}{n}$. D'après ce qui précède, les grandeurs $\frac{k}{n}A_1$ et $\frac{k+1}{n}A_1$ correspondront aux grandeurs $\frac{B_1}{\frac{k}{n}}$ et $\frac{B_1}{\frac{k+1}{n}}$. Par suite, la grandeur rA_1 comprise entre les deux premières correspondra à la grandeur $\frac{B_1}{r}$ comprise entre les deux autres, puisque, pour n assez grand, les deux limites des grandeurs rA_1 et $\frac{B_1}{r}$ diffèrent aussi peu qu'on veut, tout en ne cessant pas de se correspondre.

405. Si nous représentons par a_1, a_2, b_1, b_2 les nombres qui mesurent les valeurs particulières A_1, A_2, B_1, B_2, lorsqu'on rapporte à une certaine unité chacune des grandeurs inversement proportionnelles A et B, nous aurons

$$\frac{a_2}{a_1} = \frac{b_1}{b_2}$$

ou (388)

$$a_2 b_2 = a_1 b_1.$$

Les valeurs considérées étant quelconques, on peut donc dire que, *lorsque deux grandeurs sont inversement proportionnelles, le produit de leurs valeurs correspondantes est constant.*

Ainsi, en désignant par a et b deux valeurs quelconques, mais correspondantes, des grandeurs considérées, on voit que les grandeurs inversement proportionnelles sont caractérisées par la formule générale

$$ab = \text{const.}$$

Si l'expérience donne deux valeurs particulières des grandeurs proposées, la constante, égale à leur produit, se trouve déter-minée, et l'on connaît la relation numérique qui lie les deux grandeurs. *Il est utile de remarquer que cette constante est la valeur numérique de a lorsque b devient égal à 1.*

Cas où l'on a à considérer plus de deux grandeurs.

406. Il est rare qu'une grandeur dépende exclusivement d'une autre grandeur; plusieurs éléments concourent le plus souvent à déterminer sa valeur : par exemple, le poids d'une barre de métal dépend à la fois de sa longueur, de sa largeur, de son épaisseur et du poids spécifique du métal.

Lorsqu'une grandeur dépend ainsi de plusieurs autres, si l'on dit qu'elle est proportionnelle ou inversement propor-tionnelle à l'une des grandeurs dont elle dépend, on sous-entend que les autres éléments qui la déterminent sont alors regardés comme invariables. Par exemple, si l'on dit : le poids d'une barre métallique est proportionnel au poids spécifique du métal, on sous-entend que les dimensions de la barre sont considérées comme invariables.

Des questions qui se rapportent aux grandeurs proportionnelles ou inversement proportionnelles.

407. Les questions dont nous allons nous occuper peuvent être énoncées généralement de la manière suivante :

1° *Connaissant deux valeurs simultanées de deux grandeurs proportionnelles ou inversement proportionnelles, trouver la valeur de la première grandeur qui correspond à une nouvelle valeur donnée de la seconde.*

2° *Connaissant des valeurs simultanées d'un nombre quel-conque de grandeurs proportionnelles ou inversement propor-tionnelles à l'une d'entre elles, trouver la valeur que prend celle-ci quand on donne de nouvelles valeurs à toutes les autres grandeurs.*

Règles de trois simples.

408. La question (1°) du n° 407 est le type général des rè-gles de trois simples : la règle de trois est *directe* quand les grandeurs qui entrent dans l'énoncé sont proportionnelles; elle est *inverse* quand ces grandeurs sont inversement proportionnelles.

Soient A *et* B *deux grandeurs proportionnelles. On connaît deux valeurs correspondantes* a_1 *et* b_1 *de ces deux grandeurs, et l'on demande de calculer la valeur* x *de* B *qui correspond à une seconde valeur* a_2 *de* A.

On a, par hypothèse (400),

$$\frac{x}{b_1} = \frac{a_2}{a_1},$$

d'où

$$x = b_1 \times \frac{a_2}{a_1}.$$

Ainsi, *dans le cas d'une règle de trois simple et directe, l'inconnue* x *s'obtient en multipliant la valeur connue de même espèce que* x *par le rapport direct de la nouvelle valeur de l'autre grandeur à sa valeur primitive.*

Soient A *et* B *deux grandeurs inversement proportionnelles. On connaît deux valeurs correspondantes* a_1 *et* b_1 *de ces deux grandeurs, et l'on demande de calculer la valeur* x *de* B *qui correspond à une seconde valeur* a_2 *de* A.

On a, par hypothèse (403),

$$\frac{x}{b_1} = \frac{a_1}{a_2},$$

d'où

$$x = b_1 \times \frac{a_1}{a_2}.$$

Ainsi, *dans le cas d'une règle de trois simple et inverse, l'inconnue* x *s'obtient en multipliant la valeur connue de même espèce que* x *par le rapport inverse de celui de la nouvelle valeur de l'autre grandeur à sa valeur primitive.*

Règles de trois composées.

409. La question (2°) du n° 407 est le type général des règles de trois composées.

Soient M, A, B, P, Q *les grandeurs considérées :* M *est proportionnelle à* A *et à* B *et inversement proportionnelle à*

P et à Q (406). *On connaît une série m_1, a_1, b_1, p_1, q_1 de valeurs correspondantes de ces grandeurs, et l'on demande de calculer la valeur x de M qui correspond à une nouvelle série de valeurs a_2, b_2, p_2, q_2 des autres grandeurs.*

Si l'on considère seulement M et A et si l'on suppose (406) que les autres grandeurs conservent les valeurs b_1, p_1, q_1, on voit que, A passant de la valeur a_1 à la valeur a_2, M passera de la valeur m_1 à une valeur X, qui satisfera (408) à la relation

$$X = m_1 \frac{a_2}{a_1}.$$

Si l'on considère maintenant M et B, les autres grandeurs conservant les valeurs a_2, p_1, q_1, et B passant de la valeur b_1 à la valeur b_2, M passera de la valeur X à une valeur X′, qui satisfera de même (408) à la relation

$$X' = X \frac{b_2}{b_1}.$$

Comparons M et P. Les autres grandeurs conservant les valeurs a_2, b_2, q_1, si P passe de la valeur p_1 à la valeur p_2, M passera de la valeur X′ à une valeur X″ déterminée (408) par la relation

$$X'' = X' \frac{p_1}{p_2}.$$

Enfin, si l'on considère M et Q, et si les autres grandeurs conservent les valeurs a_2, b_2, p_1, on voit que, Q passant de la valeur q_1 à la valeur q_2, M passe de la valeur X″ à la valeur demandée x, qui correspond à la série a_2, b_2, p_2, q_2. Cette valeur de x satisfait d'ailleurs (408) à la relation

$$x = X'' \frac{q_1}{q_2}.$$

Pour faire disparaître les inconnues auxiliaires, il suffit de multiplier membre à membre toutes les égalités précédentes. En supprimant dans les deux membres de l'égalité résultante le facteur commun XX′X″, on trouve

$$x = m_1 \frac{a_2}{a_1} \frac{b_2}{b_1} \frac{p_1}{p_2} \frac{q_1}{q_2}.$$

Ainsi, *dans le cas d'une règle de trois composée, l'inconnue x s'obtient en multipliant la valeur connue de même
espèce que x par les rapports directs des nouvelles valeurs
aux valeurs primitives pour les grandeurs proportionnelles à la
grandeur de même espèce que l'inconnue, et par les rapports
inverses de ceux des nouvelles valeurs aux valeurs primitives
pour les grandeurs inversement proportionnelles à cette même
grandeur.*

On voit que ce résultat général concorde avec les résultats
particuliers énoncés au n° 408.

410. Désignons par k la valeur que prend M quand les
autres grandeurs A, B, P, Q deviennent toutes égales à
l'unité. La formule précédente devient, dans cette hypothèse,
en remplaçant m_1 par k et a_1, b_1, p_1, q_1 par l'unité,

$$x = k\,\frac{a_2 b_2}{p_2 q_2};$$

et elle s'applique à une série quelconque de valeurs correspondantes des grandeurs considérées. On en déduit

$$k = \frac{x\,p_2\,q_2}{a_2 b_2}.$$

L'expérience ayant déterminé une série de valeurs particulières correspondantes des grandeurs proposées, on en déduira donc le *coefficient constant* k, et l'on connaîtra la
relation numérique qui existe entre les grandeurs données.

411. S'il n'entre dans la question que des grandeurs proportionnelles entre elles, on a évidemment

$$k = \frac{x}{a_2 b_2},$$

c'est-à-dire (402) que, *lorsqu'une grandeur est proportionnelle à plusieurs autres grandeurs, elle est aussi proportionnelle à leur produit.*

De même, s'il n'entre dans la question que des grandeurs
inversement proportionnelles entre elles, on a

$$k = x\,p_2\,q_2,$$

c'est-à-dire (405) que, *lorsqu'une grandeur est inversement
proportionnelle à plusieurs autres grandeurs, elle est aussi
inversement proportionnelle à leur produit.*

Méthode de réduction à l'unité.

412. Au point de vue élémentaire, on fait souvent usage, pour résoudre les questions précédentes, de la méthode dite de *réduction à l'unité*. Elle consiste à chercher, dans le cas des règles de trois simples, la valeur de la grandeur de même espèce que l'inconnue qui correspond à une valeur de l'autre grandeur égale à 1, et, dans le cas des règles de trois composées, la valeur de la grandeur de même espèce que l'inconnue qui correspond à des valeurs des autres grandeurs toutes égales à 1. On en déduit ensuite facilement l'inconnue elle-même. Cette méthode revient donc, en réalité, à déterminer la *constante* (402, 405, 410) à l'aide de laquelle on peut établir la relation générale qui lie les grandeurs considérées. Il suffira de l'expliquer sur quelques exemples.

413. I. *Une usine a consommé* 17000 *kilogrammes de charbon pour produire* 6285 *kilogrammes de fonte; quelle quantité de charbon faudrait-il brûler pour produire* 11812 *kilogrammes de fonte?*

Si nous admettons la proportionnalité des grandeurs qui entrent dans la question, nous pourrons la résoudre en raisonnant de la manière suivante.

Puisque 6285 kilogrammes de fonte correspondent à 17000 kilogrammes de charbon, 1 kilogramme de fonte correspondra à $\dfrac{17000^{kg}}{6285}$ de charbon; par conséquent, 11812 kilogrammes de fonte correspondront à $\dfrac{17000}{6285} \times 11812$ ou à 31949 kilogrammes de charbon : c'est le résultat demandé.

La règle du n° 408 aurait donné immédiatement, pour la valeur de l'inconnue,

$$x = 17000 \times \frac{11812}{6285}.$$

414. II. *Les journées de travail étant de* 11 *heures, il a fallu* 15 *jours à* 22 *ouvriers pour exécuter un certain ouvrage; quel temps faudrait-il à* 37 *ouvriers pour achever le même ouvrage?*

Si nous admettons que les grandeurs qui entrent dans la question sont inversement proportionnelles, nous dirons :

Puisque 22 ouvriers ont dû travailler 15 jours, 1 ouvrier travaillera 15×22 jours; par conséquent, 37 ouvriers achèveront l'ouvrage proposé en $\dfrac{15 \times 22}{37}$ jours, c'est-à-dire en 8 jours, 10 heures, 6 minutes, à une demi-minute près.

La règle du n° 408 aurait donné immédiatement, pour la valeur de l'inconnue,

$$x =\cdot 15 \times \frac{22}{37}.$$

415. III. *Il a fallu 12 jours à 17 ouvriers pour élever un mur ayant 22 mètres de longueur, 3^m,25 de hauteur et 0^m,80 d'épaisseur; combien 25 ouvriers mettront-ils de temps à construire un mur ayant 31 mètres de longueur, 2^m,50 de hauteur et 0^m,50 d'épaisseur?*

Si nous admettons que le temps nécessaire à la construction du mur est proportionnel à chacune des dimensions de ce mur et inversement proportionnel au nombre des ouvriers employés, nous dirons :

17 ouvriers travaillant 12 jours pour élever un mur de 22 mètres de longueur, de $3^m,25$ de hauteur et de $0^m,80$ d'épaisseur, il leur faudra $\dfrac{12}{22}$ de jour pour élever un mur de même hauteur et de même épaisseur, mais n'ayant que 1 mètre de longueur. Si la hauteur du mur s'abaisse aussi à l'unité, le temps nécessaire deviendra égal à $\dfrac{22}{22 \times 3,25}$; et, si l'épaisseur de ce mur est de 1 mètre au lieu de $0^m,80$, il faudra prendre les $\dfrac{5}{4}$ du nombre précédent, ce qui donnera $\dfrac{12}{22 \times 3,25 \times 0,80}$. Enfin, si l'on a un seul ouvrier au lieu de 17, le temps demandé sera 17 fois plus considérable ou égal à $\dfrac{12 \times 17}{22 \times 3,25 \times 0,80}$. Telle est la réponse pour un mur dont toutes les dimensions seraient égales à 1 mètre et qui serait exécuté par un seul ouvrier. Une fois ce résultat obtenu, on voit qu'il doit être multiplié par 31, par 2,50 et par 0,50, si le mur considéré, au lieu d'avoir 1 mètre dans tous les sens, a 31 mètres de longueur, $2^m,50$ de hauteur et $0^m,50$ d'épaisseur; et que ce même résultat doit être concurremment di-

visé par 25, si l'on emploie 25 ouvriers au lieu d'un seul. Le nombre de jours cherché a donc pour expression

$$\frac{12 \times 17 \times 31 \times 2,50 \times 0,50}{22 \times 3,25 \times 0,80 \times 25} = 5^j \ 5^h \ 48^m,$$

à une demi-minute près, en supposant les journées de travail de 11 heures.

La règle du n° 409 aurait donné immédiatement, pour la valeur de l'inconnue,

$$x = 12 \times \frac{31}{22} \times \frac{2,50}{3,25} \times \frac{0,50}{0,80} \times \frac{17}{25}.$$

CHAPITRE V.

PROBLÈMES ET APPLICATIONS.

Règles d'intérêt simple.

416. Une somme d'argent quelconque s'appelle *capital*. Lorsqu'on emprunte un capital, on indemnise le prêteur en lui payant tous les ans un certain *intérêt*. Pour fixer cet intérêt, on indique ce que rapporte le capital *cent francs*, placé pendant un an dans les mêmes conditions que le capital considéré : c'est ce qu'on nomme le *taux* de l'intérêt. Si le taux adopté est, par exemple, égal à 5, on dit que le capital est placé à 5 *pour* 100.

L'intérêt est *simple* lorsqu'il est proportionnel au capital prêté et à la durée du placement. Chercher l'intérêt simple d'un capital, c'est donc résoudre une règle de trois composée (409).

417. Désignons par I l'intérêt rapporté par le capital C placé pendant A années; désignons en même temps par t le taux de l'intérêt.

L'intérêt I, étant proportionnel au capital C et au temps A (416), sera proportionnel au produit de ces deux quantités (411); on peut donc poser

$$I = k \cdot CA.$$

La constante k est l'intérêt rapporté par 1 franc placé pendant 1 an, c'est-à-dire $\dfrac{t}{100}$. En effet, si 100 francs rapportent t francs en 1 an, 1 franc rapportera 100 fois moins dans le même temps. On a donc

$$(1) \qquad I = \frac{C\,t\,A}{100}.$$

Cette égalité est ce qu'on appelle en Algèbre une *formule;* elle présente le tableau des opérations à effectuer sur les quantités données pour en déduire la valeur de la quantité inconnue.

Si l'on demande, par exemple, l'intérêt produit par un capital de 15825 francs, placé à 5 pour 100, pendant 1 an, il suffit de faire, dans l'égalité (1),

$$C = 15825, \quad t = 5, \quad A = 1,$$

et l'on obtient

$$I = \frac{15825 \times 5}{100} = 791^{fr},25.$$

On voit que, dans les cas analogues, la règle pratique est de *multiplier par le taux le centième du capital.*

La formule (1) renferme quatre quantités I, C, t, A; elle permet de déterminer l'une quelconque de ces quantités, les trois autres étant données. On en déduit, en effet,

$$C = \frac{100\,I}{t\,A}, \quad t = \frac{100\,I}{CA}, \quad A = \frac{100\,I}{C\,t}.$$

418. L'usage commercial est de compter tous les mois de 30 jours et l'année de 360 jours. Si l'on admet cette simplification et si l'on prend le mois pour unité de temps, il faut, dans la formule (1), remplacer A par $\frac{m}{12}$, en représentant par m l'expression en mois de la durée du placement. On a ainsi

$$(2) \qquad\qquad I = \frac{C\,t\,m}{1200}.$$

De même, si l'on prend le jour pour unité de temps, il faut remplacer A par $\frac{j}{360}$ dans la formule (1), en représentant par j l'expression en jours de la durée du placement, *ou* remplacer m par $\frac{j}{30}$ dans la formule (2). On a ainsi

$$(3) \qquad\qquad I = \frac{C\,t\,j}{36000}.$$

On peut écrire la formule (3), qui est la plus employée dans les applications, de la manière suivante :

$$I = \frac{C.j}{\dfrac{36000}{t}}.$$

Le dénominateur $\dfrac{36000}{t}$ est alors ce qu'on nomme le *diviseur*.

Voici ses valeurs pour les taux les plus usuels :

Taux.	Diviseur.
6	6000
5	7200
4,5	8000
4	9000
3	12000

Dans les cas correspondants, on peut donc énoncer cette règle pratique : *Multiplier le capital par le nombre de jours et diviser le produit trouvé par le diviseur.*

On a, par exemple, pour l'intérêt I rapporté par le capital 6540 francs placé à 4 pour 100 pendant 95 jours,

$$I = \frac{6540 \times 95}{9000} = 69^{fr},03.$$

419. Au point de vue légal, cette réduction de l'année à 360 jours n'est point admise. Toutes les fois qu'il s'agit d'une opération judiciaire, on doit donc calculer l'intérêt sur le pied de 365 jours par an. On fait alors usage de la formule (3), en substituant le dénominateur réel 36500 au dénominateur simplifié 36000. Les résultats obtenus par l'une ou l'autre voie diffèrent d'ailleurs toujours très-peu. En reprenant l'exemple du numéro précédent, on trouve pour l'intérêt rigoureusement exact

$$I = \frac{6540 \times 4 \times 95}{36500} = 68^{fr},09$$

au lieu de $69^{fr},03$.

Il faut remarquer que lorsqu'on évalue, au point de vue des intérêts, le nombre de jours compris entre deux dates, il est de règle de compter le jour qui sert de point de départ, sans compter celui de l'échéance.

420. Autrefois, pour fixer le taux de l'intérêt, on indiquait le capital qui, dans les circonstances considérées, produisait 1 franc d'intérêt. Ce capital était appelé *denier*. Ainsi, lorsqu'on parlait d'une somme placée au denier 20, par exemple, cela voulait dire que 20 francs rapportaient 1 franc. Le denier 20 répondait donc au taux de 5 pour 100.

421. On peut avoir à traiter des questions plus complexes, qui ne dépendent pas directement des règles de trois, mais qui s'y ramènent ou qu'il est facile de résoudre à l'aide des formules précédentes. En voici un exemple :

On emprunte une somme C portant intérêt à t pour 100 par an; quel capital doit recevoir le créancier, si l'on ne s'acquitte qu'après un nombre de jours égal à j.

Si l'on emploie la formule (3) du n° **418**, l'intérêt produit par la somme C est $\dfrac{Ctj}{36000}$. La dette totale D est donc

$$D = C + \frac{Ctj}{36000} = C\left(1 + \frac{tj}{36000}\right).$$

Cette égalité est la formule générale des questions de ce genre. Elle renferme encore quatre quantités D, C, t, j, et permet de déterminer l'une quelconque d'entre elles quand on connaît les trois autres.

Nous ajouterons que, d'après le Code, les payements d'intérêt se *prescrivent* par cinq ans, c'est-à-dire que, lorsqu'une rente est restée plus de cinq ans sans être acquittée, le créancier ne peut exiger, en droit, que cinq années d'arrérages, à moins de conventions spéciales ou de preuves interrompant la prescription.

Règles d'escompte.

422. Dans le commerce, on paye rarement comptant les objets livrés : on solde ses achats au moyen d'un *billet* ou *effet*, payable à une époque déterminée qu'on nomme *échéance* du billet.

Si le créancier a besoin d'argent avant l'échéance du billet qu'on lui a souscrit, il le *passe* à un banquier qui en acquitte le montant, sauf une retenue à son profit. Cette opération et la retenue correspondante portent le nom d'*escompte*.

Il y a deux sortes d'escompte : l'escompte en *dehors*, le seul usité en France, et l'escompte en *dedans* souvent employé à l'étranger.

Pratiquer l'escompte en dehors d'un billet, c'est retenir l'intérêt rapporté par la somme qui y est inscrite, depuis le jour de la présentation du billet jusqu'au jour de son échéance. Le possesseur du billet reçoit seulement la différence entre le montant du billet et l'intérêt ainsi calculé.

On voit que la formule de l'escompte en dehors se confond avec celle de l'intérêt simple (418).

Ainsi, *pour escompter le 3 octobre un billet de 1500 francs qui n'échoit que le 20 décembre suivant, le taux de l'escompte étant 6*, il faut, d'après ce qui précède (419), compter 29 jours en octobre qui est un mois de 31 jours, 30 jours en novembre, et 19 seulement en décembre, en supprimant le jour de l'échéance : on trouve alors 78 jours, et l'on a pour l'escompte cherché (418)

$$E = \frac{1500 \times 78}{6000} = 19^{fr},50.$$

423. *L'escompte en dedans consiste à retenir seulement les intérêts de la valeur du billet, au jour de sa présentation.* C'est ce qu'on nomme la *valeur actuelle* du billet.

Un billet de 3000 francs, par exemple, payable dans 85 jours, ne vaut pas *aujourd'hui* 3000 francs : il ne les vaudra que dans 85 jours. *Sa valeur actuelle est la somme qui, augmentée de ses intérêts, pendant 85 jours, représente précisément 3000 francs.*

Soit à escompter en dedans, au taux de t pour 100, un billet C payable dans un nombre de jours égal à j. Représentons par x sa valeur actuelle. On aura, par définition,

$$x + \frac{xtj}{36000} = C,$$

d'où

$$x = \frac{36000\,C}{36000 + tj} = \frac{100\,C}{100 + \dfrac{tj}{360}}.$$

Le quotient $\dfrac{tj}{360}$ est l'intérêt rapporte par 100 francs placés dans les mêmes conditions que la valeur actuelle du billet. Si l'on désigne cet intérêt par t', on a, pour la formule générale de la valeur actuelle d'un billet,

$$x = \frac{100\,C}{100 + t'}\,.$$

D'après ce qui précède, la différence entre le montant du billet et sa valeur actuelle est précisément l'escompte en dedans. La formule générale de cet escompte E' est donc

$$E' = C - x = C - \frac{100\,C}{100 + t'} = \frac{C t'}{100 + t'}\,.$$

424. Puisqu'on a, par définition,

$$C = x + E',$$

on voit que l'intérêt de C est égal à l'intérêt de x augmenté de celui de E'. En d'autres termes, *l'escompte en dehors est égal à l'escompte en dedans, augmenté de son propre intérêt*. Telle est la différence entre les deux escomptes. Comme l'escompte se fait rarement à long terme, cette différence est en général très-faible. En reprenant l'exemple du n° 422, on trouve 19^{fr},25 pour l'escompte en dedans du billet considéré. Dans cet exemple, la différence entre les deux escomptes est donc seulement de 0^{fr},25. On peut vérifier que l'intérêt de 19^{fr},25, dans les conditions posées, est bien égal à 0^{fr},25.

425. On peut vouloir remplacer plusieurs billets à échéances diverses par un seul billet équivalent, dont il s'agit alors de calculer l'*échéance moyenne*.

On détermine cette échéance par la condition que l'escompte du billet unique, effectué à une date antérieure quelconque, soit égal à la somme des escomptes des billets primitifs effectués à cette même date.

Soient a, a', a'' les montants des billets primitifs, et $A = a + a' + a''$ le montant du billet unique qui doit les remplacer. Désignons par j, j', j'' les nombres de jours qui séparent respectivement la date auxiliaire fictive des échéances des billets a, a', a'', et par J le nombre de jours qui doit s'écouler entre cette date auxiliaire et celle de l'échéance inconnue du billet A. Soit, enfin, $\dfrac{36000}{t} = d$ le diviseur (418) qu'on doit adopter d'après le taux choisi.

La somme des escomptes en dehors (422) des billets primitifs est

$$\frac{aj + a'j' + a''j''}{d}.$$

L'escompte en dehors du billet unique est $\dfrac{AJ}{d}$. On a donc, pour déterminer J, la condition

$$\frac{AJ}{d} = \frac{aj + a'j' + a''j''}{d},$$

d'où l'on déduit

$$J = \frac{aj + a'j' + a''j''}{a + a' + a''}.$$

La partie entière du quotient indiqué dans le second membre de l'égalité précédente fera connaître le nombre de jours J, c'est-à-dire fixera l'échéance moyenne du billet A.

On voit que ce résultat est indépendant du taux de l'escompte, puisque le diviseur d disparaît du calcul. Il est également indépendant de la date auxiliaire fictive qu'on a choisie; car, si l'on modifie cette date en la reculant ou en l'avançant d'un certain nombre de jours, on augmente ou l'on diminue du même nombre d'unités les nombres j, j', j'', et, par suite, le nombre J. L'échéance moyenne reste donc toujours la même.

Dans la pratique, on prend pour date auxiliaire le jour de l'échéance du billet qui devrait être payé le premier.

Questions sur les rentes.

426. Lorsqu'un gouvernement fait un emprunt, il peut opérer de deux manières : indiquer d'avance l'intérêt qu'un capital donné rapportera, ce qui est le mode le plus rationnel; ou bien indiquer seulement l'intérêt promis, en omettant le véritable capital correspondant et en le remplaçant par un capital fictif ou *nominal*. C'est ce dernier mode qui est généralement suivi pour les emprunts publics.

Ainsi on emprunte 100 millions à 3 pour 100 : cela veut

dire qu'on constitue aux prêteurs 3 millions de rentes annuelles ; car 100 est contenu un million de fois dans 100 millions. Mais cela ne signifie pas que l'État recevra réellement
en échange un capital de 100 millions. Si la situation du crédit
est telle au moment de l'emprunt qu'on puisse retirer plus
de 3 francs d'intérêt d'un capital de 100 francs, le gouvernement sera forcé de recevoir, pour l'intérêt de 3 francs, un capital inférieur à 100 francs. Il exigera donc, suivant les circonstances, 80, 75, 70 francs. Dans le second cas, par exemple,
le prêteur ne placera pas son argent à 3 pour 100, mais bien
à 4 ; car donner 75 francs de capital pour 3 francs d'intérêt,
c'est donner 25 francs pour 1 franc, et 100 francs pour 4 francs
d'intérêt. C'est pour cette raison que, dans les titres ou in-
scriptions de rentes sur l'État, le capital réel n'est pas énoncé,
mais seulement l'intérêt.

Les emprunts publics se font d'ailleurs avec la clause
expresse de n'acquitter que l'intérêt annuel des capitaux
prêtés, sans prendre aucun engagement pour leur remboursement.

Les rentes sur l'État, les actions et obligations de chemins
de fer, etc., se négocient tous les jours à la Bourse. La valeur
du capital correspondant varie continuellement suivant les
prévisions des joueurs, les bruits de toute nature, etc. Cette
valeur spéciale et journalière s'appelle le *cours* ou la *cote* de
l'effet public considéré.

On dit qu'une rente sur l'État est *au pair* lorsqu'elle atteint le
cours nominal de 100 francs. Le remboursement d'une pareille
rente, s'il a lieu, doit être fait au pair.

427. Tous les problèmes qu'on peut se proposer sur les
effets publics sont de simples règles de trois. Il suffira d'en
donner quelques exemples :

1° *On veut placer* 60000 *francs en rente* 3 *pour* 100 ; *le cours
actuel de cette rente étant* 71,25, *quelle inscription devra-t-on
recevoir ?*

Dire que la rente 3 pour 100 est au cours de 71,25, c'est
dire que ce capital correspond à 3 francs de rente. La question revient donc à celle-ci :

Sachant que 3 francs de rente exigent un capital de 71^{fr},25,
à quelle rente x donnera droit un capital de 60000 francs ?

Les capitaux et les rentes sont des grandeurs proportionnelles; on aura donc (408)

$$x = 3 \times \frac{60000}{71,25} = 2526^{fr},35.$$

On voit que, *pour connaître le montant de la rente qu'on peut acheter avec un capital donné, à un cours donné, il faut multiplier le capital par l'intérêt nominal de la rente, et diviser le résultat obtenu par le cours.*

2° *Quel capital faut-il employer pour acheter* 3000 *francs de rente* 5 *pour* 100, *au cours de* 98^{fr},75?

En désignant par x le capital inconnu, on a immédiatement, d'après ce qu'on vient de dire,

$$x = 98,75 \times \frac{3000}{5} = 59250^{fr}.$$

On voit que, *pour connaître, à un jour donné, la valeur d'une inscription de rente sur l'État, il faut multiplier le montant de cette inscription par le cours, et diviser le résultat obtenu par l'intérêt nominal de la rente.*

3° *A quel taux place-t-on le capital qu'on emploie, en achetant de la rente* 4 ½ *pour* 100 *au cours de* 88^{fr},70?

En désignant par x le taux inconnu, on a

$$x = 4,5 \times \frac{100}{88,70} = 5^{fr},18.$$

On voit que, *pour connaître le taux de l'intérêt rapporté par un capital placé en rente sur l'État à un cours donné, il faut multiplier par* 100 *l'intérêt nominal de la rente, et diviser le résultat obtenu par le cours* (¹).

. 4° *Le* 4 *pour* 100 *étant au cours de* 84^{fr},25 *et le* 3 *pour* 100 *au cours de* 69^{fr},15, *quel est le placement le plus avantageux au point de vue des intérêts produits?*

Si 4 francs d'intérêt correspondent au capital 84,25, 1 franc d'intérêt sera produit par le capital $\frac{84,25}{4}$ ou 21^{fr},0625.

_____

(¹) Dans les exemples précédents, nous avons négligé la *commission* ou le *courtage* dû à l'agent de change chargé de l'achat ou de la vente d'un effet public. Ce droit de courtage est, en général, de ¼ pour 100 de la valeur de l'effet. Nous avons aussi négligé le *timbre*.

Si 3 francs d'intérêt correspondent au capital 69,15, 1 franc d'intérêt sera produit par le capital $\dfrac{69,15}{3}$ ou 23^{fr},o5.

Il vaut donc mieux acheter de la rente 4 pour 100.

Des assurances.

428. On appelle *assurance* un contrat par lequel, moyennant une *prime* convenue, un objet déterminé se trouve, pour un temps limité, *garanti* ou *assuré* contre tout risque extérieur. On assure, par exemple, une maison, un mobilier, des récoltes, contre l'incendie, la foudre ou la grêle.

Le contrat passé entre l'assureur et l'assuré, ou *police d'assurance*, est signé d'avance; et la prime est calculée à tant pour 100 de la valeur de l'objet garanti, d'après les données de l'expérience.

On a vérifié, en effet, qu'au sein des grandes agglomérations humaines, les mêmes événements naturels se reproduisent avec une singulière régularité. La loi existe sans que nous puissions remonter à son principe. Ainsi, dans un pays donné, le nombre des naissances, celui des décès, des mariages, la quantité des eaux pluviales, la température moyenne, etc., sont des quantités approximativement fixes, lorsqu'on considère un certain temps partagé en intervalles égaux d'une durée convenable. Il en est de même des sinistres de toute nature; eux aussi se reproduisent périodiquement, lorsqu'on embrasse un temps assez long pour que les inégalités de détail puissent se fondre dans l'ensemble.

Supposons, par exemple, que, sur 586 navires baleiniers, 8 se soient perdus en quatre ans. Acceptons ce résultat comme *moyenne* des pertes. Si 8 navires se perdent sur 586, il s'en perdra 1 sur $\dfrac{586}{8}$ ou 1 sur 73,25. On prendra donc 74, et l'on posera en principe, en faisant abstraction de toute chance heureuse ou malheureuse, que, sur 74 navires, il s'en perd toujours 1. Sur tout le capital engagé ou assuré, l'assureur devra donc prélever d'abord une prime égale à $\dfrac{1}{74}$ de ce capital, ce qui revient à 1,36 pour 100; mais il doit s'indemniser aussi des frais d'administration et jouir d'un certain bénéfice.

La prime pourra alors être réglée à 4 pour 100 du capital garanti. De cette manière, les bénéfices de l'assureur ne sont plus exposés au hasard, et l'assuré, en sacrifiant une faible partie de ceux auxquels il a droit, les rend tout à fait certains. Le calcul de la prime se réduit à chercher l'intérêt à 4 pour 100 du capital engagé dans l'entreprise maritime.

La prime des assurances contre l'incendie, contre la grêle, etc., se calcule de même, en ayant toujours égard à l'observation des événements malheureux dans un temps donné.

429. Nous venons de parler des assurances à *prime fixe*. Il faut encore distinguer les assurances *mutuelles*.

Dans ce second mode d'assurances, les frais généraux de la Société et le montant des sinistres subis sont répartis annuellement entre tous les assurés, proportionnellement au capital garanti par chacun d'eux. La prime est alors essentiellement *variable*, puisqu'elle dépend directement des sinistres que la société a à supporter dans le courant de chaque exercice. On l'obtient, pour chaque assuré, à l'aide d'une simple proportion.

Nous n'avons pas à traiter ici des *Assurances sur la vie*, les questions qui s'y rattachent ne pouvant être étudiées qu'en Algèbre.

Partages proportionnels. — Règles de société.

430. *Partager un nombre donné en parties proportionnelles à d'autres nombres donnés, c'est le partager en parties telles, que leurs rapports respectifs aux nombres qui leur correspondent soient égaux entre eux.*

D'après cela, si l'on veut partager un nombre N en parties x, y, z, proportionnelles aux nombres donnés a, b, c, on doit avoir

$$\frac{x}{a} = \frac{y}{b} = \frac{z}{c}.$$

Mais, lorsque plusieurs rapports sont égaux, on forme un rapport égal à chacun d'eux en les ajoutant terme à terme (386); chacun des rapports précédents est donc égal à

$$\frac{x + y + z}{a + b + c} = \frac{N}{a + b + c},$$

puisque les trois parties x, y, z, forment le nombre N. On a donc

$$\frac{x}{a} = \frac{y}{b} = \frac{z}{c} = \frac{N}{a+b+c},$$

d'où l'on déduit

$$x = \frac{Na}{a+b+c},$$

$$y = \frac{Nb}{a+b+c},$$

$$z = \frac{Nc}{a+b+c}.$$

On peut donc énoncer cette règle : .

Pour partager un nombre en parties proportionnelles à d'autres nombres donnés, il faut le multiplier respectivement par les rapports que l'on obtient en divisant chacun des nombres donnés par la somme de ces nombres.

Les valeurs précédentes montrent qu'on peut, sans rien changer aux résultats obtenus, multiplier ou diviser par un même nombre les nombres donnés a, b, c.

431. Les *règles de société* sont une application des partages proportionnels.

En effet, lorsque plusieurs personnes s'associent pour former une entreprise, on convient généralement de partager les bénéfices (ou les pertes) proportionnellement aux *mises* des associés.

Si les mises ne restent pas placées pendant le même temps, on partage les bénéfices proportionnellement aux produits des mises par les temps qui leur correspondent; car il est naturel d'admettre que, pour des temps égaux, les parts doivent être proportionnelles aux mises et, pour des mises égales, proportionnelles à la durée du placement (411).

APPLICATION. — *4 associés ont placé dans une entreprise : le premier, 24000 francs pendant 4 ans; le deuxième, 15000 francs pendant 3 ans; le troisième, 36000 francs pendent 1 an; le quatrième, 60000 francs pendant 6 mois. On demande de partager entre eux les bénéfices qui se sont élevés à 57800 francs.*

Il faut partager le nombre 57800 proportionnellement aux

produits 24000×4, 15000×3, 36000×1, $60000 \times \frac{1}{2}$, c'est-à-dire proportionnellement aux nombres 96000, 45000, 36000 et 30000 ou (430) 32, 15, 12 et 10. En désignant les parts par x', x'', x''', x^{iv}, on aura donc (430)

$$x' = \frac{57800 \times 32}{32 + 15 + 12 + 10} = 26805^{\text{fr}},80,$$

$$x'' = \frac{57800 \times 15}{32 + 15 + 12 + 10} = 12565^{\text{fr}},22,$$

$$x''' = \frac{57800 \times 12}{32 + 15 + 12 + 10} = 10052^{\text{fr}},16,$$

$$x^{\text{iv}} = \frac{57800 \times 10}{32 + 15 + 12 + 10} = 8376^{\text{fr}},82.$$

Comme vérification, la somme des parts doit reconstituer le bénéfice total 57800.

432. Voici une seconde application :

Un arrondissement, composé de 4 cantons, doit fournir 215 soldats. Les populations des 4 cantons sont respectivement : 32119 habitants, 40827 habitants, 23910 habitants, 19813 habitants. On demande de répartir le contingent à fournir d'après la population, aussi équitablement que possible.

Il faut partager 215 en parties proportionnelles aux nombres d'habitants donnés. On trouve ainsi :

Pour le 1er canton.............. 59,1
Pour le 2e canton.............. 75,2
Pour le 3e canton.............. 44,0
Pour le 4e canton.............. 36,5

La répartition ne pouvant avoir lieu qu'en nombres entiers, on demandera respectivement aux 4 cantons, 59 hommes, 75 hommes, 44 hommes, 36 hommes, en tout 214. Il restera donc un conscrit à demander en plus à l'un des 4 cantons. Il semblerait au premier abord que c'est le quatrième canton qui doit le fournir, parce que c'est pour ce canton que la partie décimale négligée est la plus considérable. Mais on ne tiendrait pas compte ainsi du nombre des habitants. Il faut chercher l'augmentation absolue que subit le résultat trouvé lorsqu'on prend pour chaque canton un soldat de plus, et la comparer au nombre d'habitants du canton. Le canton pour lequel on trouvera ainsi le plus petit quotient devra évidemment fournir un soldat de plus.

Les résultats 60, 76, 45, 37 correspondent aux augmentations absolues 0,9, 0,8, 1, 0,5, et l'on a

$$\frac{0,9}{32119} = 0,000028,$$

$$\frac{0,8}{40827} = 0,000019,$$

$$\frac{1}{23910} = 0,000041,$$

$$\frac{0,5}{19813} = 0,000025.$$

La plus petite augmentation relative correspond au second canton. La répartition la plus équitable consistera donc à demander 59 hommes au premier canton, 76 au deuxième, 44 au troisième et 36 au quatrième.

Questions sur les mélanges et les alliages.

433. On peut se proposer sur ces sortes de questions deux problèmes très-différents :

1° *Étant donnés les quantités à mélanger et les prix de leurs unités, on demande le prix total du mélange;*

2° *Étant donnés le prix total du mélange et les prix des unités des quantités à mélanger, on demande dans quelles proportions ces quantités doivent être mélangées.*

Ce second problème est en réalité du ressort de l'Algèbre et, comme nous le montrerons, il est indéterminé dès qu'on considère plus de deux quantités.

434. Voici deux exemples du premier problème :

On mélange 80 *litres de vin à* 0^{fr},50 *le litre,* 60 *litres de vin à* 0^{fr},70 *le litre,* 110 *litres de vin à* 0^{fr},85 *le litre, et l'on demande le prix du litre du mélange.*

$$
\begin{array}{rll}
80^{lit} & \text{à } 0,50^{fr} \text{ valent} & 80 \times 0,50 = 40^{fr} \\
60 & \text{à } 0,70 \text{ valent} & 60 \times 0,70 = 42 \\
\underline{110} & \text{à } 0,85 \text{ valent} & 110 \times 0,85 = \underline{93,50} \\
250 & & 175,50
\end{array}
$$

Les 250 litres du mélange valent donc 175^{fr},50. Par suite,

1 litre du mélange vaut $\dfrac{175,50}{250} = 0^{fr},702$.

On a 3 lingots d'argent : le premier, au titre de 0,950 et pesant 8 kilogrammes; le deuxième, au titre de 0,820 et pesant 15 kilogrammes; le troisième, au titre de 0,750 et pesant 11^{kg},5. On demande le titre de l'alliage obtenu en fondant ces trois lingots.

8 kilogrammes à 0,950 de fin renferment 8^{kg} $\times$ 0,950 ou 7^{kg},600 d'argent pur.

15 kilogrammes à 0,820 de fin renferment 15^{kg} $\times$ 0,820 ou 12^{kg},300 d'argent pur.

11^{kg},5 à 0,750 de fin renferment 11^{kg},5 $\times$ 0,750 ou 8^{kg},625 d'argent pur.

L'alliage résultant de la fonte pèse donc 34^{kg},5 et contient 28^{kg},525 d'argent pur. Son titre est, par suite (366), égal à

$$\frac{28,525}{34,5} \quad \text{ou à} \quad 0,8268.$$

D'une manière générale, on voit que, si l'on désigne par P, P′, P″ les quantités à mélanger ou à allier, et par p, p', p'' les prix de leurs unités ou leurs titres, le prix de l'unité du mélange ou le titre de l'alliage est donné par la formule

$$x = \frac{\mathrm{P}p + \mathrm{P}'p' + \mathrm{P}''p''}{\mathrm{P} + \mathrm{P}' + \mathrm{P}''}.$$

435. Résolvons le second problème, en nous bornant d'abord au cas de deux quantités.

On a 2 lingots d'argent, l'un au titre de 0,950, l'autre au titre de 0,820; dans quelle proportion faut-il les mélanger pour obtenir un alliage au titre de 0,900?

Si, au lieu de 1 kilogramme de l'alliage cherché, on prenait 1 kilogramme du premier lingot, l'erreur *en plus* sur le titre serait de 0,950 — 0,900 = 0,050. Si la quantité choisie du premier lingot n'est plus égale à 1 kilogramme, mais à la fraction x kilogramme, l'erreur en plus sera $x \times 0,050$.

De même, si, au lieu de 1 kilogramme de l'alliage cherché, on prenait 1 kilogramme du second lingot, l'erreur *en moins* serait de 0,900 — 0,820 = 0,080. Si la quantité choisie du second lingot n'est plus égale à 1 kilogramme, mais à la fraction y kilogramme, l'erreur en moins sera $y \times 0{,}080$.

Pour qu'il y ait compensation, c'est-à-dire pour que le kilogramme de l'alliage soit au titre de 0,900, il faut que les erreurs en plus et en moins soient égales et, par suite, qu'on ait

$$x \times 0{,}050 = y \times 0{,}080.$$

On en déduit

$$\frac{x}{y} = \frac{0{,}080}{0{,}050}.$$

On doit donc former 1 kilogramme de l'alliage projeté, de deux fractions x et y des lingots considérés, inversement proportionnelles aux différences 0,050 et 0,080 qui existent entre le titre moyen et chacun des titres donnés; c'est-à-dire que x, quantité du premier lingot, doit correspondre à la différence entre le titre moyen et le titre du second lingot, et que y, quantité du second lingot, doit correspondre à la différence entre le titre du premier lingot et le titre moyen.

Remarquons que la somme des fractions x et y est supposée égale à 1 kilogramme. La question est donc ramenée à partager un nombre donné en parties proportionnelles à des nombres donnés. On peut remplacer le rapport $\dfrac{0{,}080}{0{,}050}$ par le rapport $\dfrac{8}{5}$. On a alors (**430**)

$$x = \frac{1}{8+5} \times 8 \quad \text{et} \quad y = \frac{1}{8+5} \times 5,$$

c'est-à-dire

$$x = \frac{8}{13} \quad \text{et} \quad y = \frac{5}{13}.$$

La fraction $\dfrac{8}{13}$ revient à 0,6154 et la fraction $\dfrac{5}{13}$ à 0,3846. On prendra donc $0^{kg}{,}6154$ du premier lingot et $0^{kg}{,}3846$ du second, pour former 1 kilogramme de l'alliage.

436. Voyons maintenant comment on peut opérer dans le cas où l'on a à considérer plus de deux quantités.

Un boulanger a trois espèces de farine, la première à $0^{fr}{,}40$ *le kilogramme, la deuxième à* $0^{fr}{,}50$ *le kilogramme, la troi-*

sième à o^{fr},55 le kilogramme. *Dans quelles proportions doit-on opérer le mélange de ces trois farines pour que le kilogramme du mélange coûte o^{fr},45?*

La question est indéterminée; c'est ce que montre la marche que nous allons suivre pour trouver l'une des solutions du problème.

On prend un prix intermédiaire entre le premier prix o^{fr},4o et le prix moyen o^{fr},45 : par exemple, le prix o^{fr},43; et l'on cherche dans quelle proportion il faut mélanger la première et la deuxième espèce de farine pour que le prix moyen du mélange auxiliaire ainsi formé soit égal à o^{fr},43. En appelant x et y les fractions de kilogramme à mélanger, pour avoir 1 kilogramme du mélange, on peut poser, d'après ce qui précède (435),

$$\frac{x}{y} = \frac{0,50 - 0,43}{0,43 - 0,40} = \frac{0,07}{0,03} = \frac{7}{3}.$$

On doit donc partager 1 en parties proportionnelles à 7 et 3, c'est-à-dire que x est égal à o^{kg},7 et y à o^{kg},3.

On cherche ensuite dans quelle proportion il faut mélanger la farine résultant du premier mélange et celle à o^{fr},55 pour que le prix moyen atteigne la valeur demandée o^{fr},45.

En appelant z et u les fractions de kilogramme du premier mélange et de la troisième espèce de farine, qui doivent composer le kilogramme du mélange cherché, on a

$$\frac{z}{u} = \frac{0,55 - 0,45}{0,45 - 0,43} = \frac{0,10}{0,02} = \frac{10}{5} = \frac{5}{1}.$$

On doit, par suite, partager 1 en parties proportionnelles à 5 et 1, c'est-à-dire que z est égal à $\frac{5^{kg}}{6}$ et u à $\frac{1^{kg}}{6}$.

Il faut, pour terminer, calculer les quantités des deux premières espèces de farines qui doivent composer z. Si z était égal à 1 kilogramme, il y entrerait o^{kg},7 à o^{fr},4o et o^{kg},3 à o^{fr},5o; z étant égal à $\frac{5^{kg}}{6}$, il y entrera $\frac{5^{kg}}{6} \times 0,7 = $ o^{kg},583 de farine à o^{fr},4o et $\frac{5^{kg}}{6} \times 0,3 = $ o^{kg},250 de farine à o^{fr},5o.

En résumé, on répondra à la question en formant chaque

kilogramme du mélange de

$$0,\overset{kg}{5}83 \text{ de farine à } 0,\overset{fr}{4}0$$
$$0,250 \qquad\qquad \text{à } 0,50$$
$$\frac{1^{kg}}{6} \text{ ou } 0,167 \qquad \text{à } 0,55$$
$$\overline{\quad\quad}$$
$$1,000$$

La question est bien indéterminée; car, si nous changions le prix moyen auxiliaire 0,43, dont la valeur est arbitraire, nous arriverions à une nouvelle solution.

Règles conjointes. — Arbitrages.

437. Tout problème dans lequel deux quantités principales sont liées entre elles par une série de rapports connus, qui permettent de les déduire l'une de l'autre, peut se résoudre à l'aide du procédé connu sous le nom de *règle conjointe*. Cette règle sert spécialement pour convertir les uns dans les autres les poids et mesures des différents pays, et pour le change de leurs monnaies; dans ce dernier cas, elle prend le nom de *règle de change* ou *d'arbitrage*.

Traitons d'abord un exemple :

On demande combien 113 pieds anglais valent de mètres, sachant que 16 pieds anglais valent 15 pieds français, et que 4 pieds français valent 1^M,3.

Désignons par x le nombre de mètres cherché. Nous pourrons, d'après l'énoncé, poser les égalités suivantes :

(1) x mètres $= 113$ pieds anglais,

(2)   16 pieds anglais $= 15$ pieds français,

(3)   4 pieds français $= 1^M,3$.

Multiplions les deux membres de l'égalité (1) par 16, et les deux membres de l'égalité (2) par 113. Nous aurons

x mètres $\times 16 = 113$ pieds anglais $\times 16$

et

16 pieds anglais $\times 113 = 15$ pieds français $\times 113$.

Ces deux dernières égalités ayant un membre commun, les

deux autres membres sont égaux, et l'on peut écrire immédiatement

(4) x mètres $\times$ 16 $=$ 15 pieds français $\times$ 113.

En opérant alors sur les égalités (4) et (3) comme on vient
d'opérer sur les égalités (1) et (2), on trouve

(5) x mètres $\times$ 16 $\times$ 4 $=$ 15 pieds français $\times$ 113 $\times$ 4

et

(6)   4 pieds français $\times$ 15 $\times$ 113 $=$ 1^{M},3 $\times$ 15 $\times$ 113.

On en déduit

$$x \text{ mètres} \times 16 \times 4 = 1^{\text{M}},3 \times 15 \times 113,$$

d'où

$$x = \frac{1,3 \times 15 \times 113}{16 \times 4} = 34^{\text{M}},53.$$

Le raisonnement qu'on vient de faire permet en réalité de
multiplier membre à membre les égalités posées ; on est ainsi
conduit à cet énoncé, qui constitue la règle conjointe :

*Il faut exprimer, sous forme d'égalités, les relations qui
lient les quantités considérées, en ayant soin que le premier
membre de chaque égalité soit de même espèce que le second
membre de l'égalité précédente. Le premier membre de la
première égalité doit d'ailleurs être la quantité inconnue x,
et l'on est averti que la règle est écrite lorsqu'on arrive à une
dernière égalité dont le second membre est de même espèce
que x. En multipliant alors membre à membre toutes ces
égalités, on obtient une égalité résultante, d'où l'on déduit la
valeur de x.*

438. Les opérations de *change* ont pour but d'effectuer des
payements *d'une place à l'autre,* en évitant tout transport de
numéraire. Si l'on veut, de Paris, s'acquitter envers un créancier de Londres, il suffit d'acheter d'un banquier de Paris un
effet ou une *lettre de change* sur Londres. Le créancier auquel on l'adresse touche ensuite, chez un banquier de Londres, le montant de cette lettre de change, énoncé en monnaie ou en papier anglais,

On dit que le change est *au pair* lorsque la somme à payer pour acquitter une dette déterminée reste la même d'une place à l'autre, mais c'est là un cas très-rare. Le *papier* sur Londres peut être plus recherché à Paris que le papier sur Paris ne l'est à Londres : c'est ce qui arrive si la *balance du commerce* est en faveur de Londres, c'est-à-dire si, à l'instant considéré, la dette de Paris est plus considérable que celle de Londres. Les lettres de change sur Londres augmentent alors de valeur, comme cela a lieu pour toutes les sortes de marchandises *lorsqu'elles sont plus demandées*. Ainsi, dans cette hypothèse, la livre sterling (papier) vaudra à Paris un peu plus de $25^{fr},21$, résultat qui représente sa valeur intrinsèque ou monétaire, et, inversement, $25^{fr}, 21$ (papier) vaudront à Londres un peu moins d'une livre sterling.

Le *taux* du change est exprimé par les quantités de monnaie des différentes places qui, à l'instant considéré, sont équivalentes. En général, le taux du change est *réciproque* d'une place à l'autre; c'est-à-dire, par exemple, qu'une livre sterling représente le même nombre de francs à Londres et à Paris. Mais, par suite de diverses circonstances, cette réciprocité peut ne pas exister.

439. On comprend, par ce qui précède, que les changes des différentes places de commerce, comparées les unes aux autres, subissent des variations et présentent des *cours* analogues à ceux des effets publics. Il en résulte que, au lieu d'opérer directement d'une place à l'autre, il peut être plus avantageux pour le débiteur d'employer une place intermédiaire. Donnons, pour terminer, un exemple de ce genre de questions.

Un banquier de Paris doit 2000 marcs-banco à Hambourg. On demande s'il faut qu'il s'acquitte directement ou par l'intermédiaire d'Amsterdam, sachant qu'au jour de l'échéance et les changes étant réciproques, 190 francs valent 100 marcs-banco de Hambourg, 40 marcs-banco de Hambourg valent 34 florins d'Amsterdam, et 100 florins d'Amsterdam valent 214 francs.

Si l'on opère directement de Paris sur Hambourg, il faut, pour les 2000 marcs-banco, payer 190×20 ou 3800 francs. Si l'on prend la voie intermédiaire d'Amsterdam, on pose cette règle conjointe :

$$x \text{ francs} = 2000 \text{ marcs-banco,}$$
$$40 \text{ marcs-banco} = 34 \text{ florins,}$$
$$100 \text{ florins} = 214 \text{ francs,}$$

et l'on en déduit

$$x \times 40 \times 100 = 214 \times 34 \times 2000$$

ou

$$x = \frac{214 \times 34 \times 2000}{40 \times 100} = 3638^{\text{fr}}.$$

Le banquier doit donc préférer la voie intermédiaire, dont l'emploi lui fait économiser 3800 — 3638 ou 162 francs.

440. Nous aurions de nombreuses remarques à ajouter, relativement aux *opérations de banque;* mais nous sortirions de notre sujet, et nous devons renvoyer sur ce point aux ouvrages spéciaux de comptabilité financière. D'ailleurs, pour résoudre tous les problèmes qui se rapportent à ce genre d'opérations, il suffit, en général, de mettre en œuvre les différentes règles exposées successivement dans ce Chapitre.

Méthode des hypothèses.

441. Cette méthode consiste à *supposer,* pour valeur de l'inconnue d'un problème, un nombre pris au hasard. En soumettant ce nombre aux conditions de l'énoncé, comme si l'on voulait le vérifier, on arrive, en général, à un résultat qui n'est pas celui qu'on doit obtenir. En examinant alors la différence qui existe entre le résultat inexact et le résultat réel, on peut, dans certains cas, arriver facilement à la valeur de l'inconnue.

On demande, par exemple, de *payer 95 francs avec 28 pièces, les unes de 5 francs, les autres de 2 francs.*

Faisons une hypothèse arbitraire sur le nombre nécessaire de pièces de 5 francs, et admettons que ce nombre soit égal à 15. Nous aurons alors 15 pièces de 5 francs et 13 pièces de 2 francs, ce qui forme une somme égale à 101 francs, résultat inexact par excès.

Mais, pour chaque pièce de 5 francs *en moins,* c'est-à-dire pour chaque pièce de 5 francs remplacée par une pièce de 2 francs, on diminue le résultat 101 de 3 unités. Or, pour passer de 101 à 95, résultat exact, il faut diminuer 101 de 6 unités; par conséquent, il faut remplacer 2 pièces de 5 francs $\left(2 = \dfrac{6}{3}\right)$ par 2 pièces de 2 francs. On trouve ainsi, comme réponse, 13 pièces de 5 francs et 15 pièces de 2 francs, qui composent bien en effet la somme 95 demandée.

442. Dans le problème précédent, le rapport de la variation de la différence qui existe entre le résultat inexact et le résultat réel à la variation du nombre supposé s'aperçoit immédiatement. Quand la question est moins simple, on fait *deux hypothèses* successives et arbitraires sur la valeur de l'inconnue, afin d'établir sans peine le rapport dont nous venons de parler. C'est ce que nous allons expliquer sur l'exemple suivant :

Deux joueurs entrent au jeu avec une même somme. L'un perd les $\dfrac{2}{3}$ de son argent, l'autre les $\dfrac{3}{4}$, et le premier joueur, en se retirant, a 15 francs de plus que le second. On demande la valeur de leur mise commune.

Si les deux joueurs avaient eu 72 francs, en se mettant au jeu, le premier se serait retiré avec 24 francs, et le second avec 18 francs. La différence de ces deux résultats est 6 francs au lieu de 15.

De même, si les deux joueurs avaient eu 120 francs en se mettant au jeu, le premier se serait retiré avec 40 francs, et le second avec 30 francs. La différence de ces deux résultats est 10 francs au lieu de 15.

Ainsi, en faisant croître la mise supposée de 72 à 120, l'erreur commise sur le résultat cherché diminue de $9 = 15 - 6$ à $5 = 15 - 10$.

La première erreur 9 diminuant de 4 unités, quand on augmente la première mise 72 de 48 unités, pour que cette erreur diminue de 9 unités, c'est-à-dire pour qu'elle s'annule, il faut augmenter 72 d'une quantité dont le rapport à 48 soit celui de 9 à 4. Cette quantité est donc $48 \times \dfrac{9}{4} = 108$.

Par suite, les deux joueurs en se mettant au jeu avaient tous deux 180 francs, et il est facile de vérifier que ce nombre satisfait aux conditions de l'énoncé.

443. La méthode que nous venons d'exposer est connue sous le nom de *règle de fausse position*. Comme on le voit, elle ne peut conduire, en général, à un résultat exact, que s'il y a proportionnalité entre les variations du nombre inconnu remplacé par un nombre supposé, et les variations de l'erreur commise par suite des hypothèses arbitraires adoptées.

L'Algèbre résout d'ailleurs sans difficulté les problèmes qui dépendent de la règle de fausse position. Si nous en avons parlé en Arithmétique, c'est parce que cette règle peut être employée avec avantage, comme *méthode d'approximation*, dans un très-grand nombre de questions de calcul, notamment dans la recherche des logarithmes et dans la résolution des équations numériques. Nous la retrouverons donc plus tard sous le nom de *règle des parties proportionnelles*.

ALGÈBRE ÉLÉMENTAIRE.

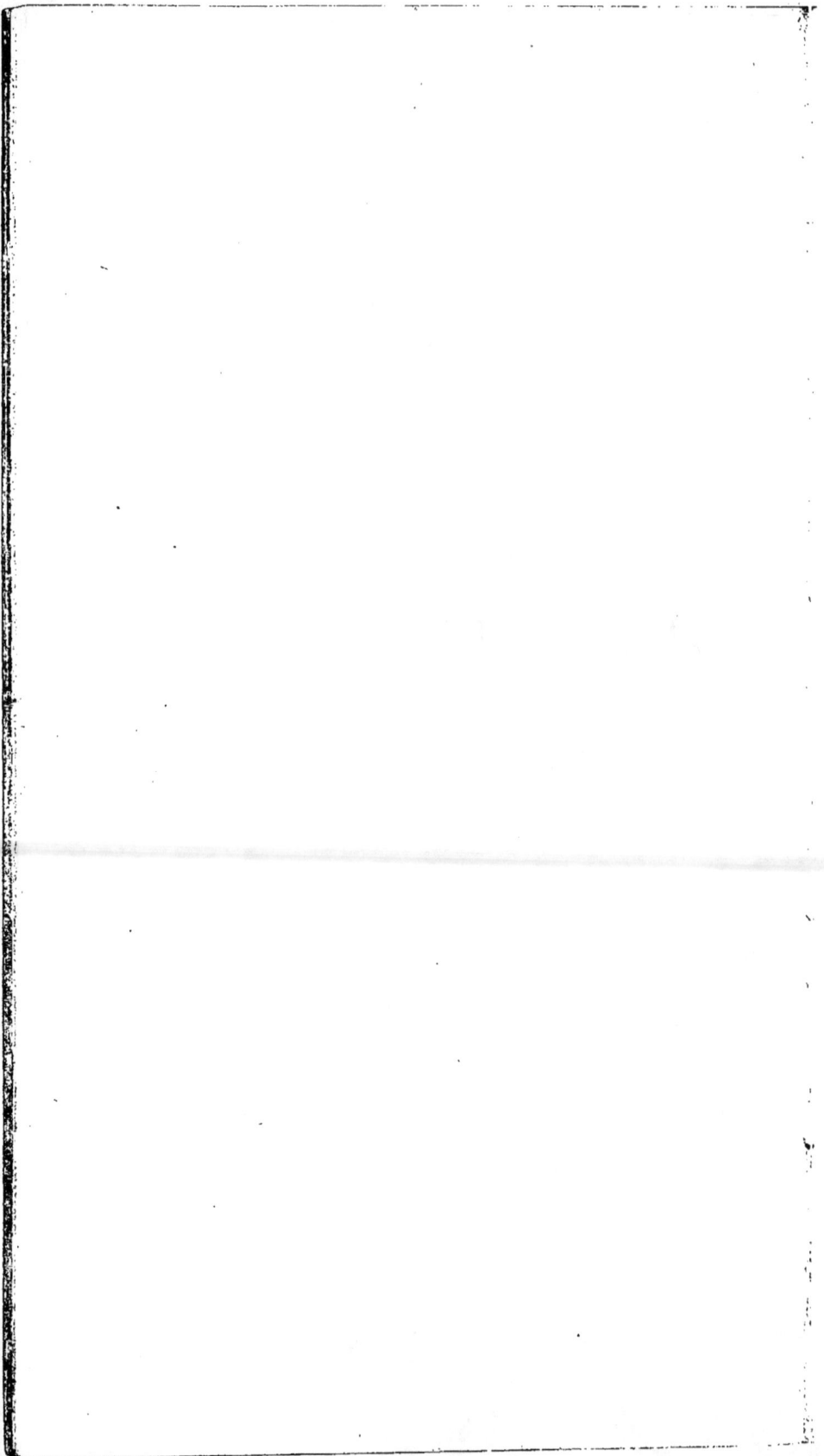

ALGÈBRE ÉLÉMENTAIRE.

LIVRE PREMIER.

LE CALCUL ALGÉBRIQUE.

CHAPITRE PREMIER.

NOTIONS PRÉLIMINAIRES.

But de l'Algèbre.

1. En Arithmétique, nous avons employé des *signes particuliers,* ayant une valeur déterminée ; en Algèbre, on emploie des *symboles généraux* qui peuvent représenter toutes les valeurs possibles.

En Arithmétique, les signes étant *particuliers,* il faut que les raisonnements aient une généralité telle, qu'on puisse en conclure une règle fixe. En Algèbre, les symboles étant *généraux,* les raisonnements peuvent être particuliers sans nuire à la généralité de la règle à laquelle on est conduit.

En Arithmétique, une question étant résolue, si elle se présente de nouveau avec d'autres données, il faut la résoudre de nouveau, parce que la solution *numérique* est un résultat brut qui ne conserve aucune trace des opérations successivement effectuées. En Algèbre, une question est résolue une fois pour toutes; les symboles employés ne peuvent, comme les nombres, se fondre les uns dans les autres : ceux qui n'influent pas sur le résultat disparaissent seuls, et l'on obtient une *for-*

mule, c'est-à-dire une expression algébrique où les opérations à faire sur les quantités données pour en déduire les quantités inconnues sont régulièrement indiquées (¹); de sorte que, si la même question se présente avec d'autres données spéciales, il suffit de substituer ces nouvelles valeurs particulières aux symboles généraux dans la formule trouvée. Il faut remarquer, en effet, que le rôle de l'Arithmétique commence où finit celui de l'Algèbre : *l'Algèbre trouve les formules, l'Arithmétique les calcule.*

Les symboles employés en Algèbre pour représenter les quantités sont les lettres de l'alphabet (²). On désigne ordinairement par les premières lettres a, b, c,... les quantités connues, et par les dernières x, y, z,... les quantités inconnues.

Nous allons rendre sensibles par des exemples les considérations qui précèdent.

2. Proposons-nous cette question : *Trouver deux nombres dont la somme soit* 138 *et la différence* 24.

La somme du plus grand et du plus petit nombre étant 138, et leur différence étant 24, si l'on ajoute cette somme et cette différence, on aura évidemment le double du plus grand nombre, puisque le plus petit nombre, ajouté et retranché, devra disparaître. Deux fois le plus grand nombre formant le nombre 138 + 24 ou 162, ce plus grand nombre est égal à $\dfrac{162}{2}$ ou à 81.

Dès lors le plus petit nombre est représenté par 138 — 81 ou 57.

Telle est la résolution du problème au point de vue arithmétique.

On simplifie déjà notablement en représentant le plus grand nombre cherché par x et le plus petit par y. Les conditions de l'énoncé sont alors exprimées par les égalités

$$x + y = 138, \quad x - y = 24.$$

Si on les ajoute membre à membre, on trouve

$$2x = 162, \quad \text{d'où} \quad x = 81;$$

(¹) Plusieurs des problèmes traités dans le dernier Chapitre de l'*Arithmétique* nous ont déjà conduit à l'emploi des *formules*.

(²) C'est le géomètre français VIÈTE (1540) qui a, le premier, représenté les nombres par des lettres.

par suite

$$y = 138 - 81 = 57.$$

Mais ici on a emprunté seulement la forme algébrique : les données seraient autres que 138 et 24, on devrait recommencer le calcul. Il faut faire un pas de plus, généraliser davantage, arriver à une formule. Pour cela, les données numériques elles-mêmes sont remplacées par des lettres, la somme donnée est représentée par s, la différence donnée par d. On a alors

$$x + y = s,$$
$$x - y = d.$$

On en déduit

$$2x = s + d \quad \text{ou} \quad x = \frac{s}{2} + \frac{d}{2}$$

et

$$y = s - x = s - \frac{s}{2} - \frac{d}{2} = \frac{s}{2} - \frac{d}{2}.$$

Ainsi, quelles que soient la somme et la différence données, *le plus grand nombre est égal à la demi-somme, plus la demi-différence, et le plus petit nombre à la demi-somme moins la demi-différence.*

Telle est la résolution du problème au point de vue algébrique.

3. Soit encore la question suivante : *Deux fontaines remplissent isolément un bassin, l'une en coulant pendant 3 heures, l'autre en coulant pendant 5 heures; en combien de temps le rempliraient-elles si elles coulaient ensemble?*

La première fontaine remplit le bassin en 3 heures; en 1 heure, elle en remplira $\frac{1}{3}$; la seconde remplit le bassin en 5 heures; en 1 heure, elle en remplira $\frac{1}{5}$. Les deux fontaines coulant ensemble rempliront donc en 1 heure $\frac{1}{3} + \frac{1}{5}$ du bassin, c'est-à-dire $\frac{8}{15}$ du bassin. Elles en rempliront $\frac{1}{15}$ en $\frac{1}{8}$ d'heure, elles le rempliront tout entier en $\frac{15}{8}$ d'heure, c'est-à-dire en $1^h \frac{7}{8}$ ou $1^h 52^m, 5$.

Remarquons que le résultat $\frac{15}{8}$ est l'inverse de la fraction $\frac{8}{15}$.

Si l'on veut obtenir la formule qui correspond à tous les problèmes de même espèce, on représente par a et b les temps nécessaires aux deux fontaines coulant seules pour remplir le bassin, par x le temps cherché. L'heure étant toujours prise pour unité et la capacité du bassin représentée par 1, la première fontaine remplit en 1 heure une fraction de cette capacité représentée par $\frac{1}{a}$, la seconde une fraction représentée par $\frac{1}{b}$. Coulant ensemble, elles remplissent donc en 1 heure $\frac{1}{a} + \frac{1}{b}$ ou $\frac{a+b}{ab}$ du bassin. Autant de fois 1 contiendra $\frac{a+b}{ab}$, autant il faudra d'heures pour que le bassin soit rempli. On a donc

$$x = \frac{ab}{a+b},$$

inverse de la fraction $\frac{a+b}{ab}$.

Si l'on veut vérifier la solution numérique précédente, il faut dans cette formule remplacer a par 3 et b par 5. Il vient

$$x = \frac{15}{8}.$$

4. En résumé, « l'Algèbre ordinaire, qu'on peut très-bien nommer l'*Arithmétique universelle* (à l'exemple de Newton), n'est, en effet, autre chose qu'une Arithmétique généralisée, c'est-à-dire étendue des nombres particuliers à des nombres quelconques, et, par conséquent, des opérations actuelles qu'on exécutait à des opérations qu'on ne fait plus qu'indiquer par des signes; de manière que, dans cette première spéculation de l'esprit, on songe moins à obtenir le résultat de ces opérations successives qu'à en tracer le tableau, et à découvrir ainsi des formules générales pour la solution de tous les problèmes du même genre (Poinsot, *Réflexions sur la théorie des nombres*). »

5. L'usage des formules offre en outre ce précieux avantage, de résumer aussi nettement et aussi simplement que possible les relations qui peuvent exister entre les quantités considé-

rées, de manière à faire apercevoir immédiatement des rapprochements que le raisonnement aurait eu quelquefois peine à découvrir. De plus, si les inconnues et les données se transforment les unes dans les autres, les mêmes formules sont encore applicables, pourvu qu'on y effectue les mêmes transformations.

Ainsi, l'équation du mouvement uniforme étant

$$e = v \times t,$$

si la vitesse devient l'inconnue, on en déduit

$$v = \frac{e}{t};$$

et si le temps à son tour doit être déterminé, la même formule donne encore

$$t = \frac{e}{v}.$$

Si, dans le second problème traité plus haut (3), on donne le temps nécessaire à la première fontaine coulant seule pour remplir le bassin, ainsi que le temps nécessaire aux deux fontaines coulant ensemble pour remplir le même bassin, et qu'on demande pendant combien d'heures la seconde fontaine doit être ouverte pour produire aussi ce résultat, il suffit, dans la formule $x = \dfrac{ab}{a+b}$, de regarder x comme une quantité donnée et b comme la quantité inconnue. On en déduit alors sans peine

$$ax + bx = ab, \quad ab - bx = ax, \quad (a - x)b = ax,$$

et enfin

$$b = \frac{ax}{a - x}.$$

Nous démontrerons plus loin qu'un cercle a pour expression un nombre constant π, multiplié par le carré R^2 de son rayon R; de sorte qu'on peut écrire, pour deux cercles quelconques de rayons R et R',

$$\text{cercle } R = \pi \times R^2 \quad \text{et} \quad \text{cercle } R' = \pi \times R'^2.$$

On en déduit à l'instant

$$\frac{\text{cercle } R}{\text{cercle } R'} = \frac{R^2}{R'^2}.$$

Des signes et des expressions algébriques.

6. On indique l'addition et la soustraction par les mêmes signes qu'en Arithmétique.

On indique la multiplication par le signe $\times$ ou par un simple point placé entre les quantités à multiplier; ou mieux encore, on les écrit à la suite l'une de l'autre sans l'interposition d'aucun signe. Ainsi les expressions $a \times b$, $a.b$, ab sont équivalentes.

Quand un produit renferme un facteur numérique, on a soin d'écrire ce facteur le premier, et il prend alors le nom de *coefficient*. Si l'on a l'expression $a.b.5.c.7$, comme on peut remplacer plusieurs facteurs par leur produit effectué et les ranger dans l'ordre qu'on veut (*Arithm.*, 66), on remplace 5 et 7 par leur produit 35, et l'expression proposée devient 35 *abc*. 35 est le coefficient.

Quand une lettre est prise plusieurs fois comme facteur, on ne l'écrit qu'une seule fois en faisant usage de l'*exposant*. $a \times a \times a \times a$ s'écrit a^4. Cette notation, en apparence de peu d'importance, a eu la plus heureuse influence sur les progrès de l'Algèbre.

Il faut avoir soin de ne pas confondre le coefficient et l'exposant. Le coefficient indique combien de fois il faut répéter une certaine quantité, et l'exposant à quelle puissance il faut élever cette quantité.

On indique la division en Algèbre comme en Arithmétique.

L'usage des parenthèses est nécessaire, en Algèbre comme en Arithmétique, quand il s'agit de soumettre à de nouvelles opérations des expressions où le calcul qui doit les transformer est lui-même seulement indiqué.

Si l'on veut, par exemple, multiplier $a + b$ par $c - d$, il faut écrire

$$(a + b) \times (c - d).$$

Si l'on veut diviser la différence $\dfrac{a + b}{c - d} - f$ par la somme $a + f$, on écrit de même

$$\left(\frac{a + b}{c - d} - f \right) : (a + f).$$

Les mots *égalité* et *inégalité* ont le même sens en Arithmétique et en Algèbre : les signes correspondants sont aussi les mêmes.

Comme nous l'avons déjà dit en Arithmétique, lorsque plusieurs quantités ont, sans être égales, une dépendance commune, une certaine analogie qu'il importe de rappeler, on représente ces quantités par la même lettre affectée d'accents différents : $a, a', a'', a''', \ldots$

Une racine à extraire est indiquée par les mêmes signes qu'en Arithmétique.

7. Un *monôme* est une expression algébrique dans laquelle il n'entre aucun signe *plus* ou *moins*. Une expression formée de plusieurs monômes réunis entre eux par les signes $+$ ou $-$ constitue ce qu'on appelle un *polynôme*. Les différents monômes, pris avec le signe qui les précède, sont les *termes* du polynôme. Les termes précédés du signe $+$ sont dits *positifs*, les termes précédés du signe $-$ sont dits *négatifs*. Un monôme qui n'a pas de signe est censé avoir le signe $+$. Quand le polynôme ne contient que deux termes, on l'appelle *binôme*; quand il en contient trois, on l'appelle *trinôme*.

Les expressions $\dfrac{5}{3} a^3 b^2 c$, $19 \sqrt{bc}$ sont des monômes.

Les expressions $3 a^2 - 5ab$, $\dfrac{a}{2} + 4 \sqrt{ab}$ sont des binômes.

L'expression $2a + \dfrac{3}{2} \sqrt{ab} - 5b$ est un trinôme.

L'expression $a^4 - 3 a^3 b + \dfrac{5}{2} a^2 b^2 - \dfrac{7}{3} ab^3 - 2 b^4$ est un polynôme.

8. Une expression algébrique est dite *entière* ou *fractionnaire* suivant qu'elle ne contient pas ou qu'elle contient des lettres en dénominateurs. Elle est dite *rationnelle* ou *irrationnelle* suivant qu'elle ne contient pas ou qu'elle contient des lettres placées sous des radicaux (*Arithm.*, 310).

Par exemple, l'expression $\dfrac{4 a^2 - 3 ab^2}{a + b}$ est à la fois fractionnaire et rationnelle; l'expression $a + \sqrt{ab}$ est à la fois entière et irrationnelle.

Souvent on ne considère la nature de l'expression que par rapport à l'une des lettres qui y entrent. Ainsi une expression entière par rapport à x est une expression dans laquelle x n'entre dans aucun dénominateur.

On peut remarquer qu'une expression fractionnaire algébriquement donnera souvent un résultat numérique entier, lorsqu'on y remplacera les lettres par des nombres spéciaux ; de même, une expression entière algébriquement donnera souvent un résultat numérique fractionnaire. Il ne faut point perdre de vue que les symboles algébriques doivent pouvoir représenter toutes les quantités possibles. $\sqrt{a}$ reste incommensurable, si l'on fait $a = 2$, et devient numériquement commensurable si l'on fait $a = 25$.

Dans les premiers Chapitres de cette Section, nous ne considérerons que des polynômes entiers et rationnels.

.9. On appelle *degré* d'un monôme la somme des exposants de toutes les lettres qui y entrent. Le monôme $7\,a^2 b^3 c$ est un monôme du sixième degré : la lettre c a l'exposant 1.

On appelle degré d'un polynôme le degré le plus élevé parmi ceux des termes qui le composent. Le polynôme

$2a^4 b - 3a^3 + 5b^2 - \dfrac{7}{2}\,b$ est un polynôme du cinquième degré.

Quand tous les termes d'un polynôme sont de même degré, il est dit *homogène*. Le polynôme $2a^3 - 5a^2 b + 4 ab^2 - 6 b^3$ est un polynôme homogène du troisième degré.

Souvent on ne prend le degré que par rapport à une lettre. Le monôme $5a^2 x^3$ est du troisième degré en x. Le polynôme $3a^3 x^3 - 2a^2 x^2 + 5 ax - a^5$ est aussi du troisième degré en x.

Des opérations algébriques.

10. Deux expressions algébriques sont *équivalentes,* lorsqu'elles conduisent toujours à des résultats égaux, quelles que soient les valeurs numériques substituées aux lettres identiques qu'elles renferment.

Comme l'Algèbre opère sur des symboles généraux, le *calcul algébrique consiste* seulement *à remplacer une expression donnée par une autre expression équivalente.*

11. Ce n'est que progressivement qu'on peut s'élever à une généralisation complète. Nous devons donc prendre pour point de départ les définitions mêmes de l'Arithmétique.

D'après cela, *ajouter ou retrancher les deux expressions algébriques* A *et* B, *c'est former une troisième expression telle, que sa valeur numérique reste toujours égale à la somme ou à la différence des valeurs numériques des deux premières, les mêmes lettres étant remplacées par les mêmes nombres quelconques dans les trois expressions.*

De même, *multiplier ou diviser* A *par* B, *c'est former une troisième expression telle, que sa valeur numérique soit toujours égale au produit ou au quotient des valeurs numériques des deux premières, les mêmes lettres étant remplacées par les mêmes nombres quelconques dans les trois expressions.*

En Algèbre, comme en Arithmétique, la soustraction est donc l'inverse de l'addition, et la division l'inverse de la multiplication.

CHAPITRE II.

ADDITION ET SOUSTRACTION.

Valeur d'un polynôme.

12. Le calcul algébrique est, en réalité, le calcul des polynômes. Les principes de ce calcul ont déjà été énoncés ou établis en Arithmétique. Nous ne rappellerons ici que ceux qui concernent l'addition et la soustraction.

1° *Ajouter ou retrancher une somme, c'est ajouter ou retrancher toutes les parties de cette somme.*

2° *Ajouter une différence, c'est ajouter la partie positive et retrancher la partie négative.* Ainsi, ajouter 8 — 3, c'est ajouter 8 et retrancher 3.

3° *Retrancher une différence, c'est retrancher la partie positive et ajouter la partie négative* (*Arithm.*, 65). Ainsi, retrancher 8 — 3, c'est retrancher 8 et ajouter 3.

4° *Le résultat définitif d'autant d'additions et de soustractions successives qu'on voudra reste indépendant de l'ordre dans lequel on opère.*

13. Ce dernier principe exige quelques éclaircissements.

Si l'on remplace les lettres qui entrent dans un polynôme par certains nombres, ce polynôme peut se présenter sous la forme

$$13 - 5 + 2 + 7 - 9 - 3.$$

La série des opérations indiquées peut alors être effectuée directement, et l'on trouve 5 pour la valeur numérique du polynôme.

Mais les mêmes termes affectés des mêmes signes peuvent se succéder dans un ordre tel, qu'on obtienne

$$+ 2 - 5 - 9 + 13 + 7 - 3$$

comme expression de la valeur du polynôme correspondant. Si l'on veut alors effectuer le calcul, on est arrêté immédiatement, puisqu'on ne peut retrancher 5 de 2 (au point de vue arithmétique).

Le principe énoncé supprime cette difficulté en montrant qu'*il faut entendre par valeur d'un polynôme l'excès de la somme de ses termes positifs sur la somme de ses termes négatifs.*

L'ordre dans lequel les termes du polynôme se succèdent est alors complétement indifférent. On fait séparément la somme des valeurs des termes positifs et celle des valeurs des termes négatifs, et la différence de ces deux sommes est la valeur numérique du polynôme proposé.

Nous supposerons d'ailleurs expressément, jusqu'à nouvel ordre, *que cette dernière soustraction peut toujours s'effectuer, c'est-à-dire que la somme des valeurs des termes positifs du polynôme l'emporte sur la somme des valeurs de ses termes négatifs.*

Tant que nous maintiendrons cette restriction, les opérations algébriques que nous effectuerons reviendront, en réalité, à de simples opérations arithmétiques.

14. Puisque la valeur d'un polynôme reste la même, quel que soit l'ordre de ses termes, on doit choisir la disposition qui se prête le mieux aux simplifications de calcul.

On est ainsi conduit, dans certains cas, à *ordonner* les polynômes considérés suivant les puissances d'une certaine *lettre ordonnatrice,* c'est-à-dire à les écrire de manière que les exposants de cette lettre aillent en croissant ou en décroissant d'un terme au suivant :

Le polynôme $5x^3 - 2x^2 + 3x - 7$ est ordonné suivant les puissances décroissantes de x; le polynôme $-7x + x^2 - 9x^3 + 2x^4$ est ordonné au contraire suivant les puissances croissantes de x.

Quand un terme ne contient pas la lettre ordonnatrice, il est du degré zéro par rapport à cette lettre (*Arithm.,* 70).

Un polynôme est *complet* quand il contient, par rapport à la lettre ordonnatrice, les termes de tous les degrés depuis zéro jusqu'au degré du polynôme. Un polynôme complet a donc un terme de plus que le nombre qui indique son degré. Un polynôme complet du degré m renferme $m + 1$ termes.

Lorsque, dans un polynôme, plusieurs termes renferment

une même puissance de la lettre ordonnatrice, on écrit ces termes en les ordonnant par rapport à une seconde lettre. On met souvent, dans ce cas, la puissance commune de la lettre ordonnatrice en facteur commun. Si l'on a les termes $-4a^3x^3, +5a^4x^3, +3a^2x^3$, on peut les écrire de l'une ou de l'autre des manières suivantes :

$$3a^2x^3 - 4a^3x^3 + 5a^4x^3, \quad (3a^2 - 4a^3 + 5a^4)x^3.$$

Addition.

15. Soit le polynôme $a + b - c + d - e - f$. Désignons par A la somme $(a + b + d)$ de ses termes positifs, par B la somme $(c + e + f)$ de ses termes négatifs. Sa *valeur*, d'après ce qui précède (**13**), sera représentée par A — B.

Cela posé, si l'on veut ajouter le polynôme qu'on vient de définir à un polynôme quelconque P, le résultat, d'après la définition de l'addition (**11**), aura pour expression P + (A — B.) Ce résultat peut s'écrire, en vertu des deux premiers principes rappelés au n° **12**,

$$P + (A - B) = P + A - B = P + a + b + d - c - e - f$$

ou, en changeant l'ordre des termes du dernier polynôme, ce qui est permis (**13**), et en remplaçant la différence (A — B) par l'expression même du polynôme donné,

$$P + (a + b - c + d - e - f) = P + a + b - c + d - e - f.$$

La règle de l'addition est donc la suivante :

Pour ajouter deux polynômes, on écrit le second à la suite du premier en conservant les signes de tous ses termes.

Soustraction.

16. Supposons qu'on ait à retrancher le même polynôme $a + b - c + d - e - f$ du polynôme P. D'après la définition de la soustraction (**11**) et en employant les mêmes notations qu'au numéro précédent, le résultat cherché aura pour expression P — (A — B). Ce résultat peut s'écrire, en vertu du premier et du troisième principe rappelés au n° **12**,

$$P - (A - B) = P - A + B = P - a - b - d + c + e + f$$

ou, en changeant l'ordre des termes du dernier polynôme et en remplaçant la différence $(A - B)$ par le polynôme dont elle représente la valeur,

$$P - (a + b - c + d - e - f) = P - a - b + c - d + e + f.$$

La règle de la soustraction est donc la suivante :

Pour soustraire deux polynômes l'un de l'autre, on écrit le second à la suite du premier en changeant les signes de tous ses termes.

17. Il résulte de cette règle que, lorsqu'on veut mettre en parenthèse certains termes d'un polynôme, en faisant précéder cette parenthèse du signe —, il faut avoir soin d'écrire ces termes en changeant leurs signes.

En effet, lorsqu'on effectue la soustraction indiquée en enlevant la parenthèse, ces mêmes signes doivent être changés de nouveau et redeviennent ce qu'ils étaient d'abord.

Réduction des termes semblables.

18. Des termes qui contiennent les mêmes lettres affectées des mêmes exposants, et qui ne diffèrent que par le signe et par le coefficient, sont dits *semblables.*

Quand un polynôme renferme des termes semblables, on a besoin d'en opérer la *réduction* pour simplifier l'expression de ce polynôme.

Soit, par exemple, le polynôme

$$3a^3 - 4b^3 + 5a^2b + 7ab^2 - 2a^2b - 3ab^2 + 2a^3 - a^2b - 5ab^2 - 3b^3.$$

On peut écrire ce polynôme de la manière suivante (**13**), en rapprochant les termes semblables et en s'appuyant sur la règle de la soustraction (**17**),

$$(3a^3 + 2a^3) + (5a^2b - 2a^2b - a^2b) - (3ab^2 + 5ab^2 - 7ab^2) - (4b^3 + 3b^3).$$

On a évidemment

$$3a^3 + 2a^3 = 5a^3, \quad 5a^2b - 2a^2b - a^2b = 2a^2b,$$
$$3ab^2 + 5ab^2 - 7ab^2 = ab^2, \quad 4b^3 + 3b^3 = 7b^3,$$

et le polynôme proposé prend la forme beaucoup plus simple

$$5a^3 + 2a^2b - ab^2 - 7b^3.$$

Cet exemple suffit pour qu'on puisse énoncer la règle relative à la réduction des termes semblables.

*Si les coefficients des termes semblables considérés ont le
même signe, on les ajoute, on donne leur signe à la somme
obtenue, et l'on écrit à la suite la partie littérale commune. Si
les coefficients des termes semblables considérés ont des signes
différents, on ajoute séparément les coefficients positifs et négatifs, on retranche la plus petite somme de la plus grande,
on donne au résultat obtenu le signe de la plus grande somme,
et l'on écrit à la suite la partie littérale commune.*

19. Voici deux exemples d'addition et de soustraction. Les
polynômes donnés ont été écrits les uns au-dessous des autres,
de manière à préparer la réduction des termes semblables
placés dans une même colonne verticale.

Polynômes à ajouter

$$5a^4 - 3a^3b + 7a^2b^2 - 5ab^3 - b^4$$
$$-3a^4 + 3a^3b - 8a^2b^2 + 4ab^3 - 2b^4$$
$$a^4 - 2a^3b + 3a^2b^2 - ab^3 + 5b^4$$
$$\overline{3a^4 - 2a^3b + 2a^2b^2 - 2ab^3 + 2b^4}$$

Polynômes à soustraire

$$5a^4 - 3a^3b + 7a^2b^2 - 5ab^3 - b^4$$
$$-3a^4 + 3a^3b - 8a^2b^2 + 4ab^3 - 2b^4$$
$$\overline{8a^4 - 6a^3b + 15a^2b^2 - 9ab^3 + b^4}$$

CHAPITRE III.

MULTIPLICATION.

Multiplication des monômes.

20. La multiplication des monômes entiers repose sur les principes suivants établis en Arithmétique :

1° *Pour multiplier deux produits de plusieurs facteurs, il suffit de former un produit unique avec tous les facteurs des deux produits* (*Arithm.*, 67).

2° *Dans un produit de plusieurs facteurs, on peut changer leur ordre de toutes les manières possibles* (*Arithm.*, 66), *et en remplacer un nombre quelconque par leur produit effectué* (*Arithm.*, 67).

3° *Pour multiplier deux ou plusieurs puissances d'une même quantité, on ajoute les exposants de ces puissances* (*Arithm.*, 73).

21. Cela posé, soient à multiplier les deux monômes $5a^3bx^2$ et $7a^4b^2y$. D'après la définition de la multiplication (11) et le premier principe rappelé au numéro précédent, leur produit est égal à

$$5 \times a^3 \times b \times x^2 \times 7 \times a^4 \times b^2 \times y.$$

D'après les autres principes énoncés au même numéro, on peut écrire ces différents facteurs dans l'ordre qu'on voudra, en remplaçant les facteurs 5 et 7 par leur produit effectué 35, les facteurs a^3 et a^4 par leur produit effectué a^7, et les facteurs b et b^2 par leur produit effectué b^3. On a, par conséquent,

$$5a^3bx^2 \times 7a^4b^2y = 35a^7b^3x^2y.$$

La multiplication de deux monômes entiers s'effectue donc d'après la règle suivante :

Pour multiplier deux monômes entiers, on multiplie leurs

coefficients, on écrit ensuite les lettres communes aux deux monômes, avec un exposant égal à la somme des exposants qu'elles présentent dans les deux facteurs, et les lettres non communes sans modifier leurs exposants.

Cette règle permet d'obtenir le produit d'un nombre quelconque de monômes entiers.

On voit que le degré du produit de plusieurs monômes est la somme des degrés de ces monômes.

Multiplication d'un polynôme par un monôme.

22. Nous nous appuierons sur les principes suivants démontrés en Arithmétique :

1° *Pour multiplier une somme par un nombre, on multiplie chaque partie de la somme par ce nombre, et l'on ajoute les résultats obtenus* (*Arithm.*, **63**);

2° *Pour multiplier une différence par un nombre, on multiplie chaque partie de la différence par ce nombre, et l'on retranche le plus petit produit du plus grand* (*Arithm.*, **64**).

23. Cela posé, soit à multiplier le polynôme

$$a + b - c + d - e - f$$

par le monôme m. Si l'on pose

$$A = a + b + d, \quad B = c + e + f,$$

la valeur du polynôme donné est $(A - B)$, et le produit cherché a pour expression (**11**) $(A - B)m$. Ce résultat peut s'écrire, d'après le second principe qu'on vient de rappeler,

$$(A - B)m = Am - Bm.$$

Mais, d'après le premier principe énoncé au n° **22**,

$$Am = (a + b + d)m = am + bm + dm,$$
$$Bm = (c + e + f)m = cm + em + fm.$$

On a donc, en appliquant la règle de la soustraction (**16**),

$$(A - B)m = am + bm + dm - cm - em - fm$$

ou (**13**)

$$(a + b - c + d - e - f)m = am + bm - cm + dm - em - fm.$$

Par conséquent, *pour multiplier un polynôme par un monôme, on multiplie tous les termes du polynôme par ce monôme, en conservant aux termes du produit les mêmes signes
qu'aux termes correspondants du multiplicande.*

Multiplication de deux polynômes.

24. Nous ferons usage des principes suivants établis en
Arithmétique :

1° *Pour multiplier deux sommes l'une par l'autre, on multiplie chaque partie de la première somme par chaque partie
de la seconde, et l'on ajoute tous les résultats partiels ainsi
obtenus (Arithm., 63).*

2° *Pour multiplier un nombre par une différence, on multiplie ce nombre par chaque partie de la différence, et l'on
retranche le plus petit produit du plus grand (Arithm., 64).*

25. Cela posé, soit à multiplier deux polynômes quelconques. Représentons respectivement par A et par C la somme
de leurs termes positifs, par B et par D la somme de leurs
termes négatifs. Les valeurs de ces deux polynômes seront
$(A - B)$ et $(C - D)$. D'après la définition de la multiplication (11), leur produit aura donc pour expression $(A - B)(C - D)$.
Mais, si l'on regarde $(A - B)$ comme une différence effectuée,
le second principe énoncé au n° 24 permet d'écrire

$$(A - B)(C - D) = (A - B)C - (A - B)D.$$

D'ailleurs, d'après le second principe énoncé au n° 22, on a

$$(A - B)C = AC - BC,$$
$$(A - B)D = AD - BD.$$

Par suite, d'après la règle de la soustraction (16),

$$(A - B)(C - D) = AC - BC - AD + BD.$$

Examinons ce produit. Il renferme les produits de A et de B
par C et par D. Comme A, B, C, D représentent quatre sommes
arithmétiques, on peut dire, d'après le premier principe du
n° 24, que le produit demandé contient les produits partiels
de tous les termes du multiplicande par tous ceux du multiplicateur. Il reste maintenant à savoir de quels signes ces
produits partiels doivent être affectés.

AC et BD étant précédés du signe +, tous les produits partiels correspondants ont le signe +. A et C représentent l'ensemble des termes du multiplicande et l'ensemble des termes du multiplicateur qui ont le signe +, B et D l'ensemble des termes du multiplicande et l'ensemble des termes du multiplicateur qui ont le signe —.

On peut donc dire que *deux termes qui ont le signe + ou deux termes qui ont le signe —, c'est-à-dire deux termes qui ont le même signe, donnent un produit partiel positif.*

BC et AD étant précédés du signe —, tous les produits partiels correspondants ont le signe —. Tous les termes de B sont, dans le multiplicande, précédés du signe —; tous les termes de C sont, dans le multiplicateur, précédés du signe +. De même, tous les termes de A sont, dans le multiplicande, précédés du signe +; et tous les termes de D sont, dans le multiplicateur, précédés du signe —.

On peut donc dire qu'*un terme qui a le signe — et un terme qui a le signe + ou un terme qui a le signe + et un terme qui a le signe —, c'est-à-dire deux termes qui ont des signes différents, donnent un produit partiel négatif.*

On est donc conduit à cette règle générale : *Pour multiplier deux polynômes, il faut multiplier tous les termes du multiplicande par tous les termes du multiplicateur, en suivant la règle des signes.*

Multiplication des polynômes ordonnés.

26. Dans la pratique, on a soin, quand cela est possible, d'ordonner les deux polynômes à multiplier. On multiplie alors le multiplicande successivement par tous les termes du multiplicateur, et l'on écrit les produits partiels obtenus les uns au-dessous des autres, de manière à favoriser la réduction des termes semblables (18).

Exemples :

$$9x^3 + 10x^2 - 7x + 2$$
$$3x^2 + 5x - 8$$

$$\overline{27x^5 + 30x^4 - 21x^3 + 6x^2}$$
$$+ 45x^4 + 50x^3 - 35x^2 + 10x$$
$$- 72x^3 - 80x^2 + 56x - 16$$

$$\overline{27x^5 + 75x^4 - 43x^3 - 109x^2 + 66x - 16}$$

$$6a^3 - a^2b + 4ab^3 + 3b^3$$
$$5a^2 - 7ab + 2b^2$$

$$30a^5 - 5a^4b + 20a^3b^2 + 15a^2b^3$$
$$- 42a^4b + 7a^3b^2 - 28a^2b^3 - 21ab^4$$
$$+ 12a^3b^2 - 2a^2b^3 + 8ab^4 + 6b^5$$

$$30a^5 - 47a^4b + 39a^3b^2 - 15a^2b^3 - 13ab^4 + 6b^5$$

27. est important de remarquer que, lorsque deux poly-nômes sont ordonnés par rapport aux puissances croissantes ou décroissantes d'une même lettre, *on peut immédiatement indiquer deux termes de leur produit qui ne se réduisent avec aucun autre.* Ces deux termes sont ceux qui proviennent du produit des deux premiers termes et du produit des deux der-niers termes du multiplicande et du multiplicateur. En effet, les termes indiqués contenant la lettre ordonnatrice avec un exposant plus élevé ou plus faible que tous les autres termes du multiplicande et du multiplicateur, leurs produits contien-nent aussi la lettre ordonnatrice avec un exposant plus élevé ou plus faible que tous les autres termes du produit cherché. Par conséquent, le premier et le dernier terme de ce produit échappent à toute réduction, puisque aucun terme du produit ne peut leur être semblable. C'est précisément sur cette re-marque que repose la théorie de la division des polynômes ordonnés.

28. Lorsque la lettre ordonnatrice entre à une même puis-sance dans plusieurs termes, la multiplication principale est compliquée de multiplications partielles particulières; mais la marche à suivre est la même.

Soit, par exemple, à multiplier

$$(a^2 - b^2)x^2 + (a^2 - 2ab + b^2)x + (ab - b^2)$$

par

$$(a^2 + b^2)x^2 - (a^2 - b^2)x - b^2.$$

Le plus simple est d'écrire dans une même colonne verticale, avec leurs signes, les termes qui multiplient une même puis-sance de x; on trace une barre verticale à droite de ces termes, et l'on écrit en face du premier la puissance de x qui multiplie toute la colonne.

L'opération demandée présente la disposition suivante :

	a^2	$x^2 + a^2$	$x + ab$	
Multiplicande $- b^2$		$- 2ab$	$- b^2$	
		$+ b^2$		
Multiplicateur $+ a^2$	$x^2 - a^2$	$x - b^2$		
$+ b^2$	$+ b^2$			

a^4	$x^4 + a^4$	$x^3 + a^3b$	$x^2 - a^3b$	$x - ab^3$
$- a^2b^2$	$- 2a^3b$	$- a^2b^2$	$+ a^2b^2$	$+ b^4$
$+ a^2b^2$	$+ a^2b^2$	$+ ab^3$	$+ ab^3$	
$- b^4$	$+ a^2b^2$	$- b^4$	$- b^4$	
	$- 2ab^3$	$- a^4$	$- a^2b^2$	
	$+ b^4$	$+ 2a^3b$	$+ 2ab^3$	
	$- a^4$	$- a^2b^2$	$- b^4$	
	$+ a^2b^2$	$+ a^2b^2$		
	$+ a^2b^2$	$- 2ab^3$		
	$- b^4$	$+ b^4$		
		$- a^2b^2$		
		$+ b^4$		

Produit	a^4	$x^4 - 2a^3b$	$x^3 - a^4$	$x^2 - a^3b$	$x - ab^3$
	$- b^4$	$+ 4a^2b^2$	$+ 3a^3b$	$+ 3ab^3$	$+ b^4$
		$- 2ab^3$	$- 2a^2b^2$	$- 2b^4$	
			$- ab^3$		
			$+ b^4$		

Le produit est égal à

$$(a^4 - b^4)\,x^4 - (2a^3b - 4a^2b^2 + 2ab^3)\,x^3$$
$$- (a^4 - 3a^3b + 2a^2b^2 + ab^3 - b^4)\,x^2$$
$$- (a^3b - 3ab^3 + 2b^4)\,x - (ab^3 - b^4).$$

Pour obtenir ce produit, on suit la marche que nous allons indiquer. Si l'on posait

$$M = a^2 - b^2, \quad N = a^2 - 2ab + b^2, \quad P = ab - b^2,$$
$$Q = a^2 + b^2, \quad R = -a^2 + b^2, \quad S = -b^2;$$

le multiplicande prendrait la forme

$$\mathrm{M}\,x^2 + \mathrm{N}\,x + \mathrm{P},$$

et le multiplicateur la forme

$$\mathrm{Q}\,x^2 + \mathrm{R}\,x + \mathrm{S}.$$

Pour effectuer la multiplication, on commencerait alors par multiplier $\mathrm{M}x^2$ par $\mathrm{Q}x^2$: le résultat serait $\mathrm{MQ}x^4$. Il faut donc réellement former d'abord le produit du binôme représenté par M par le binôme représenté par Q, et donner au résultat, comme facteur commun, la 4ᵉ puissance de la lettre ordonnatrice. $\mathrm{N}x$ multiplié par $\mathrm{Q}x^2$ donne $\mathrm{NQ}x^3$. Il faut donc multiplier le trinôme N par le binôme Q, et donner au résultat, comme facteur commun, la 3ᵉ puissance de la lettre ordonnatrice, etc.

On voit qu'on doit multiplier à part les diverses puissances de la lettre ordonnatrice et à part les polynômes dont elles sont facteurs communs, c'est-à-dire les quantités placées à gauche des barres verticales au multiplicande et au multiplicateur. On doit écrire les résultats qui correspondent à une même puissance de la lettre ordonnatrice dans une même colonne verticale, à droite de laquelle on place cette puissance de la lettre ordonnatrice. On prépare ainsi la réduction des termes semblables, puisque ces termes ne peuvent correspondre qu'à une même puissance de x. On opère successivement cette réduction en examinant chaque colonne verticale et en posant les termes obtenus au produit définitif, en ayant soin de les ordonner par rapport aux puissances d'une seconde lettre. Dans l'exemple proposé, ces termes ont été ordonnés par rapport aux puissances décroissantes de a ou croissantes de b.

On n'a pas besoin d'effectuer à part la multiplication des coefficients polynômes des différentes puissances de la lettre ordonnatrice. On écrit immédiatement les termes trouvés à la place convenable. Ainsi, pour multiplier le premier terme du multiplicande par le premier terme du multiplicateur, on multiplie x^2 par x^2 : on obtient x^4, qu'on écrit au produit en traçant à gauche une barre verticale. Pour multiplier $a^2 - b^2$ par $a^2 + b^2$, on multiplie a^2 et b^2 par a^2, on a les termes a^4 et $a^2 b^2$ qu'on écrit à gauche de x^4. On multiplie ensuite a^2 et b^2

par $-b^2$, on a les termes $-a^2b^2$ et $-b^4$, qu'on écrit aussi à gauche de x^4, au-dessous des termes précédents; et le coefficient polynôme de x^4 se trouve formé, etc.

Produit de plusieurs polynômes.

29. Pour multiplier plusieurs polynômes entre eux, il faut multiplier le premier par le second, le résultat obtenu par le troisième, et ainsi de suite, jusqu'à ce qu'on ait employé tous les polynômes.

Les termes du premier produit sont les produits *deux à deux* des termes des deux premiers polynômes. Les termes du second produit sont les produits deux à deux des termes du premier produit et du troisième polynôme, c'est-à-dire que ces termes sont les produits *trois à trois* des termes des trois premiers polynômes, etc. S'il y a n polynômes facteurs, les termes du produit cherché sont donc les produits n à n des termes des n polynômes proposés, c'est-à-dire que, dans chaque terme de ce produit, il entre comme facteurs un terme du premier polynôme, un terme du second, un terme du troisième,..., un terme du $n^{ième}$.

Le produit de plusieurs polynômes homogènes est un polynôme homogène dont le degré est la somme des degrés des polynômes facteurs.

Théorèmes démontrés par la multiplication algébrique.

30. I. *Le carré d'une somme de deux parties est égal au carré de la première partie, plus le double produit de la première partie par la seconde, plus le carré de la seconde.*

Multiplions $a + b$ par $a + b$.

$$
\begin{array}{l}
a + b \\
\underline{a + b} \\
a^2 + ab \\
\underline{ + ab + b^2} \\
a^2 + 2ab + b^2
\end{array}
$$

On trouve pour produit

$$a^2 + 2ab + b^2.$$

L'identité $(a + b)^2 = a^2 + 2ab + b^2$ est donc démontrée. Le mot *identité* signifie que cette égalité se vérifiera toujours, quelles que soient les valeurs numériques mises à la place de a et de b. On trouve de même

$$(a - b)^2 = a^2 - 2ab + b^2.$$

Ainsi *le carré d'une différence est égal au carré de la première partie, moins le double produit de la première partie par la seconde, plus le carré de la seconde.*

Pour avoir le cube de la somme $(a + b)$, il suffit de multiplier le carré de $(a + b)$ par $(a + b)$.

$$
\begin{array}{l}
a^2 + 2ab + b^2 \\
\quad\quad a \ + b \\
\hline
a^3 + 2a^2b + ab^2 \\
\quad + \ a^2b + 2ab^2 + b^3 \\
\hline
a^3 + 3a^2b + 3ab^2 + b^3
\end{array}
$$

On trouve ainsi le résultat déjà connu

$$(a + b)^3 = a^3 + 3a^2b + 3ab^2 + b^3.$$

On obtient de même

$$(a - b)^3 = a^3 - 3a^2b + 3ab^2 - b^3.$$

On exprimera facilement ces formules en langage ordinaire.

II. *Le produit de la somme de deux quantités par leur différence est égal à la différence des carrés de ces quantités.*

Multiplions $a + b$ par $a - b$.

$$
\begin{array}{l}
a \ + b \\
a \ - b \\
\hline
a^2 + ab \\
\quad - ab - b^2 \\
\hline
a^2 \quad - \quad b^2
\end{array}
$$

Nous avons pour résultat $a^2 - b^2$, ce qui démontre le théorème.

20.

Puisqu'on a $(a+b)(a-b) = a^2 - b^2$, on a réciproquement
$a^2 - b^2 = (a+b)(a-b)$, ce qu'on peut écrire (*Arithm.*, 272)

$$a^2 - b^2 = (\sqrt{a^2} + \sqrt{b^2})(\sqrt{a^2} - \sqrt{b^2}).$$

Ainsi *la différence de deux quantités quelconques est égale
au produit de la somme des racines carrées de ces quantités
par la différence des mêmes racines.*

On a

$$49 - 25 = (7 + 5)(7 - 5),$$
$$11 - 3 = (\sqrt{11} + \sqrt{3})(\sqrt{11} - \sqrt{3}).$$

III. *Partager une quantité donnée en deux parties dont le
produit soit le plus grand possible ou maximum.*

Soit a la quantité donnée. Si l'une de ses parties est
représentée par $\left(\dfrac{a}{2} + x\right)$, l'autre le sera nécessairement par
$a - \left(\dfrac{a}{2} + x\right)$, c'est-à-dire par $\dfrac{a}{2} - x$. Le produit de la somme
$\dfrac{a}{2} + x$ par la différence $\dfrac{a}{2} - x$ est égal à la différence des carrés
$\dfrac{a^2}{4} - x^2$. Le produit formé est donc toujours plus petit que $\dfrac{a^2}{4}$,
sauf pour le cas particulier où x est égal à zéro : ce produit
atteint alors son maximum, et ses deux facteurs sont égaux à
la même quantité $\dfrac{a}{2}$.

Donc, *pour que le produit de deux facteurs dont la somme
est constante soit le plus grand possible, il faut que ces deux
facteurs soient égaux à la moitié de la somme donnée.*

IV. *Le produit de deux sommes de deux carrés est encore
une somme de deux carrés.*

Soit à multiplier $(a^2 + b^2)$ par $(c^2 + d^2)$. On obtient

$$(a^2 + b^2)(c^2 + d^2) = a^2 c^2 + b^2 c^2 + a^2 d^2 + b^2 d^2.$$

On ne change rien à cette identité en ajoutant à son second
membre et en en retranchant la même quantité $2\,abcd$. On
peut alors écrire ce second membre comme il suit, en con-
venant de prendre ensemble, pour le produit $2\,abcd$, les signes

supérieurs et les signes inférieurs :

$$a^2 c^2 \pm 2\,abcd + b^2 d^2 + b^2 c^2 \mp 2\,abcd + a^2 d^2.$$

Ce second membre revient alors à

$$(ac \pm bd)^2 + (bc \mp ad)^2,$$

et l'on voit que la décomposition indiquée est possible de deux manières.

CHAPITRE IV.

DES QUANTITÉS NÉGATIVES.

Généralisation des résultats précédents.

31. Dans tout ce qui précède, nous avons supposé expressément (13) que les *valeurs* des polynômes donnés étaient des valeurs *arithmétiques*, c'est-à-dire représentées par des nombres tels que ceux qu'on considère en Arithmétique. Il nous reste maintenant à écarter cette restriction, de manière à généraliser les règles que nous venons d'obtenir pour les trois premières opérations algébriques.

A étant la somme des termes positifs d'un polynôme, B la somme de ses termes négatifs, la valeur de ce polynôme (13) est exprimée par la différence $A - B$. Si A est plus grand que B, il ne se présente aucune difficulté ; mais, si A est moindre que B, la soustraction ne peut plus s'effectuer, et l'expression $A - B$ n'a plus directement aucun sens. On ne peut donc plus faire usage des principes établis en Arithmétique, puisqu'on n'a plus à opérer sur des nombres tels que ceux définis dans cette première Partie des Mathématiques.

Il faut alors remarquer qu'on ne cherche pas, en Algèbre, à effectuer un calcul numérique, mais bien à trouver une formule qui, grâce aux symboles généraux employés, puisse renfermer tous les cas particuliers de la question qu'on se propose de résoudre. Or, *en vertu même de cette généralité des symboles adoptés, la formule* correspondant à chaque question *ne peut varier*. Elle doit rester indépendante des valeurs numériques qu'on pourra ensuite substituer aux lettres qui la composent. Par conséquent, il suffit de l'obtenir directement, une fois pour toutes, en se plaçant dans telle condition qu'on voudra.

C'est ainsi que, jusqu'à présent, pour l'addition, la soustraction et la multiplication, nous avons admis que les polynômes donnés avaient pour valeurs des nombres arithmétiques. Nous avons pu de cette manière nous servir de principes connus pour arriver *aux formules de ces trois opérations*. Ces formules doivent être conservées, lors même que les valeurs des polynômes proposés ne sont plus des nombres arithmétiques, lors même que les opérations effectuées ne présentent plus *a priori* aucun sens. Nous regarderons donc les règles énoncées aux numéros **15**, **16** et **25** comme applicables à tous les cas.

32. En résumé, dans toute question traitée algébriquement, il y a deux choses à distinguer :

1° *La formule à laquelle elle conduit;*
2° *La discussion de cette formule.*

Pour obtenir la formule demandée, il suffit, comme nous l'avons fait, d'effectuer les calculs nécessaires en s'appuyant sur des principes déjà établis, quelles que soient les restrictions que ces principes puissent imposer momentanément aux valeurs particulières attribuées aux symboles employés.

Pour discuter ensuite la formule trouvée, on remplace les lettres qui y entrent par toutes les valeurs possibles, c'est-à-dire on ne s'impose plus aucune restriction. L'examen des cas qui peuvent alors se présenter conduit, en général, pour la question proposée, à une généralisation non-seulement utile, mais indispensable, puisqu'elle est précisément le but de l'Algèbre. C'est ce que nous allons vérifier immédiatement pour les trois premières opérations algébriques.

Calcul des quantités négatives.

33. Il faut définir d'abord la valeur d'un polynôme

$$P = (A - B),$$

dans le cas où B l'emporte sur A. Supposons, par exemple, $A = 15$ et $B = 19 = 15 + 4$, de sorte que $B - A = 4$.

Si à l'expression

$$P = 15 - (15 + 4)$$

on applique la règle générale de la soustraction (**16**), on trouve

$$P = 15 - 15 - 4 = -4.$$

Ce résultat s'appelle encore la *valeur* du polynôme considéré.

La valeur du polynôme $P = (A - B)$, lorsque B l'emporte sur A, est donc égale à la différence arithmétique $(B - A)$ précédée du signe —. Cette valeur est ce qu'on appelle un *nombre négatif*, par opposition aux nombres de l'Arithmétique qui sont des *nombres positifs*.

Il n'y a pas lieu de chercher à interpréter le résultat auquel nous venons d'être conduit, puisqu'il s'agit d'une simple définition. Nous ferons seulement observer qu'il n'y a pas contradiction entre cette définition et celle de la valeur d'un polynôme, lorsque cette valeur est un nombre positif (13). Dans les deux cas, on forme la somme des valeurs des termes positifs, celle des valeurs des termes négatifs, on retranche la plus petite somme de la plus grande, et l'on donne au reste obtenu le signe de la plus grande somme.

34. Le passage de l'Arithmétique à l'Algèbre s'effectue par l'introduction des *nombres négatifs*.

Une valeur arithmétique ou absolue n'admet aucun signe; une valeur algébrique comporte à la fois une valeur absolue et un signe.

Les règles des n°ˢ 15, 16, 25, établies pour des valeurs arithmétiques des polynômes considérés, restent applicables, *au point de vue de la forme* (31), aux valeurs algébriques de ces mêmes polynômes. On doit donc indiquer comment la valeur algébrique du résultat dépend alors des valeurs algébriques des données.

35. Soit à ajouter ou à retrancher les deux polynômes P et Q dont les valeurs respectives sont $(A - B)$ et $(C - D)$. On a, d'une manière générale (15, 16),

$$(1) \qquad P + Q = (A - B) + (C - D) = A - B + C - D,$$

$$(2) \qquad P - Q = (A - B) - (C - D) = A - B - C + D.$$

Si l'on suppose alors que A et C deviennent nuls par suite des valeurs numériques substituées aux lettres, la formule (1) donne (15, 17)

$$(3) \qquad (-B) + (-D) = -B - D = -(B + D).$$

La somme de deux nombres négatifs est donc *un nombre négatif ayant pour valeur absolue la somme des valeurs absolues des nombres donnés.*

Dans les mêmes hypothèses, la formule (2) donne

$$(4) \qquad (-B) - (-D) = -B + D.$$

Si l'on a $D > B$, ce résultat équivaut au nombre positif $(D - B)$; si l'on a $D < B$, il équivaut au nombre négatif $-(B - D)$.

La différence de deux nombres négatifs a donc *pour valeur absolue la différence des valeurs absolues des deux nombres donnés, et cette valeur absolue doit être affectée du signe + ou du signe —, suivant que la valeur absolue du nombre à soustraire est la plus grande ou la plus petite.*

On voit en même temps, par les formules (3) et (4), que :

Ajouter un nombre négatif, c'est retrancher sa valeur absolue;

Retrancher un nombre négatif, c'est ajouter sa valeur absolue.

L'addition et la soustraction de deux nombres, l'un positif, l'autre négatif, reviennent donc respectivement à une soustraction et à une addition arithmétiques, lorsque le nombre positif est le plus grand des deux en valeur absolue. Ainsi

$$7 + (-3) = 7 - 3 = 4,$$
$$7 - (-3) = 7 + 3 = 10.$$

Lorsqu'on a à ajouter à un nombre positif un nombre négatif plus grand en valeur absolue, on obtient un nombre négatif qui a pour valeur absolue la différence des deux valeurs absolues considérées : c'est la définition même de la valeur d'un polynôme $P = (A - B)$, dans le cas de $B > A$ (33).

Enfin l'addition et la soustraction de deux nombres, l'un négatif, l'autre positif, rentrent dans les cas déjà examinés.

36. Ce qui précède conduit à plusieurs conséquences ou généralisations importantes.

Un polynôme est la somme (algébrique) de tous ses termes.

On peut, en effet, écrire le polynôme $a - b + c - d$ comme il suit :

$$a + (- b) + c + (- d).$$

Par suite (15, 16), *ajouter ou retrancher un polynôme, c'est ajouter ou retrancher (algébriquement) tous ses termes.*

37. Soient à multiplier les deux polynômes P et Q, dont les valeurs respectives sont $(A - B)$ et $(C - D)$. On a, d'une manière générale (25),

(1) $PQ = (A - B)(C - D) = AC - BC - AD + BD.$

Si l'on suppose que, d'après les valeurs numériques substituées aux lettres, on ait successivement $B = o$ et $C = o$, $A = o$ et $D = o$, $A = o$ et $C = o$, la formule (1) donne

$$(\quad A)(- D) = - AD,$$
$$(- B)(\quad C) = - BC,$$
$$(- B)(- D) = + BD.$$

On voit donc que *le produit d'un nombre positif ou négatif par un nombre négatif ou positif est un nombre négatif dont la valeur absolue est le produit des valeurs absolues des nombres donnés*, et que *le produit de deux nombres négatifs est un nombre positif égal au produit des valeurs absolues des nombres donnés.*

38. On déduit de ce que nous venons de dire plusieurs conséquences ou généralisations importantes.

Le produit de deux polynômes est la somme algébrique (36) des produits (algébriques) de tous les termes du multiplicande multipliés par tous les termes du multiplicateur. L'ordre des facteurs est donc indifférent.

Quand, dans un produit de deux facteurs, on change le signe de l'un des facteurs, on change le signe du produit.

Quand, dans un produit de deux facteurs, on change à la fois les signes des deux facteurs, le signe du produit n'est pas modifié.

Le produit d'un nombre quelconque de facteurs négatifs est positif ou négatif, suivant que le nombre des facteurs considérés est pair ou impair. En effet, le produit de $2n$ facteurs négatifs revient à n produits partiels composés chacun de deux facteurs négatifs; ces n produits seront donc tous positifs, ainsi que le résultat obtenu en les multipliant entre eux. Ce résultat étant multiplié par un nouveau facteur négatif, c'est-à-dire le nombre des facteurs négatifs devenant impair, le signe du produit changera et deviendra négatif.

Ce qui précède s'applique évidemment aux puissances paires ou impaires d'un nombre négatif. Par conséquent, *si, dans une expression algébrique, le signe d'une lettre vient à être modifié, les termes qui la contiennent à une puissance paire conservent leurs signes, tandis que les termes qui la contiennent à une puissance impaire doivent en changer.* Ainsi, de la formule

$$(a + b)^2 = a^2 + 2ab + b^2,$$

on déduit immédiatement (30)

$$(a - b)^2 = a^2 - 2ab + b^2.$$

39. Cette remarque nous conduit naturellement à une dernière généralisation essentielle.

Les opérations sur les nombres négatifs étant définies, nous pourrons remplacer directement les lettres qui composent une formule, soit par des nombres positifs, soit par des nombres négatifs.

La discussion des problèmes nous montrera l'utilité et même la nécessité de pareilles substitutions. Nous verrons alors comment l'apparition des quantités négatives dépend de la manière dont on pose la question. Nous croyons devoir en donner dès à présent un exemple très-simple.

« Si, pour compter une somme d'argent, on adopte pour unité le *franc* matériel, on pourra opérer des diminutions successives sur cette somme, et la réduire à zéro par la soustraction d'un certain nombre de francs. Arrivé à ce terme, on voit que la soustraction cesse d'être praticable, et que, par conséquent, — 1 franc, — 2 francs,... sont des quantités imaginaires.

» Prenons maintenant le franc de compte pour unité, à dessein d'évaluer la fortune d'un individu, laquelle se compose de valeurs actives et de valeurs passives. Ce que nous appelons *diminution* dans cette fortune pourra avoir lieu, soit par le retranchement d'un nombre de francs à l'actif, soit par l'addition d'un nombre de francs au passif; et, en poussant à un certain terme cette diminution par l'un de ces deux moyens, on parviendra à une fortune négative, telle que — 100 francs, — 200 francs,.... Ces expressions signifient que le nombre de francs des valeurs passives, considéré abstraitement, est plus grand de 100, de 200,... que celui des valeurs actives. Ainsi — 100 francs, — 200 francs,..., qui n'exprimaient dans le premier cas que des quantités imaginaires, représentent ici des quantités aussi réelles que celles que désignent les expressions positives (R. ARGAND, *Essai sur une manière de représenter les quantités imaginaires*). »

CHAPITRE V.

DIVISION.

Définitions.

40. La division est l'opération inverse de la multiplication (11). Elle a pour but, étant donnés un produit de deux facteurs et l'un de ces facteurs, de trouver l'autre; mais, d'après le Chapitre précédent, il est inutile de distinguer les différents cas qui peuvent se présenter, et l'on doit immédiatement généraliser la définition empruntée à l'Arithmétique.

Nous dirons donc que *la division a pour but, étant données deux expressions algébriques, l'une appelée dividende, l'autre appelée diviseur, d'en déduire une troisième expression algébrique appelée quotient, qui, multipliant le diviseur, reproduise le dividende en valeur absolue et en signe.*

Si l'on désigne par A, B, Q les valeurs absolues du dividende, du diviseur et du quotient, les relations suivantes montrent comment, d'après cette définition, le signe du quotient dépend des signes du dividende et du diviseur :

$$\frac{+A}{+B} = +Q, \quad \frac{-A}{-B} = +Q, \quad \frac{+A}{-B} = -Q, \quad \frac{-A}{+B} = -Q.$$

Le quotient de deux quantités algébriques est donc *positif ou négatif, suivant que ces deux quantités sont de même signe ou de signes contraires.* Cet énoncé n'est que la conséquence de la *règle des signes* (37).

Division des monômes.

41. Soit le monôme M à diviser par le monôme P; désignons par Q le quotient. Ce quotient ne peut être qu'un monôme, puisque le produit d'un polynôme par un monôme est nécessairement un polynôme (23). Si l'on suppose la division exacte, on doit avoir (40)

$$M = P \times Q.$$

En se reportant à la règle de multiplication des monômes (21), on voit que le coefficient du dividende est égal au produit du coefficient du diviseur par le coefficient du quotient. Réciproquement, *le coefficient du quotient s'obtient en divisant le coefficient du dividende par celui du diviseur.*

L'exposant d'une lettre quelconque du dividende doit être égal à la somme des exposants dont elle est affectée dans le diviseur et le quotient. Réciproquement, *l'exposant dont une lettre commune au dividende et au diviseur est affectée au quotient doit être égal à la différence des exposants de cette même lettre au dividende et au diviseur.*

Si une lettre entre avec le même exposant dans le dividende et le diviseur, elle ne peut entrer au quotient, sans quoi son exposant dans le dividende surpasserait celui qu'elle a au diviseur.

Si une lettre entre dans le dividende sans entrer dans le diviseur, elle provient seulement du quotient, et elle y entre de la même manière qu'au dividende.

On obtient donc le quotient de deux monômes entiers en écrivant, à la suite du quotient des coefficients du dividende et du diviseur, les lettres qui leur sont communes avec un exposant égal à la différence de leurs exposants, sauf le cas où cette différence est zéro, et les lettres qui entrent seulement au dividende sans modifier leurs exposants.

Soit à diviser $35\,a^3 b^4 c^2 d$ par $7\,abc^2$. On trouve

$$\frac{35\,a^3 b^4 c^2 d}{7\,abc^2} = 5\,a^2 b^3 d.$$

42. Si l'on applique la règle, sans se préoccuper de l'égalité des exposants d'une même lettre au dividende et au diviseur, on a

$$\frac{35\,a^3 b^4 c^2 d}{7\,abc^2} = 5\,a^2 b^3 c^0 d.$$

Si l'on veut alors que les deux expressions du quotient soient équivalentes, il faut faire la convention suivante :

Une quantité quelconque, affectée d'un exposant égal à zéro, représente l'unité.

Cette convention est toute naturelle, puisque l'exposant zéro correspond à la division de deux quantités égales l'une par l'autre (*Arithm.*, 74).

Quand un terme ne contient pas une lettre, on peut dire qu'elle y entre avec l'exposant zéro. Cette remarque permet de simplifier les énoncés des règles relatives à la multiplication (21) et à la division des monômes.

Pour multiplier deux monômes, il suffit de multiplier les coefficients et d'ajouter les exposants des lettres communes.

Pour diviser deux monômes, il suffit de diviser les coefficients et de soustraire les exposants des lettres communes.

43. On regarde la division comme possible, lors même que les coefficients ne sont pas divisibles l'un par l'autre. On a un coefficient fractionnaire, mais le quotient reste entier *algébriquement*. Ainsi

$$\frac{4a^3b^2c}{3a^2b} = \frac{4}{3}abc.$$

La division n'est impossible que dans le cas où une lettre entre dans le diviseur sans entrer dans le dividende ou lorsqu'elle entre dans le diviseur avec un exposant plus élevé que celui qu'elle a dans le dividende. Il n'existe alors aucun monôme entier algébriquement qui, multipliant le diviseur, reproduise le dividende.

On ne peut diviser $5a^3b^2$ par $3a^2b^2c$. On peut seulement simplifier, comme nous le verrons plus tard, l'expression $\frac{5a^3b^2}{3a^2b^2c}$.

Si l'on veut appliquer la règle, on trouve

$$\frac{5a^3b^2}{3a^2b^2c} = \frac{5}{3}ab^0c^{-1};$$

de même

$$\frac{3a^3b}{2a^5b} = \frac{3}{2}a^{-2}b^0.$$

Cette extension donne naissance aux exposants *négatifs :* nous y reviendrons plus loin.

Division d'un polynôme par un monôme.

44. Lorsqu'on divise un polynôme par un monôme, le quotient est polynôme, puisque le produit d'un monôme par un monôme est un monôme. En multipliant le polynôme quotient par le monôme diviseur, on doit reproduire identiquement le polynôme dividende ; cette multiplication s'opère en multipliant par le diviseur les différents termes du quotient, et l'on obtient ainsi sans réduction les termes du dividende (23). Réciproquement, *pour avoir le quotient, il faut* donc *diviser successivement les termes du dividende par le monôme diviseur.* On rentre, par conséquent, dans le cas qu'on vient d'examiner.

On trouve, d'après cela et d'après la règle des signes (40),

$$\frac{24\,a^5b^3c^3 + 40\,a^4b^4c^4 - 16\,a^3b^5c^5}{4\,a^3b^2c^2} = 6\,a^2bc + 10ab^2c^2 - 4\,b^3c^3.$$

On peut donc écrire

$$24\,a^5b^3c^3 + 40\,a^4b^4c^4 - 16\,a^3b^5c^5$$
$$= 4\,a^3b^2c^2 \times (6\,a^2bc + 10ab^2c^2 - 4\,b^3c^3).$$

Le diviseur $4\,a^3b^2c^2$ divisant exactement tous les termes du dividende est dit *facteur commun* à tous ses termes; pour mettre ce facteur commun *en évidence,* il faut précisément effectuer la division du polynôme proposé par ce même facteur. La mise en évidence des facteurs communs est très-importante au point de vue du calcul.

Division des polynômes ordonnés.

45. Généralement, quand on a deux polynômes A et B à diviser l'un par l'autre, on ne peut qu'indiquer l'opération sous forme fractionnaire $\dfrac{A}{B}$.

Quelquefois, cependant, on peut remplacer l'expression fractionnaire $\dfrac{A}{B}$ par un polynôme Q, entier par rapport à la lettre suivant laquelle les deux polynômes A et B sont supposés *ordonnés*. C'est la recherche de ce polynôme Q que nous nous proposons.

Pour fixer les idées, nous admettrons que les trois polynômes considérés sont ordonnés par rapport aux puissances décroissantes d'une même lettre.

Puisqu'on a, dans le cas examiné, $\frac{A}{B} = Q$, on a aussi $A = B \times Q$. Le dividende est donc alors le produit exact du diviseur par le quotient. Puisqu'il s'agit de polynômes ordonnés, le premier terme du dividende provient sans réduction du produit du premier terme du diviseur par le premier terme du quotient; de même, le dernier terme du dividende est égal au produit du dernier terme du diviseur par le dernier terme du quotient (27). On a donc ce premier théorème :

On obtient le premier terme du quotient en divisant le premier terme du dividende par le premier terme du diviseur.

Cela posé, le dividende représente la somme des produits partiels du diviseur par les différents termes du quotient; si l'on retranche du dividende le produit du diviseur par le premier terme trouvé au quotient, le reste obtenu, ordonné comme le dividende et le diviseur, représente donc la somme des produits partiels du diviseur par les autres termes du quotient. On est ainsi conduit à *une nouvelle division*, dans laquelle on doit prendre ce reste pour dividende en conservant le même diviseur. On a donc ce second théorème :

Si l'on retranche du dividende le produit du diviseur par le premier terme du quotient, le reste obtenu, divisé par le diviseur, donne l'ensemble des autres termes du quotient.

Par conséquent, en continuant l'opération, on divise le premier terme du reste par le premier terme du diviseur, et l'on a le second terme du quotient. On multiplie le diviseur par ce terme, on retranche le produit obtenu du premier reste, et l'on opère sur le second reste auquel on est conduit comme sur le premier. Le dernier terme du quotient correspond à un reste nul, car on a retranché alors du dividende toutes les parties qui le composent.

Ainsi, quand la division est exacte, on arrive forcément à un reste nul, qui indique que le quotient est complet; et, quand on arrive à un reste nul, la division est exacte, puisque le polynôme dividende représente le produit du polynôme diviseur par le polynôme écrit au quotient.

46. Soit à diviser le polynôme

$$27\,x^5 + 75\,x^4 - 43\,x^3 - 109\,x^2 + 66\,x - 16$$

par le polynôme

$$9\,x^3 + 10\,x^2 - 7\,x + 2.$$

On dispose l'opération de la manière suivante :

$$
\begin{array}{l|l}
27\,x^5 + 75\,x^4 - 43\,x^3 - 109\,x^2 + 66\,x - 16 & \;9\,x^3 + 10\,x^2 - 7\,x + 2 \\
\; -30\,x^4 + 21\,x^3 - 6\,x^2 & \;3\,x^2 + 5\,x - 8 \\ \hline
\; +45\,x^4 - 22\,x^3 - 115\,x^2 + 66\,x - 16 & \\
\; -50\,x^3 + 35\,x^2 - 10\,x & \\
\; -72\,x^3 - 80\,x^2 + 56\,x - 16 & \\
\; +80\,x^2 - 56\,x + 16 & \\ \hline
\; 0 &
\end{array}
$$

On fait à la fois la multiplication et la soustraction qui correspondent à chaque terme du quotient, en changeant immédiatement les signes des produits partiels obtenus et en les écrivant au-dessous des différents dividendes, de manière à préparer la réduction des termes semblables. Comme le premier terme de chaque dividende doit toujours disparaître dans la soustraction, puisqu'il est égal au premier terme du diviseur multiplié par le terme considéré au quotient, on néglige d'écrire le produit partiel qui le détruit, et l'on ne commence la multiplication qu'au second terme du diviseur.

Soit encore à diviser le polynôme

$$30\,a^5 - 47\,a^4 b + 39\,a^3 b^2 - 15\,a^2 b^3 - 13\,ab^4 + 6\,b^5$$

par le polynôme

$$6\,a^3 - a^2 b + 4\,ab^2 + 3\,b^3.$$

$$
\begin{array}{l|l}
30\,a^5 - 47\,a^4 b + 39\,a^3 b^2 - 15\,a^2 b^3 - 13\,ab^4 + 6\,b^5 & \;6\,a^3 - a^2 b + 4\,ab^2 + 3\,b^3 \\
\; +5\,a^4 b - 20\,a^3 b^2 - 15\,a^2 b^3 & \;5\,a^2 - 7\,ab + 2\,b^2 \\ \hline
\; -42\,a^4 b + 19\,a^3 b^2 - 30\,a^2 b^3 - 13\,ab^4 + 6\,b^5 & \\
\; -7\,a^3 b^2 + 28\,a^2 b^3 + 21\,ab^4 & \\
\; +12\,a^3 b^2 - 2\,a^2 b^3 + 8\,ab^4 + 6\,b^5 & \\
\; +2\,a^2 b^3 - 8\,ab^4 - 6\,b^5 & \\ \hline
\; 0 &
\end{array}
$$

47. Il peut arriver, comme pour la multiplication, que la lettre ordonnatrice entre à une même puissance dans plusieurs termes du dividende et du diviseur. On suit alors une marche analogue à celle déjà indiquée (28), et la division principale se trouve seulement compliquée de divisions partielles. Il faut remarquer qu'on ne doit opérer la réduction des termes semblables que dans les colonnes verticales qui correspondent aux premiers termes des restes successifs; car il suffit de connaître le premier terme du reste auquel on est parvenu pour pouvoir continuer la division. On peut aussi opérer de la même manière dans les divisions ordinaires.

Soit à diviser le polynôme

$$(a^4 - b^4)x^4 - (2a^3b - 4a^2b^2 + 2ab^3)x^3$$
$$- (a^4 - 3a^3b + 2a^2b^2 + ab^3 - b^4)x^2$$
$$- (a^3b - 3ab^2 + 2b^4)x - (ab^3 - b^4)$$

par le polynôme

$$(a^2 + b^2)x^2 - (a^2 - b^2)x - b^2.$$

L'opération présente la disposition suivante :

```
a⁴ | x⁴ — 2a³b   | x³ — a⁴    | x² — a³b   | x — ab²  |  a² | x² — a²  | x — b²
——b⁴|  + 4a²b²   |  + 3a³b    |  + 3ab³    |  + b⁴    | +b² | + b²     |
    |  — 2ab³    |  — 2a²b²   |  — 2b⁴     |  + ab³   |     |          |
    |  + a⁴      |  — ab³     |  + a²b²    |  — b⁴    |  a² | x² + a²  | x + ab
    |  — a²b²    |  + b⁴      |  — 2ab³    | —————    | —b² | — 2ab    | — b²
    |  — a²b²    |  + a²b²    |  + b⁴      |   0      |     | + b²     |
    |  + b⁴      |  — b⁴      |  + a³b     |
    |            |  + a⁴      |  — ab³
 ┌  |  + a⁴      |  — a²b²    |  — a²b²            Première division partielle.
 │  |  — 2a³b    |  — 2a³b    |  + b⁴
1er terme du 1er reste  + 2a²b²  + 2ab³    0          a⁴ — b⁴ | a² + b²
 │  |  — 2ab³    |  + a²b²              |              — a²b² | ————
 └  |  + b⁴      |  — b⁴               |            ————————— | a² — b²
    | ————————                                  — a²b² — b⁴
 ┌  |  + a³b                                        + b⁴
1er terme du 2e reste  — a²b²                        ————
 │  |  + ab³                                          0
 └  |  — b⁴
```

21.

Deuxième division partielle.

$$a^4 - 2a^3b + 2a^2b^2 - 2ab^3 + b^4 \mid a^2 + b^2$$
$$- \quad a^2b^2 \qquad\qquad\qquad \overline{a^2 - 2ab + b^2}$$
$$\overline{- 2a^3b + \quad a^2b^2 - 2ab^3 + b^4}$$
$$+ 2ab^3$$
$$\overline{+ \quad a^2b^2 \qquad + b^4}$$
$$- b^4$$
$$\overline{\qquad\qquad\qquad}$$
$$\text{o}$$

Troisième division partielle.

$$a^3b - a^2b^2 + ab^3 - b^4 \mid a^2 + b^2$$
$$- ab^3 \qquad\qquad \overline{ab - b^2}$$
$$\overline{- a^2b^2 \qquad - b^4}$$
$$+ b^4$$
$$\overline{\qquad\qquad}$$
$$\text{o}$$

48. Le diviseur peut ne pas contenir la lettre ordonnatrice choisie, de sorte que, si on la désigne par x, le dividende a la forme $A x^m + B x^{m-1} + C x^{m-2} + \ldots$, et le diviseur la forme M.

M et les coefficients A, B, C,... doivent être ensemble polynômes. Si M est un monôme, A, B, C,... sont monômes ou polynômes. On est ramené alors à suivre la marche indiquée au n° 44. L'opération se compose de divisions partielles.

Des divisions impossibles.

49. On peut souvent prévoir l'impossibilité d'une division. Par exemple, si le diviseur contient une lettre qui n'entre pas dans le dividende, la division ne peut conduire à un reste nul. Nous ne considérons, en effet, que des polynômes entiers algébriquement.

Lorsqu'on n'aperçoit pas d'impossibilité immédiate, on peut tenter la division. Il est donc essentiel d'indiquer des caractères auxquels on puisse reconnaître qu'elle est réellement impossible; car, dans certains cas, elle peut se poursuivre indéfiniment.

C'est ce qui n'a jamais lieu quand on ordonne les polynômes proposés suivant les puissances *décroissantes* de la lettre ordonnatrice. Les degrés des restes successifs par rapport à cette lettre vont alors constamment en diminuant. Il arrive donc un moment où le reste obtenu est, à la fois, différent de zéro et de degré inférieur au diviseur par rapport à la lettre ordonnatrice, de sorte que l'opération se trouve interrompue et son impossibilité démontrée.

Si les polynômes donnés sont, au contraire, ordonnés suivant les puissances *croissantes* de la lettre ordonnatrice, les degrés des restes successifs par rapport à cette lettre vont constamment en augmentant; et, si le premier terme de chaque reste est exactement divisible par le premier terme du diviseur, on peut être conduit à des calculs illimités.

Mais on remarque que, *lorsque la division est exacte,* le dernier terme du dividende divisé par le dernier terme du diviseur donne directement le dernier terme du quotient (45).

Par conséquent, quelle que soit la manière dont on ait ordonné les polynômes sur lesquels on opère, on peut affirmer l'impossibilité de la division dans les hypothèses suivantes.

La division est impossible :

1° *Lorsque le dernier terme du dividende n'est pas divisible par le dernier terme du diviseur.*

Le polynôme $4 - 8x + 2x^3 - 21x^4$ n'est pas divisible par le polynôme $1 - 2x + 3x^2 - 7x^5$.

Nous remarquerons à ce sujet que, si le premier terme du diviseur a pour coefficient l'unité, aucun coefficient fractionnaire ne peut s'introduire dans le calcul; de sorte que, si le dernier terme du dividende et le dernier terme du diviseur sont des nombres entiers dont le quotient soit fractionnaire, on peut affirmer *a priori* l'impossibilité de la division.

Le polynôme $4x^3 - 5x^2 + 7x - 4$ n'est pas divisible par le polynôme $x^2 - 2x - 7$, parce que le dernier terme du quotient devrait être égal à $\dfrac{4}{7}$.

2° *Lorsque, le dernier terme du dividende étant divisible par le dernier terme du diviseur, on est conduit à poser au quotient un terme de même degré par rapport à la lettre ordonnatrice, mais différent de celui qui devrait être le dernier.*

Le polynôme $6x^4 - 3x^3 + 2x^2 - 5x + 4$ n'est pas divisible par le polynôme $3x^3 - 3x^2 + x - 2$, parce que la division conduit à poser au quotient comme terme de degré zéro par rapport à la lettre ordonnatrice le terme $+1$, au lieu du terme -2, quotient du dernier terme 4 du dividende par le dernier terme

— 2 du diviseur :

$$
\begin{array}{l|l}
6x^4 - 3x^3 + 2x^2 - 5x + 4 & \ 3x^3 - 3x^2 + x - 2 \\
\ + 6x^3 - 2x^2 + 4x & \overline{} \\
\overline{} & \ 2x + 1 \\
\ + 3x^3 \qquad\quad - x + 4 & \\
\quad\ + 3x^2 - x + 2 & \\
\overline{} & \\
\quad\quad 3x^2 - 2x + 6 &
\end{array}
$$

3° *Lorsque, le dernier terme du dividende étant divisible par le dernier terme du diviseur, on est conduit à poser au quotient un terme identique à celui qu'on doit trouver comme le dernier, sans que le reste correspondant soit nul.*

Le polynôme $5 - 2x + 16x^2 - 9x^3$ n'est pas divisible par le polynôme $1 - x - 3x^2$, parce que la division conduit à poser au quotient le terme $+ 3x$, résultat de la division du dernier terme $- 9x^3$ du dividende par le dernier terme $- 3x^2$ du diviseur, sans que l'opération s'achève :

$$
\begin{array}{l|l}
5 - 2x + 16x^2 - 9x^3 & \ 1 - x - 3x^2 \\
\ + 5x + 15x^2 & \overline{} \\
\overline{} & \ 5 + 3x \\
\ + 3x + 31x^2 - 9x^3 & \\
\quad\ + 3x^2 + 9x^3 & \\
\overline{} & \\
\quad\ + 34x^2 &
\end{array}
$$

50. Supposons les polynômes considérés ordonnés suivant les puissances décroissantes de la lettre ordonnatrice.

Quand la division n'est pas possible et que le premier terme du dividende A *est divisible par le premier terme du diviseur* B, *on peut remplacer l'expression fractionnaire* $\dfrac{A}{B}$ *par un polynôme* Q *entier par rapport à la lettre ordonnatrice, augmenté d'une fraction ayant pour numérateur un polynôme de degré inférieur au diviseur par rapport à cette lettre et pour dénominateur le diviseur.*

En effet, on peut toujours continuer la division jusqu'à ce qu'on arrive à un reste dont le premier terme ne soit plus divisible par le premier terme du diviseur, c'est-à-dire jusqu'à ce qu'on arrive à un reste dont le premier terme ne contienne plus la lettre ordonnatrice avec un exposant aussi élevé que le premier terme du diviseur. Désignons ce reste par R : on aura nécessairement R = A — BQ, Q désignant le polynôme écrit au quotient au moment où l'on obtient le reste R. On déduit de l'égalité indiquée

$$A = BQ + R;$$

et, en divisant les deux membres de cette dernière relation par B, il vient

$$\frac{A}{B} = Q + \frac{R}{B}.$$

En divisant $6x^4 - 3x^3 + 2x^2 - 5x + 4$ par $3x^3 - 3x^2 + x - 2$, on trouve pour quotient (49) le binôme $2x + 1$ et pour reste le trinôme $3x^2 - 2x + 6$. On peut alors poser

$$\frac{6x^4 - 3x^3 + 2x^2 - 5x + 4}{3x^3 - 3x^2 - x - 2} = 2x + 1 + \frac{3x^2 - 2x + 6}{3x^3 - 3x^2 + x - 2}.$$

51. Quand la division est exacte, on peut changer la lettre ordonnatrice sans rien changer aux résultats de l'opération. Quand la division est inexacte, si l'on change de lettre ordonnatrice, on modifie généralement l'expression du quotient et celle du reste.

Condition de divisibilité d'un polynôme entier par rapport à x, par un binôme de la forme $x - a$.

52. Désignons par X le polynôme dividende ordonné suivant les puissances décroissantes de x. Le diviseur $x - a$ étant du premier degré en x, la division pourra continuer tant que le reste obtenu contiendra x. Le reste final de l'opération, s'il y en a un, sera donc nécessairement *indépendant* de x, c'est-à-dire ne contiendra pas x. Désignons par Q le quotient trouvé *entier par rapport à* x, et par R le dernier reste, s'il y en a un. On aura l'égalité fondamentale qui résulte de toute division (50)

$$X = (x - a)Q + R.$$

Il faut bien comprendre que cette égalité est en même temps une *identité*, c'est-à-dire qu'elle reste vraie, quelles que soient les valeurs particulières attribuées aux lettres qui y entrent. Elle subsiste donc encore quand on y remplace x par la valeur spéciale a.

Désignons par X_a le résultat de la substitution de a à la place de x dans le dividende; remarquons que le facteur $x - a$, devenant égal à $a - a$, s'annule, tandis que l'autre facteur Q qui ne contient pas x en dénominateur prend une valeur finie ou égale à zéro; dans les deux cas, le produit $(x - a)$Q disparaît. Quant au reste R, qui ne contient pas x, il ne change pas. On a donc identiquement

$$\mathrm{X}_a = \mathrm{R},$$

ce qui nous conduit à ce théorème très-important : *Quand on divise un polynôme entier par rapport à x par un binôme de la forme x — a, on obtient immédiatement le reste de la division en remplaçant dans le dividende la lettre x par la lettre a.*

On peut donc, *a priori,* s'assurer de la possibilité de la division.

Si la substitution indiquée conduit à un résultat nul, on a R = o, et la division réussit.

Réciproquement, si la division réussit, R = o, et la substitution indiquée conduit à un résultat nul.

La condition nécessaire et suffisante pour qu'un polynôme entier par rapport à x soit divisible par un binôme de la forme x — a est donc que ce polynôme s'annule pour x = a.

53. Déterminons la *loi de formation du quotient du polynôme X par le binôme x — a.*

En établissant cette loi, nous donnerons une nouvelle démonstration du théorème précédent.

Le polynôme X a pour forme générale (14)

$$\mathrm{X} = \mathrm{A}_0 x^m + \mathrm{A}_1 x^{m-1} + \mathrm{A}_2 x^{m-2} + \ldots + \mathrm{A}_{m-1} x + \mathrm{A}_m.$$

En opérant par colonnes verticales (47), sa division par $x - a$ présente évidemment la disposition suivante :

En commençant la division, on aperçoit facilement comment les premiers termes du quotient se déduisent les uns des autres. On en conclut alors immédiatement que, *le dividende étant un polynôme du degré m, le quotient est un polynôme complet* (14) *du degré* (*m* — 1), *dont les coefficients se forment successivement en multipliant le coefficient du terme précédent par a, et en ajoutant au produit obtenu le coefficient du terme du dividende qui est de même rang que le terme qu'on veut écrire au quotient.*

Le dernier terme du quotient est donc

$$A_0 a^{m-1} + A_1 a^{m-2} + A_2 a^{m-3} + \ldots + A_{m-2} a + A_{m-1},$$

et, par suite, le reste de la division a pour expression

$$A_0 a^m + A_1 a^{m-1} + A_2 a^{m-2} + \ldots + A_{m-1} a + A_m,$$

c'est-à-dire X_a, comme nous venons de le démontrer par une autre voie (52).

Si l'on éprouvait quelque difficulté à admettre la généralité de la loi énoncée, on emploierait un tour de raisonnement très-usité et déjà indiqué en Arithmétique (*Arithm.*, 325).

Si l'on suppose la loi vérifiée pour les *n* premiers termes du quotient, il est facile de voir qu'elle s'étend nécessairement au $(n+1)^{ième}$ terme. Car, si $P x^{m-n}$ est le $n^{ième}$ terme du quotient, le premier terme du reste correspondant est

$$(P a + A_n) x^{m-n},$$

de sorte que le $(n+1)^{ième}$ terme du quotient est

$$(P a + A_n) x^{m-n-1}.$$

La loi, ayant été reconnue pour le deuxième et le troisième terme du quotient, est donc vraie pour le quatrième, et ainsi de suite jusqu'au dernier terme.

54. Nous allons appliquer les résultats précédents à la recherche de certains caractères de divisibilité, essentiels à retenir au point de vue du calcul.

1° $x^m - a^m$ *est toujours divisible par* $x - a$, *quel que soit l'entier m.*

En effet, en désignant par R le reste de la division de $x^m - a^m$ par $x - a$, on a ici (52)

$$R = a^m - a^m = 0.$$

Quant au quotient, nous l'obtiendrons en appliquant la loi qu'on vient de démontrer, et en remarquant qu'au dividende tous les termes compris entre les deux termes extrêmes ont zéro pour coefficient. On a ainsi immédiatement

$$\frac{x^m - a^m}{x - a} = x^{m-1} + a x^{m-2} + a^2 x^{m-3} + \ldots + a^{m-2} x + a^{m-1}.$$

On peut remarquer que ce quotient est homogène (9) en x et en a.

2° $x^m + a^m$ *n'est jamais divisible par* $x - a$.

En effet, on a, dans ce cas,

$$R = a^m + a^m = 2 a^m.$$

On pourra donc seulement écrire (50)

$$\frac{x^m + a^m}{x - a} = x^{m-1} + a x^{m-2} + a^2 x^{m-3} + \ldots + a^{m-2} x + a^{m-1} + \frac{2 a^m}{x - a}.$$

3° $x^m - a^m$ *n'est divisible par* $x + a$ *que si* m *est pair.*

Le théorème du n° 52 exige simplement que le second terme du diviseur binôme soit précédé du signe —, sans aucune hypothèse sur la valeur de ce second terme. Nous pouvons donc mettre le diviseur $x + a$ sous la forme $x - (- a)$ et appliquer les mêmes règles. Le reste de la division de $x^m - a^m$ par $x - (- a)$ est alors

$$R = (- a)^m - a^m.$$

Ce reste n'est donc nul que pour $(- a)^m = a^m$, c'est-à-dire dans le cas de m pair (38).

Pour avoir le quotient de la division indiquée, nous remarquerons que l'expression

$$\frac{x^m - a^m}{x - a} = x^{m-1} + a x^{m-2} + a^2 x^{m-3} + \ldots + a^{m-2} x + a^{m-1}$$

est vraie, quelle que soit la valeur (positive ou négative) mise à la place de a; elle subsiste donc quand on remplace a par $- a$. Il vient alors, puisque m est pair (38),

$$\frac{x^m - a^m}{x + a} = x^{m-1} - a x^{m-2} + a^2 x^{m-3} - \ldots + a^{m-2} x - a^{m-1}.$$

Si m était impair, le reste de la division serait $- 2 a^m$, et l'on aurait

$$\frac{x^m - a^m}{x + a} = x^{m-1} - a x^{m-2} + a^2 x^{m-3} - \ldots - a^{m-2} x + a^{m-1} - \frac{2 a^m}{x + a}.$$

4° $x^m + a^m$ *n'est divisible par* $x + a$ *que si* m *est impair.*

Le diviseur étant ramené à la forme $x - (- a)$, le reste R de la division qu'on veut effectuer est $(-a)^m + a^m$. Ce reste n'est donc nul que pour $(-a)^m = -a^m$, c'est-à-dire dans le cas de m impair.

Si, dans l'expression de la division de $x^m - a^m$ par $x - a$, on change a en $-a$ en supposant m impair, on obtient précisément le quotient demandé. On a donc

$$\frac{x^m + a^m}{x + a} = x^{m-1} - a x^{m-2} + a^2 x^{m-3} - \ldots - a^{m-2} x + a^{m-1}.$$

Si m était pair, le reste de la division serait $2a^m$, et l'on aurait

$$\frac{x^m + a^m}{x + a} = x^{m-1} - a x^{m-2} + a^2 x^{m-3} - \ldots + a^{m-2} x - a^{m-1} + \frac{2 a^m}{x + a}.$$

5° $x^m - a^m$ *n'est divisible par* $x^p - a^p$ *que si* m *est un multiple de* p.

En effet, en effectuant la division, on voit que, dans le premier terme de chaque reste, la somme des exposants de x et de a est toujours m, parce qu'en passant d'un reste au suivant l'exposant de a croît toujours de p, tandis que celui de x décroît de la même quantité. Si l'on a $m = kp + r$, la division devient impossible au moment où l'on parvient au reste $a^{kp} x^r - a^m$. Pour que la division soit possible exactement, il faut et il suffit que ce reste soit nul; ce qui entraîne la condition $r = 0$, c'est-à-dire $m = kp$.

Quant à la loi de formation du quotient, on remarque que, dans chaque terme, la somme des exposants reste égale à $m - p$ et que, lorsqu'on passe d'un terme au suivant, l'exposant de x diminue de p, tandis que celui de a croît de p. Quand la division est possible, on a donc

$$\frac{x^m - a^m}{x^p - a^p} = x^{m-p} + a^p x^{m-2p} + a^{2p} x^{m-3p} + \ldots + a^{m-2p} x^p + a^{m-p}.$$

On modifie facilement cette expression lorsque le reste n'est pas nul, et l'on étudie de la même manière les autres cas analogues à celui qu'on vient de considérer.

D'après les expressions générales qu'on vient de démontrer, on peut écrire immédiatement

$$\frac{x^7 - 1}{x - 1} = x^6 + x^5 + x^4 + x^3 + x^2 + x + 1,$$

$$\frac{x^8 - 1}{x + 1} = x^7 - x^6 + x^5 - x^4 + x^3 - x^2 + x - 1,$$

$$\frac{x^7 + 1}{x + 1} = x^6 - x^5 + x^4 - x^3 + x^2 - x + 1,$$

$$\frac{x^{15} - 1}{x^3 - 1} = x^{12} + x^9 + x^6 + x^3 + 1.$$

55. On peut généraliser, comme il suit, le théorème fondamental du n° **52.**

Si un polynôme, entier par rapport à x, s'annule lorsqu'on remplace successivement x par des quantités différentes a et b, ce polynôme est divisible par le produit des binômes x — a et x — b.

En effet, le polynôme X s'annulant pour $x = a$ est, d'après ce qui précède (52), divisible par $x — a$. En désignant par Q le quotient de X par $x — a$, on peut donc écrire

$$X = (x — a)Q.$$

Cette égalité subsiste quel que soit x; elle reste vraie si l'on y remplace x par b. On a alors

$$X_b = (b — a)Q_b.$$

Nous indiquons par X_b et Q_b les résultats de la substitution de b à la place de x dans les polynômes X et Q. Par hypothèse, X_b est égal à zéro, et $b — a$ est différent de zéro. Il faut donc qu'on ait $Q_b = o$ ou que le quotient Q soit divisible par $x — b$. Désignons par q le quotient de Q par $x — b$. On a $Q = (x—b)q$ et, par suite,

$$X = (x — a)(x — b)q;$$

ce qui vérifie le théorème énoncé et prouve en même temps qu'il s'applique à un nombre quelconque de facteurs binômes.

Lorsque le polynôme diviseur peut se mettre sous la forme d'un produit de facteurs du premier degré tels que $x — a$, $x—b$, $x — c$,..., il suffit de voir, par conséquent, si le polynôme dividende devient nul lorsqu'on y remplace successivement x par a, b, c,... : s'il en est ainsi, on peut affirmer *a priori* la possibilité de la division.

S'il existe seulement quelques facteurs binômes du premier degré communs au dividende et au diviseur, on peut simplifier l'expression fractionnaire correspondante en faisant disparaître ces facteurs communs.

CHAPITRE VI.

DES RAPPORTS ALGÉBRIQUES.

Définitions.

56. L'expression de la division de deux quantités quelles qu'elles soient, monômes ou polynômes, entières ou fractionnaires, rationnelles ou irrationnelles, positives ou négatives, constitue un rapport algébrique. Toutes les règles du calcul des fractions numériques et toutes les dénominations correspondantes s'appliquent aux rapports algébriques.

Puisqu'une lettre peut représenter en Algèbre une quantité quelconque, si l'on a un rapport $\dfrac{a}{b}$, on peut le représenter par une seule lettre q, que la division de a par b soit ou non possible. On a alors, d'après la définition de la division,

$$a = b \times q :$$

c'est en cela que consistent réellement les démonstrations que nous allons rapidement indiquer.

Opérations sur les rapports.

57. I. *On ne change pas la valeur d'un rapport en multipliant ou en divisant ses deux termes par une même quantité.*

De $\dfrac{a}{b} = q$ on peut déduire $\dfrac{a \times m}{b \times m} = q$, c'est-à-dire que le rapport $\dfrac{a}{b}$ est égal au rapport $\dfrac{a \times m}{b \times m}$, m étant une quantité quelconque.

En effet, puisqu'on a

$$a = b \times q,$$

on a aussi

$$a \times m = b \times m \times q,$$

et l'on en tire

$$\frac{a \times m}{b \times m} = q = \frac{a}{b}.$$

58. Il résulte immédiatement de ce théorème que, *pour réduire un rapport algébrique à sa plus simple expression, il faut rendre ses deux termes premiers entre eux.*

On dit que deux quantités sont algébriquement *premières entre elles,* lorsqu'elles n'admettent aucun facteur commun, soit numérique, soit algébrique, soit monôme, soit polynôme.

Considérons le rapport

$$\frac{12\,a^3 b^4 - 12\,a^2 b^5}{28\,a^5 b^2 - 56\,a^4 b^3 + 28\,a^3 b^4}.$$

Mettons en évidence au numérateur le facteur commun $12\,a^2 b^4$; le numérateur devient

$$12\,a^2 b^4 (a - b).$$

Mettons en évidence au dénominateur le facteur commun $28\,a^3 b^2$; le dénominateur devient

$$28\,a^3 b^2 (a^2 - 2ab + b^2).$$

Le rapport prend donc successivement la forme

$$\frac{12\,a^2 b^4 (a - b)}{28\,a^3 b^2 (a^2 - 2ab + b^2)} = \frac{3\,b^2 (a - b)}{7\,a(a - b)(a - b)} = \frac{3\,b^2}{7\,a(a - b)},$$

et il est finalement réduit à sa plus simple expression.

59. *Pour réduire plusieurs rapports au même dénominateur ou au plus petit dénominateur commun,* il suit aussi du théorème du n° 57, qu'on doit opérer comme en Arithmétique.

Soient les rapports

$$\frac{7c}{12\,a^2 b^3 (a + b)}, \quad \frac{3b}{40\,a^3 c^3 (a - b)}, \quad \frac{5a}{27\,b^3 c^3 (a^2 - b^2)}.$$

Les dénominateurs décomposés en facteurs donnent

$$12\,a^2 b^3 (a + b) = 2^2 \times 3 \times a^2 \times b^3 \times (a + b),$$
$$40\,a^3 c^2 (a - b) = 2^3 \times 5 \times a^3 \times c^2 \times (a - b),$$
$$27\,b^3 c^3 (a^2 - b^2) = 3^3 \times b^3 \times c^3 \times (a + b) \times (a - b).$$

Leur plus petit multiple commun est donc

$$2^3 \times 3^3 \times 5 \times a^3 \times b^3 \times c^3 \times (a+b) \times (a-b) = 1080\, a^3 b^3 c^3 (a^2 - b^2).$$

En divisant ce plus petit multiple commun par chacun des dénominateurs, ce qu'on fera en supprimant leurs facteurs parmi ceux du plus petit multiple commun, on trouve pour quotients successifs :

$$2 \times 3^2 \times 5 \times a \times c^3 \times (a-b) = 90\, ac^3 (a-b),$$
$$3^3 \times b^3 \times c \times (a+b)\ldots\ldots = 27\, b^3 c (a+b),$$
$$2^3 \times 5 \times a^3 \ldots\ldots\ldots\ldots = 40\, a^3.$$

En multipliant respectivement les deux termes de chaque rapport par ces quotients, les rapports proposés deviennent finalement

$$\frac{630\, ac^4 (a-b)}{1080\, a^3 b^3 c^3 (a^2 - b^2)}, \quad \frac{81\, b^4 c (a+b)}{1080\, a^3 b^3 c^3 (a^2 - b^2)}, \quad \frac{200\, a^4}{1080\, a^3 b^3 c^3 (a^2 - b^2)}.$$

60. *Pour additionner plusieurs rapports, il faut les réduire au même dénominateur, ajouter leurs numérateurs, et donner à la somme obtenue le dénominateur commun.*

Pour soustraire deux rapports, il faut les réduire au même dénominateur, retrancher leurs numérateurs, et donner à la différence obtenue le dénominateur commun.

61. II. *Pour multiplier deux rapports, il faut les multiplier terme à terme.*

Soient les deux rapports $\frac{a}{b}$ et $\frac{c}{d}$. Posons $\frac{a}{b} = q$ et $\frac{c}{d} = q'$. Nous aurons (56)

$$a = bq,$$
$$c = dq'.$$

Si nous multiplions ces deux égalités membre à membre, il vient

$$ac = bdqq'.$$

En divisant alors les deux membres de cette dernière égalité par bd, on a

$$\frac{ac}{bd} = qq' = \frac{a}{b} \times \frac{c}{d}.$$

Cettre règle s'étend immédiatement à un nombre quelconque de rapports.

62. *Pour diviser deux rapports, il faut multiplier le premier rapport par le second renversé, ou les diviser terme à terme.*

Soient les deux rapports $\dfrac{a}{b}$ et $\dfrac{c}{d}$, leur quotient (40) est égal à

$$\frac{a}{b} \times \frac{d}{c} = \frac{ad}{bc}.$$

En effet, on a (57)

$$\frac{c}{d} \times \frac{ad}{bc} = \frac{cad}{dbc} = \frac{a}{b}.$$

Le quotient $\dfrac{ad}{bc}$ peut aussi s'écrire

$$\frac{\dfrac{a}{c}}{\dfrac{b}{d}} = \frac{a : c}{b : d}.$$

Remarquons que les quantités entières peuvent être assimilées à des rapports qui ont pour dénominateur l'unité.

63. III. *Lorsque plusieurs rapports sont égaux, si on les ajoute terme à terme, on forme un rapport égal à chacun des rapports proposés.*

Soient les rapports

$$\frac{a}{b} = \frac{a'}{b'} = \frac{a''}{b''} = q.$$

On en déduit

$$a = bq, \quad a' = b'q, \quad a'' = b''q.$$

Ajoutons ces égalités membre à membre, nous aurons

$$a + a' + a'' = bq + b'q + b''q = (b + b' + b'')q,$$

d'où

$$\frac{a + a' + a''}{b + b' + b''} = q.$$

On démontre de même que, *lorsque deux rapports sont égaux, si on les soustrait terme à terme, on forme un rapport égal à chacun des rapports proposés.*

64. *Lorsque plusieurs rapports sont égaux, le rapport formé en divisant la racine carrée de la somme des carrés des numérateurs par la racine carrée de la somme des carrés des dénominateurs est égal à chacun des rapports proposés.*

Soient les rapports $\dfrac{a}{b} = \dfrac{a'}{b'} = \dfrac{a''}{b''}$. Pour élever un rapport au carré, il faut évidemment (61) élever ses deux termes au carré. On a donc aussi

$$\frac{a^2}{b^2} = \frac{a'^2}{b'^2} = \frac{a''^2}{b''^2}.$$

On en déduit (63)

$$\frac{a^2 + a'^2 + a''^2}{b^2 + b'^2 + b''^2} = \frac{a^2}{b^2}.$$

Pour extraire la racine carrée d'un rapport, il faut évidemment extraire la racine carrée de ses deux termes. On a donc

$$\frac{\sqrt{a^2 + a'^2 + a''^2}}{\sqrt{b^2 + b'^2 + b''^2}} = \frac{a}{b}.$$

65. On peut évidemment multiplier respectivement par un même nombre quelconque (différent pour chaque rapport) les deux termes des rapports égaux considérés, avant d'appliquer le théorème du n° 63.

De $\dfrac{a}{b} = \dfrac{a'}{b'} = \dfrac{a''}{b''}$ on peut donc déduire encore les deux formules

$$\frac{ma + m'a' + m''a''}{mb + m'b' + m''b''} = \frac{a}{b}$$

et

$$\frac{\sqrt{ma^2 + m'a'^2 + m''a''^2}}{\sqrt{mb^2 + m'b'^2 + m''b''^2}} = \frac{a}{b}.$$

66. IV. *Si plusieurs rapports, à termes positifs, sont rangés par ordre de grandeur, le rapport formé en les ajoutant terme à terme est compris entre les deux rapports extrêmes.*

Soient les quatre rapports $\dfrac{a}{b}$, $\dfrac{a'}{b'}$, $\dfrac{a''}{b''}$, $\dfrac{a'''}{b'''}$, rangés par ordre de grandeur croissante. Si l'on pose $\dfrac{a}{b} = q$, d'où $a = bq$, il en résulte $\dfrac{a'}{b'} > q$, $\dfrac{a''}{b''} > q$, $\dfrac{a''}{b'''} > q$, et, par conséquent, $a' > b'q$, $a'' > b''q$, $a''' > b'''q$. On en déduit immédiatement

$$a + a' + a'' + a''' > (b + b' + b'' + b''')q$$

ou

$$\frac{a + a' + a'' + a'''}{b + b' + b'' + b'''} > \left(q = \frac{a}{b} \right).$$

En posant de même $\dfrac{a'''}{b'''} = q_1$, d'où $a''' = b'''q_1$, on a $\dfrac{a}{b} < q_1$, $\dfrac{a'}{b'} < q_1$, $\dfrac{a''}{b''} < q_1$, c'est-à-dire $a < bq_1$, $a' < b'q_1$, $a'' < b''q_1$. On en déduit

$$a + a' + a'' + a''' < (b + b' + b'' + b''')q_1$$

ou

$$\frac{a + a' + a'' + a'''}{b + b' + b'' + b'''} < \left(q_1 = \frac{a'''}{b'''} \right).$$

Si l'on multipliait respectivement par des nombres donnés les deux termes des rapports considérés, on aurait aussi

$$\frac{a}{b} < \frac{am + a'm' + a''m'' + a'''m'''}{bm + b'm' + b''m'' + b'''m'''} < \frac{a'''}{b'''}.$$

67. Tous les théorèmes établis en Arithmétique, relativement aux *proportions,* sont applicables au point de vue algébrique. Il en est de même de tout ce qui concerne les *grandeurs proportionnelles* ou *inversement proportionnelles*.

Applications.

68. 1° *Simplifier l'expression*

$$\frac{a + \dfrac{b - a}{1 + ba}}{1 - \dfrac{ab - a^2}{1 + ba}}.$$

On commence par faire disparaître le dénominateur $1 + ba$, en multipliant les deux termes du rapport donné par ce dénominateur (57) et en se rappelant que, pour multiplier une somme ou une différence par une quantité, on doit multiplier chaque partie de la somme ou de la différence par cette quantité (22). On opère ensuite la réduction des termes semblables, et l'on met les facteurs communs en évidence, de manière à pouvoir les supprimer dans les deux termes du rapport simplifié. On trouve ainsi

$$\frac{a + ba^2 + b - a}{1 + ba - ab + a^2} = \frac{ba^2 + b}{1 + a^2} = \frac{b(1 + a^2)}{1 + a^2} = b.$$

2° *Simplifier l'expression*

$$\frac{\left(\dfrac{1}{a^2} - \dfrac{1}{b^2}\right)\left(\dfrac{a - b}{a + b} - 1\right)}{\left(\dfrac{a - b}{a + b} + 1\right)\left(\dfrac{a}{b} - \dfrac{b}{a}\right)}.$$

On commence par effectuer l'opération indiquée dans chaque parenthèse, c'est-à-dire qu'après avoir réduit les rapports correspondants au même dénominateur, on les ajoute ou on les retranche. On opère ensuite la réduction des termes semblables, et l'on écrit le résultat de chaque multiplication. On a alors

$$\frac{\dfrac{b^2 - a^2}{a^2 b^2} \times \dfrac{a - b - a - b}{a + b}}{\dfrac{a - b + a + b}{a + b} \times \dfrac{a^2 - b^2}{ab}} = \frac{\dfrac{-2b(b^2 - a^2)}{a^2 b^2(a + b)}}{\dfrac{2a(a^2 - b^2)}{ab(a + b)}}.$$

En simplifiant autant que possible les deux rapports obtenus en numérateur et en dénominateur, on trouve

$$\frac{\dfrac{2(a - b)}{a^2 b}}{\dfrac{2(a - b)}{b}}.$$

Puisqu'on peut diviser deux rapports en les divisant terme à terme (62), on voit que l'expression donnée se réduit finalement à

$$\frac{1}{a^2}.$$

3° *Simplifier l'expression*

$$\frac{a^3}{(a - b)(a - c)} - \frac{b^3}{(a - b)(b - c)} + \frac{c^3}{(a - c)(b - c)}.$$

En réduisant les trois rapports au même dénominateur et en les ajoutant algébriquement, on a

$$\frac{a^3(b - c) - b^3(a - c) + c^3(a - b)}{(a - b)(a - c)(b - c)}.$$

On remarque alors que le numérateur s'annule successivement pour $a = b$, pour $a = c$, pour $b = c$. Il est donc divisible séparément par les facteurs binômes $(a - b)$, $(a - c)$, $(b - c)$ [52], et, par conséquent, par leur

22.

produit (55). On peut donc effectuer la division du numérateur de l'expression donnée par son dénominateur, et le quotient exact qu'on obtiendra représentera cette expression réduite à sa plus simple expression.

On peut d'ailleurs éviter cette division, en mettant en évidence et en supprimant successivement les facteurs qui sont communs au numérateur et au dénominateur.

En effet, les deux premiers termes du numérateur reviennent à

$$a^3(b-c) - b^3(a-c) = ab(a^2 - b^2) - c(a^3 - b^3).$$

On peut donc supprimer aux deux termes du rapport le facteur commun $(a - b)$ [54, 1°], et l'on trouve alors

$$\frac{ab(a+b) - c(a^2 + ab + b^2) + c^3}{(a-c)(b-c)}.$$

Le numérateur de ce dernier rapport peut s'écrire

$$ab(a - c) + b^2(a - c) - c(a^2 - c^2).$$

On peut donc supprimer à ses deux termes le facteur commun $(a - c)$, et il reste

$$\frac{ab + b^2 - c(a+c)}{b-c} = \frac{a(b-c) + (b^2 - c^2)}{b-c} = a + b + c.$$

C'est le résultat demandé.

CHAPITRE VII.

CALCUL DES VALEURS ARITHMÉTIQUES DES RADICAUX. —
EXPOSANTS FRACTIONNAIRES ET NÉGATIFS.

Définitions.

69. *La puissance $m^{ième}$ d'une expression algébrique est le produit de m facteurs égaux à l'expression donnée.*

On n'a donc, pour obtenir cette puissance, lorsqu'il s'agit d'un monôme, d'un polynôme ou d'un rapport, qu'à appliquer les règles démontrées précédemment (23, 28, 61).

Lorsque l'expression proposée est elle-même un produit ou une puissance, on a recours aux théorèmes établis en Arithmétique (**76, 75**), et qui s'étendent immédiatement aux expressions algébriques.

70. *La racine $m^{ième}$ d'une expression algébrique est l'expression qui, élevée à la puissance m, reproduit l'expression donnée.*

Comme nous l'avons déjà dit en Arithmétique, on indique la racine $m^{ième}$ d'une expression à l'aide du signe $\sqrt{}$, affecté de l'indice m. La racine $m^{ième}$ de a s'écrit $\sqrt[m]{a}$. Nous verrons plus tard que toute racine $m^{ième}$ a m valeurs. Nous nous bornerons ici à quelques remarques indispensables.

On appelle *réelles* les quantités positives et négatives. Cela posé, a peut avoir une valeur *positive* ou *négative, m* peut être *pair* ou *impair*. Examinons ces différents cas.

1º *Si m est pair et que a soit positif,* $\sqrt[m]{a}$ admet deux valeurs *réelles*, égales et de signes contraires. En effet, qu'on affecte la valeur absolue de $\sqrt[m]{a}$ du signe $+$ ou du signe $-$, comme m est pair et que le produit d'un nombre pair de facteurs négatifs est positif (**38**), on obtient toujours a comme résultat en prenant m facteurs égaux à $+ \sqrt[m]{a}$ ou à $- \sqrt[m]{a}$. Si a' désigne la valeur absolue de $\sqrt[m]{a}$, on a donc d'une manière générale

$$\sqrt[m]{a} = \pm a'.$$

2° *Si m est pair et que a soit négatif,* $\sqrt[m]{a}$ ne peut être exprimée par aucun nombre positif ou négatif, puisque le produit d'un nombre pair de facteurs positifs ou négatifs est positif. On donne à une pareille expression le nom d'*expression imaginaire,* par opposition aux quantités positives ou négatives, qualifiées de *réelles.*

3° *Si m est impair,* $\sqrt[m]{a}$ n'a qu'une seule valeur réelle de même signe que a : un nombre impair de facteurs positifs donne en effet un produit positif, un nombre impair de facteurs négatifs donne un produit négatif. En désignant par a' la valeur absolue de $\sqrt[m]{a}$, abstraction faite du signe de a, on aura d'une manière générale

$$\sqrt[m]{a} = + a', \text{ si } a \text{ est positif;}$$
$$\sqrt[m]{a} = - a', \text{ si } a \text{ est négatif.}$$

Ainsi

$$\sqrt{4} = \pm 2, \quad \sqrt[3]{8} = 2, \quad \sqrt[3]{-27} = -3.$$

Dans ce qui va suivre, nous regarderons les quantités placées sous les radicaux comme ayant une valeur positive et nous n'admettrons que les racines positives de ces quantités. On ne considère alors que les *valeurs arithmétiques des radicaux.*

Calcul des valeurs arithmétiques des radicaux.

71. Il n'y a pas lieu de s'arrêter à l'addition et à la soustraction des radicaux; le plus souvent, on ne peut qu'indiquer l'opération à effectuer. Si des simplifications sont possibles, elles dépendent des transformations que nous allons étudier et de ce qu'on a déjà dit sur la réduction des termes semblables.

72. I. *Pour multiplier plusieurs radicaux de même indice, on multiplie les quantités placées sous ces radicaux et l'on affecte leur produit du radical commun.*

On a

$$\sqrt[m]{a} \cdot \sqrt[m]{b} \cdot \sqrt[m]{c} = \sqrt[m]{abc},$$

a, b, c étant des quantités quelconques positives.

Rappelons-nous en effet que, pour élever un produit à une puissance, il faut élever à cette puissance chaque facteur du produit (*Arithm.*, 76); de plus, on a par définition

$$(\sqrt[m]{a})^m = a.$$

Enfin, puisque nous traitons seulement des valeurs arithmétiques des radicaux, *un radical n'a qu'une seule valeur.*

Si l'on élève alors à la puissance m les deux membres de l'égalité précédente, on trouve

$$(\sqrt[m]{a} \cdot \sqrt[m]{b} \cdot \sqrt[m]{c})^m = abc,$$

ce qui démontre la règle; car, puisque le premier membre de cette égalité, élevé à la puissance m, reproduit abc, ce premier membre représente bien $\sqrt[m]{abc}$.

73. L'égalité $\sqrt[m]{a} \cdot \sqrt[m]{b} \cdot \sqrt[m]{c} = \sqrt[m]{abc}$ prouve réciproquement que, *pour extraire la racine d'un produit, il faut extraire la racine de chaque facteur.*

On peut, d'après cela, simplifier l'expression d'un radical, lorsqu'il recouvre le produit de deux facteurs, dont l'un est une puissance exacte relativement à l'indice du radical.

Ainsi

$$\sqrt[m]{a^{2m}b} = a^2 \sqrt[m]{b}.$$

On fait donc *sortir un facteur d'un radical*, c'est-à-dire on l'écrit en dehors du radical, *en en extrayant une racine marquée par l'indice du radical.*

Réciproquement, si l'on a intérêt *à faire entrer un facteur sous un radical*, il faut l'élever à une puissance marquée par l'indice du radical.

On a

$$\sqrt{72} = \sqrt{36 \times 2} = 6\sqrt{2}.$$

On a de même

$$2\sqrt{\frac{7}{12}} = \sqrt{\frac{4 \times 7}{12}} = \sqrt{\frac{7}{3}}.$$

74. *Pour diviser deux radicaux de même indice, on divise les quantités placées sous les radicaux, et l'on affecte leur quotient du radical commun.*

On a

$$\frac{\sqrt[m]{a}}{\sqrt[m]{b}} = \sqrt[m]{\frac{a}{b}}.$$

En effet, puisque $a = \dfrac{a}{b} \times b$, on a aussi (**73**)

$$\sqrt[m]{a} = \sqrt[m]{\frac{a}{b}} \times \sqrt[m]{b}, \quad \text{d'où} \quad \frac{\sqrt[m]{a}}{\sqrt[m]{b}} = \sqrt[m]{\frac{a}{b}}.$$

75. *Pour élever un radical à une puissance, on élève à cette puissance la quantité placée sous le radical.*

On a

$$(\sqrt[m]{a})^p = \sqrt[m]{a^p}.$$

En effet, élever $\sqrt[m]{a}$ à la puissance p, c'est faire le produit de p facteurs égaux à $\sqrt[m]{a}$ (**72**).

76. II. *Pour extraire la racine d'un radical, on extrait la racine de la quantité placée sous ce radical, ou l'on multiplie les deux indices l'un par l'autre.*

On a

$$\sqrt[p]{\sqrt[m]{a}} = \sqrt[m]{\sqrt[p]{a}} = \sqrt[mp]{a}.$$

En effet, on a démontré en Arithmétique que, pour élever une puissance à une autre puissance, il fallait multiplier les exposants des deux puissances : $(a^3)^4 = a^{3 \times 4}$. Réciproquement, pour élever a à la puissance 12, on peut indifféremment commencer par élever a au cube, puis le résultat a^3 à la quatrième puissance, ou bien élever a à la quatrième puissance et le résultat a^4 au cube.

Cela posé, en élevant les trois expressions indiquées à la puissance mp, on trouve a : $\sqrt[p]{\sqrt[m]{a}}$, par exemple, élevée à la puissance p donne $\sqrt[m]{a}$, et ce résultat élevé à la puissance m donne a; ces trois expressions sont donc égales comme représentant la racine $mp^{\text{ième}}$ d'une même quantité a.

Ce théorème permet de simplifier l'extraction des racines

numériques, lorsque leur degré ne renferme que les facteurs premiers 2 et 3.

Ainsi on peut écrire

$$\sqrt[12]{a} = \sqrt[3]{\sqrt[4]{a}} = \sqrt[3]{\sqrt{\sqrt{a}}}.$$

Pour extraire la racine douzième de a, on peut donc extraire la racine carrée de a, puis la racine carrée de cette racine carrée, et enfin la racine cubique du résultat. On a de même

$$\sqrt[6]{46656} = \sqrt[2]{\sqrt[3]{46656}} = \sqrt[3]{216} = 6.$$

77. *On ne change pas la valeur d'un radical en multipliant son indice par un certain nombre, pourvu qu'on élève à la puissance marquée par ce nombre la quantité placée sous le radical. Si l'on divise l'indice par un certain nombre, on doit au contraire extraire de la quantité placée sous le radical une racine marquée par le diviseur employé.*

Cette règle résulte immédiatement du théorème précédent. On a évidemment

$$\sqrt[m]{a} = \sqrt[mp]{a^p},$$

puisqu'on vient de démontrer la relation

$$\sqrt[mp]{a^p} = \sqrt[m]{\sqrt[p]{a^p}},$$

et que $\sqrt[p]{a^p}$ équivaut à a.

On peut, d'après ce qu'on vient de dire, *simplifier un radical en supprimant les facteurs communs à l'indice du radical et à l'exposant de la puissance qu'il recouvre.*

$$\sqrt[12]{27} = \sqrt[12]{3^3} = \sqrt[4]{3}.$$

On peut aussi *réduire plusieurs radicaux au même indice,* en suivant une marche analogue à celle qu'on emploie en Arithmétique pour réduire plusieurs fractions au plus petit dénominateur commun.

Soit proposé de réduire au même indice les radicaux $\sqrt[15]{a}$, $\sqrt[12]{b}$, $\sqrt[14]{c}$. On a

$$15 = 3 \times 5, \quad 12 = 2^2 \times 3, \quad 14 = 2 \times 7.$$

Le plus petit multiple commun des trois indices est donc

$$2^2 \times 3 \times 5 \times 7 = 420.$$

En le divisant successivement par 15, 12 et 14, on trouve pour quotients 28, 35, 30. Il faut multiplier chaque indice par le quotient qui lui correspond et élever à une puissance marquée par ce quotient la quantité placée sous le radical considéré. Il vient

$$\sqrt[420]{a^{28}}, \quad \sqrt[420]{b^{35}}, \quad \sqrt[420]{c^{30}}.$$

78. *Pour multiplier ou diviser des radicaux d'indices différents, on commence par les ramener au même indice, puis on suit les règles précédentes.*

Application.

79. Nous allons faire application des principes démontrés à la *transformation d'un rapport dont le dénominateur est irrationnel en un autre rapport équivalent dont le dénominateur soit rationnel.*

1° Soit l'expression $\dfrac{a}{\sqrt{b}}$. En multipliant ses deux termes par $\sqrt{b}$, on a immédiatement

$$\frac{a}{\sqrt{b}} = \frac{a\sqrt{b}}{b}.$$

2° Soit l'expression $\dfrac{a}{\sqrt{b}+\sqrt{c}}$. En multipliant ses deux termes par la différence $\sqrt{b}-\sqrt{c}$, on a (30)

$$\frac{a}{\sqrt{b}+\sqrt{c}} = \frac{a(\sqrt{b}-\sqrt{c})}{(\sqrt{b}+\sqrt{c})(\sqrt{b}-\sqrt{c})} = \frac{a(\sqrt{b}-\sqrt{c})}{b-c}.$$

On trouverait de même

$$\frac{a}{\sqrt{b}-\sqrt{c}} = \frac{a(\sqrt{b}+\sqrt{c})}{(\sqrt{b}-\sqrt{c})(\sqrt{b}+\sqrt{c})} = \frac{a(\sqrt{b}+\sqrt{c})}{b-c}.$$

3° Soit encore l'expression $\dfrac{a}{\sqrt{b}+\sqrt{c}+\sqrt{d}}$. On multiplie d'abord ses deux termes par la différence $\sqrt{b}+\sqrt{c}-\sqrt{d}$. On a ainsi

$$\frac{a}{\sqrt{b}+\sqrt{c}+\sqrt{d}} = \frac{a(\sqrt{b}+\sqrt{c}-\sqrt{d})}{(\sqrt{b}+\sqrt{c}+\sqrt{d})(\sqrt{b}+\sqrt{c}-\sqrt{d})} = \frac{a(\sqrt{b}+\sqrt{c}-\sqrt{d})}{(\sqrt{b}+\sqrt{c})^2-d}$$

ou, en effectuant le carré indiqué au dénominateur,

$$\frac{a}{\sqrt{b}+\sqrt{c}+\sqrt{d}} = \frac{a\left(\sqrt{b}+\sqrt{c}-\sqrt{d}\right)}{b+c-d+2\sqrt{bc}}.$$

En multipliant alors les deux termes du dernier rapport par la différence $b+c-d-2\sqrt{bc}$, de manière à introduire au dénominateur le produit d'une somme par une différence, c'est-à-dire la différence de deux carrés, on obtient finalement

$$\frac{a}{\sqrt{b}+\sqrt{c}+\sqrt{d}} = \frac{a\left(\sqrt{b}+\sqrt{c}-\sqrt{d}\right)\left(b+c-d-2\sqrt{bc}\right)}{(b+c-d)^2-4bc}.$$

Des exposants fractionnaires.

80. On peut diviser par un même nombre l'indice d'un radical et l'exposant de la quantité qu'il recouvre (77). On peut donc écrire

$$\sqrt[p]{a^{mp}} =: a^m = a^{\frac{mp}{p}}.$$

La fraction $\dfrac{mp}{p}$ a pour numérateur l'exposant de la quantité placée sous le radical, et pour dénominateur l'indice de ce radical.

La forme *fractionnaire* de l'exposant n'entraîne ici aucune remarque, puisque cette forme fractionnaire correspond à un quotient entier; mais il y a avantage évident, ou, pour mieux dire, *le caractère de l'Algèbre conduit* nécessairement *à étendre* par convention *cette notation au cas même où l'exposant de la quantité placée sous le radical n'est pas divisible par l'indice du radical*. En effet, les règles relatives au calcul des quantités affectées d'exposants, qui ont été démontrées en Arithmétique (73 et suivants) exigent que ces exposants soient entiers. Les exposants pouvant être, eux aussi, représentés en Algèbre par des symboles généraux, il faut qu'on puisse supposer ces symboles remplacés par des valeurs quelconques et, par suite, par des valeurs fractionnaires, sans que les règles de calcul soient modifiées; et cette extension sera facilement justifiée, si nous convenons de regarder comme équivalentes les deux expressions

$$\sqrt[p]{a^m} \quad \text{et} \quad a^{\frac{m}{p}},$$

m et p étant des quantités entières positives quelconques. *Le numérateur m de l'exposant fractionnaire $\frac{m}{p}$ indique alors à quelle puissance on doit élever a, et le dénominateur p quelle racine on doit extraire du résultat a^m.*

Pour que cette convention soit permise, il faut montrer que, la valeur de la seconde expression étant indépendante de la forme donnée à la valeur fractionnaire $\frac{m}{p}$, il en est de même de la valeur de la première. Supposons, en effet, qu'on ait

$$\frac{m}{p} = \frac{m'}{p'}.$$

On aura alors

$$a^{\frac{m}{p}} = a^{\frac{m'}{p'}}.$$

Il faut donc qu'on ait aussi

$$\sqrt[p]{a^m} = \sqrt[p']{a^{m'}}.$$

Réduisons ces deux radicaux au même indice (**77**); ils deviennent

$$\sqrt[pp']{a^{mp'}} \quad \text{et} \quad \sqrt[pp']{a^{m'p}}.$$

Mais, puisque

$$\frac{m}{p} = \frac{m'}{p'},$$

on a

$$mp' = m'p.$$

Les deux radicaux, réduits ou non au même indice, sont donc identiques.

Il est utile de remarquer que, *pour calculer la valeur numérique d'une puissance fractionnaire, il faut revenir à la forme radicale.* Ainsi

$$16^{\frac{3}{2}} = \sqrt{16^3} = \sqrt{4^6} = 4^3 = 64.$$

Nous allons étendre maintenant aux exposants fractionnaires les règles démontrées dans le cas des exposants entiers.

81. I. *Pour multiplier deux puissances entières ou fractionnaires d'une même quantité, on ajoute leurs exposants.*

On a

$$a^{\frac{m}{p}} \times a^{\frac{n}{q}} = a^{\frac{m}{p}+\frac{n}{q}}.$$

En effet

$$a^{\frac{m}{p}} = \sqrt[p]{a^m}, \quad a^{\frac{n}{q}} = \sqrt[q]{a^n},$$

mais

$$\sqrt[p]{a^m} \times \sqrt[q]{a^n} = \sqrt[pq]{a^{mq}\,a^{np}} = \sqrt[pq]{a^{mq+np}} = a^{\frac{mq+np}{pq}},$$

c'est-à-dire $a^{\frac{m}{p}+\frac{n}{q}}$.

On peut supposer m ou n égal à 1, p ou q égal à 1.

82. II. *Pour diviser deux puissances entières ou fractionnaires d'une même quantité, on retranche leurs exposants.*

On a

$$a^{\frac{m}{p}} : a^{\frac{n}{q}} = a^{\frac{m}{p}-\frac{n}{q}},$$

en faisant toutefois la restriction $\dfrac{m}{p} > \dfrac{n}{q}$, restriction qui sera levée bientôt.

En effet,

$$a^{\frac{m}{p}} : a^{\frac{n}{q}} = \sqrt[p]{a^m} : \sqrt[q]{a^n} = \sqrt[pq]{\dfrac{a^{mq}}{a^{np}}} = \sqrt[pq]{a^{mq-np}},$$

puisque la condition $\dfrac{m}{p} > \dfrac{n}{q}$ entraîne nécessairement la condition $mq > np$; on a donc, en revenant à la notation adoptée,

$$a^{\frac{m}{p}} : a^{\frac{n}{q}} = a^{\frac{mq-np}{pq}} = a^{\frac{m}{p}-\frac{n}{q}}.$$

On peut supposer m ou n égal à 1, p ou q égal à 1.

83. III. *Pour élever une puissance entière ou fractionnaire à une autre puissance entière ou fractionnaire, on multiplie les deux exposants.*

On a

$$\left(a^{\frac{m}{p}}\right)^{\frac{n}{q}} = a^{\frac{m}{p}\frac{n}{q}}.$$

En effet,

$$\left(a^{\frac{m}{p}}\right)^{\frac{n}{q}} = \left(\sqrt[p]{a^m}\right)^{\frac{n}{q}} = \sqrt[q]{\left(\sqrt[p]{a^m}\right)^n},$$

ou

$$\left(a^{\frac{m}{p}}\right)^{\frac{n}{q}} = \sqrt[q]{\sqrt[p]{(a^m)^n}} = \sqrt[pq]{a^{mn}} = a^{\frac{mn}{pq}} = a^{\frac{m}{p}\frac{n}{q}}.$$

On peut supposer m ou n égal à 1, p ou q égal à 1.

84. **IV.** *Pour élever un produit à une puissance entière ou fractionnaire, on peut élever chacun de ses facteurs à cette puissance.*

On a

$$(abc)^{\frac{m}{p}} = a^{\frac{m}{p}} b^{\frac{m}{p}} c^{\frac{m}{p}}.$$

En effet,

$$(abc)^{\frac{m}{p}} = \sqrt[p]{(abc)^m} = \sqrt[p]{a^m b^m c^m},$$

c'est-à-dire

$$(abc)^{\frac{m}{p}} = \sqrt[p]{a^m}\sqrt[p]{b^m}\sqrt[p]{c^m} = a^{\frac{m}{p}} b^{\frac{m}{p}} c^{\frac{m}{p}}.$$

Des exposants négatifs.

85. De même que la nécessité de conserver aux symboles algébriques toute leur généralité nous a conduit à admettre les exposants fractionnaires, nous devons aussi admettre les exposants *négatifs* et chercher l'interprétation dont ils sont susceptibles.

Nous avons déjà vu (43) que les exposants négatifs apparaissent, lorsqu'on veut étendre la règle de la division des monômes au cas où l'exposant d'une certaine lettre est plus faible au dividende qu'au diviseur. Supposons qu'on ait l'expression $\dfrac{a^m}{a^n}$. Si m surpasse n, on en déduit immédiatement

$$\frac{a^m}{a^n} = a^{m-n};$$

mais, m étant plus petit que n, l'expression a^{m-n} n'a aucun sens, si l'on s'en tient à la définition générale des puissances. Posons

$$n = m + p,$$

p étant la différence des deux exposants. On peut alors écrire

$$\frac{a^m}{a^n} = \frac{a^m}{a^{m+p}} = \frac{a^m}{a^n a^p} = \frac{1}{a^p}.$$

En appliquant la règle de la division des monômes (41), on a d'ailleurs

$$\frac{a^m}{a^n} = \frac{a^m}{a^{m+p}} = a^{-p}.$$

Il est donc naturel d'admettre ou de convenir que les deux expressions a^{-p} et $\frac{1}{a^p}$ sont équivalentes. *Toute quantité affectée d'un exposant négatif revient alors à l'inverse de cette quantité affectée du même exposant pris positivement.*

Il faut montrer que la notation des exposants négatifs n'implique pas contradiction, en ce sens que, étant admise dans le cas où p est positif, elle subsiste par cela même lorsque p reçoit une valeur négative $-p'$; car, p' étant positif, on a, par convention,

$$a^{-p'} = \frac{1}{a^{p'}} \quad \text{ou} \quad a^{p'} = \frac{1}{a^{-p'}},$$

c'est-à-dire précisément

$$a^{-p} = \frac{1}{a^p}.$$

Il est utile de remarquer que, *pour calculer la valeur numérique d'une puissance négative, il faut revenir à la forme fractionnaire.* Ainsi

$$2^{-\frac{3}{2}} = \frac{1}{2^{\frac{3}{2}}} = \frac{1}{\sqrt{2^3}} = \frac{1}{\sqrt{8}} = \frac{1}{2\sqrt{2}} = \frac{\sqrt{2}}{4}.$$

Nous allons étendre aux exposants négatifs les mêmes règles de calcul qu'aux exposants positifs, entiers ou fractionnaires.

86. I. *Pour multiplier deux puissances positives ou négatives d'une même quantité, on ajoute leurs exposants.*

$$a^{-m} a^{-q} = a^{-m-q} = a^{-(m+q)}.$$

En effet

$$a^{-m} a^{-q} = \frac{1}{a^m} \frac{1}{a^q} = \frac{1}{a^m a^q} = \frac{1}{a^{m+q}},$$

c'est-à-dire, en revenant à la notation adoptée,

$$a^{-m}a^{-q} = a^{-(m+q)}.$$

On peut supposer m et q positifs ou négatifs, entiers ou fractionnaires.

87. II. *Pour diviser deux puissances positives ou négatives d'une même quantité, on retranche leurs exposants.*
On a

$$a^{-m} : a^{-q} = a^{-m+q} = a^{q-m}.$$

En effet

$$a^{-m} : a^{-q} = \frac{1}{a^m} : \frac{1}{a^q} = \frac{a^q}{a^m} = a^{q-m}.$$

On peut supposer m et q positifs ou négatifs, entiers ou fractionnaires.

88. III. *Pour élever une puissance positive ou négative à une autre puissance positive ou négative, on multiplie les deux exposants.*
On a

$$(a^{-m})^{-q} = a^{(-m)(-q)} = a^{mq}.$$

En effet

$$(a^{-m})^{-q} = \left(\frac{1}{a^m}\right)^{-q} = \frac{1}{\left(\frac{1}{a^m}\right)^q} = \frac{1}{\frac{1}{(a^m)^q}},$$

c'est-à-dire

$$(a^{-m})^{-q} = \frac{1}{\frac{1}{a^{mq}}} = a^{mq}.$$

On peut supposer m et q positifs ou négatifs, entiers ou fractionnaires.

89. IV. *Pour élever un produit à une puissance positive ou négative, on peut élever chacun de ses facteurs à cette puissance.*
On a

$$(abc)^{-m} = a^{-m}b^{-m}c^{-m}.$$

En effet,

$$(abc)^{-m} = \frac{1}{(abc)^m} = \frac{1}{a^m b^m c^m} = \frac{1}{a^m}\frac{1}{b^m}\frac{1}{c^m},$$

c'est-à-dire

$$(abc)^{-m} = a^{-m}b^{-m}c^{-m}.$$

On peut supposer m positif ou négatif, entier ou fractionnaire.

90. On doit remarquer que, par suite de l'emploi des exposants négatifs, les divisions inexactes peuvent se continuer indéfiniment, lors même que les polynômes sont ordonnés par rapport aux puissances décroissantes de la lettre ordonnatrice (49). L'expression du quotient est alors composée d'un nombre illimité de termes. Le premier exposant négatif dont est affectée la lettre ordonnatrice correspond au premier reste de degré inférieur au diviseur par rapport à cette lettre.

91. En résumant tout ce qui précède relativement aux exposants fractionnaires et négatifs, on obtient les règles suivantes, qui ne sont plus soumises à aucune restriction sur la nature des exposants :

1° *Pour multiplier deux puissances d'une même quantité, on ajoute leurs exposants.*

2° *Pour diviser deux puissances d'une même quantité, on retranche leurs exposants.*

3° *Pour élever une puissance à une autre puissance, on multiplie les exposants des deux puissances.*

4° *Pour élever un produit à une puissance, on peut élever chacun de ses facteurs à cette puissance.*

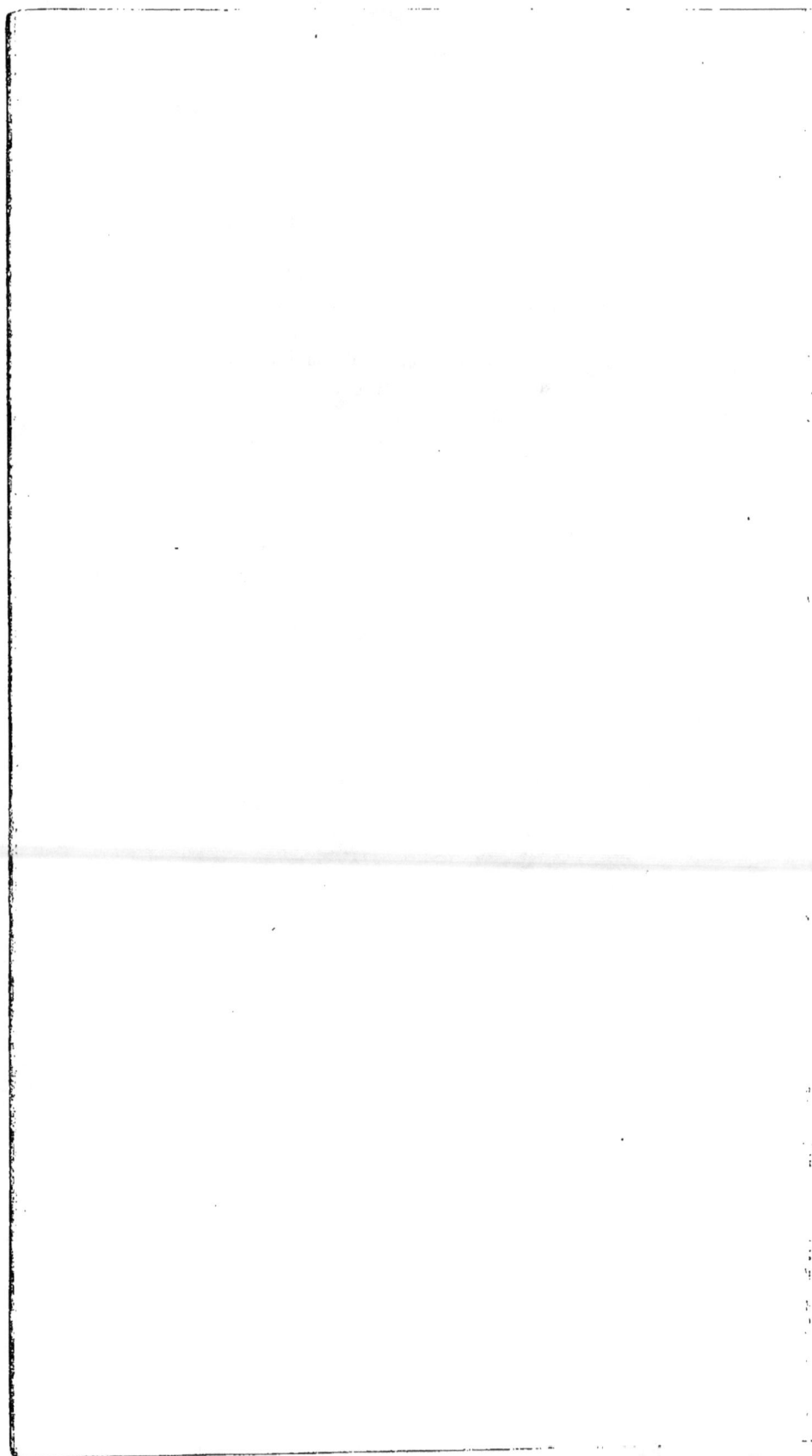

LIVRE DEUXIÈME.

LES ÉQUATIONS DU PREMIER DEGRÉ.

CHAPITRE PREMIER.

RÉSOLUTION D'UNE ÉQUATION DU PREMIER DEGRÉ A UNE INCONNUE.

Définitions.

92. On donne le nom d'*équation* à toute égalité dont l'expression renferme des *quantités inconnues.*

Soit l'équation $3x - 2 = x + 5$, où x représente une quantité inconnue qui doit précisément être déterminée de manière à remplir cette condition d'égalité, entre $3x - 2$ d'une part et $x + 5$ de l'autre. Il est évident *a priori* que toutes les valeurs ne peuvent pas être mises à la place de x, qu'il n'y en a qu'un nombre limité d'admissibles : dans le cas considéré, ce nombre se réduit même à une seule valeur, comme nous le verrons bientôt.

Si l'on examine l'équation $x^2 - 3x - 1 = 7x - 3x^2 + 5$, on peut répéter la même remarque, et elle s'étend à toutes les équations qui ne renferment qu'une inconnue : le nombre des valeurs admissibles pour l'inconnue peut augmenter, il est toujours limité.

En résumé, *une équation à une inconnue est une égalité qui ne peut être vérifiée que par certaines valeurs particulières de l'inconnue qu'elle contient.*

93. Soit l'équation $5x - 3y = 7$, où x et y représentent deux inconnues liées par la relation donnée. Cette équation

23.

peut, au contraire, être vérifiée ou *satisfaite* par un nombre illimité de valeurs de x et de y; ces valeurs doivent seulement se correspondre de manière que x soit toujours égal à $\dfrac{3y + 7}{5}$.

On peut donc remplacer l'une des inconnues par une valeur prise au hasard, mais seulement l'une d'elles, et l'autre est immédiatement déterminée par le choix fait pour la première. Les valeurs qui satisfont à l'équation proposée ou qui la vérifient sont donc en nombre quelconque, mais ne sont pas quelconques.

Si l'on joint à l'équation $5x - 3y = 7$ une autre équation $7x + 4y = 18$, et, si la question proposée exige que les inconnues x et y vérifient ces deux équations *à la fois*, il est évident *a priori* que toutes les valeurs possibles, soit pour x, soit pour y, ne peuvent convenir. Comme on déduit des équations données

$$x = \frac{3y + 7}{5} \quad \text{et} \quad x = \frac{18 - 4y}{7},$$

si l'on veut remplacer y par une certaine valeur dans les deux équations, il faut aussi que x reçoive en même temps dans ces deux équations une même valeur, c'est-à-dire que l'on ait

$$\frac{3y + 7}{5} = \frac{18 - 4y}{7}.$$

On voit par là immédiatement que la valeur de y devant vérifier cette nouvelle équation ne peut plus être quelconque; elle est même unique, ce qui entraîne la même condition pour la valeur de x.

Si l'on a deux autres équations, telles que $x^2 - y^2 = 7$, $xy = 12$, le nombre des valeurs de x et de y qui vérifient à la fois ces deux équations peut augmenter, mais il est toujours limité. Ce que nous venons de dire, par rapport à deux inconnues, peut être répété pour trois, pour quatre,..., pour un nombre quelconque d'inconnues.

Plusieurs équations à plusieurs inconnues, qui doivent être vérifiées par les mêmes valeurs de ces inconnues, forment ce qu'on appelle un *système d'équations*.

Lorsqu'on a autant d'équations que d'inconnues, les groupes de valeurs des inconnues qui satisfont simultanément aux équations données sont en nombre limité.

94. Deux équations à une inconnue sont *équivalentes* lorsqu'elles sont satisfaites par les mêmes valeurs de l'inconnue qu'elles renferment. Au point de vue de la recherche de ces valeurs, on peut remplacer ces deux équations l'une par l'autre.

Deux systèmes d'équations à plusieurs inconnues sont *équivalents* lorsqu'ils admettent les mêmes groupes de valeurs pour ces inconnues. Lorsqu'il ne s'agit que de trouver ces groupes de valeurs, on peut remplacer l'un par l'autre deux systèmes équivalents.

Les solutions cherchées, c'est a-dire les valeurs qui, mises à la place des inconnues, vérifient ou satisfont les équations proposées, sont les *racines* de ces équations.

95. Lorsque les deux membres d'une égalité sont identiques, elle prend le nom d'*identité*.

On appelle encore identité une *équation* qui peut être satisfaite par un nombre quelconque de valeurs de l'inconnue. Ce n'est plus alors une équation : c'est la représentation symbolique d'une règle générale de calcul algébrique. Ainsi

$$(a - x)^2 = a^2 - 2ax + x^2, \quad 0.x = 0.$$

. *Résoudre* une équation ou un système d'équations, c'est chercher les *racines* correspondantes. Pour que les racines soient exactes, elles doivent transformer l'équation ou les équations proposées en égalités proprement dites; puis, tous les calculs étant effectués, en identités.

96. On entend par *degré* d'une équation la plus grande somme des exposants des inconnues dans un même terme.

L'équation $5x - 7 = 24 + 2x$ est une équation du *premier degré à une inconnue*.

L'équation $15y - 6x = 9$ est une équation du *premier degré à deux inconnues*.

Les équations $8x^2 - 3x = 2$ et $3x^2y - y^3 = 2xy + 5x$ sont : la première une équation du *second degré à une inconnue*, la seconde une équation du *troisième degré à deux inconnues*.

On a classé les équations d'après leur degré, c'est-à-dire d'après la difficulté même de leur résolution.

Avant d'indiquer la marche à suivre pour résoudre une

équation du premier degré à une inconnue, nous devons démontrer plusieurs principes, applicables aux équations de tous
les degrés.

Principes généraux applicables à la transformation des équations.

97. I. *On ne change ni la valeur ni le nombre des racines
d'une équation en augmentant ou en diminuant ses deux
membres d'une même quantité.*

m étant une quantité quelconque, les deux équations

$$A = B,$$
$$A + m = B + m$$

sont équivalentes.

En effet, les racines de la première équation, mises à la place
des inconnues qu'elle renferme, donnent $A = B$. Si à ces deux
quantités égales on ajoute algébriquement (14) une même
quantité m, on obtient deux sommes égales. Les mêmes valeurs des inconnues donnent donc aussi $A + m = B + m$.

Réciproquement, les racines de l'équation $A + m = B + m$
rendent ses deux membres égaux, lorsqu'on les substitue à la
place des inconnues qu'elle renferme. Si des deux quantités
égales obtenues on retranche algébriquement (15) une même
quantité m, on obtient deux restes égaux. Les valeurs des inconnues qui donnent $A + m = B + m$ donnent donc aussi à
leur tour $A = B$, et les deux équations considérées sont bien
équivalentes (94).

98. Il suit du principe démontré qu'*on peut transposer un
terme d'une équation, d'un membre dans l'autre, pourvu
qu'on change son signe.*

Soit l'équation

$$3x - 8 = x + 9.$$

On peut ajouter $-x$ aux deux membres de cette équation.
On a

$$3x - x - 8 = 9.$$

Le terme x du second membre passe ainsi dans le premier,
mais avec un signe contraire.

99. II. *On ne change ni la valeur ni le nombre des racines d'une équation en multipliant ou en divisant ses deux membres par une même quantité.*

m étant une quantité quelconque *différente de zéro*, les deux équations

$$A = B,$$
$$A m = B m,$$

sont équivalentes.

En effet, les racines de la première équation, mises à la place des inconnues qu'elle renferme, rendent le facteur A égal au facteur B. Si l'on multiplie ces deux facteurs égaux par un même facteur m, on obtient deux produits égaux. Les mêmes valeurs des inconnues rendent donc aussi le produit Am égal au produit Bm.

Réciproquement, les racines de l'équation $Am = Bm$ rendent ses deux membres égaux, lorsqu'on les substitue à la place des inconnues qu'elle renferme. Si l'on divise les produits égaux obtenus par une même quantité m différente de zéro, on obtient des quotients égaux. Les valeurs des inconnues qui rendent Am égal à Bm rendent donc aussi A égal à B, et les deux équations considérées sont bien équivalentes.

100. On doit faire la restriction indiquée, c'est-à-dire supposer le multiplicateur m différent de zéro, car la multiplication des deux membres d'une équation par zéro la transforme, en général, en une identité satisfaite par toutes les valeurs possibles mises à la place des inconnues (95).

Il en résulte que le multiplicateur employé ne doit pas, en général, renfermer les inconnues. Prenons un exemple très-simple. Soit l'équation

$$2x + 3 = x + 9.$$

Multiplions ses deux membres par le facteur $x - 1$ qui devient nul pour $x = 1$; nous aurons

$$(2x + 3)(x - 1) = (x + 9)(x - 1).$$

La première équation est évidemment satisfaite par $x = 6$; la seconde l'est à la fois par $x = 6$ et par $x = 1$. On ne peut donc plus dire que ces deux équations sont équivalentes.

Ainsi, lorsqu'on multiplie les deux membres d'une équation

par un facteur contenant les inconnues, on augmente ordinairement le nombre des racines de l'équation, et les *solutions étrangères* introduites sont précisément celles qui annulent ce facteur. On suppose ici que l'équation considérée ne renferme pas les inconnues en dénominateur ; c'est un cas que nous examinerons plus loin.

101. *Puisqu'on peut multiplier les deux membres d'une équation par une quantité quelconque, on peut aussi les diviser par une quantité quelconque.* En effet, la division par un nombre p revient à la multiplication par $\dfrac{1}{p}$.

Il ne faut pas en général que le diviseur employé renferme les inconnues. Reprenons l'exemple ci-dessus, et soit l'équation

$$(2x + 3)(x - 1) = (x + 9)(x - 1).$$

Cette équation admet les racines $x = 6$ et $x = 1$; si l'on divise ses deux membres par le facteur $x - 1$, l'équation obtenue

$$2x + 3 = x + 9$$

n'admet plus que la racine $x = 6$.

En divisant les deux membres d'une équation par un facteur contenant les inconnues, on diminue donc le nombre des racines de l'équation, et les solutions supprimées sont précisément celles qui annulent ce facteur. Si l'on a intérêt à le faire disparaître, il faut donc mettre avec soin de côté les racines qui lui correspondent, afin d'en tenir compte une fois la question proposée entièrement résolue.

102. *Le principe démontré (99) permet de faire disparaître tous les dénominateurs d'une équation.*

On cherche le plus petit multiple commun de tous ces dénominateurs, on multiplie les deux membres de l'équation par le nombre obtenu, et tous ses termes deviennent évidemment entiers.

Soit l'équation

$$\frac{x}{36} - 5 = \frac{3}{14} - \frac{7x}{12}.$$

Le plus petit multiple commun des dénominateurs 36, 14 et 12 est 252. On multiplie alors tous les termes de l'équation par 252, en remarquant que pour multiplier, par exemple, $\frac{x}{36}$ par $252 = 36 \times 7$, il suffit de supprimer le dénominateur 36 et de multiplier le numérateur x par 7, quotient de 252 par 36. L'entier -5 doit être multiplié par 252. On supprime le dénominateur 14 du terme $\frac{3}{14}$, et l'on multiplie son numérateur 3 par 18, quotient de 252 par 14. Il faut de même multiplier $-7x$ par 21, quotient de 252 par 12, et supprimer le dénominateur 12. L'équation, débarrassée de ses dénominateurs, devient

$$7x - 1260 = 54 - 147x.$$

La règle suivie peut être résumée ainsi : *Réduire tous les termes de l'équation au plus petit dénominateur commun, en donnant le dénominateur 1 aux termes entiers, et supprimer ensuite ce plus petit dénominateur commun.*

103. Le même principe (**101**) permet de *simplifier une équation, en supprimant les facteurs communs que ses deux membres peuvent présenter.*

Si l'on a l'équation

$$81\,a^3bx + 27\,a^3b^2 = 54\,a^2b^3 - 63\,a^2x,$$

on peut diviser ses deux membres par le facteur $9a^2$ commun à tous ses termes, et elle devient

$$9abx + 3a^3b^2 = 6b^3 - 7x.$$

104. III. *Lorsqu'on élève à une même puissance les deux membres d'une équation, on augmente en général le nombre de ses racines.*

Soit l'équation

$$A = B.$$

En élevant les deux membres à la puissance m, on obtient l'équation

$$A^m = B^m.$$

On peut alors écrire les deux équations considérées sous la forme

$$A - B = 0,$$
$$A^m - B^m = 0,$$

en faisant passer tous leurs termes dans le premier membre (cette réduction du second membre d'une équation à zéro est très-usitée).

Nous savons que la quantité $A^m - B^m$ est toujours divisible par la quantité $A - B$ (38). Si nous désignons par Q le quotient de cette division, l'équation $A^m - B^m = 0$ peut s'écrire

$$(A - B)Q = 0.$$

Pour qu'un produit soit nul, il suffit que l'un de ses facteurs soit nul. On satisfait donc à l'équation considérée en posant séparément

$$A - B = 0,$$
$$Q = 0,$$

et l'on voit qu'elle admet non-seulement les racines de l'équation $A - B = 0$, mais encore celles de l'équation $Q = 0$.

Si l'on élève, par exemple, l'équation $A = B$ au carré, il vient

$$A^2 = B^2,$$

d'où

$$A^2 - B^2 = 0.$$

Le premier membre étant la différence de deux carrés se transforme en un produit de deux facteurs (24, II), et l'on obtient

$$(A + B)(A - B) = 0.$$

Le facteur $A - B$ égalé à zéro reproduit l'équation primitive $A = B$, le facteur $A + B$ égalé à zéro fournit les racines ajoutées qui correspondent à l'équation $A = - B$.

Résolution d'une équation du premier degré à une inconnue.

105. Les principes énoncés jusqu'à présent suffisent pour résoudre une équation quelconque du premier degré à une inconnue.

Soit l'équation

$$\frac{3x}{8} - 2 + \frac{x}{2} = \frac{5x}{14} + \frac{3}{7}.$$

On commence par chasser les dénominateurs, ce qui se fait

en réduisant tous les termes au plus petit dénominateur commun 56, et en multipliant les deux membres de l'équation par 56. Il vient

$$21x - 112 + 28x = 20x + 24.$$

On réunit alors tous les termes qui contiennent l'inconnue dans le premier membre, et tous ceux qui ne contiennent pas l'inconnue dans le second membre, en les affectant des signes convenables. On a ainsi

$$21x + 28x - 20x = 112 + 24.$$

En effectuant les opérations indiquées, on trouve

$$29x = 136.$$

En divisant les deux membres de cette dernière équation par 29, la racine cherchée est

$$x = \frac{136}{29} = 4 + \frac{20}{29}.$$

En effet, toutes les équations considérées successivement sont équivalentes à la première, et la dernière $x = 4 + \dfrac{20}{29}$ ne peut être satisfaite que si l'on remplace x par la valeur écrite dans le second membre.

La règle à suivre peut donc être formulée ainsi : *Pour résoudre une équation du premier degré à une seule inconnue, on fait disparaître les dénominateurs de l'équation; on transpose dans un membre tous les termes qui renferment l'inconnue, et dans l'autre tous ceux qui ne renferment pas l'inconnue. On effectue les opérations indiquées dans les deux membres, et l'on divise celui qui ne contient pas l'inconnue par le coefficient de cette inconnue.*

Pour être sûr que la racine obtenue est exacte, il faut *vérifier* cette racine, c'est-à-dire la substituer à la place de l'inconnue dans l'équation donnée : on doit alors, tout calcul fait, arriver à une identité.

On a, dans l'exemple précédent,

$$\frac{3.136}{8.29} - 2 + \frac{136}{2.29} = \frac{5.136}{14.29} + \frac{3}{7}$$

ou

$$\frac{51}{29} - 2 + \frac{68}{29} = \frac{427}{7 \cdot 29}.$$

On en déduit

$$\frac{61}{29} = \frac{427}{7 \cdot 29} \quad \text{et} \quad \frac{427}{29 \cdot 7} = \frac{427}{7 \cdot 29}.$$

106. Lorsque l'équation proposée ne renferme qu'une inconnue élevée à la même puissance dans les termes qui la contiennent, on peut la résoudre en suivant une marche identique à celle que nous venons d'indiquer. Soit l'équation

$$9x^3 - 20 = 44 + x^3.$$

On en déduit

$$9x^3 - x^3 = 20 + 44,$$

d'où

$$8x^3 = 64 \quad \text{et} \quad x^3 = 8.$$

Extrayant alors la racine cubique des deux membres, on trouve

$$x = \sqrt[3]{8} = 2.$$

Applications.

107. 1° *Résoudre l'équation*

$$\frac{2x + 7b}{2a + b} - 1 = \frac{x + a}{2a - b}.$$

En multipliant les deux membres par le produit des dénominateurs

$$(2a + b)(2a - b) = 4a^2 - b^2,$$

nous aurons

$$(2x + 7b)(2a - b) - 4a^2 + b^2 = (x + a)(2a + b),$$

d'où

$$4ax + 14ab - 2bx - 7b^2 - 4a^2 + b^2 = 2ax + 2a^2 + bx + ab.$$

En simplifiant, il vient

$$2ax - 3bx = 6a^2 - 13ab + 6b^2,$$

c'est-à-dire, en mettant x en facteur commun dans le premier membre,

$$(2a - 3b) x = 6a^2 - 13ab + 6b^2$$

et

$$x = \frac{6a^2 - 13ab + 6b^2}{2a - 3b}.$$

Comme $6a^2$ est divisible par $2a$ et $6b^2$ par $-3b$, on est conduit à essayer la division qui réussit et donne pour quotient $3a - 2b$. On a donc enfin

$$x = 3a - 2b.$$

Vérifions cette valeur en la substituant à la place de x dans l'équation donnée. Nous trouverons

$$\frac{6a - 4b + 7b}{2a + b} - 1 = \frac{3a - 2b + a}{2a - b}$$

ou

$$\frac{6a + 3b}{2a + b} - 1 = \frac{4a - 2b}{2a - b},$$

c'est-à-dire

$$\frac{3(2a + b)}{2a + b} - 1 = \frac{2(2a - b)}{2a - b},$$

égalité évidente.

2° *Résoudre l'équation*

$$x^2 - 4 = 3x + 6.$$

On aperçoit immédiatement le facteur $x + 2$ commun aux deux membres de cette équation, car on peut l'écrire sous la forme

$$(x + 2)(x - 2) = 3(x + 2).$$

Si l'on supprime ce facteur commun, il reste

$$x - 2 = 3,$$

d'où

$$x = 5.$$

Mais, comme le facteur supprimé renferme l'inconnue, on doit, en outre, tenir compte des racines qu'on obtient en l'égalant à zéro (101). L'équation proposée a donc pour racines

$$x = 5 \quad \text{et} \quad x = -2.$$

3° *Résoudre l'équation*

$$\sqrt{7 + x} = 3 - \sqrt{x}.$$

Élevons les deux membres de cette équation au carré, afin de faire en partie disparaître les radicaux qu'elle renferme. Il vient

$$7 + x = 9 - 6\sqrt{x} + x,$$

d'où

$$6\sqrt{x} = 2 \quad \text{et} \quad 3\sqrt{x} = 1.$$

En élevant encore une fois au carré, nous aurons

$$9x = 1 \quad \text{et} \quad x = \frac{1}{9}.$$

La valeur $x = \frac{1}{9}$ est la seule qui puisse vérifier l'équation donnée, mais il n'est pas sûr qu'elle la vérifie, parce qu'on a pu introduire des solutions étrangères en élevant deux fois de suite au carré (104). Il faut donc de toute nécessité contrôler la valeur $x = \frac{1}{9}$; en la substituant dans l'équation proposée, on trouve

$$\sqrt{7 + \frac{1}{9}} = 3 - \sqrt{\frac{1}{9}},$$

d'où

$$\frac{\sqrt{64}}{3} = 3 - \frac{1}{3} \quad \text{ou} \quad \frac{8}{3} = 3 - \frac{1}{3},$$

égalité évidente.

Il faut noter avec soin la marche suivie dans ce dernier exemple; on l'emploie, en général, pour substituer une équation rationnelle à une équation irrationnelle.

Problèmes conduisant à une équation du premier degré à une inconnue.

108. I. *Une montre marque midi, c'est-à-dire que ses deux aiguilles sont l'une sur l'autre. On demande à quelle heure la nouvelle superposition des aiguilles aura lieu.*

Représentons par x le chemin parcouru par la grande aiguille, depuis midi jusqu'à la rencontre cherchée, *ce chemin étant exprimé en divisions du cercle gradué de la montre.* La petite aiguille parcourant 5 divisions en une heure, tandis que la grande aiguille en parcourt 60, la petite aiguille va 12 fois moins vite que la grande. Pendant que la grande aiguille décrit l'arc x, la petite aiguille parcourt donc un arc égal à $\frac{x}{12}$. Il est évident d'ailleurs que la grande aiguille dépassant d'abord la petite aiguille pour venir la recouvrir de nouveau, décrit 60 divisions de plus. On a, par conséquent, l'équation

$$x - \frac{x}{12} = 60 \quad \text{ou} \quad \frac{11x}{12} = 60.$$

On en déduit

$$x = \frac{60 \times 12}{11} = 60 + \frac{60}{11} = 65 + \frac{5}{11}.$$

Les divisions de la montre représentant des minutes, cette valeur de x indique que la rencontre a lieu à $1^h 5^m \dfrac{5}{11}$ ou à $1^h 5^m 27^s \dfrac{3}{11}$.

Le même intervalle de temps sépare les rencontres successives.

En 12 heures, de midi à minuit, il n'y a évidemment que 11 rencontres, en ne comptant pas celle de midi et en comptant celle de minuit : en effet, il n'y a pas de rencontre entre midi et 1 heure.

109. II. *La distance entre Paris et Rouen est égale à* 137 *kilomètres. Le quintal métrique de charbon coûte* $4^{fr},25$ *à Paris et* $4^{fr},75$ *à Rouen. Les frais de transport par le chemin de fer étant évalués à* $0^{fr},09$ *par tonne transportée et par kilomètre parcouru, on demande de déterminer le point du chemin pour lequel il est indifférent de s'approvisionner à Rouen ou à Paris.*

Appelons x la distance du point cherché à Paris, sa distance à Rouen sera exprimée en kilomètres par $137 - x$.

Une tonne de charbon, achetée à Paris, sera payée en ce point

$$42,50 + 0,09.x.$$

Au même point, une tonne de charbon, achetée à Rouen, sera payée

$$47,50 + 0,09\,(137 - x).$$

x devra donc vérifier l'équation

$$42,50 + 0,09.x = 47,50 + 0,09\,(137 - x).$$

On en déduit

$$0,18.x = 5 + 0,09.137 = 17,33,$$

d'où

$$x = \frac{17,33}{0,18} = 96^{KM},277\ldots$$

On doit donc s'approvisionner à Paris si l'on en est à moins de $96^{KM},277\ldots$, et à Rouen, dans le cas contraire.

110. III. *Soit un nombre x inconnu, correspondant à une grandeur quelconque, à partager de la manière suivante : pour former la première part, on prélève sur x une quantité a, et l'on ajoute à cette quantité la $n^{ième}$ partie du reste $x - a$. Pour former la deuxième part, on prélève $2a$, plus la $n^{ième}$ partie de ce qui reste quand on a diminué x de la première part et de la quantité $2a$; pour former la troisième part, on prélève $3a$, plus la $n^{ième}$ partie de ce qui reste, et ainsi de suite. Le partage se termine exactement, et toutes les parts se trouvent égales. On demande*

de déterminer x d'après cette condition, les quantités a et n étant don-
nées. On demande aussi le nombre des parts et leur valeur commune.

La première part est $a + \dfrac{x-a}{n}$.

Elle doit être égale à l'une quelconque des autres parts, la $(p+1)^{ième}$ par exemple. Formons l'expression de cette part. Elle est représentée par $(p+1)a$, plus la $n^{ième}$ partie de x diminué des p premières parts ou de p fois la première, et encore de $(p+1)a$, c'est-à-dire que l'expression cherchée est

$$(p+1)a + \frac{x - p\left(a + \dfrac{x-a}{n}\right) - (p+1)a}{n}.$$

L'équation du problème est donc

$$a + \frac{x-a}{n} = (p+1)a + \frac{x - p\left(a + \dfrac{x-a}{n}\right) - (p+1)a}{n}.$$

Si le problème est possible, la quantité indéterminée p, qui caractérise le rang de la part égalée à la première, doit disparaître; en effet, la première part devant être égale à l'une *quelconque* des autres parts, l'expression de l'égalité de ses parts ne peut pas dépendre de leur rang.

En multipliant par n^2 les deux membres de l'équation, on a

$$an^2 + nx - an = pan^2 + an^2 + nx - pan - px + pa - pan - an.$$

Si l'on simplifie, il vient

$$0 = p\left(an^2 - 2an + a - x\right),$$

d'où, en divisant les deux membres par p qui ne peut pas être nul,

$$x = an^2 - 2an + a = a\left(n^2 - 2n + 1\right) = a(n-1)^2.$$

La première part et toutes les autres sont donc égales à

$$a + \frac{an^2 - 2an + a - a}{n} = a + an - 2a = a(n-1).$$

Le nombre des parts est par suite égal à

$$\frac{a(n-1)^2}{a(n-1)} = n - 1.$$

111. REMARQUE. — *Quel que soit le problème proposé, il s'agit toujours de déterminer les inconnues de manière à rendre certaines quantités égales entre elles : on doit donc examiner attentivement l'énoncé, afin de former l'expression de chacune de ces quantités en fonction des inconnues et des données ; et, en écrivant les égalités correspondantes, on obtient les équations du problème.*

CHAPITRE II.

DISCUSSION DE LA FORMULE GÉNÉRALE DE RÉSOLUTION DE L'ÉQUATION DU PREMIER DEGRÉ A UNE INCONNUE.

Formule générale de résolution de l'équation du premier degré à une inconnue.

112. Quelle que soit l'équation donnée, on peut toujours, dans chaque membre, réunir respectivement en un seul terme tous les termes qui contiennent l'inconnue et tous ceux qui ne la contiennent pas; de sorte que la forme la plus générale de l'équation du premier degré à une inconnue est

$$A x + B = A'x + B'.$$

A, B, A', B' sont des quantités littérales ou numériques, monômes ou polynômes, positives ou négatives. En faisant passer le terme A'x dans le premier membre et le terme B dans le second, on a

$$A x - A'x = B' - B,$$

d'où

$$(A - A')x = B' - B$$

et

$$x = \frac{B' - B}{A - A'}.$$

Cette dernière équation, équivalente à l'équation proposée, ne peut être satisfaite que pour la valeur $x = \frac{B' - B}{A - A'}$; telle est donc l'expression générale de la racine cherchée. Il nous reste à la discuter.

113. On peut, à l'aide de la formule trouvée, résoudre une équation quelconque du premier degré à une inconnue.

Soit l'équation

$$\frac{2x}{7} - \frac{3}{4} = \frac{x}{9} + 1.$$

On a, dans ce cas,

$$A = \frac{2}{7}, \quad B = -\frac{3}{4}, \quad A' = \frac{1}{9}, \quad B' = 1;$$

d'où

$$x = \frac{1 + \frac{3}{4}}{\frac{2}{7} - \frac{1}{9}} = \frac{441}{44}.$$

Mais la résolution directe de l'équation du premier degré à une inconnue est si simple, qu'on n'opère jamais par substitution.

114. Si la formule conduit pour x à une valeur positive ou négative, cette valeur satisfait nécessairement à l'équation, comme on peut s'en convaincre en remarquant que l'expression générale $\frac{B' - B}{A - A'}$, mise à la place de x dans l'équation générale $Ax + B = A'x + B'$, conduit à une identité.

Mais les valeurs mises à la place des lettres A, B, A', B' peuvent conduire pour x à des valeurs *singulières* qu'il s'agit d'interpréter. Ces valeurs particulières se présentent lorsqu'un des termes de l'expression fractionnaire $\frac{B' - B}{A - A'}$ ou tous les deux deviennent nuls.

Si l'on a $B' - B = 0$, sans que $A - A'$ soit nulle, on trouve $x = 0$. L'équation se réduit dans ce cas à $Ax = A'x$, puisque $B = B'$, et elle ne peut être satisfaite que par la valeur $x = 0$, puisque A est différent de A'. Ce cas rentre dans les solutions ordinaires; zéro est une racine tout aussi admissible que 1, $\frac{2}{3}$, $-3, \ldots$.

Symbole $\frac{m}{0}$.

115. Si l'on a $A - A' = 0$, sans que $B' - B$ soit nulle, la valeur de x se présente sous la forme

$$x = \frac{m}{0},$$

en posant $B' — B = m$, quantité positive ou négative, différente de zéro.

Ce symbole $\dfrac{m}{0}$ n'a aucune signification, si l'on se borne à
la définition générale du rapport. Pour pouvoir l'interpréter,
remontons à l'équation proposée; puisque $A = A'$, elle devient,
dans le cas examiné,

$$A x + B = A x + B'.$$

Quelle que soit la valeur attribuée à x, le premier terme du premier membre sera égal au premier terme du second membre;
mais, les seconds termes des deux membres étant différents,
on ne pourra jamais arriver à l'égalité.

Le symbole $\dfrac{m}{0}$ *indique donc l'impossibilité absolue de satisfaire à l'équation.*

Cherchons à interpréter directement le résultat $\dfrac{m}{0}$. A la place
de zéro, mettons le dénominateur $A — A'$. Supposons d'abord
que la différence $A — A'$ ne soit pas nulle et qu'elle passe par
des valeurs de plus en plus petites $0,1$, $0,01$, $0,001$,...,
$0,000001$,...; x prendra successivement des valeurs de plus
en plus grandes

$$\frac{m}{0,1}, \quad \frac{m}{0,01}, \quad \frac{m}{0,001}, \ldots, \quad \frac{m}{0,000001}, \ldots$$

ou

$$10m, \quad 100m, \quad 1000m, \ldots, \quad 1000000m, \ldots.$$

A mesure que $A — A'$ se rapproche de zéro, la valeur de x croît
donc continuellement de manière à pouvoir surpasser toute
quantité donnée. C'est pour cela qu'on donne à la valeur limite
$\dfrac{m}{0}$ le nom de *valeur infinie* ou non susceptible d'expression
numérique, parce qu'elle est plus grande que toute quantité
donnée. On indique l'*infini* soit par l'expression $\dfrac{m}{0}$, soit par
le signe ∞.

En revenant à l'équation $A x + B = A x + B'$, on voit que
l'Algèbre ne peut répondre que par un pareil symbole. Si x est
infini, les deux membres deviennent infinis, et leur *différence*

24.

relative $\dfrac{B' - B}{x}$ disparaît. Si l'on a $x + 3 = x + 1$ et si l'on

fait $x = 1$, la différence des deux membres est 2, et cette différence est considérable, eu égard aux valeurs 4 et 2 des deux
membres; mais, si l'on fait $x = 1000000$, la différence des deux
membres, toujours égale à 2, est insignifiante eu égard à leurs
valeurs 1000003 et 1000001.

Symboles d'indétermination.

116. Si l'on a à la fois $B' - B = 0$ et $A - A' = 0$, la valeur
de x se présente sous la forme

$$x = \frac{0}{0}.$$

Ce symbole n'a aucune signification, si l'on se borne à la définition générale du rapport. Pour pouvoir l'interpréter, remontons à l'équation proposée. Puisque l'on a $A = A'$ et $B = B'$,
elle devient, dans le cas examiné,

$$A x + B = A x + B.$$

Quelle que soit la valeur attribuée à x, le premier membre
est toujours égal au second; l'équation se transforme en identité, et la valeur de x est complétement arbitraire.

Le symbole $\frac{0}{0}$ *indique donc l'indétermination.*

On aurait pu interpréter directement ce symbole, en remarquant que, le diviseur multiplié par le quotient devant toujours reproduire le dividende, le quotient peut être quelconque
lorsque le dividende et le diviseur sont nuls.

117. Il faut bien comprendre que, si l'expression de l'inconnue est fractionnaire, elle peut se présenter sous la forme $\frac{0}{0}$
sans qu'il y ait *réellement* indétermination. Il suffit qu'on ait
oublié un facteur commun aux deux termes de la fraction et
que les hypothèses particulières qu'on a faites le rendent nul,
pour que la valeur $\frac{0}{0}$ apparaisse. Si la véritable valeur ainsi
masquée n'est pas $\frac{0}{0}$, on dit que l'indétermination n'est qu'*apparente*.

Soit, par exemple, l'expression

$$x = \frac{a^2 - b^2}{a - b}.$$

Si l'on suppose $a = b$, elle prend la forme

$$x = \frac{0}{0}.$$

Mais on peut mettre le produit $(a + b)(a - b)$ à la place de $a^2 - b^2$. On voit alors que le facteur $a - b$ est commun aux deux termes de la fraction, et qu'il devient nul pour $a = b$. Si l'on a soin de le supprimer avant toute substitution, l'expression devient

$$x = \frac{(a + b)(a - b)}{a - b} = a + b,$$

et sa véritable valeur pour $a = b$ est

$$x = 2a.$$

De même, l'expression $\frac{x^3 - 5x + 4}{x^2 + 3x - 4}$ devient $\frac{0}{0}$ pour $x = 1$. Il en résulte que les deux termes de la fraction sont divisibles par le binôme $x - 1$ (36), qui prend la valeur 0 pour $x = 1$. Si l'on simplifie d'abord la fraction en divisant ses deux termes par $x - 1$, elle prend la forme $\frac{x^2 + x - 4}{x + 4}$, et la valeur $x = 1$ conduit au résultat $-\frac{2}{5}$.

Au lieu de faire immédiatement $x = 1$, on peut aussi, dans le cas considéré, poser $x = 1 + h$, effectuer les calculs qu'entraîne cette substitution, simplifier l'expression obtenue, et faire ensuite $h = 0$. Il est clair qu'on détruit ainsi l'indétermination apparente, en supprimant indirectement le facteur commun qui la produit.

118. L'indétermination peut affecter d'autres symboles que le symbole $\frac{0}{0}$.

La fraction $\frac{A}{B}$ équivaut à $A \times \frac{1}{B}$. Si l'on suppose $A = 0$

et $B = 0$, l'expression $\frac{0}{0}$ équivaut donc à l'expression $0 \times \frac{1}{0}$ ou $0 \times \infty$.

De même, la fraction $\frac{A}{B}$ peut encore affecter la forme $\dfrac{\frac{1}{B}}{\frac{1}{A}}$,

et, si l'on suppose $A = 0$ et $B = 0$, on voit que les expressions $\frac{0}{0}$ et $\frac{\infty}{\infty}$ sont encore équivalentes.

Enfin, la différence $\frac{A - B}{AB}$ revient à $\frac{1}{B} - \frac{1}{A}$, et, si l'on suppose encore $A = 0$ et $B = 0$, on en conclut l'équivalence des expressions $\frac{0}{0}$ et $\infty - \infty$.

119. Les symboles $0 \times \infty$, $\frac{\infty}{\infty}$, $\infty - \infty$ peuvent aussi correspondre à une indétermination apparente qu'on ne peut plus faire disparaître de la même manière.

Soit, par exemple, l'expression

$$\frac{x^4 + 3x^3 + 2x - 1}{3x^4 + x^2 + 7}.$$

Si l'on suppose que x croisse indéfiniment, les deux termes de la fraction croissent indéfiniment, et, à la limite, l'expression donnée prend la forme $\frac{\infty}{\infty}$. Pour s'assurer de la réalité de l'indétermination, on divise les deux termes par x^4. Il vient

$$\frac{1 + \dfrac{3}{x} + \dfrac{2}{x^3} - \dfrac{1}{x^4}}{3 + \dfrac{1}{x^2} + \dfrac{7}{x^4}}.$$

Si x augmente alors indéfiniment, tous les termes du numérateur et du dénominateur tendent vers zéro, excepté 1 et 3. La véritable limite de la fraction est donc $\frac{1}{3}$.

Soit, d'une manière générale, la fraction

$$\frac{a x^m + b x^{m-1} + c x^{m-2} + \ldots}{A x^n + B x^{n-1} + C x^{n-2} + \ldots},$$

dont les deux termes sont des polynômes entiers par rapport à x et qui, pour $x = \infty$, se présente sous la forme $\dfrac{\infty}{\infty}$. On a trois cas à distinguer.

Si l'on a $m > n$, on divise les deux termes de la fraction par x^m, et l'on fait ensuite $x = \infty$. Le numérateur se réduit à a, le dénominateur à zéro, de sorte que la vraie valeur de la fraction est égale à l'infini.

Si l'on a $m < n$, on divise les deux termes de la fraction par x^n, et l'on fait ensuite $x = \infty$. Le numérateur se réduit à zéro, le dénominateur à A, de sorte que la vraie valeur de la fraction est égale à zéro.

Enfin, si l'on a $m = n$, on divise les deux termes de la fraction par $x^m = x^n$, et l'on fait ensuite $x = \infty$. Le numérateur se réduit à a, le dénominateur à A, de sorte que la vraie valeur de la fraction est égale au quotient $\dfrac{a}{\mathrm{A}}$.

En résumé, *suivant que le degré du numérateur est supérieur, inférieur ou égal au degré du dénominateur, la vraie valeur de la fraction considérée, pour $x = \infty$, est ∞, o ou $\dfrac{a}{\mathrm{A}}$, quotient des premiers coefficients des deux termes de la fraction.*

Par exemple, la vraie valeur de la fraction

$$\frac{5 x^2 - 3 x + 1}{2 x^2 - x - 1},$$

pour $x = \infty$, est $\dfrac{5}{2}$.

120. Soit l'expression

$$\sqrt{x^4 + 1} - x^2,$$

qui, pour $x = \infty$, se présente sous la forme $\infty - \infty$. Pour juger si cette indétermination est réelle ou apparente, nous multiplierons et nous diviserons l'expression donnée par la somme $\sqrt{x^4 + 1} + x^2$. Nous obtiendrons ainsi l'expression équivalente

$$\frac{\left(\sqrt{x^4 + 1} - x^2\right)\left(\sqrt{x^4 + 1} + x^2\right)}{\sqrt{x^4 + 1} + x^2} = \frac{x^4 + 1 - x^4}{\sqrt{x^4 + 1} + x^2} = \frac{1}{\sqrt{x^4 + 1} + x^2}.$$

Pour $x = \infty$, cette dernière fraction devient $\dfrac{1}{\infty}$ ou o. En effet, *lorsque le numérateur d'une fraction reste fixe, tandis que son dénominateur augmente indéfiniment, cette fraction diminue de plus en plus et a zéro pour limite.*

Cas où l'équation donnée renferme l'inconnue en dénominateur.

121. Nous avons réservé (100) le cas où l'inconnue entre en dénominateur. Nous pouvons maintenant l'étudier.

Soit l'équation

$$x - 1 - \frac{2}{x - 2} = x + 3.$$

Si l'on suit la règle donnée (102) pour faire disparaître les dénominateurs, on arrive à l'équation

$$x^2 - 3x + 2 - 2 = x^2 - 2x + 3x - 6 \quad \text{ou} \quad -4x = -6.$$

On peut changer les signes des deux membres de cette équation, ce qui revient à les multiplier par une même quantité -1. On a alors

$$4x = 6, \quad \text{d'où} \quad x = \frac{3}{2}.$$

Mais on a multiplié par la quantité $x - 2$, qui contient l'inconnue, les deux membres de l'équation proposée : on peut donc craindre d'avoir introduit des solutions étrangères (100).

Remarquons alors qu'on peut réunir tous les termes de l'équation dans le premier membre, de manière que le second membre soit zéro; puis réduire tous les termes du premier membre au même dénominateur $x - 2$. On met ainsi l'équation sous la forme

$$\frac{6 - 4x}{x - 2} = o.$$

Pour qu'une fraction soit nulle, il faut que son numérateur soit nul sans que son dénominateur le soit, ou bien que son dénominateur soit infini sans que son numérateur le soit (120).

On satisfait donc à l'équation en posant $6 - 4x = o$, ce qui conduit à la solution déjà trouvée, solution admissible, puisque $x = \dfrac{3}{2}$ ne rend pas nul le dénominateur $x - 2$.

On y satisfait encore en cherchant les valeurs qui rendent le dénominateur infini. Il n'y a évidemment que la valeur $x = \infty$ qui remplisse cette condition; mais elle rend aussi le numérateur infini. Pour lever l'indétermination (118), on applique la règle du n° 119, et l'on trouve que, pour $x = \infty$, la limite de la fraction est égale à -4. La valeur $x = \infty$ ne convient donc pas et doit être rejetée.

Cet exemple très-simple montre que la suppression du dénominateur commun, lors même qu'il contient l'inconnue, n'entraîne, en général, la suppression d'aucune véritable solution, et que les solutions qu'on pourrait ainsi négliger sont des solutions infinies que le problème n'admet ordinairement pas. Dans tous les cas, on voit qu'il est facile d'en tenir compte. On peut remarquer que, pour que les solutions infinies soient possibles, il faut (119) que le degré du dénominateur de la fraction résultante surpasse celui du numérateur.

Soit encore l'équation

$$1 + \frac{1}{x - 1} = \frac{x^2}{x - 1} - 6.$$

En opérant comme nous venons de l'indiquer, on la met sous la forme

$$\frac{x^2 - 7x + 6}{x - 1} = 0.$$

Si l'on pose le numérateur $x^2 - 7x + 6 = 0$, on trouve pour racines, comme nous le verrons plus tard, les nombres 6 et 1. Mais la solution $x = 1$ rend aussi le dénominateur $x - 1$ égal à zéro, de sorte que la fraction prend la forme $\frac{0}{0}$. On est ainsi averti que ses deux termes admettent le facteur $x - 1$, qu'il faut avant tout faire disparaître. Il reste alors $x - 6 = 0$; ce qui montre que la seule solution admissible est $x = 6$. Il faut donc avoir soin de rejeter les solutions données par le numérateur égalé à zéro, lorsque ces solutions annulent aussi le dénominateur commun.

En résumé, la règle pratique consiste à faire disparaître les dénominateurs contenant l'inconnue, comme ceux qui ne la contiennent pas, et à supprimer ensuite celles des solutions trouvées qui annulent le dénominateur commun obtenu.

CHAPITRE III.

RÉSOLUTION D'UN NOMBRE QUELCONQUE D'ÉQUATIONS
DU PREMIER DEGRÉ,
EN NOMBRE ÉGAL A CELUI DES INCONNUES.

Théorèmes généraux concernant les systèmes équivalents.

122. I. *Deux systèmes d'équations sont équivalents lorsque
le second système ne diffère du premier que par des équations
obtenues en ajoutant ou en retranchant membre à membre
quelques équations du premier système.*

Soit le système d'équations $A = B$, $A' = B'$, $A'' = B''$. Pour
plus de généralité, multiplions respectivement les deux
membres de chacune de ces équations par des quantités quelconques m, n, p, différentes de zéro. Nous savons (99) que le
système

$$(1) \qquad \begin{cases} A\,m = B\,m, \\ A'\,n = B'\,n, \\ A''\,p = B''\,p \end{cases}$$

est complétement équivalent au système proposé. Cela posé,
nous allons montrer que le système

$$(2) \qquad \begin{cases} A\,m = B\,m, \\ A'\,n = B'\,n, \\ A\,m + A'\,n - A''\,p = B\,m + B'\,n - B''\,p \end{cases}$$

est équivalent au système précédent, et par suite au système
donné. En effet, les valeurs des inconnues qui vérifient le système (1) vérifient les deux premières équations du système (2).
De plus, ces valeurs rendant $A\,m = B\,m$, $A'\,n = B'\,n$, $A''\,p = B''\,p$,
rendent nécessairement la différence $A\,m + A'\,n - A''\,p$ égale

à la différence $Bm + B'n - B''p$, c'est-à-dire satisfont aussi à la troisième équation du système (2).

Réciproquement, les valeurs des inconnues qui vérifient le système (2) vérifient les deux premières équations du système (1), puisque ces équations sont communes aux deux systèmes ; ces valeurs rendent donc la somme $Am + A'n$ égale à la somme $Bm + B'n$. Elles rendent de plus la différence $(Am + A'n) - A''p$ égale à la différence $(Bm + B'n) - B''p$. Le terme $A''p$ est donc égal au terme $B''p$, et les valeurs considérées satisfont aussi à la dernière équation du système (1). Les systèmes (1) et (2) sont, par conséquent, équivalents.

123. II. *Étant donné un système d'équations, si l'on résout l'une des équations du système par rapport à l'une des inconnues qui y entrent, c'est-à-dire si l'on isole cette inconnue dans le premier membre de l'équation considérée, on peut remplacer cette inconnue par la valeur obtenue, dans toutes les autres équations du système.*

Soient les équations $A = A'$, $B = B'$, $C = C'$, contenant, pour fixer les idées, les inconnues x, y, z.

La forme la plus générale d'une équation du premier degré à plusieurs inconnues est évidemment

$$ax + by + cz + du + \ldots = K ;$$

car on peut toujours réunir dans le premier membre les termes qui contiennent les inconnues, dans le second membre ceux qui ne les contiennent pas, puis rassembler en un même coefficient numérique ou littéral, monôme ou polynôme, positif ou négatif, toutes les quantités qui multiplient une même inconnue. On peut de même représenter le second membre par une seule lettre.

Cela posé, si l'on résout la première équation par rapport à x, en regardant x comme seule inconnue, et qu'on obtienne $x = D$ (D étant une certaine expression en y et en z), on pourra remplacer x par D dans les deux autres équations du système, qui deviendront alors $B_1 = B'_1$ et $C_1 = C'_1$.

Il faut prouver que le système

$$A = A',$$
$$B = B',$$
$$C = C'$$

et le système

$$x = D,$$
$$B_1 = B'_1,$$
$$C_1 = C'_1$$

sont équivalents.

L'équation $A = A'$ et l'équation $x = D$ sont identiques; car, pour passer de la première à la seconde, on a seulement transposé dans le second membre les termes en y et en z, et l'on a divisé les deux membres par le coefficient de x (105).

Les deux autres équations de chaque système ne diffèrent que par la substitution de D à la place de x ou de x à la place de D; de sorte que ce simple changement permet de passer d'une équation du premier système à l'équation correspondante du second système. Or, remplacer directement x par sa valeur ou remplacer y et z par les leurs, dans une expression D qui se réduit à cette même valeur de x, c'est tout un. Les deux systèmes sont donc bien équivalents.

Remplacer ainsi l'inconnue x par sa valeur D en fonction des autres inconnues y et z, c'est *éliminer* x. D'une manière générale, *éliminer une quantité, c'est la faire disparaître des calculs subséquents.*

Résolution de deux équations du premier degré à deux inconnues.

124. Soient les deux équations du premier degré à deux inconnues

$$5x - 3y = 9,$$
$$2x + 7y = 20.$$

Considérons-les un moment sous la forme générale $A = A'$, $B = B'$ ou $Am = Bm$, $A'n = B'n$.

Le système

$$\left. \begin{array}{c} Am = Bm \\ Am - A'n = Bm - B'n \end{array} \right\} \quad \text{ou} \quad \left\{ \begin{array}{c} A = B \\ Am - A'n = Bm - B'n \end{array} \right.$$

est, d'après ce qui précède (122), équivalent au système proposé; mais on peut choisir les multiplicateurs m et n de manière à éliminer l'inconnue x, par exemple. Il suffit de faire en sorte que les coefficients de x soient égaux dans les équations $Am = Bm$, $A'n = B'n$.

Si ces coefficients sont de même signe, en retranchant alors les deux équations membre à membre, l'équation résultante $Am - A'n = Bm - B'n$ ne contiendra plus que l'inconnue y, dont elle fournira immédiatement l'unique valeur; et cette valeur, mise à la place de y dans l'équation $A = B$, permettra d'en déduire x.

Si les coefficients de x dans les deux équations $Am = Bm$, $A'n = B'n$ sont de signes contraires, on ajoutera les deux équations.

Revenons aux équations proposées. En multipliant les deux membres de la première par 2, coefficient de x dans la seconde, et les deux membres de la seconde par 5, coefficient de x dans la première, on obtient

$$10x - 6y = 18,$$
$$10x + 35y = 100.$$

On retranche alors membre à membre la première équation de la seconde; l'équation résultante est

$$35y + 6y = 100 - 18 \quad \text{ou} \quad 41y = 82.$$

On en tire

$$y = \frac{82}{41} = 2.$$

Cette valeur $y = 2$, substituée dans l'équation $5x - 3y = 9$, donne

$$5x - 6 = 9 \quad \text{ou} \quad 5x = 15 \quad \text{et} \quad x = \frac{15}{5} = 3.$$

Les équations proposées sont donc satisfaites par les valeurs $x = 3$ et $y = 2$, et seulement par ces valeurs. La vérification réussit

$$5.3 - 3.2 = 9, \quad 2.3 + 7.2 = 20.$$

La méthode que nous venons d'indiquer, et qui repose sur le premier principe démontré au n° **122**, a reçu le nom d'*élimination par réduction au même coefficient* ou d'*élimination par addition ou soustraction*. Elle consiste à donner dans les deux équations le même coefficient à la même inconnue.

125. Pour y arriver de la manière la plus simple, il faut opérer sur les coefficients de l'inconnue considérée comme on opère sur les indices des radicaux qu'on veut réduire au plus petit indice commun ou sur les dénominateurs des fractions qu'on veut réduire au plus petit dénominateur commun.

Soient les équations

$$30x - 37y = 166,$$
$$24x - 25y = 280.$$

Éliminons x. On a

$$30 = 2 \times 3 \times 5 \quad \text{et} \quad 24 = 2^3 \times 3.$$

Le plus petit multiple commun de ces deux coefficients est donc $2^3 \times 3 \times 5 = 120$. Le quotient de 120 par 30 est 4 : on multiplie les deux membres de la première équation par 4; le quotient de 120 par 24 est 5 : on multiplie les deux membres de la seconde équation par 5. On obtient ainsi le système équivalent

$$120x - 148y = 664,$$
$$120x - 125y = 1400.$$

Retranchant la première équation de la seconde, on a

$$-125y + 148y = 1400 - 664 \quad \text{ou} \quad 23y = 736,$$

c'est-à-dire

$$y = \frac{736}{23} = 32.$$

Si l'on substitue cette valeur dans la première équation $30x - 37y = 166$, elle devient

$$30x - 37.32 = 166,$$

d'où

$$30x = 166 + 37.32 = 1350,$$

c'est-à-dire

$$x = \frac{1350}{30} = 45.$$

Les valeurs cherchées sont donc $x = 45$ et $y = 32$, et ce sont les seules qui vérifient les équations proposées.

126. Reprenons les équations

$$2x + 7y = 20,$$
$$5x - 3y = 9,$$

et appliquons à leur résolution une autre méthode très-générale, fondée sur le théorème II (123).

Résolvons la première équation par rapport à x. Nous aurons

$$x = \frac{20 - 7y}{2}.$$

Substituons cette valeur de x dans la seconde équation, qui devient

$$5\frac{20 - 7y}{2} - 3y = 9.$$

Le système obtenu

$$x = \frac{20 - 7y}{2},$$

$$5\frac{20 - 7y}{2} - 3y = 9,$$

est équivalent au système proposé (123).

L'équation

$$5\frac{20 - 7y}{2} - 3y = 9,$$

ne contenant plus que y, conduit immédiatement à la valeur de cette inconnue. En suivant la marche indiquée (105) et en effectuant les calculs, on en déduit

$$100 - 35y - 6y = 18,$$

d'où

$$-41y = -82 \quad \text{et} \quad y = \frac{82}{41} = 2.$$

Transportant cette valeur de y dans l'expression $x = \frac{20 - 7y}{2}$, on a

$$x = \frac{20 - 14}{2} = 3.$$

Cette seconde méthode porte le nom d'*élimination par substitution*. Elle consiste à résoudre l'une des équations du système par rapport à l'une des inconnues qu'elle contient, et à substituer la valeur obtenue dans l'autre équation qui ne renferme plus alors qu'une inconnue.

127. En résumé, *on résout tout système de deux équations*

du premier degré à deux inconnues en remplaçant ce système
par un système équivalent dans lequel l'une des deux équa-
tions ne contient plus qu'une inconnue.

Cette équation à une inconnue peut admettre une solution
déterminée et unique (114), n'en admettre aucune (115), ou
en admettre une infinité (116). Il en est de même alors, dans
chacun de ces cas, du système proposé.

Lorsque ce système n'admet aucune solution, on dit que les
équations correspondantes sont *incompatibles;* s'il en admet
une infinité, on dit que les équations correspondantes sont
indéterminées ou qu'elles se réduisent à une seule (93).

Soit, par exemple, le système

$$2x - 3y = 1$$
$$4x - 6y = 3.$$

En éliminant x par substitution, on a d'abord

$$x = \frac{1 + 3y}{2},$$

puis

$$4\frac{1 + 3y}{2} - 6y = 3 \quad \text{ou} \quad 4 + 12y - 12y = 6,$$

c'est-à-dire $0 \times y = 2$, équation impossible.

Les équations données sont donc incompatibles.

Soit encore le système

$$2x - 3y = 1,$$
$$4x - 6y = 2.$$

En éliminant x par substitution, on a d'abord

$$x = \frac{1 + 3y}{2};$$

puis

$$4\frac{1 + 3y}{2} - 6y = 2 \quad \text{ou} \quad 4 + 12y - 12y = 4,$$

c'est-à-dire $0 \times y = 0$, équation identique. Le système proposé se réduit ainsi à la seule équation

$$x = \frac{1 + 3y}{2} \quad \text{ou} \quad 2x - 3y = 1.$$

On peut, par conséquent, donner à l'une des inconnues toutes les valeurs qu'on voudra, et en déduire les valeurs correspondantes de l'autre inconnue (93).

Nous généraliserons les notions précédentes, en discutant les formules générales de résolution d'un système de deux équations du premier degré à deux inconnues.

Résolution d'un nombre quelconque d'équations du premier degré.

128. Nous supposons le nombre des équations *égal* au nombre des inconnues.

Soient, pour fixer les idées, six équations à six inconnues x, y, z, u, v, t.

On élimine l'une des inconnues, x par exemple, entre la première équation et chacune des cinq suivantes, en employant l'une des deux méthodes générales que nous venons de développer relativement à un système de deux équations à deux inconnues. On obtient ainsi, d'après les théorèmes I et II (122, 123), un système équivalent au système proposé. Ce système équivalent est formé de six équations, l'une contenant toutes les inconnues et qu'on *réserve* pour la détermination de x, les cinq autres ne contenant plus que les cinq inconnues y, z, u, v, t.

On a donc, en réalité, remplacé le système donné par un système contenant *une équation et une inconnue de moins*.

Pour résoudre ce nouveau système, on élimine de même l'inconnue y, par exemple, entre la première équation et chacune des quatre autres. Le système équivalent au précédent qu'on obtient ainsi est formé de cinq équations, l'une contenant les cinq inconnues et qu'on réserve pour la détermination de y, les quatre autres ne contenant plus que les quatre inconnues z, u, v, t. On a, par suite, remplacé en réalité le second système considéré par un troisième système contenant encore une équation et une inconnue de moins.

Chaque nouvelle élimination diminue ainsi la difficulté, et l'on arrive forcément, en continuant de la même manière, à un cinquième système de deux équations à deux inconnues et à un sixième système ne contenant plus qu'une équation à une inconnue.

Le système proposé se trouve alors remplacé par un système

équivalent composé de six équations : la première renferme
les six inconnues du problème, les suivantes chacune une inconnue de moins, de sorte que la sixième n'en renferme plus
qu'une seule t dont elle donne immédiatement la valeur. En
substituant cette valeur de t dans l'équation précédente qui
contient les inconnues t et v, on détermine v. En substituant
les deux valeurs obtenues dans l'équation qui précède l'avant-
dernière et qui contient à la fois t, v et u, on détermine u. En
continuant ainsi, on arrive à substituer dans la première équation les valeurs de t, v, u, z, y et à en déduire la valeur de la
dernière inconnue x. On voit qu'il y a toujours en général un
système de valeurs admissibles, mais qu'il est unique, puisque
la dernière équation à une inconnue ne donne qu'une seule
valeur pour cette inconnue.

La résolution du système proposé dépendant finalement
de la résolution de cette dernière équation, les remarques du
n° 127 sont applicables à tout système de n équations contenant n inconnues.

Nous allons appliquer la solution générale indiquée à plusieurs exemples.

Applications.

129. 1° *Soient les trois équations à trois inconnues*

$$3x - 2y + 6z = 3,06,$$
$$5x + y - 2z = 0,81,$$
$$7x - y + 4z = 3,64.$$

Nous emploierons la méthode d'élimination par addition ou soustraction,
et le plus simple sera d'éliminer y entre la seconde équation et chacune
des deux autres.

Pour cela, on multiplie d'abord les deux membres de la seconde équation par 2, et l'on ajoute membre à membre l'équation obtenue avec la
première équation du système proposé. Il vient

$$13x + 2z = 4,68.$$

On ajoute ensuite membre à membre la deuxième et la troisième équation
du système donné, et l'on a

$$12x + 2z = 4,45.$$

Les équations

$$5x + y - 2z = 0,81,$$
$$13x + 2z = 4,68,$$
$$12x + 2z = 4,45$$

forment un système équivalent à celui qu'on veut résoudre. La première équation permettra de déterminer y, quand on aura trouvé x et z au moyen des deux autres. Éliminons z entre ces deux dernières équations; en les retranchant membre à membre, nous obtiendrons

$$x = 0,23.$$

Le système

$$5x + y - 2z = 0,81,$$
$$12x + 2z = 4,45,$$
$$x = 0,23$$

est équivalent au système précédent et, par suite, au système proposé. La dernière équation donne

$$x = 0,23;$$

l'avant-dernière donne donc

$$12.0,23 + 2z = 4,45,$$

c'est-à-dire

$$2z = 4,45 - 2,76 = 1,69 \quad \text{et} \quad z = 0,845.$$

Enfin la première équation donne à son tour

$$5.0,23 + y - 2.0,845 = 0,81,$$

d'où

$$y = 0,81 + 1,69 - 1,15 = 1,35.$$

Les racines cherchées sont donc

$$x = 0,23, \quad y = 1,35, \quad z = 0,845.$$

Ces valeurs vérifient bien les équations proposées.

130. 2° *Soient les équations littérales*

$$x - ay + a^2z = a^3,$$
$$x - by + b^2z = b^3,$$
$$x - cy + c^2z = c^3.$$

Éliminons x entre la première équation et chacune des deux autres. Il vient, en retranchant ces équations membre à membre,

$$-ay + by + (a^2 - b^2)z = a^3 - b^3,$$
$$-ay + cy + (a^2 - c^2)z = a^3 - c^3.$$

25.

On peut écrire les équations obtenues comme il suit :

$$(a^2 - b^2) z - (a - b) y = a^3 - b^3,$$
$$(a^2 - c^2) z - (a - c) y = a^3 - c^3.$$

On remarque alors que les deux membres de la première sont divisibles par $a - b$, et les deux membres de la seconde par $a - c$ (38). En supprimant ces deux facteurs communs, les deux équations prennent une forme plus simple et deviennent

$$(a + b) z - y = a^2 + ab + b^2,$$
$$(a + c) z - y = a^2 + ac + c^2.$$

Pour éliminer y entre ces deux équations, nous les retrancherons membre à membre, et nous aurons

$$(b - c) z = a (b - c) + b^2 - c^2.$$

Le facteur $b - c$ est commun aux deux membres. En le supprimant, on trouve

$$z = a + b + c.$$

Substituons cette valeur de z dans l'équation

$$(a + b) z - y = a^2 + ab + b^2.$$

Il vient

$$(a + b) (a + b + c) - y = a^2 + ab + b^2.$$

On peut faire passer y dans le second membre, le trinôme $a^2 + ab + b^2$ dans le premier, puis renverser l'ordre des deux membres. On a ainsi

$$y = (a + b) (a + b + c) - (a^2 + ab + b^2),$$

d'où

$$y = (a + b)^2 + (a + b) c - (a^2 + ab + b^2).$$

Si l'on se rappelle la composition du carré d'une somme, il vient immédiatement

$$y = ab + ac + bc.$$

Substituons les valeurs trouvées pour z et pour y dans l'équation

$$x - ay + a^2 z = a^3.$$

Nous aurons

$$x - a (ab + ac + bc) + a^2 (a + b + c) = a^3,$$

d'où, en simplifiant,

$$x = abc.$$

Les trois racines cherchées sont donc

$$x = abc, \quad y = ab + ac + bc, \quad z = a + b + c.$$

Ces racines vérifient les équations données qui se réduisent alors à

$$a^3 = a^3, \quad b^3 = b^3, \quad c^3 = c^3.$$

131. 3° *Soient les quatre équations à quatre inconnues*

$$4z - 3x + 2y + \quad u = 17,$$
$$x - 2y - \quad z + 5u = 14,$$
$$y - 2x + 3z - \quad u = 5,$$
$$2u - 5y + 2x + 3z = 13.$$

On emploiera la méthode d'élimination par substitution. En résolvant la troisième équation par rapport à u, on en déduit

$$u = y - 2x + 3z - 5.$$

Substituant cette valeur à la place de u dans les trois autres équations, elles deviennent après simplification

$$7z + 3y - 5x = 22,$$
$$14z + 3y + 9x = 39,$$
$$12z - 2y - 4x = 28.$$

On peut diviser par 2 les deux membres de la troisième équation; on obtient

$$6z - y - 2x = 14.$$

De cette dernière équation, on déduit, en la résolvant par rapport à y,

$$y = 6z - 2x - 14.$$

Substituant cette valeur à la place de y dans les deux équations précédentes, on trouve après simplification

$$25z - 11x = 64,$$
$$32z - 15x = 81.$$

On résout la première de ces équations par rapport à x, et l'on substitue dans la seconde, à la place de x, la valeur

$$x = \frac{25z - 64}{11}.$$

On obtient ainsi

$$32z - 15\frac{25z - 64}{11} = 81,$$

d'où

$$352z - 375z + 960 = 891,$$

c'est-à-dire

$$-23z = -69 \quad \text{et} \quad z = \frac{69}{23} = 3.$$

On a alors

$$x = \frac{25z - 64}{11} = \frac{11}{11} = 1.$$

Il en résulte

$$y = 6z - 2x - 14 = 2;$$

par conséquent,

$$u = y - 2x + 3z - 5 = 4.$$

Les racines cherchées sont donc

$$x = 1, \quad y = 2, \quad z = 3, \quad u = 4.$$

132. REMARQUES. — *Si le coefficient de l'une des inconnues est égal à l'unité dans l'une des équations données, c'est cette inconnue qu'il faut éliminer de préférence : on a ainsi des calculs plus simples.*

Lorsque toutes les inconnues n'entrent pas à la fois dans chacune des équations proposées, on commence par éliminer l'inconnue qui entre dans le plus petit nombre d'équations : on diminue ainsi la longueur des calculs.

Si une inconnue entre dans une seule équation, on réserve cette équation pour la détermination de cette inconnue.

133. 4° *Soit à résoudre le système suivant :*

$$4x - 3y + 2u = 9,$$
$$2x + 6z = 28,$$
$$4u - 2y = 14,$$
$$3x + 4u = 26.$$

On simplifie ce système en divisant par 2 les deux membres des deux équations intermédiaires, et l'on a

$$4x - 3y + 2u = 9,$$
$$x + 3z = 14,$$
$$2u - y = 7,$$
$$3x + 4u = 26$$

z entrant seulement dans la seconde équation, on réserve cette équation pour déterminer z.

y ayant le coefficient 1 dans la troisième équation, c'est y qu'on élimine entre la troisième et la première équation. On trouve, en résolvant la troisième équation par rapport à y,

$$y = 2u - 7.$$

La première devient alors

$$4x - 4u = -12 \quad \text{ou} \quad x - u = -3.$$

La quatrième équation $3x + 4u = 26$, jointe à celle qu'on vient d'écrire, permet d'obtenir x et u. On déduit de la première $x = u - 3$. La quatrième, par la substitution de la valeur $u - 3$ à la place de x, devient

$$3u - 9 + 4u = 26,$$

d'où

$$7u = 35 \quad \text{et} \quad u = \frac{35}{7} = 5;$$

par suite,

$$x = u - 3 = 2 \quad \text{et} \quad y = 2u - 7 = 3.$$

L'équation réservée

$$x + 3z = 14$$

donne enfin

$$z = \frac{14 - 2}{3} = 4.$$

Les racines sont donc

$$x = 2, \quad y = 3, \quad z = 4, \quad u = 5.$$

134. Il faut remarquer que les deux méthodes générales que nous avons indiquées peuvent être appliquées simultanément si l'on y trouve avantage. On peut éliminer l'une des inconnues par substitution, une autre par voie d'addition ou de soustraction, revenir pour une troisième à la méthode par substitution, etc.

Procédés spéciaux.

135. L'emploi d'une inconnue auxiliaire ou d'un théorème particulier de calcul peut, dans certains cas, rendre la résolution beaucoup plus rapide. Mais cet emploi suppose toujours une certaine symétrie dans la manière dont les inconnues entrent dans les diverses équations. Cette symétrie même suggère la marche à suivre.

136. 1° *Soit le système*

$$x + y + z = a,$$
$$u + x + y = b,$$
$$z + u + x = c,$$
$$y + z + u = d.$$

On connaît les sommes partielles formées par trois quelconques des quatre inconnues. Si l'on connaissait la somme de ces quatre inconnues, en retranchant de cette somme totale les différentes sommes partielles, on obtiendrait successivement les racines. La somme des quatre inconnues est donc ici une inconnue auxiliaire qu'il faut d'abord déterminer. Pour cela, on ajoute membre à membre les quatre équations données. Il vient

$$3(x + y + z + u) = a + b + c + d,$$

d'où

$$x + y + z + u = \frac{a + b + c + d}{3}.$$

On en déduit immédiatement

$$x = \frac{a + b + c + d}{3} - d = \frac{a + b + c - 2d}{3},$$

$$y = \frac{a + b + c + d}{3} - c = \frac{a + b + d - 2c}{3},$$

$$z = \frac{a + b + c + d}{3} - b = \frac{a + c + d - 2b}{3},$$

$$u = \frac{a + b + c + d}{3} - a = \frac{b + c + d - 2a}{3}.$$

137. 2° *Soit encore le système*

$$\frac{x}{a} = \frac{y}{b} = \frac{z}{c},$$

$$lx + my + nz = p.$$

On peut multiplier respectivement par l, m, n les deux termes de chacun des rapports $\frac{x}{a}$, $\frac{y}{b}$, $\frac{z}{c}$. On a alors

$$\frac{lx}{la} = \frac{my}{mb} = \frac{nz}{nc}.$$

La somme des numérateurs de ces rapports divisée par la somme de leurs dénominateurs forme un rapport égal à chacun d'eux, puisqu'ils sont égaux. On a donc

$$\frac{lx}{la} = \frac{my}{mb} = \frac{nz}{nc} = \frac{lx + my + nz}{la + mb + nc}.$$

Mais le numérateur $lx + my + nz$ est égal à p d'après la dernière équation du système. On peut donc écrire successivement

$$x = \frac{ap}{la + mb + nc},$$

$$y = \frac{bp}{la + mb + nc},$$

$$z = \frac{cp}{la + mb + nc}.$$

138. Les conditions de symétrie permettent, dans certains cas, de déduire de la valeur trouvée pour une seule inconnue les valeurs de toutes les autres.

Soient les équations

$$\frac{a}{x} + \frac{b}{y} = c,$$

$$\frac{c}{z} + \frac{a}{x} = b,$$

$$\frac{b}{y} + \frac{c}{z} = a.$$

Pour éviter les équations du second degré qu'on trouverait en chassant les dénominateurs, on prend comme inconnues $\frac{1}{x}$, $\frac{1}{y}$, $\frac{1}{z}$. On ajoute les deux premières équations membre à membre et l'on retranche membre à membre l'équation résultante et la troisième équation donnée : on obtient ainsi

$$\frac{2a}{x} = c + b - a,$$

d'où

$$x = \frac{2a}{c + b - a}.$$

Supposons maintenant qu'on considère les trois lettres a, b, c, et les trois lettres x, y, z. Plaçons-les sur une circonférence et aux sommets d'un triangle équilatéral inscrit (*fig.* 1). Si la cir-

Fig. 1.

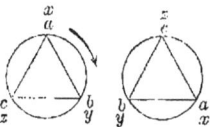

conférence tourne autour de son centre, dans le sens indiqué, d'un tiers de quatre angles droits, la lettre a prendra la place de la lettre b, la lettre b la place de la lettre c, la lettre c la place de la lettre a. De même x, y, z seront remplacées par z, x, y. On dit alors que les trois lettres a, b, c et les trois lettres x, y, z ont éprouvé une *permutation circulaire*.

Remarquons que, si, dans les équations données, on fait subir à la fois aux trois inconnues x, y, z et aux trois lettres a, b, c une permutation circulaire, la première équation se transforme en la deuxième, la deuxième en la troisième, la troisième en la première. Le système proposé reste donc le même, et il est toujours satisfait par les mêmes valeurs. Mais il est évident qu'en faisant subir les mêmes changements aux formules qui donnent x, y, z, on a les valeurs qui satisfont au système transformé, c'est-à-dire au système donné, puisque ces deux systèmes sont identiques. On passe donc immédiatement de la valeur trouvée pour x à la valeur de z, en remplaçant x par z, et en permutant circulairement les trois lettres a, b, c; puis de la valeur de z à la valeur de y, en remplaçant z par y, et en faisant éprouver une nouvelle permutation circulaire aux trois lettres a, b, c. La permutation circulaire des lettres x, y, z existe d'une formule à l'autre; la permutation circulaire des lettres a, b, c a lieu dans chaque formule. On obtient ainsi immédiatement

$$z = \frac{2c}{b + a - c},$$

$$y = \frac{2b}{a + c - b}.$$

Problèmes conduisant à plusieurs équations du premier degré, en nombre égal à celui des inconnues.

139. I. *On a deux lingots d'argent, l'un au titre de 0,820, l'autre au titre de 0,950 ; former à l'aide de ces deux lingots un alliage pesant 115 grammes et au titre de 0,870 (Arithm., 435).*

Désignons par x et y les nombres de grammes qu'il faut emprunter aux deux lingots pour avoir l'alliage voulu. On a immédiatement

$$x + y = 115^{gr}.$$

Exprimons que la quantité d'argent contenue dans l'alliage est égale à la somme des quantités d'argent contenues dans les parties mélangées : on obtient comme seconde équation

$$x.0,820 + y.0,950 = 115.0,870.$$

On déduit de la première équation

$$y = 115 - x.$$

La seconde devient alors

$$x.0,820 + (115 - x).0,950 = 115.0,870.$$

d'où

$$x(0,950 - 0,820) = 115(0,950 - 0,870),$$

c'est-à-dire

$$x.0,130 = 115.0,080.$$

On en déduit

$$x = \frac{115.0,08}{0,13} = 70^{gr},769$$

et

$$y = 115 - x = 44^{gr},231.$$

Ces valeurs vérifient les conditions du problème.

140. II. *Connaissant les poids spécifiques d et d' de deux substances et le poids spécifique D d'une de leurs combinaisons ou d'un de leurs mélanges, déterminer la proportion de chaque substance contenue dans un poids P de la combinaison ou du mélange considéré. On admet que la combinaison s'opère sans variation de volume.*

Désignons par x et y les poids des deux substances, et rappelons-nous que le volume est égal au quotient du poids par le poids spécifique (*Arithm.*, 363). On a alors

$$x + y = P,$$

$$\frac{x}{d} + \frac{y}{d'} = \frac{P}{D}.$$

La seconde équation exprime que la somme des volumes mélangés ou combinés est égale au volume du mélange ou de la combinaison.

La première équation donne $y = P - x$. La seconde équation devient alors

$$\frac{x}{d} + \frac{P}{d'} - \frac{x}{d'} = \frac{P}{D},$$

d'où

$$x \left(\frac{1}{d} - \frac{1}{d'} \right) = \frac{P}{D} - \frac{P}{d'},$$

c'est-à-dire

$$x \frac{d' - d}{dd'} = \frac{P(d' - D)}{Dd'}.$$

En simplifiant et en changeant les signes dans les deux parenthèses, parce qu'on suppose $d > d'$ et, par suite, $D > d'$, on a

$$x = \frac{Pd(D - d')}{D(d - d')}.$$

Pour trouver y, on peut remarquer que les équations considérées ne changent pas, lorsqu'on y remplace x par y et y par x, d par d' et d' par d. En faisant subir les mêmes changements à la valeur de x (138), on trouve donc immédiatement

$$y = \frac{Pd'(D - d)}{D(d' - d)} = \frac{Pd'(d - D)}{D(d - d')}.$$

On change les signes des deux parenthèses, parce que d est à la fois plus grand que d' et plus grand que D.

On peut appliquer ces formules au *problème de la couronne.*

HIÉRON, roi de Syracuse, avait remis à un orfévre une certaine quantité d'or, destinée à être transformée en couronne. La couronne achevée, il soupçonna l'orfévre d'avoir remplacé une partie de l'or par un poids égal d'argent. Il consulta ARCHIMÈDE, qui résolut le problème à l'aide du *principe* dont on lui doit la découverte.

La couronne pesait 7465 grammes. Le poids spécifique de l'or est 19,26 ; celui de l'argent 10,47 ; le poids spécifique de la couronne se trouva être égal à 15,98. Pour avoir la quantité d'argent introduite par l'orfévre, il suffit donc de faire dans la formule $y = \dfrac{P\,d'\,(d - D)}{D\,(d - d')}$,

$$P = 7465, \quad d = 19,26, \quad d' = 10,47, \quad D = 15,98.$$

On trouve $y = 1825$, à moins de $0,1$. Ainsi l'orfèvre avait substitué 1825 grammes d'argent à un égal poids d'or.

141. III. *La distance entre deux villes placées sur un chemin de fer est a. Un convoi part de la première ville pour la seconde avec une vitesse de v kilomètres par heure. h heures après, un convoi part de la seconde ville pour la première avec une vitesse de v' kilomètres par heure. On demande au bout de combien de temps et à quelle distance de la première ville le croisement des deux convois aura lieu.*

Au point de rencontre, la somme des chemins parcourus par les deux convois est égale à a. Si le chemin décrit par le premier convoi est désigné par x, et si le chemin décrit par le second convoi est désigné par y, on a donc

$$x + y = a.$$

Mais le chemin x a été parcouru dans un temps égal à $\dfrac{x}{v}$, l'unité de temps choisie étant l'heure. De même, le chemin y a été parcouru dans un temps $\dfrac{y}{v'}$. De plus, le premier convoi ayant une avance de h heures, la différence des temps considérés doit être égale à h, d'où la seconde équation

$$\frac{x}{v} - \frac{y}{v'} = h.$$

Si l'on remplace y par sa valeur $a - x$ déduite de la première équation, il vient

$$\frac{x}{v} - \frac{a - x}{v'} = h,$$

d'où

$$v'x - av + vx = vv'h \quad \text{et} \quad x = \frac{v(a + v'h)}{v + v'}.$$

Le temps qui s'écoule entre le départ du premier convoi et la rencontre étant égal à $\dfrac{x}{v}$ a pour expression $\dfrac{a + v'h}{v + v'}$.

142. IV. *La date de l'invention de l'imprimerie par GUTTEMBERG renferme quatre chiffres. Le chiffre des dizaines est moitié de celui des unités, le chiffre des mille est égal à l'excès du chiffre des centaines sur celui des dizaines, la somme des quatre chiffres est égale à 14 ; et, si l'on augmente le nombre considéré de 4905, on l'obtient renversé. Trouver la date dont il s'agit.*

Si l'on désigne par les initiales des mots unités, dizaines, centaines, mille les chiffres correspondants, on a immédiatement, d'après l'énoncé, les trois équations

$$2\,d = u,$$
$$m = c - d,$$
$$u + d + c + m = 14.$$

La valeur du nombre cherché étant représentée par

$$u + 10\,d + 100\,c + 1000\,m,$$

la valeur du nombre renversé est

$$1000\,u + 100\,d + 10\,c + m.$$

La dernière condition du problème a donc pour expression l'équation

$$u + 10\,d + 100\,c + 1000\,m + 4905 = 1000\,u + 100\,d + 10\,c + m.$$

En simplifiant cette équation, on trouve

$$111\,u + 10\,d - 10\,c - 111\,m = 545.$$

En retranchant la deuxième équation de la troisième, on obtient

$$u + d + c = 14 - c + d,$$

d'où

$$u = 14 - 2\,c.$$

La première équation donne alors

$$2\,d = u = 14 - 2\,c,$$

d'où

$$d = 7 - c.$$

On a donc

$$m = c - d = c - 7 + c,$$

d'où

$$m = 2\,c - 7.$$

On n'a plus qu'à substituer dans la quatrième équation les valeurs de u, d, m, exprimées en fonction de c. Il vient

$$111\,(14 - 2\,c) + 10\,(7 - c) - 10\,c - 111\,(2\,c - 7) = 545,$$

c'est-à-dire

$$464\,c = 1856 \quad \text{et} \quad c = \frac{1856}{464} = 4.$$

Il en résulte $u = 6$, $d = 3$, $m = 1$; par suite, la date de l'invention de l'imprimerie est 1436.

143. V. *Trois ouvriers* X, Y, Z *exécutent un certain travail :* X *et* Y *réunis le feraient en a jours,* X *et* Z *en b jours,* Y *et* Z *en c jours. On demande combien il faudra de jours pour faire le travail :* 1° *à chaque ouvrier travaillant seul;* 2° *aux trois ouvriers réunis.*

Désignons par x, y, z les nombres de jours nécessaires à chaque ouvrier travaillant seul pour terminer l'ouvrage, et par 1 la totalité de l'ouvrage. X et Y font cet ouvrage en a jours; donc, en un jour, ils en font une fraction représentée par $\frac{1}{a}$. Mais, en un jour, X fait une fraction de l'ouvrage représentée par $\frac{1}{x}$, puisqu'il fait l'ouvrage tout entier en x jours; de même, Y en fait en un jour une fraction $\frac{1}{y}$. On a donc

$$\frac{1}{x} + \frac{1}{y} = \frac{1}{a}.$$

On trouve de même

$$\frac{1}{x} + \frac{1}{z} = \frac{1}{b},$$

$$\frac{1}{y} + \frac{1}{z} = \frac{1}{c}.$$

Regardons $\frac{1}{x}$, $\frac{1}{y}$, $\frac{1}{z}$ comme les inconnues du problème; ajoutons les deux premières équations membre à membre et retranchons la troisième de leur somme. On obtient

$$\frac{2}{x} = \frac{1}{a} + \frac{1}{b} - \frac{1}{c} = \frac{bc + ac - ab}{abc},$$

d'où

$$x = \frac{2\,abc}{bc + ac - ab}.$$

Les considérations de symétrie déjà indiquées (138) prouvent qu'on passe de la valeur de x à celle de y, en remplaçant x par y et en permutant circulairement les lettres a, b, c. Il vient

$$y = \frac{2\,abc}{ab + bc - ac}.$$

On passe de la valeur de y à celle de z de la même manière, et l'on trouve

$$z = \frac{2\,abc}{ab + ac - bc}.$$

Les trois ouvriers réunis font, en un jour, une fraction de l'ouvrage représentée par $\frac{1}{x} + \frac{1}{y} + \frac{1}{z}$. Ils font donc tout l'ouvrage en

$$\frac{1}{\frac{1}{x} + \frac{1}{y} + \frac{1}{z}} \text{ jours,} \quad \text{c'est-à-dire en} \quad \frac{2\,abc}{ab + ac + bc} \text{ jours.}$$

144. VI. *Trois joueurs conviennent qu'à chaque partie le perdant dou-blera l'argent des deux autres. Ils perdent tour à tour une partie, et quit-tent le jeu avec la même somme a. Quelle était leur mise à chacun au commencement du jeu?*

Désignons par x, y, z les trois mises initiales. Si le premier joueur perd la première partie, il ne lui reste plus qu'une somme $x - y - z$; les deux autres joueurs, ayant doublé leurs mises, ont $2y$ et $2z$.

Le deuxième joueur perdant à son tour n'a plus que $2y - (x - y - z) - 2z$, c'est-à-dire $3y - x - z$; le premier joueur a une somme $2x - 2y - 2z$, le troisième une somme $4z$.

Enfin la troisième partie réduit la mise du troisième joueur à

$$4z - (2x - 2y - 2z) - (3y - x - z),$$

c'est-à-dire à $7z - x - y$; les mises du premier et du deuxième joueur deviennent en même temps $4x - 4y - 4z$ et $6y - 2x - 2z$.

D'après l'énoncé, toutes les mises à la fin de la troisième partie sont égales à a. Les trois équations du problème sont donc

$$4x - 4y - 4z = a,$$
$$6y - 2x - 2z = a,$$
$$7z - x - y = a.$$

On peut simplifier le calcul en remarquant que le jeu ne change pas la somme totale des trois mises, mais seulement leur répartition, et qu'on a dès lors

$$x + y + z = 3a.$$

On peut remplacer par cette équation auxiliaire l'une quelconque des équations du système : on l'aurait d'ailleurs obtenue, en les ajoutant toutes les trois membre à membre.

Considérons donc le système

$$x + y + z = 3a,$$
$$4x - 4y - 4z = a,$$
$$7z - x - y = a.$$

Si l'on ajoute membre à membre la première équation et la troisième, on obtient

$$8z = 4a,$$

d'où

$$z = \frac{4a}{8}.$$

Les deux premières équations deviennent alors

$$x + y = 3a - z = 3a - \frac{4a}{8} = \frac{20a}{8},$$

$$4x - 4y = a + 4z = a + \frac{16a}{8} = \frac{24a}{8}.$$

Si l'on multiplie les deux membres de la première par 4, et si l'on ajoute ensuite membre à membre les deux équations, on trouve

$$8x = \frac{80a}{8} + \frac{24a}{8} = \frac{104a}{8},$$

d'où

$$x = \frac{13a}{8}.$$

La première équation donne alors

$$y = 3a - x - z = 3a - \frac{13a}{8} - \frac{4a}{8} = \frac{7a}{8}.$$

Les trois valeurs cherchées sont donc

$$\frac{13a}{8}, \quad \frac{7a}{8}, \quad \frac{4a}{8}.$$

On peut facilement généraliser la question et trouver les formules qui correspondent au cas de n joueurs et de n parties, en employant immédiatement l'équation auxiliaire qui résulte de l'énoncé.

Nous supposerons qu'après n parties, perdues successivement par chacun d'eux dans l'ordre même des indices adoptés, les joueurs se retirent avec des sommes données égales à a_1, a_2, a_3, ..., a_n. Il s'agit de trouver leurs mises respectives x_1, x_2, x_3, ..., x_n.

Cherchons directement la mise x_k du $k^{ième}$ joueur. Pendant les $(k-1)$ premières parties, il a vu son argent constamment doublé. Il a donc, à la fin de la $(k-1)^{ième}$ partie,

$$2^{k-1} x_k.$$

D'ailleurs, la somme totale des mises, ou l'argent qui est au jeu et dont la répartition varie seule après chaque partie, est

$$a_1 + a_2 + a_3 + \ldots + a_n = A.$$

Les $(n-1)$ autres joueurs possèdent donc, à la fin de la $(k-1)^{ième}$ partie,

$$A - 2^{k-1} x_k.$$

Le $k^{ième}$ joueur, en perdant la $k^{ième}$ partie, débourse donc cette même somme, de sorte qu'il lui reste à la fin de cette partie

$$2^{k-1} x_k - (A - 2^{k-1} x_k) \quad \text{ou} \quad 2^k x_k - A.$$

Le $k^{ième}$ joueur gagnant ensuite les $(n-k)$ parties restantes se retire du jeu avec

$$2^{n-k}(2^k x_k - A) = 2^n x_k - 2^{n-k} A.$$

D'après l'énoncé, cette somme doit être égale à a_k. L'inconnue x_k est donc déterminée par l'équation

$$2^n x_k - 2^{n-k} A = a_k.$$

On en déduit

$$x_k = \frac{a_k}{2^n} + \frac{A}{2^k}.$$

Cette formule résout la question ; on n'a qu'à y remplacer successivement k par les nombres 1, 2, 3,..., n, pour obtenir les mises des différents joueurs.

Cas où le nombre des équations considérées n'est pas égal à celui des inconnues.

145. I. *Il y a indétermination, lorsque le nombre des équations est inférieur à celui des inconnues.*

Supposons qu'on ait m équations et $m + p$ inconnues. Il faudra considérer p des inconnues comme données : on aura alors un système de m équations à m inconnues, qu'on résoudra comme nous l'avons indiqué ; mais les m inconnues trouvées seront exprimées en fonction des p inconnues restantes. On pourra attribuer à ces p inconnues des valeurs arbitraires et, par suite, les équations proposées admettront une infinité de racines : elles formeront un système *indéterminé*.

Soient les équations

$$x + y - z = 10,$$
$$x - y + 5z = 24.$$

Si l'on regarde z comme donnée, on a

$$x + y = 10 + z,$$
$$x - y = 24 - 5z.$$

Il en résulte (2)

$$x = 17 - 2z,$$
$$y = 3z - 7.$$

On peut remplacer z dans ces formules par telles valeurs qu'on voudra et en déduire les valeurs correspondantes de x et de y.

146. II. *Lorsque le nombre des équations est supérieur à celui des inconnues, il faut certaines conditions pour que toutes les équations soient satisfaites par les mêmes valeurs* *des inconnues. Si ces conditions ne sont pas remplies, les équations données sont incompatibles.*

Supposons qu'on ait m inconnues et $m + p$ équations. On choisira m de ces équations renfermant les m inconnues de la manière la plus simple, et on les résoudra d'après les règles précédentes. On trouvera ainsi les valeurs des m inconnues; mais ces valeurs devront, en outre, satisfaire aux p équations restantes, pour qu'il n'y ait pas incompatibilité.

Si quelques-uns des coefficients des équations proposées sont indéterminés, on peut alors les calculer de manière à rendre les p équations restantes satisfaites par les valeurs obtenues pour les m inconnues. Ces p équations deviennent ainsi ce qu'on appelle des *équations de condition.*

Supposons qu'on donne les six équations à trois inconnues :

$$x + y + z = 9,$$
$$3x - y + 2z = 10,$$
$$2x + 7y - 3z = 8,$$
$$ax - by + cz = 20,$$
$$ax + by + cz = 44,$$
$$10ax + 3by - cz = 26,$$

et qu'on demande quelles valeurs doivent recevoir les coefficients indéterminés a, b, c, pour que ces six équations soient satisfaites par les mêmes valeurs des inconnues x, y, z.

On résout les trois premières équations, qui ne contiennent pas a, b, c, par rapport aux inconnues principales x, y, z.

En ajoutant ces trois premières équations membre à membre, on a

$$6x + 7y = 27.$$

En multipliant la première équation par 2 et en en retranchant la seconde membre à membre, il vient

$$- x + 3y = 8,$$

d'où

$$- 6x + 18y = 48.$$

Cette dernière équation, combinée avec l'équation $6x + 7y = 27$, donne immédiatement

$$25y = 75, \quad \text{d'où} \quad y = 3.$$

Il en résulte

$$- x + 9 = 8 \quad \text{ou} \quad x = 1,$$

et

$$1 + 3 + z = 9 \quad \text{ou} \quad z = 5.$$

Si l'on substitue ces valeurs dans les trois dernières équations, elles deviennent

$$a - 3b + 5c = 20,$$
$$a + 3b + 5c = 44,$$
$$10a + 9b - 5c = 26.$$

Ces équations de *condition* permettent de calculer les *indéterminées* a, b, c. En retranchant les deux premières membre à membre, on a

$$6b = 24, \quad \text{d'où} \quad b = 4.$$

Les deux dernières équations deviennent alors

$$a + 12 + 5c = 44,$$
$$10a + 36 - 5c = 26.$$

En les ajoutant membre à membre, on trouve

$$11a + 48 = 70, \quad \text{d'où} \quad a = 2.$$

La première équation $a - 3b + 5c = 20$ donne alors

$$5c = 20 - 2 + 12 = 30, \quad \text{d'où} \quad c = 6.$$

Ainsi, aux valeurs $x = 1$, $y = 3$, $z = 5$, correspondent les valeurs $a = 2$, $b = 4$, $c = 6$, et les six équations données admettent dans ce cas les mêmes racines.

CHAPITRE IV.

FORMATION ET DISCUSSION DES FORMULES GÉNÉRALES
DE RÉSOLUTION
DES ÉQUATIONS DU PREMIER DEGRÉ.

Cas de deux équations à deux inconnues.

147. Quelles que soient les équations données, on peut toujours, en supposant les deux inconnues représentées par x et y, réunir dans le premier membre de chaque équation les termes en x et en y, et dans le second membre les termes indépendants des inconnues. Si l'on met alors x et y en facteur commun des quantités qui les multiplient, on peut représenter par

$$ax + by = c,$$
$$a'x + b'y = c'$$

un système quelconque de deux équations du premier degré à deux inconnues. a, b, c, a', b', c' sont des quantités numériques ou littérales, monômes ou polynômes, positives ou négatives.

Résolvons ces équations générales. De la première, on déduit

$$y = \frac{c - ax}{b}.$$

Substituons cette valeur de y dans la seconde équation : elle devient

$$a'x + b'\frac{c - ax}{b} = c',$$

d'où

$$ba'x + cb' - ab'x = bc',$$
$$(ab' - ba')x = cb' - bc',$$
$$x = \frac{cb' - bc'}{ab' - ba'}.$$

On a alors

$$y = \frac{c - a \cdot \dfrac{cb' - bc'}{ab' - ba'}}{b}.$$

Pour simplifier cette expression, on multiplie ses deux termes par $ab' - ba'$, et l'on effectue les calculs indiqués. Il vient

$$y = \frac{cab' - cba' - acb' + abc'}{b(ab' - ba')} = \frac{-cba' + abc'}{b(ab' - ba')},$$

c'est-à-dire, en divisant les deux termes par b,

$$y = \frac{ac' - ca'}{ab' - ba'}.$$

On serait arrivé plus rapidement à cette valeur de y en remarquant que les équations proposées ne changent pas lorsqu'on change x en y et y en x, a en b et b en a, a' en b' et b' en a'. En opérant les mêmes changements dans la valeur de x, on trouve immédiatement

$$y = \frac{ca' - ac'}{ba' - ab'} = \frac{ac' - ca'}{ab' - ba'}.$$

On peut, à l'aide des formules trouvées,

$$x = \frac{cb' - bc'}{ab' - ba'}, \quad y = \frac{ac' - ca'}{ab' - ba'},$$

résoudre un système quelconque de deux équations du premier degré à deux inconnues. Soient les équations

$$5x - 3y = 9, \quad 2x + 7y = 20.$$

On a, dans ce cas particulier,

$$a = 5, \quad b = -3, \quad c = 9, \quad a' = 2, \quad b' = 7, \quad c' = 20;$$

par suite,

$$x = \frac{9 \cdot 7 - (-3) \cdot 20}{5 \cdot 7 - (-3) \cdot 2} = \frac{63 + 60}{35 + 6} = \frac{123}{41} = 3,$$

$$y = \frac{5 \cdot 20 - 9 \cdot 2}{5 \cdot 7 - (-3) \cdot 2} = \frac{100 - 18}{35 + 6} = \frac{82}{41} = 2.$$

148. On peut facilement retrouver les deux formules générales qu'on vient d'indiquer.

On remarque que les valeurs de x et de y ont le même dénominateur. *On forme ce dénominateur commun comme il suit.* On multiplie *en croix* les coefficients des inconnues dans les deux équations, en commençant par la première, et l'on sépare les deux produits obtenus, ab' et ba', par le signe —. Plus généralement, on écrit les deux arrangements ab et ba des coefficients des inconnues dans la première équation, on sépare ces arrangements par le signe —, et l'on accentue la dernière lettre de chacun d'eux : on obtient ainsi $ab' - ba'$.

Pour former le numérateur de chaque inconnue, on n'a qu'à remplacer dans le dénominateur commun les coefficients de cette inconnue par les seconds membres correspondants. Ainsi, pour avoir le numérateur de la valeur de x, on doit remplacer dans le dénominateur $ab' - ba'$ les lettres a et a' par c et c', et l'on obtient $cb' - bc'$. De même, pour avoir le numérateur de la valeur de y, on doit remplacer dans le même dénominateur les lettres b et b' par c et c', et l'on a ainsi $ac' - ca'$.

149. Si les formules générales conduisent pour x et y à des valeurs positives ou négatives, ces valeurs satisfont nécessairement aux équations proposées, comme on peut s'en convaincre en remarquant qu'on arrive à des identités en substituant les valeurs générales de x et de y dans les deux équations $ax + by = c$, $a'x + b'y = c'$.

Mais les valeurs mises à la place des lettres a, b, c, a', b', c' peuvent conduire, pour x et y, à des valeurs *singulières* qu'il s'agit d'interpréter. Ces valeurs particulières se présentent lorsque l'un des termes des expressions fractionnaires considérées ou tous les deux deviennent nuls.

Pour simplifier la discussion des formules générales, nous mettrons d'abord les équations données sous la forme suivante, en multipliant les deux membres de la première par b' et les deux membres de la seconde par b :

$$(1) \qquad ab'x + bb'y = cb',$$

$$(2) \qquad ba'x + bb'y = bc'.$$

150. 1° *L'un des numérateurs des formules générales ou* *tous les deux sont nuls, sans que le dénominateur commun soit nul et sans que les équations proposées cessent de renfermer les deux inconnues.*

Supposons d'abord $cb' - bc' = 0$ ou $cb' = bc'$, en même temps que $ac' - ca'$ et $ab' - ba'$ différents de zéro. Les formules générales deviennent

$$x = 0, \quad y = \frac{ac' - ca'}{ab' - ba'}.$$

Si l'on considère alors les équations (1) et (2) elles-mêmes, on voit que les termes en y et les seconds membres sont identiques dans les deux équations, tandis que les coefficients de x sont différents. Les deux équations devant être satisfaites par les mêmes valeurs de x et de y, il faut nécessairement que la valeur de x soit égale à zéro.

On a, dans ce cas,

$$y = \frac{c}{b} = \frac{c'}{b'};$$

mais, si l'on introduit dans la formule générale $y = \dfrac{ac' - ca'}{ab' - ba'}$ la condition $cb' - bc' = 0$, en remplaçant c par $\dfrac{bc'}{b'}$, il vient aussi

$$y = \frac{ac' - \dfrac{bc'a'}{b'}}{ab' - ba'} = \frac{ab'c' - ba'c'}{b'(ab' - ba')} = \frac{c'(ab' - ba')}{b'(ab' - ba')} = \frac{c'}{b'}.$$

Supposons maintenant $c = 0$ et $c' = 0$, en même temps que $ab' - ba'$ différent de zéro. Les deux numérateurs des valeurs générales sont nuls, et l'on a

$$x = 0, \quad y = 0.$$

Quant aux équations (1) et (2), elles deviennent

$$ab'x + bb'y = 0,$$
$$ba'x + bb'y = 0.$$

Comme les termes en y sont identiques, tandis que les coefficients de x sont différents, ces deux équations ne peuvent être satisfaites par les mêmes valeurs de x et de y que si l'on a $x = 0$, ce qui entraîne immédiatement $y = 0$.

On voit, en résumé, que, lorsque les formules générales

conduisent à des valeurs nulles, ces valeurs sont admissibles comme toutes les autres valeurs positives ou négatives, et vérifient complétement les équations proposées.

On peut remarquer que les valeurs des inconnues sont nulles lorsque les seconds membres des équations sont égaux à zéro, et que la valeur de x seule est nulle lorsque les coefficients de y et les seconds membres des équations sont proportionnels.

151. 2° *Le dénominateur commun des formules générales est nul, sans qu'aucun des numérateurs le soit.*

m et *n* étant deux quantités, positives ou négatives, différentes de zéro, on peut poser $cb' - bc' = m$ et $ac' - ca' = n$. Les deux valeurs de x et de y se présentent donc sous la forme

$$x = \frac{m}{0}, \quad y = \frac{n}{0}.$$

Ces symboles *réunis* n'ayant pour nous aucune signification (115), il faut, pour les interpréter, remonter aux deux équations données, mises sous la forme (149)

(1) $ab'x + bb'y = cb',$

(2) $ba'x + bb'y = bc'.$

En vertu de la condition $ab' - ba' = 0$, qui donne $ab' = ba'$, on voit que les premiers membres de ces équations sont identiques, tandis que les seconds membres sont différents, puisqu'on n'a pas $cb' = bc'$. Les équations proposées ne peuvent donc être satisfaites par les mêmes valeurs de x et de y; elles sont, par conséquent, *contradictoires*, et les deux symboles $\frac{m}{0}$ et $\frac{n}{0}$ sont encore ici (115) le signe d'une impossibilité absolue.

Il faut remarquer que cette impossibilité tient à la réunion des deux équations; séparément, elles admettent au contraire chacune une infinité de solutions.

On voit que l'incompatibilité des deux équations proposées a lieu lorsque les coefficients des inconnues dans les deux équations sont proportionnels, les seconds membres de ces équations étant quelconques, c'est-à-dire leur rapport n'étant pas égal au rapport commun des coefficients.

Si l'on a à la fois $ab' - ba' = 0$, $c = 0$, $c' = 0$, les valeurs générales des inconnues deviennent

$$x = \frac{0}{0}, \quad y = \frac{0}{0},$$

tandis que les équations (1) et (2) se réduisent à

$$ab'x + bb'y = 0,$$
$$ba'x + bb'y = 0.$$

Puisqu'on a $ab' = ba'$, ces deux équations sont identiques ou n'en font plus qu'une seule ; x et y admettent donc une infinité de valeurs, et les symboles $\frac{0}{0}$ trouvés pour les deux inconnues sont encore ici (116) un signe d'indétermination.

Ainsi, *lorsque les seconds membres c et c' des équations données sont égaux à zéro, les valeurs des inconnues sont nulles* (150) *ou indéterminées, suivant que le dénominateur commun des formules est différent de zéro ou égal à zéro.*

Lorsque, dans ce cas, les valeurs des inconnues sont indéterminées, *leur rapport*, en vertu de la seule équation qui les lie, *est constant* et représenté par $\frac{x}{y} = -\frac{b}{a}$.

152. 3° *Le dénominateur commun des formules générales est nul, en même temps que l'un des numérateurs.*

En général, lorsque le dénominateur commun est nul, les deux numérateurs sont à la fois différents de zéro ou égaux à zéro.

En effet, soient

$$cb' - bc' = m, \quad ac' - ca' = n, \quad ab' - ba' = 0.$$

La dernière condition donne $b' = \frac{ba'}{a}$. En remplaçant b' par cette valeur dans la première équation posée, on a

$$m = c\frac{ba'}{a} - bc' = -\frac{b}{a}(ac' - ca') = -\frac{b}{a}n;$$

ce qui démontre la remarque énoncée. Cette remarque résulte encore de la suite de rapports égaux

$$\frac{a}{a'} = \frac{b}{b'} = \frac{c}{c'},$$

qu'on peut déduire des deux conditions

$$ab' - ba' = 0 \quad \text{et} \quad bc' - cb' = 0 \quad \text{ou} \quad ac' - ca' = 0.$$

D'après cela, si l'on a

$$ab' - ba' = 0 \quad \text{et} \quad bc' - cb' = 0 \quad \text{ou} \quad ac' - ca' = 0,$$

on a en même temps

$$ac' - ca' = 0 \quad \text{ou} \quad bc' - cb' = 0.$$

Par suite, les valeurs générales deviennent

$$x = \frac{0}{0}, \quad y = \frac{0}{0}.$$

Quant aux équations (1) et (2)

(1) $$ab'x + bb'y = cb',$$

(2) $$ba'x + bb'y = bc',$$

elles sont identiques, puisqu'on a à la fois $ab' = ba'$ et $cb' = bc'$. Ces deux équations se réduisent donc à une seule ou rentrent l'une dans l'autre, et le symbole répété $\frac{0}{0}$ correspond encore (116) à l'indétermination des inconnues. On dit, dans ce cas, que les équations considérées sont *indéterminées* ou qu'elles forment un *système indéterminé* (145).

L'indétermination des équations proposées a lieu lorsque les coefficients des inconnues forment entre eux et avec les seconds membres une suite de rapports égaux.

153. Nous venons de parcourir les cas principaux qui peuvent se présenter. Dans chacun d'eux, il y a complète identité entre les significations attribuées aux symboles particuliers donnés par les formules générales et les interprétations fournies par l'examen direct des équations elles-mêmes. Les autres hypothèses qu'on peut encore examiner font disparaître l'une des inconnues dans l'une des équations ou dans toutes les deux. Il peut donc se faire alors que l'analogie indiquée soit rompue ; car les calculs du n° 149 supposent expressément qu'aucun des coefficients des inconnues n'est égal à zéro. C'est ce qui a lieu en effet.

Soient, par exemple, $a = 0$, $b = 0$, $b' = 0$. Les équations (1) et (2) deviennent

$$0 = c, \quad a'x = c',$$

et les formules générales donnent

$$x = \frac{0}{0}, \quad y = \frac{-ca'}{0}.$$

Dans cette hypothèse, la première équation est impossible, et cette impossibilité correspond, quant aux valeurs générales, aux deux symboles $\frac{0}{0}$ et $\frac{m}{0}$. Il y a plus : x, qui est déterminée, correspond au symbole $\frac{0}{0}$, et y, qui est indéterminée, puisque cette inconnue a disparu des équations, correspond au symbole $\frac{m}{0}$.

Si l'on a, en outre, $c = 0$, la première équation devient identique, tandis que la seconde continue de déterminer x, et les valeurs générales conduisent toutes deux au symbole $\frac{0}{0}$.

Enfin, si l'on a $a' = 0$ au lieu de $c = 0$, les deux équations se réduisent à

$$0 = c, \quad 0 = c',$$

tandis que les valeurs générales deviennent

$$x = \frac{0}{0}, \quad y = \frac{0}{0}.$$

Ainsi l'indétermination accusée par les formules correspond ici à l'impossibilité absolue des équations.

En dehors des trois cas examinés aux n⁰ˢ 150, 151, 152, on doit donc consulter directement les équations.

Cas de trois équations à trois inconnues.

154. Soient trois équations générales du premier degré à trois inconnues :

$$ax + by + cz = d,$$
$$a'x + b'y + c'z = d',$$
$$a''x + b''y + c''z = d''.$$

Nous savons, d'après ce qui précède, que ces équations n'admettent, en général, pour les inconnues x, y, z, qu'un seul système de valeurs. Nous allons trouver ces valeurs, sans les rattacher les unes aux autres, en suivant une nouvelle méthode d'élimination très-remarquable, connue sous le nom de *méthode de* BEZOUT ou *des indéterminées.*

Multiplions les deux membres de la première équation par

une quantité indéterminée m, dont nous nous réservons de fixer convenablement la valeur; multiplions les deux membres de la seconde équation par une seconde indéterminée p; ajoutons ensuite membre à membre les trois équations données. Nous aurons, comme *équation résultante*,

$$(am + a'p + a'')x + (bm + b'p + b'')y$$
$$+ (cm + c'p + c'')z = dm + d'p + d''.$$

Nous pouvons alors, si nous voulons calculer x, profiter de l'indétermination des deux quantités m et p pour annuler les coefficients de y et de z. Posons donc

$$bm + b'p = -b'',$$
$$cm + c'p = -c'',$$

et nous trouverons immédiatement

$$x = \frac{dm + d'p + d''}{am + a'p + a''}.$$

Remarquons que le numérateur de la valeur de x ne diffère de son dénominateur que par le changement de a, a', a'', coefficients de x dans les trois équations, en d, d', d'', seconds membres correspondants.

Les deux équations entre m et p donnent d'ailleurs, d'après la règle générale indiquée (148),

$$m = \frac{b'c'' - c'b''}{bc' - cb'}, \quad p = \frac{cb'' - bc''}{bc' - cb'}.$$

En substituant ces valeurs dans l'expression de x et en multipliant les deux termes de cette expression par $bc' - cb'$, il vient

$$x = \frac{d(b'c'' - c'b'') + d'(cb'' - bc'') + d''(bc' - cb')}{a(b'c'' - c'b'') + a'(cb'' - bc'') + a''(bc' - cb')}.$$

En rangeant les lettres d'après le nombre de leurs accents, on a finalement

$$(\text{I}) \quad x = \frac{db'c'' - dc'b'' + cd'b'' - bd'c'' + bc'd'' - cb'd''}{ab'c'' - ac'b'' + ca'b'' - ba'c'' + bc'a'' - cb'a''}.$$

On obtient les valeurs de y et de z en suivant une marche analogue. Pour avoir y, on cherche les valeurs des *indéterminées*

m et p qui annulent les coefficients de x et de z dans l'*équation résultante;* pour avoir z, on cherche les valeurs des indéterminées m et p qui annulent les coefficients de x et de y dans cette même équation, qui sert ainsi à trouver successivement les trois inconnues.

Mais on peut opérer plus simplement en remarquant que les équations données ne changent pas, quand on fait éprouver une *permutation circulaire* (138) aux trois inconnues x, y, z, et aux trois coefficients a, b, c, *sans toucher aux accents qui les affectent.*

La première équation, par exemple, devient, par suite de cette permutation, $cz + ax + by = d$, de sorte que l'ordre seul des termes du premier membre est modifié; et il en est de même des deux autres équations.

D'après cela, on passera de la valeur (1) trouvée pour x à celle de z, en permutant les lettres a, b, c, dans le second membre de l'expression (1), sans toucher aux accents; puis, de la valeur trouvée pour z à celle de y, à l'aide d'une nouvelle permutation circulaire des mêmes lettres a, b, c.

Comme ces trois lettres entrent d'une manière identique dans le dénominateur de la valeur de x, les changements indiqués ne modifient dans ce dénominateur que l'ordre des termes en laissant leurs signes intacts. On peut donc écrire les valeurs de y et de z en leur donnant le même dénominateur qu'à la valeur de x, et l'on a ainsi

$$(2) \quad y = \frac{ad'c'' - ac'd'' + ca'd'' - da'c'' + dc'a'' - cd'a''}{ab'c'' - ac'b'' + ca'b'' - ba'c'' + bc'a'' - cb'a''},$$

$$(3) \quad z = \frac{ab'd'' - ad'b'' + da'b'' - ba'd'' + bd'a'' - db'a''}{ab'c'' - ac'b'' + ca'b'' - ba'c'' + bc'a'' - cb'a''}.$$

155. Pour retrouver le *dénominateur commun* des formules générales (1), (2), (3), on n'a qu'à former les arrangements ab et ba, et à faire passer la troisième lettre c à toutes les places dans chacun d'eux; ce qui fournit les termes

$$abc, \quad acb, \quad cab, \quad bac, \quad bca, \quad cba.$$

On doit ensuite affecter respectivement d'un accent et de deux accents la seconde lettre et la troisième lettre de chaque produit, et donner alternativement le signe $+$ et le signe $-$

aux résultats trouvés. On retrouve alors le dénominateur commun

$$D = ab'c'' - ac'b'' + ca'b'' - ba'c'' + bc'a'' - cb'a''.$$

Les numérateurs des formules générales se déduisent immédiatement de ce dénominateur commun, en y remplaçant les coefficients de l'inconnue qu'on cherche par les seconds membres correspondants (154).

Les lois qu'on vient d'énoncer relativement à la composition des formules générales, dans le cas de trois équations du premier degré à trois inconnues, sont applicables à un nombre quelconque d'équations du premier degré contenant le même nombre d'inconnues. C'est ce que nous démontrerons plus tard.

156. *Lorsque le dénominateur commun* D *n'est pas nul, le système des trois équations proposées admet une solution unique et déterminée,* qui est représentée par les valeurs (1), (2), (3), du n° 154. On peut vérifier, en effet, que, tant que D n'est pas nul, ces valeurs transforment en identités les équations considérées.

157. *Lorsque le dénominateur commun* D *est nul, le système des trois équations proposées est impossible ou indéterminé.*

En effet, si l'on désigne par M, N, P les numérateurs des valeurs (1), (2), (3), on voit que le système donné est, en vertu de l'équation résultante employée (154), équivalent au système

$$Dx = M, \quad Dy = N, \quad Dz = P.$$

Si, en même temps que $D = 0$, un des numérateurs au moins est différent de zéro, l'équation correspondante est impossible, et il en est de même du système dont elle fait partie. L'une au moins des valeurs générales se présente alors sous la forme $\dfrac{m}{0}$.

Si, au contraire, tous les numérateurs sont nuls en même temps que $D = 0$, toutes les équations posées deviennent identiques, et le système qui leur a donné naissance est indéterminé. Les trois inconnues se présentent alors sous la forme $\dfrac{0}{0}$.

Les mêmes symboles conservent donc toujours, en général, la même signification.

158. Il y a cependant des cas d'exception, comme nous en avons déjà trouvé en discutant les formules de résolution de deux équations du premier degré à deux inconnues (153), avec cette différence que, au delà de deux équations, ces cas d'exception peuvent même avoir lieu sans qu'aucun des coefficients des équations données soit nul.

Admettons, par exemple, que les coefficients des trois inconnues, d'une équation à l'autre, soient proportionnels, sans que leur rapport commun soit égal à celui des seconds membres correspondants. On a alors à la fois

$$\frac{a}{a'} = \frac{b}{b'} = \frac{c}{c'} \gtrless \frac{d}{d'}, \quad \frac{a}{a''} = \frac{b}{b''} = \frac{c}{c''} \gtrless \frac{d}{d''},$$

et il en résulte évidemment

$$\frac{a'}{a''} = \frac{b'}{b''} = \frac{c'}{c''} \gtrless \frac{d'}{d''}.$$

Les valeurs (1), (2), (3) du n° 154 peuvent d'ailleurs s'écrire comme il suit :

$$x = \frac{d(b'c'' - c'b'') + d'(cb'' - bc'') + d''(bc' - cb')}{a(b'c'' - c'b'') + a'(cb'' - bc'') + a''(bc' - cb')},$$

$$y = \frac{d(c'a'' - a'c'') + d'(ac'' - ca'') + d''(ca' - ac')}{b(c'a'' - a'c'') + b'(ac'' - ca'') + b''(ca' - ac')},$$

$$z = \frac{d(a'b'' - b'a'') + d'(ba'' - ab'') + d''(ab' - ba')}{c(a'b'' - b'a'') + c'(ba'' - ab'') + c''(ab' - ba')}.$$

Si l'on tient compte des conditions précédentes, ces trois valeurs se présentent sous la forme $\frac{0}{0}$, tandis que les équations données sont, en réalité, incompatibles.

En effet, les neuf binômes qui entrent dans les formules ci-dessus sont nuls d'après les trois suites de rapports égaux supposés. De plus, si l'on représente par q et par q' les rapports $\frac{a}{a'}$ et $\frac{a}{a''}$, le système considéré est équivalent au système suivant, qu'on obtient en multipliant respectivement les deux dernières équations du système donné par q et par q' :

$$ax + by + cz = d,$$
$$ax + by + cz = qd',$$
$$ax + by + cz = q'd''.$$

Il faudrait donc, pour que les valeurs des inconnues fussent réellement indéterminées, qu'on eût $d = qd'$ ou $\frac{d}{d'} = \frac{a}{a'}$ et $d = q'd''$ ou $\frac{d}{d''} = \frac{a}{a''}$, ce qui est contre l'hypothèse.

Par suite, *le symbole $\frac{0}{0}$ correspond ici à l'incompatibilité des équations proposées.*

159. Nous ne discuterons donc pas les cas particuliers que les formules générales qu'on vient d'établir peuvent présenter. Dans chaque exemple spécial, l'examen des équations proposées permettra une interprétation directe. Nous nous bornerons, en terminant, à considérer le cas où les trois seconds membres sont égaux à zéro. Les équations sont alors

$$ax + by + cz = 0,$$
$$a'x + b'y + c'z = 0,$$
$$a''x + b''y + c''z = 0.$$

On déduit des deux premières

$$ax + by = -cz,$$
$$a'x + b'y = -c'z,$$

d'où, en regardant z comme une quantité connue,

$$x = \frac{(bc' - cb')z}{ab' - ba'},$$

$$y = \frac{(ca' - ac')z}{ab' - ba'}.$$

Si l'on substitue ces valeurs dans la troisième équation, elle devient

$$[a''(bc' - cb') + b''(ca' - ac') + c''(ab' - ba')]z = 0,$$

c'est-à-dire

$$(ab'c'' - ac'b'' + ca'b'' - ba'c'' + bc'a'' - cb'a'')z = 0.$$

Si le dénominateur commun D (155), coefficient de z dans l'équation obtenue, n'est pas nul, il faut que z soit égal à zéro, et il en est de même alors des valeurs de y et de x. Les formules générales conduisent au même résultat, puisque tous les termes de leurs numérateurs contiennent l'un des seconds membres d, d', d''.

Si le dénominateur commun D est nul, l'équation en z se présente sous la forme 0, $z = 0$, et la valeur de z est indéterminée : il en est de même alors des valeurs de y et de x. Les formules générales conduisent encore au même résultat.

Ce qu'il faut remarquer, c'est que, les valeurs des inconnues étant indéterminées, les rapports de deux d'entre elles à la troisième ne le sont pas. Les valeurs de x et de y, écrites précédemment, donnent en effet

$$\frac{x}{z} = \frac{bc' - cb'}{ab' - ab'} = -\frac{cb' - bc'}{ab' - ba'},$$

$$\frac{y}{z} = \frac{ca' - ac'}{ab' - ba'} = -\frac{ac' - ca'}{ab' - ba'}.$$

Ces rapports sont égaux aux valeurs de x et de y du n° **147**, changées de signe.

Les résultats qu'on vient d'obtenir sont analogues à ceux qu'on a trouvés dans le cas de deux équations à deux inconnues (**151**).

CHAPITRE V.

NOTIONS SUR LA THÉORIE DES DÉTERMINANTS.

Définitions préliminaires.

160. On entend par *permutations* de n quantités, représentées par les lettres

$$a_1, \ a_2, \ a_3, \dots, \ a_n,$$

les dispositions qu'on peut obtenir en plaçant ces quantités
ou en écrivant ces lettres à la suite les unes des autres de
toutes les manières possibles. Ces quantités ou ces lettres
constituent les *éléments* de la permutation.

On peut, dans une permutation quelconque, comparer
chaque lettre à toutes les lettres qui la suivent. On dit alors
qu'il y a *dérangement* ou *inversion* chaque fois que les indices des lettres comparées ne se présentent pas dans leur
ordre naturel de grandeur croissante, c'est-à-dire chaque fois
que le premier indice est plus grand que le second.

Par exemple, la permutation $a_2\, a_3\, a_1$ offre *deux inversions*,
l'une de a_2 à a_1, et l'autre de a_3 à a_1, tandis qu'elle n'en offre pas
de a_2 à a_3. De même, la permutation $a_1\, a_3\, a_2$ n'offre qu'*une
seule inversion*, de a_3 à a_2.

Les permutations qui contiennent un nombre *pair* d'inversions sont regardées comme *positives*, et elles sont de la première classe; les permutations qui contiennent un nombre
impair d'inversions sont regardées comme *négatives*, et elles
sont de la seconde classe. C'est, en réalité, donner à chaque
permutation le signe du produit formé par les différences
qu'on obtient en retranchant l'indice de chaque élément des
indices des éléments suivants; car, à chaque inversion, et seulement à chaque inversion, correspond alors une différence
négative.

161. Premier théorème fondamental. — *Lorsque, dans une permutation, on échange deux lettres ou deux éléments, la permutation change de signe ou de classe.*

Remarquons d'abord que, lorsqu'on échange deux éléments *consécutifs* d'une permutation, elle change nécessairement de signe.

En effet, si l'on échange deux éléments consécutifs tels que a_α et a_β, les indices des éléments qui précèdent et qui suivent les deux éléments considérés conservent la même relation de grandeur avec α et avec β. Le nombre des inversions ne peut donc être modifié que de a_α à a_β.

Or, si ces deux éléments présentent d'abord une inversion, ils n'en présentent plus après leur échange ou réciproquement. Le nombre total des inversions varie donc seulement d'une unité, c'est-à-dire de pair devient impair ou réciproquement, et la permutation change de signe (160).

Cela posé, admettons qu'on veuille echanger les deux éléments *quelconques* a_h et a_l, et désignons par n le nombre des éléments qu'ils comprennent entre eux.

On peut alors amener a_h immédiatement avant a_l par n échanges consécutifs, puis a_l à la place occupée précédemment par a_h par $(n+1)$ échanges consécutifs; car il en faut un de plus pour amener d'abord a_l avant a_h. On passe ainsi de la permutation donnée à la permutation voulue, en faisant subir successivement à la première $(2n+1)$ changements de signe; $(2n+1)$ étant un nombre impair, les deux permutations considérées sont, en définitive, de signes contraires.

162. La démonstration précédente prouve en même temps que *les permutations positives et négatives de n éléments sont toujours en même nombre.*

En effet, à la permutation qui contient a_h et a_l dans l'ordre $\ldots a_h \ldots a_l \ldots$, répond toujours une autre permutation qui contient les mêmes éléments dans l'ordre inverse $\ldots a_l \ldots a_h \ldots$, sans autre changement; et ces deux permutations sont de signes contraires, d'après le théorème qu'on vient d'établir.

163. Étant donnée une disposition quelconque, si l'on fait passer le premier élément au dernier rang, sans aucun autre changement, on soumet cette disposition à ce qu'on appelle une *permutation circulaire* (138).

Si la disposition donnée renferme n éléments, on peut produire la permutation circulaire à l'aide de $(n-1)$ échanges consécutifs. Par consé-

27.

quent, le signe de la disposition ne change alors que dans le cas où n est pair (161); en d'autres termes, la disposition primitive se trouve multipliée par $(-1)^{n-1}$.

Définition des déterminants.

164. Le dénominateur commun des formules générales de résolution d'un système d'équations du premier degré contenant le même nombre d'inconnues est ce qu'on appelle le *déterminant* de ce système d'équations. On le forme donc, dans le cas d'un système de deux ou de trois équations, comme nous l'avons expliqué (148, 155).

Si l'on a à opérer sur un système de quatre équations à quatre inconnues, voici comment on trouve le déterminant du système. On écrit les permutations (160) des quatre coeficients a, b, c, d des inconnues dans la première équation (on déduit ces permutations des six permutations des trois premiers coefficients a, b, c, en faisant passer dans chacune d'elles le quatrième coefficient d à toutes les places); on accentue, dans chaque permutation, la deuxième lettre d'un accent, la troisième lettre de deux accents, la quatrième lettre de trois accents; enfin on donne alternativement le signe $+$ et le signe $-$ aux vingt-quatre termes obtenus.

La même loi s'applique à la formation du déterminant d'un système de cinq équations à cinq inconnues, et ainsi de suite.

165. Il est, d'ailleurs, préférable de définir directement les déterminants, indépendamment des considérations précédentes.

Soit l'expression

$$\begin{vmatrix} a_1^1 & a_1^2 & a_1^3 \ldots & a_1^n \\ a_2^1 & a_2^2 & a_2^3 \ldots & a_2^n \\ a_3^1 & a_3^2 & a_3^3 \ldots & a_3^n \\ \ldots\ldots\ldots\ldots\ldots\ldots \\ a_n^1 & a_n^2 & a_n^3 \ldots & a_n^n \end{vmatrix},$$

qui représente le *déterminant du $n^{ième}$ ordre*. Elle est composée de n *lignes horizontales* ou de n *colonnes verticales*, c'est-à-dire de n^2 *éléments*. Chaque lettre est affectée de deux *indices*. L'indice *inférieur* marque la *ligne* où se trouve l'élément, l'indice *supérieur* indique la *colonne* à laquelle il appartient.

Multiplions entre eux les éléments qui constituent la diagonale du carré figuré par l'expression, en partant du sommet supérieur de gauche et en descendant jusqu'au sommet inférieur de droite. Nous obtiendrons le produit

$$a_1^1 \, a_2^2 \, a_3^3 \ldots a_n^n.$$

Si, dans ce produit, qui est le premier terme du déterminant ou son *terme principal*, nous laissons les indices *inférieurs* invariables, en permutant (160) les indices *supérieurs*, nous trouverons tous les autres termes du déterminant. Ces termes doivent être affectés du signe + ou du signe —, suivant que la permutation correspondante des indices supérieurs est de la première ou de la seconde classe, c'est-à-dire présente un nombre pair ou impair d'inversions (160).

Le déterminant du $n^{ième}$ ordre est donc la somme des produits qu'on obtient en associant successivement n quelconques des n^2 éléments donnés, de manière toutefois qu'un même produit ne contienne jamais deux éléments appartenant à la même ligne ou à la même colonne, et que son signe satisfasse à la définition qu'on vient de rappeler.

En résumé, on voit qu'on forme les différents termes du déterminant, en prenant un élément dans chaque ligne ou dans chaque colonne de toutes les manières possibles, et qu'on doit faire dépendre le signe d'un terme du nombre des inversions qui existent entre les indices supérieurs de ses éléments (160).

Il en résulte immédiatement que, parmi les différents termes d'un déterminant, on n'en peut jamais trouver deux qui soient égaux et de signes contraires, tant qu'aucune relation spéciale n'est imposée aux éléments considérés.

166. Le nombre des termes du déterminant du $n^{ième}$ ordre est, d'après la loi de formation indiquée, égal au nombre de permutations des n indices supérieurs ou de n quantités quelconques. Nous verrons plus tard que ce nombre est égal au produit $1.2.3\ldots n$ des n premiers nombres.

Ce déterminant renferme autant de termes positifs que de termes négatifs (162).

167. On indique, le plus souvent, un déterminant, en limitant par deux traits verticaux le système des éléments ou

bien en plaçant sous le signe Σ, avec un double signe, le terme principal (165). On a ainsi, pour le déterminant du deuxième ordre,

$$\begin{vmatrix} a_1^1 & a_1^2 \\ a_2^1 & a_2^2 \end{vmatrix} = \Sigma \pm a_1^1 a_2^2 = a_1^1 a_2^2 - a_1^2 a_2^1,$$

et, pour le déterminant du troisième ordre,

$$\begin{vmatrix} a_1^1 & a_1^2 & a_1^3 \\ a_2^1 & a_2^2 & a_2^3 \\ a_3^1 & a_3^2 & a_3^3 \end{vmatrix} = \Sigma \pm a_1^1 a_2^2 a_3^3$$

$$= a_1^1 a_2^2 a_3^3 - a_1^1 a_2^3 a_3^2 + a_1^2 a_2^3 a_3^1 - a_1^2 a_2^1 a_3^3 + a_1^3 a_2^1 a_3^2 - a_1^3 a_2^2 a_3^1.$$

168. Nous avons vu (165) comment on déduit un déterminant de son terme principal, en laissant les indices inférieurs, invariables, et en permutant les indices supérieurs.

Si l'on permute, au contraire, les indices inférieurs, en laissant les indices supérieurs invariables, *on trouve le même déterminant*.

En effet, dans le premier déterminant, les indices inférieurs, étant écrit dans l'ordre 1, 2, 3,..., n, ne présentent aucune inversion, de sorte que ces indices forment une permutation de la première classe (160). On peut donc dire que, dans ce premier déterminant, les termes sont positifs ou négatifs suivant que la permutation des indices inférieurs et celle des indices supérieurs sont ou non de la même classe.

Mais, pour passer au deuxième déterminant, où les indices supérieurs doivent conserver l'ordre 1, 2, 3,..., n, il suffit évidemment d'échanger convenablement les facteurs des termes du premier déterminant. Les termes des deux déterminants sont donc égaux comme composés des mêmes facteurs. Les signes des termes égaux sont d'ailleurs les mêmes; car les échanges successifs indiqués modifient à la fois la classe de permutation des indices inférieurs et celle des indices supérieurs (161). Par conséquent, les deux permutations des indices demeurent respectivement ce qu'elles étaient d'abord, de même classe ou de classe différente, de sorte que les termes comparés des deux déterminants conservent aussi le même signe.

C'est ce qu'on peut vérifier sur le déterminant du troisième ordre (167). On a, en adoptant la nouvelle disposition qu'on vient de définir,

$$\begin{vmatrix} a_1^1 & a_1^2 & a_1^3 \\ a_2^1 & a_2^2 & a_2^3 \\ a_3^1 & a_3^2 & a_3^3 \end{vmatrix} = \Sigma \pm a_1^1 a_2^2 a_3^3$$

$$= a_1^1 a_2^2 a_3^3 - a_1^1 a_3^2 a_2^3 + a_3^1 a_1^2 a_2^3 - a_2^1 a_1^2 a_3^3 + a_2^1 a_3^2 a_1^3 - a_3^1 a_2^2 a_1^3.$$

169. Au lieu de distinguer les deux indices de chaque lettre en indice inférieur et en indice supérieur, on peut les écrire horizontalement à côté l'un de l'autre, en les séparant par une virgule. Le terme principal du déterminant devient ainsi

$$a_{1,1} \ a_{2,2} \ a_{3,3} \ldots a_{n,n}.$$

Nous croyons la première notation préférable.

170. On peut aussi conserver les indices inférieurs, en changeant les lettres d'une colonne à l'autre du déterminant. L'indice correspond alors à la ligne, et la lettre à la colonne occupée par l'élément. On emploie très-souvent cette notation.

L'expression du déterminant du $n^{ième}$ ordre devient, dans ce cas,

$$\begin{vmatrix} a_1 & b_1 & c_1 & .. & l_1 \\ a_2 & b_2 & c_2 & ... & l_2 \\ a_3 & b_3 & c_3 & ... & l_3 \\ \cdots\cdots\cdots\cdots \\ a_n & b_n & c_n & ... & l_n \end{vmatrix},$$

et il a pour terme principal le produit

$$a_1 \ b_2 \ c_3 \ldots l_n.$$

On déduit, comme précédemment, tous les termes du déterminant de ce terme principal, en laissant les indices invariables et en permutant les lettres de toutes les manières possibles. L'ordre régulier des lettres est l'ordre a, b, c, ..., l. Il y a *inversion* quand cet ordre est modifié d'une lettre à une des lettres suivantes. Le terme considéré est *positif* ou *négatif* suivant qu'il présente un nombre *pair* ou *impair* d'inversions.

171. Il est bien entendu que, une fois le déterminant formé d'après les règles précédentes, on peut en écrire les différents termes dans tel ordre qu'on veut, ainsi que les facteurs de ces termes.

Il est important d'ajouter que les éléments du déterminant peuvent être représentés d'une manière tout à fait quelconque, c'est-à-dire indépendamment de toute notation régulière, sans que ces mêmes règles, qui se rapportent simplement aux rangs des lignes et des colonnes, soient modifiées.

172. Lorsqu'on supprime dans un déterminant plusieurs lignes et un même nombre de colonnes, le déterminant formé par les lignes et les colonnes conservées est un déterminant *mineur* du déterminant donné. L'ordre d'un déterminant mineur correspond au nombre des lignes supprimées.

Propriétés des déterminants.

173. I. *Un déterminant ne change pas quand on y substitue les lignes aux colonnes et les colonnes aux lignes.*

On a alors, en effet, à comparer les deux déterminants

$$
\begin{vmatrix} a_1 & b_1 & c_1 & \ldots & l_1 \\ a_2 & b_2 & c_2 & \ldots & l_2 \\ a_3 & b_3 & c_3 & \ldots & l_3 \\ \cdot & \cdot & & \ldots & \cdot \\ a_n & b_n & c_n & \ldots & l_n \end{vmatrix} \quad \text{et} \quad \begin{vmatrix} a_1 & a_2 & a_3 & \ldots & a_n \\ b_1 & b_2 & b_3 & \ldots & b_n \\ c_1 & c_2 & c_3 & \ldots & c_n \\ \cdot & \cdot & & \ldots & \cdot \\ l_1 & l_2 & l_3 & \ldots & l_n \end{vmatrix}.
$$

Or la diagonale du carré des éléments reste la même dans ces deux déterminants; ils ont donc même terme principal, et sont identiques d'après la loi de formation indiquée (165, 170).

Ce théorème se confond, en réalité, avec la proposition du n° 168; il montre que tout ce qui peut se dire des lignes s'applique aux colonnes, et inversement.

174. II. *Quand on échange, dans un déterminant, deux lignes ou deux colonnes, sa valeur est multipliée par — 1.*

En effet, cette modification revient à échanger, dans chaque terme du déterminant, deux indices ou deux lettres; par suite, la permutation représentée par chaque terme doit elle-même changer de classe ou de signe (161). Tous les termes du déterminant changeant de signe, il en est de même de sa valeur.

175. III. *Lorsqu'un déterminant présente deux lignes ou deux colonnes identiques, sa valeur est nulle.*

En effet, lorsqu'on échange les deux lignes ou les deux colonnes identiques, le déterminant reste identique à lui-même, bien que sa valeur D soit multipliée par — 1 (174). Cette valeur ne peut donc être que zéro; car, de $D = -D$, on déduit $2D = 0$ ou $D = 0$.

176. IV. SECOND THÉORÈME FONDAMENTAL. — *Tout déterminant est une fonction* [1] *linéaire et homogène des éléments d'une même ligne ou d'une même colonne, et, par suite, on peut toujours l'ordonner suivant les éléments de cette ligne ou de cette colonne.*

En effet, chaque terme du déterminant contenant par définition un élément de chaque ligne ou de chaque colonne, et un seul, ce déterminant est une fonction *linéaire* (c'est-à-dire du premier degré) des éléments d'une même ligne ou d'une même colonne, *choisie à volonté.* De plus, chaque terme étant du premier degré par rapport à l'élément de cette ligne ou de cette colonne qu'il renferme, le déterminant est lui-même une fonction homogène (9) de ces éléments.

Cela posé, en mettant en évidence, dans chaque terme, l'élément qui appartient à une ligne ou à une colonne désignée, on pourra ordonner le déterminant suivant les éléments de cette ligne ou de cette colonne. Par exemple, le déterminant du troisième ordre

$$\begin{vmatrix} a_1 & b_1 & c_1 \\ a_2 & b_2 & c_2 \\ a_3 & b_3 & c_3 \end{vmatrix}$$

peut s'écrire

$$A_1 a_1 + A_2 a_2 + A_3 a_3,$$

en choisissant comme *éléments ordonnateurs* ceux de la première colonne. Aucun des coefficients A_1, A_2, A_3 ne contient l'élément qui le multiplie. Il est facile de trouver la loi de formation de ces coefficients.

Prenons, pour plus de généralité, le déterminant du $n^{ième}$ ordre ordonné par rapport aux éléments de la première colonne. Il aura pour expression

$$A_1 a_1 + A_2 a_2 + A_3 a_3 + \ldots + A_n a_n.$$

[1] Lorsqu'une expression dépend de plusieurs quantités, on dit qu'elle est *fonction* de ces quantités.

Tous les termes du déterminant qui contiennent a_1, par exemple, ne peuvent contenir aucun autre élément de la première ligne ou de la première colonne dont a_1 fait partie. Dans ces différents termes, a_1 doit donc être multiplié par toutes les dispositions possibles de $(n-1)$ éléments choisis dans les autres lignes ou les autres colonnes. Or ces dispositions forment précisément le déterminant mineur du premier ordre (172), qu'on obtient en supprimant dans le déterminant considéré la première ligne et la première colonne; A_1 n'est donc autre chose que ce déterminant mineur.

En répétant ce raisonnement, on voit que les éléments ordonnateurs a_1, a_2, a_3,..., a_n ont pour coefficients A_1, A_2, A_3,..., A_n, les déterminants mineurs du premier ordre qu'on déduit du déterminant proposé, en y supprimant successivement la ligne et la colonne qui se coupent sur l'élément ordonnateur considéré.

La nouvelle forme qu'on peut ainsi donner à un déterminant conduit à des conséquences importantes. Nous allons en indiquer quelques-unes.

177. Écrivons les n valeurs du déterminant D, en l'ordonnant suivant les éléments des différentes *colonnes*. Nous aurons

$$D = A_1 a_1 + A_2 a_2 + A_3 a_3 + \ldots + A_n a_n,$$
$$D = B_1 b_1 + B_2 b_2 + B_3 b_3 + \ldots + B_n b_n,$$
$$\cdots\cdots\cdots\cdots\cdots\cdots\cdots\cdots\cdots,$$
$$D = L_1 l_1 + L_2 l_2 + L_3 l_3 + \ldots + L_n l_n.$$

Les n colonnes verticales formées par les seconds membres de ces équations sont à leur tour les valeurs du déterminant D, ordonné suivant les éléments des différentes *lignes;* ces valeurs sont donc

$$D = A_1 a_1 + B_1 b_1 + C_1 c_1 + \ldots + L_1 l_1,$$
$$D = A_2 a_2 + B_2 b_2 + C_2 c_2 + \ldots + L_2 l_2,$$
$$\cdots\cdots\cdots\cdots\cdots\cdots\cdots\cdots\cdots,$$
$$D = A_n a_n + B_n b_n + C_n c_n + \ldots + L_n l_n.$$

178. V. *Si, dans un déterminant, tous les éléments d'une même ligne ou d'une même colonne sont nuls, à l'exception d'un seul, le déterminant proposé est égal au produit de cet élément par le déterminant mineur qu'on obtient en supprimant la ligne et la colonne qui se croisent sur ledit élément.*

Soit le déterminant (165)

$$\begin{vmatrix} a_1^1 & a_1^2 & a_1^3 \ldots & a_1^\beta \ldots & a_1^n \\ a_2^1 & a_2^2 & a_2^3 \ldots & a_2^\beta \ldots & a_2^n \\ \cdots\cdots\cdots\cdots\cdots\cdots \\ a_\alpha^1 & a_\alpha^2 & a_\alpha^3 \ldots & a_\alpha^\beta \ldots & a_\alpha^n \\ \cdots\cdots\cdots\cdots\cdots\cdots \\ a_n^1 & a_n^2 & a_n^3 \ldots & a_n^\beta \ldots & a_n^n \end{vmatrix}$$

Supposons que, dans ce déterminant, tous les éléments de la ligne α soient nuls, excepté celui de la colonne β. Si l'on veut alors l'ordonner suivant les éléments de la ligne α, on a, pour sa valeur, une expression de la forme (176)

$$D = A_1 a_\alpha^1 + A_2 a_\alpha^2 + A_3 a_\alpha^3 + \ldots + A_\beta a_\alpha^\beta + \ldots + A_n a_\alpha^n.$$

Dans cette expression, A_1, A_2, A_3,..., A_β,..., A_n représentent les déterminants mineurs du premier ordre, qu'on obtient en supprimant successivement la ligne et la colonne qui se croisent sur les éléments a_α^1, a_α^2, a_α^3,..., a_α^β,..., a_α^n. Or, d'après l'hypothèse, la valeur du déterminant se réduit simplement à

$$D = A_\beta a_\alpha^\beta.$$

179. Il résulte immédiatement de là que, *lorsque tous les éléments d'une même ligne ou d'une même colonne sont nuls, le déterminant a une valeur nulle.*

On en conclut encore que, *lorsque dans un déterminant tous les éléments situés d'un même côté de la diagonale sont nuls, la valeur du déterminant se réduit à celle de son terme principal.*

Pour le voir, il suffit d'écrire successivement, d'après le théorème qu'on vient d'établir (**178**),

$$\begin{vmatrix} a_1 & b_1 & c_1 & . & . & . & l_1 \\ o & b_2 & c_2 & . & . & . & l_2 \\ o & o & c_3 & . & . & . & l_3 \\ \cdots & \cdots & \cdots & \cdots \\ o & o & o & o & o & o & l_n \end{vmatrix} = a_1 \begin{vmatrix} b_2 & c_2 & . & . & . & l_2 \\ o & c_3 & . & . & . & l_3 \\ \cdots\cdots\cdots\cdots \\ o & o & o & o & o & o & l_n \end{vmatrix}$$

$$= a_1 b_2 \begin{vmatrix} c_3 & . & . & . & l_3 \\ \cdots\cdots\cdots\cdots \\ o & o & o & o & l_n \end{vmatrix} = \ldots = a_1 b_2 c_3 \ldots l_n.$$

180. VI. *Lorsqu'on multiplie ou qu'on divise par un même nombre tous les éléments d'une même ligne ou d'une même* *colonne, la valeur du déterminant est multipliée ou divisée par ce nombre.*

En effet, si l'on multiplie ou si l'on divise tous les éléments de la ligne α du déterminant par un facteur k, la valeur D du déterminant, écrite au n° **178**, est elle-même multipliée ou divisée par k.

Ce théorème entraîne les conséquences suivantes :

On ne change pas la valeur d'un déterminant en supprimant ou en introduisant un facteur commun aux éléments d'une même ligne ou d'une même colonne, pourvu qu'on mette ce facteur en évidence comme multiplicateur ou diviseur du déterminant.

En particulier, *si l'on change les signes de tous les éléments d'une même ligne ou d'une même colonne, on change également le signe de la valeur du déterminant*, puisque le facteur introduit est alors égal à -1. Donc, pour rendre au déterminant sa valeur primitive, il faut alors le diviser ou le multiplier par -1.

Lorsqu'un déterminant comprend deux lignes ou deux colonnes proportionnelles (c'est-à-dire composées d'éléments respectivement proportionnels), *sa valeur est égale à zéro.*

En effet, si le rapport des éléments de la première ligne considérée aux éléments correspondants de la seconde ligne est égal à k, on peut multiplier cette seconde ligne par k, pourvu qu'on divise le déterminant par ce même facteur; mais alors la seconde ligne devient identique à la première, et le déterminant est nul (**175**).

181. VII. *Si les éléments d'une même ligne ou d'une même colonne sont des sommes d'un même nombre de quantités, le déterminant proposé est la somme d'autant de déterminants que l'un de ces éléments contient de termes. Ces déterminants se forment en associant respectivement les différents termes des éléments de la ligne ou de la colonne composée avec les éléments des autres lignes ou des autres colonnes simples.*

En se reportant encore au n° **176**, on démontre immédiatement ce théorème. On a, par exemple,

$$
\begin{vmatrix} a_1+k_1 & b_1 & c_1 \\ a_2+k_2 & b_2 & c_2 \\ a_3+k_3 & b_3 & c_3 \end{vmatrix} = \begin{vmatrix} a_1 & b_1 & c_1 \\ a_2 & b_2 & c_2 \\ a_3 & b_3 & c_3 \end{vmatrix} + \begin{vmatrix} k_1 & b_1 & c_1 \\ k_2 & b_2 & c_2 \\ k_3 & b_3 & c_3 \end{vmatrix}.
$$

Il résulte de là et de la remarque qui termine le n° **180** qu'*on ne change pas la valeur d'un déterminant en ajoutant* *aux éléments d'une même ligne ou d'une même colonne ceux d'autres lignes ou d'autres colonnes respectivement multipliés par des facteurs constants.*

On a, par exemple,

$$\begin{vmatrix} a_1 + mb_1 + pc_1 & b_1 & c_1 \\ a_2 + mb_2 + pc_2 & b_2 & c_2 \\ a_3 + mb_3 + pc_3 & b_3 & c_3 \end{vmatrix}$$

$$= \begin{vmatrix} a_1 & b_1 & c_1 \\ a_2 & b_2 & c_2 \\ a_3 & b_3 & c_3 \end{vmatrix} + \begin{vmatrix} mb_1 & b_1 & c_1 \\ mb_2 & b_2 & c_2 \\ mb_3 & b_3 & c_3 \end{vmatrix} + \begin{vmatrix} pc_1 & b_1 & c_1 \\ pc_2 & b_2 & c_2 \\ pc_3 & b_3 & c_3 \end{vmatrix}.$$

Les deux derniers déterminants présentant deux colonnes proportionnelles ont des valeurs nulles (180), et l'énoncé ci-dessus est justifié. Cet énoncé s'étend évidemment au cas où l'on modifie de la même manière plusieurs lignes ou plusieurs colonnes du déterminant, et à celui où les coefficients constants m et p sont égaux à ± 1.

Loi de formation d'un déterminant.

182. Soit le déterminant

$$\begin{vmatrix} a_1 & b_1 & c_1 & \ldots & l_1 \\ a_2 & b_2 & c_2 & \ldots & l_2 \\ \cdots & \cdots & \cdots & \cdots & \cdots \\ a_\alpha & b_\alpha & c_\alpha & \ldots & l_\alpha \\ \cdots & \cdots & \cdots & \cdots & \cdots \\ a_n & b_n & c_n & \ldots & l_n \end{vmatrix}$$

Proposons-nous de l'écrire, en l'ordonnant effectivement suivant les éléments d'une même ligne ou d'une même colonne. Si nous choisissons, par exemple, la ligne α, et si nous désignons par Δ la valeur du déterminant, nous aurons

(1) $\qquad \Delta = A_\alpha a_\alpha + B_\alpha b_\alpha + C_\alpha c_\alpha + \ldots + L_\alpha l_\alpha.$

Dans cette expression, les coefficients A_α, B_α, C_α, ... sont les déterminants mineurs du premier ordre qui correspondent successivement à la suppression de la première, de la deuxième, de la troisième colonne, etc., combinée avec celle de la ligne considérée de rang α (176).

Pour former ces déterminants mineurs, il est commode d'opérer comme il suit.

Si l'on fait monter la ligne α au premier rang, en la permutant successivement avec les lignes précédentes, on change chaque fois le signe du déterminant (174), de sorte que, pour lui conserver son véritable signe, il faut aussi chaque fois le multiplier par -1. Le nombre des échanges effectués étant $(\alpha - 1)$, le facteur multiplicateur sera donc finalement $(-1)^{\alpha-1}$. On peut d'ailleurs le remplacer par le facteur $(-1)^{\alpha+1}$, puisque $(-1)^2 = 1$. Ainsi l'on peut écrire

$$\Delta = (-1)^{\alpha+1} \begin{vmatrix} a_\alpha & b_\alpha & c_\alpha & \ldots & l_\alpha \\ a_1 & b_1 & c_1 & \ldots & l_1 \\ a_2 & b_2 & c_2 & \ldots & l_2 \\ a_3 & b_3 & c_3 & \ldots & \\ a_{\alpha-1} & b_{\alpha-1} & c_{\alpha-1} & \ldots & l_{\alpha-1} \\ a_{\alpha+1} & b_{\alpha+1} & c_{\alpha+1} & \ldots & l_{\alpha+1} \\ \ldots & \ldots & \ldots & \ldots & \\ a_n & b_n & c_n & \ldots & l_n \end{vmatrix}.$$

Maintenant, si l'on suppose nuls tous les éléments de la ligne α (amenée en tête), à l'exception du premier, la valeur du déterminant se réduit, d'une part, à $A_\alpha a_\alpha$, d'après la formule (1), et d'autre part (178) à

$$\Delta = (-1)^{\alpha+1} \begin{vmatrix} a_\alpha & 0 & 0 & \ldots & 0 \\ a_1 & b_1 & c_1 & \ldots & l_1 \\ a_2 & b_2 & c_2 & \ldots & l_2 \\ \ldots & \ldots & \ldots & \ldots & \\ a_{\alpha-1} & b_{\alpha-1} & c_{\alpha-1} & \ldots & l_{\alpha-1} \\ a_{\alpha+1} & b_{\alpha+1} & c_{\alpha+1} & \ldots & l_{\alpha+1} \\ \ldots & \ldots & \ldots & \ldots & \\ a_n & b_n & c_n & \ldots & l_n \end{vmatrix} = (-1)^{\alpha+1} a_\alpha \begin{vmatrix} b_1 & c_1 & \ldots & l_1 \\ b_2 & c_2 & \ldots & l_2 \\ \ldots & \ldots & \ldots & \\ b_{\alpha-1} & c_{\alpha-1} & \ldots & l_{\alpha-1} \\ b_{\alpha+1} & c_{\alpha+1} & \ldots & l_{\alpha+1} \\ \ldots & \ldots & \ldots & \\ b_n & c_n & \ldots & l_n \end{vmatrix}.$$

En comparant ces deux valeurs de Δ, on a donc

$$A_\alpha = (-1)^{\alpha+1} \begin{vmatrix} b_1 & c_1 & \ldots & l_1 \\ b_2 & c_2 & \ldots & l_2 \\ \ldots & \ldots & \ldots & \\ b_{\alpha-1} & c_{\alpha-1} & \ldots & l_{\alpha-1} \\ b_{\alpha+1} & c_{\alpha+1} & \ldots & l_{\alpha+1} \\ \ldots & \ldots & \ldots & \\ b_n & c_n & \ldots & l_n \end{vmatrix}.$$

On trouve B_α d'une manière identique, en remarquant seulement que, pour faire passer à la fois au premier rang la ligne α et l'élément b_α, il faut une permutation de plus entre la seconde et la première colonne; il faut donc aussi faire croître d'une unité l'exposant du facteur multiplicateur. On a par conséquent

$$B_\alpha = (-1)^{\alpha+2} \begin{vmatrix} a_1 & c_1 & \dots & l_1 \\ a_2 & c_2 & \dots & l_2 \\ \dots\dots\dots\dots\dots\dots \\ a_{\alpha-1} & c_{\alpha-1} & \dots & l_{\alpha-1} \\ a_{\alpha+1} & c_{\alpha+1} & \dots & l_{\alpha+1} \\ \dots\dots\dots\dots\dots\dots \\ a_n & c_n & \dots & l_n \end{vmatrix}.$$

On forme de même l'expression de C_α, en faisant croître encore d'une unité l'exposant du facteur multiplicateur, puisqu'on doit opérer une permutation de plus, de la troisième à la première colonne. La loi est évidente. On voit que les coefficients obtenus sont alternativement positifs et négatifs, ou inversement, suivant le point de départ.

183. En appliquant l'algorithme qu'on vient de démontrer au déterminant du troisième ordre, ordonné suivant les éléments de la première ligne, on trouve, pour

$$\Delta = A_1 a_1 + B_1 b_1 + C_1 c_1,$$

en faisant $\alpha = 1$ dans les résultats du numéro précédent,

$$A_1 = (-1)^{1+1} \begin{vmatrix} b_2 & c_2 \\ b_3 & c_3 \end{vmatrix} = b_2 c_3 - c_2 b_3,$$

$$B_1 = (-1)^{1+2} \begin{vmatrix} a_2 & c_2 \\ a_3 & c_3 \end{vmatrix} = -(a_2 c_3 - c_2 a_3),$$

$$C_1 = (-1)^{1+3} \begin{vmatrix} a_2 & b_2 \\ a_3 & b_3 \end{vmatrix} = a_2 b_3 - b_2 a_3.$$

On a donc effectivement

$$\Delta = a_1(b_2 c_3 - c_2 b_3) - b_1(a_2 c_3 - c_2 a_3) + c_1(a_2 b_3 - b_2 a_3)$$
$$= a_1 b_2 c_3 - a_1 c_2 b_3 + c_1 a_2 b_3 - b_1 a_2 c_3 + b_1 c_2 a_3 - c_1 b_2 a_3.$$

Le déterminant du quatrième ordre, ordonné suivant les éléments de la première ligne, peut de même s'écrire immédiatement

$$\begin{vmatrix} a_1 & b_1 & c_1 & d_1 \\ a_2 & b_2 & c_2 & d_2 \\ a_3 & b_3 & c_3 & d_3 \\ a_4 & b_4 & c_4 & d_4 \end{vmatrix} = a_1 \begin{vmatrix} b_2 & c_2 & d_2 \\ b_3 & c_3 & d_3 \\ b_4 & c_4 & d_4 \end{vmatrix} - b_1 \begin{vmatrix} a_2 & c_2 & d_2 \\ a_3 & c_3 & d_3 \\ a_4 & c_4 & d_4 \end{vmatrix}$$

$$+ c_1 \begin{vmatrix} a_2 & b_2 & d_2 \\ a_3 & b_3 & d_3 \\ a_4 & b_4 & d_4 \end{vmatrix} - d_1 \begin{vmatrix} a_2 & b_2 & c_2 \\ a_3 & b_3 & c_3 \\ a_4 & b_4 & c_4 \end{vmatrix}.$$

Il ne reste plus qu'à effectuer, comme nous venons de le faire, les déterminants mineurs qui sont des déterminants du troisième ordre.

184. Voici encore deux autres exemples :

$$\begin{vmatrix} 1 & x & y \\ 1 & x' & y' \\ 1 & x'' & y'' \end{vmatrix} = 1 \begin{vmatrix} x' & y' \\ x'' & y'' \end{vmatrix} - 1 \begin{vmatrix} x & y \\ x'' & y'' \end{vmatrix} + 1 \begin{vmatrix} x & y \\ x' & y' \end{vmatrix}$$

$$= xy' - yx' + x'y'' - y'x'' + x''y - xy''.$$

Ce premier déterminant est ordonné suivant les éléments de la première colonne. Nous ordonnons le second suivant les éléments de la première ligne.

$$\begin{vmatrix} A & B'' & B' \\ B'' & A' & B \\ B' & B & A'' \end{vmatrix} = A \begin{vmatrix} A' & B \\ B & A'' \end{vmatrix} - B'' \begin{vmatrix} B'' & B \\ B' & A'' \end{vmatrix} + B' \begin{vmatrix} B'' & A' \\ B' & B \end{vmatrix}$$

$$= A(A'A'' - B^2) - B''(B''A'' - BB')$$
$$+ B'(B''B - A'B')$$
$$= A A'A'' + 2 BB'B'' - AB^2 - A'B'^2 - A''B''^2.$$

Le déterminant qu'on vient d'effectuer, et qui joue un rôle important dans la théorie des surfaces du second degré, est un déterminant *symétrique*. On appelle ainsi tout déterminant dans lequel les éléments *conjugués*, c'est-à-dire placés symétriquement de part et d'autre de la diagonale, sont égaux.

185. L'emploi du déterminant du troisième ordre étant très-fréquent, nous indiquerons encore, pour le former, la règle suivante due à SARRUS.

Écrivons le déterminant, en répétant au-dessous ses deux

premières lignes; nous aurons

$$
\begin{array}{ccc}
a_1 & b_1 & c_1 \\
a_2 & b_2 & c_2 \\
a_3 & b_3 & c_3 \\
a_1 & b_1 & c_1 \\
a_2 & b_2 & c_2
\end{array}
$$

Les termes *positifs* du déterminant ($a_1 b_2 c_3$, $a_2 b_3 c_1$, $a_3 b_1 c_2$) sont alors donnés par les diagonales complètes qui *descendent* de gauche à droite, et les termes *négatifs* ($a_2 b_1 c_3$, $a_1 b_3 c_2$, $a_3 b_2 c_1$), par les diagonales complètes qui *montent* de gauche à droite.

Résolution générale des équations du premier degré.

186. La théorie des déterminants permet d'obtenir très-simplement les formules générales de résolution de n équations du premier degré à n inconnues. Soient ces équations

$$
(1) \quad
\left\{
\begin{array}{l}
a_1 x + b_1 y + c_1 z + \ldots + l_1 t = p_1, \\
a_2 x + b_2 y + c_2 z + \ldots + l_2 t = p_2, \\
\cdots\cdots\cdots\cdots\cdots\cdots\cdots\cdots\cdots, \\
a_n x + b_n y + c_n z + \ldots + l_n t = p_n.
\end{array}
\right.
$$

Désignons par Δ le déterminant formé par les n^2 coefficients des n inconnues. On peut l'ordonner suivant les éléments des différentes colonnes (**177**), et l'écrire sous les n formes suivantes :

$$
\begin{aligned}
\Delta &= A_1 a_1 + A_2 a_2 + A_3 a_3 + \ldots + A_n a_n, \\
\Delta &= B_1 b_1 + B_2 b_2 + B_3 b_3 + \ldots + B_n b_n, \\
&\cdots\cdots\cdots\cdots\cdots\cdots\cdots\cdots\cdots, \\
\Delta &= L_1 l_1 + L_2 l_2 + L_3 l_3 + \ldots + L_n l_n.
\end{aligned}
$$

Si l'on remplace maintenant successivement, dans la première valeur de Δ, la lettre a par les $(n-1)$ autres lettres b, $c, \ldots, l$, sans toucher aux indices, on obtient les $n-1$ équations

$$
(2) \quad
\left\{
\begin{array}{l}
A_1 b_1 + A_2 b_2 + A_3 b_3 + \ldots + A_n b_n = 0, \\
A_1 c_1 + A_2 c_2 + A_3 c_3 + \ldots + A_n c_n = 0, \\
\cdots\cdots\cdots\cdots\cdots\cdots\cdots\cdots\cdots, \\
A_1 l_1 + A_2 l_2 + A_3 l_3 + \ldots + A_n l_n = 0.
\end{array}
\right.
$$

En effet, lorsqu'un déterminant présente deux colonnes identiques, sa valeur est nulle (175).

Cela posé, multiplions respectivement les n équations (1) par les coefficients $A_1, A_2, A_3, \ldots, A_n$, et ajoutons-les ensuite membre à membre. Les coefficients des $(n-1)$ inconnues y, $z, \ldots, t$ deviennent alors précisément les premiers membres des équations (2), de sorte que l'équation résultante se réduit à

$$(A_1 a_1 + A_2 a_2 + A_3 a_3 + \ldots + A_n a_n)\, x$$
$$= A_1 p_1 + A_2 p_2 + A_3 p_3 + \ldots + A_n p_n,$$

d'où

$$x = \frac{A_1 p_1 + A_2 p_2 + A_3 p_3 + \ldots + A_n p_n}{A_1 a_1 + A_2 a_2 + A_3 a_3 + \ldots + A_n a_n},$$

c'est-à-dire, en mettant les deux termes de cette valeur sous forme de déterminant,

$$x = \begin{vmatrix} p_1 & b_1 & c_1 & \ldots & l_1 \\ p_2 & b_2 & c_2 & \ldots & l_2 \\ \cdots\cdots\cdots\cdots\cdots \\ p_n & b_n & c_n & \ldots & l_n \end{vmatrix} : \begin{vmatrix} a_1 & b_1 & c_1 & \ldots & l_1 \\ a_2 & b_2 & c_2 & \ldots & l_2 \\ \cdots\cdots\cdots\cdots\cdots \\ a_n & b_n & c_n & \ldots & l_n \end{vmatrix}.$$

On trouve de la même manière les valeurs des autres inconnues. On a, par exemple,

$$y = \frac{B_1 p_1 + B_2 p_2 + B_3 p_3 + \ldots + B_n p_n}{B_1 b_1 + B_2 b_2 + B_3 b_3 + \ldots + B_n b_n}.$$

On voit que *le dénominateur commun des formules générales* ainsi obtenues *est le déterminant* Δ *des coefficients des inconnues*, et que, *pour avoir le numérateur de chaque formule, il faut remplacer dans le dénominateur commun, sans toucher aux indices, le coefficient de l'inconnue qu'on cherche par le terme indépendant p.*

L'énoncé précédent constitue les *Règles de* Cramer, déjà vérifiées dans le cas d'un système de deux ou trois équations (148, 155). Ce géomètre peut être regardé comme le second inventeur des déterminants (1750); le premier est Leibnitz (1693).

Pour que la démonstration que nous venons de donner soit admissible, il faut que les déterminants mineurs (176) $A_1, A_2, A_3, \ldots, A_n$, par lesquels nous avons respectivement multiplié les équations proposées, ne soient pas tous nuls (100).

187. *Tant que le déterminant* Δ *n'est pas nul, les valeurs fournies par les formules générales donnent, pour le système proposé, une solution unique et déterminée.*

Si l'on substitue, en effet, ces valeurs à la place des inconnues, en chassant le dénominateur commun Δ, la première des équations (1) [186] devient

$$a_1(A_1 p_1 + A_2 p_2 + \ldots + A_n p_n) + b_1(B_1 p_1 + B_2 p_2 + \ldots + B_n p_n) + \ldots$$
$$+ l_1(L_1 p_1 + L_2 p_2 + \ldots + L_n p_n) = \Delta p_1.$$

Si l'on ordonne alors le premier membre de cette équation par rapport aux termes indépendants $p_1, p_2, \ldots, p_n$, on remarque que le coefficient de p_1 est le déterminant Δ, ordonné suivant les éléments $a_1, b_1, \ldots, l_1$ de la première *ligne* (177). Le coefficient de p_2 est ce même déterminant, ordonné suivant les éléments de la seconde ligne remplacés ensuite par ceux de la première ligne. Le coefficient de p_2 est donc égal à o (175). Les coefficients de $p_3, \ldots, p_n$ sont nuls pour la même raison. Le premier membre de l'équation considérée se réduit ainsi à Δp_1, de sorte que cette première équation est bien vérifiée par les valeurs des inconnues.

On peut répéter le même raisonnement pour les (n — 1) autres équations.

188. *Lorsque le déterminant* Δ *est nul, le système proposé est impossible ou indéterminé.*

En effet, si l'on remplace la première des équations données (186), dont les deux membres ont été multipliés par A_1, par l'équation résultante (186)

$$(r) \qquad \Delta x = A_1 p_1 + A_2 p_2 + A_3 p_3 + \ldots + A_n p_n,$$

on forme un système *équivalent* au système proposé (122).

Or, si le second membre de l'équation (r) est différent de zéro, cette équation, d'après l'hypothèse Δ = o, est *impossible*, ainsi que le système dont elle fait partie. Il en est donc de même du système proposé.

Si, au contraire, le second membre de l'équation (r) est nul, cette équation devient une identité, et le second système, équivalent au premier, se réduit à un système de (n — 1) équations à n inconnues. Le système donné est donc *indéterminé* (145).

189. *Quand les seconds membres des équations données sont nuls, sauf un seul,* p_k *par exemple, les valeurs des inconnues sont respectivement proportionnelles aux déterminants mineurs de même indice,* $A_k, B_k, C_k, \ldots$
On a, en effet (186),

$$x = \frac{A_k p_k}{\Delta}, \quad y = \frac{B_k p_k}{\Delta}, \quad z = \frac{C_k p_k}{\Delta}, \ldots$$

190. D'après cela, *si les seconds membres des équations données sont* *tous nuls, et si le déterminant* Δ *n'est pas nul, les valeurs des inconnues sont toutes égales à zéro; mais, si* Δ *est nul, les valeurs des inconnues sont indéterminées* (188).

Ce qu'il y a de remarquable dans ce dernier cas, c'est que *les rapports des inconnues sont, au contraire, déterminés.*

En effet, si l'on prend, par exemple, pour nouvelles inconnues, les rapports $\frac{x}{t}$, $\frac{y}{t}$, $\frac{z}{t}$, $\cdots$, et si l'on divise par t les deux membres des $(n-1)$ premières équations données (186), on a $(n-1)$ équations pour $(n-1)$ inconnues, de sorte que chacun des rapports considérés admet, en général, une valeur unique et déterminée.

Pour qu'il en soit ainsi, il faut que la $n^{\text{ième}}$ équation donnée, ramenée à la forme

$$(c) \qquad a_n \frac{x}{t} + b_n \frac{y}{t} + c_n \frac{z}{t} + \ldots + l_n = 0,$$

soit satisfaite d'elle-même par les valeurs obtenues pour les rapports $\frac{x}{t}$, $\frac{y}{t}$, $\frac{z}{t}$, $\cdots$. Cette équation (c) est donc une équation de condition (146).

Mais on doit parvenir au même résultat, *sauf la division par* t, en remplaçant dans la $n^{\text{ième}}$ équation *non modifiée* les $(n-1)$ inconnues x, y, z,..., par leurs valeurs déduites des $(n-1)$ premières équations, quand on y regarde t comme connu. On trouve alors $\Delta t = 0$ (186), puisque tous les seconds membres des équations proposées sont nuls. L'équation de condition (c) se réduit donc, en réalité, à

$$\Delta = 0.$$

Par conséquent, *dans le cas où tous les seconds membres des équations données sont nuls, c'est-à-dire lorsqu'il s'agit d'un système d'équations homogènes* (9), *les rapports des inconnues sont ou non déterminés, suivant que le déterminant* Δ *est ou non égal à zéro.* C'est la première hypothèse qu'on suppose ici remplie.

191. On peut demander les valeurs des rapports $\frac{x}{t}$, $\frac{y}{t}$, $\frac{z}{t}$, $\cdots$. Les $(n-1)$ équations qui déterminent ces rapports sont (190)

$$(R) \qquad \begin{cases} a_1 \dfrac{x}{t} + b_1 \dfrac{y}{t} + c_1 \dfrac{z}{t} + \ldots + l_1 = 0, \\[2mm] a_2 \dfrac{x}{t} + b_2 \dfrac{y}{t} + c_2 \dfrac{z}{t} + \ldots + l_2 = 0, \\[2mm] \cdots\cdots\cdots\cdots\cdots\cdots\cdots\cdots\cdots\cdots ; \\[2mm] a_{n-1} \dfrac{x}{t} + b_{n-1} \dfrac{y}{t} + c_{n-1} \dfrac{z}{t} + \ldots + l_{n-1} = 0. \end{cases}$$

Le déterminant Δ tant nul, on a, en l'ordonnant par rapport aux éléments de la ligne de rang k (177, 186),

$$A_k\, a_k + B_k\, b_k + C_k\, c_k + \ldots + L_k\, l_k = 0.$$

On a aussi (175), en remplaçant successivement ces mêmes éléments par ceux de la première, de la deuxième,..., de la $(k-1)^{\text{ième}}$, de la $(k+1)^{\text{ième}}$,..., de la $(n-1)^{\text{ième}}$ ligne,

$$A_k\, a_1 + B_k\, b_1 + C_k\, c_1 + \ldots + L_k\, l_1 = 0,$$
$$A_k\, a_2 + B_k\, b_2 + C_k\, c_2 + \ldots + L_k\, l_2 = 0,$$
$$\ldots\ldots\ldots\ldots\ldots\ldots\ldots\ldots\ldots,$$
$$A_k\, a_{n-1} + B_k\, b_{n-1} + C_k\, c_{n-1} + \ldots + L_k\, l_{n-1} = 0.$$

Les $(n-1)$ équations qu'on vient d'écrire ne diffèrent évidemment des équations (R) que par la substitution des rapports $\dfrac{A_k}{L_k}$, $\dfrac{B_k}{L_k}$, $\dfrac{C_k}{L_k}$,..., aux rapports $\dfrac{x}{t}$, $\dfrac{y}{t}$, $\dfrac{z}{t}$,..., k pouvant prendre, dans les premiers, toutes les valeurs entières depuis 1 jusqu'à n. On a donc, finalement,

$$\frac{x}{t} = \frac{A_k}{L_k}, \quad \frac{y}{t} = \frac{B_k}{L_k}, \quad \frac{z}{t} = \frac{C_k}{L_k}, \ldots.$$

En particulier, si le déterminant du troisième ordre est nul, on a (183)

$$\frac{x}{z} = \frac{A_1}{C_1} = \frac{A_2}{C_2} = \frac{A_3}{C_3} = \frac{b_1 c_2 - c_1 b_2}{a_1 b_2 - b_1 a_2} = \frac{b_1 c_3 - c_1 b_3}{a_1 b_3 - b_1 a_3} = \frac{b_2 c_3 - c_2 b_3}{a_2 b_3 - b_2 a_3};$$

$$\frac{y}{z} = \frac{B_1}{C_1} = \frac{B_2}{C_2} = \frac{B_3}{C_3} = \frac{c_1 a_2 - a_1 c_2}{a_1 b_2 - b_1 a_2} = \frac{c_1 a_3 - a_1 c_3}{a_1 b_3 - b_1 a_3} = \frac{c_2 a_3 - a_2 c_3}{a_2 b_3 - b_2 a_3}.$$

192. Il résulte immédiatement de ce qui précède que, *lorsqu'un déterminant est nul, les déterminants mineurs du premier ordre, qui correspondent à deux lignes d'éléments parallèles, forment une série de grandeurs proportionnelles.*

193. THÉORÈME. — *Si l'on a $(n+1)$ équations du premier degré contenant n inconnues, le résultat de l'élimination de ces n inconnues s'obtient en égalant à zéro le déterminant du $(n+1)^{\text{ième}}$ ordre formé par les $(n+1)^2$ coefficients des équations données, y compris leurs termes indépendants.*

Ce théorème est une conséquence évidente de la proposition du n° 190, relative aux équations homogènes. Comme il a une très-grande importance, notamment en Géométrie analytique, ainsi que nous le verrons plus tard, nous allons le démontrer de nouveau directement.

Soient les $(n + 1)$ équations

$$(1) \begin{cases} a_1\,x + b_1\,y + c_1\,z + \ldots + l_1\,t = p_1, \\ a_2\,x + b_2\,y + c_2\,z + \ldots + l_2\,t = p_2, \\ \cdots\cdots\cdots\cdots\cdots\cdots\cdots\cdots\cdots\cdots \\ a_{n+1}\,x + b_{n+1}\,y + c_{n+1}\,z + \ldots + l_{n+1}\,t = p_{n+1}, \end{cases}$$

qui renferment les n inconnues $x, y, z, \ldots, t$.

Pour éliminer ces inconnues, on n'a qu'à déduire leurs valeurs des n premières équations et à substituer ces valeurs dans la $(n + 1)^{ième}$ équation.

Cela posé, introduisons dans le système une $(n + 1)^{ième}$ inconnue, que nous désignerons par u, en multipliant tous les seconds membres $p_1, p_2, p_3, \ldots, p_{n+1}$ par cette inconnue. Les équations données deviendront alors

$$a_1\,x + b_1\,y + c_1\,z + \ldots + l_1\,t - p_1\,u = 0,$$
$$a_2\,x + b_2\,y + c_2\,z + \ldots + l_2\,t - p_2\,u = 0,$$
$$\cdots\cdots\cdots\cdots\cdots\cdots\cdots\cdots\cdots\cdots\cdots$$
$$a_{n+1}\,x + b_{n+1}\,y + c_{n+1}\,z + \ldots + l_{n+1}\,t - p_{n+1}\,u = 0,$$

et elles représenteront un système de $(n + 1)$ équations à $(n + 1)$ inconnues, ayant leurs seconds membres tous égaux à zéro, c'est-à-dire un système d'équations homogènes.

Si l'on déduit alors les valeurs des n inconnues $x, y, z, \ldots, t$ des n premières équations, et si l'on substitue ces valeurs dans la dernière équation, on obtient pour équation résultante (186)

$$\Delta . u = 0.$$

Δ représente le déterminant de tous les coefficients des équations primitives, y compris leurs seconds membres $p_1, p_2, p_3, \ldots, p_{n+1}$, changés de signes.

Mais, pour revenir au système (1), il suffit de faire $u = 1$, et l'on trouve alors simplement, pour résultat de l'élimination des n inconnues $x, y, z, \ldots, t$, l'équation $\Delta = 0$, c'est-à-dire

$$\begin{vmatrix} a_1 & b_1 & c_1 & \ldots & l_1 & -p_1 \\ a_2 & b_2 & c_2 & \ldots & l_2 & -p_2 \\ \cdots & \cdots & \cdots & \cdots & \cdots & \cdots \\ a_{n+1} & b_{n+1} & c_{n+1} & \ldots & l_{n+1} & -p_{n+1} \end{vmatrix} = 0.$$

C'est ce qu'on appelle la *résultante* du système (1).

Calcul de la valeur d'un déterminant.

194. Pour calculer la valeur d'un déterminant, on peut employer la méthode générale indiquée au n° 182; mais on arrive souvent beaucoup plus rapidement au résultat en cherchant à ramener directement, à l'aide des théorèmes précédemment démontrés, le déterminant proposé à un déterminant mineur de plus en plus simple.

Supposons, par exemple, qu'on demande de trouver la valeur du déterminant numérique

$$\begin{vmatrix} 9 & 13 & 17 & 4 \\ 18 & 28 & 33 & 8 \\ 30 & 40 & 54 & 13 \\ 24 & 37 & 46 & 11 \end{vmatrix}.$$

Nous avons vu (173) qu'on ne changeait pas la valeur d'un déterminant en ajoutant aux éléments d'une même ligne ou d'une même colonne ceux d'autres lignes ou d'autres colonnes, respectivement multipliés par des quantités constantes. Nous pouvons donc retrancher des trois premières colonnes du déterminant proposé la dernière colonne, multipliée successivement par les facteurs 2, 3 et 4. Nous pouvons de même, dans le nouveau déterminant formé, soustraire de la dernière colonne la somme des trois premières. Nous aurons ainsi

$$\begin{vmatrix} 9 & 13 & 17 & 4 \\ 18 & 28 & 33 & 8 \\ 30 & 40 & 54 & 13 \\ 24 & 37 & 46 & 11 \end{vmatrix} = \begin{vmatrix} 1 & 1 & 1 & 4 \\ 2 & 4 & 1 & 8 \\ 4 & 1 & 2 & 13 \\ 2 & 4 & 2 & 11 \end{vmatrix} = \begin{vmatrix} 1 & 1 & 1 & 1 \\ 2 & 4 & 1 & 1 \\ 4 & 1 & 2 & 6 \\ 2 & 4 & 2 & 3 \end{vmatrix}.$$

Nous sommes alors conduit à remplacer les trois dernières colonnes par les résultats qu'on obtient en retranchant de chacune d'elles la première colonne. On réduit de cette manière tous les éléments de la première ligne à zéro, sauf un seul; ce qui permet de passer immédiatement à u déterminant mineur (178) et d'écrire

$$\begin{vmatrix} 1 & 1 & 1 & 1 \\ 2 & 4 & 1 & 1 \\ 4 & 1 & 2 & 6 \\ 2 & 4 & 2 & 3 \end{vmatrix} = \begin{vmatrix} 1 & 0 & 0 & 0 \\ 2 & 2 & -1 & -1 \\ 4 & -3 & -2 & 2 \\ 2 & 2 & 0 & 1 \end{vmatrix} = \begin{vmatrix} 2 & -1 & -1 \\ -3 & -2 & 2 \\ 2 & 0 & 1 \end{vmatrix}.$$

Retranchons enfin de la première colonne de ce déterminant mineur deux fois la dernière. Les éléments de la dernière ligne seront réduits à zéro, sauf un seul, de sorte que nous parviendrons à un déterminant mineur du deuxième degré, immédiatement calculable. On a donc finalement

$$\begin{vmatrix} 2 & -1 & -1 \\ -3 & -2 & 2 \\ 2 & 0 & 1 \end{vmatrix} = \begin{vmatrix} 4 & -1 & -1 \\ -7 & -2 & 2 \\ 0 & 0 & 1 \end{vmatrix} = \begin{vmatrix} 4 & -1 \\ -7 & -2 \end{vmatrix} = -15.$$

195. On peut, dans d'autres cas, chercher à faire apparaître successivement les facteurs qui composent le déterminant. Nous empruntons l'exemple suivant aux *Leçons d'Algèbre supérieure* de G. Salmon.

Soit le déterminant du $n^{ième}$ ordre

$$\begin{vmatrix} 1 & 1 & 1 & 1 & \dots \\ \alpha & \beta & \gamma & \delta & \dots \\ \alpha^2 & \beta^2 & \gamma^2 & \delta^2 & \dots \\ \dots\dots\dots\dots\dots\dots \\ \alpha^{n-1} & \beta^{n-1} & \gamma^{n-1} & \delta^{n-1} & \dots \end{vmatrix}.$$

Si l'on suppose $\alpha = \beta$, les deux premières colonnes deviennent identiques, et le déterminant se réduit à zéro (175). Il en est de même si l'on fait $\alpha = \gamma$, $\alpha = \delta$,..., $\beta = \gamma$, $\beta = \delta$,..., $\gamma = \delta$,.... Par suite, le déterminant proposé admet les facteurs $(\alpha - \beta)$, $(\alpha - \gamma)$, $(\alpha - \delta)$,..., et contient le produit

$$(\alpha - \beta)(\alpha - \gamma)(\alpha - \delta)\dots(\beta - \gamma)(\beta - \delta)\dots(\gamma - \delta)\dots.$$

Il est d'ailleurs facile de voir que, sauf le signe qui peut être plus ou moins, ce produit représente la valeur même du déterminant. En effet, il renferme déjà les facteurs α^{n-1}, β^{n-1}, γ^{n-1}, δ^{n-1},..., et ces quantités ne peuvent se trouver à une puissance supérieure dans le déterminant; de plus, en comparant les coefficients des différents éléments, on s'assure que le déterminant considéré ne peut admettre aucun coefficient numérique.

196. Soit encore le déterminant

$$\begin{vmatrix} 1 & 1 & 1 & 1 \\ \alpha & \beta & \gamma & \delta \\ \alpha^2 & \beta^2 & \gamma^2 & \delta^2 \\ \alpha^3 & \beta^3 & \gamma^3 & \delta^3 \end{vmatrix}.$$

Si l'on retranche la dernière colonne de chacune des trois autres, il vient

$$\begin{vmatrix} 0 & 0 & 0 & 1 \\ \alpha - \delta & \beta - \delta & \gamma - \delta & \delta \\ \alpha^2 - \delta^2 & \beta^2 - \delta^2 & \gamma^2 - \delta^2 & \delta^2 \\ \alpha^3 - \delta^3 & \beta^3 - \delta^3 & \gamma^3 - \delta^3 & \delta^3 \end{vmatrix}.$$

Sous cette forme, on reconnaît que le déterminant équivaut à un déterminant mineur, qui admet comme facteurs $(\alpha - \delta)$, $(\beta - \delta)$, $(\gamma - \delta)$. Si l'on met ces facteurs de côté dans les trois colonnes du déterminant mineur, on obtient pour quotient

$$\begin{vmatrix} 1 & 1 & 1 \\ \alpha + \delta & \beta + \delta & \gamma + \delta \\ \alpha^2 + \alpha\delta + \delta^2 & \beta^2 + \beta\delta + \delta^2 & \gamma^2 + \gamma\delta + \delta^2 \end{vmatrix}.$$

Retranchons de nouveau la dernière colonne des deux premières; nous aurons

$$\begin{vmatrix} 0 & 0 & 1 \\ \alpha - \gamma & \beta - \gamma & \gamma + \delta \\ \alpha^2 - \gamma^2 + \delta(\alpha - \gamma) & \beta^2 - \gamma^2 + \delta(\beta - \gamma) & \gamma^2 + \gamma\delta + \delta^2 \end{vmatrix}.$$

Le déterminant mineur correspondant est divisible par les facteurs $(\alpha - \gamma)$ et $(\beta - \gamma)$. Si on les met de côté dans les deux colonnes de ce déterminant, on trouve pour dernier quotient

$$\begin{vmatrix} 1 & 1 \\ \alpha + \gamma + \delta & \beta + \gamma + \delta \end{vmatrix} = \beta - \alpha.$$

Par conséquent, le déterminant proposé est finalement égal au produit

$$- (\alpha - \beta)(\alpha - \gamma)(\alpha - \delta)(\beta - \gamma)(\beta - \delta)(\gamma - \delta).$$

CHAPITRE VI.

DISCUSSION DES PROBLÈMES. — INTERPRÉTATION DES SOLUTIONS NÉGATIVES.

Observations générales.

197. Il y a trois choses à considérer dans la résolution d'un problème d'Algèbre :

Sa mise en équations, la résolution des équations ainsi posées, la discussion des valeurs qu'elles fournissent.

La *mise en équations* n'est que la traduction algébrique des relations établies par l'énoncé entre les données et les inconnues du problème : il faut indiquer, sur les lettres qui représentent ces données et ces inconnues, les mêmes opérations qu'on aurait à faire pour vérifier numériquement les solutions obtenues.

Nous avons traité dans les Chapitres précédents de la *résolution* d'un système quelconque d'équations du premier degré, et nous n'avons pas à y revenir. Il nous reste donc seulement à parler de la *discussion*.

Discuter un problème, c'est étudier ses conditions de possibilité, et chercher quelles sont les valeurs des données qui correspondent à des valeurs remarquables ou singulières des inconnues. Nous allons préciser la nécessité d'une pareille discussion.

198. Les valeurs négatives fournies par la résolution des équations y satisfont toujours (114, 128); mais il y a lieu de distinguer entre les équations posées et le problème qui leur a donné naissance, parce que les résultats numériques obtenus à l'aide de ces équations peuvent n'avoir aucun sens par rapport aux grandeurs considérées dans le problème.

Ainsi, les valeurs positives elles-mêmes peuvent ne pas convenir à la question, si toutes les conditions du problème n'ont pas été introduites dans *la mise en équations*. Par exemple, il est impossible d'écrire que la valeur d'une inconnue doit être entière, précisément à cause de la généralité qui appartient aux symboles algébriques.

Les valeurs négatives peuvent être le signe d'une impossibilité absolue; mais elles sont souvent tout aussi admissibles que les valeurs positives, et, dans certains cas, elles seules répondent à la question.

Enfin, les valeurs des inconnues peuvent se présenter sous la forme de symboles généraux qui nécessitent une interprétation particulière (115, 116).

Il est donc indispensable de *discuter* les valeurs obtenues, quelles qu'elles soient, en les comparant à l'énoncé du problème. Cette discussion a de plus, comme nous le verrons, l'avantage de permettre de déduire d'un seul système de formules tous les cas particuliers d'une même question, en introduisant dans ces formules les hypothèses correspondantes.

Interprétation des solutions négatives.

199. Soit d'abord l'équation du premier degré à une inconnue

$$ax + b, = a'x + b'.$$

Supposons qu'on trouve en la résolvant $x = -k$. On a alors

$$a(-k) + b = a'(-k) + b'$$

ou

$$-ak + b = -a'k + b'.$$

Il en résulte que $x = k$ est racine de l'équation

$$-ax + b = -a'x + b',$$

qui ne diffère de l'équation proposée que par le changement de x en $-x$.

Par suite, *quand deux équations du premier degré à une inconnue ne diffèrent que par le signe de cette inconnue, elles admettent la même racine, sauf le signe.*

De même, si le système

$$ax + by + cz = d,$$
$$a'x + b'y + c'z = d',$$
$$a''x + b''y + c''z = d''$$

est satisfait par les valeurs $x = l$, $y = -m$, $z = -p$, on a

$$al - bm - cp = d,$$
$$a'l - b'm - c'p = d',$$
$$a''l - b''m - c''p = d'';$$

et il en résulte que $x = l$, $y = m$, $z = p$ sont racines du système

$$ax - by - cz = d,$$
$$a'x - b'y - c'z = d',$$
$$a''x - b''y - c''z = d'',$$

qui ne diffère du système donné que par le changement de y en $-y$ et de z en $-z$.

On peut donc énoncer ce théorème fondamental : *Toutes les fois que deux systèmes ne diffèrent que par le changement de signe d'une ou de plusieurs inconnues, leurs racines sont les mêmes en valeur absolue; seulement, les valeurs des inconnues qui ont changé de signes présentent aussi des signes différents.*

Mais l'équation ou le système d'équations, déduit de l'équation ou du système d'équations donné par de simples changements de signes, peut correspondre au problème proposé, entendu dans un sens plus général; et l'on voit par là que la possibilité de donner une interprétation rationnelle aux valeurs négatives trouvées dépend précisément de la comparaison de l'énoncé primitif avec le système modifié.

Nous allons montrer maintenant, par quelques exemples très-simples, dans quels cas les valeurs négatives s'interprètent ainsi d'une manière toute naturelle ou, pour mieux dire, évidente.

200. I. *Un mobile, partant d'un point donné, parcourt successivement sur une ligne donnée plusieurs longueurs données; on demande à quelle distance il se trouve finalement du point de départ.*

Supposons d'abord que le mobile parte du point O et qu'il marche, toujours en s'éloignant, à droite de ce point. Si l'on désigne par a, b, c, d les longueurs OA, AB, BC, CD, successivement parcourues dans le sens indiqué, et par x la distance cherchée, on a immédiatement (*fig.* 2)

$$x = a + b + c + d.$$

Si, au contraire, le mobile marche, tantôt dans un sens, tantôt
dans l'autre, s'il parcourt la
distance *a* en s'éloignant du
point O, puis la distance *b*
en s'en rapprochant, la distance *c* en s'en éloignant

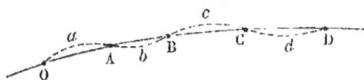

Fig. 2.

encore, et la distance *d* en revenant une seconde fois sur
ses pas, la formule est

$$x = a - b + c - d.$$

La valeur de *x* est encore *positive* si la dernière position D
du mobile se trouve tou-
jours à *droite* du point O
(*fig.* 3); mais cette valeur
est au contraire *négative* et
évidemment égale à — OD
si le point D est à *gauche*
du point O (*fig.* 4).

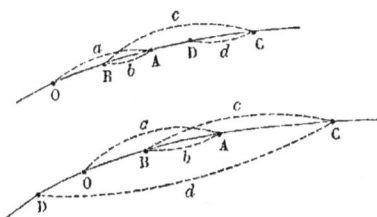

Fig. 3 et 4.

Ainsi, le point D étant à
droite de l'origine *choisie* O,
la valeur de l'inconnue *x* est

positive; le point D étant à *gauche* de l'origine *choisie*, la valeur de l'inconnue est *négative :* le changement de *signe* correspond au changement de *sens*.

La valeur négative s'introduit ici par le jeu même du calcul,
et alors elle a un sens tout aussi net que la valeur positive. On
demande de compter une distance à partir d'un point donné :
*c'est la position du point donné qui entraîne la possibilité
d'une valeur négative.* En effet, si, au lieu de prendre le point O
pour origine, *on choisissait* un point S assez éloigné vers la
gauche du point O pour que le mobile dans ses plus grands
écarts à gauche de ce point ne pût jamais dépasser la nouvelle
origine, on n'obtiendrait jamais de solution négative. Appelons
S la distance OS. Si l'on désigne toujours par *x* la distance
finale du mobile au point O et par X sa distance finale au point
S, on a, dans le premier cas considéré,

$$X = S + x = S + a + b + c + d = S + OD,$$

et, dans le dernier,

$$X = S + x = S + a - b + c - d = S - OD\,;$$

car, quand le mobile s'éloigne du point S, on doit ajouter la distance qu'il parcourt à la distance précédente, et quand il s'en rapproche, on doit la retrancher. La valeur de X est d'ailleurs toujours positive, puisque OD, par hypothèse, ne peut jamais égaler S lorsque le point D est situé à gauche du point O; la valeur de X est seulement plus grande ou plus petite que S, c'est-à-dire que la valeur de x est *additive* ou *soustractive*, suivant qu'elle est comptée à *droite* ou à *gauche* du point O. L'introduction d'une origine fictive S montre bien, dans ce cas, la dépendance qui existe entre le signe de l'inconnue et le sens dans lequel elle doit être comptée.

Nous dirons donc, d'une manière générale, que, *lorsqu'une longueur est susceptible d'être comptée sur une même ligne, à partir d'un même point fixe, dans deux sens nettement différents, le changement de sens est indiqué algébriquement par le changement de signe; de sorte que, si l'on regarde et si l'on écrit comme positives dans les équations les longueurs comptées dans un certain sens, d'ailleurs arbitraire, les résultats négatifs indiquent des longueurs comptées en sens contraire.*

Ainsi, le *zéro* du thermomètre étant pris pour point de départ des températures, $+ 25°$ signifient 25 degrés *au-dessus* de zéro, et $- 25°$ signifient 25 degrés *au-dessous* de zéro.

De même, l'*équateur terrestre* étant considéré comme point de départ des latitudes, $+ 40°$ de latitude signifient 40 degrés de latitude *Nord*, et $- 40°$ signifient 40 degrés de latitude *Sud*.

Si l'on applique ce qui précède, non-seulement aux inconnues, mais aussi aux quantités données, on peut réunir dans une seule formule les cas particuliers d'une même question; et les deux formules précédentes

$$x = a + b + c + d,$$
$$x = a - b + c - d$$

peuvent être remplacées par la formule unique

$$x = a + b + c + d,$$

pourvu qu'on convienne de regarder comme négatives les quantités données ou inconnues, lorsqu'elles sont comptées vers la gauche, par exemple, et comme positives celles qui sont comptées vers la droite.

201. II. *Mener à la base d'un triangle une parallèle qui soit comprise entre les deux autres côtés et dont la longueur soit donnée.*

Soient (*fig.* 5) a la base du triangle donné ABC, c la longueur du côté AB et l la longueur de la parallèle demandée.

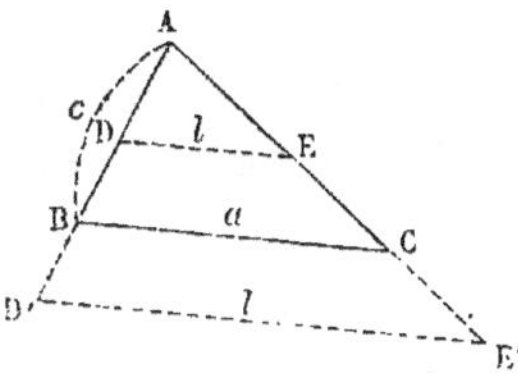

Supposons que cette parallèle soit DE, et prenons pour inconnue x la distance du point B au point D. Nous aurons immédiatement, d'après la Géométrie,

Fig. 5.

$$(1) \quad \frac{AD}{AB} = \frac{DE}{BC} \quad \text{ou} \quad \frac{c-x}{c} = \frac{l}{a},$$

d'où

$$ac - ax = cl \quad \text{et} \quad x = \frac{c(a-l)}{a}.$$

Si a est $> l$, la valeur de x est positive et moindre que c, et la parallèle demandée est placée comme la droite DE de la figure.

Si a est $< l$, la valeur de x est négative. Pour l'interpréter, changeons x en $-x$ dans l'équation (1). Il vient

$$(2) \qquad \frac{c+x}{c} = \frac{l}{a}.$$

Or l'équation (2) est précisément celle qu'on obtient en supposant la parallèle demandée placée, comme D'E', au-dessous de la base a. L'inconnue x a alors, d'après cette équation, la valeur positive

$$BD' = \frac{c(l-a)}{a}.$$

La valeur négative, donnée par l'équation (1), dans le cas de $a < l$, correspond donc simplement au changement de sens de l'inconnue, susceptible d'être comptée à partir du point fixe B, sur la droite BA, dans la direction BA ou dans la direction contraire, suivant l'hypothèse $l < a$ ou $l > a$.

Dans l'exemple que nous venons d'examiner, c'est bien

encore le *choix de l'origine* qui entraîne la possibilité d'une valeur négative pour l'inconnue. En effet, si nous prenions A pour origine, l'inconnue $x = $ AD ou AD′ serait toujours comptée dans le même sens, et l'on aurait pour équation du problème

$$(3) \qquad \frac{\text{AD ou AD}'}{\text{AB}} = \frac{\text{DE ou DE}'}{\text{BC}} \quad \text{ou} \quad \frac{x}{c} = \frac{l}{a},$$

c'est-à-dire

$$x = \frac{cl}{a}.$$

x aurait donc toujours une valeur positive, seulement moindre ou plus grande que c, suivant la condition

$$l < a \quad \text{ou} \quad l > a.$$

202. III. *On donne l'âge d'un père et celui de son fils : on demande à quelle époque le rapport des deux âges se trouve égal à m.*

Appelons a l'âge du père, b celui du fils, x le nombre d'années cherché. L'équation du problème est évidemment

$$\frac{a + x}{b + x} = m,$$

d'où

$$a + x = bm + mx \quad \text{et} \quad x = \frac{a - bm}{m - 1}.$$

Le dénominateur de la valeur de x est toujours positif, m étant toujours supérieur à 1; mais le numérateur de cette valeur est positif ou négatif et, par suite, la valeur de x est positive ou négative, suivant qu'on a $a > bm$ ou $a < bm$.

Si l'on a $a > bm$, on a aussi $\frac{a}{b} > m$. Or, $\frac{a}{b}$ étant une expression fractionnaire, c'est-à-dire une quantité plus grande que 1, si l'on *augmente* ses deux termes d'une même quantité x, elle diminue et, d'abord plus grande que m, peut devenir égale à m : la solution a lieu dans l'*avenir*, et x est *positif*.

Si l'on a, au contraire, $a < bm$, on en déduit $\frac{a}{b} < m$. Si l'on ajoute aux deux termes de l'expression fractionnaire $\frac{a}{b}$ une même quantité, cette expression diminue; actuellement plus petite que m, elle s'écarte de plus en plus de cette valeur à mesure qu'on marche vers l'avenir; mais, si l'on *retranche* une même quantité x aux deux termes de $\dfrac{a}{b}$, cette expression augmente et, d'abord plus petite que m, peut devenir égale à m. La solution correspond donc à un temps *passé*, et x est *négatif*.

Ainsi, l'époque demandée étant *postérieure* au moment présent, la valeur de x est *positive;* cette époque étant *antérieure* au moment présent, la valeur de x est *négative*.

La valeur négative s'introduit encore ici par le jeu même du calcul, et alors présente un sens tout aussi net que la valeur positive. On demande de compter les années à partir d'un instant donné : c'est le *choix* de cet instant qui entraîne la possibilité d'une valeur négative. En effet, si, au lieu de prendre pour origine des temps le moment présent, on *choisissait* une ère quelconque rejetée assez loin dans le passé, on ne trouverait jamais pour x de valeur négative. Si le nombre d'années qui sépare l'ère adoptée du moment présent est représenté par N et si X est le nombre d'années qui sépare cette ère de l'instant cherché, on a

$$ X = N \div x = N + \frac{a - bm}{m - 1}. $$

Si a est $> bm$, x est *positif*, on *s'éloigne* de l'ère choisie. Si a est $< bm$, x est *négatif*, on se *rapproche* de la nouvelle origine; mais la valeur de X reste toujours positive, puisque, par hypothèse, la valeur absolue de x ne peut jamais égaler N. X est seulement plus grand ou plus petit que N, c'est-à-dire que la valeur de x est additive ou soustractive, suivant qu'elle est comptée vers l'avenir ou vers le passé. L'introduction d'une origine fictive montre bien encore, dans ce cas, la dépendance qui existe entre le signe de l'inconnue et le sens dans lequel elle doit être comptée.

Ainsi, *lorsqu'il s'agit d'un temps susceptible d'être compté vers l'avenir ou vers le passé, à partir d'un moment donné, l'Algèbre indique encore l'opposition de sens par l'opposition de signe.*

203. De là une règle fondamentale extrêmement importante, sur laquelle Descartes a fondé sa Géométrie analytique. Lorsqu'on se trouve dans les conditions indiquées plus haut, le changement de signe correspond au changement de sens, et réciproquement. Cette règle ne peut être directement démontrée; mais elle se vérifie d'une manière constante dans toutes les branches des sciences mathématiques.

204. Si la quantité considérée n'est pas susceptible d'être comptée dans deux sens nettement différents, et si le signe + est affecté au seul sens rationnel, une solution négative correspond à une impossibilité absolue.

Soit, par exemple, le problème suivant : *Un chemin de fer prend a francs par tonne transportée et par kilomètre parcouru; on paye en outre par wagon de p kilogrammes un droit fixe de a' francs : à quelle distance peut-on transporter c tonnes pour A francs?*

Appelons x la distance cherchée. On doit payer d'abord, pour cette distance et pour les c tonnes transportées, une somme acx. De plus, le quotient de c par p indique le nombre de wagons nécessaires au transport, quotient qu'il faut multiplier par le droit fixe a'. On a donc l'équation

$$ac\,x + \frac{c}{p}\,a' = A.$$

On en déduit

$$x = \frac{A - \dfrac{c}{p}\,a'}{ac}.$$

Si A est inférieur à $\dfrac{c}{p}\,a'$, la valeur de x est négative et indique une impossibilité absolue, c'est-à-dire une absurdité dans l'énoncé. En effet, il s'agit d'une distance parcourue *commercialement*, et le *sens* de cette distance ne peut rien changer aux conditions fixées; le chemin de fer perçoit les mêmes droits, qu'il s'agisse d'un convoi *montant* ou *descendant*. Donner $A < \dfrac{c}{p}\,a'$, c'est donner, pour acquitter la somme due au chemin de fer, moins qu'il ne faut pour acquitter seulement le droit fixe qui correspond au nombre de wagons demandé : l'absurdité est manifeste.

205. Soit encore cette autre question : *Avec du vin à a francs le litre et du vin à b francs le litre, on veut former m litres d'un mélange coûtant c francs le litre.*

Si l'on désigne par x et y les nombres de litres de chaque espèce qu'on doit mélanger, les équations du problème sont immédiatement

$$ax + by = cm,$$
$$x + y = m,$$

d'où (148)

$$x = \frac{m(c - b)}{a - b} \quad \text{et} \quad y = \frac{m(a - c)}{a - b}.$$

Si l'on suppose alors $a > b$ et $c > a$, la valeur négative de y indique une impossibilité absolue et une absurdité dans les conditions du problème. En effet, le prix c du mélange qu'on veut obtenir doit être nécessairement renfermé entre les prix donnés a et b.

De l'infini comme solution.

206. Une valeur infinie est, en général, un signe d'impossibilité de satisfaire tant aux équations posées qu'au problème qui en dépend. Ainsi, dans le problème précédent, si l'on suppose $a = b$ et c différent de a, les valeurs de x et de y se présentent sous forme infinie et correspondent à une impossibilité absolue. En effet, puisque les vins à mélanger coûtent le même prix, leur mélange ne peut admettre un prix différent.

Cependant, il peut arriver que la solution infinie, sans convenir aux équations, soit une réponse très-nette et parfaitement admissible pour le problème à résoudre. C'est ce qui a souvent lieu en Géométrie, où l'état limite d'une grandeur, indiqué par le symbole ∞, peut correspondre à une construction particulière et déterminée.

Supposons, par exemple, qu'on veuille *mener une tangente commune extérieure à deux circonférences de rayons r et r'*.

Soient (*fig.* 6) O et O' les deux circonférences données, AA' une tangente commune à ces circonférences, qui vient couper la ligne des centres OO' au point C. Prenons pour inconnue x la distance OC.

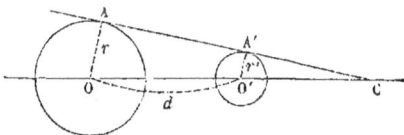

Fig. 6.

Si l'on mène les rayons OA et O'A' aux deux points de contact A et A', la Géométrie donne immédiatement

$$\frac{OC}{O'C} = \frac{OA}{O'A'} \quad \text{ou} \quad \frac{x}{x-d} = \frac{r}{r'},$$

c'est-à-dire

$$r'x = rx - rd \quad \text{et} \quad x = \frac{r}{r-r'}\,d.$$

Tant que r est $> r'$, la valeur de x est positive, et le point de rencontre C est à droite du point O.

Si r est $< r'$, la valeur de x est négative, et le point de rencontre de la tangente commune avec la ligne des centres est à gauche du point O (203).

Si l'on a enfin $r = r'$, on trouve $x = \infty$; mais, les deux cercles étant alors égaux, la tangente commune devient *parallèle* à la ligne des centres. La solution infinie indique donc seulement, dans ce cas, que le point de rencontre C, par exemple, s'éloigne de plus en plus à droite de OO' à mesure que r se rapproche de r' et que, à la limite, pour $r = r'$, ce point de rencontre se transporte à l'infini sur les deux droites OO' et AA', *devenues parallèles*.

De même, lorsqu'on cherche à déterminer un angle analytiquement et qu'on prend pour inconnue la tangente trigonométrique de cet angle, une valeur infinie trouvée pour l'inconnue indique simplement que l'angle demandé est *droit* (*voir* la *Trigonométrie*, t. II).

Des solutions indéterminées.

207. Lorsque les valeurs des inconnues d'un problème se présentent sous la forme $\frac{o}{o}$, l'indétermination indiquée par ces valeurs peut être *réelle* ou *apparente* (117). Si elle est réelle, les équations posées rentrent les unes dans les autres; si elle est apparente, on a oublié de supprimer des facteurs communs qui, s'annulant pour l'hypothèse adoptée, masquent des valeurs déterminées.

Reprenons le problème de mélange traité au n° 205. Les valeurs des inconnues ont pour expression

$$x = \frac{m(c-b)}{a-b}, \quad y = \frac{m(a-c)}{a-b}.$$

Si l'on suppose $a = b = c$, on trouve $x = \dfrac{0}{0}$ et $y = \dfrac{0}{0}$. L'indétermination est ici évidente. Puisque les vins à mélanger
ont le même prix, leur mélange peut être effectué dans toutes
les proportions possibles, et son prix reste égal au prix commun des vins mélangés. Quant aux équations du problème, si
l'on introduit dans ces équations l'hypothèse $a = b = c$, elles
se réduisent toutes deux à $x + y = m$, c'est-à-dire qu'elles
rentrent bien l'une dans l'autre.

208. Soit, au contraire, cet autre exemple : *Trouver l'aire
d'un trapèze (fig. 7), en le considé-
rant comme la différence de deux
triangles.*

Fig. 7.

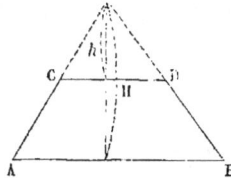

Soient B et b les bases du trapèze,
H et h les hauteurs des deux triangles
dont il est la différence. L'aire cherchée a pour expression

(1)
$$S = \frac{1}{2}(BH - bh),$$

et la Géométrie donne en outre, à cause du parallélisme des
bases du trapèze, l'équation de condition

$$\frac{B}{b} = \frac{H}{h}.$$

On en déduit

$$\frac{H}{H-h} = \frac{B}{B-b} \quad \text{et} \quad \frac{h}{H-h} = \frac{b}{B-b}.$$

On a donc

(2) $\quad H = \dfrac{B(H-h)}{B-b} \quad$ et $\quad$ (3) $\quad h = \dfrac{b(H-h)}{B-b}.$

En substituant ces valeurs dans l'équation (1), on trouve

$$S = \frac{1}{2}\frac{B^2 - b^2}{B-b}(H-h).$$

Si l'on suppose alors B $= b$, S se présente sous la forme $\dfrac{0}{0}$,
indétermination apparente due à la présence du facteur com-

mun $(B - b)$ aux deux termes de l'expression considérée. Si on le supprime avant toute hypothèse, on a ensuite, pour $B = b$,

$$S = B (H - h),$$

résultat évident, puisque le trapèze devient alors un parallélogramme dont la hauteur est, comme celle du trapèze, $H - h$.

Remarquons à ce sujet que, pour $B = b$, les équations (2) et (3) donnent

$$H = h = \infty ;$$

ce qui doit être, puisque, à mesure que b tend à devenir égal à B, le côté AC étant supposé fixe, le sommet commun O des deux triangles OAB, OCD s'éloigne de plus en plus dans la direction AC; mais la différence $(H - h)$, restant constamment égale à la hauteur du trapèze, l'est encore à la limite, quand il se transforme en parallélogramme. C'est là un exemple d'indétermination apparente, relativement au symbole $\infty - \infty$ (119).

Problème des courriers.

209. Nous allons faire l'application des notions qui précèdent à la résolution du problème des courriers.

Deux courriers sont en marche sur une même route depuis un temps indéterminé. Ils se trouvent à un même instant, l'un en un point A, l'autre en un point B de cette route (fig. 8). On connaît la distance

Fig. 8.

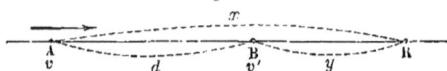

AB = d, on sait que le premier courrier parcourt v kilomètres par heure, que le second courrier en parcourt v' dans le même temps. On demande de déterminer l'instant et le lieu de la rencontre des deux courriers.

Supposons qu'on compte les distances en kilomètres à partir du point A, et les temps en heures à partir de l'instant où les deux courriers sont ensemble, l'un au point A, l'autre au point B. Admettons que les deux courriers marchent dans le même sens, de A vers B et au delà de B, et que leur rencontre ait lieu en R, à droite du point A. Désignons AR par x et BR par y; désignons par t le temps pendant lequel ces parcours s'effectuent. Puisque le premier courrier fait v kilomètres par heure, il parcourt en t heures vt kilomètres. On a donc

$$x = vt.$$

On trouve de même

$$y = v't.$$

Il est évident qu'on a d'ailleurs, d'après l'hypothèse admise,

$$x - y = d.$$

Substituons les valeurs de x et de y exprimées en fonction de t dans la troisième équation obtenue; elle devient

$$vt - v't = d,$$

d'où

$$t = \frac{d}{v - v'};$$

par suite,

$$x = \frac{vd}{v - v'},$$

$$y = \frac{v'd}{v - v'}.$$

Discutons ces valeurs :

1° Si l'on a $v > v'$, ces valeurs sont positives et satisfont à la fois aux équations et au problème. En effet, le premier courrier marchant plus vite que le second et gagnant sur lui, pour chaque heure écoulée, $v - v'$ kilomètres, finit nécessairement par l'atteindre en un point R situé à droite des deux points A et B où les deux courriers se trouvent simultanément à l'instant considéré.

2° Si l'on a $v < v'$, les valeurs trouvées sont négatives : elles satisfont nécessairement aux équations. Satisfont-elles au problème? Elles ne satisfont pas évidemment au problème tel qu'il est posé. Si v est $< v'$, le premier courrier marche moins rapidement que le second : l'avance que le second a déjà sur lui s'accroît, pour chaque heure écoulée, de $v' - v$ kilomètres; les deux courriers ne peuvent donc jamais se rencontrer à droite du point A et à partir de l'instant considéré. Mais on remarque que la distance du point de rencontre R aux points A et B est susceptible d'être comptée à droite ou à gauche de ces points, que l'instant de la rencontre peut de même être postérieur ou antérieur à l'instant considéré. Les valeurs négatives trouvées doivent donc indiquer une distance mesurée à gauche du point A ou du point B (*fig.* 9), un temps compté vers le

Fig. 9.

passé. C'est-ce que nous allons vérifier, en remettant le problème en équation dans cette nouvelle hypothèse. En conservant les mêmes notations, on a, dans ce cas,

$$x = vt,$$
$$y = v't,$$
$$y - x = d.$$

Si l'on compare ce système au précédent, on voit que les deux systèmes ne diffèrent que par le changement de signe des inconnues; en changeant x en $-x$, y en $-y$, t en $-t$, dans le premier système, on reproduit le second. Les valeurs négatives qui satisfont au premier système trouvé satisfont donc au second système lorsqu'on les prend positivement (199), c'est-à-dire qu'il y a bien eu une rencontre à gauche du point A et avant l'instant considéré.

Il est, en général, inutile de faire la vérification indiquée dans les cas analogues à celui que nous venons de traiter. *Il suffit de s'assurer que les changements de sens supposés ne font varier, dans les équations obtenues, que les signes des inconnues correspondantes, pour pouvoir interpréter immédiatement les solutions négatives.*

3° Si l'on a $v = v'$, les valeurs trouvées se présentent toutes les trois sous la forme $\frac{m}{0}$. Si l'on considère alors les conditions du problème, on voit qu'il ne peut exister aucune réponse à la question; car les deux courriers, marchant aussi vite l'un que l'autre, seront toujours et ont toujours été séparés par la distance d. Leur rencontre n'a donc jamais eu lieu et ne sera jamais possible.

4° Si l'on a à la fois $v = v'$ et $d = 0$, les valeurs trouvées se présentent toutes les trois sous la forme $\frac{0}{0}$. Si l'on considère alors les conditions du problème, on voit que la réponse à la question est complétement arbitraire ou indéterminée; car les deux courriers, marchant aussi vite l'un que l'autre et se trouvant ensemble au point A, ont toujours été et seront toujours ensemble, de sorte que leur rencontre a lieu en un point quelconque et à un instant quelconque.

210. *Si les cas particuliers qu'on veut examiner ne diffèrent les uns des autres que par le changement de sens de certaines données, il suffit de trouver les formules qui résolvent un seul cas. En y changeant ensuite les signes des quantités qui changent de sens, on obtient les formules qui conviennent aux cas caractérisés par ces variations. Seulement, lorsque les valeurs des inconnues changent de signe, il faut les porter en sens contraire.*

Reprenons le problème précédent, et admettons que les distances positives correspondent toujours à la droite des points A et B, et les temps positifs à l'avenir.

Si l'on suppose que les deux courriers marchent dans le même sens en se dirigeant de B vers A et au delà de A (*fig.* 10), au lieu de se diriger

Fig. 10.

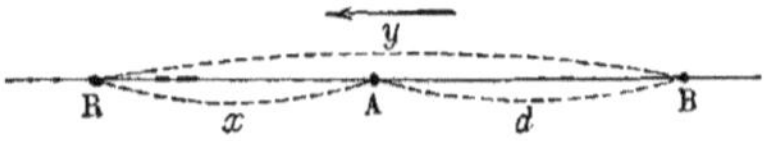

de A vers B, on doit, dans les premières formules, changer v en $-v$ et

v' en $-v'$; d conserve son signe. On obtient

$$t = \frac{d}{v' - v},$$

$$x = \frac{-vd}{v' - v},$$

$$y = \frac{-v'd}{v' - v}.$$

Si v' est $> v$, t est *positif*, x et y ont des valeurs *négatives :* la rencontre a lieu *après* l'instant considéré et à *gauche* du point A.

Si v' est $< v$, t est *négatif*, x et y ont des valeurs *positives :* la rencontre a lieu *avant* l'instant considéré et à *droite* du point A.

C'est ce qu'on peut facilement vérifier en traitant directement la question.

Admettons, en dernier lieu, que les deux courriers marchent en sens contraires, le premier de A vers B, le second de B vers A (*fig.* 11). On

Fig. 11.

doit, dans les formules initiales, changer le signe de v'; d et v conservent les mêmes signes. Il vient

$$t = \frac{d}{v + v'},$$

$$x = \frac{vd}{v + v'},$$

$$y = \frac{-v'd}{v + v'}.$$

t et x sont positifs, y est négatif. La rencontre a toujours lieu *après* l'instant considéré, à *droite* du point A, à *gauche* du point B.

Si les deux courriers marchent en sens contraires (*fig.* 12), mais en se

Fig. 12.

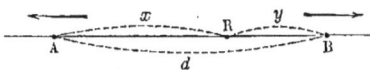

tournant le dos à partir des points A et B, c'est-à-dire si le premier courrier marche dans le sens de B vers A et le second dans le sens de A vers B, c'est le signe de v qu'on doit changer. On obtient

$$t = \frac{d}{-(v + v')},$$

$$x = \frac{-vd}{-(v + v')} = \frac{vd}{v + v'},$$

$$y = \frac{v'd}{-(v + v')}.$$

t et y sont toujours négatifs, x toujours positif : la rencontre a toujours lieu *avant* l'instant considéré, à *gauche* du point B et à *droite* du point A.

Les derniers résultats énoncés sont évidents.

Résumé.

211. 1° *Les solutions positives répondent généralement à la question, si le problème a été complétement mis en équations, c'est-à-dire si cette mise en équations renferme toutes les conditions de l'énoncé.*

2° *Les solutions négatives indiquent généralement un changement de direction, de la droite vers la gauche ou de l'avenir vers le passé, lorsque les quantités considérées sont susceptibles d'une opposition parfaitement tranchée, comme dans les exemples qui précèdent.*

3° *Les solutions négatives indiquent une impossibilité absolue et un vice dans l'énoncé, lorsque les quantités considérées ne sont pas susceptibles d'un changement de sens.*

4° *Le symbole* $\dfrac{m}{0}$ *correspond à une impossibilité absolue et indique un vice dans l'énoncé, à moins qu'il ne soit l'expression d'un état géométrique particulier* (206).

5° *Le symbole* $\dfrac{0}{0}$ *correspond à une indétermination complète, si aucun facteur commun n'a été oublié* (207).

6° *Enfin, un problème ayant été résolu dans une certaine hypothèse, la formule trouvée permet de résoudre immédiatement les autres cas particuliers du même problème, lorsqu'ils ne diffèrent du premier cas résolu que par le changement de sens de certaines données : on n'a qu'à changer dans la formule obtenue les signes des quantités qui changent de sens. Si l'on trouve alors pour les inconnues des valeurs ayant des signes différents de ceux qui les affectaient d'abord, il faut compter ces valeurs en sens contraire du sens d'abord adopté, pourvu que ce changement de direction soit compatible avec la nature des grandeurs considérées* (203, 204).

212. Au sujet de cette dernière règle (6°), une réserve est nécessaire. Pour qu'une solution négative s'interprète par un simple changement de sens, il faut non-seulement que ce changement de sens soit compatible avec la nature des grandeurs considérées, mais encore qu'il n'entraîne en réalité, dans les équations du problème, que le changement de signe de chacun des termes renfermant l'inconnue négative. C'est là une vérification à laquelle on doit s'astreindre, jusqu'à ce que l'habitude permette de la faire instantanément. C'est surtout lorsque la question traitée comporte plusieurs origines distinctes que la remarque que nous venons de faire a toute son importance.

213. Quel que soit le nombre des inconnues d'un problème et quelle que soit la simplicité des relations qui peuvent exister entre quelques-unes d'entre elles, il faut se garder, en général, de faire l'élimination de tête, de manière à réduire immédiatement le nombre des inconnues et des équations. Le calcul n'en est presque pas plus simple, les erreurs sont plus faciles à commettre, et c'est là une raison décisive pour ne pas employer cette simplification; la discussion du problème devient souvent plus obscure et plus pénible à cause des équations et des inconnues supprimées.

CHAPITRE VII.

THÉORIE DES INÉGALITÉS.

___

Principes généraux relatifs aux inégalités.

214. On dit que la quantité A est plus grande que la quantité B, lorsque la différence de ces deux quantités est positive. Dans le cas contraire, la quantité A est plus petite que la quantité B.

Il résulte de cette définition que *toute quantité positive est plus grande que zéro, que toute quantité négative est plus petite que zéro, et d'autant plus petite qu'elle est plus grande en valeur absolue.*

Ainsi l'on a $5 > 0$; $-3 < 0$; $-3 > -7$, parce que

$$5 - 0 = 5; \quad -3 - 0 = -3; \quad -3 - (-7) = 4.$$

Nous allons parcourir les principes généraux auxquels le calcul des inégalités se trouve soumis.

215. I. *On peut ajouter ou retrancher une même quantité aux deux membres d'une inégalité, sans en changer le sens.*

Si l'on a $A > B$, on a

$$A + m > B + m;$$

car, si la différence $A - B$ est positive, il en est de même de la différence $(A + m) - (B + m)$.

II. *On peut multiplier ou diviser les deux membres d'une inégalité par une quantité positive, sans en changer le sens.*

Si l'on a $A > B$, on a

$$A m > B m,$$

m étant une quantité positive. En effet, si l'on a $A - B > 0$, on a aussi

$$(A - B)m \quad \text{ou} \quad Am - Bm > o,$$

puisqu'on ne change pas le signe d'une quantité en la multipliant par une quantité positive.

Le cas de la multiplication renferme celui de la division : multiplier par $\dfrac{1}{p}$ revient à diviser par p.

III. *Si l'on multiplie ou si l'on divise les deux membres d'une inégalité par une quantité négative, il faut renverser le sens de l'inégalité.*

Si l'on a $A - B > o$ et si m est une quantité négative, on a

$$(A - B)m < o.$$

parce que le produit $(A - B)m$ a un signe contraire à celui de $A - B$.

216. IV. *On peut ajouter membre à membre deux inégalités de même sens, on ne peut pas les retrancher.*

Si l'on a $A > B$ et $C > D$, on en déduit

$$A + C > B + D;$$

car on a

$$A - B > o \quad \text{et} \quad C - D > o,$$

d'où

$$(A - B) + (C - D) > o,$$

c'est-à-dire

$$(A + C) - (B + D) > o.$$

Si l'on retranche membre à membre les deux inégalités proposées, il faut, pour savoir le sens de l'inégalité résultante, opérer sur un exemple numérique. On ne sait pas d'avance dans quel rapport la différence $A - C$ peut être avec la différence $B - D$.

V. *On peut retrancher membre à membre deux inégalités de sens contraire, on ne peut pas les ajouter.*

Si l'on a $A > B$ et $C < D$, on a

$$A - C > B - D.$$

En effet, puisqu'on a $A - B > o$ et $D - C > o$, on a aussi

$$(A - B) + (D - C) > o,$$

c'est-à-dire

$$(A - C) - (B - D) > o.$$

Si l'on ajoute membre à membre les deux inégalités considérées, il faut, pour savoir le sens de l'inégalité résultante, opérer sur un exemple numérique; car on ne sait pas d'avance si $A + C$ l'emportera sur $B + D$ ou si l'inverse aura lieu.

217. VI. *On peut multiplier membre à membre plusieurs inégalités de même sens, pourvu qu'elles aient lieu entre quantités positives.*

Si l'on a $A > B$, $A' > B'$, $A'' > B''$, on en déduit

$$A A' A'' > B B' B''.$$

En effet, considérons d'abord les deux premières inégalités. On en tire

$$A - B > o \quad \text{et} \quad A' - B' > o.$$

Par suite, on a

$$(A - B)A' > o \quad \text{et} \quad (A' - B')B > o.$$

Il en résulte

$$(A - B)A' + (A' - B')B > o,$$

c'est-à-dire

$$AA' - BB' > o.$$

Si l'on a $AA' > BB'$ et $A'' > B''$, on en déduit alors

$$A A' A'' > B B' B''.$$

On voit que la démonstration serait en défaut si les quantités considérées n'étaient pas toutes positives.

Comme rien n'empêche de supposer tous les premiers membres des inégalités données égaux entre eux, ainsi que leurs seconds membres, on voit qu'on peut élever à une même puissance les deux membres d'une inégalité lorsqu'ils sont positifs. De $A > B$, on déduit

$$A^m > B^m.$$

Réciproquement, de $A^m > B^m$, on peut déduire

$$A > B,$$

en supposant A et B pris positivement.

On ne peut pas multiplier membre à membre deux inégalités de sens contraire. Si l'on a A > B et C < D, on ne sait pas d'avance si AC sera supérieur ou inférieur à BD.

VII. *On peut diviser membre à membre deux inégalités de sens contraire, lorsqu'elles ont lieu entre quantités positives.*

Si l'on a A > B et C < D, on en déduit

$$AD > BC \quad \text{et} \quad \frac{AD}{CD} > \frac{BC}{CD},$$

c'est-à-dire

$$\frac{A}{C} > \frac{B}{D}.$$

La démonstration serait en défaut si les quantités considérées n'étaient pas toutes positives.

On ne peut pas diviser membre à membre deux inégalités de même sens. Si l'on a A > B et C > D, on ne sait pas d'avance si $\frac{A}{C}$ l'emportera ou non sur $\frac{B}{D}$.

218. Il convient de remarquer, en terminant, que la définition donnée au n° 214 est imposée par les conditions nécessaires de généralisation sur lesquelles nous avons insisté au n° 32.

Si l'on part de l'inégalité

$$(1) \qquad\qquad a + b > c + d,$$

on en déduit immédiatement, en retranchant $b + c$ des deux membres,

$$(2) \qquad\qquad a - c > d - b.$$

Si les hypothèses particulières adoptées conduisent à $b = d$ et, par conséquent, à $a > c$, l'inégalité (2) devient

$$a - c > 0.$$

Si l'on suppose, au contraire, $a = c$, on a nécessairement $b > d$ d'après l'inégalité (1), et l'inégalité (2) devient

$$0 > d - b.$$

Enfin, si l'on a $a < c$, on a encore, à plus forte raison, $b > d$, et la différence entre b et d doit être, d'après l'inégalité (1), plus grande que la différence entre c et a.

On voit donc que, pour qu'on puisse passer, dans tous les cas, de l'inégalité (1) à l'inégalité (2), c'est-à-dire pour que le calcul des inégalités conserve toute sa généralité, il faut précisément admettre la loi de gradation établie par définition entre les grandeurs réelles au n° 214.

Ces grandeurs forment ainsi une série croissante qui va de — ∞ à
+ ∞ , le passage des quantités négatives aux quantités positives s'effectuant par zéro, limite commune des nombres négatifs croissants et des
nombres positifs décroissants. Comme l'indique Duhamel dans son dernier
Ouvrage sur *les Méthodes,* on n'entend pas par là « qu'il existe des quantités moindres que rien », et l'inégalité qui semble le dire n'est « qu'une
forme sans danger », qu'on peut modifier dès qu'on le juge convenable.
D'après ce qu'on vient de voir, — 3 < o, par exemple, équivaut à 3 > o,
et — 3 > — 7 équivaut à 7 > 3.

Inégalités du premier degré à une ou deux inconnues.

219. Lorsqu'une égalité renferme une inconnue au premier
degré, on peut déduire de cette inégalité une *limite* supérieure
ou inférieure que l'inconnue considérée ne doit pas dépasser
dans un sens ou dans l'autre.

Il est évident qu'on ne change pas les valeurs des inconnues
qui satisfont à une inégalité donnée en lui faisant subir les
changements précédemment indiqués (215). Par conséquent,
on peut, pour ces inégalités comme pour les équations, transposer des termes d'un membre dans l'autre à la condition de
changer leurs signes; on peut aussi chasser les dénominateurs
ou supprimer les facteurs communs de la même manière, en
ayant soin de renverser le sens de l'inégalité si le dénominateur commun ou le facteur commun supprimé est négatif.
Nous supposons que le dénominateur commun ou le facteur
commun ne renferme pas les inconnues.

220. Quelle que soit l'inégalité proposée, on peut toujours
la ramener à la forme

$$A x + B > A' x + B'.$$

On en déduit

$$A x - A' x > B' - B,$$

d'où

$$(A - A') x > B' - B,$$

c'est-à-dire

$$x > \frac{B' - B}{A - A'} \quad \text{si A est supérieur à A',}$$

et

$$x < \frac{B' - B}{A - A'} \quad \text{si A est inférieur à A'.}$$

Dans le premier cas, $\dfrac{B'-B}{A-A'}$ est une limite inférieure de x : x peut recevoir toutes les valeurs plus grandes, mais aucune plus petite. On dit alors que $\dfrac{B'-B}{A-A'}$ est un *minimum* de x.

Dans le second cas, $\dfrac{B'-B}{A-A'}$ est une limite supérieure de x : x peut recevoir toutes les valeurs plus petites, mais aucune plus grande. On dit alors que $\dfrac{B'-B}{A-A'}$ est un *maximum* de x.

221. Si x doit satisfaire à plusieurs inégalités et si elles donnent des limites de même sens, on n'a évidemment besoin que de considérer la plus petite ou la plus grande de ces limites. Si l'on trouve $x > a$, $x > b$, $x > c$, et si c est la plus grande des trois quantités a, b, c, la valeur c représente le minimum de x. Si l'on trouve, au contraire, $x < a'$, $x < b'$, $x < c'$, et si c' est la plus petite de ces trois quantités, pour que toutes les conditions imposées soient remplies, il faut regarder c' comme le maximum de x.

Si l'on obtient à la fois $x > m$ et $x < p$, et si p surpasse m, on en conclut que x ne peut recevoir que les valeurs *comprises* entre ces deux limites : m est son minimum, p son maximum.

Si l'on obtient à la fois $x > m$ et $x < p$, mais si p est inférieur à m, les deux conditions imposées sont *contradictoires :* il n'y a pour x aucune valeur possible.

222. S'il s'agit de deux inégalités du premier degré à deux inconnues, il faut remarquer que l'on peut bien conclure, des inégalités $A > B$ et $C > D$, l'inégalité

$$A + C > B + D,$$

c'est-à-dire que les valeurs des inconnues qui rendent $A > B$ et $C > D$ rendent aussi $A + C > B + D$; mais on ne peut pas affirmer que les deux systèmes

$$A > B,$$
$$C > D,$$

d'une part, et

$$A > B,$$
$$A + C > B + D,$$

de l'autre, soient équivalents, parce qu'on ne peut pas conclure du second système la condition $C > D$ (216, IV). *On ne
peut donc plus opérer, comme pour les équations, par voie
d'addition ou de soustraction.*

Si l'on a, par exemple, les deux inégalités

$$4x - 3y > 11,$$
$$7y - 2x > 3,$$

on en déduit

$$x > \frac{11 + 3y}{4} \quad \text{et} \quad x < \frac{7y - 3}{2}.$$

On peut donc donner à y une valeur arbitraire, à la condition
de ne donner en même temps à x qu'une valeur comprise
entre les deux limites indiquées.

Pour que ces deux limites ne soient pas contradictoires, il
faut d'ailleurs qu'on ait

$$\frac{7y - 3}{2} > \frac{11 + 3y}{4},$$

d'où

$$14y - 6 > 11 + 3y \quad \text{et} \quad y > \frac{17}{11}.$$

y peut donc passer par toutes les valeurs plus grandes que $\frac{17}{11}$,
et, pour chaque valeur de y, on est maître de remplacer x par
toutes les valeurs comprises entre les deux limites $\frac{11 + 3y}{4}$
et $\frac{7y - 3}{2}$.

LIVRE TROISIÈME.

LES ÉQUATIONS DU SECOND DEGRÉ.

CHAPITRE PREMIER.

CARRÉ ET RACINE CARRÉE DES QUANTITÉS ALGÉBRIQUES.

Remarques préliminaires.

223. Nous rappellerons d'abord plusieurs règles connues (*voir* Livre premier, Chapitre VII), en les appliquant aux radicaux du second degré :

1° On élève un monôme au carré en élevant son coefficient au carré et en doublant les exposants des lettres qui y entrent (21); on extrait la racine carrée d'un monôme en extrayant la racine carrée de son coefficient et en divisant par 2 les exposants des lettres qui y entrent.

2° On élève au carré un produit de plusieurs facteurs en élevant chacun d'eux au carré; on extrait la racine carrée d'un produit de plusieurs facteurs en extrayant la racine carrée de chacun d'eux (73).

3° On fait entrer un facteur sous un radical carré en élevant ce facteur au carré; on fait sortir un facteur d'un radical carré en extrayant la racine carrée de ce facteur.

4° On élève une fraction au carré en élevant ses deux termes au carré; on en extrait la racine carrée en extrayant la racine carrée de ses deux termes (74).

5° On élève un radical carré à une puissance en élevant à cette puissance la quantité qu'il recouvre (75).

6° On extrait la racine d'un radical carré en multipliant son indice par celui de la racine à extraire (76).

7° On élève un binôme au carré en formant le carré du premier terme, le double produit du premier terme par le second, le carré du second terme (30).

Il en résulte qu'*on peut trouver les deux termes d'un binôme lorsqu'on connaît les deux premiers termes de son carré. On obtient le premier terme du binôme en extrayant la racine carrée du premier terme de son carré; on obtient son second terme en divisant le second terme de son carré par le double de la racine carrée du premier terme.*

Ainsi, les deux premiers termes du carré d'un binôme étant $x^2 + px$, le premier terme du binôme est $\sqrt{x^2}$ ou x, le second terme est $\dfrac{px}{2x}$ ou $\dfrac{p}{2}$.

8° Le produit de la somme de deux quantités par leur différence est égal à la différence des carrés de ces quantités (30). On a

$$(\sqrt{a} + \sqrt{b})(\sqrt{a} - \sqrt{b}) = a - b.$$

9° La racine carrée d'une quantité positive est susceptible d'un double signe (70). On a $\sqrt{4} = \pm 2$, parce que $+ 2$ ou $- 2$ élevé au carré reproduit 4.

10° La racine carrée d'une quantité négative n'est susceptible d'aucune expression positive ou négative : c'est une quantité *imaginaire* (70). $\sqrt{-4}$ est une quantité imaginaire. On peut l'écrire $\sqrt{4 \times -1}$. Si l'on convient alors d'appliquer aux expressions de cette forme les mêmes règles de calcul qu'aux radicaux carrés recouvrant des quantités positives, on peut extraire séparément la racine de chaque facteur et poser

$$\sqrt{4 \times -1} = \sqrt{4} \times \sqrt{-1} = \pm 2 \sqrt{-1}.$$

On voit qu'on peut ainsi toujours réduire le signe d'imaginarité au symbole $\sqrt{-1}$. On représente généralement ce symbole par la lettre i. On a donc

$$\sqrt{-4} = \pm 2i.$$

Carré d'un polynôme.

224. Nous savons former le carré d'un binôme, cherchons le carré d'un trinôme $a + b + c$. On peut le considérer comme un binôme dont le premier terme est $a + b$. On a alors

$$(a + b + c)^2 = (a + b)^2 + 2(a + b)c + c^2$$

ou

$$(a + b + c)^2 = a^2 + 2ab + b^2 + 2ac + 2bc + c^2.$$

Le carré d'un trinôme est donc égal au carré du premier terme, plus le double produit du premier terme par le second, plus le carré du second, plus le double produit de chacun des deux premiers termes par le troisième, plus le carré du troisième.

Si un terme d s'ajoute aux précédents, on a évidemment

$$(a + b + c + d)^2 = (a + b + c)^2 + 2(a + b + c)d + d^2.$$

Par l'introduction d'un nouveau terme, on ajoute donc au développement le double produit de chacun des premiers termes par le dernier, plus le carré de ce dernier. La loi est manifeste.

On peut l'énoncer en disant que *le carré d'un polynôme renferme les carrés de tous ses termes et les doubles produits de tous ses termes pris deux à deux.*

Cette loi ayant été vérifiée dans le cas d'un binôme et d'un trinôme, il suffit d'ailleurs, pour en prouver la généralité, de démontrer que, si elle est vraie pour un polynôme de n termes $(a + b + c + \ldots + k)$, elle l'est nécessairement pour un polynôme contenant un terme de plus, tel que l. On a, en effet, en regardant les n premiers termes du nouveau polynôme comme n'en formant qu'un seul,

$$(a + b + c + \ldots + k + l)^2$$
$$= (a + b + c + \ldots + k)^2 + 2(a + b + c + \ldots + k)l + l^2.$$

Le dernier terme du second membre est l^2, et la première parenthèse de ce même membre renferme, par hypothèse, les carrés des n premiers termes du nouveau polynôme; elle renferme aussi les doubles produits de ces n premiers termes considérés deux à deux, tandis que la seconde parenthèse contient leurs doubles produits par l. La règle est donc justifiée.

225. Si l'on considère un polynôme ordonné $(a+b+c+...)$, on peut remarquer que les deux premiers et les deux derniers termes de son carré ne se réduisent avec aucun autre et restent dans le développement tels qu'on les a trouvés.

En effet, en supposant que les exposants de la lettre ordonnatrice aillent en décroissant, on voit que a^2 et $2ab$ contiennent la lettre ordonnatrice à une puissance plus élevée que tous les autres termes; les deux derniers termes, quels qu'ils soient, contiennent cette même lettre à une puissance plus faible que tous les autres termes.

Racine carrée d'un polynôme.

226. Soit à chercher la racine carrée d'un polynôme supposé *carré parfait*. Ce polynôme a au moins trois termes, puisque le carré d'un monôme est un monôme et que le carré d'un binôme est un trinôme. Désignons-le par P et représentons sa racine carrée par $a + b + c + d + \dots$. On a alors

$$P = (a + b + c + d + \dots)^2.$$

D'après la remarque faite (**225**), le polynôme étant supposé ordonné suivant les puissances décroissantes d'une certaine lettre, ainsi que sa racine carrée, ses deux premiers termes sont sans réduction, a^2 et $2ab$.

En extrayant la racine carrée du premier terme du polynôme proposé, on a donc le premier terme de la racine.

Si l'on retranche a^2 de P, le reste R qu'on obtient est égal à

$$2ab + b^2 + 2ac + \dots.$$

Son premier terme étant égal à $2ab$, il suffit, pour avoir le second terme de la racine, de diviser ce premier terme $2ab$ par le double $2a$ du premier terme écrit à la racine.

Ayant les deux premiers termes de la racine, on forme le carré du binôme correspondant $a + b$, et on le retranche du polynôme P. On en a déjà retranché a^2; pour former la quantité $2ab + b^2$ qu'on doit retrancher du reste R alors obtenu, il suffit d'écrire à la suite du double $2a$ le second terme b et de multiplier par ce second terme l'ensemble $2a + b$. Le nouveau reste R′ est égal à

$$2ac + 2bc + c^2 + \dots.$$

Le premier terme de ce reste est encore le produit du double du premier terme de la racine par le troisième terme de cette racine : il suffit donc de le diviser par $2a$ pour avoir le troisième terme c. Il faut ensuite former le carré du trinôme déterminé par les trois premiers termes de la racine et le retrancher du polynôme P. On en a déjà retranché $(a+b)^2$; il faut donc seulement retrancher du reste R′ alors obtenu

$$2(a+b)c + c^2,$$

ce qui revient à

$$(2a + 2b + c)c.$$

Pour obtenir l'expression à retrancher du reste R′, il faut donc former le double des deux premiers termes de la racine, écrire à la suite le troisième terme de cette racine et multiplier l'ensemble trouvé par ce troisième terme.

Il n'est pas besoin d'aller plus loin : la règle à suivre est évidente. *Dès qu'on a trouvé le premier terme de la racine en extrayant la racine carrée du premier terme du polynôme proposé, on trouve tous les autres en divisant le premier terme de chacun des restes successifs par le double du premier terme de la racine. On obtient d'ailleurs les différents restes en retranchant successivement du polynôme donné le carré du premier, des deux premiers, des trois premiers... termes de la racine; ce qui revient, dès le second reste, à retrancher du reste précédent le produit de l'ensemble du double de la partie écrite à la racine suivi du dernier terme trouvé, par ce dernier terme. On est averti qu'on est arrivé au dernier terme de la racine lorsqu'on obtient un reste nul. Réciproquement, la racine est exacte si l'on trouve un reste nul.*

L'opération présente la disposition suivante. Soit à extraire la racine carrée du polynôme

$25\,a^2x^6 - 20\,a^3x^5 + 74\,a^4x^4 - 48\,a^5x^3 + 57\,a^6x^2 - 28\,a^7x + 4\,a^8$	$5\,ax^3 - 2\,a^2x^2 + 7\,a^3x - 2\,a^4$
$\quad - 4\,a^4x^4$	$10\,ax^3 - 2\,a^2x^2$
$\overline{\quad 70\,a^4x^4 - 48\,a^5x^3 + 57\,a^6x^2 - 28\,a^7x + 4\,a^8}$	$\quad - 2\,a^2x^2$
$\quad\quad + 28\,a^5x^3 - 49\,a^6x^2$	$10\,ax^3 - 4\,a^2x^2 + 7\,a^3x$
$\overline{\quad\quad - 20\,a^5x^3 + 8\,a^6x^2 - 28\,a^7x + 4\,a^8}$	$\quad\quad + 7\,a^3x$
$\quad\quad\quad - 8\,a^6x^2 + 28\,a^7x - 4\,a^8$	$10\,ax^3 - 4\,a^2x^2 + 14\,a^3x - 2\,a^4$
$\overline{\quad\quad\quad\quad\quad 0}$	$\quad\quad - 2\,a^4$

L'extraction de la racine carrée des polynômes a une grande analogie avec l'extraction de la racine carrée des nombres. On écrit immédiatement les produits à retrancher au-dessous des restes successifs, en changeant les signes des termes de ces produits à mesure qu'on les calcule et en les disposant de manière à faciliter la réduction des termes semblables. On n'écrit pas le premier terme de chaque produit, qui détruit forcément le premier terme du reste correspondant ([1]).

227. L'extraction est impossible en termes entiers lorsque, le polynôme étant ordonné par rapport à une lettre quelconque, le premier et le dernier terme ne sont pas des carrés parfaits. Elle est encore impossible lorsque, le premier et le dernier terme étant des carrés parfaits, le second et l'avant-dernier terme ne sont pas respectivement divisibles par le double de la racine carrée du premier et du dernier terme. Enfin, l'extraction est encore impossible lorsqu'on est conduit à un reste dont le premier terme n'est plus divisible par le double du premier terme posé à la racine ([2]).

228. Lorsque le premier terme du polynôme proposé est un carré parfait, on peut toujours commencer l'extraction de la racine carrée et la continuer jusqu'à ce qu'on parvienne à un reste R dont le premier terme ne soit plus divisible par le double du premier terme de la racine. Si l'on appelle P le polynôme proposé et A le polynôme écrit à la racine, on a, d'après ce qui précède,

$$R = P - A^2, \quad \text{d'où} \quad P = A^2 + R.$$

On peut donc remplacer le polynôme P, dans le cas considéré, par un polynôme carré parfait augmenté d'un autre polynôme de degré inférieur au premier par rapport à la lettre ordonnatrice.

([1]) Si la lettre ordonnatrice entrait dans plusieurs termes du polynôme proposé avec un même exposant, la règle à suivre serait identique; seulement l'extraction principale serait compliquée d'extractions partielles.

([2]) On doit remarquer que, lorsqu'on accepte les exposants négatifs, les extractions de racines carrées inexactes peuvent se continuer indéfiniment : l'expression d'une pareille racine est alors composée d'un nombre illimité de termes (90).

Soit le polynôme

$$9a^2x^4 - 30a^3x^3 + 25a^4x^2 - 7a^5x + 2a^6 \quad \big|\ 3ax^2 - 5a^2x$$
$$- 25a^4x^2 \qquad\qquad\qquad \overline{\ 6ax^2 - 5a^2x}$$
$$\overline{\qquad\qquad\quad - 7a^5x + 2a^6} \qquad\quad - 5a^2x$$

Après avoir trouvé à la racine le binôme $3ax^2 - 5a^2x$, on est obligé de s'arrêter au reste $- 7a^5x + 2a^6$, dans lequel le premier terme est de degré inférieur par rapport à x au premier terme écrit à la racine. On peut alors poser

$$9a^2x^4 - 30a^3x^3 + 25a^4x^2 - 7a^5x + 2a^6$$
$$= (3ax^2 - 5a^2x)^2 - 7a^5x + 2a^6.$$

229. Comme exercice, cherchons la condition pour qu'un trinôme du second degré de la forme $ax^2 + bx + c$ soit un carré parfait. Nous effectuerons l'extraction de la racine carrée de ce trinôme jusqu'à ce que nous parvenions à un reste indépendant de x. En égalant ce reste à zéro, nous aurons la relation à laquelle les coefficients a, b, c doivent satisfaire pour que le trinôme soit carré parfait.

$$ax^2 + bx + c \quad \Big|\ \sqrt{a}\,.\,x + \frac{b}{2\sqrt{a}}$$
$$- \frac{b^2}{4a} \qquad \overline{\ 2\sqrt{a}\,.\,x + \frac{b}{2\sqrt{a}}}$$
$$\overline{- \frac{b^2}{4a} + c} \qquad\qquad + \frac{b}{2\sqrt{a}}$$

Le reste indépendant de x étant $- \dfrac{b^2}{4a} + c$, il faut qu'on ait $- \dfrac{b^2}{4a} + c = 0$, ce qui revient évidemment à $b^2 - 4ac = 0$. Quel que soit x, le trinôme sera donc carré parfait si le carré du coefficient de x est égal au quadruple produit du coefficient de x^2 par le terme qui ne contient pas x.

On aurait pu, pour éviter dans le calcul les quantités irrationnelles, multiplier le trinôme par a. Il aurait fallu ensuite diviser la racine carrée obtenue par $\sqrt{a}$.

La racine carrée $\sqrt{a}\,.\,x + \dfrac{b}{2\sqrt{a}}$ est d'ailleurs rationnelle par rapport à x.

CHAPITRE II.

RÉSOLUTION DES ÉQUATIONS DU SECOND DEGRÉ
A UNE INCONNUE.

**Formules générales de résolution des équations du second degré
à une inconnue.**

230. Une équation du second degré à une inconnue peut
contenir des termes en x^2, des termes en x, des termes indépendants de x. Si l'on réunit tous les termes de l'équation
dans le premier membre de manière à réduire le second à
zéro, la forme la plus générale d'une équation du second
degré à une inconnue est

$$ax^2 + bx + c = o.$$

a, b, c, sont des quantités positives ou négatives, littérales ou
numériques, monômes ou polynômes.

231. Nous considérerons d'abord deux cas particuliers.
1° *On suppose $c = o$.*
L'équation se réduit à

$$ax^2 + bx = o \quad \text{ou} \quad x(ax + b) = o.$$

Pour qu'un produit de facteurs réels soit nul, il faut et il suffit
que l'un des facteurs soit nul. L'équation donnée se partage
donc en deux autres

$$x = o, \quad ax + b = o,$$

de sorte que les racines correspondantes sont

$$x = o \quad \text{et} \quad x = -\frac{b}{a}.$$

2° *On suppose $b = o$.*

L'équation se réduit à

$$ax^2 + c = 0.$$

On en déduit

$$x^2 = -\frac{c}{a}.$$

Par conséquent, l'inconnue x est le nombre qui, élevé au carré, reproduit la quantité $-\frac{c}{a}$. On a donc (223)

$$x = \pm \sqrt{-\frac{c}{a}}.$$

232. Passons maintenant au cas général, que nous ramènerons au précédent.

Nous multiplierons par $4a$ [ce qui est permis, si l'on suppose a différent de zéro (99)] les deux membres de l'équation donnée

$$ax^2 + bx + c = 0.$$

Nous obtiendrons ainsi

$$4a^2x^2 + 4abx + 4ac = 0.$$

Les deux premiers termes du premier membre sont alors les deux premiers termes du carré du binôme $2ax + b$ (223, 7°).

Nous pouvons donc compléter ce carré en ajoutant le carré b^2 aux deux membres de l'équation transformée, ce qui est également permis (98). En transposant en même temps le terme $4ac$ dans le second membre, nous aurons

$$4a^2x^2 + 4abx + b^2 = b^2 - 4ac,$$

c'est-à-dire

$$(2ax + b)^2 = b^2 - 4ac.$$

Si l'on prend $2ax + b$ pour inconnue auxiliaire, on a immédiatement, d'après le second cas particulier (231),

$$2ax + b = \pm\sqrt{b^2 - 4ac};$$

d'où, en résolvant par rapport à x,

$$(1) \qquad x = \frac{-b \pm \sqrt{b^2 - 4ac}}{2a}.$$

Par conséquent, lorsque l'équation est sous la forme

$$a x^2 + b x + c = 0,$$

la valeur de x est égale au coefficient du second terme de l'équation pris en signe contraire, plus ou moins la racine carrée du carré de ce même coefficient diminué du quadruple produit du terme indépendant par le coefficient du premier terme, le tout divisé par le double de ce coefficient.

Si l'on applique cette règle à l'équation

$$2 x^2 + x - 6 = 0,$$

on obtient immédiatement

$$x = \frac{-1 \pm \sqrt{1 + 48}}{4} = \frac{-1 \pm 7}{4}.$$

Désignons par x' et x'' les deux racines ; nous aurons, en les séparant,

$$x' = \frac{6}{4} = \frac{3}{2},$$

$$x'' = \frac{-8}{4} = -2.$$

233. Lorsque, dans l'équation

$$a x^2 + b x + c = 0,$$

le coefficient b est divisible par 2, la formule précédente est susceptible d'une simplification. Posons $b = 2 b'$, la formule devient

$$x = \frac{-2 b' \pm \sqrt{4 b'^2 - 4 ac}}{2 a}.$$

On peut diviser alors par 2 les deux termes de cette expression ; pour diviser le radical par 2, il faut diviser par 4 la quantité placée sous ce signe (223, 3°). On a donc

$$(2) \qquad x = \frac{- b' \pm \sqrt{b'^2 - ac}}{a}.$$

Par conséquent, *si b est un nombre pair, la valeur de x est égale à la moitié de ce coefficient pris en signe contraire, plus ou moins la racine carrée du carré de cette même moitié di-*

minué du produit du terme indépendant par le coefficient du premier terme, le tout divisé par ce coefficient.

Si l'on applique la formule (2) à l'équation

$$4x^2 - 8x - 21 = 0,$$

on obtient immédiatement

$$x = \frac{4 \pm \sqrt{16 + 84}}{4} = \frac{4 \pm 10}{4}.$$

Désignons par x' et x'' les deux racines; nous aurons, en les séparant,

$$x' = \frac{14}{4} = \frac{7}{2},$$

$$x'' = \frac{-6}{4} = -\frac{3}{2}.$$

234. Si l'on suppose que le coefficient a de x^2 soit égal à 1, la formule générale (1) devient

$$x = \frac{-b \pm \sqrt{b^2 - 4c}}{2}$$

ou, en divisant par 2 et, par conséquent, par 4 sous le radical,

$$(3) \qquad x = -\frac{b}{2} \pm \sqrt{\frac{b^2}{4} - c}.$$

Lorsque l'équation du second degré à une inconnue est de la forme

$$x^2 + bx + c = 0,$$

la valeur de x est donc égale à la moitié du coefficient du second terme pris en signe contraire, plus ou moins la racine carrée du carré de cette moitié diminué du terme indépendant pris avec son signe.

Si l'on applique cette règle à l'équation

$$x^2 + 4x - 5 = 0,$$

on obtient immédiatement

$$x = -2 \pm \sqrt{4 + 5} = -2 \pm 3.$$

Si l'on désigne les deux racines par x' et x'', on a, en les séparant,

$$x' = 1 \quad \text{et} \quad x'' = -5.$$

Remarques sur la nature des racines des équations du second degré à une inconnue.

235. Soit l'équation générale du second degré

$$a x^2 + b x + c = 0,$$

dont les racines ont pour expression

$$x = \frac{-b \pm \sqrt{b^2 - 4ac}}{2a}.$$

La quantité $b^2 - 4ac$, placée sous le radical de la valeur de x, peut être *positive*, *négative* ou *nulle*. De là, trois cas à distinguer.

236. *Premier cas.* — Si l'on a $b^2 - 4ac > 0$, les racines de l'équation sont *réelles et inégales* [les quantités positives et négatives constituent les quantités algébriques réelles par opposition aux quantités imaginaires (70-223, 10°)].

Le premier membre de l'équation équivaut, dans ce cas, à la différence de deux carrés.

En effet, puisque $b^2 - 4ac$ est une quantité positive, on peut poser $b^2 - 4ac = k^2$, en désignant par k une quantité réelle dont le carré sera nécessairement positif. On a alors, en se reportant au n° **232**,

$$4a^2x^2 + 4abx + b^2 = b^2 - 4ac = k^2,$$

c'est-à-dire

$$(2ax + b)^2 - k^2 = 0.$$

237. *Deuxième cas.* — Si l'on a $b^2 - 4ac < 0$, les racines de l'équation sont *imaginaires* (70-223, 10°).

Le premier membre de l'équation équivaut, dans ce cas, à la somme de deux carrés.

En effet, puisque $b^2 - 4ac$ est une quantité négative, on peut poser $b^2 - 4ac = -k^2$, en désignant par k une quantité réelle dont le carré sera nécessairement positif. On a alors, en se reportant au n° 232,

$$4a^2x^2 + 4abx + b^2 = b^2 - 4ac = -k^2,$$

c'est-à-dire

$$(2ax + b)^2 + k^2 = 0.$$

Le premier membre de l'équation, étant la somme de deux carrés, reste positif pour toutes les valeurs réelles de x; par conséquent, aucune valeur réelle de x ne peut l'annuler, et l'Algèbre doit répondre par des racines imaginaires.

Le calcul des expressions imaginaires est soumis, comme nous l'expliquerons plus tard en détail (*voir l'Algèbre supérieure*), aux mêmes règles que celui des quantités réelles (223, 10°). On admet donc, en particulier, que l'expression $\sqrt{-1}$ élevée au carré donne pour résultat -1, et que, pour extraire la racine carrée d'un produit, il suffit d'extraire la racine de chaque facteur, qu'il soit positif ou négatif.

Les racines de l'équation étant ici

$$x = \frac{-b \pm \sqrt{b^2 - 4ac}}{2a} = \frac{-b \pm \sqrt{-k^2}}{2a},$$

on peut écrire, d'après ce qui précède (223, 10°),

$$\sqrt{-k^2} = \sqrt{k^2(-1)} = k\sqrt{-1} = ki;$$

par suite

$$x = \frac{-b \pm ki}{2a}.$$

Si l'on pose $-\frac{b}{2a} = \alpha$, $\frac{k}{2a} = \beta$, α et β étant des quantités réelles, on a finalement

$$x = \alpha \pm \beta i.$$

Telle est la forme générale des expressions imaginaires auxquelles la résolution des équations du second degré à une inconnue donne naissance dans l'hypothèse de $b^2 - 4ac < 0$.

On traite dans les calculs le symbole $i = \sqrt{-1}$ comme une lettre ordinaire, à la seule condition de remplacer i^2 par -1.

On peut vérifier alors que, dans le cas considéré, les valeurs imaginaires de l'inconnue annulent le premier membre de l'équation, c'est-à-dire satisfont bien à cette équation.

238. *Troisième cas.* — Si l'on a $b^2 - 4ac = 0$, les racines de l'équation sont *réelles et égales*. Elles se réduisent toutes deux, d'après la formule (1), à $-\dfrac{b}{2a}$.

Le premier membre de l'équation équivaut, dans ce cas, à un carré parfait.

En effet, on a alors, en se reportant au n° 232,

$$4a^2x^2 + 4abx + b^2 = b^2 - 4ac = 0,$$

c'est-à-dire

$$(2ax + b)^2 = 0.$$

239. En résumé, *toute équation du second degré de la forme* $ax^2 + bx + c = 0$ *admet deux racines qui sont réelles et inégales, imaginaires ou réelles et égales, suivant que la quantité caractéristique* $b^2 - 4ac$ *est positive, négative ou nulle, c'est-à-dire suivant que le premier membre de l'équation est la différence de deux carrés, la somme de deux carrés ou un carré parfait.*

Applications.

240. 1° *Soit proposé de résoudre l'équation*

$$\frac{a+b}{x-a} + \frac{a-b}{x-3b} = \frac{3}{2}.$$

Chassons les dénominateurs, en ayant soin de conserver à part le dénominateur commun $2(x-a)(x-3b)$. Il vient

$$2(a+b)(x-3b) + 2(a-b)(x-a) = 3(x-a)(x-3b),$$

d'où

$$2ax + 2bx - 6ab - 6b^2 + 2ax - 2bx - 2a^2 + 2ab$$
$$= 3x^2 - 3ax - 9bx + 9ab.$$

En simplifiant et en ramenant l'équation à la forme générale, on a

$$3x^2 - (7a + 9b)x + 2a^2 + 13ab + 6b^2 = 0,$$

d'où

$$x = \frac{7a + 9b \pm \sqrt{(7a+9b)^2 - 4.3.(2a^2 + 13ab + 6b^2)}}{6}.$$

En effectuant les calculs sous le radical, on trouve

$$x = \frac{7a + 9b \pm \sqrt{25a^2 - 30ab + 9b^2}}{6}.$$

La quantité placée sous le radical étant le carré du binôme $5a - 3b$, on a enfin

$$x = \frac{7a + 9b \pm (5a - 3b)}{6}.$$

En séparant les racines, on peut écrire

$$x' = 2a + b, \quad x'' = \frac{a + 6b}{3}.$$

Ces valeurs n'annulent pas le dénominateur commun supprimé

$$2(x - a)(x - 3b),$$

elles vérifient d'ailleurs l'équation proposée : ce sont donc les racines cherchées (121).

2° *Soit proposé de résoudre l'équation*

$$\sqrt{a + x} = 1 + \sqrt{b + x},$$

et d'appliquer la formule aux données

$$a = 7, \quad b = 2.$$

Quand une équation renferme des radicaux du second degré, elle peut être ramenée à la forme générale $ax^2 + bx + c = 0$ par des élévations successives au carré; mais ces élévations pouvant augmenter le nombre des racines (104), il faut avoir soin de vérifier les résultats obtenus.

Pour faire disparaître les radicaux, il faut ici élever deux fois de suite au carré. On obtient d'abord

$$a + x = 1 + b + x + 2\sqrt{b + x},$$

d'où

$$2\sqrt{b + x} = a - b - 1.$$

En élevant encore au carré, il vient

$$4(b + x) = (a - b - 1)^2,$$

d'où

$$x = \frac{(a - b - 1)^2 - 4b}{4}.$$

Comme nous avons élevé au carré, la racine trouvée peut ne pas satisfaire à l'équation proposée. Vérifions cette racine. Si on la substitue à la place de x dans l'équation, on a

$$\sqrt{a + \frac{(a - b - 1)^2 - 4b}{4}} = 1 + \sqrt{b + \frac{(a - b - 1)^2 - 4b}{4}}.$$

DE C. — *Cours.* I.

Le premier radical revient à

$$\sqrt{\frac{4a - 4b + (a - b - 1)^2}{4}} \quad \text{ou à} \quad \sqrt{\frac{4(a - b) + (a - b - 1)^2}{4}}.$$

Si l'on considère $(a - b - 1)^2$ comme le carré du binôme $(a - b) - 1$, il vient

$$\sqrt{\frac{4(a - b) + (a - b)^2 - 2(a - b) + 1}{4}} = \sqrt{\frac{(a - b)^2 + 2(a - b) + 1}{4}}.$$

La quantité placée sous le radical représente le carré de $\dfrac{(a - b) + 1}{2}$, c'est-à-dire que ce radical équivaut à la fraction $\dfrac{a - b + 1}{2}$. Le second radical $\sqrt{b + \dfrac{(a - b - 1)^2 - 4b}{4}}$ n'est évidemment autre chose que la fraction $\dfrac{a - b - 1}{2}$. On doit donc avoir

$$\frac{a - b + 1}{2} = 1 + \frac{a - b - 1}{2},$$

égalité évidente.

Si l'on fait dans la formule générale $a = 7$ et $b = 2$, la valeur particulière de x est

$$x = \frac{(7 - 2 - 1)^2 - 8}{4} = 2.$$

Substituée dans l'équation

$$\sqrt{7 + x} = 1 + \sqrt{2 + x},$$

elle donne l'identité

$$\sqrt{9} = 1 + \sqrt{4}.$$

3° *Résoudre l'équation*

$$(x^2 + 2x - 35)(x^2 - x - 6) = 0.$$

Il suffit évidemment de poser successivement

$$x^2 + 2x - 35 = 0 \quad \text{et} \quad x^2 - x - 6 = 0.$$

La première équation donne

$$x = -1 \pm \sqrt{1 + 35} = -1 \pm 6, \quad \text{d'où} \quad \begin{cases} x' = 5 \\ x'' = -7. \end{cases}$$

La seconde équation donne à son tour

$$x = \frac{1 \pm \sqrt{1 + 24}}{2} = \frac{1 \pm 5}{2}, \quad \text{d'où} \quad \begin{cases} x''' = 3 \\ x^{\text{IV}} = -2. \end{cases}$$

Les quatre racines cherchées sont $5, -7, 3, -2$.

4° Résoudre l'équation

$$\sqrt{x+5} + \sqrt{2x+8} = 7.$$

En élevant une première fois au carré, on trouve

$$x + 5 + 2x + 8 + 2\sqrt{(x+5)(2x+8)} = 49,$$

d'où

$$2\sqrt{(x+5)(2x+8)} = 36 - 3x.$$

Si l'on élève une seconde fois au carré, il vient

$$4(x+5)(2x+8) = (36 - 3x)^2,$$

d'où

$$x^2 - 288x + 1136 = 0.$$

Cette équation donne

$$x = 144 \pm \sqrt{144^2 - 1136} = 144 \pm \sqrt{19600}.$$

Par suite,

$$x' = 284, \quad x'' = 4.$$

Nous devons vérifier ces racines. La première conduit à

$$\sqrt{289} + \sqrt{576} = 7,$$

résultat inadmissible : elle ne vérifie pas l'équation donnée. La seconde racine conduit à

$$\sqrt{9} + \sqrt{16} = 7,$$

c'est-à-dire à une identité : elle seule vérifie donc l'équation proposée.

Si l'on prenait le premier radical avec le signe —, la première racine conviendrait, et la seconde racine ne satisferait plus. Il faut remarquer à ce sujet que les signes particuliers des radicaux disparaissant dans l'élévation au carré, l'équation finale répond à toutes les combinaisons de signes de ces radicaux : une racine qui ne satisfait point au premier abord peut donc convenir si l'on fait sur les signes des radicaux l'hypothèse convenable, à condition toutefois que cette hypothèse soit permise.

5° Résoudre l'équation

$$\sqrt{28 + 2x} = \sqrt{21 + x} + 1.$$

En élevant les deux membres au carré, on obtient

$$28 + 2x = 21 + x + 2\sqrt{21 + x} + 1,$$

d'où

$$6 + x = 2\sqrt{21 + x}.$$

Une seconde élévation au carré donne

$$36 + 12x + x^2 = 84 + 4x,$$

d'où

$$x^2 + 8x - 48 = 0.$$

31.

On en déduit

$$x = -4 \pm \sqrt{16 + 48} = -4 \pm 8.$$

On a donc

$$x' = 4 \quad \text{et} \quad x'' = -12.$$

La première valeur substituée dans l'équation donne

$$\sqrt{36} = \sqrt{25} + 1.$$

La seconde conduit à

$$\sqrt{4} = \sqrt{9} + 1.$$

La première vérifie l'équation telle qu'elle est posée; la seconde ne la vérifie que si l'on peut prendre les deux radicaux avec le signe —.

6° *Résoudre l'équation*

$$\sqrt{14 + x} + \sqrt{5 + 2x} = 1.$$

En élevant au carré, on a

$$14 + x + 2\sqrt{(14 + x)(5 + 2x)} + 5 + 2x = 1,$$

d'où

$$2\sqrt{(14 + x)(5 + 2x)} = -18 - 3x.$$

En élevant une seconde fois au carré, il vient

$$4(14 + x)(5 + 2x) = (18 + 3x)^2,$$

c'est-à-dire

$$x^2 - 24x + 44 = 0.$$

On en déduit

$$x = 12 \pm \sqrt{144 - 44} = 12 \pm 10.$$

On a donc

$$x' = 22 \quad \text{et} \quad x'' = 2.$$

La vérification donne

$$\sqrt{36} + \sqrt{49} = 1,$$
$$\sqrt{16} + \sqrt{9} = 1;$$

c'est-à-dire qu'aucune des racines trouvées ne satisfait. Pour qu'il y ait vérification, il faut qu'on puisse prendre d'abord le premier radical avec le signe — et le second avec le signe +; puis, faire l'inverse.

Cas particulier où le coefficient a est égal à zéro.

241. Si l'on suppose $a = 0$, l'équation générale s'abaisse au premier degré et devient

$$bx + c = 0, \quad \text{d'où} \quad x = -\frac{c}{b}.$$

Si l'on introduit la même condition dans la formule générale de résolution, on trouve

$$x = \frac{-b \pm \sqrt{b^2}}{0} = \frac{-b \pm b}{0}.$$

Les deux racines se présentent donc alors sous la forme

$$x' = \frac{0}{0}, \quad x'' = \frac{-2b}{0} = \infty.$$

Comme la formule générale a été obtenue en supposant expressément a différent de zéro, il pourrait se faire que l'accord cessât d'exister entre les résultats fournis par l'équation elle-même et ceux déduits de la formule; mais nous allons voir que cet accord se maintient, même dans l'hypothèse extrême que nous considérons.

En effet, avant toute supposition sur la valeur de a, on a

$$x' = \frac{-b + \sqrt{b^2 - 4ac}}{2a}.$$

Multiplions les deux termes de cette expression par la différence $-b - \sqrt{b^2 - 4ac}$. On trouve alors

$$x' = \frac{(-b + \sqrt{b^2 - 4ac})(-b - \sqrt{b^2 - 4ac})}{2a(-b - \sqrt{b^2 - 4ac})},$$

c'est-à-dire, en effectuant et en simplifiant,

$$x' = \frac{4ac}{2a(-b - \sqrt{b^2 - 4ac})} = \frac{2c}{-b - \sqrt{b^2 - 4ac}}.$$

On voit que le facteur commun $2a$ disparaît. C'est ce facteur qui, en devenant nul, réduisait à zéro les deux termes de la valeur de x'. Si l'on fait maintenant $a = 0$, on obtient, pour *vraie valeur* (**117**) de x',

$$x' = \frac{2c}{-b - b} = -\frac{c}{b}.$$

C'est la racine fournie par l'équation $bx + c = 0$.

Quant à la seconde racine x'', qui, d'après la formule générale, se présente sous forme infinie, son existence dépend du théorème suivant : *Toutes les fois que, dans une équation algébrique, les premiers termes disparaissent successivement et par ordre, à chaque terme disparu correspond une racine infinie.*

Posons, par exemple, en nous bornant à l'équation du second degré, $x = \dfrac{1}{y}$. L'équation $ax^2 + bx + c = 0$ devient

$$\frac{a}{y^2} + \frac{b}{y} + c = 0$$

ou, en chassant les dénominateurs,

$$cy^2 + by + a = 0.$$

Pour $a = 0$, cette équation se réduit à

$$cy^2 + by = 0, \quad \text{d'où} \quad y' = -\frac{b}{c} \quad \text{et} \quad y'' = 0.$$

Par suite, l'équation en x admet alors pour racines, en vertu de la relation $x = \dfrac{1}{y}$,

$$x' = \frac{1}{y'} = -\frac{c}{b} \quad \text{et} \quad x'' = \frac{1}{y''} = \infty.$$

Si l'on supposait à la fois $a = 0$ et $b = 0$, on aurait $cy^2 = 0$, d'où $y' = y'' = 0$ et, par suite, $x' = x'' = \infty$.

CHAPITRE III.

PROPRIÉTÉS DES ÉQUATIONS DU SECOND DEGRÉ.

Relations entre les coefficients et les racines d'une équation du second degré.

242. Reprenons la formule générale

$$x = \frac{-b \pm \sqrt{b^2 - 4ac}}{2a}.$$

En séparant les deux racines, nous aurons

$$x' = \frac{-b + \sqrt{b^2 - 4ac}}{2a}, \quad x'' = \frac{-b - \sqrt{b^2 - 4ac}}{2a}.$$

Si l'on ajoute ces deux valeurs, il vient

$$x' + x'' = -\frac{b}{a}.$$

Si on les multiplie, on trouve

$$x'x'' = \frac{(-b + \sqrt{b^2 - 4ac})(-b - \sqrt{b^2 - 4ac})}{4a^2}.$$

On a au numérateur de l'expression le produit d'une somme par une différence : on peut donc le remplacer par la différence des carrés des quantités considérées. On a ainsi

$$x'x'' = \frac{b^2 - (b^2 - 4ac)}{4a^2} = \frac{4ac}{4a^2} = \frac{c}{a},$$

et l'on peut énoncer ces deux propriétés très-importantes.

Dans toute équation du second degré :

1° *La somme des racines est égale au quotient changé de signe du coefficient de x par celui de x²*; 2° *le produit des*

racines est égal au quotient pris avec son signe du terme indépendant par le coefficient de x^2.

Soit l'équation

$$7x^2 + 10x + 4 = 0.$$

La somme de ses racines est égale à $-\dfrac{10}{7}$ et leur produit à $\dfrac{4}{7}$.

Soit l'équation

$$x^2 - 3x - 5 = 0.$$

La somme de ses racines est égale à 3 et leur produit à -5.

243. Ce qui précède permet de résoudre immédiatement
cette question : *Trouver deux nombres dont la somme et le
produit soient donnés.*

Si la somme donnée est S et le produit donné P, les deux
nombres cherchés sont les racines de l'équation

$$x^2 - Sx + P = 0,$$

puisqu'on a, en désignant ces racines par x' et x'',

$$x' + x'' = S, \quad x'x'' = P.$$

On peut facilement vérifier ce théorème usuel. Si l'on appelle
x l'un des deux nombres demandés, l'autre est $S - x$, et l'on
doit avoir

$$x(S - x) = P,$$

d'où

$$Sx - x^2 = P \quad \text{ou} \quad x^2 - Sx + P = 0.$$

x représentant l'un quelconque des deux nombres, les racines
de cette équation sont les deux nombres cherchés.

Trouver deux nombres dont la somme soit 15 et le produit 56.
On a

$$x^2 - 15x + 56 = 0,$$

d'où

$$x = \frac{15 \pm \sqrt{225 - 224}}{2} = \frac{15 \pm 1}{2},$$

c'est-à-dire

$$x' = 8, \quad x'' = 7.$$

244. On peut encore, d'après ce qui précède, *indiquer la
nature des racines d'une équation du second degré sans la*

résoudre. Prenons l'équation sous la forme $ax^2 + bx + c = 0$, et remarquons qu'il est toujours permis de supposer a positif ([1]). Nous distinguerons trois cas :

1° Si c est *positif*, le terme $-4ac$, placé sous le radical dans la formule générale $x = \dfrac{-b \pm \sqrt{b^2 - 4ac}}{2a}$, est négatif. *On ne peut donc savoir d'avance la nature des racines qu'en formant la quantité* $b^2 - 4ac$.

Si l'on a $b^2 - 4ac < 0$, les racines sont imaginaires; aucune recherche ultérieure n'est nécessaire.

Si l'on a $b^2 - 4ac = 0$, les racines sont réelles et égales. On a immédiatement $x = -\dfrac{b}{2a}$, puisque le radical s'annule. D'ailleurs, les deux racines étant égales, chacune d'elles est la moitié de leur somme $-\dfrac{b}{a}$.

Si l'on a $b^2 - 4ac > 0$, les deux racines sont réelles et inégales. Elles sont de même signe, puisque leur produit $\dfrac{c}{a}$ est positif. Leur somme étant $-\dfrac{b}{a}$, elles sont positives si b est négatif, négatives si b est positif, c'est-à-dire qu'elles sont de signe contraire à b.

2° Si c est *négatif*, le terme $-4ac$, placé sous le radical de la formule générale $x = \dfrac{-b \pm \sqrt{b^2 - 4ac}}{2a}$, est positif; la quantité placée sous le radical est alors toujours positive, c'est-à-dire que *les racines sont toujours réelles*. Leur produit $\dfrac{c}{a}$ étant négatif, elles sont de signes contraires : l'une est positive, l'autre est négative; la plus grande des deux donne son signe à la somme des racines, c'est-à-dire qu'elle est de signe contraire à b, puisque cette somme est $-\dfrac{b}{a}$.

3° Si c est *nul*, le terme $-4ac$ s'évanouit, et l'on a

$$x = \frac{-b \pm \sqrt{b^2}}{2a} = \frac{-b \pm b}{2a}.$$

([1]) Si a était négatif, on n'aurait qu'à changer les signes des deux membres de l'équation.

L'une des racines est nulle, l'autre est $-\dfrac{b}{a}$. En effet, le produit des racines étant nul sans que leur somme le soit, l'une d'elles est nulle et l'autre est égale à leur somme. C'est encore ce qu'indique immédiatement l'équation

$$a x^2 + b x = 0,$$

d'où l'on déduit

$$x (a x + b) = 0.$$

En résumé, les racines de l'équation sont réelles et inégales dans deux cas : *si c est positif et qu'on ait* $b^2 - 4ac > 0$, *ces racines réelles sont toutes deux de signe contraire à b*; *si c est négatif, les racines, toujours réelles, sont de signes contraires, et la plus grande en valeur absolue est de signe contraire à b.*

Soit l'équation

$$3 x^2 + 2 x + 7 = 0.$$

On a ici

$$b^2 - 4ac = 4 - 4.3.7;$$

les racines sont imaginaires.

Soit l'équation

$$4 x^2 - 8 x + 4 = 0.$$

On a

$$b^2 - 4ac = 64 - 4.4.4 = 0.$$

Les racines sont toutes deux égales à $\dfrac{8}{2.4}$ ou à 1.

Soit l'équation

$$5 x^2 - 13 x + 8 = 0.$$

On a

$$b^2 - 4ac = 169 - 4.5.8 = 9.$$

Les racines sont réelles et inégales. Elles sont toutes deux positives.

Soit l'équation

$$7 x^2 - 3 x - 5 = 0.$$

c est négatif; les racines sont nécessairement réelles. Elles sont de signes contraires : la plus grande est positive, parce que b est négatif.

**Condition pour que l'équation du second degré ait ses deux
racines égales et de signes contraires.**

245. De l'hypothèse $x' = -x''$, on déduit $x' + x'' = 0$;
mais (242) $x' + x'' = -\dfrac{b}{a}$. On doit donc avoir alors $b = 0$.

Ainsi, *pour qu'une équation du second degré ait ses deux
racines égales et de signes contraires, il faut et il suffit que le
coefficient de son second terme soit égal à zéro.*

**Condition pour que deux équations du second degré aient
une racine commune.**

246. Soient les deux équations

$$ax^2 + bx + c = 0, \quad a'x^2 + b'x + c' = 0.$$

Si x' désigne une racine *commune* à ces deux équations,
on doit avoir à la fois

$$ax'^2 + bx' + c = 0,$$
$$a'x'^2 + b'x' + c' = 0,$$

d'où l'on déduit, en retranchant ces deux égalités membre à
membre après les avoir multipliées respectivement par a' et
par a,

$$(ab' - ba')x' + ac' - ca' = 0.$$

On a donc, pour l'expression de la racine commune en fonction des coefficients des deux équations données,

$$x' = \frac{ca' - ac'}{ab' - ba'}.$$

Ces deux équations devant être satisfaites simultanément par
$x = x'$, on obtient la condition cherchée en remplaçant dans
l'une d'elles x par x'. On a, par conséquent,

$$a\frac{(ca' - ac')^2}{(ab' - ba')^2} + b\frac{ca' - ac'}{ab' - ba'} + c = 0;$$

ce qu'on peut écrire, en chassant les dénominateurs,

$$a(ac' - ca')^2 + b(ca' - ac')(ab' - ba') + c(ab' - ba')^2 = 0$$

ou

$$a(ac' - ca')^2 = (ab' - ba')[b(ac' - ca') - c(ab' - ba')].$$

Si l'on simplifie dans le second membre et si l'on supprime le facteur commun a qui apparaît alors, l'équation de condition demandée est finalement

$$(ac' - ca')^2 = (ab' - ba')(bc' - cb').$$

En écrivant les coefficients des équations données sur deux lignes horizontales, en les multipliant ensuite en croix et en séparant les produits obtenus par le signe —, on a les trois binômes $ab' - ba'$, $bc' - cb'$, $ac' - ca'$. On peut donc énoncer la condition trouvée en disant que *le carré du dernier binôme doit être égal au produit des deux autres.*

Condition pour que deux équations du second degré aient les mêmes racines.

247. Soient les deux équations

$$ax^2 + bx + c = 0, \quad a'x^2 + b'x + c' = 0,$$

qui ont les mêmes racines x' et x''. On a alors à la fois (242)

$$x' + x'' = -\frac{b}{a} = -\frac{b'}{a'},$$

$$x'x'' = \frac{c}{a} = \frac{c'}{a'}.$$

On en déduit immédiatement

$$\frac{a}{a'} = \frac{b}{b'} = \frac{c}{c'}.$$

Pour que deux équations du second degré aient les mêmes racines, il faut donc et il suffit que les coefficients des deux équations soient proportionnels.

Sommes des puissances semblables des racines d'une équation du second degré.

248. Nous nous proposons d'établir la formule générale qui permet d'obtenir la somme de deux puissances semblables quelconques des racines de l'équation du second degré. Mettons cette équation sous la forme

$$x^2 + \frac{b}{a} x + \frac{c}{a} = 0.$$

En multipliant les deux membres par x^{m-2}, on obtient

$$x^m + \frac{b}{a} x^{m-1} + \frac{c}{a} x^{m-2} = 0;$$

l'équation ainsi transformée doit être encore satisfaite pour $x = x'$ et $x = x''$, en désignant ainsi les racines de l'équation donnée. On a donc

$$x'^m + \frac{b}{a} x'^{m-1} + \frac{c}{a} x'^{m-2} = 0,$$

$$x''^m + \frac{b}{a} x''^{m-1} + \frac{c}{a} x''^{m-2} = 0.$$

En ajoutant ces deux relations, et en isolant la somme $x'^m + x''^m$ dans le premier membre de l'égalité résultante, on a

$$x'^m + x''^m = -\frac{b}{a}(x'^{m-1} + x''^{m-1}) - \frac{c}{a}(x'^{m-2} + x''^{m-2}).$$

C'est la formule demandée : deux sommes consécutives étant connues, elle détermine la somme suivante. Or,

$$x'^0 + x''^0 = 2 \quad \text{et} \quad x' + x'' = -\frac{b}{a}.$$

Par conséquent, en remplaçant m par les valeurs 2, 3, 4, 5, ..., on obtient

$$x'^2 + x''^2 = \frac{b^2}{a^2} - \frac{2c}{a} = \frac{b^2 - 2ac}{a^2},$$

$$x'^3 + x''^3 = -\frac{b}{a} \frac{b^2 - 2ac}{a^2} + \frac{bc}{a^2} = \frac{-b^3 + 3abc}{a^3},$$

$$x'^4 + x''^4 = -\frac{b}{a} \frac{-b^3 + 3abc}{a^3} - \frac{c}{a} \frac{b^2 - 2ac}{a^2} = \frac{b^4 - 4ab^2c + 2a^2c^2}{a^4},$$

$$x'^5 + x''^5 = -\frac{b}{a} \frac{b^4 - 4ab^2c + 2a^2c^2}{a^4} - \frac{c}{a} \frac{-b^3 + 3abc}{a^3}$$

$$= \frac{-b^5 + 5ab^3c - 5a^2bc^2}{a^5},$$

. . . .

Décomposition d'un trinôme du second degré en facteurs du premier degré.

249. Soit un trinôme du second degré

$$a x^2 + b x + c.$$

x peut recevoir dans ce trinôme *toutes les valeurs possibles.* Si on l'égale à zéro, il en résulte pour x *deux valeurs spéciales* x' et x'', racines de l'équation $ax^2 + bx + c = 0$, et l'on a (242)

$$x' + x'' = -\frac{b}{a}, \quad x'x'' = \frac{c}{a}.$$

Si l'on met le trinôme donné sous la forme

$$a x^2 + b x + c = a\left(x^2 + \frac{b}{a}x + \frac{c}{a}\right),$$

et si l'on remplace les quotients $\frac{b}{a}$ et $\frac{c}{a}$ par les expressions équivalentes $-(x' + x'')$ et $x'x''$, on obtient évidemment un trinôme identique au proposé, dans lequel x peut de nouveau recevoir toutes les valeurs possibles. Ainsi,

$$a x^2 + b x + c = a[x^2 - (x' + x'')x + x'x''].$$

Mais

$$\begin{aligned}
x^2 - (x' + x'')x + x'x'' &= x^2 - x'x - x''x + x'x'' \\
&= x(x - x') - x''(x - x') \\
&= (x - x')(x - x'').
\end{aligned}$$

On a donc finalement l'*identité*

$$a x^2 + b x + c = a(x - x')(x - x''),$$

et l'on parvient à ce théorème dont l'usage est continuel :

Tout trinôme du second degré de la forme $ax^2 + bx + c$ équivaut au produit du coefficient de son premier terme par deux facteurs du premier degré, obtenus en retranchant respectivement de la variable x chacune des racines x' et x'' qu'on trouve en égalant le trinôme à zéro.

Si l'on demande de transformer le trinôme $2x^2 + 5x - 63$,

on pose
$$2x^2 + 5x - 63 = 0,$$
d'où
$$x = \frac{-5 \pm \sqrt{25 + 504}}{4} = \frac{-5 \pm 23}{4} \quad \text{et} \quad \begin{cases} x' = 4,5, \\ x'' = -7. \end{cases}$$

Par suite,
$$2x^2 + 5x - 63 = 2(x - 4,5)(x + 7),$$
quel que soit x.

De même, si l'on demande de transformer le trinôme
$$x^2 - 5x + 6,$$
on pose
$$x^2 - 5x + 6 = 0,$$
d'où
$$x = \frac{5 \pm \sqrt{25 - 24}}{2} = \frac{5 \pm 1}{2} \quad \text{et} \quad \begin{cases} x' = 3, \\ x'' = 2. \end{cases}$$

Par suite,
$$x^2 - 5x + 6 = (x - 3)(x - 2),$$
quel que soit x.

250. Le théorème précédent est si important, que nous en donnerons une seconde démonstration directe.

Soit le trinôme $ax^2 + bx + c$. On a identiquement
$$ax^2 + bx + c = a\left(x^2 + \frac{b}{a}x + \frac{c}{a}\right).$$

On ne change rien à la quantité renfermée entre parenthèses, en l'augmentant et en la diminuant à la fois du terme $\frac{b^2}{4a^2}$. On a alors
$$ax^2 + bx + c = a\left(x^2 + \frac{b}{a}x + \frac{c}{a} + \frac{b^2}{4a^2} - \frac{b^2}{4a^2}\right)$$
ou
$$ax^2 + bx + c = a\left[x^2 + \frac{b}{a}x + \frac{b^2}{4a^2} - \left(\frac{b^2}{4a^2} - \frac{c}{a}\right)\right];$$

mais $x^2 + \frac{b}{a}x + \frac{b^2}{4a^2}$ représente le carré du binôme $x + \frac{b}{2a}$, et la différence $\frac{b^2}{4a^2} - \frac{c}{a}$ est le carré de $\sqrt{\frac{b^2}{4a^2} - \frac{c}{a}}$. On peut donc écrire

$$a x^2 + b x + c = a\left[\left(x + \frac{b}{2a}\right)^2 - \left(\sqrt{\frac{b^2}{4a^2} - \frac{c}{a}}\right)^2\right].$$

La différence des deux carrés renfermés entre parenthèses peut être remplacée par le produit de la somme de leurs racines par la différence de ces mêmes racines; d'où

$$a x^2 + b x + c = a\left(x + \frac{b}{2a} + \sqrt{\frac{b^2}{4a^2} - \frac{c}{a}}\right)$$
$$\times \left(x + \frac{b}{2a} - \sqrt{\frac{b^2}{4a^2} - \frac{c}{a}}\right).$$

Mais, si l'on se souvient que l'équation

$$a x^2 + b x + c = 0 \quad \text{ou} \quad x^2 + \frac{b}{a}x + \frac{c}{a} = 0$$

a précisément pour racines

$$x' = -\frac{b}{2a} + \sqrt{\frac{b^2}{4a^2} - \frac{c}{a}} \quad \text{et} \quad x'' = -\frac{b}{2a} - \sqrt{\frac{b^2}{4a^2} - \frac{c}{a}},$$

on a en réalité, comme précédemment,

$$a x^2 + b x + c = a(x - x')(x - x'').$$

251. Appliquons directement au trinôme $a x^2 + b x + c$ les considérations déjà développées (236, 237, 238), et considérons l'expression qu'on vient d'établir

$$a x^2 + b x + c = a\left[\left(x + \frac{b}{2a}\right)^2 - \left(\frac{b^2}{4a^2} - \frac{c}{a}\right)\right]$$

ou

$$(1) \qquad a x^2 + b x + c = a\left[\left(x + \frac{b}{2a}\right)^2 - \frac{b^2 - 4ac}{4a^2}\right].$$

Si l'on a $b^2 - 4ac > 0$, c'est-à-dire si les racines x' et x'' du trinôme égalé à zéro sont réelles et inégales, on peut poser $b^2 - 4ac = K^2$, et regarder la parenthèse du second membre comme la différence de deux carrés.

Donc, *lorsque les racines du trinôme* $a x^2 + b x + c$ *égalé à zéro sont réelles et inégales, on peut regarder ce trinôme comme le produit de son coefficient a par la différence de deux carrés.*

Si l'on a $b^2 - 4ac < 0$, c'est-à-dire si les racines x' et x'' du trinôme égalé à zéro sont imaginaires, on peut poser

$$b^2 - 4ac = -K^2,$$

et regarder la parenthèse du second membre de l'identité (1) comme la somme de deux carrés.

Donc, *lorsque les racines du trinôme* $ax^2 + bx + c$, *égalé à zéro, sont imaginaires, on peut regarder ce trinôme comme le produit de son coefficient* a *par la somme de deux carrés.*

Enfin, si l'on a $b^2 - 4ac = 0$, c'est-à-dire si les racines x' et x'' du trinôme égalé à zéro se confondent, la parenthèse du second membre de l'identité (1) se réduit à un carré parfait.

Donc, *lorsque les racines du trinôme* $ax^2 + bx + c$, *égalé à zéro, sont réelles et égales, on peut regarder ce trinôme comme le produit de son coefficient* a *par un carré parfait.*

En résumé, suivant qu'on a $b^2 - 4ac > 0$, $b^2 - 4ac < 0$, $b^2 - 4ac = 0$, on peut écrire

$$ax^2 + bx + c = a\left[\left(x + \frac{b}{2a}\right)^2 - \frac{K^2}{4a^2}\right] = a(x - x')(x - x''),$$

$$ax^2 + bx + c = a\left[\left(x + \frac{b}{2a}\right)^2 + \frac{K^2}{4a^2}\right],$$

$$ax^2 + bx + c = a\left(x + \frac{b}{2a}\right)^2.$$

Conséquence.

232. Il résulte des différentes formes que nous venons d'indiquer (251) que le trinôme $ax^2 + bx + c$ conserve le même signe que a pour toutes les valeurs de la variable x, depuis $-\infty$ jusqu'à $+\infty$, lorsque les racines x' et x'' de ce trinôme égalé à zéro sont imaginaires ou bien réelles et égales.

Quand les racines x' et x'' sont réelles et inégales, le trinôme conserve le signe de a pour toutes les valeurs de x qui ne sont pas comprises entre x' et x'', c'est-à-dire qui sont *extérieures* aux racines; car, alors, les deux facteurs $(x - x')$ et $(x - x'')$ sont de même signe et leur produit est positif. Le trinôme est de signe contraire à a pour toutes les valeurs de x comprises entre x' et x'', c'est-à-dire qui sont *intérieures* aux racines; car, alors, les deux facteurs $(x - x')$ et $(x - x'')$ sont de signes contraires, et leur produit est négatif.

En résumé, *le signe du trinôme est toujours celui du coefficient a, excepté dans un seul cas : celui où, les racines du trinôme égalé à zéro étant réelles et inégales, on donne à x des valeurs comprises entre ces deux racines.*

Inégalités du second degré.

253. La forme la plus générale d'une inégalité du second degré est la suivante :

$$a x^2 + b x + c > 0 \quad \text{ou} \quad a x^2 + b x + c < 0.$$

On peut toujours supposer a positif. Si ce coefficient était négatif, on multiplierait par -1 les deux membres de l'inégalité et l'on en renverserait le sens (**215, III**).

1° Si les racines de l'équation $a x^2 + b x + c = 0$, obtenue en égalant le premier membre de l'inégalité à zéro, sont imaginaires ou bien si elles sont réelles et égales, les valeurs du trinôme sont toujours de même signe que a (**252**), par conséquent toujours positives. On satisfait alors nécessairement à la relation

$$a x^2 + b x + c > 0,$$

en donnant à x une valeur réelle quelconque; mais on ne peut jamais satisfaire à la relation

$$a x^2 + b x + c < 0.$$

2° Si les racines x' et x'' de l'équation $a x^2 + b x + c = 0$ sont réelles et inégales, on peut satisfaire à la relation

$$a x^2 + b x + c > 0,$$

en donnant à x toutes les valeurs réelles *extérieures* aux racines; mais x ne peut recevoir aucune valeur *intérieure* aux racines (**252**).

En désignant par x' la plus grande des deux racines x' et x'', on doit donc avoir, dans l'hypothèse considérée,

$$x > x' \quad \text{ou} \quad x < x''.$$

Par conséquent, x' est alors un *minimum* de x (**220**), pour les valeurs de x qui vont en croissant de x' à $+\infty$, et x'' est un *maximum* de x pour les valeurs décroissantes de x, depuis x'' jusqu'à $-\infty$. Il y a *discontinuité* pour les valeurs possibles de x, de x'' à x'.

Si l'on veut, au contraire, satisfaire à l'inégalité

$$a x^2 + b x + c < o,$$

on ne peut donner à x que des valeurs comprises entre les deux racines (252), de sorte qu'on doit avoir

$$x' > x > x''.$$

Par conséquent, x'' est alors un *minimum* de x et x' un *maximum* de x, pour la série croissante *continue* des valeurs possibles de x, qui va de x'' à x'.

254. En résumé et a étant supposé positif, *on peut toujours satisfaire à l'inégalité $a x^2 + b x + c > o$: 1° en donnant à x une valeur réelle quelconque, lorsque les racines de l'équation $a x^2 + b x + c = o$ sont réelles et égales ou imaginaires ; 2° en donnant à x une valeur réelle quelconque, pourvu qu'elle ne soit pas comprise entre les deux racines, dans le cas où ces dernières sont réelles et inégales.*

On ne peut satisfaire à l'inégalité $a x^2 + b x + c < o$ que dans le cas où les racines de l'équation $a x^2 + b x + c = o$ sont réelles et inégales, et alors il faut que la valeur réelle donnée à x soit comprise entre ces deux racines.

Si a était négatif, il suffirait d'appliquer ce qu'on vient de dire pour l'inégalité $a x^2 + b x + c < o$ à l'inégalité

$$a x^2 + b x + c > o,$$

et réciproquement.

255. Soit l'inégalité

$$- 3 x^2 + 7 x - 5 < o.$$

Les racines de l'équation

$$- 3 x^2 + 7 x - 5 = o$$

étant imaginaires, cette inégalité est satisfaite par toutes les valeurs réelles de x.

Soit l'inégalité

$$x^2 - 3 x - 4 < o.$$

Les racines de l'équation

$$x^2 - 3 x - 4 = o$$

étant 4 et — 1, cette inégalité n'est satisfaite que par les valeurs de x comprises entre 4 et — 1; 4 est la valeur *maximum*
de x, — 1 est sa valeur *minimum*.

Soit l'inégalité

$$3x^2 - 10x + 3 > 0.$$

Les racines de l'équation

$$3x^2 - 10x + 3 = 0$$

étant 3 et $\frac{1}{3}$, on peut donner à x une valeur réelle quelconque,
pourvu qu'elle ne tombe pas entre 3 et $\frac{1}{3}$. Pour la série allant
de 3 à $+\infty$, 3 est un *minimum* de x; pour la série allant de $\frac{1}{3}$
à $-\infty$, $\frac{1}{3}$ est un *maximum* de x. Il y a discontinuité pour les
valeurs de x, de $\frac{1}{3}$ à 3.

CHAPITRE IV.

PROBLÈMES CONDUISANT A UNE ÉQUATION DU SECOND DEGRÉ A UNE INCONNUE.

Problème de la moyenne et extrême raison.

256. *Trouver, sur la droite qui passe par deux points donnés* A *et* B, *un point dont la distance au point* A *soit moyenne proportionnelle* (*Arithm.*, 397) *entre la longueur* AB *et la distance du point cherché au point* B.

Pour mettre le problème en équation, on est obligé d'assigner une position particulière au point cherché. Supposons d'abord ce point, désigné par C, placé entre les points A et B (*fig.* 13). Posons CA = x et AB = a. Nous aurons, d'après l'énoncé,

$$(1) \qquad x^2 = a(a - x),$$

d'où

$$x^2 + ax - a^2 = 0.$$

On en déduit

$$x = -\frac{a}{2} \pm \sqrt{\frac{a^2}{4} + a^2} = -\frac{a}{2} \pm \frac{a}{2}\sqrt{5},$$

c'est-à-dire

$$x = \frac{a}{2}\left(-1 \pm \sqrt{5}\right).$$

Le signe + du radical correspond à une racine *positive*, moindre que a et plus grande que $\frac{a}{2}$; il existe donc bien, entre A et B, un point C répondant à la question.

Le signe — du radical correspond à une racine *négative*, plus grande que $\frac{3a}{2}$ en valeur absolue. Cette racine négative, prise en valeur absolue, indique un point C' (*fig.* 13), placé à *gauche* du point A, puisque le point C

Fig. 13.

est à *droite* du même point, et répondant aussi à la question; car l'énoncé

permet de compter l'inconnue x, à partir du point A, à droite ou à gauche
de ce point, et l'Algèbre, par l'opposition de signe, indique en général l'opposition de sens (211). C'est ce que nous allons vérifier.

Si l'on désigne AC' par x, l'équation du problème doit être, pour le
point C',

$$(2) \qquad\qquad x^2 = a\,(a + x).$$

Or, si l'on compare les équations (1) et (2), on voit qu'elles ne diffèrent
que par le changement de x en $-x$; elles admettent donc les mêmes racines, changées de signes (199). La racine positive de l'équation (2) est
donc bien AC' comptée vers la gauche, et sa racine négative est AC
comptée vers la droite. Les équations (1) et (2) se vérifient ainsi mutuellement, et la première suffit pour trouver les deux solutions du problème.

C'est encore le choix de l'origine qui rend possibles les solutions négatives (200 et suiv.). En effet, si l'on adopte pour origine le point B, les
deux solutions BC et BC' sont comptées *dans le même sens*. En posant
alors BC $= x$ ou BC' $= x$, l'équation du problème prend la forme

$$(a - x)^2 = ax \quad \text{ou} \quad (x - a)^2 = ax,$$

d'où

$$(3) \qquad\qquad x^2 - 3\,ax + a^2 = 0\,;$$

et les racines de cette équation,

$$x = \frac{3a}{2} \div \sqrt{\frac{9a^2}{4} - a^2} = \frac{a}{2}\,(3 \pm \sqrt{5}),$$

sont *toutes deux positives :* la première surpasse $\dfrac{5a}{2}$, la seconde est

moindre que $\dfrac{a}{2}$.

Il est d'ailleurs impossible qu'aucun point C" placé à droite du point A,
mais au delà du point B (*fig.* 14), puisse répondre à la question. AC" sur-

Fig. 14.

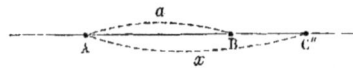

passant à la fois AB et BC" ne peut être moyenne proportionnelle entre les
deux distances énoncées. Si l'on pose AC" $= x$, l'équation du problème
est ici

$$x^2 = a(x - a),$$

d'où

$$(4) \qquad\qquad x^2 - ax + a^2 = 0\,;$$

et les racines de cette équation sont *imaginaires* (237).

Si l'on se reporte à l'équation (1), il est très-facile de *construire* les racines *réelles* AC et AC'. On a, en valeur absolue,

$$AC = -\frac{a}{2} + \sqrt{\frac{a^2}{4} + a^2} \quad \text{et} \quad AC' = \frac{a}{2} + \sqrt{\frac{a^2}{4} + a^2}.$$

Si l'on élève la perpendiculaire $BO = \frac{a}{2}$ à la droite AB et si l'on joint AO (*fig.* 15), la Géométrie donne $AO = \sqrt{\frac{a^2}{4} + a^2}$. En décrivant alors la circonférence OB qui coupe la droite AO et son prolongement en C_1 et en C'_1,

Fig. 15.

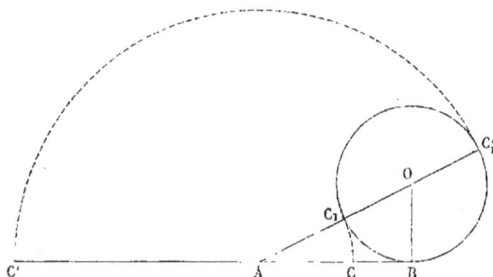

on a immédiatement $AC = AC_1$ et $AC' = AC'_1$. Deux arcs de cercle décrits dans le sens convenable, du point A comme centre avec les rayons AC_1 et AC'_1, déterminent donc sur la droite donnée les points cherchés C et C'.

Nous remarquerons enfin que le problème de la *moyenne et extrême raison*, au lieu de se rapporter à une droite, peut être posé relativement à une surface ou à un volume. Les équations et les résultats précédents sont alors immédiatement applicables, à la condition de remplacer a et x par l'expression des surfaces ou des volumes correspondants.

Problème du puits.

237. *Calculer la profondeur d'un puits, connaissant le nombre* T *de secondes qui s'est écoulé entre l'instant où l'on a laissé tomber une pierre dans ce puits, et celui où le bruit qu'elle a fait en touchant le fond est revenu frapper l'oreille : on néglige la résistance de l'air.*

Représentons par x la profondeur du puits.

Le temps T se décompose en deux périodes : le temps t mis par la pierre à parcourir en descendant l'espace x ; le temps t' mis par le *son* à parcourir le même espace en remontant.

La chute d'un corps dans le vide a lieu d'un mouvement uniformément varié, dont l'accélération est représentée par $g = 9^m,8088$. La Mécanique donne donc

$$x = \frac{1}{2} g t^2,$$

d'où

$$t = \sqrt{\frac{2 \cdot x}{g}}.$$

La vitesse du son dans l'air est constante et égale à 340 mètres par seconde. Si nous la représentons par v, on a donc aussi, d'après la Mécanique,

$$x = v t',$$

d'où

$$t' = \frac{x}{v}.$$

Il vient par conséquent

$$T = t + t' = \sqrt{\frac{2 \cdot x}{g}} + \frac{x}{v},$$

d'où

$$\sqrt{\frac{2 \cdot x}{g}} = T - \frac{x}{v}.$$

En élevant les deux membres au carré, on trouve

$$\frac{2 \cdot x}{g} = T^2 - \frac{2 T}{v} x + \frac{x^2}{v^2}.$$

On obtient donc l'équation du second degré

$$\frac{x^2}{v^2} - 2 \left(\frac{T}{v} + \frac{1}{g} \right) x + T^2 = 0.$$

Les racines de cette équation sont réelles (236), car on a

$$\left(\frac{T}{v} + \frac{1}{g} \right)^2 - \frac{T^2}{v^2} > 0.$$

Elles sont donc toutes deux positives, puisque leur produit est égal à $T^2 v^2$ et leur somme à $2 \left(\frac{T}{v} + \frac{1}{g} \right) v^2$. Une seule cependant peut convenir : le puits n'a pas deux profondeurs différentes.

En appliquant la formule générale (232), on a

$$x = \frac{\frac{T}{v} + \frac{1}{g} \pm \sqrt{\left(\frac{T}{v} + \frac{1}{g} \right)^2 - \frac{T^2}{v^2}}}{\frac{1}{v^2}}.$$

La première racine surpasse évidemment $\dfrac{\frac{T}{v}}{\frac{1}{v^2}}$, c'est-à-dire $v T$: c'est donc cette racine qu'il faut rejeter ; car, en vertu de la relation $x = vt'$, t' étant plus petit que T, on a aussi $x < v$T. Nous conserverons donc seulement la seconde solution.

Remarquons que nous avons été obligé d'élever au carré l'équation

$$\sqrt{\frac{2.x}{g}} = T - \frac{x}{v}.$$

Nous avons ainsi introduit une solution étrangère (104), celle qui correspond à l'équation

$$-\sqrt{\frac{2.x}{g}} = T - \frac{x}{v}.$$

La singularité de deux racines positives dont une seule répond à la question se trouve ainsi expliquée.

Problème des lumières.

258. *Deux foyers lumineux d'intensités différentes se trouvent en* A *et en* B; *trouver, sur la droite qui joint ces foyers, un point également éclairé par chacun d'eux.*

Représentons par d la distance AB. Désignons par a^2 et b^2 les *intensités* des deux lumières, c'est-à-dire les quantités de lumière qu'elles envoient au point situé, par rapport à chacune d'elles, à l'unité de distance. La Physique nous apprend que la quantité de lumière émise par un foyer relativement à un point donné varie en raison inverse du carré de la distance de ce point au foyer.

Cela posé, admettons que le point cherché soit en C, entre A et B (*fig.* 16). Un point situé à l'unité de distance de A reçoit une quantité de

Fig. 16.

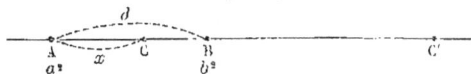

lumière a^2; s'il est à 2 mètres, il reçoit une quantité de lumière $\frac{a^2}{4}$; à 3 mètres, une quantité de lumière $\frac{a^2}{9}$; enfin, à x mètres, en appelant x la distance AC, la quantité de lumière reçue par le point C est $\frac{a^2}{x^2}$. De même, la distance BC étant égale à $d - x$, le point C reçoit du foyer B une quantité de lumière $\frac{b^2}{(d - x)^2}$. L'équation du problème est donc

$$\frac{a^2}{x^2} = \frac{b^2}{(d - x)^2}.$$

Le plus simple est de déduire immédiatement de cette relation, en extrayant la racine carrée des deux membres ([1]),

$$\frac{a}{x} = \pm \frac{b}{d - x},$$

c'est-à-dire

$$x = d \frac{a}{a \pm b}.$$

Supposons $a^2 > b^2$.

La première racine

$$x' = d \frac{a}{a + b}$$

indique l'existence d'un point C répondant à la question et compris entre A et B. En effet, a étant $>$ que b, l'expression $\dfrac{a}{a + b}$ tombe entre 1 et $\dfrac{1}{2}$. La racine x' est donc plus petite que d et plus grande que $\dfrac{d}{2}$: le point C est plus éloigné de A que de B, comme cela doit être.

La seconde racine

$$x'' = d \frac{a}{a - b}$$

indique l'existence d'un point C', toujours placé à droite du point A, mais au delà du point B, et répondant aussi à la question. En effet, l'expression $\dfrac{a}{a - b}$ est positive et plus grande que 1, de sorte que x'' surpasse d.

Si l'on a au contraire $a^2 < b^2$, x' tombe entre zéro et $\dfrac{d}{2}$, parce que l'expression $\dfrac{a}{a + b}$ tombe entre zéro et $\dfrac{1}{2}$: ce qui indique l'existence d'un point C répondant à la question et compris entre A et B, mais plus rapproché du point A que du point B.

La seconde racine x'' est alors négative, ce qui indique l'existence d'un point C'' (*fig.* 17) répondant à la question, mais placé à gauche du point A.

Fig 17.

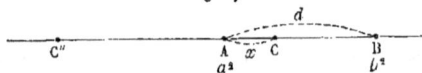

Les points C' et C'' peuvent, dans les deux cas, répondre à la question, parce que l'intensité plus grande de l'une ou de l'autre lumière se trouve compensée par l'accroissement égal à d de sa distance au point considéré.

([1]) Remarquons que, lorsqu'on extrait la racine carrée des deux membres d'une équation, on obtient toutes les combinaisons de signes en plaçant le double signe devant un *seul* des deux membres.

Si l'on a $a = b$, la première racine x' devient égale à $\dfrac{d}{2}$: le point C se trouve à égale distance des deux foyers. La seconde racine x'' se présente sous la forme $\dfrac{m}{0}$, et est en effet inadmissible; puisque l'intensité des deux lumières est la même, aucun point C' ou C'', situé à droite ou à gauche des points A et B, ne peut recevoir des foyers placés en ces points la même quantité de lumière.

Enfin, si l'on a en même temps $a = b$ et $d = 0$, on trouve $x' = 0$ et $x'' = \dfrac{0}{0}$, ce qui correspond bien à l'indétermination complète et évidente du problème.

Proposons-nous enfin de construire·les racines x' et x'' dans l'hypothèse de la *fig.* 16. On a alors

$$(1) \qquad \frac{a}{x'} = \frac{b}{d - x'} \quad \text{et} \quad \frac{a}{x''} = -\frac{b}{d - x''}.$$

Élevons deux perpendiculaires aux extrémités de AB (*fig.* 18). Sur la première, prenons, au-dessus de AB, $AH = a$; sur la seconde, prenons, de

Fig. 18.

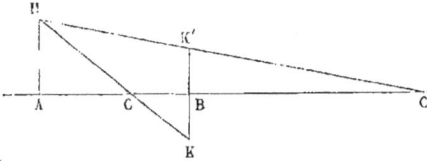

part et d'autre de AB, les longueurs $BK = BK' = b$. Les droites HK et HK' coupent la droite AB et son prolongement aux points demandés C et C'. En effet, les triangles semblables de la figure donnent

$$\frac{AH}{AC} = \frac{BK}{BC} \quad \text{ou} \quad \frac{a}{AC} = \frac{b}{d - AC}$$

et

$$\frac{AH}{AC'} = \frac{BK'}{BC'} \quad \text{ou} \quad \frac{a}{AC'} = -\frac{b}{d - AC'}.$$

Si l'on compare ces proportions avec les relations (1), on voit qu'on a $AC = x'$ et $AC' = x''$.

Si l'on a $a < b$ au lieu de $a > b$, HK' coupe AB en un point C'' situé à gauche du point A.

Si l'on a $a = b$, HK coupe AB en son milieu et HK' est parallèle à AB. Ces résultats sont d'accord avec la discussion précédente.

Problème du tronc de pyramide.

259. *On donne le volume* V, *la hauteur* h *et le côté* A *de la base infé-*
rieure B *d'un tronc de pyramide à bases parallèles. La base* B *étant sup-*
posée un hexagone régulier, on demande de trouver le côté x *de la base*
supérieure du tronc.

On a alors B $= \dfrac{3\,A^2\sqrt{3}}{2}$, et la Géométrie élémentaire donne immédiatement la formule

$$V = \frac{B\,h}{3}\left(1 + \frac{x}{A} + \frac{x^2}{A^2}\right).$$

On en déduit l'équation

$$(1)\quad \frac{x^2}{A^2} + \frac{x}{A} + 1 - \frac{3\,V}{B\,h} = 0 \quad \text{ou} \quad x^2 + A\,x + A^2 - \frac{3\,A^2\,V}{B\,h} = 0.$$

On a donc

$$x = -\frac{A}{2} \pm \sqrt{\frac{3\,A^2\,V}{B\,h} - \frac{3\,A^2}{4}} = \frac{A}{2}\left[-1 \pm \sqrt{\frac{3\,(4\,V - B\,h)}{B\,h}}\right].$$

Les racines de l'équation (1) restent donc *imaginaires*, tant que l'on a
$V < \dfrac{B\,h}{4}$. Elles deviennent *réelles* et restent *toutes deux négatives*, tant
que V demeure compris entre $\dfrac{B\,h}{4}$ et $\dfrac{B\,h}{3}$. En effet, le terme indépendant
de l'équation (1) est alors positif, et les deux racines ont le signe de leur
somme. Enfin, ces deux racines sont, *l'une positive* et *l'autre négative*,
quand V surpasse $\dfrac{B\,h}{3}$; puisque le terme indépendant de l'équation (1) est
alors négatif.

Dans le premier cas, le problème est impossible; dans le deuxième,
deux troncs de *seconde espèce* [1] répondent à la question; dans le troisième cas, un tronc de première espèce et un tronc de seconde espèce y
répondent à la fois.

---

[1] Voir *Traité de Géométrie*, par Eug. Rouché et Ch. de Comberousse, troisième édition (*IIe Partie*, p. 82 et suivantes).

CHAPITRE V.

ÉQUATIONS DE DEGRÉ SUPÉRIEUR DONT LA RÉSOLUTION SE RAMÈNE AU SECOND DEGRÉ.

Équations bicarrées.

260. Une équation *bicarrée* est une équation du quatrième degré qui ne renferme que des puissances paires de l'inconnue. Une pareille équation peut donc toujours être mise sous la forme

$$a x^4 + b x^2 + c = 0.$$

Pour ramener sa résolution à celle d'une équation du second degré, il suffit de poser $x^2 = y$ et, par suite, $x^4 = y^2$. L'équation donnée devient alors

$$a y^2 + b y + c = 0,$$

et l'on en déduit

$$y = \frac{-b \pm \sqrt{b^2 - 4ac}}{2a}.$$

Mais, de $x^2 = y$, on tire $x = \pm \sqrt{y}$; par conséquent,

$$x = \pm \sqrt{\frac{-b \pm \sqrt{b^2 - 4ac}}{2a}}.$$

En assemblant les signes de toutes les manières possibles, on trouve pour x quatre valeurs, *deux à deux égales et de signes contraires*. Ces valeurs sont

$$x' = + \sqrt{\frac{-b + \sqrt{b^2 - 4ac}}{2a}}, \quad x'' = - \sqrt{\frac{-b + \sqrt{b^2 - 4ac}}{2a}},$$

$$x''' = + \sqrt{\frac{-b - \sqrt{b^2 - 4ac}}{2a}}, \quad x^{iv} = - \sqrt{\frac{-b - \sqrt{b^2 - 4ac}}{2a}}.$$

On voit qu'on a $x' = -x''$ et $x''' = -x^{IV}$: on pouvait prévoir ce résultat. Cette propriété n'appartient pas seulement à l'équation bicarrée, elle appartient à toute équation qui ne renferme que des puissances paires de l'inconnue. Dans ce cas, en effet, si la racine $x = +\alpha$ convient, la racine $x = -\alpha$ convient aussi ; car $(+\alpha)^{2p} = (-\alpha)^{2p}$, p étant un entier quelconque.

261. Cherchons à reconnaître la nature des racines de l'équation bicarrée sans la résoudre. Désignons par y' et y'' les racines de l'équation $ay^2 + by + c = 0$; les racines de l'équation $ax^4 + bx^2 + c = 0$ ont alors pour expression

$$x = \pm\sqrt{y'}, \quad x = \pm\sqrt{y''}.$$

1° Les *quatre* racines de l'équation bicarrée sont *réelles* si l'on a $y' > 0$ et $y'' > 0$, c'est-à-dire si les racines de l'équation $ay^2 + by + c = 0$ sont *positives*. Il faut pour cela qu'on ait $b^2 - 4ac > 0$, $c > 0$ et $b < 0$ (244, 1°), en supposant a positif, ce qui est toujours permis.

2° Les *quatre* racines de l'équation bicarrée sont *imaginaires* si l'on a $y' < 0$ et $y'' < 0$. Les racines de l'équation $ay^2 + by + c = 0$ doivent alors être toutes les deux *négatives* ; ce qui entraîne les conditions $b^2 - 4ac > 0$, $c > 0$ et $b > 0$ (244, 1°).

3° L'équation bicarrée admet *deux* racines *réelles* et *deux* racines *imaginaires*, lorsqu'on a, par exemple, $y' > 0$ et $y'' < 0$. Pour cela, il faut que les racines de l'équation $ay^2 + by + c = 0$ soient *réelles et de signes contraires* : la seule condition nécessaire est alors $c < 0$ (244, 2°).

4° Si l'on a $b^2 - 4ac = 0$, il vient $y' = y''$. Les racines de l'équation bicarrée, *égales deux à deux*, sont *réelles* si l'on a $y' > 0$ ou $b < 0$, *imaginaires* si l'on a $y' < 0$ ou $b > 0$. Dans ce cas, $x = \pm\sqrt{-\dfrac{b}{2a}}$ (244, 1°).

5° Si l'on a $b^2 - 4ac < 0$, les racines y' et y'' sont *imaginaires*, et il en est de même des racines de l'équation bicarrée (266).

262. Le premier membre de l'équation $ay^2 + by + c = 0$ peut se mettre sous la forme $a(y - y')(y - y'')\dots$ (249). Mais on a d'une manière générale $x^2 = y$, en même temps que

$x'^2 = y'$ et $x'''^2 = y''$. Par suite, on peut poser

$$ay^2 + by + c \quad \text{ou} \quad ax^4 + bx^2 + c = a(x^2 - x'^2)(x^2 - x'''^2).$$

On a

$$x^2 - x'^2 = (x - x')(x + x') \quad \text{et} \quad x^2 - x'''^2 = (x - x''')(x + x''').$$

On peut remplacer d'ailleurs la racine x' par la racine x'' prise en signe contraire, c'est-à-dire par $-x''$; de même, x''' est égale à $-x^{\text{iv}}$. On a alors

$$x^2 - x'^2 = (x - x')(x - x'') \quad \text{et} \quad x^2 - x'''^2 = (x - x''')(x - x^{\text{iv}}),$$

c'est-à-dire

$$ax^4 + bx^2 + c = a(x - x')(x - x'')(x - x''')(x - x^{\text{iv}}).$$

Et l'on voit bien sous cette forme pourquoi l'équation bi-carrée admet quatre racines et pourquoi elle ne peut en admettre davantage.

263. *Soit proposé de résoudre l'équation*

$$x^4 - 12,49x^2 + 23,04 = 0.$$

En appliquant la formule générale, on a immédiatement

$$x = \pm \sqrt{\frac{12,49 \pm \sqrt{12,49^2 - 4.23,04}}{2}},$$

d'où

$$x = \pm \sqrt{\frac{12,49 \pm 7,99}{2}},$$

c'est-à-dire

$$x = \pm \sqrt{10,24} = \pm 3,2 \quad \text{et} \quad x = \pm \sqrt{2,25} = \pm 1,5.$$

Soit encore l'équation

$$x^4 - 2(a^2 + b^2)x^2 + (b^2 - a^2)^2 = 0.$$

En appliquant la formule générale, on a

$$x = \pm \sqrt{a^2 + b^2 \pm \sqrt{(a^2 + b^2)^2 - (b^2 - a^2)^2}},$$

c'est-à-dire

$$x = \pm \sqrt{a^2 + b^2 \pm 2ab},$$

d'où

$$x = \pm \sqrt{(a + b)^2} = \pm (a + b) \quad \text{et} \quad x = \pm \sqrt{(a - b)^2} = \pm (a - b).$$

Transformation des expressions de la forme $\sqrt{A \pm \sqrt{B}}$.

264. La résolution des équations bicarrées conduit à des expressions de la forme $\sqrt{A \pm \sqrt{B}}$, c'est-à-dire qui correspondent à l'extraction de la racine carrée d'une quantité en partie rationnelle et en partie irrationnelle. On peut, dans certains cas, transformer ces expressions en une somme ou une différence de deux radicaux simples du second degré ; et cette transformation, outre son importance au point de vue théorique, facilite la réduction des formules en nombres.

Nous supposerons d'abord que, A et B étant des quantités rationnelles, B est en outre positif. Nous écrirons alors

$$\sqrt{A + \sqrt{B}} = \sqrt{x} + \sqrt{y},$$

en imposant aux quantités inconnues x et y la condition d'être elles-mêmes rationnelles. Si l'on admet que les deux membres de l'équation posée ne renferment que des quantités positives, on a le droit de les élever au carré, et il vient (72)

$$A + \sqrt{B} = x + 2\sqrt{xy} + y,$$

c'est-à-dire

$$(A - x - y) + \sqrt{B} = 2\sqrt{xy}.$$

En élevant de nouveau au carré, on trouve

$$(A - x - y)^2 + 2(A - x - y)\sqrt{B} + B = 4xy.$$

Le second membre de cette équation étant rationnel d'après l'hypothèse adoptée, il faut que le premier membre le soit aussi. Le terme qui contient $\sqrt{B}$ doit donc disparaître de lui-même, quel que soit B, ce qui exige que le coefficient $(A - x - y)$ soit égal à zéro. On a ainsi

$$A - x - y = 0 \quad \text{ou} \quad x + y = A.$$

Il en résulte, d'après l'équation considérée elle-même,

$$B = 4xy \quad \text{ou} \quad xy = \frac{B}{4}.$$

On connaît donc la somme et le produit des deux inconnues x et y, qui sont alors (243) les racines de l'équation du second degré

$$z^2 - \mathrm{A}z + \frac{\mathrm{B}}{4} = 0,$$

d'où

$$z = \frac{\mathrm{A} \pm \sqrt{\mathrm{A}^2 - \mathrm{B}}}{2}.$$

Les valeurs de x et de y doivent être rationnelles, comme nous l'avons supposé, pour que la transformation effectuée ait une utilité pratique; et, pour qu'il en soit ainsi, *il faut que la quantité* $\sqrt{\mathrm{A}^2 - \mathrm{B}}$, placée sous le radical de la valeur de z, *soit un carré parfait.*

Si l'on représente ce carré par C^2, on a, en séparant les racines de l'équation en z,

$$x = \frac{\mathrm{A} + \mathrm{C}}{2} \quad \text{et} \quad y = \frac{\mathrm{A} - \mathrm{C}}{2}.$$

Par suite,

(1) $$\sqrt{\mathrm{A} + \sqrt{\mathrm{B}}} = \sqrt{\frac{\mathrm{A} + \mathrm{C}}{2}} + \sqrt{\frac{\mathrm{A} - \mathrm{C}}{2}}.$$

Si l'on a à transformer l'expression $\sqrt{\mathrm{A} - \sqrt{\mathrm{B}}}$, on pose de même

$$\sqrt{\mathrm{A} - \sqrt{\mathrm{B}}} = \sqrt{x} - \sqrt{y},$$

en supposant $x > y$. Les mêmes raisonnements et les mêmes calculs conduisent alors au résultat

(2) $$\sqrt{\mathrm{A} - \sqrt{\mathrm{B}}} = \sqrt{\frac{\mathrm{A} + \mathrm{C}}{2}} - \sqrt{\frac{\mathrm{A} - \mathrm{C}}{2}}.$$

On peut enfin changer à la fois les signes des deux membres dans les équations (1) et (2), de sorte qu'on a

(3) $$-\sqrt{\mathrm{A} + \sqrt{\mathrm{B}}} = -\sqrt{\frac{\mathrm{A} + \mathrm{C}}{2}} - \sqrt{\frac{\mathrm{A} - \mathrm{C}}{2}},$$

(4) $$-\sqrt{\mathrm{A} - \sqrt{\mathrm{B}}} = -\sqrt{\frac{\mathrm{A} + \mathrm{C}}{2}} + \sqrt{\frac{\mathrm{A} - \mathrm{C}}{2}}.$$

Les formules (1), (2), (3), (4) sont évidemment comprises dans la formule générale

$$\pm \sqrt{\mathrm{A} \pm \sqrt{\mathrm{B}}} = \pm \left(\sqrt{\frac{\mathrm{A} + \mathrm{C}}{2}} \pm \sqrt{\frac{\mathrm{A} - \mathrm{C}}{2}} \right),$$

si l'on convient de prendre, dans cette dernière égalité, les mêmes signes *extérieurs* dans les deux membres ainsi que les mêmes signes *intérieurs*, sans qu'il existe d'ailleurs aucune corrélation entre le choix adopté pour les signes extérieurs et celui fait pour les signes intérieurs.

Il est à remarquer que l'équation $\sqrt{A + \sqrt{B}} = \sqrt{x} + \sqrt{y}$ a suffi pour déterminer les deux inconnues x et y, parce que la condition de rationalité imposée à ces inconnues tient compte implicitement d'une seconde équation.

263. Exemples.

1° *Transformer l'expression*

$$+ \sqrt{5 + \sqrt{21}}.$$

On a ici

$$A = 5, \quad B = 21.$$

Par suite,

$$A^2 - B = C^2 = 25 - 21 = 4 \quad \text{ou} \quad C = 2.$$

Il en résulte immédiatement

$$+ \sqrt{5 + \sqrt{21}} = + \sqrt{\frac{5 + 2}{2}} + \sqrt{\frac{5 - 2}{2}}$$

ou

$$+ \sqrt{5 + \sqrt{21}} = + \sqrt{3,5} + \sqrt{1,5}.$$

2° *Étant donnée une équation bicarrée, chercher la condition pour que la transformation dont il s'agit puisse être appliquée aux racines de cette équation.*

Soit l'équation

$$a x^4 + b x^2 + c = 0.$$

On en déduit

$$x = \pm \sqrt{\frac{-b \pm \sqrt{b^2 - 4ac}}{2a}} = \pm \sqrt{-\frac{b}{2a} \pm \sqrt{\frac{b^2 - 4ac}{4a^2}}}.$$

On a ici

$$A = -\frac{b}{2a} \quad \text{et} \quad B = \frac{b^2 - 4ac}{4a^2};$$

par suite,

$$A^2 - B = \frac{b^2}{4a^2} - \frac{b^2 - 4ac}{4a^2} = \frac{4ac}{4a^2} = \frac{c}{a}.$$

La condition demandée est donc que le quotient $\frac{c}{a}$ soit un carré parfait.

Soit l'équation

$$x^4 - 8x^2 + 9 = 0.$$

9 étant un carré parfait, la transformation peut être effectuée. On a

$$x = \pm \sqrt{4 \pm \sqrt{16 - 9}} = \pm \sqrt{4 \pm \sqrt{7}}.$$

Par conséquent, $A = 4$, $B = 7$, $A^2 - B = C^2 = 9$ et $C = 3$; ce qui permet d'écrire

$$x = \pm \left(\sqrt{\frac{7}{2}} \pm \sqrt{\frac{1}{2}} \right).$$

266. Lorsque la quantité $A^2 - B$ n'est pas un carré parfait, la transformation dont nous venons de nous occuper est encore possible, en ce sens que les deux expressions comparées sont toujours équivalentes; mais elle n'a plus d'utilité, puisqu'elle remplace l'expression proposée par une expression plus compliquée.

Cependant, nous considérerons le cas où B est une quantité *négative*. L'expression $A + \sqrt{B}$ devient alors une expression imaginaire du second degré, qu'on peut mettre sous la forme $A + K i$ (237), en posant $B = - K^2$. Extraire la racine carrée de $A + \sqrt{B}$, c'est alors *extraire la racine carrée d'une expression imaginaire du second degré*. Il est facile de voir que cette racine carrée est une expression imaginaire de même espèce (261, 5°).

En effet, nous avons déjà dit (et nous reviendrons plus en détail sur ce point dans la section consacrée à l'*Algèbre supérieure*, t. III) que les expressions imaginaires auxquelles la résolution des équations du second degré donne naissance doivent être traitées à l'aide des mêmes règles de calcul que les quantités réelles, en regardant le carré de $\sqrt{-1}$ ou i^2 comme égal à -1.

On peut donc poser encore

$$\sqrt{A + K i} = \sqrt{x} + \sqrt{y},$$

et cette équation suffira pour trouver les inconnues x et y, pourvu qu'on leur impose la condition d'être des quantités non plus rationnelles, mais réelles. Si l'on reproduit alors identiquement les opérations précédentes, en tenant compte de cette dernière condition, B est partout remplacé par $- K^2$, de sorte qu'on parvient aux valeurs

$$x = \frac{A + \sqrt{A^2 + K^2}}{2} \quad \text{et} \quad y = \frac{A - \sqrt{A^2 + K^2}}{2}.$$

33.

Celle de x est *positive*, tandis que celle de y est *négative*. On peut donc poser $x = a^2$ et $y = - b^2$. Il en résulte, d'une manière générale,

$$\pm \sqrt{A \pm K i} = \pm (a \pm bi).$$

Équations binômes (¹).

267. Toute équation *binôme* est une équation de la forme

(1) $$x^m - A = 0.$$

a étant une racine quelconque de cette équation, posons $x = ay$; on aura $x^m = a^m y^m$, d'où

$$a^m y^m - A = 0.$$

Mais a étant une racine de l'équation (1), on doit avoir $a^m = A$ et, si l'on divise les deux membres de l'équation précédente par a^m, elle devient

(2) $$y^m - 1 = 0.$$

Ayant calculé les racines de l'équation (2), *on obtient ensuite toutes celles de l'équation* (1) *à l'aide de la relation* $x = ay$.

Si l'on suppose que la *constante* de l'équation binôme soit une quantité réelle, on peut mettre son signe en évidence en écrivant l'équation sous la forme

(1 *bis*) $$x^m \mp A = 0.$$

A étant alors une quantité positive, on peut toujours trouver une quantité positive a, telle qu'on ait $a^m = A$. En posant encore $x = ay$, on ramène, comme précédemment, la résolution de l'équation (1 *bis*) à celle de l'équation

(2 *bis*) $$y^m \mp 1 = 0.$$

Nous allons parcourir, comme exercice, quelques cas particuliers de la résolution des équations binômes, en les considérant exclusivement sous l'une des deux formes

$$y^m \mp 1 = 0.$$

268. 1° $m = 2$.

(¹) La théorie des équations binômes fait partie de la *théorie générale des équations* (*voir* t. III). Nous n'en disons ici quelques mots qu'afin de pouvoir présenter d'utiles exercices de calcul.

On a à résoudre les équations

$$y^2 - 1 = 0, \quad \text{d'où} \quad y = \pm 1;$$
$$y^2 + 1 = 0, \quad \text{d'où} \quad y = \pm \sqrt{-1} = \pm i.$$

2° $m = 3$.

On a d'abord à résoudre l'équation

$$y^3 - 1 = 0.$$

En divisant le premier membre de cette équation par $y - 1$, on obtient (54) le quotient exact $y^2 + y + 1$; on peut donc la mettre sous la forme

$$(y - 1)(y^2 + y + 1) = 0.$$

Elle se décompose alors en deux autres équations

$$y - 1 = 0, \quad \text{d'où} \quad y = 1;$$
$$y^2 + y + 1 = 0, \quad \text{d'où} \quad y = \frac{-1 \pm \sqrt{-3}}{2} = \frac{-1 \pm i\sqrt{3}}{2}.$$

L'équation $y^3 - 1 = 0$ admet donc une racine réelle égale à 1 et deux racines imaginaires. Il est facile de vérifier que *chacune de ces racines imaginaires est le carré de l'autre*, de sorte que, l'une d'elles étant représentée par α, l'autre le sera par α^2.

L'équation considérée revenant à $y = \sqrt[3]{1}$, on peut dire que l'unité a trois racines cubiques 1, α, α^2, en posant $\alpha = \dfrac{-1 + i\sqrt{3}}{2}$.

Soit maintenant l'équation

$$y^3 + 1 = 0.$$

Elle ne diffère évidemment de l'équation $y^3 - 1 = 0$ que par le changement de y en $-y$; ses racines sont donc les mêmes changées de signes (199), c'est-à-dire -1 et $\dfrac{1 \mp i\sqrt{3}}{2}$.

3° $m = 4$.

On a d'abord à résoudre l'équation

$$y^4 - 1 = 0.$$

Elle peut s'écrire (30)

$$(y^2 - 1)(y^2 + 1) = 0.$$

Elle se décompose donc en deux autres équations

$$y^2 - 1 = 0, \quad y^2 + 1 = 0,$$

déjà résolues (1°), et dont elle réunit les racines.

Soit maintenant l'équation

$$y^4 + 1 = 0.$$

Nous emploierons, pour la résoudre, l'artifice suivant. Ajoutons et retranchons dans le premier membre le terme $2y^2$. Nous aurons

$$y^4 + 2y^2 + 1 - 2y^2 = 0 \quad \text{ou} \quad (y^2 + 1)^2 - 2y^2 = 0,$$

c'est-à-dire (30), en décomposant en facteurs,

$$(y^2 + 1 + y\sqrt{2})(y^2 + 1 - y\sqrt{2}) = 0.$$

Les racines de l'équation proposée sont donc celles des deux équations du second degré

$$y^2 + y\sqrt{2} + 1 = 0, \quad \text{d'où} \quad y = \frac{-\sqrt{2} \pm i\sqrt{2}}{2};$$

$$y^2 - y\sqrt{2} + 1 = 0, \quad \text{d'où} \quad y = \frac{\sqrt{2} \pm i\sqrt{2}}{2}.$$

4° $m = 5$.

On a d'abord à résoudre l'équation

$$y^5 - 1 = 0.$$

Son premier membre divisé par $y - 1$ donne (34) le quotient exact

$$y^4 + y^3 + y^2 + y + 1;$$

on peut donc la mettre sous la forme

$$(y - 1)(y^4 + y^3 + y^2 + y + 1) = 0.$$

Elle a, par conséquent, pour racines l'unité et celles de l'équation

$$y^4 + y^3 + y^2 + y + 1 = 0.$$

Cette dernière équation est une équation complète du quatrième degré; mais, comme elle est *réciproque* (*voir* l'*Algèbre supérieure*, t. III), on peut ramener sa résolution à celle d'une équation de degré moitié moindre, c'est-à-dire ici du second degré. En effet, divisons ses deux membres par y^2; en rapprochant les termes également éloignés des extrêmes, nous pourrons alors l'écrire de la manière suivante :

$$y^2 + \frac{1}{y^2} + y + \frac{1}{y} + 1 = 0.$$

Posons $y + \frac{1}{y} = z$, inconnue auxiliaire.

Il en résulte

$$\left(y + \frac{1}{y}\right)^2 = z^2 \quad \text{ou} \quad y^2 + \frac{1}{y^2} = z^2 - 2.$$

En substituant ces valeurs dans l'équation précédente, elle devient

$$z^2 + z - 1 = 0, \quad \text{d'où} \quad z = \frac{-1 \pm \sqrt{5}}{2}.$$

La relation $y + \dfrac{1}{y} = z$ donne à son tour

$$y^2 - zy + 1 = 0, \quad \text{d'où} \quad y = \frac{z \pm \sqrt{z^2 - 4}}{2},$$

Les cinq racines de l'équation $y^5 - 1 = 0$ sont donc finalement, en remplaçant z par sa valeur dans l'expression de y,

$$1 \quad \text{et} \quad \frac{-1 \pm \sqrt{5} \pm \sqrt{-10 \mp 2\sqrt{5}}}{4}.$$

Dans la dernière formule, les signes de $\sqrt{5}$ doivent se correspondre en dehors et en dedans du second radical.

Soit maintenant l'équation

$$y^5 + 1 = 0.$$

Elle ne diffère de l'équation $y^5 - 1 = 0$ que par le changement de signe de y; elle admet donc les mêmes racines, changées de signes.

5° $m = 6$.

Soit d'abord l'équation

$$y^6 - 1 = 0.$$

Elle se décompose immédiatement dans les deux équations ¡déjà résolues (2°)

$$y^3 - 1 = 0, \quad y^3 + 1 = 0,$$

et réunit leurs racines.

Soit maintenant l'équation

$$y^6 + 1 = 0.$$

Si l'on remplace dans cette équation y par yi, on obtient

$$y^6 i^6 + 1 = 0,$$

ou bien, puisque $i^6 = -1$ en vertu de la condition $i^2 = -1$,

$$-y^6 + 1 = 0 \quad \text{ou} \quad y^6 - 1 = 0.$$

Puisque les équations $y^6 + 1 = 0$ et $y^6 - 1 = 0$ ne diffèrent que par le changement de y en yi, les racines de la première équation sont celles de la seconde multipliées par le symbole i; elles ont donc pour expression, d'après ce qui précède,

$$i, \quad \frac{-i - \sqrt{3}}{2}, \quad \frac{-i + \sqrt{3}}{2},$$

$$-i, \quad \frac{i + \sqrt{3}}{2}, \quad \frac{i - \sqrt{3}}{2}.$$

6° $m = 8$.

Soit d'abord l'équation

$$y^8 - 1 = 0.$$

Elle se décompose dans les deux équations déjà résolues (3°)

$$y^4 - 1 = 0, \quad y^4 + 1 = 0,$$

et réunit leurs racines.

Soit maintenant l'équation

$$y^8 + 1 = 0.$$

Nous emploierons l'artifice déjà indiqué pour résoudre l'équation

$$y^4 + 1 = 0,$$

c'est-à-dire que nous ajouterons et que nous retrancherons dans le premier membre de l'équation donnée le terme $2y^4$. Nous aurons ainsi

$$y^8 + 2y^4 + 1 - 2y^4 = 0 \quad \text{ou} \quad (y^4 + 1)^2 - 2y^4 = 0.$$

En décomposant le premier membre en facteurs, on obtient

$$\left(y^4 + 1 + y^2\sqrt{2}\right)\left(y^4 + 1 - y^2\sqrt{2}\right) = 0.$$

La résolution de l'équation proposée revient donc à celle des deux équations bicarrées

$$y^4 + y^2\sqrt{2} + 1 = 0 \quad \text{et} \quad y^4 - y^2\sqrt{2} + 1 = 0,$$

qui ont pour racines

$$y = \pm\sqrt{\frac{-\sqrt{2} \pm i\sqrt{2}}{2}} \quad \text{et} \quad y = \pm\sqrt{\frac{\sqrt{2} \pm i\sqrt{2}}{2}}.$$

7° $m = 10$.

Soit d'abord l'équation

$$y^{10} - 1 = 0.$$

Elle se décompose immédiatement dans les deux équations déjà résolues (4°)

$$y^5 - 1 = 0, \quad y^5 + 1 = 0,$$

et réunit leurs racines.

Quant à l'équation

$$y^{10} + 1 = 0,$$

elle ne diffère de l'équation $y^{10} - 1 = 0$ que par le changement de y en yi; elle a donc les mêmes racines, multipliées par i.

8° $m = 12$.

Soit d'abord l'équation

$$y^{12} - 1 = 0.$$

Son premier membre se décompose immédiatement en facteurs, et elle a pour racines celles des deux équations déjà résolues (5°)

$$y^6 - 1 = 0, \quad y^6 + 1 = 0.$$

Quant à l'équation

$$y^{12} + 1 = 0,$$

sa résolution se ramène à celle de deux équations *trinômes*, et nous la considérerons au paragraphe suivant (270).

Équations trinômes.

269. Une équation trinôme est une équation à trois termes dont deux seulement renferment l'inconnue; dans ces deux termes, les exposants de l'inconnue sont *doubles* l'un de l'autre. La forme générale de l'équation trinôme est donc

$$a x^{2m} + b x^m + c = 0.$$

On voit que l'équation bicarrée n'est qu'un cas particulier de l'équation trinôme (260), celui où $m = 2$.

En posant $x^m = y$ et, par suite, $x^{2m} = y^2$, l'équation proposée prend la forme

$$a y^2 + b y + c = 0.$$

Cette équation du second degré donne pour y deux valeurs y_1 et y_2. Il ne reste plus ensuite, pour avoir toutes les racines de l'équation trinôme, qu'à résoudre les deux équations binômes (268)

$$x^m - y_1 = 0 \quad \text{et} \quad x^m - y_2 = 0.$$

270. Prenons, comme application, l'équation

$$y^{12} + 1 = 0.$$

En ajoutant et en retranchant $2y^6$ dans le premier membre de cette équation, il vient

$$y^{12} + 2y^6 + 1 - 2y^6 = 0 \quad \text{ou} \quad (y^6 + 1)^2 - 2y^6 = 0,$$

c'est-à-dire, en décomposant en facteurs,

$$\left(y^6 + 1 + y^3\sqrt{2}\right)\left(y^6 + 1 - y^3\sqrt{2}\right) = 0.$$

On a donc à résoudre les deux équations trinômes

$$y^6 + y^3 \sqrt{2} + 1 = 0, \quad y^6 - y^3 \sqrt{2} + 1 = 0.$$

Considérons la première, et posons $y^3 = z$, d'où $y^6 = z^2$. On a alors

$$z^2 + z\sqrt{2} + 1 = 0, \quad \text{d'où} \quad z = \frac{-\sqrt{2} \pm i\sqrt{2}}{2}.$$

Si l'on désigne maintenant par a^3 et b^3 les deux valeurs de z, il en résulte

$$y^3 - a^3 = 0 \quad \text{et} \quad y^3 - b^3 = 0.$$

En posant successivement $y = au$ et $y = bv$ (267), on tire des équations précédentes

$$u^3 - 1 = 0 \quad \text{et} \quad v^3 - 1 = 0.$$

Les valeurs de u et de v ayant pour expression (268, 2°) 1, α et α^2, les six racines de la première équation trinôme sont finalement a, $a\alpha$, $a\alpha^2$, b, $b\alpha$, $b\alpha^2$, ou bien

$$\sqrt[3]{\frac{-\sqrt{2} + i\sqrt{2}}{2}}, \quad \alpha\sqrt[3]{\frac{-\sqrt{2} + i\sqrt{2}}{2}}, \quad \alpha^2\sqrt[3]{\frac{-\sqrt{2} + i\sqrt{2}}{2}},$$

$$\sqrt[3]{\frac{-\sqrt{2} - i\sqrt{2}}{2}}, \quad \alpha\sqrt[3]{\frac{-\sqrt{2} - i\sqrt{2}}{2}}, \quad \alpha^2\sqrt[3]{\frac{-\sqrt{2} - i\sqrt{2}}{2}}.$$

On obtient de la même manière les racines de la seconde équation trinôme $y^6 - y^3\sqrt{2} + 1 = 0$; elles ne diffèrent des précédentes que par le changement de signe du terme $-\sqrt{2}$ sous le radical cubique.

CHAPITRE VI.

SYSTÈMES D'ÉQUATIONS A PLUSIEURS INCONNUES,
RENFERMANT AU MOINS UNE ÉQUATION DE DEGRÉ SUPÉRIEUR
AU PREMIER.

Cas de plusieurs équations du premier degré combinées avec une équation du second degré.

271. Nous reviendrons plus tard (*voir* l'*Algèbre supérieure*, t. III) sur la théorie générale de l'*Élimination*. Nous devons nous contenter ici de considérer, dans quelques cas simples, la résolution des systèmes d'équations simultanées, lorsque toutes ces équations ne sont pas du premier degré.

272. Nous supposerons d'abord que le système donné, renfermant n inconnues x, y, z, ..., t, est composé de $(n-1)$ équations du premier degré combinées avec une seule équation du second degré.

On déduit alors, des $(n-1)$ premières équations, les valeurs des $(n-1)$ inconnues y, z, ..., t, en fonction de x regardée comme une quantité connue (**128**). En substituant ces valeurs dans la $n^{ième}$ équation du second degré, on obtient une équation du second degré qui ne renferme plus que l'inconnue x. Cette équation conduisant pour cette inconnue à deux valeurs x' et x'', il en résulte immédiatement, pour chacune des $(n-1)$ autres inconnues, deux valeurs correspondantes y' et y'', z' et z'', ..., t' et t''.

Prenons, par exemple, le système formé d'une équation du premier degré et d'une équation *complète* du second degré à deux inconnues x et y. Ce système, en résolvant l'équation du premier degré par rapport à y, peut toujours être ramené à la forme

$$y = ax + b,$$
$$Ax^2 + Bxy + Cy^2 + Dx + Ey + F = 0.$$

En éliminant y par substitution, on obtient l'équation du second degré en x

$$A x^2 + B x (ax + b) + C (ax + b)^2 + D x + E (ax + b) + F = 0,$$

qui, en effectuant les calculs et en posant

$$A + Ba + Ca^2 = M, \quad Bb + 2Cab + D + Ea = N,$$
$$Cb^2 + Eb + F = P,$$

devient

$$M x^2 + N x + P = 0.$$

Cette équation ayant deux racines x' et x'', on en déduit pour y les deux valeurs correspondantes

$$y' = ax' + b \quad \text{et} \quad y'' = ax'' + b.$$

Le système proposé admet donc les deux solutions x' et y', x'' et y'', et ne peut en admettre davantage.

273. EXEMPLES :

1° *Soit à résoudre le système*

$$3x + 2y = 1,7,$$
$$3x^2 + y^2 - x = 0,26.$$

La première équation donne

$$y = \frac{1,7 - 3x}{2},$$

de sorte que la seconde devient

$$3x^2 + \left(\frac{1,7 - 3x}{2}\right)^2 - x = 0,26,$$

d'où

$$21 x^2 - 14,2 x + 1,85 = 0.$$

On en déduit

$$x = \frac{7,1 \pm \sqrt{50,41 - 38.85}}{21} = \frac{7,1 \pm 3,4}{21},$$

c'est-à-dire

$$x' = 0,5 \quad \text{et} \quad x'' = 0,1762,$$

à moins de 0,0001 par excès.

En substituant ces valeurs de x dans la valeur de y, on a

$$y' = \frac{1,7 - 1,5}{2} = 0,1 \quad \text{et} \quad y'' = \frac{1,7 - 0,5286}{2} = 0,5857,$$

à moins de 0,0001 par excès.

2° *Soit à résoudre le système*

$$y - x = a,$$
$$xy = b.$$

On pose $x = -x'$. Le système devient

$$y + x' = a,$$
$$x'y = -b.$$

On connaît la somme et le produit des deux quantités y et x'; ces quantités sont donc les racines de l'équation du second degré (190)

$$z^2 - az - b = 0,$$

d'où

$$z = \frac{a \pm \sqrt{a^2 + 4b}}{2}.$$

Par suite,

$$y = \frac{a + \sqrt{a^2 + 4b}}{2} \quad \text{et} \quad x' = \frac{a - \sqrt{a^2 + 4b}}{2},$$

c'est-à-dire

$$x = \frac{-a + \sqrt{a^2 + 4b}}{2}.$$

On peut échanger les valeurs de y et de x', les deux équations considérées étant *symétriques* ([1]) par rapport à y et à x'. On a donc, pour second couple de valeurs,

$$y = \frac{a - \sqrt{a^2 + 4b}}{2} \quad \text{et} \quad x = \frac{-a - \sqrt{a^2 + 4b}}{2}.$$

3° *Soit à résoudre le système*

$$y + ax = m + an,$$
$$y^2 + x^2 = m^2 + n^2.$$

On voit immédiatement que ce système est satisfait par les valeurs $y = m$ et $x = n$: il s'agit donc seulement de trouver le second couple de valeurs. La première équation donne

$$y = m + an - ax.$$

([1]) Deux équations sont symétriques par rapport aux deux inconnues qu'elles renferment, lorsqu'on peut *échanger* ces inconnues sans modifier le système proposé. Les valeurs des deux inconnues sont alors identiques, et l'ordre dans lequel on doit les assembler dépend des équations elles-mêmes.

La seconde devient alors

$$(m + an - ax)^2 + x^2 = m^2 + n^2,$$

d'où

$$(a^2 + 1)x^2 - 2a(m + an)x + 2amn + n^2(a^2 - 1) = 0.$$

Le produit des racines x' et x'' a pour expression

$$x'x'' = \frac{2amn + n^2(a^2 - 1)}{a^2 + 1}.$$

La racine x' étant égale à n, on a

$$x'' = \frac{2am + n(a^2 - 1)}{a^2 + 1}.$$

Si l'on substitue cette valeur de x'' dans la valeur de y, on trouve

$$y'' = m + an - \frac{2a^2m + an(a^2 - 1)}{a^2 + 1} = \frac{2an - m(n^2 - 1)}{a^2 + 1}.$$

4° *Soit à résoudre le système*

$$x + y = a,$$
$$x^2 + y^2 = b^2.$$

La première équation donne $y = a - x$. La seconde devient donc

$$x^2 + (a - x)^2 = b^2,$$

c'est-à-dire

$$2x^2 - 2ax + a^2 - b^2 = 0,$$

d'où

$$x = \frac{a \pm \sqrt{a^2 - 2a^2 + 2b^2}}{2} = \frac{a \pm \sqrt{2b^2 - a^2}}{2}.$$

Par suite,

$$y = \frac{a \mp \sqrt{2b^2 - a^2}}{2}.$$

On doit prendre ensemble dans ces formules les signes supérieurs et les signes inférieurs. Les valeurs de x et de y sont les mêmes, sauf l'ordre dans lequel on doit les considérer, parce que les équations proposées sont symétriques en x et en y (2°). Pour que les valeurs des inconnues soient réelles, il faut qu'on ait $2b^2 > a^2$.

5° *Soit à résoudre le système*

$$x + y = a,$$
$$x^3 + y^3 = b^3.$$

La première équation donne

$$y = a - x,$$

et la seconde devient

$$x^3 + (a - x)^3 = b^3,$$

d'où

$$x^3 + a^3 - 3a^2x + 3ax^2 - x^3 = b^3,$$

c'est-à-dire

$$3ax^2 - 3a^2x + a^3 - b^3 = 0$$

et

$$x = \frac{3a^2 \pm \sqrt{9a^4 - 12a(a^3 - b^3)}}{6a} = \frac{3a^2 \pm \sqrt{12ab^3 - 3a^4}}{6a}.$$

On en déduit

$$y = \frac{3a^2 \mp \sqrt{12ab^3 - 3a^4}}{6a}.$$

La symétrie des équations explique la coïncidence des valeurs de x et de y. Pour que les valeurs des inconnues soient réelles, il faut qu'on ait $12ab^3 > 3a^4$ ou $4b^3 > a^3$.

6° *Soit à résoudre le système*

$$x + y = a,$$
$$\frac{x}{y} + \frac{y}{x} = b.$$

Si l'on chasse les dénominateurs, la seconde équation devient

$$x^2 + y^2 = bxy.$$

La première équation donne

$$y = a - x.$$

En substituant cette valeur dans l'équation précédente, on trouve

$$x^2 + (a - x)^2 = bx(a - x),$$

d'où

$$(2 + b)x^2 - a(2 + b)x + a^2 = 0$$

et

$$x = \frac{a(2 + b) \pm \sqrt{a^2(2 + b)^2 - 4a^2(2 + b)}}{2(2 + b)}.$$

En faisant sortir a^2 du radical et en simplifiant sous ce radical, on obtient

$$x = \frac{a(2 + b) \pm \sqrt{b^2 - 4}}{2(2 + b)}.$$

On peut alors diviser les deux termes de la valeur de x par $2 + b$, en remarquant que pour diviser le radical par $2 + b$ il faut diviser sous le radical par $(2 + b)^2$, et que $b^2 - 4$ revient à $(b + 2)(b - 2)$; si l'on met en outre $\frac{a}{2}$ en facteur commun, on arrive à la formule

$$x = \frac{a}{2}\left(1 \pm \sqrt{\frac{b - 2}{b + 2}}\right).$$

On a, par suite,

$$y = \frac{a}{2}\left(1 \mp \sqrt{\frac{b-2}{b+2}}\right).$$

La condition de réalité des racines est $b > 2$, *en valeur absolue*.

Systèmes d'équations de degré supérieur au premier, renfermant au moins deux équations du second degré.

274. Examinons spécialement le système formé de deux équations *complètes* du second degré à deux inconnues. Un pareil système peut toujours s'écrire

$$(1) \qquad a\,x^2 + b\,xy + c\,y^2 + d\,x + e\,y + f = 0,$$

$$(2) \qquad a'x^2 + b'xy + c'y^2 + d'x + e'y + f' = 0.$$

Pour éviter les radicaux et pour rentrer dans le cas particulier précédemment étudié (**272**), nous commencerons par éliminer y^2 entre les deux équations. Pour cela, multiplions la première par c', coefficient de y^2 dans la seconde, et la seconde par c, coefficient de y^2 dans la première; puis retranchons les deux équations membre à membre. Il vient ainsi

$$(3) \quad \begin{cases} (ac' - ca')\,x^2 + (bc' - cb')\,xy + (dc' - cd')\,x \\ \qquad + (ec' - ce')\ \ y + (fc' - cf')\ldots = 0. \end{cases}$$

Les équations (1) et (3) forment alors (**122**) un système équivalent au système proposé. L'équation (3), étant du premier degré en y, donne immédiatement

$$y = -\frac{(ac' - ca')\,x^2 + (dc' - cd')\,x + (fc' - cf')}{(bc' - cb')\,x + (ec' - ce')}.$$

En substituant cette valeur dans l'équation (1), on trouve évidemment, en chassant les dénominateurs et en effectuant les calculs, une équation *complète* du *quatrième* degré qui ne renferme plus que l'inconnue x. Cette équation, de la forme

$$(r) \qquad M x^4 + N x^3 + P x^2 + Q x + R = 0,$$

donne donc (*voir l'Algèbre supérieure*, t. III) *quatre* valeurs pour x et, par suite, *quatre* valeurs correspondantes pour y, de sorte que le système proposé admet *quatre* solutions.

Nous ne pourrons résoudre dès à présent l'équation résultante (r), que lorsque les valeurs attribuées aux données nous conduiront aux cas particuliers suivants :

1° On a $M = o$ et $N = o$: l'équation (r) se réduit au second degré;

2° On a $N = o$ et $Q = o$: l'équation (r) devient bicarrée;

3° On a $M = o$ et $R = o$: l'équation (r) devient du troisième degré, mais elle a une racine nulle et s'abaisse au second degré;

4° On a $Q = o$ et $R = o$: l'équation (r) reste du quatrième degré, mais elle a deux racines nulles et s'abaisse au second degré.

5° On a $N = o$, $P = o$, $Q = o$: l'équation (r) se confond avec l'équation binôme du quatrième degré (267, 268);

6° On a $M = R$ et $N = Q$: l'équation (r) devient une équation *réciproque* du quatrième degré et peut s'abaisser au second degré (268, 4°).

275. Lorsqu'on a à résoudre des systèmes de degré supérieur, renfermant plus de deux inconnues, on cherche, par les procédés d'élimination auxquels on a recours, à éviter la formation d'équations réduites, dont le degré soit supérieur au second ou qui ne puissent se ramener au second degré. Les exemples suivants permettront de se familiariser avec les plus usuels de ces procédés :

276. Exemples.

1° *Soit à résoudre le système*

$$(1) \qquad x^2 + y^2 = a^2,$$
$$(2) \qquad xy = b^2.$$

Multiplions par 2 les deux membres de l'équation (2); puis, ajoutons et retranchons successivement membre à membre l'équation (1) et l'équation (2) ainsi modifiée. Il vient

$$x^2 + y^2 + 2xy = a^2 + 2b^2,$$
$$x^2 + y^2 - 2xy = a^2 - 2b^2,$$

c'est-à-dire (30)

$$(3) \qquad (x + y)^2 = a^2 + 2b^2,$$
$$(4) \qquad (x - y)^2 = a^2 - 2b^2.$$

Les équations (3) et (4) forment (122) un système équivalent au système donné. On en déduit

$$x + y = \pm \sqrt{a^2 + 2b^2},$$
$$x - y = \pm \sqrt{a^2 - 2b^2},$$

et il en résulte (2)

(α)
$$x = \frac{1}{2}\left(\pm\sqrt{a^2 + 2b^2} \pm \sqrt{a^2 - 2b^2}\right),$$

(β)
$$y = \frac{1}{2}\left(\pm\sqrt{a^2 + 2b^2} \mp \sqrt{a^2 - 2b^2}\right).$$

On voit qu'on doit prendre ensemble dans les deux formules les signes *supérieurs* et les signes *inférieurs*. On a ainsi les quatre solutions

$$x = +\frac{1}{2}\left(\sqrt{a^2 + 2b^2} + \sqrt{a^2 - 2b^2}\right), \quad y = +\frac{1}{2}\left(\sqrt{a^2 + 2b^2} - \sqrt{a^2 - 2b^2}\right),$$

$$x = -\frac{1}{2}\left(\sqrt{a^2 + 2b^2} + \sqrt{a^2 - 2b^2}\right), \quad y = -\frac{1}{2}\left(\sqrt{a^2 + 2b^2} - \sqrt{a^2 - 2b^2}\right),$$

$$x = +\frac{1}{2}\left(\sqrt{a^2 + 2b^2} - \sqrt{a^2 - 2b^2}\right), \quad y = +\frac{1}{2}\left(\sqrt{a^2 + 2b^2} + \sqrt{a^2 - 2b^2}\right),$$

$$x = -\frac{1}{2}\left(\sqrt{a^2 + 2b^2} - \sqrt{a^2 - 2b^2}\right); \quad y = -\frac{1}{2}\left(\sqrt{a^2 + 2b^2} + \sqrt{a^2 - 2b^2}\right).$$

Les valeurs de x et de y sont les mêmes, sauf l'ordre dans lequel on doit les assembler, par suite de la symétrie des équations (1) et (2) par rapport aux inconnues. Pour éviter les fautes de signes, il suffit de remarquer que le produit xy doit toujours être égal à b^2.

On peut encore résoudre directement le système proposé, sans employer aucun artifice de calcul. On tire de l'équation (2)

$$y = \frac{b^2}{x},$$

et, en substituant cette valeur dans l'équation (1), on obtient l'équation bicarrée

$$x^2 + \frac{b^4}{x^2} = a^2 \quad \text{ou} \quad x^4 - a^2 x^2 + b^4 = 0.$$

On en déduit

(γ)
$$x = \pm \sqrt{\frac{a^2 \pm \sqrt{a^4 - 4b^4}}{2}},$$

et il en résulte

$$y = \pm \frac{b^2}{\sqrt{\dfrac{a^2 \pm \sqrt{a^4 - 4b^4}}{2}}}.$$

Multiplions par $\sqrt{\dfrac{a^2 \mp \sqrt{a^4 - 4b^4}}{2}}$ les deux termes de cette dernière valeur, en prenant ensemble, sous les deux radicaux multipliés, les signes *supérieurs* et les signes *inférieurs*; le dénominateur se réduit (72, 30) à $\sqrt{b^4}$ ou à b^2, et l'on a

$$(\delta) \qquad y = \pm \sqrt{\frac{a^2 \mp \sqrt{a^4 - 4b^4}}{2}}.$$

Dans les formules (γ) et (δ), on doit associer respectivement les signes *extérieurs* et les signes *intérieurs*, sans établir de corrélation entre le choix fait pour le signe extérieur et celui fait pour le signe intérieur.

Les deux procédés employés conduisent à des valeurs différentes en apparence, (α) et (β) d'une part, (γ) et (δ) d'autre part, il reste à montrer que les résultats obtenus sont au fond identiques.

On reconnaît immédiatement que la transformation exposée au n° 264 est applicable aux valeurs (γ) et (δ), puisque la quantité $\dfrac{a^4}{4} - \dfrac{a^4 - 4b^4}{4}$ (qui représente ici la différence $A^2 - B$) se réduit à un carré parfait b^4. En opérant cette transformation, on remplace les valeurs considérées par les suivantes :

$$x = \pm \left(\sqrt{\frac{\frac{a^2}{2} + b^2}{2}} \pm \sqrt{\frac{\frac{a^2}{2} - b^2}{2}} \right) = \pm \frac{1}{2} \left(\sqrt{a^2 + 2b^2} \pm \sqrt{a^2 - 2b^2} \right),$$

$$y = \pm \left(\sqrt{\frac{\frac{a^2}{2} + b^2}{2}} \mp \sqrt{\frac{\frac{a^2}{2} - b^2}{2}} \right) = \pm \frac{1}{2} \left(\sqrt{a^2 + 2b^2} \mp \sqrt{a^2 - 2b^2} \right),$$

c'est-à-dire qu'on retrouve précisément les valeurs (α) et (β).

2° *Soit à résoudre le système*

$$x^3 + y^3 = 35,$$
$$xy = 6.$$

On déduit de la seconde équation $y = \dfrac{6}{x}$, et la première devient

$$x^3 + \frac{216}{x^3} = 35, \quad \text{d'où} \quad x^6 - 35x^3 + 216 = 0.$$

C'est une équation trinôme (269). Posons donc $x^3 = z$ et $x^6 = z^2$; il vient

$$z^2 - 35z + 216 = 0,$$

d'où

$$z = \frac{35 \pm \sqrt{1225 - 864}}{2} = \frac{35 \pm 19}{2} \quad \text{et} \quad \begin{cases} z' = 27, \\ z'' = 8. \end{cases}$$

Comme on a, d'une manière générale, $x^3 - z = 0$, il reste à résoudre les

34.

deux équations binômes du troisième degré (268, 2°)

$$x^3 - 27 = 0 \quad \text{et} \quad x^3 - 8 = 0.$$

Ces deux équations admettant respectivement les racines réelles 3 et 2, les six valeurs de x sont les suivantes :

$$x = 3, \quad x = \frac{3\left(-1 + i\sqrt{3}\right)}{2}, \quad x = \frac{3\left(-1 - i\sqrt{3}\right)}{2},$$

$$x = 2, \quad x = -1 + i\sqrt{3}, \qquad x = -1 - i\sqrt{3}.$$

Les équations proposées étant symétriques par rapport aux inconnues, x et y ont les mêmes valeurs ; seulement ces valeurs doivent être assemblées de manière que leur produit soit toujours égal à 6. Les valeurs de y qui correspondent aux valeurs précédentes de x sont donc

$$y = 2, \quad y = -1 - i\sqrt{3}, \qquad y = -1 + i\sqrt{3},$$

$$y = 3, \quad y = \frac{3\left(-1 - i\sqrt{3}\right)}{2}, \quad y = \frac{3\left(-1 + i\sqrt{3}\right)}{2}.$$

3° *Soit à résoudre le système*

$$x^3 + y^3 = a^3,$$
$$x^2 y^2 = b^4.$$

On déduit de la seconde équation

$$xy = \pm b^2,$$

c'est-à-dire

$$x^3 y^3 = \pm b^6 ;$$

par conséquent, les valeurs de x^3 et de y^3 sont les racines des deux équations du second degré

$$z^2 - a^3 z + b^6 = 0,$$
$$u^2 - a^3 u - b^6 = 0 ;$$

on rentre donc dans le cas précédent.

4° *Soit à résoudre le système*

$$x^{\frac{m}{2}} + x^{\frac{m}{4}} y^{\frac{m}{4}} + y^{\frac{m}{2}} = a,$$

$$x^m + x^{\frac{m}{2}} y^{\frac{m}{2}} + y^m = b^2.$$

Posons

$$x^{\frac{m}{2}} = u \quad \text{et} \quad y^{\frac{m}{2}} = v.$$

Les équations proposées deviennent alors (80)

$$u + \sqrt{uv} + v = a,$$
$$u^2 + uv + v^2 = b^2.$$

La seconde équation revient à

$$(u + v)^2 - uv = b^2,$$

c'est-à-dire à

$$\left(u + v + \sqrt{uv}\right)\left(u + v - \sqrt{uv}\right) = b^2.$$

En remplaçant le premier facteur du premier membre par sa valeur a, on a

$$u + v - \sqrt{uv} = \frac{b^2}{a}.$$

On connaît donc la somme et la différence des quantités $u + v$ et $\sqrt{uv}$; par suite, on peut écrire

$$u + v = \frac{a}{2} + \frac{b^2}{2a} = \frac{a^2 + b^2}{2a},$$

$$\sqrt{uv} = \frac{a}{2} - \frac{b^2}{2a} = \frac{a^2 - b^2}{2a}, \quad \text{d'où} \quad uv = \frac{(a^2 - b^2)^2}{4a^2}.$$

La question est ainsi ramenée à trouver deux quantités u et v, connaissant leur somme et leur produit (190). On aura ensuite à résoudre les deux équations binômes (267)

$$x = \sqrt[m]{u^2}, \quad y = \sqrt[m]{v^2}.$$

5° *Soit à résoudre le système*

$$\frac{x}{a} = \frac{y}{b} = \frac{z}{c},$$

$$x^2 + y^2 + z^2 = d^2.$$

Un théorème de calcul (64) nous donne immédiatement

$$\frac{x}{a} = \frac{y}{b} = \frac{z}{c} = \frac{\sqrt{x^2 + y^2 + z^2}}{\sqrt{a^2 + b^2 + c^2}} = \pm\sqrt{\frac{d^2}{a^2 + b^2 + c^2}}.$$

Par suite,

$$x = \frac{ad}{\pm\sqrt{a^2 + b^2 + c^2}}, \quad y = \frac{bd}{\pm\sqrt{a^2 + b^2 + c^2}}, \quad z = \frac{cd}{\pm\sqrt{a^2 + b^2 + c^2}}.$$

6° *Soit à résoudre le problème*

(1) $(x + y + z)^2 = 5y^2 + 8(x + z),$

(2) $x^2 = y + z,$

(3) $z^2 = x^2 + y^2.$

On peut écrire comme il suit les deux dernières équations :

$$z + y = x^2,$$

$$z^2 - y^2 = x^2.$$

Si l'on divise membre à membre ces deux équations, on en déduit

$$z - y = 1.$$

En combinant ce résultat avec l'équation $z + y = x^2$, on trouve

$$z = \frac{x^2 + 1}{2},$$

$$y = \frac{x^2 - 1}{2}.$$

Remplaçons, dans le premier membre de l'équation (1), $y + z$ par x^2 et, dans le second membre, y et z par les valeurs qu'on vient d'obtenir. Cette équation devient

$$(x + x^2)^2 = 5\left(\frac{x^2 - 1}{2}\right)^2 + 8\left(x + \frac{x^2 + 1}{2}\right).$$

Dans le premier membre, on peut faire sortir x de la parenthèse en l'élevant au carré. On peut multiplier les deux membres par le dénominateur 4. On peut enfin, dans le second membre, remplacer $x^2 - 1$ par le produit $(x + 1)$ $(x - 1)$, et, comme $x^2 - 1$ est élevé au carré, il faut aussi élever ce produit au carré. On obtient ainsi

$$4x^2(x + 1)^2 = 5(x + 1)^2(x - 1)^2 + 16(2x + x^2 + 1).$$

Le dernier terme du second membre n'est autre chose que $16(x + 1)^2$. En faisant passer tous les termes dans le premier membre, on peut donc mettre $(x + 1)^2$ en facteur commun, et l'on a

$$(x + 1)^2[4x^2 - 5(x - 1)^2 - 16] = 0.$$

Le facteur $x + 1$ égalé à zéro donne $x = -1$; les valeurs correspondantes de y et de z sont $y = 0$ et $z = 1$. Le facteur $4x^2 - 5(x - 1)^2 - 16$ égalé à zéro conduit à l'équation du second degré

$$x^2 - 10x + 21 = 0;$$

d'où

$$x = 5 \pm \sqrt{25 - 21},$$

c'est-à-dire

$$x = 7 \quad \text{et} \quad x = 3.$$

Les valeurs correspondantes de y sont $y = 24$ et $y = 4$: celles de z sont $z = 25$ et $z = 5$. Les quatre groupes de valeurs forment le tableau suivant :

$$x' = -1, \quad x'' = -1, \quad x''' = 7, \quad x^{\mathrm{IV}} = 3,$$
$$y' = 0, \quad y'' = 0, \quad y''' = 24, \quad y^{\mathrm{IV}} = 4,$$
$$z' = 1, \quad z'' = 1, \quad z''' = 25, \quad z^{\mathrm{IV}} = 5.$$

$7°$ *Soit à résoudre le système*

(1) $$x^2 + y^2 - z^2 - u^2 = a,$$

(2) $$x + y + z + u = b,$$

(3) $$y^2 = xz,$$

(4) $$zy = ux.$$

Mettons respectivement, dans le premier membre des équations (1) et (2), x^2 et x en facteur commun. On obtient ainsi

$$x^2 \left(1 + \frac{y^2}{x^2} - \frac{z^2}{x^2} - \frac{u^2}{x^2} \right) = a,$$

$$x \left(1 + \frac{y}{x} + \frac{z}{x} + \frac{u}{x} \right) = b.$$

Posons $\frac{y}{x} = t$, et cherchons à exprimer les rapports $\frac{z}{x}$ et $\frac{u}{x}$ en fonction de t. On ramène de cette manière la question à la résolution de deux équations en x et en t.

En divisant par x^2 les deux membres de l'équation (3), on trouve $\frac{y^2}{x^2} = \frac{z}{x} = t^2$. En divisant par x^2 les deux membres de l'équation (4), on peut de même écrire $\frac{z}{x} \frac{y}{x} = \frac{u}{x} = t^3$. On a donc

$$\frac{y}{x} = t, \quad \frac{z}{x} = t^2, \quad \frac{u}{x} = t^3;$$

par suite, les équations (1) et (2) deviennent

$$x^2(1 + t^2 - t^4 - t^6) = a,$$

$$x(1 + t + t^2 + t^3) = b.$$

La première peut se mettre sous la forme

$$x^2 \left[1 + t^2 - t^4(1 + t^2) \right] = a,$$

d'où

(α) $$x^2(1 + t^2)(1 - t^4) = a.$$

La seconde peut se mettre (54) sous la forme

(β) $$x \frac{1 - t^4}{1 - t} = b.$$

Si l'on divise alors membre à membre les équations (α) et (β), on obtient

$$x(1 + t^2)(1 - t) = \frac{a}{b},$$

d'où

$$x = \frac{a}{b(1 + t^2)(1 - t)}.$$

Si l'on substitue cette valeur de x dans l'équation (β), on obtient

$$\frac{a(1 - t^4)}{b(1 + t^2)(1 - t)^2} = b.$$

Si l'on remplace $1 - t^4$ par $(1 + t^2)(1 - t^2)$ et $1 - t^2$ par $(1 + t)(1 - t)$, on trouve

$$\frac{a(1 + t^2)(1 + t)(1 - t)}{b(1 + t^2)(1 - t)^2} = b.$$

On peut alors supprimer à la fois le facteur $1 + t^2$ et le facteur $1 - t$, communs aux deux termes du premier membre, et l'équation devient

$$\frac{a(1 + t)}{b(1 - t)} = b.$$

On en déduit

$$a(1 + t) = b^2(1 - t),$$

d'où

$$t = \frac{b^2 - a}{b^2 + a}.$$

Il en résulte

$$1 + t^2 = \frac{2(b^4 + a^2)}{(b^2 + a)^2} \quad \text{et} \quad 1 - t = \frac{2a}{b^2 + a};$$

par suite,

$$x = \frac{a}{b(1 + t^2)(1 - t)} = \frac{(b^2 + a)^3}{4b(b^4 + a^2)}.$$

On a donc ensuite

$$y = t x = \frac{(b^2 + a)^2(b^2 - a)}{4b(b^4 + a^2)},$$

$$z = t^2 x = \frac{(b^2 + a)(b^2 - a)^2}{4b(b^4 + a^2)},$$

$$u = t^3 x = \frac{(b^2 - a)^3}{4b(b^4 + a^2)}.$$

Ces valeurs sont faciles à vérifier.

8° *Soit à résoudre le système*

$$x + y = a,$$
$$x^4 + y^4 = b^4.$$

Nous éviterons l'équation complète du quatrième degré en x, qui résulte de l'élimination directe de y, à l'aide de l'artifice suivant.

La somme des quantités x et y étant égale à a, ces quantités sont racines d'une équation du second degré de la forme

$$z^2 - az + q = 0.$$

q qui représente le produit xy est inconnu et doit prendre les valeurs nécessaires pour que les équations en z correspondantes donnent toutes les valeurs de x et de y.

Étant donnée l'équation

$$x^2 + px + q = 0,$$

on a, d'une manière générale (248), en désignant par x' et x'' les racines de cette équation,

$$x'^4 + x''^4 = p^4 - 4p^2q + 2q^2.$$

Si l'on revient maintenant à l'équation

$$z^2 - az + q = 0,$$

dont les racines sont x et y, ces racines doivent donc satisfaire à la relation

$$x^4 + y^4 = a^4 - 4a^2q + 2q^2,$$

puisqu'on a dans le cas considéré $p = -a$. En vertu de l'équation

$$x^4 + y^4 = b^4,$$

on a donc

$$a^4 - 4a^2q + 2q^2 = b^4,$$

et l'on peut déterminer q.

L'équation précédente, mise sous la forme

$$2q^2 - 4a^2q + a^4 - b^4 = 0,$$

donne

$$q = \frac{2a^2 \pm \sqrt{4a^4 - 2a^4 + 2b^4}}{2} = \frac{2a^2 \pm \sqrt{2(a^4 + b^4)}}{2}.$$

Supposons, par exemple, qu'on ait

$$x + y = 7,$$
$$x^4 + y^4 = 641.$$

Il faut faire, dans les relations précédentes,

$$a = 7 \quad \text{et} \quad b^4 = 641.$$

On a alors

$$q = \frac{98 \pm \sqrt{2(2401 + 641)}}{2} = \frac{98 \pm 78}{2}, \quad \text{c'est-à-dire} \quad \begin{cases} q' = 88, \\ q'' = 10. \end{cases}$$

Les valeurs de x et de y sont donc déterminées par les deux équations

$$z^2 - 7z + 88 = 0,$$
$$z^2 - 7z + 10 = 0.$$

La première donne

$$z = \frac{7 \pm \sqrt{49 - 4.88}}{2} = \frac{7 \pm \sqrt{-303}}{2};$$

d'où

$$x = \frac{7 + \sqrt{-303}}{2} \quad \text{et} \quad y = \frac{7 - \sqrt{-303}}{2},$$

ou

$$x = \frac{7 - \sqrt{-303}}{2} \quad \text{et} \quad y = \frac{7 + \sqrt{-303}}{2}.$$

La seconde équation donne

$$z = \frac{7 \pm \sqrt{49 - 4.10}}{2} = \frac{7 \pm 3}{2},$$

d'où

$$x = 5 \quad \text{et} \quad y = 2,$$

ou

$$x = 2 \quad \text{et} \quad y = 5.$$

On peut, au lieu d'opérer comme on vient de l'indiquer, résoudre directement l'équation

$$z^2 - az + q = 0,$$

dont les racines sont x et y. On en déduit

$$z = \frac{a \pm \sqrt{a^2 - 4q}}{2},$$

d'où

$$x = \frac{a \pm \sqrt{a^2 - 4q}}{2} \quad \text{et} \quad y = \frac{a \mp \sqrt{a^2 - 4q}}{2}.$$

En transportant ces valeurs dans l'équation $x^4 + y^4 = b^4$ et en effectuant les calculs, on trouve, pour déterminer q, la même équation

$$2q^2 - 4a^2q + a^4 - b^4 = 0,$$

qu'on vient d'obtenir plus rapidement.

CHAPITRE VII.

PROBLÈMES CONDUISANT A DES SYSTÈMES D'ÉQUATIONS DE DEGRÉ SUPÉRIEUR AU PREMIER.

Problème sur les proportions.

277. *Trouver quatre nombres en proportion, connaissant la somme 27 des extrêmes, la somme 23 des moyens, et celle 754 des carrés des quatre termes.*

Représentons par $\dfrac{x}{y} = \dfrac{z}{t}$ la proportion cherchée. L'énoncé et la propriété fondamentale des proportions fournissent les quatre équations suivantes :

$$x + t = 27,$$
$$y + z = 23,$$
$$x^2 + y^2 + z^2 + t^2 = 754,$$
$$xt = yz.$$

Si l'on connaissait le produit $xt = yz$, la question serait immédiatement résolue. Pour déterminer ce produit, ajoutons membre à membre les deux premières équations après les avoir élevées au carré ; nous aurons

$$x^2 + 2tx + t^2 + y^2 + 2yz + z^2 = 1258.$$

Mais la troisième équation du système permet de remplacer

$$x^2 + y^2 + z^2 + t^2 \quad \text{par} \quad 754 ;$$

de plus, xt étant égal à yz, on a

$$2tx + 2yz = 4xt ;$$

par suite, l'équation considérée prend la forme

$$754 + 4xt = 1258,$$

d'où

$$xt = yz = 126.$$

Les deux équations

$$x + t = 27 \quad \text{et} \quad xt = 126$$

prouvent que x et t sont les racines de l'équation du second degré

$$u^2 - 27u + 126 = 0,$$

d'où

$$u = \frac{27 \pm \sqrt{729 - 504}}{2} = \frac{27 \pm 15}{2};$$

c'est-à-dire $\begin{cases} x = 21, \\ t = 6, \end{cases}$ ou $\begin{cases} x = 6, \\ t = 21. \end{cases}$

Les deux équations

$$y + z = 23 \quad \text{et} \quad yz = 126$$

prouvent de même que y et z sont les racines de l'équation du second degré

$$v^2 - 23v + 126 = 0,$$

d'où

$$v = \frac{23 \pm \sqrt{529 - 504}}{2} = \frac{23 \pm 5}{2},$$

c'est-à-dire $\begin{cases} y = 14, \\ z = 9, \end{cases}$ ou $\begin{cases} y = 9, \\ z = 14. \end{cases}$

On peut assembler comme on veut les différents couples de valeurs. Si l'on choisit les deux premiers, la proportion cherchée a la forme $\frac{21}{14} = \frac{9}{6}$.

On peut dans cette proportion changer les moyens de place entre eux sans changer leur somme; de même, pour les extrêmes. On retrouve ainsi les autres couples de valeurs.

Problèmes sur le triangle rectangle.

278. I. *Calculer les côtés de l'angle droit d'un triangle rectangle, connaissant son hypoténuse a et la hauteur correspondante h.*

Désignons par x et y les deux côtés inconnus, et supposons que x (*fig.* 19) représente le plus grand des deux. Le double de l'aire du triangle est exprimé à la fois par le produit xy et par le produit ah. On peut donc poser immédiatement les deux équations du problème :

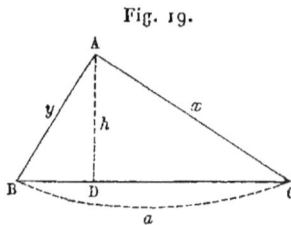

Fig. 19.

$$(1) \qquad \begin{cases} x^2 + y^2 = a^2, \\ xy = ah. \end{cases}$$

Ajoutons et retranchons membre à membre ces deux équations, après avoir multiplié par 2 les deux membres de la seconde. Il vient

$$(2) \qquad \begin{cases} (x + y)^2 = a^2 + 2ah = a(a + 2h), \\ (x - y)^2 = a^2 - 2ah = a(a - 2h), \end{cases}$$

et le système (2) ainsi formé est équivalent au système (1) (122). On en déduit

$$x + y = \sqrt{a(a + 2h)},$$

$$x - y = \sqrt{a(a - 2h)},$$

et les deux radicaux ne comportent que le signe +, puisque les inconnues sont essentiellement positives. On a donc finalement (2)

$$x = \frac{1}{2}[\sqrt{a(a + 2h)} + \sqrt{a(a - 2h)}],$$

$$y = \frac{1}{2}[\sqrt{a(a + 2h)} - \sqrt{a(a - 2h)}].$$

x et y, devant être positifs, doivent être à plus forte raison réels. La condition de possibilité du problème est, par suite,

$$a > 2h \quad \text{ou} \quad h < \frac{a}{2}.$$

Le problème qu'on vient de résoudre dépend des deux constantes a et h. Admettons qu'une seule de ces quantités soit donnée, et cherchons entre quelles limites l'autre peut varier d'après la condition de réalité obtenue.

Si a est donné, il résulte de l'inégalité $h < \frac{a}{2}$ que h peut recevoir toutes les valeurs de zéro à $\frac{a}{2}$ qui est son *maximum*. Pour cette valeur spéciale, le triangle rectangle devient isocèle, car on a alors $x = y = \frac{a\sqrt{2}}{2}$.

Si h est donné, l'inégalité $a > 2h$ montre que a peut recevoir toutes les valeurs depuis $2h$ qui est son *minimum* jusqu'à $+\infty$. Pour la valeur $a = 2h$, le triangle rectangle devient isocèle, car on a alors $x = y = h\sqrt{2}$.

Ces deux résultats sont évidents d'après la Géométrie.

La discussion qui précède, et qu'on peut renouveler dans toutes les questions analogues, conduit aux deux théorèmes suivants :

De tous les triangles rectangles qui ont la même hypoténuse, le triangle isocèle est celui de hauteur maximum.

De tous les triangles rectangles de même hauteur, le triangle isocèle est celui dont l'hypoténuse est minimum.

279. II. *Trouver les trois côtés d'un triangle rectangle, connaissant son périmètre et sa surface.*

Représentons par $2p$ le périmètre du triangle et par s^2 sa surface, désignons par x et y les deux côtés de l'angle droit, par z l'hypoténuse. L'énoncé et la propriété fondamentale du triangle rectangle donnent immédiatement

$$x + y + z = 2p,$$
$$xy = 2s^2,$$
$$x^2 + y^2 = z^2.$$

On déduit de la première équation

$$x + y = 2p - z.$$

En élevant les deux membres au carré, on obtient

$$x^2 - 2xy + y^2 = 4p^2 - 4pz + z^2.$$

En remplaçant dans le premier membre $x^2 + y^2$ par z^2 et $2xy$ par $4s^2$, il vient

$$z^2 + 4s^2 = 4p^2 - 4pz + z^2.$$

z^2 disparaît dans les deux membres, l'équation s'abaisse au premier degré, et l'on en tire

$$z = \frac{4p^2 - 4s^2}{4p} = \frac{p^2 - s^2}{p}.$$

Les côtés du triangle sont essentiellement positifs. Pour que le problème soit possible, une première condition est donc qu'on ait $p^2 - s^2 > 0$ ou $p > s$.

La première équation du système proposé donne

$$x + y = 2p - z = \frac{p^2 + s^2}{p};$$

on a d'ailleurs

$$xy = 2s^2.$$

Par conséquent, x et y sont les racines de l'équation du second degré

$$u^2 - \frac{p^2 + s^2}{p} u + 2s^2 = 0.$$

Si les racines de cette équation sont réelles, elles sont positives, puisque leur somme est positive et leur produit positif (244). La seconde condition de possibilité du problème est donc (236)

$$\left(\frac{p^2 + s^2}{p} \right)^2 - 8s^2 > 0.$$

Cette condition revient (217) à

$$(p^2 + s^2)^2 > 8p^2s^2 \quad \text{ou} \quad p^2 + s^2 > 2ps\sqrt{2}.$$

Cherchons de quelle manière p et s peuvent varier l'un par rapport à l'autre, et posons $\frac{p}{s} = K$.

L'inégalité trouvée, qu'on peut écrire

$$p^2 - 2ps\sqrt{2} + s^2 > 0,$$

donne alors

$$\frac{p^2}{s^2} - 2\frac{p}{s}\sqrt{2} + 1 > 0$$

ou

$$K^2 - 2K\sqrt{2} + 1 > 0.$$

Si l'on pose

$$K^2 - 2K\sqrt{2} + 1 = 0,$$

on trouve

$$K = \sqrt{2} \pm 1.$$

Pour que l'inégalité précédente soit satisfaite, on doit donner à K des valeurs *extérieures* aux racines qu'on vient de trouver (252). Il faut donc qu'on ait

$$K > \sqrt{2} + 1 \quad \text{ou} \quad K < \sqrt{2} - 1.$$

Mais nous avons déjà obtenu

$$p^2 > s^2 \quad \text{ou} \quad \frac{p^2}{s^2} > 1,$$

c'est-à-dire

$$K^2 \quad \text{ou} \quad K > 1.$$

On doit donc rejeter la condition $K < \sqrt{2} - 1$, de sorte que l'unique condition de possibilité du problème est

$$K \quad \text{ou} \quad \frac{p}{s} > \sqrt{2} + 1.$$

On en déduit

$$p > s(\sqrt{2} + 1) \quad \text{ou} \quad s < \frac{p}{\sqrt{2} + 1}.$$

Ces inégalités indiquent quel est le *minimum* du périmètre d'un triangle rectangle de surface donnée, et quel est le *maximum* de l'aire d'un triangle rectangle de périmètre donné. Comme l'inégalité considérée devient à la limite une égalité, on voit que, dans les deux cas indiqués, le triangle est isocèle, puisque l'équation qui donne x et y satisfait alors à la condition générale $b^2 - 4ac = 0$ (238).

Dans le premier cas, c'est-à-dire pour $p = s(\sqrt{2} + 1)$, on a

$$x = y = s\sqrt{2} \quad \text{et} \quad z = 2s.$$

Dans le second cas, c'est-à-dire pour $s = \frac{p}{\sqrt{2} + 1}$, on a

$$x = y = p(2 - \sqrt{2}) \quad \text{et} \quad z = 2p(\sqrt{2} - 1).$$

280. III. — *Trouver les trois côtés d'un triangle rectangle, connaissant son périmètre 2p et la somme a formée par son hypoténuse et la hauteur correspondante.*

Soient x et y les côtés de l'angle droit, z l'hypoténuse, u la hauteur inconnue correspondante. On a évidemment les quatre équations suivantes entre les quatre inconnues du problème :

$$x + y + z = 2p,$$
$$x^2 + y^2 = z^2,$$
$$z + u = a,$$
$$xy = zu.$$

En élevant la première équation au carré, après avoir fait passer z dans le second membre, on obtient

$$x^2 + 2xy + y^2 = 4p^2 - 4pz + z^2.$$

Si l'on remplace $x^2 + y^2$ par z^2, $2xy$ par $2zu$ et u par $a - z$, on trouve

$$2z(a - z) = 4p^2 - 4pz,$$

d'où

$$z^2 - (2p + a)z + 2p^2 = 0.$$

Si les racines de cette équation sont réelles, elles sont positives (244). Il faut donc qu'on ait (236)

$$(2p + a)^2 - 8p^2 > 0,$$

d'où (217)

$$(2p + a)^2 > 8p^2 \quad \text{et} \quad 2p + a > 2p\sqrt{2}.$$

La première condition de possibilité du problème revient donc à

$$a > 2p\left(\sqrt{2} - 1\right).$$

L'équation

$$z^2 - (2p + a)z + 2p^2 = 0$$

donne d'ailleurs

$$z = \frac{(2p + a) \pm \sqrt{(2p + a)^2 - 8p^2}}{2}.$$

Une seule racine peut convenir. En effet, pour les admettre toutes les deux, il faudrait qu'elles fussent toutes les deux plus petites que a en vertu de la relation $z + u = a$. Or il est évident que a est une quantité inférieure au périmètre $2p$. Il en résulte que la somme des racines de l'équation en z étant égale à $2p + a$, si l'une est plus petite que a, l'autre est plus grande que $2p$ ou que a ; elle doit donc être rejetée. On ne peut donc admettre que la plus petite des deux racines, celle qui correspond au signe — du radical ; et encore faut-il qu'elle soit plus petite que a. On doit donc satisfaire à la condition

$$\frac{2p + a - \sqrt{(2p + a)^2 - 8p^2}}{2} < a,$$

c'est-à-dire

$$a > 2p - \sqrt{(2p + a)^2 - 8p^2} \quad \text{ou} \quad \sqrt{(2p + a)^2 - 8p^2} > 2p - a.$$

En élevant les deux membres de cette inégalité au carré, on obtient

$$(2p + a)^2 - 8p^2 > (2p - a)^2,$$

d'où, en simplifiant,

$$8ap > 8p^2,$$

c'est-à-dire

$$a > p.$$

La condition $a > p$ renferme évidemment la condition précédente

$$a > 2p\left(\sqrt{2} - 1\right):$$

c'est donc l'unique condition de possibilité du problème.

Connaissant z, on a

$$u = a - z;$$

connaissant z et u, on a

$$x + y = 2p - z \quad \text{et} \quad xy = zu.$$

par suite, on trouve x et y au moyen de l'équation du second degré

$$V^2 - (2p - z)V + zu = o.$$

Appliquons les formules trouvées aux données suivantes :

$$2p = 12, \quad a = 7,4.$$

La condition $a > p$ est ici satisfaite, et le problème est possible. On a

$$z = \frac{12 + 7,4 - \sqrt{\overline{19,4}^2 - 8.36}}{2},$$

d'où

$$z = 5 \quad \text{et} \quad u = 7,4 - 5 = 2,4.$$

x et y sont alors les racines de l'équation

$$V^2 - 7V + 12 = o,$$

d'où

$$V = \frac{7 \pm \sqrt{49 - 48}}{2} = \frac{7 \pm 1}{2};$$

par conséquent, si x est le plus grand côté, on a

$$x = 4 \quad \text{et} \quad y = 3.$$

DE C. — *Cours.* I.

Problème sur le parallélipipède rectangle.

281. *Déterminer les dimensions d'un parallélipipède rectangle, dont on connaît la diagonale, la surface totale, et dont l'une des arêtes est moyenne arithmétique entre les deux autres.*

En appelant x, y, z les trois dimensions du parallélipipède, en représentant sa surface totale par s^2 et en désignant par d sa diagonale, on a évidemment, d'après la Géométrie et d'après l'énoncé,

$$x^2 + y^2 + z^2 = d^2,$$
$$2\,xy + 2\,xz + 2\,yz = s^2,$$
$$2\,x = y + z.$$

La seconde équation peut se mettre sous la forme

$$2\,x(y+z) + 2\,yz = s^2;$$

$y + z$ étant égale à $2\,x$, on en déduit

$$4\,x^2 + 2\,yz = s^2.$$

Mais la première équation donne

$$y^2 + z^2 = d^2 - x^2.$$

Si l'on ajoute membre à membre cette équation et la précédente, il vient

$$4\,x^2 + (y+z)^2 = s^2 + d^2 - x^2$$

ou, en remplaçant encore $y + z$ par $2\,x$,

$$4\,x^2 + 4\,x^2 = s^2 + d^2 - x^2,$$

c'est-à-dire

$$9\,x^2 = s^2 + d^2 \quad \text{et} \quad x = \frac{\sqrt{s^2 + d^2}}{3}.$$

Le radical doit être pris avec le signe $+$.

On a alors

$$y + z = 2\,x = \frac{2\sqrt{s^2 + d^2}}{3} \quad \text{et} \quad 4\,x^2 + 2\,yz = s^2,$$

d'où

$$2\,yz = s^2 - 4\,x^2$$

et

$$yz = \frac{5\,s^2 - 4\,d^2}{18}.$$

y et z étant des quantités positives, il faut qu'on ait $s^2 > \dfrac{4\,d^2}{5}$: c'est là la première condition de possibilité du problème.

Connaissant la somme $y + z$ et le produit yz, y et z sont les racines de l'équation du second degré.

$$u^2 - \frac{2\sqrt{s^2 + d^2}}{3} u + \frac{5s^2 - 4d^2}{18} = 0.$$

Si les racines de cette équation sont réelles, elles sont positives. On doit donc avoir

$$\frac{4(s^2 + d^2)}{9} - 4\,\frac{5s^2 - 4d^2}{18} > 0.$$

On en déduit facilement

$$s^2 < 2d^2 :$$

c'est là la seconde condition de possibilité du problème. Pour que le problème soit possible, d étant donnée, s^2 doit donc varier entre $\dfrac{4d^2}{5}$ et $2d^2$.

Si s^2 est donnée, d doit varier entre $\dfrac{s\sqrt{2}}{2}$ et $\dfrac{s\sqrt{5}}{2}$.

On a d'ailleurs

$$u = \frac{\sqrt{s^2 + d^2}}{3} \doteq \sqrt{\frac{s^2 + d^2}{9} - \frac{5s^2 - 4d^2}{18}},$$

d'où

$$u = \frac{\sqrt{s^2 + d^2}}{3} \doteq \sqrt{\frac{2d^2 - s^2}{6}}.$$

Si y est la plus grande des deux arêtes y et z,

$$y = \frac{\sqrt{s^2 + a^2}}{3} + \sqrt{\frac{2d^2 - s^2}{6}} \quad \text{et} \quad z = \frac{\sqrt{s^2 + d^2}}{3} - \sqrt{\frac{2d^2 - s^2}{6}}.$$

Problème du cylindre inscrit.

282. *Inscrire dans une sphère donnée un cylindre dont la surface totale soit donnée.*

Nous désignerons par R le rayon de la sphère donnée, par x et par y le rayon de la base et la demi-hauteur du cylindre cherché (*fig.* 20), dont nous représenterons la surface totale connue par $2\pi a^2$.

La Géométrie (*voir* t. II) donne immédiatement

$$4\pi xy + 2\pi x^2 = 2\pi a^2.$$

La relation

$$x^2 + y^2 = R^2$$

exprime ensuite que le cylindre est inscrit dans la sphère. Les deux équations du problème sont donc

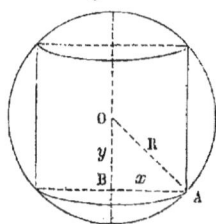

Fig. 20.

$$(1) \quad \begin{cases} 2xy + x^2 = a^2, \\ x^2 + y^2 = R^2. \end{cases}$$

35.

La première donne

$$y = \frac{a^2 - x^2}{2\,x},$$

et, si l'on substitue cette valeur dans la seconde équation, elle devient

$$x^2 + \left(\frac{a^2 - x^2}{2\,x}\right)^2 = R^2,$$

c'est-à-dire

$$5\,x^4 - 2(a^2 + 2\,R^2)x^2 + a^4 = 0.$$

Le système (1) est donc équivalent au système

$$(2) \qquad \begin{cases} y = \dfrac{a^2 - x^2}{2\,x}, \\ 5\,x^4 - 2(a^2 + 2\,R^2)x^2 + a^4 = 0. \end{cases}$$

Pour être admissibles, les valeurs de x et de y, fournies par le système (2), *doivent être positives et moindres que* R.

La première condition de possibilité est donc, d'après la valeur de y,

$$x^2 < a^2.$$

La seconde équation du système (2) donne

$$x^2 = \frac{a^2 + 2\,R^2 \pm \sqrt{(a^2 + 2\,R^2)^2 - 5\,a^4}}{5},$$

et l'on voit que les valeurs de x^2 sont positives si elles sont réelles. Il faut, par suite, qu'on ait

$$(a^2 + 2\,R^2)^2 > 5\,a^4,$$

d'où l'on déduit facilement

$$a^2 < \frac{R^2(\sqrt{5} + 1)}{2}.$$

Si cette condition est remplie, les deux valeurs de x^2 sont positives, et à chacune d'elles répond une valeur positive de x, de sorte que le problème peut admettre deux solutions.

D'ailleurs, *pour que les valeurs positives de x soient admissibles, il faut et il suffit qu'elles soient à la fois moindres que* R *et que* a. S'il en est ainsi, les valeurs correspondantes de y conviennent aussi; car, devant satisfaire en même temps que les valeurs de x à la première équation du système (2) et à la seconde équation du système (1), elles sont positives et moindres que R.

Les deux racines de l'équation

$$5\,x^4 - 2(a^2 + 2\,R^2)x^2 + a^4 = 0,$$

considérée comme équation du second degré, étant supposées réelles et, par conséquent, positives, substituons a^2 à la place de x^2 dans le trinôme du premier membre. Le résultat de la substitution est

$$4a^4 - 4R^2a^2 = 4a^2(a^2 - R^2).$$

On doit donc distinguer deux cas, suivant que ce résultat est *négatif* ou *positif*.

Si l'on a $a^2 < R^2$, a^2 tombe (252) entre les deux valeurs de x^2, racines de l'équation, de sorte que *la plus petite de ces racines peut seule convenir.*

Le problème admet alors une seule solution représentée par le système de valeurs

$$x = +\sqrt{\frac{a^2 + 2R^2 - \sqrt{(a^2+2R^2)^2 - 5a^4}}{5}},$$

$$y = \frac{a^2 - x^2}{2x}.$$

Si l'on a $a^2 > R^2$, a^2 est extérieur aux deux valeurs de x^2, racines de l'équation : ces deux racines sont donc à la fois inférieures ou supérieures à a^2. Or, dans l'hypothèse indiquée, la plus petite racine est toujours moindre que a^2; il en est donc de même de la plus grande. En effet, si l'on multiplie les deux termes de la plus petite valeur de x^2 par la somme des quantités dont la différence compose son numérateur, son expression devient

$$\frac{a^4}{a^2 + 2R^2 + \sqrt{(a^2+2R^2)^2 - 5a^4}},$$

et, sous cette forme, le dénominateur étant évidemment plus grand que a^2, on voit que cette valeur est moindre que $\frac{a^4}{a^2}$ ou que a^2.

Mais il ne résulte pas de là que les deux valeurs de x^2 soient admissibles, il faut encore qu'elles soient toutes deux inférieures à R^2.

Or, si l'on remplace x^2 par R^2 dans le premier membre de l'équation dont on discute les racines, on obtient

$$5R^4 - 2(a^2 + 2R^2)R^2 + a^4 = (R^2 - a^2)^2.$$

Ce résultat étant essentiellement positif, R^2 est extérieur aux deux valeurs de x^2, c'est-à-dire que ces deux valeurs sont ensemble inférieures ou supérieures à R^2, et alors *leur demi-somme remplit la même condition.*

Dans le cas de $a^2 > R^2$, les deux valeurs de x^2 sont donc ou non admissibles, suivant que l'inégalité

$$\frac{a^2 + 2R^2}{5} < R^2 \quad \text{ou} \quad a^2 < 3R^2$$

est ou non satisfaite ; mais, comme on a par hypothèse

$$a^2 < \frac{R^2(\sqrt{5}+1)}{2},$$

l'inégalité précédente est *a fortiori* vérifiée.

En résumé, si a^2 est $< R^2$, le problème n'admet qu'une solution. Si a^2 est compris entre R^2 et $\dfrac{R^2\left(\sqrt{5}+1\right)}{2}$, le problème admet deux solutions. Si a^2 est $> \dfrac{R^2\left(\sqrt{5}+1\right)}{2}$, le problème est impossible.

La valeur maximum de a^2 est donc représentée par $\dfrac{R^2\left(\sqrt{5}+1\right)}{2}$. Pour cette valeur limite, on a

$$x = R\sqrt{\frac{5+\sqrt{5}}{10}}, \quad y = 2R\sqrt{\frac{5-\sqrt{5}}{10}},$$

et la surface totale maximum du cylindre inscrit a pour expression

$$\pi\left(\sqrt{5}+1\right)R^2.$$

CHAPITRE VIII.

THÉORIE ÉLÉMENTAIRE DES MAXIMUMS ET DES MINIMUMS.

Définitions.

283. Lorsqu'une grandeur *variable*, après avoir augmenté d'une manière continue pendant un certain temps, diminue ensuite de la même manière, elle passe par une valeur *plus grande* que celles qui précèdent ou qui suivent immédiatement. On dit alors que la grandeur considérée passe par un *maximum*.

Lorsqu'une grandeur variable, après avoir diminué d'une manière continue pendant un certain temps, augmente ensuite de la même manière, elle passe par une valeur *plus petite* que celles qui précèdent ou qui suivent immédiatement. On dit alors que la grandeur considérée passe par un *minimum*.

Examinons, par exemple, la section d'un terrain accidenté par un plan vertical, et rapportons les différents points du profil obtenu à une horizontale prise pour axe de comparaison, en abaissant des perpendiculaires des différents points du profil sur l'horizontale choisie.

Si l'on regarde comme grandeur variable la perpendiculaire qui représente la hauteur d'un point quelconque du profil au-dessus de l'axe de comparaison, on voit que le sommet d'une colline (*fig.* 21) correspond à un maximum, le fond d'une vallée à un minimum. Le

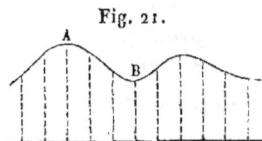

Fig. 21.

point A répond à un maximum, le point B à un minimum.

Remarquons que, d'après l'exemple même qu'on a choisi, une grandeur variable peut présenter plusieurs maximums et plusieurs minimums : un certain minimum peut donc être plus grand qu'un certain maximum. Il faut bien comprendre, en effet, que le maximum ou le minimum d'une grandeur n'est relatif qu'à la série des valeurs *voisines*, c'est-à-dire qui viennent immédiatement avant ou après.

284. Voici la marche à suivre, au point de vue élémentaire, pour trouver le maximum ou le minimum d'une grandeur variable.

En représentant cette grandeur par une certaine lettre, on exprime sa valeur à l'aide des données et des inconnues du problème. On écrit ensuite toutes les relations qui, d'après l'énoncé, doivent lier ces données et ces inconnues. Si l'on regarde la grandeur variable comme une *inconnue principale,* et les autres inconnues comme des *inconnues auxiliaires* ou dépendantes, on doit obtenir alors une équation de moins qu'il n'y a d'inconnues, $(n-1)$ équations, par exemple, pour n inconnues. On élimine, entre ces $(n-1)$ équations, $(n-2)$ inconnues auxiliaires, et l'on est ainsi conduit à une équation finale qui ne renferme plus qu'une seule inconnue auxiliaire en même temps que l'inconnue principale. Cette équation doit être, en général, du second degré ou bicarrée. Si on la résout, par rapport à l'inconnue auxiliaire qu'elle contient, l'inconnue principale se trouve engagée sous un radical et, en écrivant la condition de réalité de l'inconnue auxiliaire, on a une inégalité d'où l'on peut déduire les limites qui sont imposées par la nature de la question à l'inconnue principale, c'est-à-dire son maximum et son minimum.

Les exemples que nous allons traiter éclairciront ces généralités.

Théorème fondamental.

285. *La somme de deux facteurs variables étant constante, leur produit est maximum lorsque ces deux facteurs sont égaux entre eux ou à la moitié de la somme donnée* (30, III).

Représentons par a la somme donnée, par x et y les deux facteurs variables, par z leur produit variable dont on cherche le maximum : z est l'inconnue principale, x et y sont les inconnues auxiliaires. On a, d'après l'énoncé,

$$x + y = a,$$
$$xy = z,$$

c'est-à-dire deux équations et trois inconnues (284). En élimi-nant $y = a - x$, on a immédiatement

$$x(a - x) = z \quad \text{ou} \quad x^2 - ax + z = 0.$$

Il en résulte

$$x = \frac{a}{2} \pm \sqrt{\frac{a^2}{4} - z}.$$

La condition de réalité de l'inconnue x est donc

$$\frac{a^2}{4} - z > 0, \quad \text{d'où} \quad z < \frac{a^2}{4}.$$

z devant rester inférieur à $\frac{a^2}{4}$ a pour limite supérieure ou pour *maximum* cette même quantité. Pour $z = \frac{a^2}{4}$, on a d'ailleurs

$$x = \frac{a}{2} \quad \text{et} \quad y = a - x = \frac{a}{2}.$$

286. *On pouvait prévoir l'existence d'un maximum.* En effet, pour $x = 0$, on a

$$y = a \quad \text{et} \quad z = 0,$$

pour $x = a$, on a

$$y = 0 \quad \text{et} \quad z = 0.$$

Ainsi, l'un des deux facteurs, x et y, variant de zéro à a, le produit z part de zéro pour revenir à zéro; entre ces deux li-mites, il passe donc nécessairement par un maximum (283).

287. *Il n'y a pas de produit minimum;* car, si la valeur donnée à l'un des facteurs, x par exemple, dépasse la somme constante a, l'autre facteur y devient négatif et est d'autant plus grand en valeur absolue que x est plus grand positive-ment. Le produit z est donc lui-même négatif et peut, par con-séquent, décroître algébriquement (214) jusqu'à $-\infty$, sans que la condition de réalité de la variable x cesse d'être rem-plie.

Applications.

288. Le théorème précédent fournit la solution immédiate d'un grand nombre de problèmes de Géométrie. Nous en indiquerons quelques-uns.

1° *De tous les rectangles de même périmètre* $2p$, *quel est celui dont l'aire est maximum?*

La somme de la base x et de la hauteur y du rectangle étant constamment égale à p, le produit xy de ces deux dimensions ou l'aire du rectangle est maximum, lorsqu'on a $x = y = \dfrac{p}{2}$, c'est-à-dire lorsque le rectangle devient un carré.

2° *Inscrire dans un carré donné le carré minimum.*

Soit le carré ABCD (*fig.* 22). Si l'on prend sur les différents côtés et dans le même sens quatre longueurs égales AE, BF, CG, DH, la figure inscrite EFGH est un carré. En effet, tous les triangles rectangles, EBF, FCG, GDH, HAE, sont égaux comme ayant un angle égal compris entre deux côtés égaux : leurs hypoténuses sont donc égales. De plus, les angles

FEB et AEH sont complémentaires : l'angle HEF est donc droit, et la figure EFGH est un carré. Cela posé, l'aire de ce carré est *minimum*, lorsque la somme des triangles rectangles qu'il faut lui ajouter pour compléter le carré donné, est *maximum*. Pour qu'il en soit ainsi, il suffit que l'un de ces triangles soit maximum. Or la somme BE + BF est constante et égale au côté du carré donné. Le produit EB × BF et, par suite, l'aire du triangle EBF sont donc maximums, lorsqu'on

Fig. 22.

a EB = BF. Il faut donc que les points E, F, G, H soient les milieux des côtés du carré donné.

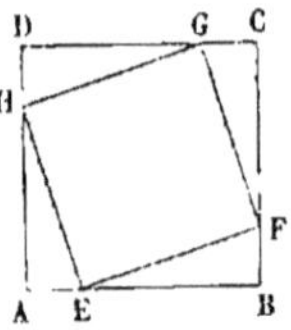

Il est évident qu'il n'existe pas de carré maximum dont les sommets s'appuient respectivement sur les côtés du carré donné; car, si l'on fait croître le segment AE au delà du côté AB, on forme un carré exinscrit dont l'aire peut augmenter indéfiniment.

3° *De tous les triangles de même périmètre et de même base, quel est celui dont l'aire est maximum?*

Désignons par $2p$ et par a le périmètre et la base donnés. Soient b et c les deux autres côtés variables des triangles considérés et S leur aire. On a

$$2p = a + b + c \quad \text{et} \quad S = \sqrt{p(p-a)(p-b)(p-c)}.$$

Le maximum de S^2 se produit en même temps et dans les mêmes conditions que celui de S. Comme le produit $p(p-a)$ est constant d'après l'énoncé, chercher le maximum de S^2 revient à chercher celui de

$$\frac{S^2}{p(p-a)} = (p-b)(p-c).$$

Mais les deux facteurs variables $(p-b)$ et $(p-c)$ ont une somme constante, puisqu'elle est égale à

$$p - b + p - c = 2p - (b + c) = a.$$

Leur produit est donc maximum lorsqu'ils sont égaux entre eux, ce qui entraîne la condition

$$b = c = p - \frac{a}{2}.$$

Parmi tous les triangles proposés, le triangle d'aire maximum est donc le triangle isocèle.

4° *Inscrire dans un triangle donné le rectangle d'aire maximum.*

Pour inscrire (*fig.* 23) un rectangle EFGK dans un triangle donné ABC, il suffit de mener entre les côtés du triangle une parallèle FG à sa base et d'abaisser des points F et G des perpendiculaires FE et GK sur cette même base. Si le point F tend vers le sommet A, la hauteur du rectangle inscrit tend vers zéro, ainsi que son aire. Si le point F tend vers le sommet B, c'est la base du rectangle inscrit qui tend vers zéro en même temps que son aire. Entre ces deux limites de l'aire du rectangle, il existe nécessairement un maximum (283).

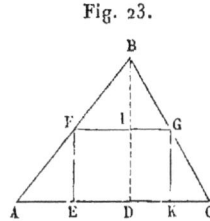

Fig. 23.

Désignons par b et h la base AC et la hauteur BD du triangle donné, par x et y la base EK et la hauteur EF du rectangle inscrit, par S l'aire de ce rectangle. On a évidemment

$$S = xy,$$

$$\frac{BI}{BD} = \frac{FG}{AC} \quad \text{ou} \quad \frac{h - y}{h} = \frac{x}{b}.$$

On déduit de la seconde équation

$$y = \frac{h}{b}(b - x).$$

La première devient donc, par substitution,

$$S = \frac{h}{b} x(b - x).$$

Le rapport $\frac{h}{b}$ étant constant, le maximum de S répond à celui du produit $x(b - x)$, c'est-à-dire, puisque les deux facteurs x et $(b - x)$ ont une somme constante b, à $x = \frac{b}{2}$. On a alors $y = \frac{h}{2}$, et le maximum de S a pour expression $\frac{bh}{4}$.

Ainsi, pour avoir le rectangle inscrit d'aire maximum, il suffit de mener la parallèle FG à la base AC du triangle par le milieu de la hauteur BD, et cette aire maximum est la moitié de celle du triangle.

Voici une dernière application un peu moins simple.

Cône minimum circonscrit à la sphère.

289. Soient (*fig.* 24) un cercle OC et un triangle isocèle SBD circonscrit à ce cercle. Si l'on fait tourner la figure autour de l'axe SA, la cir-

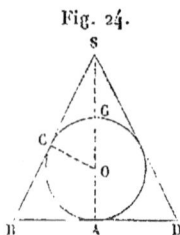

Fig. 24.

conférence OC engendre une sphère et le triangle isocèle SBD un cône circonscrit à cette sphère. On demande pour quelle position du sommet S le volume du cône est un minimum. Ce minimum existe nécessairement; car, si le sommet S s'éloigne de plus en plus dans la direction du diamètre AG, le cône tend à se transformer en un cylindre de hauteur infinie et, par conséquent, de volume infini; si, au contraire, le sommet S se rapproche de plus en plus du point G, c'est la base du cône qui tend à devenir infinie en même temps que son volume. Entre ces deux valeurs infinies, le volume du cône circonscrit passe donc par un minimum (283).

Désignons par x la hauteur du cône, par y le rayon de sa base, par V son volume variable, par R le rayon de la sphère.

On a immédiatement

$$V = \frac{1}{3}\pi y^2 x.$$

On a ensuite, à cause des triangles rectangles semblables BAS, OCS, et de la propriété connue de la tangente,

$$\frac{AB}{OC} = \frac{AS}{SC} \quad \text{ou} \quad \frac{y}{R} = \frac{x}{\sqrt{x(x-2R)}}.$$

On déduit de cette dernière relation

$$y^2 = \frac{R^2 x}{x - 2R}.$$

La valeur de V devient donc

$$V = \frac{\pi R^2}{3}\frac{x^2}{x - 2R}.$$

Le facteur $\frac{\pi R^2}{3}$ étant constant, le minimum de V répond à celui de $\frac{x^2}{x - 2R}$ ou au maximum de la fraction renversée $\frac{x - 2R}{x^2}$.

Cette dernière expression peut être mise sous la forme

$$\frac{1}{x}\left(1 - \frac{2R}{x}\right)$$

ou bien, en multipliant et en divisant par $2R$,

$$\frac{1}{2R}\frac{2R}{x}\left(1 - \frac{2R}{x}\right).$$

On voit alors que le minimum cherché répond finalement au maximum du produit

$$\frac{2\,R}{x}\left(1 - \frac{2\,R}{x}\right).$$

Les deux facteurs de ce produit ayant une somme constante égale à 1, son maximum a lieu pour

$$\frac{2\,R}{x} = 1 - \frac{2\,R}{x} \quad \text{ou, pour} \quad x = 4\,R.$$

Il en résulte

$$y = R\sqrt{2} \quad \text{et} \quad V = \frac{8}{3}\,\pi R^3.$$

Ainsi le cône circonscrit de volume minimum a pour hauteur le double du diamètre de la sphère donnée, et son volume est double de celui de la sphère.

Comme les volumes des corps circonscrits à la sphère sont proportionnels aux surfaces des mêmes corps (*voir* la *Géométrie*, t. II), l'aire totale du cône circonscrit minimum est égale au double de l'aire de la sphère, et c'est aussi un minimum parmi les surfaces totales des cônes circonscrits. C'est ce qu'on peut d'ailleurs vérifier facilement.

En représentant par S la surface totale du cône circonscrit, on a, en effet, d'après la Géométrie,

$$(1) \qquad S = \pi y \sqrt{x^2 + y^2} + \pi y^2$$

et, d'après la similitude des triangles rectangles considérés précédemment (*fig.* 24),

$$\frac{y}{R} = \frac{x}{\sqrt{x(x - 2\,R)}} = \frac{\sqrt{x^2 + y^2}}{x - R}.$$

Il en résulte

$$\sqrt{x^2 + y^2} = \frac{y(x - R)}{R} \quad \text{et} \quad y^2 = \frac{R^2 x}{x - 2\,R}.$$

Si l'on substitue ces valeurs dans l'équation (1), on a, en chassant les dénominateurs,

$$SR(x - 2\,R) = \pi y^2 (x - R)(x - 2\,R) + \pi R^3 x;$$

mais

$$y^2(x - 2\,R) = R^2 x;$$

par suite,

$$SR(x - 2\,R) = \pi R^2 x(x - R) + \pi R^3 x.$$

On en déduit, en simplifiant,

$$\pi R x^2 - S x + 2\,RS = 0.$$

La condition de réalité de x est donc (236)

$$S^2 - 8\pi R^2 S > o \quad \text{ou} \quad S > 8\pi R^2.$$

Le minimum de S est donc $8\pi R^2$, et la valeur correspondante de x est (238)

$$\frac{S}{2\pi R} = 4R.$$

Cas où le théorème fondamental est en défaut.

290. Il est essentiel de remarquer que le théorème fonda-mental du n° 285 peut se trouver en défaut, si les limites im-posées par la nature particulière de la question aux facteurs variables x et y ne leur permettent pas d'atteindre la moitié de la somme donnée a.

Pour lever cette difficulté, qui se présente très-souvent dans les applications, nous donnerons, sous une forme particu-lière, une seconde démonstration du théorème dont il s'agit.

On a, d'une manière générale, l'identité

$$4\,xy = (x+y)^2 - (x-y)^2.$$

La somme $x+y$ étant supposée constante, on voit alors im-médiatement que le maximum de $4\,xy$ ou celui du produit xy répond au minimum de $(x-y)^2$.

Lorsqu'on peut faire $x = y$, ce minimum est zéro, et l'on retombe sur l'énoncé du n° 285; mais, lorsque les limites im-posées à x et à y rendent leur égalité impossible, cet énoncé doit être modifié comme il suit :

Si la somme de deux facteurs variables est constante, leur produit est maximum lorsque le carré de leur différence est minimum.

On peut ajouter que *ce même produit est minimum lorsque le carré de la différence des deux facteurs est* au contraire *maximum.*

291. Voici un exemple très-simple où l'on doit recourir à l'énoncé modifié.

On demande le maximum et le minimum du produit

$$(\sin x + 2)(7 - \sin x).$$

La somme des deux facteurs variables est constante et égale

à 9; le maximum du produit répondrait donc à l'égalité des deux facteurs, si cette égalité était possible. Or la relation

$$\sin x + 2 = 7 - \sin x,$$

conduisant à

$$\sin x = \frac{5}{2},$$

ne peut être vérifiée par aucune valeur de x, puisque le sinus d'un arc a pour limites -1 et $+1$ (*voir* la *Trigonométrie*, t. II).

Pour obtenir le maximum du produit proposé, il faut donc chercher le minimum du carré de la différence des deux facteurs, c'est-à-dire le minimum de

$$(2 \sin x - 5)^2.$$

Ce minimum ayant lieu pour la plus grande valeur positive de $\sin x$, c'est-à-dire pour $\sin x = +1$, le maximum du produit donné est 18 pour la même valeur.

De même, le minimum de ce produit répond au maximum de la même expression

$$(2 \sin x - 5)^2,$$

qui a lieu pour la plus petite valeur négative de $\sin x$, c'est-à-dire pour $\sin x = -1$; le minimum cherché est donc 8 pour la même valeur.

Théorèmes déduits du théorème fondamental.

292. I. *Le produit de n facteurs positifs variables ayant une somme constante est maximum, lorsque tous ces facteurs sont égaux entre eux et à la $n^{ième}$ partie de la somme constante.*

Soient, en effet, a la somme donnée, $x, y, z, \ldots, t$ les facteurs donnés et $\mathcal{P}$ leur produit variable. On a

$$x + y + z + \ldots + t = a,$$
$$xyz \ldots t = \mathcal{P}.$$

Pour que $\mathcal{P}$ représente le maximum cherché, il faut que deux facteurs quelconques du produit, x et y par exemple, soient égaux entre eux; car, s'il n'en est pas ainsi, on peut remplacer chacun de ces facteurs par leur demi-somme $\dfrac{x+y}{2}$.

La somme a n'est pas modifiée, et l'on a, d'après le théorème du n° 285,

$$\frac{x+y}{2}\,\frac{x+y}{2} > xy,$$

c'est-à-dire, en multipliant les deux membres de cette inégalité par tous les autres facteurs,

$$\frac{x+y}{2}\,\frac{x+y}{2}\,z\ldots t > \mathcal{P}.$$

Tant que deux facteurs quelconques du produit formé ne sont pas égaux entre eux, on peut donc trouver un produit plus grand. Le produit obtenu ne peut donc être maximum que si l'on a

$$x = y = z = \ldots = t = \frac{a}{n}.$$

293. Le théorème précédent subsiste quand les facteurs proposés sont tous négatifs, mais en nombre pair.

En effet, le produit $\mathcal{P}$ reste positif, et l'inégalité

$$\frac{x+y}{2}\,\frac{x+y}{2} > xy$$

entraîne encore l'inégalité

$$\frac{x+y}{2}\,\frac{x+y}{2}\,z\ldots t > \mathcal{P}.$$

Si les facteurs proposés, tous négatifs, sont en nombre impair, l'inégalité

$$\frac{x+y}{2}\,\frac{x+y}{2} > xy$$

entraîne, au contraire (215, III) l'inégalité

$$\frac{x+y}{2}\,\frac{x+y}{2}\,z\ldots t < \mathcal{P}.$$

En prenant tous les facteurs égaux entre eux, on obtient donc, dans l'hypothèse indiquée, un produit minimum.

294. Les n facteurs proposés étant positifs, le maximum du produit s'obtient (292) en faisant chaque facteur égal au $n^{ième}$ de leur somme constante ou à $\dfrac{x + y + z + \ldots + t}{n}$. On a donc, d'une manière générale et pour des valeurs quelconques des facteurs,

$$xyz \ldots t < \left(\frac{x + y + z + \ldots + t}{n} \right)^n.$$

Si l'on appelle, par analogie (*Arithm.*, 397), *moyenne proportionnelle* de n quantités la racine $n^{ième}$ de leur produit, on voit, en extrayant la racine $n^{ième}$ des deux membres de l'inégalité et en généralisant un théorème connu (*Arithm.*, 399), que *la moyenne proportionnelle de n quantités est inférieure à leur moyenne arithmétique* (*Arithm.*, 198).

295. Il est entendu que le théorème du n° 292 est soumis aux mêmes restrictions que le théorème fondamental dont il est une conséquence immédiate. Si les facteurs proposés doivent non-seulement présenter une somme constante, mais encore satisfaire à d'autres relations, le maximum possible de leur produit est, en général, différent de celui qu'on vient d'indiquer, et alors toujours plus petit.

Il n'y a identité entre les deux résultats que lorsque les relations auxiliaires auxquelles les facteurs variables se trouvent soumis sont satisfaites d'elles-mêmes par les valeurs égales de ces facteurs; car, dans ce cas, ces relations n'expriment aucune condition contradictoire relativement à la règle énoncée.

296. En particulier, si l'on a $(p + q + r)$ facteurs variables, dont la somme constante soit égale à a et qui soient astreints, en outre, à la condition de se partager en trois groupes contenant respectivement p facteurs, q facteurs et r facteurs égaux entre eux dans chaque groupe, le théorème du n° 292 reste applicable.

Si l'on veut préciser davantage, on peut remarquer (¹) que le produit

$$(1) \qquad\qquad xyz \ldots t,$$

(¹) Lettre de M. Haton de la Goupillière (*Nouvelles Annales de Mathématiques*, t. VII, 2ᵉ série).

où les $(p + q + r)$ facteurs donnés sont indépendants, sauf la constance imposée à leur somme a, est plus général que le produit

$$(2) \qquad (\mathrm{X})^p\,(\mathrm{Y})^q\,(\mathrm{Z})^r,$$

où les facteurs considérés présentent la même somme, mais ne peuvent prendre, les uns par rapport aux autres, que trois valeurs différentes. Le produit (1) offre donc, parmi ses valeurs, toute la série de valeurs du produit (2), tandis que le produit (2) ne peut admettre qu'une partie des valeurs du produit (1). Par conséquent, on est certain que le produit (1) peut atteindre le maximum du produit (2), mais il n'est pas permis d'affirmer d'avance la réciproque. Pour que cette réciproque ait lieu, il faut prouver que le produit (2) peut, dans ses différents états, atteindre celui pour lequel le produit (1) est maximum. Or rien n'empêche de faire

$$\mathrm{X} = \mathrm{Y} = \mathrm{Z} = \frac{a}{p + q + r},$$

en même temps que

$$x = y = z = \ldots = t = \frac{a}{p + q + r}.$$

Comme on obtient ainsi le maximum du produit (1) et que le produit (2) devient alors identique au produit (1), on voit que la même règle est bien applicable aux deux produits.

297. II. *Les facteurs positifs variables, x, y, z ayant une somme constante égale à a, et les nombres p, q, r étant entiers et positifs, le produit $x^p y^q z^r$ est maximum lorsque les facteurs x, y, z sont proportionnels à leurs exposants p, q, r.*

On ne modifie pas le produit considéré en le multipliant et en le divisant par la quantité constante $p^p q^q r^r$; mais chercher le maximum de l'expression

$$p^p q^q r^r \, \frac{x^p y^q z^r}{p^p q^q r^r}$$

revient évidemment à chercher celui de l'expression

$$\frac{x^p y^q z^r}{p^p q^q r^r} :$$

car les deux séries de valeurs obtenues en faisant varier

x, y, z, dans les limites imposées par la relation

$$x + y + z = a,$$

ne différant que par un facteur constant, le maximum a lieu dans les deux cas pour les mêmes valeurs des facteurs variables. Or la seconde expression indiquée équivaut à

$$\left(\frac{x}{p}\right)^p \left(\frac{y}{q}\right)^q \left(\frac{z}{r}\right)^r.$$

Ce produit est donc composé de p facteurs égaux à $\dfrac{x}{p}$, de q facteurs égaux à $\dfrac{y}{q}$, de r facteurs égaux à $\dfrac{z}{r}$, c'est-à-dire de $(p + q + r)$ facteurs présentant seulement, les uns par rapport aux autres, trois valeurs différentes, et formant une somme égale à

$$p\,\frac{x}{p} + q\,\frac{y}{q} + r\,\frac{z}{r} = x + y + z = a.$$

La condition du maximum est donc finalement (296)

$$\frac{x}{p} = \frac{y}{q} = \frac{z}{r} = \frac{a}{p+q+r},$$

d'où

$$x = \frac{ap}{p+q+r}, \quad y = \frac{aq}{p+q+r}, \quad z = \frac{ar}{p+q+r}.$$

Le théorème, qui s'étend à un nombre quelconque de facteurs, est donc démontré, et l'*on obtient les valeurs des facteurs x, y, z, qui répondent au maximum, en partageant la somme donnée a proportionnellement à leurs exposants p, q, r.*

On peut résoudre immédiatement, à l'aide des théorèmes I et II (292, 297), un grand nombre de problèmes de Géométrie : nous en indiquerons quelques-uns.

Applications.

298. 1° *De tous les parallélipipèdes rectangles de même surface, le cube est celui de volume maximum.*

Soient S la surface constante, V le volume variable et x, y, z les dimen-

36.

sions variables des parallélipipèdes rectangles considérés. On a

$$S = 2\,xy + 2\,xz + 2\,yz \quad \text{ou} \quad xy + xz + yz = \frac{S}{2},$$

en même temps que

$$V = xyz \quad \text{ou} \quad V^2 = x^2 y^2 z^2 = xy \cdot xz \cdot yz.$$

V^2 ou V est donc maximum (292) lorsque les trois facteurs xy, xz, yz, dont la somme est constante, sont égaux entre eux ; et, de $xy = xz = yz$, on déduit

$$x = y = z.$$

On a alors, pour l'arête du cube dont le volume représente le maximum demandé,

$$3\,x^2 = \frac{S}{2}, \quad \text{d'où} \quad x = \sqrt{\frac{S}{6}};$$

et, pour son volume,

$$V = x^3 = \frac{S}{6}\sqrt{\frac{S}{6}}.$$

2° *De tous les rectangles de même périmètre* $2p$, *quel est celui pour lequel le cylindre engendré par la rotation du rectangle autour d'un de ses côtés a un volume maximum ?*

Désignons par x et y les deux dimensions du rectangle, par V le volume variable du cylindre engendré par la rotation du rectangle autour du côté x ou du côté y. Si x ou y est très-petit, le volume du cylindre engendré est lui-même très-petit, parce que sa base ou sa hauteur est très-petite. Entre ces deux valeurs, dont les limites sont zéro, le volume du cylindre doit donc bien passer par un maximum.

On a les deux équations

$$x + y = p \quad \text{et} \quad V = \pi x^2 y\,;$$

π étant un facteur constant, la question est ramenée à chercher le maximum du produit $x^2 y$, sachant que les deux facteurs x et y ont une somme constante p. La condition du maximum est donc (297)

$$\frac{x}{2} = \frac{y}{1} = \frac{p}{3}, \quad \text{d'où} \quad x = \frac{2p}{3}, \quad y = \frac{p}{3}.$$

Le volume du cylindre maximum est alors

$$V = \pi \frac{4p^2}{9} \frac{p}{3} = \frac{1}{9} \frac{4}{3} \pi p^3.$$

3° *Inscrire dans une sphère donnée le cylindre de volume maximum.*

En désignant ($fig.$ 25) par R le rayon de la sphère donnée, par V le volume variable du cylindre inscrit, par x le rayon de sa base et par y sa demi-hauteur, on a immédiatement

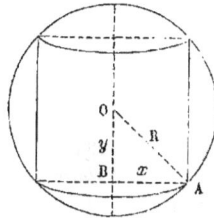

Fig. 25.

$$V = 2\pi x^2 y \quad \text{et} \quad x^2 + y^2 = R^2.$$

2π étant un facteur constant, la question est ramenée à chercher le maximum du produit $x^2 y$; mais, au moment où ce produit atteint son maximum, il en est évidemment de même de son carré $x^4 y^2$, qu'on peut écrire $(x^2)^2 y^2$. Les deux facteurs x^2 et y^2 ayant R^2 pour somme constante, la condition du maximum est alors (297)

$$\frac{x^2}{2} = \frac{y^2}{1} = \frac{R^2}{3},$$

d'où

$$x = R\sqrt{\frac{2}{3}} \quad \text{et} \quad y = R\sqrt{\frac{1}{3}} = \frac{R\sqrt{3}}{3}.$$

La hauteur $2y$ du cylindre inscrit maximum est donc les $\frac{2}{3}$ du côté du triangle équilatéral inscrit dans une circonférence de grand cercle, et son volume a pour expression

$$V = 2\pi \frac{2}{3} R^2 \frac{R\sqrt{3}}{3} = \frac{\sqrt{3}}{3} \frac{4}{3} \pi R^3.$$

4° *Inscrire dans un cercle donné le triangle isocèle d'aire maximum.*

Menons ($fig.$ 26) un diamètre AD. D'un point C quelconque de la circonférence, abaissons sur ce diamètre la perpendiculaire CB. Le triangle ACB est un triangle isocèle inscrit. Si le point C se rapproche indéfiniment du point A ou du point D, l'aire du triangle tend vers zéro. Entre ces deux valeurs limites, cette aire passe donc par un maximum.

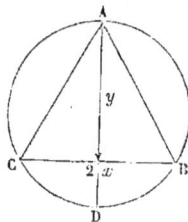

Fig. 26.

Désignons par R le rayon du cercle donné, par $2x$ la base et par y la hauteur du triangle isocèle inscrit. Son aire variable étant représentée par S, on a les deux équations

$$S = xy \quad \text{et} \quad x^2 = y(2R - y).$$

La question est donc ramenée à chercher le maximum du produit xy ou, ce qui revient au même, de son carré $x^2 y^2$. Si l'on remplace x^2 par sa valeur déduite de la seconde équation, on voit qu'on a finalement à chercher le maximum de l'expression

$$y^3(2R - y),$$

qui est composée de deux facteurs, l'un y, élevé au cube, l'autre $(2R - y)$, élevé à la première puissance. Ces deux facteurs ayant une somme constante $2R$, la condition de maximum est (297)

$$\frac{y}{3} = \frac{2R - y}{1} = \frac{2R}{4} = \frac{R}{2}, \quad \text{d'où} \quad y = \frac{3R}{2}.$$

Le triangle isocèle d'aire maximum se confond donc avec le triangle équilatéral inscrit.

5° *Inscrire dans un cône donné le cylindre de volume maximum.*

Soient (*fig.* 27) le triangle rectangle SBA et le rectangle inscrit DEFB.

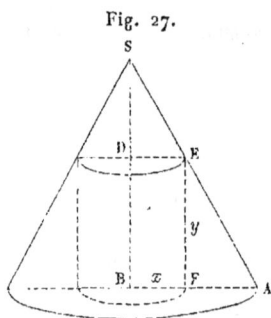

Fig. 27.

Si l'on fait tourner la figure autour du côté SB, le triangle engendre un cône et le rectangle un cylindre inscrit dans ce cône. Si le point D se rapproche indéfiniment du sommet S ou du sommet B, le volume du cylindre inscrit tend vers zéro. Entre ces deux valeurs limites, son volume doit donc bien passer par un maximum.

Désignons par r le rayon de la base du cône et par h sa hauteur, par x le rayon de la base du cylindre inscrit, par y sa hauteur, par V son volume variable. On a immédiatement les deux équations

$$V = \pi x^2 y \quad \text{et} \quad \frac{x}{r} = \frac{h - y}{h} \cdot \text{ou} \quad y = \frac{h(r - x)}{r}.$$

Le facteur π étant constant, on doit rendre maximum le produit $x^2 y$ ou, en remplaçant y par sa valeur en fonction de x, on doit rendre maximum l'expression

$$\frac{h}{r} x^2 (r - x) \quad \text{ou} \quad x^2 (r - x),$$

puisque $\frac{h}{r}$ est un facteur constant; mais les deux facteurs x et $(r - x)$ ayant r pour somme constante, la condition du maximum est (297)

$$\frac{x}{2} = \frac{r - x}{1} = \frac{r}{3}, \quad \text{d'où} \quad x = \frac{2r}{3} \quad \text{et} \quad y = \frac{h}{3}.$$

Le cylindre inscrit maximum a donc pour hauteur le tiers de la hauteur du cône, et son volume est

$$V = \pi \frac{4 r^2}{9} \frac{h}{3} = \frac{4}{9} \frac{1}{3} \pi r^2 h,$$

Boîte carrée ou polygonale de volume maximum.

299. *On donne une feuille de carton présentant la figure d'un carré ou d'un polygone régulier, et l'on demande de construire avec cette feuille la boîte de volume maximum.*

Soit d'abord le carré ABCD (*fig.* 28). Pour construire avec ce carré une boîte de volume quelconque, il faut mener quatre parallèles EF, GH, IK, LM, aux quatre côtés du carré et à égale distance de ces côtés. On enlève les quatre carrés Aa, Bb, Cc, Dd, ainsi déterminés sur les angles, et, en relevant les quatre rectangles laissés en blanc sur la figure, on forme une boîte ayant pour fond le carré $abcd$.

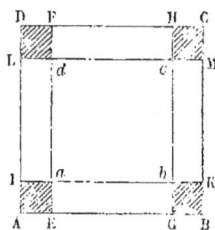

Fig. 28.

Cela posé, désignons par $2l$ le côté AB et par x la distance AE. Le volume variable V de la boîte, qui est un parallélipipède rectangle de base $abcd$ et de hauteur x, a pour expression

$$V = (2l - 2x)^2 x = 4(l - x)^2 x.$$

La somme des facteurs $(l - x)$ et x étant égale à la quantité constante l, la valeur de x, qui correspond au maximum de V, satisfait à la relation

$$\frac{l - x}{2} = \frac{x}{1} = \frac{l}{3}, \quad \text{d'où} \quad x = \frac{l}{3} = \frac{2l}{6}.$$

Le volume de la boîte maximum est donc

$$V = \frac{2}{27}(2l)^3.$$

Supposons maintenant que la feuille de carton donnée ait la forme d'un polygone régulier (*fig.* 29). On inscrit dans ce polygone un polygone régulier semblable et semblablement placé, ayant même centre O, et l'on abaisse des sommets de ce nouveau polygone des perpendiculaires sur les côtés voisins du polygone enveloppant. On enlève les quadrilatères ainsi construits sur les angles, on relève les rectangles laissés en blanc sur la figure, et l'on obtient une boîte prismatique ayant pour base le polygone inscrit et pour hauteur l'une des perpendiculaires abaissées de ses différents sommets.

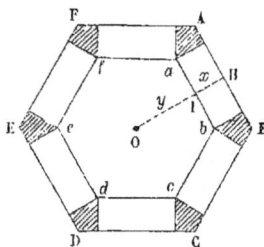

Fig. 29.

Soient n le nombre de côtés du polygone donné, p son apothème OH, y l'apothème OI du polygone inscrit, x la différence des deux apothèmes, l et l' les côtés des deux polygones considérés. En désignant par V le volume variable de la boîte, on a immédiatement

$$V = \frac{nl'}{2} yx, \quad x + y = p, \quad \frac{x}{p} = \frac{l'}{l}.$$

On en déduit

$$l' = \frac{l}{p} y \quad \text{et} \quad V = \frac{nl}{2p} xy^2.$$

La question est donc ramenée à chercher le maximum du produit xy^2, sachant que la somme $(x + y)$ est constante. La condition du maximum est donc

$$\frac{x}{1} = \frac{y}{2} = \frac{p}{3}, \quad \text{d'où} \quad x = \frac{p}{3} \quad \text{et} \quad y = \frac{2p}{3}.$$

Le volume maximum a, par suite, pour expression

$$V = \frac{2n}{27} p^2 l.$$

Méthode Grillet.

300. Il arrive souvent que le maximum cherché répond à celui d'un produit de plusieurs facteurs dépendant d'une seule variable, et *dont la somme est constante, mais qui,* par suite des conditions de l'énoncé, *ne peuvent pas être égaux entre eux.* Les théorèmes des n°s 292 et 297 ne sont plus alors applicables, au moins directement. On tourne, dans ce cas, la difficulté à l'aide d'un artifice très-ingénieux, dû à M. GRILLET [1].

Les deux exemples suivants nous permettront d'exposer cette méthode.

301. I. *On donne une feuille de carton rectangulaire, et on demande de former avec cette feuille la boîte de volume maximum.*

Désignons (*fig.* 3o) par $2a$ et $2b$ les dimensions du rectangle donné, et supposons $b > a$.

En opérant comme au n° 299, on forme une boîte dont le volume variable V est celui d'un parallélipipède rectangle ayant pour base le rectangle *abcd* et pour hauteur le côté x des carrés Aa, Bb, Cc, Dd, enlevés sur les angles de la feuille. On a donc

$$V = (2a - 2x)(2b - 2x) x = 2(a - x)(b - x) 2x,$$

[1] *Nouvelles Annales de Mathématiques,* 1re série, t. IX et XVI.

et l'on peut dire que le maximum de V répond à celui du produit $(a - x)(b - x)\,2x$. La somme des trois facteurs de ce produit est bien constante, puisqu'elle est égale à $(a + b)$; mais ces trois facteurs ne peuvent être égaux entre eux. De

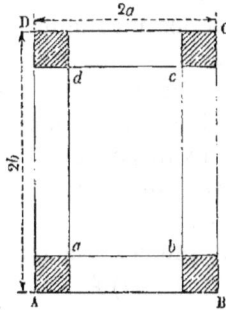

Fig. 30.

$$a - x = b - x$$

on déduit, en effet, $a = b$; ce qui est contre l'hypothèse.

Prenons alors

$$V = 4 (a - x)(b - x)\,x,$$

et, en laissant de côté le facteur constant 4, cherchons par la méthode Grillet le maximum du produit

$$(a - x)(b - x)\,x.$$

Nous ne modifierons pas ce produit, en le multipliant et en le divisant par un même nombre. Soient donc α et β deux coefficients *dont la valeur est supposée constante, mais indéterminée.* Nous pourrons écrire

$$(a - x)(b - x)\,x = \frac{1}{\alpha\beta}\, \alpha\,(a - x)\,\beta\,(b - x)\,x.$$

Le maximum demandé dépend simplement de celui de l'expression

$$\alpha\,(a - x)\,\beta\,(b - x)\,x.$$

Disposons de l'indétermination des coefficients auxiliaires α et β, de manière à rendre constante la *somme* des trois facteurs proposés. Il suffit pour cela que cette somme ne contienne pas x ou que, dans cette somme, le coefficient de cette variable soit nul, c'est-à-dire qu'on ait

(1) $$1 - \alpha - \beta = 0.$$

Cette égalité peut être satisfaite par une infinité de valeurs de α et de β ; mais, parmi toutes ces valeurs, nous ne devons choisir que celles qui rendent égaux entre eux les facteurs du produit dont on cherche le maximum. On doit donc poser en même temps

(2) $\alpha(a - x) = \beta(b - x) = x.$

Les relations (1) et (2) nous donnent ainsi trois équations entre les inconnues auxiliaires α et β et l'inconnue principale x, dont la valeur trouvée à l'aide de ces équations est précisément celle qui correspond au maximum du produit considéré ou au maximum de V.

On voit pourquoi le nombre des coefficients arbitraires employés doit être inférieur d'une unité à celui des facteurs variables, c'est-à-dire égal à $(n - 1)$ s'il y a n facteurs. En écrivant que ces n facteurs sont égaux entre eux, on obtient, en effet, $(n - 1)$ équations, et, en y ajoutant celle qui exprime que la somme des n facteurs est constante, on a autant d'équations que d'inconnues, en comptant la variable principale x.

Revenons aux relations (1) et (2). Pour en déduire x, il faut éliminer α et β. La relation (2) donne immédiatement

$$\alpha = \frac{x}{a - x}, \quad \beta = \frac{x}{b - x},$$

et, en substituant ces valeurs dans l'équation (1), on trouve pour équation finale

$$1 - \frac{x}{a - x} - \frac{x}{b - x} = 0,$$

c'est-à-dire, en chassant les dénominateurs et en simplifiant,

(3) $3x^2 - 2(a + b)x + ab = 0.$

D'après la forme de cette équation, si ses racines sont réelles, elles sont toutes deux positives. La condition de réalité, qui est ici

$$(a + b)^2 - 3ab > 0 \quad \text{ou} \quad a^2 + b^2 > ab,$$

est évidemment satisfaite; car, b étant plus grand que a, b^2 est plus grand que ab. Il reste à distinguer entre les valeurs de x, qui ne peuvent convenir toutes les deux. Or on ne doit faire varier x que de zéro à a, *moitié du plus petit côté du rectangle*, puisque les valeurs de x comprises entre a et $2a$ reproduisent nécessairement les volumes déjà obtenus en faisant varier x de zéro à a. On est ainsi conduit à substituer a dans le premier membre de l'équation (3). Le résultat de cette substitution $(a^2 - ab)$ étant *négatif*, on voit que a est compris entre les deux racines positives de l'équation, et que, par conséquent, c'est la plus petite de ces racines qui convient seule à la question. On a donc, pour le maximum,

$$x = \frac{a + b - \sqrt{(a+b)^2 - 3ab}}{3} = \frac{a + b - \sqrt{a^2 - ab + b^2}}{3}.$$

On vérifie ce résultat en revenant au carré (299), c'est-à-dire en faisant $b = a$. On retrouve bien, dans cette hypothèse,

$$x = \frac{a}{3} = \frac{2a}{6}.$$

302. II. *Inscrire, dans une sphère donnée, le cône d'aire totale maximum.*

Considérons (*fig.* 31) le cône inscrit, engendré par le triangle rectangle ACS. Nous désignerons par R le rayon de la sphère donnée, par x l'apothème AS du cône, par y la corde AB, supplémentaire de l'apothème AS, par Σ l'aire totale variable du cône inscrit. La Géométrie permet d'écrire

Fig. 31.

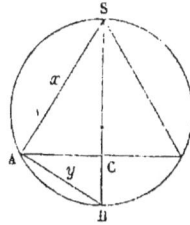

$$\Sigma = \pi\,\mathrm{AC}.\mathrm{AS} + \pi\,\overline{\mathrm{AC}}^2,$$

$$\overline{\mathrm{AC}}^2 = \mathrm{CS}.\mathrm{CB} = \frac{x^2}{2\,\mathrm{R}}\frac{y^2}{2\,\mathrm{R}} = \frac{x^2 y^2}{4\,\mathrm{R}^2} \quad \text{et} \quad \mathrm{AC} = \frac{xy}{2\,\mathrm{R}}.$$

Il en résulte

$$\Sigma = \pi\,\frac{x^2 y}{2\,\mathrm{R}} + \pi\,\frac{x^2 y^2}{4\,\mathrm{R}^2} = \frac{\pi}{4\,\mathrm{R}^2}\,x^2 y\,(2\,\mathrm{R} + y).$$

D'ailleurs,

$$x^2 + y^2 = 4\,\mathrm{R}^2, \quad \text{d'où} \quad x^2 = 4\,\mathrm{R}^2 - y^2 = (2\,\mathrm{R} - y)(2\,\mathrm{R} + y).$$

On a donc finalement

$$\Sigma = \frac{\pi}{4\,\mathrm{R}^2}\,(2\,\mathrm{R} - y)(2\,\mathrm{R} + y)^2\,y.$$

La question est ainsi ramenée à chercher le maximum du produit

$$(2\,\mathrm{R} - y)(2\,\mathrm{R} + y)^2\,y$$

ou, ce qui revient au même, en multipliant le premier facteur par 3, du produit

$$(6\,\mathrm{R} - 3y)(2\,\mathrm{R} + y)(2\,\mathrm{R} + y)\,y.$$

Si l'on effectue alors la somme des quatre facteurs, on trouve qu'elle est constante et égale à 10R; mais, comme il est impossible d'avoir $y = 2R + y$, ces facteurs ne peuvent être égaux entre eux. Il faut, par conséquent, recourir à la méthode Grillet, en reprenant le produit

$$(2R - y)(2R + y)(2R + y)y.$$

Nous multiplierons le premier facteur $(2R - y)$ par le coefficient arbitraire α, chacun des deux facteurs égaux à $(2R + y)$ par le coefficient arbitraire β, et nous aurons à chercher le maximum du produit

$$\alpha(2R - y)\ \beta(2R + y)\ \beta(2R + y)y.$$

Si l'on fait la somme des quatre facteurs, le coefficient de la variable y dans cette somme est $(2\beta - \alpha + 1)$. On doit donc poser, comme on l'a expliqué dans l'exemple précédent,

$$(1) \qquad 2\beta - \alpha + 1 = 0.$$

On doit écrire ensuite que les facteurs considérés sont égaux entre eux, d'où

$$(2) \qquad \alpha(2R - y) = \beta(2R + y) = y.$$

Cette seconde relation donne

$$\alpha = \frac{y}{2R - y}, \quad \beta = \frac{y}{2R + y},$$

et, en portant ces valeurs dans l'équation (1), il vient

$$\frac{2y}{2R + y} - \frac{y}{2R - y} + 1 = 0,$$

c'est-à-dire, en chassant les dénominateurs et en simplifiant,

$$(3) \qquad 2y^2 - Ry - 2R^2 = 0.$$

Les deux racines de cette équation sont réelles; mais la racine positive peut seule convenir, et il faut encore qu'elle soit moindre que $2R$. On a pour cette racine

$$y = \frac{R + \sqrt{R^2 + 16R^2}}{4} = \frac{R}{4}(1 + \sqrt{17}).$$

Telle est la valeur qu'on doit donner à y pour obtenir, parmi tous les cônes inscrits dans la sphère donnée, celui dont l'aire totale est maximum.

Théorème inverse du théorème fondamental.

303. *Le produit de deux facteurs variables x et y étant égal à une quantité constante p, leur somme est minimum lorsqu'ils sont égaux entre eux et à $\sqrt{p}$.*

Si l'on désigne par u la somme variable des deux facteurs, on a les deux équations

(1) $$xy = p,$$

(2) $$x + y = u.$$

L'équation (1) donnant $y = \dfrac{p}{x}$, l'équation (2) devient

$$x + \frac{p}{x} = u \quad \text{ou} \quad x^2 - ux + p = 0.$$

On en déduit

$$x = \frac{u}{2} \pm \sqrt{\frac{u^2}{4} - p}.$$

La condition de réalité de x étant

$$\frac{u^2}{4} - p > 0 \quad \text{ou} \quad u > 2\sqrt{p},$$

le minimum de la somme u est $2\sqrt{p}$ et, pour cette valeur minimum, on a $x = y = \sqrt{p}$; ce qui justifie l'énoncé.

Il n'y a pas de maximum pour la somme u. Si l'on fait croître indéfiniment le facteur x, la somme $x + y = u$ croît elle-même sans limite, tandis que le facteur $y = \dfrac{p}{x}$ diminue à mesure que x augmente, sans que les deux facteurs cessent d'être réels.

304. Le théorème qu'on vient d'établir, et qu'on peut généraliser comme celui du n° 285, est soumis aux mêmes restrictions que ce dernier.

Pour qu'il demeure applicable, il faut que les variables x et y puissent, en effet, devenir égales à $\sqrt{p}$; ce qui n'aura pas lieu ordinairement, si ces variables doivent satisfaire à d'autres relations que la relation $xy = p$.

305. Au lieu de suivre la marche précédente (303), on peut poser l'identité

$$(x + y)^2 = (x - y)^2 + 4xy.$$

On voit alors immédiatement que, *le produit xy étant constant par hypothèse, le minimum de la somme (x + y) répond, dans tous les cas, au minimum du carré de la différence (x − y)*, minimum qui est zéro pour $x = y$, si cette égalité est possible.

De même, *le maximum de la somme (x + y) répond au maximum du carré de la différence (x − y)*. Ce maximum n'existe donc pas en réalité, si l'on peut faire croître x indéfiniment; mais on le reconnaît, au contraire, au caractère indiqué, lorsque x et y sont astreints à d'autres conditions qui limitent leurs variations.

306. On peut encore employer un troisième mode de démonstration, qui conduit à une généralisation importante.

Il résulte du théorème du n° 285 que, si la somme de deux facteurs variables est constante et égale à $2\sqrt{p}$, et qu'aucune autre condition ne leur soit imposée, leur produit est maximum lorsqu'ils sont égaux entre eux et à $\sqrt{p}$, de sorte que ce produit maximum est p.

On en conclut que, pour qu'un produit de deux facteurs variables soit égal à p, il faut que leur somme soit *au moins* égale à $2\sqrt{p}$; car, si cette somme est inférieure à cette quantité, le produit maximum des deux facteurs, qui a lieu quand chacun d'eux représente la moitié de la somme donnée, est nécessairement inférieur à p.

On voit donc que, lorsque le produit de deux facteurs variables est donné égal à p, le minimum de leur somme est $2\sqrt{p}$; et, pour cette valeur de leur somme, les deux facteurs sont nécessairement égaux entre eux.

Réciprocité des problèmes de maximum et de minimum.

307. Le théorème que nous allons énoncer généralise les considérations précédentes.

Soient deux quantités variables X *et* Y, *entre lesquelles existe une certaine liaison déterminée. Si, pour une valeur* B *donnée à* Y, *la valeur maximum de* X *est* A, *réciproquement, pour la valeur* A *donnée à* X, *c'est-à-dire dans les mêmes circonstances, la valeur minimum de* Y *est* B. *Il faut d'ailleurs, pour qu'il en soit ainsi, que le maximum possible de* X *diminue en même temps que la valeur particulière assignée à* Y.

En effet, si l'on attribue à Y une valeur $b < $ B, la valeur maximum que peut atteindre concurremment X est, par hypothèse, moindre que A. Donc, si X reçoit la valeur A, parmi toutes les valeurs qu'on peut donner en même temps à Y, aucune ne peut être inférieure à B, c'est-à-dire que B est le minimum de Y.

308. Cette proposition permet, dans certains cas, de traiter, pour ainsi dire, les questions de maximum et de minimum en partie double. A chaque problème de maximum ou de minimum répond un problème inverse de minimum ou de maximum, si la condition indiquée à la fin de l'énoncé précédent se trouve remplie. Nous allons formuler, d'après cette loi, quelques résultats remarquables.

La somme de n facteurs positifs variables étant constante, nous avons vu (292) que leur produit maximum a lieu lorsqu'ils sont tous égaux entre eux et à la $n^{ième}$ partie de leur somme constante, de sorte que, cette somme diminuant, il en est de même du produit maximum.

On peut donc dire immédiatement que, *le produit de n facteurs positifs variables étant constant, leur somme est minimum lorsqu'ils sont tous égaux entre eux et à la racine $n^{ième}$ de leur produit constant.*

La somme de plusieurs facteurs positifs variables x, y, z étant constante, nous avons vu (297) que le produit $x^p y^q z^r$ est maximum lorsque les facteurs x, y, z sont proportionnels à leurs exposants, de sorte que ce maximum diminue en même temps que la somme donnée.

On peut donc dire que, *le produit $x^p y^q z^r$ étant constant, la somme des facteurs positifs variables x, y, z est minimum lorsque ces facteurs reçoivent des valeurs proportionnelles à leurs exposants.*

Nous avons vu (298, 5°) que le volume du cylindre de révolution inscrit dans un cône de révolution donné est maximum, lorsque la hauteur du cylindre est le tiers de celle du cône ou le rayon de la base du cylindre les deux tiers du rayon de la base du cône, de sorte que le volume du cylindre maximum diminue en même temps que le volume du cône donné.

On peut donc dire, réciproquement, que *le volume du cône de révolution circonscrit à un cylindre de révolution donné est minimum, lorsque la hauteur du cône est trois fois celle du cylindre.*

Ces exemples suffisent pour montrer le parti qu'on peut tirer du théorème du n° 307.

CHAPITRE IX.

PREMIÈRES NOTIONS SUR L'ÉTUDE DES VARIATIONS DES FONCTIONS.

Définitions.

309. Lorsque deux grandeurs *variables* sont tellement liées entre elles que, à chaque valeur de l'une, corresponde une ou plusieurs valeurs déterminées de l'autre, les grandeurs considérées sont dites *fonctions* l'une de l'autre.

Ainsi, l'aire d'un cercle est fonction de son rayon, et le rayon d'un cercle est fonction de son aire. La liaison entre les deux grandeurs est exprimée par la relation connue

$$\text{cercle } R = \pi R^2.$$

On regarde, à volonté, l'une des deux grandeurs proposées comme variant d'une manière arbitraire, et on lui donne le nom de *variable indépendante*. On réserve alors le nom de *fonction* à l'autre grandeur dont les variations résultent de celles de la première, d'après la loi qui régit leur liaison.

Représentons, par exemple, par x la variable indépendante et par y la fonction. Leur dépendance mutuelle pourra être exprimée par une équation de la forme

$$y = F(x).$$

F est l'initiale du mot *fonction*, et l'on énonce cette relation en disant que y est égale à une fonction de x.

310. Une variable est *continue* dans un certain intervalle, lorsqu'elle ne peut passer de sa première valeur à la dernière sans parcourir toutes les valeurs intermédiaires.

Une fonction est *continue* dans un certain intervalle, lorsque la variation continue de la variable dont elle dépend lui impose dans cet intervalle une variation elle-même continue.

Dans le cas contraire, c'est-à-dire lorsque la fonction saute brusquement d'une valeur à une autre plus ou moins éloignée sans parcourir les degrés intermédiaires, la fonction est *discontinue*.

D'après ces définitions, toute fonction continue varie par degrés aussi petits qu'on veut quand la variable dont elle dépend remplit la même condition.

$y = ax^2$ est une fonction continue de x; car, si l'on donne à x un accroissement h, y prend un accroissement égal à la différence

$$a(x + h)^2 - ax^2 = ah(2x + h),$$

et, quand l'accroissement h de la variable tend vers zéro, il en est de même de celui de la fonction.

311. Discuter les variations d'une fonction y, c'est étudier sa marche lorsqu'on fait croître la variable indépendante x d'une manière continue, depuis $-\infty$ jusqu'à $+\infty$; c'est, en particulier, déterminer les maximums et les minimums de cette fonction, c'est vérifier sa continuité ou indiquer les valeurs de x où sa discontinuité apparaît.

312. On facilite ou l'on éclaire cette discussion à l'aide de la *représentation graphique* des valeurs correspondantes de la variable et de la fonction.

Cette représentation graphique est le procédé qu'on emploie en Géométrie analytique et sur lequel cette partie de la science mathématique est fondée. Nous y reviendrons plus tard avec tous les détails nécessaires. Nous voulons seulement, dans ce Chapitre, initier le lecteur, par quelques exemples simples, à cette méthode si importante et si féconde qu'on applique aujourd'hui constamment dans les arts pour résumer les expériences et découvrir, au moins approximativement, les lois des phénomènes qu'on étudie.

Voici en quoi consiste le mode de représentation dont il s'agit.

On trace (*fig.* 32) deux axes rectangulaires indéfinis xOx', yOy'. Sur le premier axe xOx', on compte, à partir du point O, les valeurs de la variable x, qu'on représente par des longueurs proportionnelles, mesurées à l'aide d'une certaine *échelle* prise pour unité. Ces valeurs de x (ou *abscisses*) sont portées *à droite* du point O quand elles sont *positives*, *à gauche* de ce point quand elles sont *négatives*. C'est là une application toute naturelle du principe de DESCARTES (203) sur l'opposition de signe marquée par l'opposition de sens.

Aux différents points déterminés sur l'axe xOx' par les valeurs successives de la variable x, on mène à cet axe des perpendiculaires sur lesquelles on compte de la même manière les valeurs de la fonction y qui correspondent aux valeurs données de x. Lorsque les valeurs de y (ou ordonnées) sont *positives*, on les porte *au-dessus* de l'axe xOx'; lorsqu'elles sont *négatives*, on les porte *au-dessous* de cet axe. Remarquons que ces valeurs de y peuvent être en réalité mesurées sur l'axe yOy' à partir du point O, et reportées ensuite sur les perpendiculaires tracées par les différents points choisis sur l'axe xOx'.

Fig. 32.

Ces constructions étant effectuées, si l'on unit par un trait continu les extrémités M des différentes perpendiculaires PM obtenues, on a (*fig.* 32) une courbe AB, qui est la *courbe représentative* de la fonction $y = F(x)$. Cette courbe montre, en effet, immédiatement, par la simple comparaison de l'*abscisse* à l'*ordonnée*, comment sont liées entre elles les variations des deux grandeurs proposées.

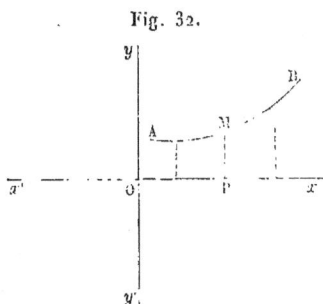

313. Quand l'équation $y = F(x)$ est donnée, on peut l'étudier directement, sans construire la courbe représentative, bien que celle-ci offre l'avantage indiscutable de réunir comme en un tableau tous les résultats fournis, plus ou moins péniblement, par la discussion algébrique.

Mais il arrive très-souvent que la loi à laquelle obéissent les variations simultanées de x et de y n'est pas connue, et qu'on possède seulement une *Table* où sont inscrites quelques valeurs correspondantes des grandeurs considérées données par l'expérience immédiate. Dans ce cas, la fonction manifestée par les nombres de la Table est une fonction *empirique*. Il est alors indispensable de construire la courbe graphique qui répond à ces nombres. Ce n'est que de cette manière qu'on peut être mis sur la voie de la fonction qui existe réellement, et qu'on peut obtenir approximativement les nombres intermédiaires non insérés dans la Table en mesurant sur l'épure les ordonnées qui répondent à des abscisses quelconques. On peut, en outre, contrôler l'exactitude des expériences exécutées, en se rappelant que les lois naturelles revêtent en général le caractère de la continuité, au moins dans certaines limites, et en examinant à ce point de vue les anomalies dénoncées plus nettement par le tracé de la courbe.

Étude des variations du trinôme du second degré.

314. *Soit à étudier les variations du trinôme du second degré $ax^2 + bx + c$, lorsque la variable x parcourt toute l'échelle des grandeurs réelles de $-\infty$ à $+\infty$.*

Nous supposerons le coefficient *a positif*, et nous distinguerons trois cas suivant la nature des racines du trinôme égalé à zéro.

1° *Les racines x' et x'' du trinôme égalé à zéro sont réelles et inégales* $(b^2 - 4ac > 0)$.

En désignant par y la fonction donnée, on peut poser (**309**)

$$(1) \qquad y = ax^2 + bx + c = a(x - x')(x - x'')$$

ou

$$(2) \qquad y = a\left[\left(x + \frac{b}{2a}\right)^2 - \frac{b^2 - 4ac}{4a^2}\right].$$

Pour $x = -\infty$, on a donc, d'après la relation (2), $y = +\infty$, et l'on voit en même temps que, à mesure que x augmente, y diminue en restant d'abord positif (**214**).

Si la plus petite racine est x'', la relation (1) montre que y s'annule une première fois pour $x = x''$ et une seconde fois pour $x = x'$. Entre ces deux valeurs de x, y devient négatif (**252**) et, partant de zéro pour revenir à zéro, passe par un *minimum* algébrique.

Ce minimum correspond, d'après la relation (2), à la valeur de x qui annule le carré renfermé dans la parenthèse du second membre, c'est-à-dire à $x = -\frac{b}{2a}$ ou (**242**) à $x = \frac{x' + x''}{2}$. Ce minimum de y a donc pour expression

$$-\frac{b^2 - 4ac}{4a}.$$

Au delà de $x = x'$, y redevient positif et croît indéfiniment depuis zéro jusqu'à $+\infty$, pendant que x croît lui-même depuis x' jusqu'à $+\infty$.

On peut, d'après cette discussion, dresser le tableau suivant, qui indique les valeurs simultanées les plus remarquables de x et de y et la marche des variations de ces deux quantités.

x.	y.
$-\infty$	$+\infty$
croît	décroît
x''	o
croît	décroît
$\dfrac{x' + x''}{2} = -\dfrac{b}{2a}$	$-\dfrac{b^2 - 4ac}{4a} \begin{bmatrix} \text{valeur} \\ \text{minimum} \end{bmatrix}$
croît	croît
x'	o
croît	croît
$+\infty$	$+\infty$

Si l'on veut maintenant construire la courbe des variations de la fonction, on trace (*fig.* 33) deux axes rectangulaires xOx' et yOy', et l'on
opère comme on vient de l'expliquer (312).

Supposons que les abscisses OA et OB représentent x'' et x', et que, le

Fig. 33.

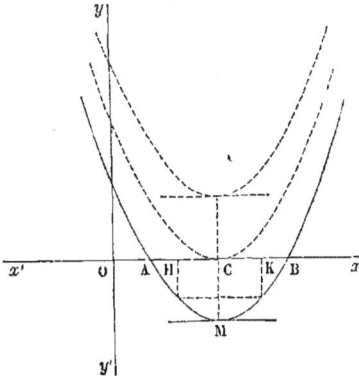

point C étant le milieu de AB, l'ordonnée négative CM représente le minimum $-\dfrac{b^2 - 4ac}{4a}$ de la fonction y.

Il résulte de ce qui précède que, si l'on suit les valeurs de x de $-\infty$ à
$+\infty$, la courbe représentative vient de très-loin et de très-haut vers la
gauche, descend jusqu'au point A, où elle coupe l'axe des x, puisqu'on a

alors $y = 0$, passe au-dessous de cet axe et continue de descendre jusqu'à ce qu'elle atteigne le point M, dont l'ordonnée négative représente le minimum de y, remonte jusqu'au point B, où elle traverse de nouveau l'axe des x, pour s'élever ensuite et s'étendre indéfiniment au-dessus et vers la droite de cet axe.

Cette courbe est, comme nous le verrons plus tard, une *parabole* du second degré. Elle est *symétrique* par rapport à la parallèle MC à l'axe yOy'. La relation (2) le prouve immédiatement; car, si l'on remplace successivement x par $-\dfrac{b}{2a} + \alpha$ et $-\dfrac{b}{2a} - \alpha$, c'est-à-dire si l'on considère deux abscisses OK et OH différant de l'abscisse OC d'une même quantité quelconque α en plus ou en moins, les valeurs correspondantes de y sont égales entre elles.

2° *Les racines x' et x'' du trinôme égalé à zéro sont réelles et égales* ($b^2 - 4ac = 0$).

La discussion précédente subsiste; seulement, x' et x'' se confondant, l'intervalle correspondant disparaît et le minimum de y est zéro.

Quant à la parabole représentative (*fig.* 33), elle est tout entière située au-dessus de l'axe xOx', et elle est tangente en C à cet axe.

3° *Les racines x' et x'' du trinôme égalé à zéro sont imaginaires* ($b^2 - 4ac < 0$).

La discussion précédente subsiste encore; seulement, la

Fig. 34.

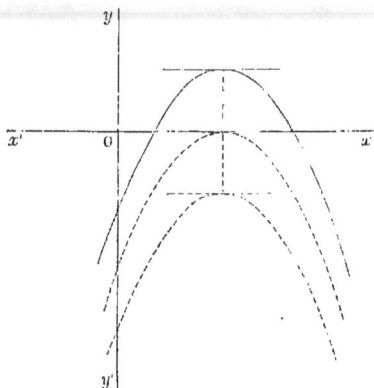

quantité $b^2 - 4ac$ étant négative, la relation (2) montre que y est la somme de deux quantités essentiellement positives et ne peut s'annuler. Son minimum a toujours pour expressions

$$-\frac{b^2-4ac}{4a},\text{ mais devient positif·}$$

La parabole représentative, située tout entière au-dessus de l'axe xOx', ne rencontre pas cet axe (*fig.* 33), et le point où elle s'en rapproche davantage répond au minimum de y.

Nous avons supposé le coefficient *a positif;* s'il était *négatif,* il faudrait simplement changer le signe de toutes les valeurs précédentes de la fonction dont le minimum deviendrait un maximum.

Toutes les paraboles représentatives seraient renversées (*fig.* 34) et s'étendraient dans le sens Oy', comme l'indique la figure, au lieu de s'étendre dans le sens Oy.

Étude des variations du quotient de deux trinômes du second degré.

315. *Soit à étudier les variations du quotient de deux trinômes du second degré, lorsque la variable x parcourt toute l'échelle des grandeurs réelles de* $-\infty$ *à* $+\infty$.

La fonction donnée est ici

$$y=\frac{ax^2+bx+c}{a'x^2+b'x+c'}.$$

Il faut chercher d'abord si cette fonction est ou non réductible à une forme plus simple. En effet :

1° *Les deux trinômes égalés à zéro peuvent avoir les mêmes racines.*

Dans cette hypothèse (**247**),

$$\frac{a}{a'}=\frac{b}{b'}=\frac{c}{c'}\quad\text{ou}\quad\frac{b}{a}=\frac{b'}{a'}\quad\text{et}\quad\frac{c}{a}=\frac{c'}{a'}.$$

Par suite, on peut écrire

$$y=\frac{a\left(x^2+\dfrac{b}{a}x+\dfrac{c}{a}\right)}{a'\left(x^2+\dfrac{b'}{a'}x+\dfrac{c'}{a'}\right)}=\frac{a}{a'}.$$

La fonction se réduit donc alors à la quantité constante $\dfrac{a}{a'}$.

2° *Les deux trinômes égalés à zéro peuvent avoir* **une seule** *racine commune.*

Cette racine commune a pour expression réelle (246)

$$\frac{ca' - ac'}{ab' - ba'};$$

désignons-la par x' et représentons par x'' et par x''' les racines non communes des deux trinômes. On peut alors écrire

$$y = \frac{a(x - x')(x - x'')}{a'(x - x')(x - x''')} = \frac{a(x - x'')}{a'(x - x''')}.$$

Les deux termes du quotient y s'abaissent donc au premier degré, et il est facile, comme nous le verrons, de suivre la marche de la fonction.

Remarquons seulement que, si l'on exprime réciproquement x en fonction de y, les deux termes de la valeur trouvée pour x sont aussi du premier degré en y, de sorte que la fonction y peut prendre toutes les valeurs réelles possibles sans que la variable x cesse elle-même d'être réelle. Par conséquent, la fonction y n'est soumise à aucune limite, et elle ne peut avoir ni maximum ni minimum.

316. Passons maintenant au cas général, c'est-à-dire supposons que *les deux trinômes égalés à zéro ne présentent aucune racine commune.*

Dans cette hypothèse, la fonction y est irréductible, et l'on doit se proposer, avant toute discussion, de déterminer ses limites ou de chercher le maximum ou le minimum dont cette fonction peut être susceptible.

Pour y arriver, on emploie la méthode générale exposée au n° 284. De

$$y = \frac{ax^2 + bx + c}{a'x^2 + b'x + c'}$$

on déduit, en chassant le dénominateur et en ordonnant par rapport à x,

$$(a - a'y)x^2 + (b - b'y)x + (c - c'y) = 0.$$

Si l'on résout cette équation par rapport à x, il vient

$$x = \frac{-(b - b'y) \pm \sqrt{(b - b'y)^2 - 4(a - a'y)(c - c'y)}}{2(a - a'y)},$$

ou, en développant sous le radical,

$$= \frac{-(b-b'y)\pm\sqrt{(b'^2-4a'c')y^2-2(bb'-2ac'-2ca')y+(b^2-4ac)}}{2(a-a'y)}.$$

Posons, pour simplifier,

$$b'^2-4a'c'=A, \quad -2(bb'-2ac'-2ca')=B, \quad b^2-4ac=C;$$

nous aurons finalement

$$(1) \qquad x=\frac{-(b-b'y)\pm\sqrt{Ay^2+By+C}}{2(a-a'y)}$$

et, pour que la variable x reste réelle, il faut que le trinôme Ay^2+By+C ait une valeur positive.

Avant d'aller plus loin, nous remarquerons que, *si la fonction y est irréductible, les racines de ce trinôme égalé à zéro ne peuvent pas être réelles et égales.* En effet, pour qu'il en soit ainsi, il faut qu'on ait

$$B^2-4AC=0$$

ou, d'après les notations précédentes,

$$(4ac'+4ca'-2bb')^2=4(b'^2-4a'c')(b^2-4ac).$$

Or, en développant et en simplifiant cette relation, on arrive à l'égalité

$$(ac'-ca')^2=(ab'-ba')(bc'-cb'),$$

qui exprime précisément (246) l'existence d'une racine commune aux deux trinômes.

Cela posé, examinons successivement les différents cas qui peuvent se présenter, en les distinguant d'après la nature du coefficient A de y^2 dans le trinôme Ay^2+By+C.

1° $A>0$.

Si l'on égale à zéro le trinôme Ay^2+By+C, ses racines y' et y'', d'après ce qu'on vient de voir, ne peuvent être que *réelles et inégales* ou *imaginaires*.

Lorsqu'elles sont *imaginaires*, le trinôme considéré est, pour toute valeur réelle de y, de même signe que A (252). La fonction y n'a donc aucune limite et peut prendre toutes les valeurs de $-\infty$ à $+\infty$.

Lorsque les racines y' et y'' sont *réelles et inégales*, le trinôme considéré n'est positif que pour les valeurs de y qui sont *extérieures* aux racines (252). On doit donc avoir, en désignant par y' la plus grande des deux racines,

$$y > y' \quad \text{ou} \quad y < y''.$$

La plus grande racine y' représente, par conséquent, le *minimum* de la fonction y, et *la plus petite racine y''* représente son *maximum*.

Il faut noter à ce sujet qu'il y a *discontinuité* de la fonction entre y'' et y', ce qui explique comment son minimum se trouve plus grand que son maximum. Le minimum est *relatif* à la série de valeurs qui va de y' à $+\infty$; le maximum, à la série de valeurs qui va de $-\infty$ à y''.

2° $A < 0$.

Lorsque les racines y' et y'' sont, dans cette hypothèse, *réelles et inégales*, le trinôme $Ay^2 + By + C$ n'est positif que pour les valeurs de y qui le rendent de signe contraire à A, c'est-à-dire pour les valeurs de y qui sont *intérieures* aux racines (252). On doit donc avoir

$$y < y' \quad \text{et} \quad y > y''.$$

La plus grande racine y' représente, par conséquent, le *maximum* de la fonction y, et *la plus petite racine y''* représente son *minimum*. Cette fois, le maximum surpasse le minimum; il y a, en effet, continuité de la fonction entre y' et y''.

Dans l'hypothèse de $A < 0$, les racines du trinôme

$$Ay^2 + By + C$$

ne peuvent pas être *imaginaires*; car, s'il en était ainsi, le trinôme serait de même signe que A pour toute valeur réelle de y, c'est-à-dire négatif. La variable x serait donc imaginaire pour toute valeur réelle de y. Or, c'est ce qui est impossible. En effet, si l'on substitue à x, dans l'expression

$$y = \frac{ax^2 + bx + c}{a'x^2 + b'x + c'},$$

une valeur réelle quelconque, il en résulte pour y une valeur réelle; et cette dernière valeur, substituée à y dans l'expression (1) de x, doit réciproquement conduire pour

cette variable à la valeur réelle qu'on lui a attribuée d'abord.
On peut donc affirmer que, lorsqu'on a $A < o$, les racines du trinôme en y placé sous le radical de la valeur de x ne peuvent jamais être que réelles et inégales.

On peut d'ailleurs prouver directement que les conditions $A < o$ et $B^2 - 4AC < o$ sont *incompatibles*.

Si on les suppose remplies, il faut d'abord que C soit de même signe que A, c'est-à-dire négatif.

On a ensuite, d'après ce qui précède,

$$B = 4ac' + 4ca' - 2bb' \quad \text{ou} \quad Baa' = 4a^2a'c' + 4aca'^2 - 2aba'b',$$

en même temps que

$$A = b'^2 - 4a'c' \quad \text{et} \quad C = b^2 - 4ac,$$

d'où l'on déduit

$$4a'c' = b'^2 - A \quad \text{et} \quad 4ac = b^2 - C.$$

On peut donc écrire

$$Baa' = (b'^2 - A)a^2 + (b^2 - C)a'^2 - 2aba'b',$$

d'où

$$B = \frac{(ab' - ba')^2 - Aa^2 - Ca'^2}{aa'}.$$

Il en résulte

$$- 4AC = \frac{[(ab' - ba')^2 - Aa^2 - Ca'^2]^2 - 4ACa^2a'^2}{a^2a'^2}$$

$$= \frac{[(ab' - ba')^2 - Aa^2 - Ca'^2 + 2aa'\sqrt{AC}]\,[(ab' - ba')^2 - Aa^2 - Ca'^2 - 2aa'\sqrt{AC}]}{a^2a'^2}$$

$$= \frac{[(ab' - ba')^2 + (a\sqrt{-A} + a'\sqrt{-C})^2]\,[(ab' - ba')^2 + (a\sqrt{-A} - a'\sqrt{-C})^2]}{a^2a'^2}.$$

La quantité $B^2 - 4AC$ ne peut donc être négative, puisque le numérateur de cette expression équivaut au produit de deux sommes de carrés de quantités réelles, et que son dénominateur est un carré parfait.

$3°$ $A = o$,

Le trinôme $Ay^2 + By + C$ se réduit à l'expression du premier degré $By + C$. Pour que cette quantité soit positive, il faut qu'on ait

$$y > -\frac{C}{B} \quad \text{ou} \quad y < -\frac{C}{B},$$

suivant que le coefficient B est positif ou négatif (215, III).

Dans la première hypothèse, $-\dfrac{C}{B}$ est un *minimum* de la fonction y; dans la seconde hypothèse, cette même quantité est le *maximum* de la fonction.

Si la fonction y est irréductible, on ne peut avoir en même temps $A = o$ et $B = o$, puisque la condition $B^2 - 4AC = o$ serait alors satisfaite.

317. En résumé, pour étudier les variations de la fonction

$$y = \frac{a x^2 + b x + c}{a' x^2 + b' x + c'},$$

on doit toujours commencer par déterminer les racines des deux trinômes du second membre, égalés à zéro, afin de supprimer les racines communes qu'ils peuvent admettre.

S'ils n'en présentent aucune, on forme l'expression (1) du nº 316, et l'on considère le trinôme $Ay^2 + By + C$ placé sous le radical de la valeur de x.

Si A est $> o$, ce trinôme égalé à zéro ne peut avoir que des racines imaginaires ou bien réelles et inégales.

Dans la première hypothèse, la fonction y n'a aucune limite. Dans la seconde hypothèse, elle a pour minimum la plus grande racine y' du trinôme et, pour maximum, sa plus petite racine y''; c'est-à-dire que la fonction y peut varier de $-\infty$ à y'' et de y' à $+\infty$, sans prendre aucune valeur entre y'' et y'.

Si A est $< o$, le trinôme égalé à zéro ne peut avoir que des racines réelles et inégales, et la fonction y peut seulement varier de la plus petite racine y'', qui est son minimum, à la plus grande racine y', qui est son maximum.

Si $A = o$, la fonction y n'admet qu'un maximum ou qu'un minimum qu'on trouve immédiatement en résolvant l'inégalité $By + C > o$.

D'ailleurs, dans tous les cas où la fonction y passe par un maximum ou un minimum, le radical de la valeur de x s'annule, et la valeur correspondante de x est donnée par la formule

$$(2) \qquad x = \frac{-(b - b' y)}{2(a - a' y)},$$

où l'on substitue à y le maximum ou le minimum de la fonction.

Une fois ces premières déterminations effectuées, on peut suivre d'une manière complète la marche de la fonction. C'est ce que nous allons expliquer sur des exemples choisis parmi les cas les plus importants.

Applications.

318. I. *Étudier les variations de la fonction*

$$y = \frac{2x^2 + 6x + 4}{x^2 + 2x + 1}.$$

Cherchons les racines des deux trinômes égalés à zéro. Les racines du premier sont — 1 et — 2; les racines du second sont toutes deux égales à — 1. On peut donc écrire

$$y = \frac{2(x+1)(x+2)}{(x+1)^2} = \frac{2(x+2)}{x+1}.$$

La fonction y n'admet donc ni maximum ni minimum (315). Étudions directement ses variations, et, pour le faire plus simplement, effectuons la division de $x + 2$ par $x + 1$. Le quotient et le reste de cette division étant tous deux égaux à 1, on a

$$y = 2 + \frac{2}{x+1}.$$

Les variations de y ne dépendent ainsi que de celles de la fraction *complémentaire* $\frac{2}{x+1}$.

Pour $x = -\infty$, cette fraction complémentaire est nulle (119), et l'on a $y = 2$.

Si x augmente en restant négatif, c'est-à-dire en tendant vers zéro (214, 218), la fraction complémentaire augmente en valeur absolue, tout en restant négative. Par suite, la fonction y diminue, en demeurant d'abord positive. Elle devient nulle pour la valeur de x qui rend la fraction $\frac{2}{x+1}$ égale à — 2, c'est-à-dire pour $x = -2$. Au delà, et de $x = -2$ à $x = -1$, la fraction considérée continuant d'augmenter en valeur absolue en étant toujours négative, la fonction y continue de décroître en devenant négative.

Pour $x = -1$, la fraction $\frac{2}{x+1}$ devient égale à — ∞, comme limite de quantités négatives indéfiniment croissantes en valeur absolue. On a donc aussi $y = -\infty$; mais, pour une valeur négative de x très-peu supérieure à -1, la fraction complémentaire devient positive et aussi grande qu'on veut. On doit donc regarder la fonction y comme égale à $\mp \infty$ pour la valeur spéciale $x = -1$. Par conséquent, pour cette valeur de la variable, la fonction est *discontinue* (310) et saute brusquement de la valeur $-\infty$ à la valeur $+\infty$, sans passer par les valeurs intermédiaires. En d'autres termes, cette discontinuité, qui répond à une seule valeur de x, porte sur toute l'échelle des grandeurs réelles.

x continuant de croître au delà de -1, la fraction $\dfrac{2}{x+1}$, devenue positive, va constamment en diminuant, ainsi que y, qui reste d'ailleurs positif. Pour $x = 0$, on a $y = 4$; pour $x = +\infty$, on retrouve la valeur $y = 2$.

Toute cette discussion est résumée dans le tableau suivant :

$x.$	$y.$
$-\infty$	2
croît	décroît
-2	0
croît	décroît
-1	$\mp \infty$
croît	décroît
0	4
croît	décroît
$+\infty$	2

Si l'on veut représenter ce tableau par une *courbe*, comme nous l'avons expliqué (312), on remarque d'abord que, pour $x = -\infty$ et pour $x = +\infty$, on a $y = 2$; par suite, si l'on prend sur l'axe Oy (*fig.* 35), à l'échelle adoptée, une longueur $OB = 2$ et si l'on mène par le point B une parallèle HH' à l'axe xx', il existe sur cette parallèle deux points de la courbe, tous deux situés à une distance infinie, l'un à droite, l'autre à gauche.

De même, pour $x = -1$, on a $y = \mp \infty$; par suite, si l'on prend sur Ox' une longueur OA représentant -1 d'après nos conventions (312), et si l'on mène par le point A la parallèle KK' à l'axe yy', il existe aussi deux points de la courbe sur cette parallèle, tous deux situés à une distance infinie, l'un au-dessus de l'axe xx', l'autre au-dessous.

D'ailleurs, de $x = -\infty$ à $x = -1$, y va constamment en décroissant depuis 2 jusqu'à $-\infty$, en traversant zéro pour $x = -2$. Si l'on mesure $OC = -2$ sur l'axe Ox', on obtient donc une première *branche* de courbe telle que H'CK'.

De $x = -1$ à $x = +\infty$, y va constamment en décroissant depuis $+\infty$ jusqu'à 2, en devenant égal à 4 pour $x = 0$. Si l'on mesure $OD = 4$ sur l'axe Oy, on obtient une seconde branche de courbe telle que KDH.

La *discontinuité* est marquée sur la figure par le passage brusque du

Fig. 35.

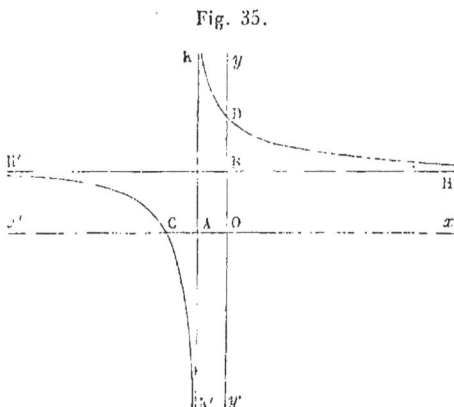

point K', qu'on doit supposer à l'infini négatif sur la droite KK', au point K, qu'on doit supposer à l'infini positif sur la même droite.

Les parallèles HH' et KK' aux deux axes xx' et yy', que les valeurs infinies de la variable et de la fonction nous ont conduit à considérer, et *dont les deux branches de la courbe représentative* (qui est une *hyperbole* du second degré) *s'approchent indéfiniment sans jamais les atteindre,* sont dites les *asymptotes* de cette courbe.

Dans les applications suivantes, et pour plus de rapidité, nous désignerons immédiatement sous ce nom les droites analogues

319. II. *Étudier les variations de la fonction*

(1)
$$y = \frac{x^2 - 8x + 15}{x^2 - x - 2}.$$

Les racines du premier trinôme, égalé à zéro, sont 5 et 3; celles du second sont 2 et -1. On peut donc écrire

(2)
$$y = \frac{(x-3)(x-5)}{(x+1)(x-2)}.$$

La fonction étant irréductible, cherchons si elle admet un maximum et un minimum (316). En chassant le dénominateur de l'expression (1) et en ordonnant l'équation par rapport à x, on a

$$(1 - y)x^2 - (8 - y)x + 15 + 2y = 0.$$

Il en résulte

$$x = \frac{8 - y \pm \sqrt{(8 - y)^2 - 4(1 - y)(15 + 2y)}}{2(1 - y)}$$

ou, en effectuant et en simplifiant sous le radical,

$$x = \frac{8 - y \pm \sqrt{9y^2 + 36y + 4}}{2(1 - y)}.$$

Nous avons donc ici $A > 0$ (316). Si l'on pose

$$9y^2 + 36y + 4 = 0,$$

on en déduit

$$y = \frac{-18 \pm \sqrt{324 - 36}}{9} = \frac{-18 \pm \sqrt{288}}{9}.$$

Les deux racines du trinôme en y, placé sous le radical de la valeur de x et égalé à zéro, sont donc

$$y' = -0,115 \quad \text{et} \quad y'' = -3,883,$$

à 0,001 près.

La plus petite racine y'' représente (316) le *maximum* des valeurs croissantes de la fonction depuis $-\infty$ jusqu'à y'', et la plus grande racine y' représente le *minimum* des valeurs croissantes de la fonction depuis y' jusqu'à $+\infty$. La fonction n'admet aucune valeur réelle entre y'' et y'.

La valeur de x qui correspond au maximum y'' est (317)

$$x'' = \frac{8 - y''}{2(1 - y'')} = \frac{11,883}{9,766} = 1,21,$$

à 0,01 près.

La valeur de x qui correspond au minimum y' est

$$x' = \frac{8 - y'}{2(1 - y')} = \frac{8,115}{2,230} = 3,63,$$

à 0,01 près.

Ces premiers résultats vont nous permettre d'étudier rapidement la marche de la fonction quand x varie de $-\infty$ à $+\infty$.

L'expression (2) montre que y, qui s'annule pour $x = 3$ et $x = 5$, passe par l'infini pour $x = -1$ et pour $x = 2$. La fonction est donc nécessairement *discontinue*, et cette remarque va assurer notre discussion.

Pour $x = -\infty$, on a $y = 1$ (119). Si x croît en tendant vers zéro, les quatre facteurs de l'expression (2) restent négatifs tant que x n'a pas atteint et dépassé la valeur -1. Donc y reste positif dans le même intervalle. D'ailleurs, pour $x = -1$, on a $y = +\infty$. On peut donc affirmer que, x variant de $-\infty$ à -1, y croît de 1 à $+\infty$.

En effet, si y diminuait à partir de 1, il faudrait qu'il augmentât ensuite pour atteindre la valeur $+\infty$. Il passerait donc par un minimum pour une certaine valeur de x comprise entre $-\infty$ et -1. Or la fonction n'a qu'*un seul minimum* correspondant à $x = x' = 3,63$.

x dépassant la valeur -1, y devient négatif, puisque, des quatre facteurs qui composent l'expression (2), trois demeurent négatifs, tandis que le quatrième facteur $x + 1$ devient positif. De plus, y est aussi grand qu'on veut en valeur absolue pour une valeur de x inférieure ou supérieure à -1, mais très-peu différente de -1. Par suite, pour $x = -1$, on a en réalité $y = \pm\infty$, et la fonction, rendue discontinue, saute brusquement de la première valeur à la seconde, en franchissant toute l'échelle des grandeurs réelles.

Si l'on fait croître x de -1 à $+2$, y reste négatif, et l'on passe par la valeur $x = x'' = 1,21$, qui répond au maximum $y'' = -3,883$ de la fonction. Pour $x = 0$, on a $y = -7,5$, et, pour $x = 2$, on a $y = -\infty$. La fonction part donc de $-\infty$ pour $x = -1$, croît jusqu'au maximum $-3,883$ pour $x = 1,21$, puis décroît ensuite indéfiniment jusqu'à $-\infty$ pour $x = 2$.

Au delà de $x = 2$, y devient positif, puisque, des quatre facteurs de l'expression (2), deux deviennent positifs. Comme y est aussi grand qu'on veut en valeur absolue pour une valeur de x inférieure ou supérieure à 2, mais très-peu différente de 2, on a en réalité $y = \mp\infty$ pour $x = 2$. La fonction, rendue encore discontinue, saute brusquement de $-\infty$ à $+\infty$.

A partir de $x = 2$, y décroît pour atteindre son minimum $-0,115$, qui répond à $x = x' = 3,63$. La fonction, positive de $x = 2$ à $x = 3$, devient négative de $x = 3$ à $x = 5$, puisque alors trois des facteurs de l'expression (2) deviennent positifs, tandis que le dernier facteur demeure négatif. Ainsi, la fonction décroît à partir de $+\infty$ pour $x = 2$, s'annule pour $x = 3$, devient minimum pour $x = 3,63$, croît ensuite et s'annule encore pour $x = 5$.

Au delà de $x = 5$, les quatre facteurs de l'expression (2) étant positifs, la fonction elle-même est positive. De $x = 5$ à $x = +\infty$, où elle atteint de nouveau la valeur 1 (119), il faut qu'elle croisse constamment depuis zéro jusqu'à 1, puisque la fonction n'a qu'*un seul maximum* et *un seul minimum*, qu'on a dépassés.

Toute cette discussion est résumée dans le tableau suivant :

x.	y.
$-\infty$	1
croît	croît
-1	$\pm\infty$
croît	croît
o	$-7,5$
1,21	$-3,883$ [Maximum]
croît	décroît
2	$\mp\infty$
croît	décroît
3	o
croît	décroît
3,63	$-0,115$ [Minimum]
croît	croît
5	o
croît	croît
$+\infty$	1

Si l'on veut maintenant construire la courbe représentative des variations de la fonction (*fig*. 36), on commence par indiquer l'*asymptote* HH'
(318), parallèle à l'axe xx' et qui répond à la longueur OB = 1, mesurée
sur l'axe Oy ; puis, les deux asymptotes KK' et LL' parallèles à l'axe yy' et
qui répondent sur l'axe xx' à OA = $-$ 1 et à OC = 2. On construit ensuite les deux points M et m, dont les abscisses OD et OE sont égales à
1,21 et à 3,63, et dont les ordonnées $-$ DM et $-$ Em représentent le
maximum $-$ 3,883 et le minimum $-$ 0,115 de la fonction, et le point N
dont l'ordonnée ON est égale à $-$ 7,5.

Cela fait, on n'a plus qu'à tracer une première branche de courbe H'K,
rencontrant, à l'infini vers la gauche et à l'infini au-dessus de l'axe xx',
les deux asymptotes HH' et KK' ; puis une seconde branche K'ML', qui
rencontre à l'infini, au-dessous de l'axe xx', les deux asymptotes KK'
et LL' ; et, enfin, une troisième branche LmH, qui rencontre à l'infini
au-dessus de l'axe xx' et à l'infini vers la droite les deux asymptotes
LL' et HH'. Cette branche de courbe coupe l'axe xx' aux deux points I
et J dont les abscisses sont 3 et 5.

On peut remarquer que la dernière branche LmH coupe nécessairement son asymptote HH'. Pour obtenir le point correspondant, il suffit de se rappeler que l'ordonnée de ce point est égale à 1. On a alors, d'après l'expression (1) de la fonction,

$$x^2 - 8x + 15 = x^2 - x - 2,$$

c'est-à-dire

$$7x = 17 \quad \text{ou} \quad x = 2,43.$$

En prenant l'abscisse OG $= 2,43$, on détermine sur l'asymptote HH' le

Fig. 36.

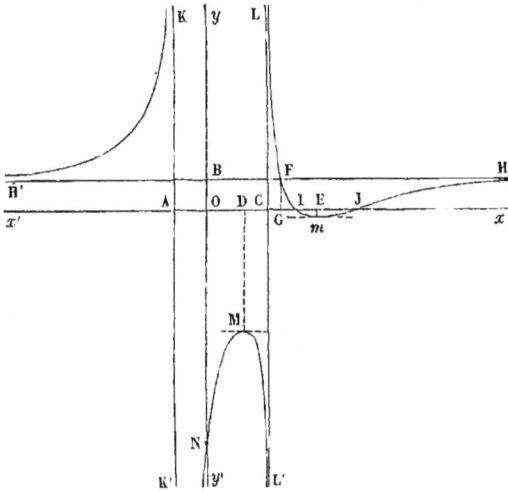

point d'intersection F de cette asymptote avec la branche LmH.

320. III. *Étudier les variations de la fonction*

$$(1) \qquad y = \frac{x^2 - x - 1}{x^2 + x + 1}.$$

Si l'on égale à zéro les deux trinômes, on voit que les racines du dénominateur sont imaginaires. Ce dénominateur ne s'annulera donc pour aucune valeur de x et restera constamment positif; par conséquent, la fonction demeure *continue*, lorsque x varie de $-\infty$ à $+\infty$.

Toutes les fois qu'une pareille discussion se présente, il faut s'assurer ainsi d'avance de la continuité ou de la discontinuité de la fonction.

38.

Les racines du numérateur de l'expression (1) égalé à zéro sont $\frac{1+\sqrt{5}}{2}$ et $\frac{1-\sqrt{5}}{2}$, c'est-à-dire 1,618 et $-$ 0,618 à 0,001 près. On peut donc écrire approximativement

$$(2) \qquad y = \frac{(x+0,618)(x-1,618)}{x^2+x+1}.$$

La fonction étant irréductible, cherchons si elle admet un maximum et un minimum, en revenant à l'expression (1). On en déduit

$$(1-y)x^2 - (1+y)x - (1+y) = 0,$$

c'est-à-dire

$$x = \frac{1+y \pm \sqrt{(1+y)^2 + 4(1-y)(1+y)}}{2(1-y)}$$

ou, en effectuant et en simplifiant sous le radical,

$$x = \frac{1+y \pm \sqrt{-3y^2 + 2y + 5}}{2(1-y)}.$$

Nous avons donc ici $A < 0$ (316). Si l'on pose

$$-3y^2 + 2y + 5 = 0 \quad \text{ou} \quad 3y^2 - 2y - 5 = 0,$$

il en résulte

$$y = \frac{1 \pm \sqrt{1+15}}{3} = \frac{1 \pm 4}{3}.$$

Les deux racines correspondantes sont donc

$$y' = \frac{5}{3} \quad \text{et} \quad y'' = -1.$$

La fonction y n'admet alors (316) que les valeurs réelles comprises entre y'' et y'. La plus petite racine y'' représente son *minimum*, la plus grande racine y' représente son *maximum*.

La valeur de x, qui correspond au maximum y', est (317)

$$x' = \frac{1+y'}{2(1-y')} = \frac{1+\frac{5}{3}}{2(1-\frac{5}{3})} = -2.$$

La valeur de x, qui correspond au minimum y'', est

$$x'' = \frac{1+y''}{2(1-y'')} = \frac{1-1}{2(1+1)} = 0.$$

Cela posé, pour $x = -\infty$, l'expression (1) donne (119) $y = 1$.

Si l'on fait croître x, depuis $-\infty$ jusqu'à -2, la fonction n'ayant qu'*un seul maximum* et *un seul minimum* répondant aux valeurs de x que nous venons de calculer, il faut nécessairement que y aille constamment en croissant pour atteindre son maximum $\frac{5}{3}$.

x croissant de -2 à $-0,618$, y toujours positif diminue nécessairement après avoir traversé sa valeur maximum et s'annule pour $x = -0,618$, comme le montre l'expression (1).

x croissant de $-0,618$ à $1,618$, y devient négatif puisque les deux facteurs du numérateur de l'expression (1) sont alors de signes contraires. D'ailleurs, pour $x = 0$, y atteint son minimum -1. Ainsi y, dans l'intervalle considéré, diminue de zéro à -1, pour croître ensuite de -1 à zéro.

Au delà de $x = 1,618$, y redevient et reste positif.

Pour $x = +\infty$, on retrouve $y = 1$, de sorte que, de $x = 1,618$ à $x = +\infty$, la fonction croît constamment depuis zéro jusqu'à 1. Il n'en peut être autrement, puisqu'elle n'admet qu'un *seul maximum* et un *seul minimum*.

Le tableau suivant résume cette discussion.

x.	y.
$-\infty$	1
croît	croît
-2	$\frac{5}{3}$ [Maximum]
croît	décroît
$-0,618$	0
croît	décroît
0	-1 [Minimum]
croît	croît
$1,618$	0
croît	croît
$+\infty$	1

Si l'on veut maintenant construire la courbe représentative des variations de la fonction (*fig.* 37), on indique d'abord l'asymptote HH' parallèle à l'axe xx', qui répond à OB $= 1$. On marque ensuite les deux points M et m, dont les abscisses sont égales à OA $= -2$ et à zéro, et dont les ordonnées AM et $-$ Om représentent le maximum $\frac{5}{3}$ et le minimum — 1 de la fonction. On marque aussi les points I et J de l'axe xx', dont les abscisses sont — 0,618 et 1,618.

On n'a plus alors qu'à tracer une courbe continue partant du point H' à l'infini vers la gauche, s'élevant au-dessus de l'asymptote HH' jusqu'au point M, descendant jusqu'au point I où elle coupe l'axe xx', puis jusqu'au point m où elle rencontre en même temps l'axe yy', remontant jusqu'au point J où elle traverse de nouveau l'axe xx', et s'étendant enfin indéfiniment vers la droite en restant au-dessous de l'asymptote HH', mais en s'élevant lentement vers elle pour l'atteindre seulement à l'infini.

La courbe, en passant du point M au point I, coupe nécessairement son asymptote en un point dont l'ordonnée est égale à 1. On a donc alors, d'après l'expression (1),

$$x^2 - x - 1 = x^2 + x + 1,$$

c'est-à-dire

$$2x + 2 = 0 \quad \text{ou} \quad x = -1.$$

En prenant l'abscisse OC $= -1$, on détermine donc sur l'asymptote HH'

Fig. 37.

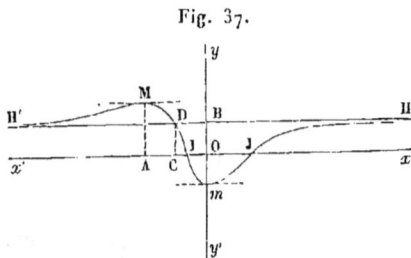

son point de rencontre D avec la courbe.

321. IV. *Étudier les variations de la fonction.*

$$(1) \qquad y = \frac{x^2 - 6x + 5}{x^2 + 2x + 1}.$$

Égalons à zéro les deux trinômes; les racines du premier sont 1 et 5, les racines du second sont toutes deux égales à — 1. On peut donc écrire

$$(2) \qquad y = \frac{(x-1)(x-5)}{(x+1)^2}.$$

Comme la fonction est irréductible, cherchons (316) si elle admet un maximum et un minimum. En revenant à l'expression (1), on en déduit

$$(1 - y)x^2 - 2(3 + y)x + 5 - y = 0,$$

d'où

$$x = \frac{3 + y \pm \sqrt{(3+y)^2 - (1-y)(5-y)}}{1 - y}.$$

En effectuant et en simplifiant sous le radical, on a

$$x = \frac{3 + y \pm \sqrt{12y + 4}}{1 - y} = \frac{3 + y \pm 2\sqrt{3y + 1}}{1 - y}.$$

Nous avons donc ici A $=$ o (316). Par suite, la fonction admet seulement un maximum *ou* un minimum. La condition de réalité de x s'exprime par l'inégalité

$$3y + 1 > o, \quad \text{d'où} \quad y > -\frac{1}{3}.$$

La fonction présente donc seulement un minimum qui est $-\frac{1}{3}$, ce qu'on aurait pu dire immédiatement (316) d'après la condition B $>$ o. La valeur de x, qui répond à ce minimum, est

$$x = \frac{3 + y}{1 - y} = \frac{3 - \frac{1}{3}}{1 + \frac{1}{3}} = \frac{8}{4} = 2.$$

Cela posé, pour $x = -\infty$, on a, d'après l'expression (1),

$$y = 1 \quad (119).$$

Si l'on fait croître x, y reste positif et va en croissant jusqu'à $+\infty$ pour $x = -1$, d'après l'expression (2); c'est ce qui résulte nécessairement des indications précédentes relatives au *seul minimum* de y.

Comme y *ne change pas de signe* après qu'on a dépassé la valeur $x = -1$, puisque le dénominateur de l'expression (2) est constamment positif et que les deux facteurs du numérateur restent tous deux négatifs, cette valeur $x = -1$ répond à une seule valeur infinie positive *qui remplace en réalité le maximum trouvé pour la fonction dans le cas précédent*. Rappelons-nous, en effet, que, si A devient nul, l'une des racines du trinôme en y placé sous le radical de la valeur de x et égalé à zéro devient infinie (241).

Dans ce cas, il n'y a pas, à proprement parler, discontinuité de la fonction.

x augmentant à partir de $x = -1$, y diminue en marchant vers son minimum et en passant par la valeur 5 pour $x =$ o. L'expression (2) montre que y s'annule pour $x = 1$, devient ensuite négatif, puisque les deux facteurs du numérateur prennent des signes contraires, atteint son minimum $-\frac{1}{3}$ pour $x = 2$, croît au delà et repasse par la valeur zéro pour $x = 5$. x continuant de croître, il en est de même de y, qui redevient positif et augmente jusqu'à la valeur 1 qu'il reprend de nouveau pour $x = +\infty$.

Le tableau suivant résume cette discussion :

x.	y.
$-\infty$	1
croît	croît
-1	$+\infty$
croît	décroît
0	5
croît	décroît
1	0
croît	décroît
2	$-\dfrac{1}{3}$ [Minimum]
croît	croît
5	0
croît	croît
$+\infty$	1

Pour construire la courbe représentative des variations de la fonction (*fig.* 38), on marque l'asymptote HH′ parallèle à l'axe xx', qui répond à

Fig. 38.

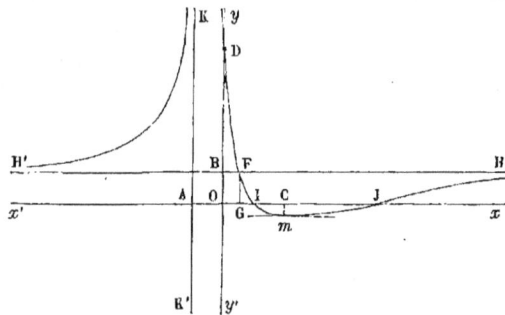

$OB = 1$, et l'asymptote KK′ parallèle à l'axe yy', qui répond à $OA = -1$. On indique le point m, dont l'abscisse OC est égale à 2 et dont l'ordonnée $-Cm$ représente le minimum $-\dfrac{1}{3}$ de la fonction. On indique aussi sur l'axe yy' le point D, dont l'ordonnée est 5, et sur l'axe xx' les points I et J, dont les abscisses sont 1 et 5.

On trace alors une première branche de courbe H'K, rencontrant l'asymptote HH' à l'infini vers la gauche et l'asymptote KK' à l'infini au-dessus de l'axe xx'; puis, une seconde branche KmH, rencontrant l'asymptote KK' au même point que la première branche, coupant l'axe yy' au point D, traversant l'axe xx' au point I, descendant jusqu'au point m, puis remontant jusqu'au point J, où elle traverse de nouveau l'axe xx', et s'étendant ensuite indéfiniment vers la droite, de manière à s'élever vers l'asymptote HH', qu'elle ne rencontre qu'à l'infini.

De D en I, la seconde branche KmH coupe l'asymptote HH' en un point dont l'ordonnée est 1 et dont l'abscisse, d'après l'expression (1), satisfait alors à la condition

$$x^2 - 6x + 5 = x^2 + 2x + 1,$$

d'où

$$8x = 4 \quad \text{ou} \quad x = \frac{1}{2}.$$

En prenant OG $= \frac{1}{2}$, on détermine donc sur l'asymptote HH' son point de rencontre F avec la courbe.

Les applications qu'on vient de traiter suffisent pour faire pressentir tous les avantages qu'on peut retirer d'une union intime établie entre la Géométrie et l'Algèbre, et pour préparer aux considérations sur lesquelles la *Géométrie analytique* est fondée (*voir* t. IV).

LIVRE QUATRIÈME.

PROGRESSIONS ET LOGARITHMES. — FORMULE DU BINOME.

CHAPITRE PREMIER.

THÉORIE DES PROGRESSIONS.

Des progressions par différence.

322. On appelle *progression arithmétique ou par différence* une suite de termes tels, que la *différence* qui existe entre chaque terme et le précédent soit une quantité constante : cette quantité constante est la *raison* de la progression.

Quand la raison est positive, la progression est *croissante*, c'est-à-dire que ses termes vont en augmentant. Quand la raison est négative, la progression est *décroissante*, c'est-à-dire que ses termes vont en diminuant. Une progression décroissante n'est d'ailleurs qu'une progression croissante renversée.

$$\div 2.5.8 \quad 11.14.17.20.23.26.29\ldots$$

est une progression croissante dont la raison est 3.

$$\div 29.26.23.20.17.14.11.8.5.2\ldots$$

est une progression décroissante dont la raison est — 3.

Relation fondamentale.

323. *Dans toute progression par différence limitée, un terme de rang quelconque est égal au premier augmenté d'autant* *de fois la raison qu'il y a de termes avant celui qu'on considère.*

Soit la progression

$$\div a.b.c.d.e\ldots h.k.l.$$

Désignons par r la raison de cette progression, et supposons qu'on se soit arrêté au $n^{ième}$ terme. On a, par définition,

$$b = a + r,$$
$$c = b + r = a + 2r,$$
$$d = c + r = a + 3r,$$
$$e = d + r = a + 4r,$$
$$\ldots\ldots\ldots\ldots\ldots\ldots$$

La loi de formation est évidente : *le multiplicateur de la raison est inférieur d'une unité au rang du terme.* l étant le $n^{ième}$ terme, on a la formule générale

$$l = a + (n-1)r.$$

On en déduit

$$a = l - (n-1)r.$$

Comme on peut commencer la progression où l'on veut, cette dernière relation prouve qu'*un terme de rang quelconque est égal au dernier diminué d'autant de fois la raison qu'il y a de termes après celui qu'on considère.*

324. *La somme de deux termes également éloignés des extrêmes est égale à la somme des extrêmes.*

Considérons les deux termes T et T' : T a p termes avant lui, T' en a p après lui. On a, d'après ce qui précède,

$$T = a + pr,$$
$$T' = l - pr,$$

c'est-à-dire, en ajoutant ces deux égalités membre à membre,

$$T + T' = a + l.$$

325. *Dans toute progression par différence croissante, les termes vont en augmentant, en même temps que leur rang, de manière à pouvoir atteindre et surpasser toute quantité donnée.*

Cherchons, par exemple, à quel terme il faut s'arrêter dans la progression pour surpasser un nombre donné A, aussi grand qu'on voudra.

a étant le premier terme de la progression, son $n^{ième}$ terme a pour valeur (323)

$$a + (n - 1) r.$$

Il faut donc résoudre, par rapport au rang n, l'inégalité

$$a + (n - 1) r > A.$$

On en déduit

$$n > 1 + \frac{A - a}{r}.$$

Ainsi, le terme dont le rang est exprimé par le nombre entier qui surpasse immédiatement la quantité $\left(1 + \dfrac{A - a}{r} \right)$ est supérieur à A, quel que soit A.

Insertion de moyens.

326. *Insérer* n *moyens par différence entre deux nombres donnés, c'est former une progression dont les deux termes extrêmes soient les nombres donnés, et qui contienne en tout* $n + 2$ *termes.*

Désignons par a et l les termes extrêmes de la progression, c'est-à-dire les nombres donnés, par r la raison *inconnue* de la progression. On a (323)

$$l = a + (n + 1) r,$$

d'où

$$r = \frac{l - a}{n + 1}.$$

La raison est donc égale à la différence des nombres donnés, divisée par le nombre des moyens à insérer plus 1.

Connaissant la raison et le premier terme, on forme immédiatement la progression demandée.

327. *Étant donnée une progression par différence, si l'on insère un même nombre de moyens entre ses termes consécutifs, on forme une nouvelle progression par différence qui a pour raison le quotient de la raison de la première progres-*

sion par le nombre des moyens insérés entre chacun de ses termes et le suivant, plus 1.

Soit la progression

$$\div a.b.c.d.e\ldots h.k.l.$$

Désignons par r sa raison ou la différence qui existe entre un terme quelconque et le précédent, par n le nombre des moyens insérés entre a et b, b et c, c et d,..., k et l. Les raisons des différentes progressions formées ont pour expressions (326)

$$\frac{b-a}{n+1},\quad \frac{c-b}{n+1},\quad \frac{d-c}{n+1},\ldots,\quad \frac{l-k}{n+1}.$$

Elles sont donc toutes égales au quotient $\dfrac{r}{n+1}$. De plus, la première progression finit où commence la deuxième, la deuxième finit où commence la troisième, etc. Toutes ces progressions forment donc une progression non interrompue ayant pour raison $\dfrac{r}{n+1}$.

328. *Pour insérer entre deux nombres donnés un nombre de moyens par différence égal à $pp'-1$, on peut insérer d'abord $p-1$ moyens entre les deux nombres donnés, puis $p'-1$ moyens entre chaque terme de la progression obtenue et le suivant.*

En effet, si l'on insère $p-1$ moyens entre les nombres a et l, la raison de la progression obtenue est (326)

$$\frac{l-a}{p}.$$

Si l'on insère maintenant $p'-1$ moyens entre les termes consécutifs de cette progression, la raison de la nouvelle progression formée a pour valeur (327)

$$\frac{\dfrac{l-a}{p}}{p'}\quad\text{ou}\quad \frac{l-a}{pp'}.$$

Or cette raison est précisément celle que l'on obtient en insérant directement $pp'-1$ moyens entre les nombres donnés.

On voit en même temps que le résultat ne change pas, quand on intervertit l'ordre des insertions.

On généralise facilement ce théorème remarquable en remplaçant $pp' - 1$ par $pp'p''\ldots - 1$.

En particulier, pour insérer entre deux nombres donnés un nombre de moyens par différence égal à $2^n - 1$, on peut insérer *un* moyen entre les deux nombres donnés, puis *un* moyen entre chaque terme de la progression obtenue et le suivant, et ainsi de suite jusqu'à ce qu'on ait répété la même opération n fois.

Somme des termes d'une progression par différence.

329. *La somme des termes d'une progression par différence est égale au produit de la demi-somme des extrêmes par le nombre des termes.*

Soit la progression

$$\div a.b.c.d.e\ldots h.k.l.$$

En désignant par S la somme des n premiers termes jusqu'à l, on a

$$S = a + b + c + d + e + \ldots + h + k + l.$$

Si l'on renverse la progression, on a de même

$$S = l + k + h + \ldots + e + d + c + b + a.$$

En ajoutant alors membre à membre ces deux égalités, il vient

$$2S = (a + l) + (b + k) + (c + h) + \ldots$$
$$+ (h + c) + (k + b) + (l + a).$$

Les sommes partielles mises entre parenthèses dans le second membre de l'égalité résultante sont égales à la somme des extrêmes ou à la somme de deux termes également éloignés des extrêmes : toutes représentent donc la somme des extrêmes (324). La progression contenant n termes, le second membre de l'égalité considérée renferme n sommes partielles. On peut, par conséquent, écrire

$$2S = (a + l)n \quad \text{ou} \quad S = \frac{a + l}{2} n.$$

On peut remplacer dans cette relation l par $a + (n - 1) r$; elle

608 ALGÈBRE ÉLÉMENTAIRE.

devient alors

$$S = \frac{[2a + (n-1)r]n}{2}.$$

Remarquons que, dans toute progression par différence, on a à tenir compte des cinq quantités a, l, r, n, S, et qu'on n'a que deux relations entre ces cinq quantités, savoir

$$l = a + (n-1)r \quad \text{et} \quad S = \frac{(a+l)n}{2};$$

pour pouvoir trouver deux d'entre elles, il faut donc connaître les trois autres.

330. *On demande la somme des n premiers nombres entiers :* c'est demander la somme des n premiers termes d'une progression par différence ayant 1 pour raison et pour premier terme. En appliquant la formule

$$S = \frac{[2a + (n-1)r]n}{2},$$

on trouve

$$S = \frac{(n+1)n}{2};$$

ce que donne immédiatement la formule

$$S = \frac{(a+l)n}{2},$$

en remarquant que l est égal à n.

On demande la somme des n premiers nombres impairs : c'est demander la somme des n premiers termes d'une progression par différence ayant 2 pour raison et 1 pour premier terme. Si l'on applique la formule

$$S = \frac{[2a + (n-1)r]n}{2},$$

on trouve

$$S = \frac{[2 + (n-1)2]n}{2} = \frac{(2 + 2n - 2)n}{2} = n^2.$$

Ainsi, la somme des 100 premiers nombres impairs est égale à 100^2 ou 10000.

Des progressions par quotient.

331. On appelle *progression géométrique ou par quotient* une suite de termes tels, que le *rapport* de chaque terme au précédent soit une quantité constante : cette quantité constante est la *raison* de la progression.

Quand la raison est plus grande que 1, la progression est *croissante*, c'est-à-dire que ses termes vont en augmentant. Quand la raison est plus petite que 1, la progression est *décroissante*, c'est-à-dire que ses termes vont en diminuant. Une progression décroissante n'est d'ailleurs qu'une progression croissante renversée :

$$\div 3:6:12:24:48:96:192\ldots$$

est une progression croissante dont la raison est 2 ;

$$:: 192:96:48:24:12:6:3\ldots$$

est une progression décroissante dont la raison est $\dfrac{1}{2}$.

D'après la définition même, chaque terme d'une progression par quotient est *moyen proportionnel* (*Arithm.*, 397) entre les deux termes qui le comprennent.

Relation fondamentale.

332. *Dans toute progression par quotient limitée, un terme de rang quelconque est égal au premier multiplié par la raison élevée à une puissance marquée par le nombre des termes qui précèdent celui qu'on considère.*

Soit la progression

$$\div a:b:c:d:e:\ldots:h:k:l.$$

Désignons par q la raison de cette progression, et supposons qu'on se soit arrêté au $n^{ième}$ terme. On a, par définition :

$$b = aq,$$
$$c = bq = aq^2,$$
$$d = cq = aq^3,$$
$$e = dq = aq^4,$$
$$\ldots\ldots\ldots\ldots$$

La loi est évidente : *l'exposant de la raison est inférieur d'une unité au rang du terme.* l étant le $n^{ième}$ terme, on a la formule générale

$$l = aq^{n-1}.$$

On en déduit

$$a = \frac{l}{q^{n-1}}.$$

Comme on peut commencer la progression où l'on veut, cette dernière relation prouve qu'*un terme de rang quelconque est égal au dernier divisé par la raison élevée à une puissance marquée par le nombre des termes qui suivent celui qu'on considère.*

333. *Le produit de deux termes également éloignés des extrêmes est égal au produit des extrêmes.*

Soient les deux termes T et T′ : T a p termes avant lui, T′ en a p après lui. On a, d'après ce qui précède,

$$T = aq^p, \quad T' = \frac{l}{q^p},$$

c'est-à-dire, en multipliant ces deux égalités membre à membre,

$$TT' = al.$$

334. *Dans toute progression par quotient croissante, les termes vont en augmentant, en même temps que leur rang, de manière à pouvoir atteindre et surpasser toute quantité donnée.*

En effet, soient trois termes consécutifs h, k, l de la progression. On a (332)

$$k = hq, \quad l = kq,$$

d'où, en retranchant,

$$l - k = (k - h)q.$$

Comme q est > 1, on a $l - k > k - h$. Par suite, la différence qui existe entre deux termes consécutifs augmente à mesure qu'on avance dans la progression. Or on a vu (325) que, dans une progression arithmétique croissante où cette différence reste constante, les termes augmentent indéfiniment en même temps que leur rang. La même propriété subsiste donc *a fortiori* dans une progression par quotient croissante.

335. *Dans toute progression par quotient décroissante, les termes vont en diminuant, à mesure que leur rang augmente, de manière à devenir plus petits que toute quantité positive donnée.*

Soit la progression par quotient décroissante

$$\div a : b : c : d : \ldots$$

On a (331)

$$b = aq, \quad c = bq, \quad d = cq, \ldots;$$

d'où l'on déduit

$$\frac{1}{b} = \frac{1}{a}\frac{1}{q}, \quad \frac{1}{c} = \frac{1}{b}\frac{1}{q}, \quad \frac{1}{d} = \frac{1}{c}\frac{1}{q}, \ldots$$

q étant < 1, $\frac{1}{q}$ est > 1. La suite

$$\frac{1}{a}, \quad \frac{1}{b}, \quad \frac{1}{c}, \quad \frac{1}{d}, \ldots$$

forme donc une progression par quotient croissante dont les termes consécutifs peuvent atteindre et surpasser toute quantité donnée (334); ce qui exige évidemment que les dénominateurs a, b, c, $d, \ldots$, c'est-à-dire les termes de la progression donnée, diminuent indéfiniment en ayant zéro pour limite.

336. Si l'on a $q > 1$, la suite

$$\div q^0 : q^1 : q^2 : q^3 : q^4 : \ldots$$

représente une progression par quotient croissante. Par conséquent (334), *les puissances successives d'une quantité plus grande que 1 vont constamment en augmentant et croissent au delà de toute limite.*

Si l'on a $q < 1$, la même suite représente une progression par quotient décroissante. Par conséquent (335), *les puissances successives d'une quantité plus petite que 1 vont constamment en diminuant et ont zéro pour limite.*

3g.

Insertion de moyens.

337. *Insérer n moyens par quotient entre deux nombres donnés, c'est former une progression dont les deux termes extrêmes soient les nombres donnés, et qui contienne en tout $n + 2$ termes.*

Désignons par a et l les termes extrêmes de la progression, c'est-à-dire les nombres donnés, par q la raison *inconnue* de la progression. On a (332)

$$l = aq^{n+1},$$

d'où

$$q^{n+1} = \frac{l}{a} \quad \text{et} \quad q = \sqrt[n+1]{\frac{l}{a}}.$$

La raison est donc égale à une racine du quotient des nombres donnés, marquée par le nombre des moyens à insérer plus 1.

Connaissant la raison et le premier terme, on forme immédiatement la progression demandée.

338. *Étant donnée une progression par quotient, si l'on insère un même nombre de moyens entre ses termes consécutifs, on forme une nouvelle progression par quotient qui a pour raison une racine de la raison de la première progression, marquée par le nombre des moyens insérés entre chacun de ses termes et le suivant, plus 1.*

Soit la progression

$$\div a : b : c : d : e : \ldots : h : k : l.$$

Désignons par q sa raison ou le quotient d'un terme quelconque par le précédent, par n le nombre des moyens insérés entre a et b, b et c, c et d,..., k et l. Les raisons des différentes progressions formées ont pour expressions (337)

$$\sqrt[n+1]{\frac{b}{a}}, \quad \sqrt[n+1]{\frac{c}{b}}, \quad \sqrt[n+1]{\frac{d}{c}}, \quad \ldots, \quad \sqrt[n+1]{\frac{l}{k}}.$$

Elles sont donc toutes égales à $\sqrt[n+1]{q}$. De plus, la première progression finit où commence la deuxième, la deuxième finit où commence la troisième, etc. Toutes ces progressions forment donc une progression non interrompue ayant pour raison $\sqrt[n+1]{q}$.

339. *Pour insérer entre deux nombres donnés un nombre de moyens par quotient égal à $pp' - 1$, on peut insérer d'abord $p - 1$ moyens entre les deux nombres donnés, puis $p' - 1$ moyens entre chaque terme de la progression obtenue et le suivant.*

Supposons, en effet, qu'on insère $p - 1$ moyens entre les deux nombres donnés a et l. La raison de la progression obtenue est (337)

$$\sqrt[p]{\frac{l}{a}}.$$

Si l'on insère maintenant $p' - 1$ moyens entre les termes consécutifs de cette progression, la raison de la nouvelle progression formée a pour valeur (338)

$$\sqrt[p']{\sqrt[p]{\frac{l}{a}}} \quad \text{ou (76)} \quad \sqrt[pp']{\frac{l}{a}}.$$

Or cette raison est précisément celle qu'on obtient en insérant directement $pp' - 1$ moyens entre les nombres donnés.

On voit en même temps que le résultat ne change pas, quand on intervertit l'ordre des insertions.

On généralise facilement ce théorème remarquable en remplaçant $pp' - 1$ par $pp'p''... - 1$.

En particulier, pour insérer entre deux nombres donnés un nombre de moyens par quotient égal à $2^n - 1$, on peut insérer *un* moyen entre les deux nombres donnés, puis *un* moyen entre chaque terme de la progression obtenue et le suivant, et ainsi de suite jusqu'à ce qu'on ait répété n fois la même opération, qui n'exige que des extractions de racines carrées.

Produit des termes d'une progression par quotient.

340. *Le produit des termes d'une progression par quotient limitée est égal à la racine carrée du produit des extrêmes, élevé à une puissance marquée par le nombre des termes.*

Soit la progression

$$\eqsim a:b:c:d:e:\ldots:h:k:l.$$

En désignant par P le produit des n premiers termes jusqu'à l, on a

$$P = abcde\ldots hkl.$$

Si l'on renverse la progression, on a de même

$$P = lkh\ldots edcba.$$

En multipliant alors membre à membre ces deux égalités, on a

$$P^2 = (al)(bk)(ch)\ldots(hc)(kb)(la).$$

Les produits partiels mis entre parenthèses dans le second membre de l'égalité résultante sont égaux au produit des extrêmes ou au produit de deux termes également éloignés des extrêmes; tous représentent donc le produit des extrêmes (333). La progression contenant n termes, le second membre de l'égalité considérée renferme n produits partiels. On peut, par conséquent, écrire

$$P^2 = (al)^n \quad \text{ou} \quad P = \sqrt{(al)^n}.$$

Somme des termes d'une progression par quotient.

341. *La somme des termes d'une progression par quotient est égale à la différence qui existe entre le produit du dernier terme par la raison et le premier terme, divisée par l'excès de la raison sur l'unité.*

Soit la progression

$$\eqsim a:b:c:d:e:\ldots:h:k:l.$$

En désignant par S la somme des n premiers termes jusqu'à l, on a

$$S = a + b + c + d + e + \ldots + h + k + l.$$

Multiplions par la raison q les deux membres de cette égalité et remarquons que $aq = b$, $bq = c$, $cq = d$, ..., $kq = l$. Il vient alors

$$S q = b + c + d + e + f + \ldots + k + l + lq.$$

Si l'on suppose la progression croissante, on retranche membre à membre la première égalité de la seconde, et l'on a évidemment

$$S q - S = lq - a \quad \text{ou} \quad S(q - 1) = lq - a,$$

c'est-à-dire

$$S = \frac{lq - a}{q - 1}.$$

Si la progression est décroissante, on retranche la seconde égalité de la première, et l'on trouve

$$S = \frac{a - lq}{1 - q}.$$

Mais on peut employer indifféremment la première ou la seconde formule, que la progression soit croissante ou décroissante, parce qu'on ne change pas un quotient en changeant à la fois le signe du dividende et celui du diviseur (40).

Reprenons la formule

$$S = \frac{lq - a}{q - 1}.$$

On peut (332) y remplacer l par aq^{n-1}. Il vient alors

$$S = \frac{aq^n - a}{q - 1}.$$

Dans le cas de la progression décroissante, on a de même

$$S = \frac{a - aq^n}{1 - q}.$$

Il est facile de trouver directement cette formule, en remarquant que la progression peut s'écrire

$$\div a : aq : aq^2 : aq^3 : aq^4 : \ldots : aq^{n-2} : aq^{n-1}.$$

On a alors

$$S = a + aq + aq^2 + aq^3 + aq^4 + \ldots + aq^{n-2} + aq^{n-1},$$

d'où

$$S = a(1 + q + q^2 + q^3 + q^4 + \ldots + q^{n-2} + q^{n-1}).$$

Mais la quantité renfermée entre parenthèses représente le quotient de $1 - q^n$ par $1 - q$ (54); par suite,

$$S = a \frac{1 - q^n}{1 - q} = \frac{a - aq^n}{1 - q}.$$

Limite de la somme des termes d'une progression par quotient indéfiniment décroissante.

342. *La somme des termes d'une progression décroissante indéfiniment prolongée a pour limite le quotient du premier terme par l'excès de l'unité sur la raison.*

Reprenons la formule

$$S = \frac{a - aq^n}{1 - q}.$$

On peut la mettre sous la forme

$$S = \frac{a}{1 - q} - \frac{a}{1 - q} q^n.$$

$\frac{a}{1 - q}$ est une quantité fixe; q étant plus petit que 1, q^n devient de plus en plus petit à mesure que n augmente, et a pour limite zéro (336); par conséquent, le produit $\frac{a}{1 - q} q^n$ devient lui-même de plus en plus petit et a aussi zéro pour limite. La somme des termes de la progression, à mesure qu'on en considère un plus grand nombre, s'approche donc constamment de la quantité fixe $\frac{a}{1 - q}$, qui représente la limite de la somme des termes de la progression, lorsqu'on suppose cette progression indéfiniment prolongée.

On peut vérifier *a posteriori* cette limite $\frac{a}{1 - q}$, en effectuant la division de a par $1 - q$. On retrouve pour quotient illimité la progression

$$\div\ a : aq : aq^2 : aq^3 : aq^4 : \ldots : aq^{n-2} : aq^{n-1} : \ldots$$

343. *On demande la somme des termes de la progression indéfiniment décroissante*

$$\div\ 1 : \frac{1}{2} : \frac{1}{4} : \frac{1}{8} : \frac{1}{16} : \frac{1}{32} : \ldots$$

On a

$$S = \frac{1}{1 - \frac{1}{2}} = \frac{1}{\frac{1}{2}} = 2.$$

On demande la valeur d'une fraction décimale périodique simple

$$0,365\,365\,365\,365\ldots$$

Cette fraction périodique peut s'écrire

$$\div\ \frac{365}{1000} : \frac{365}{1000^2} : \frac{365}{1000^3} : \frac{365}{1000^4} : \ldots$$

Elle représente donc la somme des termes d'une progression décroissante indéfiniment prolongée, qui a $\dfrac{365}{1000}$ pour premier terme et $\dfrac{1}{1000}$ pour raison. En appelant S la valeur cherchée, on a

$$S = \frac{\frac{365}{1000}}{1 - \frac{1}{1000}} = \frac{\frac{365}{1000}}{\frac{999}{1000}} = \frac{365}{999},$$

résultat qui concorde avec celui trouvé en Arithmétique.

344. On peut remarquer que, dans toute progression par quotient, on a à tenir compte des cinq quantités a, l, q, n, S, et qu'il n'existe que deux relations générales entre ces cinq quantités, savoir

$$l = aq^{n-1} \quad \text{et} \quad S = \frac{lq - a}{q - 1};$$

par conséquent, pour pouvoir trouver deux d'entre elles, il faut connaître les trois autres.

345. On entend par *série* une suite indéfinie de termes qui se déduisent les uns des autres d'après une loi déterminée. La série est *convergente* lorsque la somme de ses termes, à mesure qu'on en considère davantage, tend vers une limite fixe; elle est *divergente* dans le cas contraire. Une progression par quotient indéfiniment décroissante est une série convergente. Une progression par quotient indéfiniment croissante est au contraire divergente; car, ses termes pouvant croître au delà de toute quantité donnée, il en est de même de leur somme.

Nous étudierons les séries dans la Section consacrée à l'*Algèbre supérieure* (*voir* t. III).

CHAPITRE II.

THÉORIE ÉLÉMENTAIRE DES LOGARITHMES.

Définitions.

346. En comparant les formules qui conviennent au cas des progressions par différence et à celui des progressions par quotient, on remarque que chaque opération indiquée dans une formule relative aux progressions par différence se trouve remplacée, dans la formule correspondante relative aux progressions par quotient, par l'opération de même espèce, mais d'ordre supérieur; c'est ce que montre bien le tableau résumé suivant :

PROGRESSIONS	
par différence.	par quotient.

Relation fondamentale.

| $l = a + (n - 1)r.$ | $l = aq^{n-1}.$ |

Termes également éloignés des extrémes.

| $T + T' = a + l.$ | $TT' = al.$ |

Insertion de n moyens.

| $r = \dfrac{l - a}{n + 1}.$ | $q = \sqrt[n+1]{\dfrac{l}{a}}.$ |

Somme des n premiers termes. | *Produit des n premiers termes.*

| $S = \dfrac{a + l}{2} n.$ | $P = \sqrt{(al)^n}.$ |

Ainsi, à l'addition, à la soustraction, à la multiplication et à la division, se trouvent substituées la multiplication, la division, l'élévation aux puissances et l'extraction des racines. Ce rapprochement a conduit à l'idée des logarithmes. C'est à l'Écossais Néper ([1]) qu'on doit l'invention et la première application à la *Trigonométrie* de cet admirable instrument de calcul.

347. Soient

$$\fallingdotseq\ldots\ q^{-3}\ :\ q^{-2}\ :\ q^{-1}\ :\ 1\ :\ q\ :\ q^2\ :\ q^3\ :\ \ldots :\ q^m\ :\ldots :\ q^n\ :\ldots$$

$$\div\ldots\ -3r\ .\ -2r\ .\ -r\ .\ o\ .\ r\ .\ 2r\ .\ 3r\ \ldots\ldots\ mr\ \ldots\ldots\ nr\ \ldots$$

deux progressions croissantes, l'une par quotient, l'autre par différence. Supposons que la première contienne le terme *un*, la seconde le terme *zéro*, et admettons que ces deux termes *se correspondent* dans les deux progressions.

On appelle LOGARITHMES *des nombres inscrits dans la progression par quotient les nombres qui leur correspondent dans la progression par différence, et les deux progressions considérées constituent un système de logarithmes.*

Mais les termes d'une progression présentent toujours entre eux des lacunes plus ou moins étendues. Si l'on veut que tous les nombres aient des logarithmes, il faut donc généraliser la définition précédente.

348. Si l'on insère un même nombre quelconque de moyens par quotient entre chaque terme de la progression par quotient et le suivant, et si, en même temps, on insère le même nombre de moyens par différence entre chaque terme de la progression par différence et le suivant, on obtient deux nouvelles progressions (**327, 338**) satisfaisant à la condition imposée, c'est-à-dire dans lesquelles les termes *un* et *zéro* continuent de se correspondre.

On appelle alors LOGARITHMES *des nouveaux nombres introduits dans la progression par quotient les nouveaux nombres qui leur correspondent dans la progression par différence.*

Pour légitimer cette extension, il faut établir que, si l'on peut introduire un nombre dans la progression par quotient en insérant entre chaque terme et le suivant un certain nombre de moyens, et si l'on peut aussi l'introduire en insérant

---

([1]) L'ouvrage de Néper est intitulé: *Mirifici logarithmorum canonis descriptio, ejusque usus in utraque Trigonometria,...* (Édimbourg, 1614).

un autre nombre de moyens, on trouve pour ce nombre, dans les deux cas, le même logarithme.

Supposons, en effet, que le nombre N ayant été introduit dans la progression par quotient par l'insertion de $p-1$ moyens, on ait trouvé n pour son logarithme ; et que, ce même nombre ayant été introduit par l'insertion de $p'-1$ moyens, on ait trouvé n' pour son logarithme. Il faut prouver que $n = n'$.

Or, si, après avoir inséré $p-1$ moyens entre chaque terme de chaque progression et le suivant, on insère $p'-1$ moyens entre les divers termes des nouvelles progressions obtenues, on est dans le même cas que si l'on avait inséré tout d'abord $pp'-1$ moyens entre les divers termes des progressions primitives (328, 339). Donc, par l'insertion de $pp'-1$ moyens, on trouve n pour logarithme de N. De même, si, après avoir inséré $p'-1$ moyens entre chaque terme de chaque progression et le suivant, on insère $p-1$ moyens entre les divers termes des nouvelles progressions obtenues, on est encore dans le même cas que si l'on avait inséré tout d'abord $pp'-1$ moyens entre les divers termes des progressions primitives. Donc, par l'insertion de $pp'-1$ moyens, on trouve n' pour logarithme de N. On en conclut évidemment $n = n'$.

349. Il reste encore à définir le logarithme d'un nombre N, qui ne peut être introduit dans la progression par quotient par l'insertion d'aucun nombre de moyens.

Pour cela, nous démontrerons d'abord qu'on peut insérer dans les deux progressions (347) un nombre de moyens assez grand pour qu'il soit permis de regarder les termes de ces progressions comme croissant par degrés aussi rapprochés qu'on voudra.

La démonstration est immédiate pour la progression par différence. En effet, si l'on insère $p-1$ moyens entre ses termes consécutifs, la raison de la nouvelle progression est $r' = \dfrac{r}{p}$, et l'on peut prendre p assez grand pour que cette raison, qui représente la différence de deux nouveaux termes consécutifs, soit plus petite que toute quantité donnée.

Quant à la progression par quotient, si l'on insère $p-1$ moyens entre ses termes consécutifs, la raison de la nouvelle progression est $q' = \sqrt[p]{q}$. Soient alors q'^n et q'^{n+1} deux nouveaux termes consécutifs. Leur différence $q'^{n+1} - q'^{n}$ est égale à

$$q'^{n}(q' - 1).$$

Pour qu'elle soit moindre qu'une quantité donnée α, il suffit qu'on ait

$$q' - 1 < \frac{\alpha}{q'^{n}}$$

ou, en désignant par A un nombre plus grand que tous les termes considérés dans la progression par quotient,

$$q' - 1 < \frac{\alpha}{A}.$$

Cette condition revient à

$$q' < 1 + \frac{\alpha}{A} \quad \text{ou} \quad \sqrt[p]{q} < 1 + \frac{\alpha}{A},$$

ou encore à

$$q < \left(1 + \frac{\alpha}{A}\right)^{p}.$$

Or on peut toujours donner à p (336) une valeur assez grande pour que $\left(1 + \frac{\alpha}{A}\right)^{p}$ surpasse tout nombre donné.

Cela posé, après l'insertion d'un nombre suffisant de moyens, tout nombre positif N fait partie de la progression par quotient ou est compris entre deux termes consécutifs de cette progression. Ces deux termes, pour p assez grand, diffèrent entre eux aussi peu qu'on veut ; et, si l'on fait croître p indéfiniment, ils ont le nombre N pour limite commune. Les termes correspondants de la progression par différence tendent en même temps vers une limite commune qui est, par définition, le *logarithme* de N.

350. On peut représenter de la manière suivante les deux progressions *croissantes* qui, après l'insertion d'un nombre suffisant de moyens, constituent le système de logarithmes considéré. $\alpha = \sqrt[p]{q}$ est la raison de la progression par quotient, $\beta = \frac{r}{p}$ est la raison de la progression par différence.

$$\vDash \ldots \alpha^{-m} : \ldots : \alpha^{-3} : \alpha^{-2} : \alpha^{-1} : 1 : \alpha : \alpha^{2} : \alpha^{3} : \ldots : \alpha^{m} : \ldots : \alpha^{n} : \ldots$$
$$\vDash \ldots -m\beta \ldots -3\beta \, . \, -2\beta \, . \, -\beta \, . \, 0 \, . \, \beta \, . \, 2\beta \, . \, 3\beta \ldots m\beta \ldots n\beta \ldots$$

On voit que *l'exposant d'un terme de la progression par quotient est le coefficient du terme correspondant de la progression par différence.*

Les termes consécutifs de la progression par quotient peuvent croître *depuis zéro jusqu'à l'infini positif.* En effet, puisqu'on suppose $\alpha > 1$, la limite de $\alpha^{-m} = \dfrac{1}{\alpha^m}$ (85) est zéro pour $m = \infty$, et celle de α^m est l'infini positif.

Les termes consécutifs de la progression par différence peuvent croître *depuis l'infini négatif jusqu'à l'infini positif.*

Il en résulte que, dans tout système de logarithmes formé par deux progressions continues croissantes :

Tous les nombres positifs ont des logarithmes, les nombres négatifs n'en ont pas.

Les nombres plus petits que un ont des logarithmes négatifs, les nombres plus grands que un ont des logarithmes positifs.

Le logarithme de un est toujours zéro.

Lorsqu'un nombre croît, il en est de même de son logarithme.

Le logarithme de zéro est l'infini négatif, le logarithme de l'infini positif est l'infini positif.

Si la raison α de la progression par quotient est < 1, cette progression devient décroissante, c'est-à-dire que l'échelle des grandeurs est renversée de part et d'autre du terme *un* pour la progression par quotient, tandis que cette échelle n'est pas modifiée pour la progression par différence.

Dans ce cas, et en conservant les mêmes définitions, ce sont les nombres *plus grands que un* qui ont des logarithmes *négatifs*, et les nombres *plus petits que un* qui ont des logarithmes *positifs*. Lorsqu'un nombre *décroît*, son logarithme *croît*. Le logarithme de *zéro* est *l'infini positif*, et le logarithme de *l'infini positif* est *l'infini négatif*.

Mais, au point de vue des applications, ce sont les premières indications qu'on doit retenir ; car les systèmes de logarithmes usuels répondent toujours à des progressions par quotient croissantes.

On indique, en général, le logarithme d'un nombre en plaçant les initiales log à gauche de ce nombre. Ainsi on représente le logarithme de N par la notation log N.

Propriétés fondamentales des logarithmes.

351. I. *Le logarithme d'un produit de plusieurs facteurs est égal à la somme des logarithmes des facteurs.*

Désignons d'abord par A et par B deux nombres quelconques faisant partie de la progression par quotient (350), et supposons qu'on ait

$$A = \alpha^m, \quad B = \alpha^n.$$

Il en résulte

$$AB = \alpha^{m+n};$$

mais, par définition,

$$\log A = m\beta, \quad \log B = n\beta,$$
$$\log AB = (m + n)\beta = m\beta + n\beta;$$

par suite,

$$\log AB = \log A + \log B \quad (^1).$$

Considérons maintenant le cas où les nombres donnés A et B ne font pas partie de la progression par quotient; admettons que A tombe entre les deux termes consécutifs α^m et α^{m+1}, et B entre les deux termes consécutifs α^n et α^{n+1}. On a alors

$$\alpha^m < A < \alpha^{m+1} \quad \text{et} \quad \alpha^n < B < \alpha^{n+1}.$$

On en déduit

$$\alpha^{m+n} < AB < \alpha^{m+n+2},$$

et il en résulte (350)

$$(m + n)\beta < \log AB < (m + n + 2)\beta;$$

mais on a aussi (350)

$$m\beta < \log A < (m + 1)\beta \quad \text{et} \quad n\beta < \log B < (n + 1)\beta,$$

d'où

$$(m + n)\beta < \log A + \log B < (m + n + 2)\beta.$$

Les deux quantités $\log AB$ d'une part, et $\log A + \log B$ d'autre part, sont donc comprises entre les mêmes limites. Ces limites

---

(^{1}) Cette démonstration s'applique évidemment, d'après les règles du calcul des exposants négatifs, au cas où les deux nombres considérés sont < 1, ou bien au cas où un seul d'entre eux remplit cette condition.

diffèrent de $2\beta = \dfrac{2\,r}{p}$ (349), quantité aussi petite qu'on veut pour p assez grand. On a donc nécessairement

$$\log AB = \log A + \log B,$$

quels que soient les nombres A et B.

Le théorème étant établi pour le cas de deux facteurs, on l'étend facilement au cas d'un nombre quelconque de facteurs.

Soit le produit ABCD. On peut écrire successivement, d'après ce qui précède,

$$\log A\,(BCD) = \log A + \log BCD,$$
$$\log B\,(CD) = \log B + \log CD,$$
$$\log CD = \log C + \log D.$$

En ajoutant ces égalités membre à membre et en supprimant les parties communes aux deux membres de l'égalité résultante, il vient

$$\log ABCD = \log A + \log B + \log C + \log D.$$

352. II. *Le logarithme du quotient de deux nombres est égal au logarithme du dividende moins le logarithme du diviseur.*

Soient A et B les deux nombres donnés. On a identiquement

$$A = \dfrac{A}{B} \times B,$$

d'où (351)

$$\log A = \log \dfrac{A}{B} + \log B$$

et, par suite,

$$\log \dfrac{A}{B} = \log A - \log B.$$

353. III. *Le logarithme d'une puissance d'un nombre est égal au logarithme de ce nombre, multiplié par l'exposant de la puissance.*

Soit, par exemple, A^p. Cette puissance étant le produit de p facteurs égaux à A, son logarithme est la somme de p nombres égaux à $\log A$ (351); on a donc

$$\log A^p = p \log A.$$

354. IV. *Le logarithme d'une racine d'un nombre est égal au logarithme de ce nombre, divisé par l'indice de la racine.*

Soit, par exemple, $\sqrt[p]{A}$. On a identiquement

$$(\sqrt[p]{A})^p = A;$$

d'où, en prenant les logarithmes des deux membres (353),

$$p \log \sqrt[p]{A} = \log A$$

et, par suite,

$$\log \sqrt[p]{A} = \frac{\log A}{p}.$$

355. Comme on l'a indiqué en Arithmétique (77), il y a six opérations fondamentales sur les nombres : trois directes, trois indirectes.

Dans l'ordre de leur difficulté, les trois opérations directes sont : l'addition, la multiplication, l'élévation aux puissances; les trois opérations indirectes sont : la soustraction, la division, l'extraction des racines. L'addition et la soustraction sont des opérations très-simples; la multiplication et la division sont plus compliquées; l'élévation aux puissances et l'extraction des racines sont extrêmement longues et pénibles, pour peu que l'exposant ou l'indice s'élève.

On conçoit qu'à l'aide des logarithmes on peut ramener la multiplication et la division à l'addition et à la soustraction; l'élévation aux puissances et l'extraction des racines à une multiplication et à une division généralement très-simples.

Il suffit, pour cela, de construire une Table qui, en face des nombres, donne leurs logarithmes. On veut, par exemple, extraire la racine d'un nombre; on cherche son logarithme dans la Table, on le divise par l'indice du radical, et l'on obtient ainsi le logarithme de la racine. En face de ce logarithme, la Table indique la racine cherchée. On comprend par là toute l'utilité des logarithmes.

Des différents systèmes de logarithmes.

356. Puisqu'on peut choisir à volonté les deux progressions par quotient et par différence qui constituent un système de logarithmes, à la seule condition de toujours faire correspondre dans les deux progressions le terme *un* au terme *zéro*, on voit *qu'il y a une infinité de systèmes de logarithmes*.

Pour définir un système de logarithmes, on indique ordinairement *le nombre qui*, dans ce système, *a pour logarithme l'unité*. Ce nombre est la BASE du système, et l'on indique le logarithme d'un nombre N, pris dans le système dont la base est a, par la notation $\log_a N$.

357. THÉORÈME FONDAMENTAL. — *Le rapport des logarithmes de deux nombres quelconques reste constant, lorsqu'on passe d'un système à un autre.*

Soient les deux nombres N et N', et supposons que le rapport de leurs logarithmes dans le système dont la base est a soit *commensurable* et égal à $\dfrac{m}{n}$.

De l'égalité

$$\frac{\log_a N}{\log_a N'} = \frac{m}{n},$$

on déduit

$$n \log_a N = m \log_a N',$$

c'est-à-dire (353)

$$\log_a N^n = \log_a N'^m,$$

ou (348)

$$N^n = N'^m.$$

Si l'on prend maintenant les logarithmes des deux membres dans le système dont la base est A, on a

$$n \log_A N = m \log_A N',$$

d'où

$$\frac{\log_A N}{\log_A N'} = \frac{m}{n} = \frac{\log_a N}{\log_a N'}.$$

On étend facilement la démonstration du théorème au cas où le rapport $\dfrac{m}{n}$ est *incommensurable*, en prouvant que les rapports des logarithmes des nombres N et N', dans les deux systèmes, sont compris entre les mêmes limites commensurables, d'ailleurs aussi resserrées qu'on veut.

De l'égalité précédente on tire alors

$$\frac{\log_A N}{\log_a N} = \frac{\log_A N'}{\log_a N'} = \text{const.}$$

Par suite, *on passe du logarithme d'un nombre quelconque, pris dans le système dont la base est a, au logarithme de ce nombre pris dans le système dont la base est A, en multipliant le premier logarithme par un facteur constant.*

Ce facteur constant, que nous désignerons par M, est le *module relatif* du second système comparé au premier.

Si l'on considère les bases A et *a* elles-mêmes à la place des nombres N et N', on a

$$M = \frac{\log_A A}{\log_a A} = \frac{\log_A a}{\log_a a}.$$

Mais, par définition,

$$\log_A A = \log_a a = 1;$$

par suite,

$$M = \frac{1}{\log_a A} = \log_A a.$$

Le module M est donc *l'inverse du logarithme de la nouvelle base, pris dans l'ancien système, ou le logarithme de l'ancienne base, pris dans le nouveau système.*

On voit que, si l'on connaît A, on peut déduire immédiatement le système A du système *a*. La base d'un système suffit donc pour le définir.

Des logarithmes vulgaires.

358. On nomme *logarithmes de* Briggs ou *logarithmes vulgaires* ceux du système dont la base est 10.

Les logarithmes vulgaires sont donc définis par les deux progressions

$$\div \ldots 10^{-3} : 10^{-2} : 10^{-1} : 1 : 10 : 10^2 : 10^3 : \ldots$$
$$\div \ldots -3 . -2 . -1 . 0 . 1 . 2 . 3 \ldots$$

Ce sont ceux dont on fait usage dans les applications numériques et que nous considérerons spécialement. Ces logarithmes sont en complète harmonie avec notre système de numération, et il en résulte plusieurs simplifications très-importantes au point de vue du calcul.

359. Les logarithmes sont exprimés en décimales et se composent, par conséquent, d'une partie entière et d'une partie décimale. La partie entière porte le nom de *caractéristique.*

Dans tout système, les puissances successives de la base (356) ont pour logarithmes les nombres entiers 1, 2, 3, 4,.... Dans le système vulgaire, les logarithmes des puissances de 10, qui reviennent constamment dans les calculs, se trouvent donc immédiatement connus.

De plus, on peut, à la seule inspection d'un nombre, indiquer la caractéristique de son logarithme.

En effet, le logarithme d'un nombre qui est compris entre 1 et 10 ou qui a *un* chiffre à sa partie entière, tombe entre 0 et 1 (358); la caractéristique de ce logarithme est donc 0.

Le logarithme d'un nombre qui est compris entre 10 et 100, ou qui a *deux* chiffres à sa partie entière, tombe entre 1 et 2; la caractéristique de ce logarithme est donc 1.

Le logarithme d'un nombre qui est compris entre 100 et 1000, ou qui a *trois* chiffres à sa partie entière, tombe entre 2 et 3; la caractéristique de ce logarithme est donc 2....

Le logarithme d'un nombre qui est compris entre 10^{n-1} et 10^n, ou qui a n chiffres à sa partie entière, tombe entre $n-1$ et n; la caractéristique de ce logarithme est donc $n-1$.

Ainsi, d'une manière générale, *la caractéristique du logarithme d'un nombre plus grand que 1 renferme autant d'unités qu'il y a de chiffres moins un dans la partie entière de ce nombre.*

360. *Lorsqu'on multiplie ou qu'on divise un nombre N par une puissance quelconque de 10, la caractéristique du logarithme de ce nombre augmente ou diminue de l'exposant de cette puissance de 10.*

On a, en effet (351, 352):

$$\log(N \times 10^p) = \log N + \log 10^p = \log N + p,$$

$$\log\left(\frac{N}{10^p}\right) = \log N - \log 10^p = \log N - p.$$

Il résulte de là que *la partie décimale du logarithme d'un nombre reste la même, quelle que soit la place qu'on fasse occuper dans ce nombre à la virgule qui sépare sa partie entière et sa partie décimale; la caractéristique seule varie.*

On a, par exemple,

$$\log 3564 \quad = 3,5519377,$$
$$\log 356,4 \quad = 2,5519377,$$
$$\log 35,64 \quad = 1,5519377,$$
$$\log 3,364 \quad = 0,5519377, \qquad \cdot$$
$$\log 0,3564 \quad = 0,5519377 - 1,$$
$$\log 0,03564 = 0,5519377 - 2,$$
$$\cdots\cdots\cdots\cdots\cdots\cdots\cdots\cdots\cdots$$

361. Lorsqu'un logarithme est *négatif,* comme pour les deux derniers nombres qu'on vient de considérer, on conserve sa partie décimale positive, et l'on fait porter la soustraction sur sa caractéristique.

On indique que la caractéristique d'un logarithme est seule négative, en la surmontant du signe *moins,* et l'on écrit :

$$\log 0,3564 \quad = \overline{1},5519377,$$
$$\log 0,03564 \quad = \overline{2},5519377,$$
$$\log 0,003564 = \overline{3},5519377,$$
$$\cdots\cdots\cdots\cdots\cdots\cdots\cdots\cdots$$

On voit que *les nombres plus petits que* 1, c'est-à-dire sans partie entière, *ont des logarithmes à caractéristiques négatives et à parties décimales positives. La caractéristique contient nécessairement autant d'unités négatives qu'il y a de zéros avant le premier chiffre décimal significatif du nombre proposé, y compris le zéro placé avant la virgule.*

Disposition des Tables de logarithmes.

362. Comme nous l'avons remarqué (355), pour faire usage de la théorie des logarithmes, il faut qu'on puisse déterminer, avec une approximation convenable, le logarithme qui correspond à un nombre donné, et réciproquement le nombre qui correspond à un logarithme donné. On y parvient à l'aide des Tables de logarithmes.

Parmi les meilleures Tables, on peut citer celles de Schrön (édition française). Elles font connaître les logarithmes des nombres entiers, depuis 1 jusqu'à 108000, avec 7 décimales au moins. Nous allons en indiquer la disposition et l'usage.

363. Ces Tables se composent de trois parties. La première, qui est à *simple entrée*, contient les nombres naturels depuis 1 jusqu'à 1000, disposés suivant leur ordre en plusieurs colonnes qui ont pour titre, en haut et en bas, les lettres Num qui commencent le mot *Numerus :* nombre. Chaque colonne de nombres est immédiatement suivie d'une colonne de logarithmes, indiquée par les lettres log, de manière que chaque logarithme est placé à droite et dans l'alignement du nombre auquel il appartient. On a supprimé partout la caractéristique de chaque logarithme, parce qu'on la connaît (359) à la simple inspection du nombre proposé.

Les Tables suivantes sont à *double entrée ;* elles s'étendent depuis 1000 jusqu'à 108000. La troisième colonne qu'on y remarque vers la gauche, et qui est intitulée Num, contient les nombres naturels depuis 1000 jusqu'à 10799. La colonne suivante, marquée o, renferme les logarithmes qui appartiennent à ces nombres, de sorte que l'ensemble de ces deux colonnes forme comme la suite de la Table.

Si l'on observe la colonne marquée o, on voit, sur la gauche de cette colonne, certains nombres isolés, de trois chiffres chacun, qui vont toujours en augmentant d'une unité, et qui ne sont pas tout à fait également distants les uns des autres. Vers la droite de la même colonne, sont des nombres de quatre chiffres chacun qui se succèdent sans intervalle. On pourrait donc croire, au premier abord, que certains logarithmes n'ont que quatre chiffres significatifs, tandis que d'autres en ont sept ; mais, en réalité, chaque nombre isolé est censé écrit au-dessous de lui-même, et vis-à-vis des nombres de quatre chiffres, autant de fois qu'il est nécessaire pour que chaque ligne soit remplie. Ainsi, lorsqu'on ne trouve en face d'un certain nombre que quatre chiffres dans la colonne marquée o, il faut écrire à gauche de ces quatre chiffres le nombre isolé de trois chiffres *le plus proche en montant.* Au delà de 10000, les nombres isolés vers la gauche ont quatre figures au lieu de trois.

Lorsque deux nombres sont décuples l'un de l'autre, la par-

tie décimale de leurs logarithmes est la même (360). Par conséquent, les deux premières colonnes que nous venons de
considérer donnent aussi, de dix en dix, les logarithmes des
nombres compris entre 10000 et 108000. Pour trouver les logarithmes des nombres intermédiaires, il faut avoir recours
aux colonnes marquées 1, 2, 3, 4,....,9. Elles renferment les
quatre dernières décimales des logarithmes des nombres terminés par les chiffres placés en tête de ces mêmes colonnes.
Ainsi la colonne marquée 0 contient les quatre dernières décimales des logarithmes des nombres compris entre 10000 et
108000, qui sont terminés par un zéro, en même temps que
les nombres isolés de trois chiffres qui font connaître les trois
premières décimales de ces logarithmes, et qui sont aussi cen-
sés placés à la gauche des quatre chiffres contenus dans les
autres colonnes. La colonne marquée 1 renferme les quatre
derniers chiffres des logarithmes de tous les nombres terminés par 1; la colonne marquée 2, les quatre derniers chiffres
des logarithmes de tous les nombres terminés par 2 ; et ainsi
de suite jusqu'à 9.

On a, par cette disposition et sous la forme la plus réduite,
une Table à double entrée, dans laquelle on consulte d'abord
la colonne marquée Num. Lorsqu'on y a trouvé les quatre
premières figures du nombre dont on cherche le logarithme,
on suit horizontalement la ligne qui les contient, jusqu'à ce
qu'on soit arrivé à la colonne qui correspond au dernier chiffre
du nombre donné; on a alors sous les yeux les quatre dernières décimales du logarithme demandé. Quant aux trois premières, elles sont exprimées par le nombre isolé, le plus
proche en montant, qui se trouve dans la colonne marquée 0.

La dernière colonne à droite, intitulée P. P. (parties proportionnelles), contient les *différences* obtenues en retranchant chaque logarithme du suivant, et les *parties* de ces dif-
férences, c'est-à-dire leurs produits par $\frac{1}{10}, \frac{2}{10}, \frac{3}{10}, \ldots$, jusqu'à $\frac{9}{10}$. Ces produits, placés au-dessous de chaque différence,
forment autant de petites Tables séparées qu'il y a de différences.

Les différences, ainsi que leurs parties, expriment des unités de même ordre que la dernière figure des logarithmes correspondants.

Comme nous l'avons dit, les trois premiers chiffres décimaux d'un logarithme, se trouvant communs à un grand nombre de logarithmes consécutifs, ne sont écrits qu'une fois pour toutes en face du premier nombre de la colonne Num, auquel ils se rapportent. Il peut arriver que le changement du troisième chiffre du logarithme ait lieu dans le courant d'une ligne. On ne place alors le nombre isolé qui a varié d'une unité qu'à la ligne suivante, en indiquant par des astérisques les logarithmes de la ligne considérée pour lesquels le changement a eu lieu.

Un trait marqué au-dessous du dernier chiffre décimal d'un logarithme indique que ce logarithme a été pris par excès à moins d'une demi-unité du dernier ordre conservé.

De 100000 à 108000, les logarithmes sont donnés avec huit décimales.

Enfin, les deux premières colonnes de chaque page sont relatives à la solution d'une question de Trigonométrie dont nous n'avons pas à nous occuper ici.

Les Tables servent à résoudre les deux questions suivantes :

1° Étant donné un nombre, trouver son logarithme;

2° Étant donné un logarithme, trouver le nombre correspondant.

Usage des Tables.

364. PREMIÈRE QUESTION. — *Un nombre quelconque étant donné, trouver son logarithme.*

Premier cas. — Si le nombre proposé fait partie des Tables, la recherche de son logarithme ne peut présenter aucune difficulté d'après les explications qui précèdent.

Soit, par exemple, le nombre 6739. En face de ce nombre, dans la colonne marquée 0, on ne trouve que 5955; mais, en suivant la marge, le premier nombre qu'on rencontre en montant est 828. La partie décimale du logarithme est donc 8285955 et, comme sa caractéristique est 3, on a

$$\log 6739 = 3,8285955.$$

Soit encore le nombre 0,51087. On cherche 5108 dans la colonne marquée Num. On ne voit aucun nombre isolé en face de ce nombre, à la marge de la colonne 0; mais, un peu plus haut, on rencontre 708 dans cette marge. On parcourt ensuite la ligne qui correspond au nombre 5108 jusqu'à la colonne marquée 7, et l'on y trouve 3104. La partie décimale du logarithme demandé est donc 7083104 et, comme sa caractéristique est $\overline{1}$, on a

$$\log 0,51087 = \overline{1},7083104.$$

Deuxième cas. — Si le nombre proposé ne fait pas partie des Tables, on déplace la virgule dans ce nombre, de manière que sa partie entière soit *la plus grande possible*, tout en restant inférieure à 108000, c'est-à-dire contienne 5 ou 6 chiffres ([1]). Le logarithme du nombre ainsi formé a la même partie décimale que le logarithme du nombre donné, et l'on est ramené à chercher le logarithme d'un nombre décimal dont la partie entière est moindre que 108000.

Soit, par exemple, le nombre 356789,24. Nous devons chercher ici le logarithme du nombre 35678,924, en reculant la virgule d'un rang vers la gauche.

On trouve, en opérant comme dans le premier cas, que la partie décimale du logarithme du nombre 35678 est 5524005.

Mais c'est la partie décimale du logarithme du nombre 35678,924 qu'il faut obtenir. On admet alors qu'*il y a proportionnalité entre les petits accroissements donnés à un nombre et les accroissements correspondants de son logarithme.*

Comme nous le montrerons plus loin (369), ce principe n'est pas rigoureusement exact; mais, dans les limites de l'approximation adoptée, on peut le vérifier à la simple inspection des Tables, en remarquant la valeur constante conservée par la *différence tabulaire* lorsqu'on considère des séries de nombres consécutifs plus ou moins prolongées.

Dans l'exemple proposé, la différence tabulaire qui correspond au nombre 35678 est égale à 122 unités du septième ordre décimal. Elle représente l'accroissement subi par le logarithme, lorsque le nombre donné augmente d'une unité. En désignant par δ l'accroissement que doit subir le même logarithme, lorsque le nombre donné augmente seulement de 0,924, on peut poser

$$\frac{\delta}{122} = \frac{0,924}{1},$$

([1]) Nous justifierons plus loin (369) la nécessité de cette règle.

d'où

$$\delta = 122 \times 0,924.$$

La Table des parties proportionnelles, placée au-dessous de la différence tabulaire 122, fait connaître immédiatement le résultat de cette multiplication. On a, en effet, d'après cette Table,

$$122 \times 0,9 \quad = 109,8,$$
$$122 \times 0,02 \quad = \quad 2,44,$$
$$122 \times 0,004 = \quad 0,488,$$

c'est-à-dire, en ajoutant,

$$\delta = 112,728.$$

La partie décimale du logarithme du nombre 35678,924 est donc finalement, en unités du septième ordre décimal,

$$5524005 + 112,728 = 5524117,728 = 5524118.$$

Comme il s'agit, en réalité, du nombre 356789,24, on doit faire précéder cette partie décimale de la caractéristique 5 (**359**), et la question est résolue.

On indique, en général, le calcul de la manière suivante :

$$
\begin{aligned}
\log 35678 \quad &= 4,5524005\\
\text{pour } 0,9 \quad & \qquad 1098\\
\text{pour } 0,02 \quad & \qquad 244\\
\text{pour } 0,004 \quad & \qquad 488\\
\hline
\log 35678,924 &= 4,5524118\\
\log 356789,24 &= 5,5524118
\end{aligned}
$$

On voit qu'*il est inutile de tenir compte de plus de trois décimales dans le nombre préparé pour l'emploi des Tables.* Les différences tabulaires atteignant seulement trois et même deux chiffres, les autres décimales n'ont aucune influence sur les derniers chiffres du logarithme, eu égard au degré d'approximation adopté. En général, *lorsqu'il faut séparer plus de trois chiffres sur la droite du nombre donné pour que la partie à gauche ne surpasse pas* 108000, *on doit compter le quatrième chiffre séparé à droite et les suivants comme des zéros.*

Si l'on a à chercher le logarithme de 35,678924, on opère

absolument de la même manière. Seulement, la caractéristique du logarithme est 1, et l'on a

$$\log 35,678924 = 1,5524118.$$

Si l'on a à chercher le logarithme de 0,0035678924, on suit encore la même marche. Seulement, la caractéristique du logarithme est négative (361) et égale à 3. On a donc

$$\log 0,0035678924 = \overline{3},5524118.$$

365. Si l'on désigne par d l'accroissement d'un nombre, par δ l'accroissement correspondant de son logarithme, par Δ la différence tabulaire, la proportionnalité admise dans le numéro précédent s'exprime d'une manière générale par la relation

$$\frac{\delta}{\Delta} = \frac{d}{1} \quad \text{ou} \quad \delta = \Delta d.$$

366. Seconde question. — *Un logarithme étant donné, trouver le nombre correspondant.*

Nous supposerons que le logarithme donné n'a que sept décimales. S'il en avait davantage, on les supprimerait toutes au delà de la septième. En outre, comme la caractéristique du logarithme donné ne doit servir qu'à indiquer l'ordre des plus hautes unités du nombre demandé, on en fait d'abord abstraction.

Premier cas. — Si le logarithme donné est compris dans les Tables, la recherche du nombre correspondant ne présente aucune difficulté.

Si l'on demande, par exemple, le nombre qui a pour logarithme 0,4623980, on cherche 462 parmi les nombres isolés de la colonne marquée 0; descendant ensuite dans cette colonne, on y trouve 3980 placé en face de 2900 dans la colonne marquée Num. C'est le nombre demandé, abstraction faite de l'ordre de ses plus hautes unités. Comme la caractéristique du logarithme donné est 0, le nombre cherché est égal à 2,9.

Si l'on ne rencontre pas le nombre formé par les quatre derniers chiffres du logarithme donné dans la colonne marquée 0, on s'arrête au nombre qui en approche le plus, *par défaut*. On suit la ligne correspondante, en la parcourant de gauche à droite, jusqu'à ce qu'on trouve les quatre dernières figures du logarithme. Le chiffre placé aux extrémités de la colonne à laquelle on parvient ainsi est le cinquième chiffre du nombre cherché; les quatre premiers sont, comme ci-dessus, en face des quatre dernières décimales du logarithme, dans la colonne marquée Num.

Soit, par exemple, le logarithme 4,5178159; on cherche 517 parmi les nombres isolés de la colonne marquée 0, on parcourt cette même colonne en descendant, et l'on trouve que 7236 est, avant 518, le nombre qui approche le plus de 8159 par défaut. On suit la ligne qui commence par 7236 et l'on trouve 8159 sur cette ligne, dans la colonne marquée 7. D'ailleurs, la ligne considérée répond à 3294 dans la colonne Num. Les chiffres qui composent le nombre cherché sont donc ceux du nombre 32947 et, comme la caractéristique du logarithme donné est 4, ce nombre est précisément celui qu'on demande.

Deuxième cas. — Si le logarithme donné ne fait pas partie des Tables, on opère comme il suit.

Soit, par exemple,

$$\log x = 2,7145632.$$

En suivant la même marche que précédemment, on cherche dans la partie de la Table qui correspond aux nombres qui ont cinq chiffres à leur partie entière le logarithme qui approche le plus de $\log x$ *par défaut*.

On trouve ainsi

$$\log 51827 = 4,7145561.$$

La différence des deux logarithmes est de 71 unités du septième ordre, et la différence tabulaire en cet endroit de la Table est égale à 84. Si l'on a recours alors à la proportion-nalité admise (364) entre les petits accroissements des nombres et ceux des logarithmes, on voit que la partie déci-male de $\log 51827$ deviendra la même que celle de $\log x$, si l'on augmente le nombre 51827 d'une quantité d donnée par la relation

$$\frac{d}{1} = \frac{71}{84}, \quad \text{d'où} \quad d = \frac{71}{84}.$$

Pour réduire la fraction $\frac{71}{84}$ en décimales, on peut se servir de la Table des *parties proportionnelles* placée au-dessous de la différence tabulaire 84.

En consultant cette Table, on remarque que la *partie* qui approche le plus de 71 est 67,2 qui répond au chiffre 8 ou à 0,8. On a donc

$$\frac{71}{84} = 0,8 + \frac{71 - 67,2}{84} = 0,8 + \frac{38}{84} \times 0,1.$$

Parmi les parties de 84, celle qui approche le plus de 38 est 33,6, qui répond au chiffre 4 ou à 0,4. On a, par conséquent,

$$\frac{71}{84} = 0,8 + 0,4 \times 0,1 + \frac{4,4}{84} \times 0,1 = 0,84 + \frac{44}{84} \times 0,01.$$

De même, parmi les parties de 84, celle qui approche le plus de 44 est 42, qui répond au chiffre 5 ou à 0,5, et l'on a

$$\frac{71}{84} = 0,84 + 0,5 \times 0,01 + \frac{2}{84} \times 0,01 = 0,845 + \frac{20}{84} \times 0,001.$$

On pourrait continuer; mais comme, en passant des nombres aux logarithmes, il est inutile (364) de conserver plus de trois chiffres décimaux au delà de la partie entière du nombre ramenée à cinq chiffres, si l'on remonte réciproquement des logarithmes aux nombres, on ne peut compter sur plus de deux ou trois décimales exactes.

On peut donc dire finalement que le nombre x et le nombre 51827,845 sont composés des mêmes chiffres; d'ailleurs, la caractéristique de $\log x$ est 2. Il en résulte (359)

$$x = 518,27845.$$

On indique ordinairement le calcul de cette manière :

$$\log x = 2,7145632$$
$$\log 51827 = 4,7145561$$

	71
pour 0,8	67,2
pour 0,04	3,36
pour 0,005	0,42
$x = 518,27845.$	

Après avoir obtenu les chiffres significatifs qui composent le nombre cherché, chiffres qui ne dépendent que de la partie décimale de son logarithme (360), il suffit de placer convenablement la virgule dans ce nombre, de manière à reproduire la caractéristique indiquée.

Si l'on a, par exemple,

$$\log x = 0,7145632,$$

on en déduit

$$x = 5,1827845.$$

Si l'on a

$$\log x = \overline{3},7145632,$$

il vient

$$x = 0,0051827845.$$

367. En se reportant au n° 365, on voit que la relation fondamentale

$$\frac{\eth}{\Delta} = \frac{d}{1}$$

donne, d'une manière générale,

$$\eth = \Delta d,$$

quand l'inconnue est l'accroissement à donner au logarithme de la Table pour obtenir celui du nombre proposé; et

$$d = \frac{\eth}{\Delta},$$

quand cette inconnue est l'accroissement à donner au nombre de la Table pour obtenir celui qu'on cherche.

368. A mesure qu'on avance dans la Table, on voit la différence tabulaire aller constamment en diminuant. En effet, soient N et N + 1 deux nombres entiers consécutifs inscrits dans la Table. On a (352)

$$\log(N+1) - \log N = \log \frac{N+1}{N} = \log\left(1 + \frac{1}{N}\right).$$

Si N augmente, $\frac{1}{N}$ diminue; l'expression $1 + \frac{1}{N}$ converge vers 1, et $\log\left(1 + \frac{1}{N}\right)$ converge vers zéro (350).

369. Nous avons dit plus haut (364) qu'on doit toujours

opérer à l'aide de la partie la plus élevée des Tables. En voici la raison.

Si l'on donne d'abord un accroissement h au nombre N, puis ensuite un accroissement $2h$, on a

$$\log(N + h) - \log N = \log \frac{N + h}{N} = \log \left(1 + \frac{h}{N} \right),$$

$$\log(N + 2h) - \log N = \log \frac{N + 2h}{N} = \log \left(1 + \frac{2h}{N} \right).$$

Les accroissements des nombres considérés $N + h$ et $N + 2h$ présentant ici le rapport 2, la proportionnalité admise précédemment (364) exigerait qu'on eût (353)

$$(\alpha) \quad \log \left(1 + \frac{2h}{N} \right) = 2 \log \left(1 + \frac{h}{N} \right) \quad \text{ou} \quad 1 + \frac{2h}{N} = \left(1 + \frac{h}{N} \right)^2,$$

ce qui n'a pas lieu. Mais le terme $\frac{h^2}{N^2}$, qui empêche l'égalité précédente d'être vraie, est d'autant plus petit que N est plus grand, de sorte que, si h est < 1 et $N > 10000$, sa valeur, moindre alors que $\frac{1}{10^8}$, ne peut influer sur les huit premières décimales du second membre de l'égalité (α). La règle des parties proportionnelles (*Arithm.*, 443) conduit donc à un résultat exact, quand on ne conserve que sept décimales aux logarithmes, en se servant de la partie la plus élevée des Tables.

370. *En résumé*, il résulte de ce qui précède que, le logarithme d'un nombre étant donné avec sept décimales, on peut obtenir, en général, ce nombre avec sept ou huit chiffres exacts. L'erreur commise sur un nombre, qu'on calcule d'après son logarithme, est donc moindre que la millionième partie de ce nombre; car, si l'on peut compter sur les sept premiers chiffres d'un nombre quelconque, il est obtenu à moins d'une unité dont il contient la valeur au moins un million de fois.

Calculs par logarithmes.

371. On peut avoir à *ajouter* avec d'autres logarithmes des logarithmes à caractéristiques négatives. Il faut alors, en additionnant la colonne des caractéristiques, faire une opération

analogue à celle que nous avons indiquée relativement aux coefficients des termes semblables des polynômes (18).

Passons aux logarithmes *soustractifs*. Soit à *retrancher* de a le logarithme $3,5782136$. On a évidemment

$$a - 3,5782136 = a - 4 + (1 - 0,5782136).$$

La partie entre parenthèses n'est autre chose que le *complément* à 1 de la partie décimale du logarithme (*Arithm.*, 30). On forme ce complément en retranchant de 9 tous les chiffres de cette partie décimale, sauf le dernier chiffre significatif qu'on retranche de 10. On a alors à ajouter un logarithme dont la partie décimale est devenue positive et dont la caractéristique est négative. Ainsi,

$$a - 3,5782136 = a + \overline{4},4217864.$$

Soit maintenant à retrancher de a le logarithme $\overline{5},1709872$. On a évidemment

$$a - \overline{5},1709872 = a + 4 + (1 - 0,1709872),$$

d'où

$$a - \overline{5},1709872 = a + 4,8290128.$$

On a alors à ajouter un logarithme tout entier positif.

Aux logarithmes ainsi transformés, nous donnerons le nom de logarithmes *préparés*, et nous les indiquerons par la lettre initiale $\overline{L}$, surmontée du signe $-$.

Dans le premier exemple, nous avons dû augmenter la caractéristique 3 d'une unité, et nous avons pris négativement le résultat 4 obtenu.

Dans le second exemple, nous avons dû augmenter la caractéristique $\overline{5}$ d'une unité, et nous avons pris positivement le résultat $\overline{4}$ obtenu.

Pour *préparer* un logarithme, c'est-à-dire pour ramener sa soustraction à une addition dans laquelle la soustraction, si elle existe, ne porte que sur la caractéristique, *il faut donc augmenter sa caractéristique prise avec son signe d'une unité, changer le signe du résultat obtenu, et écrire à la suite le complément de la partie décimale donnée.*

Il vaut bien mieux opérer comme on vient de l'indiquer, que de prendre le complément à 10; et cette simplification est essentielle dès qu'on a à considérer plus de deux logarithmes.

Si l'on a à *multiplier* par un nombre entier un logarithme à caractéristique négative (361), il faut seulement, en multipliant la caractéristique négative, tenir compte des retenues positives fournies par le chiffre des plus hautes unités de la partie décimale. On a, par exemple,

$$\overline{3},7124953 \times 7 = \overline{17},9874671.$$

Si l'on a à *diviser* par un nombre entier un logarithme à caractéristique négative, il faut nécessairement (362, 363) ajouter à la caractéristique autant d'unités qu'il est nécessaire pour qu'elle devienne un multiple du diviseur. Par compensation, on ajoute au chiffre des dixièmes de la partie décimale autant de dizaines positives qu'on a ajouté d'unités négatives à la caractéristique.

Si l'on a, par exemple, le logarithme $\overline{2},9102585$ à diviser par 5, on regarde la caractéristique comme égale à $\overline{5}$, et son quotient par 5 est $\overline{1}$. Puis, au lieu de diviser 9 dixièmes par 5, on divise 39 dixièmes par 5, de sorte que le chiffre des dixièmes du quotient est 7, etc. On trouve

$$\frac{\overline{2},9102585}{5} = \overline{1},7820517.$$

372. *Lorsqu'on a à calculer une formule par logarithmes, il faut faire en sorte de ne passer aux nombres que le moins de fois possible.*

Une formule n'est directement calculable par logarithmes que lorsqu'elle ne contient aucun signe $+$ ou $-$, reliant des termes de degré supérieur au premier.

Une formule telle que $\sqrt{a^2 - b^2}$ n'est pas directement calculable par logarithmes, parce que, pour appliquer les logarithmes, il faut commencer par calculer les carrés a^2 et b^2. Si on les calcule au moyen des Tables, on remonte donc trois fois aux nombres au lieu d'une seule : une fois pour a^2, une fois pour b^2, une dernière fois pour calculer $\sqrt{a^2 - b^2}$.

Dans un cas aussi simple, on lève immédiatement la difficulté en remplaçant $a^2 - b^2$ par le produit $(a + b)(a - b)$, et en calculant séparément $a + b$ et $a - b$.

Oublier les simplifications analogues à celle que nous venons de rappeler, ce serait commettre une faute de calcul grossière. Il faut donc toujours chercher à rendre, par des artifices convenables, la formule proposée directement calculable par logarithmes.

Soit demandé, par exemple, le volume d'un tronc de cône. La Géométrie donne immédiatement la formule (*voir* la *Géométrie*, t. II)

$$V = \frac{\pi H}{3} (R^2 + r^2 + R r).$$

Ajoutons et retranchons dans la parenthèse le produit $R r$. Il vient

$$V = \frac{\pi H}{3} (R^2 + 2 R r + r^2 - R r),$$

c'est-à-dire

$$V = \frac{\pi H}{3} [(R + r)^2 - R r].$$

Posons $R r = a^2$, de manière à introduire la différence de deux carrés; nous aurons

$$V = \frac{\pi H}{3} [(R + r)^2 - a^2] = \frac{\pi H}{3} [(R + r + a)(R + r - a)].$$

On calcule préalablement a à l'aide de l'égalité $a^2 = R r$ qui, traitée par logarithmes, donne

$$2 \log a = \log R + \log r,$$

d'où

$$\log a = \frac{\log R + \log r}{2};$$

puis on applique la formule. On remonte ainsi aux nombres deux fois; mais il aurait fallu y passer quatre fois sans la marche suivie : une fois pour R^2, une fois pour r^2, une fois pour $R r$, une fois pour V.

On trouvera en *Trigonométrie* (t. II) un grand nombre d'exemples de ces sortes de transformations.

373. EXEMPLES :

1° *Soit à calculer l'expression*

$$x = \frac{364,6578 \times 42,82176}{23,6817}.$$

On a

$$\log x = \log 364,6578 + \log 42,82176 + \overline{L} 23,6817.$$

41.

On trouve successivement

$$\log 364,6578 = 2,5618855$$
$$\log 42,82176 = 1,6316644$$
$$\overline{\mathrm{L}}\ 23,6817 = \overline{2},6255872 \qquad \log 23,6817 = 1,3744128$$
$$\overline{}$$
$$\log x = 2,8191371$$
$$x = 659,328.$$

2° *Calculer le rayon de la sphère dont l'aire est égale à* $\mathrm{1^{Mq}}$.

En appelant R le rayon cherché, la Géométrie donne (*voir* t. II)

$$\mathrm{1^{Mq}} = 4\pi R^2, \quad \text{d'où} \quad R^2 = \frac{\mathrm{1^{Mq}}}{4\pi} \quad \text{et} \quad R = \frac{\mathrm{1^{M}}}{2\sqrt{\pi}}.$$

On a donc

$$\log R = \log 1 + \overline{\mathrm{L}}2 + \overline{\mathrm{L}}\sqrt{\pi}.$$

Il faut chercher le logarithme de $\sqrt{\pi}$, qui est égal (354) à $\dfrac{\log \pi}{2}$. Les Tables indiquent, au bas de chaque page, $\log \pi$; on n'a, par suite, qu'à le diviser par 2 et à préparer le quotient obtenu. Le logarithme de 1 étant toujours zéro (350), on a simplement

$$\overline{\mathrm{L}}2 = \overline{1},6989700 \qquad \log 2 = 0,3010300$$
$$\overline{\mathrm{L}}\sqrt{\pi} = \overline{1},7514251 \qquad \frac{\log \pi}{2} = 0,2485749$$
$$\overline{\phantom{\log R = \overline{1},4503951}}$$
$$\log R = \overline{1},4503951$$
$$R = 0^{\mathrm{M}},2820948.$$

3° *Soit à calculer l'expression*

$$x = \frac{\sqrt[3]{0,082157}\,(0,048219)^4}{(0,0051275)^3\,\sqrt{0,0072463}}.$$

On a

$$\log x = \frac{1}{3}\log 0,082157 + 4\log 0,048219 + \overline{\mathrm{L}}(0,0051275)^3 + \overline{\mathrm{L}}\sqrt{0,0072463}$$

ou, ce qui revient au même ([1]),

$$\log x = \frac{1}{3}\log 0,082157 + 4\log 0,048219 + 3\overline{\mathrm{L}}0,0051275 + \frac{1}{2}\overline{\mathrm{L}}0,0072463.$$

([1]) On a bien, en effet, d'une manière générale,

$$\overline{\mathrm{L}}a^k = k\overline{\mathrm{L}}a.$$

Désignons par γ la caractéristique de $\log a$, et par δ sa partie décimale. On a

$$\log a = \gamma + \delta,$$

Le calcul donne les résultats suivants :

$$\frac{1}{3}\log 0,082157 = \overline{1},6382148 \qquad \log 0,082157 = \overline{2},9146446$$

$$4\log 0,048219 = \overline{6},7328728 \qquad \log 0,048219 = \overline{2},6832182$$

$$3\,\overline{L}\ \ 0,0051275 = 6,8702829 \qquad \log 0,0051275 = \overline{3},7099057$$

$$\frac{1}{2}\,\overline{L}\ \ 0,0072463 = 1,0699418 \qquad \log 0,0072463 = \overline{3},8601163$$

$$\log x = 2,3113123 \qquad \overline{L}\,0,0051275 = 2,2900943$$

$$x = 204,7917. \qquad \overline{L}\,0,0072463 = 2,1398837.$$

Équations exponentielles.

374. On appelle *équation exponentielle* toute équation dans laquelle l'inconnue se trouve en exposant. La plus simple des équations exponentielles est

$$a^x = b,$$

a et b étant des quantités positives données. En prenant les logarithmes des deux membres, il vient (353)

$$x\log a = \log b, \quad \text{d'où} \quad x = \frac{\log b}{\log a}.$$

Résoudre l'équation proposée, c'est en réalité, comme on le verra plus tard (*Algèbre supérieure*, t. III), chercher le logarithme du nombre b dans le système qui a pour base le nombre a, à l'aide de la Table des logarithmes vulgaires.

Soit encore l'équation

$$a^{b^x} = c,$$

d'où

$$k\log a = k\gamma + k\delta = (k\gamma + \varepsilon) + \delta',$$

en représentant par ε la partie entière de $k\delta$ et par δ' la partie décimale de ce produit. Par suite (371),

$$\overline{L}\,a^k = -(k\gamma + \varepsilon + 1) + (1 - \delta').$$

D'autre part,

$$\overline{L}\,a = -(\gamma + 1) + (1 - \delta),$$

c'est-à-dire

$$k\,\overline{L}\,a = -k(\gamma + 1) + k(1 - \delta) = -k\gamma - k\delta = -(k\gamma + \varepsilon + 1) + (1 - \delta').$$

a, b, c étant des quantités positives données. On en conclut d'abord ([1])

$$b^x \log a = \log c, \quad \text{d'où} \quad b^x = \frac{\log c}{\log a};$$

puis,

$$x \log b = \log \frac{\log c}{\log a}, \quad \text{c'est-à-dire} \quad x = \frac{\log \log c - \log \log a}{\log b}.$$

Il faut, pour que l'inconnue x soit réelle, que les nombres c et a soient ensemble plus grands ou plus petits que 1, afin que le logarithme du quotient $\frac{\log c}{\log a}$ soit celui d'un nombre positif.

375. Prenons encore comme exemple l'équation

$$16^x + 16^{1-x} = 10.$$

Posons $16^x = y$; il en résulte (352)

$$16^{1-x} = \frac{16}{16^x} = \frac{16}{y}.$$

L'équation donnée devient donc

$$y + \frac{16}{y} = 10, \quad \text{d'où} \quad y^2 - 10y + 16 = 0.$$

On en déduit

$$y = 5 \pm \sqrt{25 - 16} = 5 \pm 3, \quad \begin{cases} y' = 8, \\ y'' = 2; \end{cases}$$

par suite, l'équation $16^x = y$ donnant

$$x \log 16 = \log y,$$

on a

$$x' = \frac{\log y'}{\log 16} = \frac{\log 8}{\log 16} = \frac{0,9030900}{1,2041200} = 0,75 = \frac{3}{4},$$

$$x'' = \frac{\log y''}{\log 16} = \frac{\log 2}{\log 16} = \frac{0,3010300}{1,2041200} = 0,25 = \frac{1}{4}.$$

Ces valeurs vérifient bien l'équation. On a, en effet,

$$\sqrt[4]{16^3} + \sqrt[4]{16} = \sqrt{\sqrt{16^3 . 16}} + 2 = \sqrt{16 \sqrt{16}} + 2 = \sqrt{64} + 2 = 10.$$

([1]) a^{b^x} n'est pas la même chose que $(a^b)^x$. On a

$$a^{2^3} = a^8 \quad \text{et} \quad (a^2)^3 = a^6.$$

CHAPITRE III.

INTÉRÊTS COMPOSÉS ET ANNUITES.

―――――

Questions relatives aux intérêts composés.

376. Généralement, les intérêts d'un capital prêté constituent une rente constante, payable régulièrement à des époques déterminées, par exemple tous les ans. L'intérêt produit est alors un *intérêt simple* (*Arithm.*, 416). Mais on peut aussi laisser les intérêts annuels s'ajouter au capital dû, pour porter à leur tour intérêt. On dit, dans ce cas, qu'on *capitalise* les intérêts ou qu'on prête à *intérêts composés*.

377. On appelle *taux*, dans les questions d'intérêts composés, l'intérêt rapporté par 1 franc placé pendant un an dans les mêmes conditions. Le taux de l'intérêt composé, qu'on désigne ordinairement par r, est donc le centième du taux de l'intérêt simple. Si le capital est prêté à 5 pour 100, on a

$$r = 0,05.$$

378. Cherchons la *formule générale* relative aux questions d'intérêts composés, c'est-à-dire cherchons le capital A produit par un capital donné C, placé à intérêts composés pendant un nombre exact d'années représenté par n.

Le capital 1 franc, placé à intérêts composés, vaut, à la fin de la première année, $1 + r$. Le capital C vaut donc, à la fin de la même année, $C(1 + r)$. Il y a en effet proportionnalité entre les capitaux et les intérêts simples, et, par suite, entre les capitaux et ces mêmes capitaux augmentés de leurs intérêts.

Pour savoir ce que devient un capital au bout d'une année, il suffit donc de le multiplier par le *facteur constant* $1 + r$.

Le capital $C(1 + r)$ devient, par suite, au bout de la seconde année, $C(1 + r)(1 + r) = C(1 + r)^2$.

De même, au bout d'une troisième année, le capital $C(1 + r)^2$ devient $C(1 + r)^2(1 + r) = C(1 + r)^3 \ldots$

En général, au bout de n années, le capital C, placé à intérêts composés, devient $C(1 + r)^n$, et l'on a la formule fondamentale

$$(1) \qquad\qquad A = C(1 + r)^n.$$

Si l'on prend les logarithmes des deux membres, il vient

$$\log A = \log C + n \log(1 + r).$$

Cette formule logarithmique renferme les quatre quantités A, C, n et r; elle permet donc de trouver l'une quelconque de ces quatre quantités quand on connaît les trois autres, ce qui correspond à quatre problèmes particuliers.

379. La formule (1) suppose n entier. Si n est *fractionnaire*, on peut opérer de deux manières. Nous exposerons d'abord le *premier procédé*, qui est le plus logique et qui conduit pratiquement aux calculs les plus simples.

Ce procédé consiste à adopter une nouvelle convention, qui permette d'étendre la formule générale du numéro précédent à tous les cas.

L'année étant partagée en un certain nombre de périodes égales, k par exemple, supposons que la capitalisation des intérêts s'effectue par $k^{ièmes}$ d'année. On peut admettre alors que le taux x, qui correspond à cette nouvelle capitalisation, soit lié de telle façon avec le taux r, que les résultats obtenus au bout d'une année entière soient les mêmes, c'est-à-dire que la valeur de 1 franc devienne encore $1 + r$.

Or si, au bout de $\frac{1}{k}$ d'année, le capital 1 franc devient $1 + x$, il est $(1 + x)^2$ au bout de $\frac{2}{k}$, $(1 + x)^3$ au bout de $\frac{3}{k}$, $\ldots$, $(1 + x)^k$ au bout de $\frac{k}{k}$ ou d'une année. On doit donc avoir (80)

$$(1 + x)^k = 1 + r \quad \text{ou} \quad (1 + x) = (1 + r)^{\frac{1}{k}}.$$

Ainsi, au bout d'une fraction d'année représentée par $\frac{p}{k}$, le capital 1 franc, placé à intérêts composés, produit un capital

$$(1 + x)^p = (1 + r)^{\frac{p}{k}},$$

et le capital C, placé dans les mêmes conditions, un capital

$$C(1 + x)^p = C(1 + r)^{\frac{p}{k}}.$$

Il en résulte immédiatement que, si le capital C est placé pendant un nombre fractionnaire d'années représenté par $n' = n + \dfrac{p}{k}$, en extrayant les entiers contenus dans n', ce capital, placé d'abord à intérêts composés pendant n années, devient (378)

$$C(1 + r)^n;$$

et ce dernier capital, placé à intérêts composés pendant la fraction d'année $\dfrac{p}{k}$, devient à son tour

$$C(1 + r)^n (1 + r)^{\frac{p}{k}} = C(1 + r)^{n + \frac{p}{k}}.$$

On a donc finalement, pour le capital produit A,

(1 *bis*) $$A = C(1 + r)^{n'},$$

formule identique à la formule (1), mais où n' est fractionnaire.

380. Le *second procédé* consiste à admettre que, si le temps considéré $\left(n' = n + \dfrac{p}{k} \right)$ est fractionnaire, on doit regarder le capital C comme placé à intérêts composés pendant les n premières années, puis le capital produit à intérêts simples pendant la fraction complémentaire $\dfrac{p}{k}$.

Pour obtenir A, il faut donc chercher ce que devient le capital $C(1 + r)^n$, augmenté de ses intérêts simples pendant $\dfrac{p}{k}$ d'année; mais, si l'intérêt simple de 1 franc placé pendant un an est r, on peut admettre que cet intérêt simple est $\dfrac{p}{k} r$ pour la fraction $\dfrac{p}{k}$. Au bout du même temps, 1 franc devient donc $1 + \dfrac{p}{k} r$, et l'on a, par conséquent,

(2) $$A = C(1 + r)^n \left(1 + \dfrac{p}{k} r \right),$$

formule beaucoup moins propre au calcul que la formule (1 *bis*).

Applications de la formule générale.

381. La formule (1) ou (1 *bis*) conduit à la formule logarithmique

$$\log A = \log C + n \log(1 + r),$$

n étant entier ou fractionnaire.

Si C est l'inconnue, on en déduit

$$\log C = \log A - n \log(1 + r).$$

Si l'inconnue est le temps n ou le taux r, on en déduit de même

$$n = \frac{\log A - \log C}{\log(1 + r)} \quad \text{ou} \quad \log(1 + r) = \frac{\log A - \log C}{n}.$$

Il ne se présente donc aucune difficulté particulière.

Nous allons indiquer quelques questions qui dépendent des relations précédentes.

382. I. *Pendant combien d'années faut-il placer un capital à intérêts composés, pour qu'il acquière une valeur p fois plus grande?*

On a, dans cette hypothèse, $A = pC$, de sorte que la valeur de n devient

$$n = \frac{\log p}{\log(1 + r)}.$$

Si l'on suppose, par exemple, $p = 2$ et $r = 0,05$, on trouve $n = 14,207$, ce qui revient à 14 ans 75 jours.

Ainsi, il faut seulement un peu plus de 14 ans pour qu'un capital se trouve *doublé* par l'accumulation des intérêts composés.

383. II. *On place deux sommes C et C′ à intérêts composés, la première au taux r, la seconde au taux r′ : on demande au bout de combien de temps le capital produit par ces deux sommes est le même.*

Soit x le temps cherché. Pour qu'il ait une valeur positive, il faut que la plus petite somme corresponde au taux le plus élevé. On a, par exemple, $C < C'$ et $r > r'$. L'équation du problème est évidemment

$$C(1 + r)^x = C'(1 + r')^x,$$

d'où, en prenant les logarithmes des deux membres,

$$\log C + x \log(1 + r) = \log C' + x \log(1 + r'),$$

c'est-à-dire

$$x = \frac{\log C' - \log C}{\log(1 + r) - \log(1 + r')}.$$

On obtiendrait pour l'inconnue x une valeur *négative*, si l'on avait, par exemple, $C < C'$ en même temps que $r < r'$. Pour interpréter cette valeur négative, remarquons que la formule générale

$$A = C(1 + r)^n$$

donne, pour $n = -q$,

$$A = C(1 + r)^{-q} = \frac{C}{(1 + r)^q} \quad \text{ou} \quad C = A(1 + r)^q.$$

A représente donc alors le capital qui, placé *dans le passé* pendant q années, aurait produit le capital actuel C.

Une valeur négative de x, telle que $-q$, signifie donc, pour le problème proposé, que les deux sommes qu'il faudrait supposer placées pendant q années dans le passé pour produire les valeurs actuelles C et C' sont égales.

384. **III.** *La population d'un État est aujourd'hui de* N *habitants; elle s'accroît tous les ans de* $\frac{1}{k}$ *de sa valeur au commencement de l'année considérée : on demande quel chiffre elle atteindra au bout de n années.*

A la fin de la première année, la population dont il s'agit est devenue

$$N + \frac{N}{k} \quad \text{ou} \quad N\left(1 + \frac{1}{k}\right).$$

La question est donc identique au problème général des intérêts composés : le facteur constant $(1 + r)$ est remplacé par le facteur constant $\left(1 + \frac{1}{k}\right)$. On a donc immédiatement, en désignant par x la valeur de la population au bout de n

années,

$$x = N \left(1 + \frac{1}{k} \right)^n.$$

D'après cela, si l'on considère deux populations N et N' dont les accroissements relatifs soient mesurés par les fractions $\frac{1}{k}$ et $\frac{1}{k'}$, et si l'on demande dans combien d'années elles seront égales, on doit avoir, en représentant ce nombre d'années par y,

$$N \left(1 + \frac{1}{k} \right)^y = N' \left(1 + \frac{1}{k'} \right)^y.$$

En prenant les logarithmes des deux membres, il vient

$$\log N + y \log \left(1 + \frac{1}{k} \right) = \log N' + y \log \left(1 + \frac{1}{k'} \right),$$

d'où

$$y = \frac{\log N' - \log N}{\log \left(1 + \frac{1}{k} \right) - \log \left(1 + \frac{1}{k'} \right)}.$$

Pour que la formule conduise à une valeur positive pour y, il faut qu'on ait, par exemple, $N' > N$ en même temps que $\frac{1}{k} > \frac{1}{k'}$. Une valeur négative de l'inconnue s'interprétera d'ailleurs de la même manière que précédemment (383).

Applications de la seconde formule.

385. La formule (2) du n° 380 devient, lorsqu'on prend les logarithmes des deux membres,

$$\log A = \log C + n \log (1 + r) + \log \left(1 + \frac{p}{k} r \right).$$

Lorsque l'inconnue est A ou C, la formule mise sous cette forme conduit sans peine au résultat. Le calcul est moins simple et donne lieu à quelques remarques nécessaires lorsque l'inconnue est le *temps* ou le *taux*.

387. *Supposons que l'inconnue soit le temps n'*, et rappelons-nous que n est la partie entière du temps fractionnaire $n' = n + \frac{p}{k}$.

On déduit de la formule précédente

$$n = \frac{\log A - \log C}{\log(1+r)} - \frac{\log\left(1 + \frac{p}{k}r\right)}{\log(1+r)}.$$

Si l'on désigne par E la partie entière du quotient $\dfrac{\log A - \log C}{\log(1+r)}$ et par R le reste de cette division, on peut écrire

$$n = E + \frac{R}{\log(1+r)} - \frac{\log\left(1 + \frac{p}{k}r\right)}{\log(1+r)}.$$

Comme $\dfrac{p}{k}$ est une fraction, le troisième terme du second membre est, aussi bien que le deuxième terme, moindre que l'unité. Il en résulte que la partie entière de n est égale à E, c'est-à-dire, puisque n est entier, qu'on a

$$n = E \quad \text{et, par suite,} \quad R = \log\left(1 + \frac{p}{k}r\right).$$

La dernière relation donne, par son logarithme, le nombre $1 + \dfrac{p}{k}r$, qui, étant connu, détermine la fraction $\dfrac{p}{k}$.

Si R $= 0$, il en est de même de cette fraction; $n' = n$, et c'est la formule (1) du n° 378 qui convient.

387. *Supposons que l'inconnue soit le taux r.*

On emploie la méthode par *approximations successives,* que nous allons expliquer sur cet exemple.

La formule logarithmique du n° 385 donne

$$(\alpha) \qquad \log(1+r) = \frac{\log A - \log C}{n} - \frac{\log\left(1 + \frac{p}{k}r\right)}{n};$$

r est généralement compris entre $0,03$ et $0,06$, et $\dfrac{p}{k}$ est une fraction.

La quantité $\left(1 + \dfrac{p}{k}r\right)$ est donc voisine de l'unité, et le terme négatif du second membre de l'équation (α) est, par suite, beaucoup moindre en général que le terme positif qui le précède. Si l'on néglige alors ce terme négatif, on trouve pour r une valeur r_1, *approchée par excès,* et répondant à l'équation

$$\log(1 + r_1) = \frac{\log A - \log C}{n}.$$

Si l'on substitue cette première valeur approchée r_1 dans la formule (α), on obtient une nouvelle valeur r_2, *approchée par défaut,* et répondant à l'équation

$$\log(1 + r_2) = \frac{\log A - \log C}{n} - \frac{\log\left(1 + \frac{p}{k}r_1\right)}{n}.$$

On a ainsi deux valeurs de r, approchées en sens contraires, et l'on peut écrire

$$r_2 < r < r_1;$$

mais, la moyenne arithmétique $\frac{r_1 + r_2}{2}$ étant comprise entre les mêmes limites que r, l'erreur commise en remplaçant r par l'une d'elles est moindre que

$$\frac{r_1 + r_2}{2} - r_2 = \frac{r_1 - r_2}{2} \quad \text{ou que} \quad r_1 - \frac{r_1 + r_2}{2} = \frac{r_1 - r_2}{2},$$

suivant que r tombe entre la première limite et la moyenne des limites ou entre cette moyenne et la seconde limite. L'expression maximum de l'erreur commise reste donc la même dans les deux cas.

En général, l'approximation atteinte à l'aide de ce premier calcul est suffisante. Si elle ne l'est pas, on se servira de r_2 comme on s'est servi de r_1, et l'on aura, en désignant par r_3 et r_4 deux nouvelles valeurs approchées de r, l'une par excès, l'autre par défaut,

$$\log(1 + r_3) = \frac{\log A - \log C}{n} - \frac{\log\left(1 + \frac{p}{k}r_2\right)}{n},$$

$$\log(1 + r_4) = \frac{\log A - \log C}{n} - \frac{\log\left(1 + \frac{p}{k}r_3\right)}{n},$$

de sorte qu'on prendra pour valeur de r la demi-somme $\frac{r_3 + r_4}{2}$, avec une approximation marquée par la demi-différence $\frac{r_3 - r_4}{2}$.

On voit immédiatement que l'on a $r_3 < r_1$ et $r_4 > r_2$; par conséquent, si l'on continue le calcul, on obtient deux séries de nombres

$$r_1 > r_3 > r_5 \ldots > r,$$
$$r_2 < r_4 < r_6 \ldots < r,$$

la première indéfiniment décroissante, la seconde indéfiniment croissante, et dont la limite commune est r.

Généralisation des formules précédentes.

389. Nous avons exprimé jusqu'à présent le temps en prenant pour unité l'année, de sorte que les périodes considérées ont été des années ou des fractions d'année.

Il est clair que, si l'on change l'unité de temps, les mêmes formules subsistent, à la condition de rapporter les mêmes lettres non plus aux années, mais aux nouvelles périodes adoptées.

Supposons, par exemple, qu'on capitalise par semestres au lieu de capitaliser par années; on a les mêmes formules (378, 379, 380)

$$A = C(1 + r)^n \quad \text{ou} \quad A = C(1 + r)^n \left(1 + \frac{p}{k} r\right),$$

dans lesquelles n représente un nombre entier (ou fractionnaire) de semestres, $\frac{p}{k}$ la fraction complémentaire de semestre, r l'intérêt rapporté par 1 franc en 6 mois.

D'après cela, si l'on veut comparer le capital A produit par une somme C placée à intérêts composés pendant n années au capital A′ produit par cette même somme, placée à intérêts composés pendant $2n$ semestres, on a, en appliquant la première formule,

$$A = C(1 + r)^n \quad \text{et} \quad A' = C\left(1 + \frac{r}{2}\right)^{2n}.$$

Nous admettons que l'intérêt semestriel de 1 franc est la moitié de son intérêt annuel.

La valeur de A′ pouvant s'écrire

$$A' = C\left[\left(1 + \frac{r}{2}\right)^2\right]^n = C\left(1 + r + \frac{r^2}{4}\right)^n,$$

il vient

$$\frac{A'}{A} = \left(\frac{1 + r + \dfrac{r^2}{4}}{1 + r}\right)^n.$$

Le capital A′ est donc supérieur au capital A.

Questions relatives aux annuités.

389. Première question. — *Formation d'un capital par annuités.*

On place tous les ans, pendant n années, une somme a à intérêts composés, et il s'agit de calculer le capital total produit par ces placements successifs.

Il y a deux cas à distinguer : la première somme a ou la première *annuité* peut être placée au commencement *ou* à la fin de la première année.

390. *Premier cas.*

La première annuité reste placée à intérêts composés pendant n années ; elle représente donc, à la fin de la $n^{\text{ième}}$ année (378), un capital égal à

$a(1+r)^n$. La deuxième annuité reste placée pendant $(n-1)$ années, et représente de même, à la fin de la $n^{ième}$ année, un capital égal à $a(1+r)^{n-1}$.... La dernière annuité reste placée une année à intérêts composés, et représente, à la fin de cette année, un capital égal à $a(1+r)$. Si l'on désigne par A le capital formé, on a donc, d'une manière générale,

$$A = a(1+r)^n + a(1+r)^{n-1} + a(1+r)^{n-2} + \ldots + a(1+r),$$

c'est-à-dire, en mettant $a(1+r)$ en facteur commun dans le second membre et en se rappelant (54) l'expression du quotient $\dfrac{(1+r)^n - 1}{(1+r) - 1}$,

$$A = a(1+r)\left[(1+r)^{n-1} + (1+r)^{n-2} + (1+r)^{n-3} + \ldots + 1\right]$$
$$= a(1+r)\frac{(1+r)^n - 1}{(1+r) - 1} = \frac{a(1+r)\left[(1+r)^n - 1\right]}{r}.$$

Cette formule n'est pas calculable par logarithmes. On pose alors à part

$$(1+r)^n = b, \quad \text{d'où} \quad \log b = n \log(1+r)$$

et, par suite,

$$A = \frac{a(1+r)(b-1)}{r},$$

formule directement calculable à l'aide des Tables.

391. *Deuxième cas.*

Ce second cas est celui qui se présente ordinairement dans la pratique.

Les annuités étant alors placées successivement à la fin de chacune des années considérées, la première annuité reste placée à intérêts composés pendant $(n-1)$ années, la deuxième pendant $(n-2)$ années, la troisième pendant $(n-3)$ années, ...; la dernière, placée ou donnée à la fin de la $n^{ième}$ année, ne porte aucun intérêt. On a donc ici, pour le capital formé A, et en employant les mêmes transformations,

$$A = a(1+r)^{n-1} + a(1+r)^{n-2} + a(1+r)^{n-3} + \ldots + a$$
$$= a\left[(1+r)^{n-1} + (1+r)^{n-2} + (1+r)^{n-3} + \ldots + 1\right],$$

c'est-à-dire

$$(1) \qquad A = a\frac{(1+r)^n - 1}{(1+r) - 1} = \frac{a\left[(1+r)^n - 1\right]}{r}.$$

On rend, comme précédemment, cette formule calculable par logarithmes en posant

$$(1+r)^n = b,$$

d'où
$$\log b = n \log(1 + r)$$

et, par suite,
$$A = \frac{a(b-1)}{r}.$$

392. La formule (1), renfermant quatre quantités A, a, n, r, donne lieu à quatre problèmes.

Si l'inconnue est A, on se sert directement de la formule comme on vient de l'indiquer. *Si l'inconnue est* a, on en déduit

$(1\ bis)$
$$a = \frac{Ar}{(1+r)^n - 1} = \frac{Ar}{b-1},$$

relation qui fait connaître *la valeur de l'annuité a qu'on doit placer à intérêts composés à la fin de chaque année, pendant n années, pour former un capital* A.

393. *Si n est l'inconnue*, on écrit la formule (1) (391) de la manière suivante :
$$(1 + r)^n = 1 + \frac{Ar}{a};$$

d'où, en prenant les logarithmes des deux membres,
$$n = \frac{\log\left(1 + \frac{Ar}{a}\right)}{\log(1 + r)}.$$

Si l'on trouve pour n une valeur entière, le problème est résolu. Si l'on trouve pour n une valeur fractionnaire, comprise entre les entiers p et $p+1$, on a
$$p < \frac{\log\left(1 + \frac{Ar}{a}\right)}{\log(1 + r)} < p + 1,$$

c'est-à-dire, en chassant le dénominateur $\log(1 + r)$ et en remontant aux nombres,
$$(1 + r)^p < 1 + \frac{Ar}{a} < (1 + r)^{p+1},$$

et, par suite,
$$\frac{a\left[(1 + r)^p - 1\right]}{r} < A < \frac{a\left[(1 + r)^{p+1} - 1\right]}{r}.$$

Il faut donc placer un nombre d'annuités supérieur à p pour que le capital A soit formé, et ce nombre d'annuités est en même temps inférieur à $(p+1)$. On voit par là dans quelles conditions il faut modifier les données, si l'on veut n'avoir à considérer qu'un nombre entier d'années. On peut aussi faire une convention spéciale pour produire, par intérêts simples, par exemple, la différence qui existe entre A et le capital correspondant aux p premières annuités a.

394. *Si r est l'inconnue,* on a à résoudre une équation du $n^{\text{ième}}$ degré. Pour éviter cette difficulté, on écrit la formule (1) (**391**) de la manière suivante :

$$\frac{A}{a} = \frac{(1+r)^n - 1}{r}.$$

Il est clair que le capital A, formé à l'aide d'une annuité donnée et le taux r, varient dans le même sens. Par conséquent, si l'on substitue dans le second membre de la relation précédente une valeur quelconque à la place de r, cette valeur sera approchée *par excès* ou *par défaut*, suivant qu'elle rendra ce second membre *supérieur* ou *inférieur* au quotient $\frac{A}{a}$. On pourra donc parvenir, par des essais successifs, à trouver deux nombres comprenant entre eux le taux inconnu r, et tels que leur demi-différence ne dépasse pas l'approximation demandée. En se reportant au n° 387, on prendra alors leur demi-somme pour valeur de r.

395. Deuxième question. — *Remboursement d'une dette par annuités.*

Si l'on veut exécuter un travail utile qui exige un capital considérable, on emprunte ce capital pour un temps donné, et l'on convient de le rembourser au bout de ce temps en tenant compte des intérêts composés. On peut alors, au lieu de liquider intégralement la dette à l'époque indiquée, s'acquitter d'avance en payant, à la fin de chaque année, une même somme ou annuité. Les profits du travail exécuté doivent permettre de servir l'annuité convenue, et la nécessité de la servir impose l'ordre et l'économie. Il faut d'ailleurs que cette annuité soit calculée de telle sorte, que les deux manières d'opérer le remboursement soient identiques.

Cherchons la formule générale qui donne la valeur a de l'annuité nécessaire pour éteindre dans ces conditions une dette C, consentie pour n années, au taux r.

On peut parvenir à cette formule de deux manières.

Première méthode. — La dette exigible au bout des n années a pour expression (378)

$$C(1 + r)^n;$$

mais, en payant tous les ans, à la fin de chacune des n années, l'annuité a, on forme un capital ayant pour valeur (391)

$$\frac{a[(1 + r)^n - 1]}{r}.$$

On doit donc avoir identiquement

$$C(1 + r)^n = \frac{a[(1 + r)^n - 1]}{r},$$

d'où

(2) $$a = \frac{Cr(1 + r)^n}{(1 + r)^n - 1}.$$

Deuxième méthode. — On peut regarder l'annuité a comme composée de deux parties, l'une représentant les intérêts simples annuels du capital prêté C, l'autre représentant la fraction de l'annuité appliquée à l'extinction de la dette ou à l'*amortissement* de ce capital.

La première partie est Cr.

La seconde partie peut être considérée comme une annuité spéciale, qui, placée pendant n années, reconstituerait le capital C; elle est donc égale à

$$\frac{Cr}{(1 + r)^n - 1},$$

d'après la formule (1 *bis*) du n° 392. On a donc finalement

(2) $$a = Cr + \frac{Cr}{(1 + r)^n - 1} = \frac{Cr(1 + r)^n}{(1 + r)^n - 1},$$

comme ci-dessus.

396. On rend la formule (2) calculable par logarithmes en

42.

posant encore

$$(1 + r)^n = b, \quad \text{d'où} \quad \log b = n \log(1 + r)$$

et

$$a = \frac{C r b}{b - 1}.$$

Pour $n = \infty$, on a

$$(1 + r)^n = \infty \ (336) \quad \text{ou} \quad b = \infty.$$

Il en résulte donc (119)

$$a = C r.$$

Ainsi, dans l'hypothèse où l'annuité se réduit à l'intérêt simple du capital prêté, comme il ne reste plus rien pour amortir la dette, cet intérêt simple doit être payé indéfiniment. C'est le cas des *rentes perpétuelles*, constituées en général par les *emprunts d'État*. L'État s'engage, en effet, à servir perpétuellement l'intérêt simple ou la rente du capital qu'on lui a prêté, sans s'astreindre à rembourser ce capital à aucune époque.

397. La formule (2) (395), renfermant quatre quantités a, C, n, r, donne encore lieu à quatre problèmes.

Si l'inconnue est a, on se sert directement de la formule, comme on vient de l'indiquer.

Si l'inconnue est C, on en déduit

$$(2 \ bis) \qquad C = \frac{a[(1 + r)^n - 1]}{r(1 + r)^n},$$

relation qui fait connaître la *valeur du capital* C *qu'on peut emprunter à intérêts composés pendant n années, d'après l'annuité a dont on peut disposer et le taux r*.

398. *Si n est l'inconnue,* on écrit la formule (2) (395) de la manière suivante :

$$(1 + r)^n (a - C r) = a \quad \text{ou} \quad (1 + r)^n = \frac{a}{a - C r}.$$

Il vient alors, en prenant les logarithmes des deux membres,

$$n = \frac{\log a - \log(a - C r)}{\log(1 + r)}.$$

Si l'on trouve pour n une valeur entière, le problème est résolu. Si l'on trouve pour n une valeur fractionnaire, comprise entre les deux entiers p et $(p+1)$, ce résultat signifie que, pour que la dette soit amortie, il faut plus de p années et moins de $(p+1)$ années. C'est ce dont on s'assure facilement en suivant la même marche qu'au n° 393. On peut donc s'engager à payer p annuités a, puis faire une convention spéciale pour acquitter le complément de la dette égal (391) à

$$C(1+r)^n - \frac{a[(1+r)^p - 1]}{r}.$$

La valeur précédente de n devient infinie pour $a = Cr$ (350). On retrouve ainsi le cas des rentes perpétuelles (396).

399. *Si r est l'inconnue*, il faut, pour éviter la résolution d'une équation du $(n+1)^{ieme}$ degré, opérer encore par *approximations successives* (387, 394).

On met l'équation (2) (395) sous la forme

$$\frac{a}{C} = \frac{r(1+r)^n}{(1+r)^n - 1}.$$

Il est clair que, si le taux augmente ou diminue, il en est de même de l'annuité nécessaire pour amortir une dette déterminée; par conséquent, si l'on substitue dans le second membre de la relation précédente une valeur quelconque à la place de r, cette valeur sera approchée *par excès* ou *par défaut*, suivant qu'elle rendra ce second membre *supérieur* ou *inférieur* au quotient $\frac{a}{C}$. On peut donc parvenir, par des substitutions successives, comme on l'a indiqué précédemment (394), à une valeur de r suffisamment approchée.

Puisqu'on doit toujours avoir $a > Cr$ (395), on a aussi $r < \frac{a}{C}$. On peut donc adopter le quotient $\frac{a}{C}$ comme limite supérieure des valeurs à essayer pour r.

Généralisation des formules précédentes.

400. On peut convenir, dans certains cas, de payer tous les six mois la somme $\frac{a}{2}$ au lieu de payer tous les ans l'annuité a, et de capitaliser alors les intérêts par semestres. En désignant par r' l'intérêt semestriel de 1 franc, le capital produit de cette manière, après un nombre de semestres égal à n', a évidemment pour expression (391)

$$A' = \frac{a}{2} \cdot \frac{(1+r')^{n'} - 1}{r'} \quad \text{au lieu de} \quad A = a \frac{(1+r)^n - 1}{r}.$$

Si l'on veut comparer les deux résultats, il faut supposer $n' = 2n$ et $r' = \frac{r}{2}$, de sorte qu'on a

$$A' = a \frac{\left(1 + \frac{r}{2}\right)^{2n} - 1}{r} = a \frac{\left(1 + r + \frac{r^2}{4}\right)^n - 1}{r},$$

résultat plus grand que A (350).

401. On peut vouloir amortir une dette en se plaçant dans les conditions qu'on vient d'indiquer. On a alors, en adoptant les mêmes notations et en représentant par a' la somme à payer tous les six mois (395),

$$C(1+r')^{n'} = a' \frac{(1+r')^{n'} - 1}{r'},$$

d'où

$$a' = \frac{C r' (1+r')^{n'}}{(1+r')^{n'} - 1} \quad \text{au lieu de} \quad a = \frac{C r (1+r)^n}{(1+r)^n - 1}.$$

Pour comparer les deux formules, il faut supposer encore $n' = 2n$ et $r' = \frac{r}{2}$. Il vient

$$a' = \frac{C \frac{r}{2} \left(1 + \frac{r}{2}\right)^{2n}}{\left(1 + \frac{r}{2}\right)^{2n} - 1} = \frac{1}{2} \cdot \frac{C r}{1 - \dfrac{1}{\left(1 + r + \frac{r^2}{4}\right)^n}},$$

quantité moindre que

$$\frac{a}{2} = \frac{1}{2} \cdot \frac{C r}{1 - \dfrac{1}{(1+r)^n}},$$

comme cela doit être (400).

Amortissement.

402. Les questions d'*amortissement* rentrent dans les questions d'annuités.

L'État, comme nous l'avons déjà dit (396), fonde ses emprunts sur le système des *rentes perpétuelles*; mais il conserve la faculté de *racheter* ces mêmes rentes qu'il vient d'aliéner à tout jamais.

Pour arriver à l'extinction ou, au moins, à la diminution progressive de la *Dette publique,* on constitue une caisse particulière, appelée *Caisse d'amortissement.* La somme affectée chaque année au service de la Caisse forme ce qu'on appelle sa *dotation.* Cette Caisse a commencé à fonctionner à l'aide d'une somme de 40 millions, produite par la vente d'une partie des forêts de l'État.

La dotation annuelle de la Caisse est, le plus souvent, le centième du capital nominal de la dette.

Les fonds ainsi réservés à l'amortissement servent à racheter chaque année des rentes qui viennent, par leurs intérêts composés, augmenter les ressources de la Caisse. Quand l'État est parvenu ainsi à racheter ou à supprimer toutes les rentes qu'il a à payer par suite de ses emprunts successifs, la dette publique se trouve *éteinte* ou *amortie.*

Rien de plus sage, rien de plus nécessaire au crédit d'une nation, à sa véritable puissance, qu'un bon système d'amortissement sévèrement poursuivi.

403. Le *taux d'amortissement* est le rapport du capital qui y est affecté au capital emprunté ou, en d'autres termes, le fonds d'amortissement pour 1 franc.

On peut demander, connaissant le taux d'amortissement, combien d'années exigera l'extinction de la dette.

Il faut remarquer avec soin que l'État, continuant toujours de servir les intérêts de cette dette, ne doit en réalité que le capital primitivement emprunté. Si l'on désigne ce capital par A, si a est la dotation annuelle de la caisse, r l'intérêt annuel de 1 franc et n le nombre d'années cherché, on a donc (391)

$$(1) \qquad A = a \frac{(1+r)^n - 1}{r}, \quad \text{d'où} \quad (1+r)^n = 1 + \frac{A}{a} r.$$

Si l'on représente alors le taux d'amortissement $\frac{a}{A}$ par t et si l'on prend les logarithmes, on obtient la formule générale

$$(2) \qquad n = \frac{\log\left(1 + \dfrac{r}{t}\right)}{\log(1 + r)}.$$

On voit que n ne dépend pas de A, mais seulement de r et de t.

Admettons, par exemple, qu'on ait $r = 0,045$, ce qui répond au taux de $4,5$ pour 100, et $t = 0,01$. Il vient

$$\frac{r}{t} = \frac{0,045}{0,01} = 4,5$$

et, par suite,

$$n = \frac{\log 5,5}{\log 1,045} = \frac{0,7403627}{0,0191163} = 38,72.$$

Ainsi, dans ces conditions, une dette quelconque, si lourde qu'on veuille la supposer, sera complétement éteinte en 39 ans.

On peut facilement calculer dans combien de temps la dette sera réduite au quart, au tiers, à la moitié,... de sa valeur primitive. Il suffit de remplacer, dans la formule (1), A par $\frac{A}{4}$, $\frac{A}{3}$, $\frac{A}{2}$, ...

Crédit foncier.

404. La société de *Crédit foncier* a été fondée en France pour venir en aide aux propriétaires fonciers et leur permettre d'améliorer leurs terres ou leurs immeubles, sans être obligés d'avoir recours à des emprunts onéreux et dangereux.

A cet effet, elle prête sur première hypothèque, pour un laps de temps qui peut s'étendre de vingt à cinquante ans, et le remboursement s'opère par voie d'amortissement.

Le créancier s'acquitte donc par payements semestriels, qui doivent comprendre :

1° L'intérêt à $4^{fr},25$ pour 100 par an du capital emprunté ;

2° La somme nécessaire à l'amortissement de ce capital, en supposant les intérêts capitalisés tous les six mois ;

3° Des frais d'administration, évalués à $0^{fr},60$ par 100 francs.

En faisant l'addition de ces trois parties, relativement à un prêt de 100 francs, on convient de compléter les centimes.

La somme annuelle nécessaire à l'amortissement est alors donnée par la formule (400)

$$a = \frac{A r}{\left(1 + \frac{r}{2}\right)^{2n} - 1};$$

où $2n$ représente le nombre des semestres.

Pour $r = 0,0425$, A $= 100$, $n = 50$, on a

$$a = \frac{4,25}{(1,02125)^{100} - 1} = 0,591214.$$

En additionnant ce résultat avec les deux autres nombres 4,25 et 0,60, on trouve 5,441214, c'est-à-dire 5^{fr},45.

Telle est l'annuité à payer pour un prêt de 100 francs, remboursable en 50 ans, soit par semestre 2^{fr},725.

Pour un prêt de 100000 francs, dans les mêmes conditions, on doit donc verser par semestre mille fois plus ou 2725 francs.

Le Crédit foncier présente encore d'autres combinaisons, qu'on peut étudier dans les ouvrages spéciaux, consacrés aux questions financières; nous avons voulu seulement indiquer le principe.

CHAPITRE IV.

FORMULE DU BINOME ([1]).

Définitions.

405. Le développement d'une puissance quelconque, entière et positive, d'un binôme $(x + a)$ est l'une des formules les plus importantes et les plus usuelles de l'Analyse. Sa démonstration est fondée sur la théorie des combinaisons que nous commencerons par établir, et qui intervient d'ailleurs dans un grand nombre de questions.

406. Considérons m objets quelconques. Si l'on groupe entre eux, de toutes les manières possibles, n quelconques de ces m objets, *en ne tenant compte que de l'ordre des objets*, on forme ce qu'on appelle les *arrangements* de ces m objets *pris n à n*. Deux arrangements doivent différer au moins par l'ordre des objets qui les composent.

Si, parmi les arrangements obtenus, on ne conserve que ceux *qui diffèrent au moins par un objet*, ces arrangements particuliers forment ce qu'on appelle les *combinaisons des m objets pris n à n*.

([1]) Nous reviendrons avec plus de détails sur cette formule dans la Section consacrée à l'Algèbre supérieure (*voir* t. III). Mais il nous a paru indispensable de l'exposer dès à présent, en nous plaçant surtout au point de vue si bien indiqué par ces paroles de Poinsot (*Réflexions sur la théorie des nombres*) : « Il y a une Algèbre supérieure qui repose tout entière sur la théorie de l'ordre et des combinaisons, qui s'occupe de la nature et de la composition des formules considérées en elles-mêmes, comme de purs symboles, et sans aucune idée de valeur ou de quantité... ; c'est même cette seule partie élevée de la Science, qui mérite, à proprement parler, le nom d'*Algèbre*. » Cette idée d'ordre et de combinaison est à la fois trop délicate et trop essentielle pour qu'on ne doive pas chercher à familiariser le lecteur avec elle aussitôt que possible.

On donne quelquefois aux combinaisons le nom de *produits différents*.

Arrangements.

407. Cherchons la formule qui fait connaître le *nombre* des arrangements de m objets pris n à n. Nous indiquerons ce nombre par la notation A_m^n, l'indice marquant le nombre total des objets considérés, et l'exposant le nombre de ceux qui doivent entrer dans chaque arrangement.

Pour fixer les idées, supposons que les objets qu'on veut grouper soient représentés par les lettres de l'alphabet a, b, c, $d, \ldots, h$, k, l.

Si l'on a m lettres et qu'on veuille les arranger *une à une*, le nombre des arrangements est évidemment égal à m. On a donc

$$A_m^1 = m.$$

Pour former les arrangements *deux à deux*, on écrit successivement, après chaque lettre a, b, $c, \ldots$, les $(m-1)$ autres lettres. On a ainsi

$$
\begin{array}{llll}
ab, & ba, & ca, \ldots, & la, \\
ac, & bc, & cb, \ldots, & lb, \\
ad, & bd, & cd, \ldots, & lc, \\
\ldots & \ldots & \ldots & \ldots \\
al, & bl, & cl, \ldots, & lk.
\end{array}
$$

Aucun arrangement 2 à 2 n'a été omis, aucun n'a été répété. Aucun arrangement n'a été omis, car l'ordre suivi épuise toutes les dispositions possibles, soit relativement aux lettres employées, soit relativement aux places qu'elles occupent. Aucun arrangement n'a été répété, car les arrangements qui sont dans une même colonne verticale diffèrent par la lettre qui les termine, et ceux qui ne sont pas dans une même colonne diffèrent par la lettre qui les commence. On a formé m colonnes, puisqu'il y a m lettres; chacune contient $(m-1)$ arrangements. En désignant par A_m^2 le nombre des arrangements 2 à 2, on a donc

$$A_m^2 = m(m-1).$$

Pour avoir les arrangements *trois à trois*, on écrit de même successivement, après chaque arrangement 2 à 2, les $(m-2)$

lettres qui n'entrent pas dans l'arrangement considéré. On a ainsi

$$abc, \quad acb, \quad adb,.. , \quad dab,..., \quad lab,...,$$
$$abd, \quad acd, \quad adc,.. , \quad dac,..., \quad lac, ...$$
$$abe, \quad ace, \quad ade,..., \quad dae,.. , \quad lad,...,$$
$$..$$
$$abl, \quad acl, \quad adl,..., \quad dal,..., \quad lak,....$$

Aucun arrangement 3 à 3 n'a été omis, l'ordre suivi épuisant toutes les dispositions possibles; aucun n'a été répété, puisque les arrangements d'une même colonne verticale diffèrent par la lettre qui les termine, tandis que ceux qui n'appartiennent pas à la même colonne diffèrent au moins par l'ordre des deux premières lettres. On a formé $m(m-1)$ colonnes, puisqu'il y a $m(m-1)$ arrangements 2 à 2; chacune contient $(m-2)$ arrangements. En désignant par A_m^3 le nombre des arrangements 3 à 3, on a donc

$$A_m^3 = m(m-1)(m-2).$$

La loi est évidente; mais nous allons démontrer directement la formule générale sans avoir recours à l'induction. Soit A_m^{n-1} le nombre des arrangements $(n-1)$ à $(n-1)$. Pour avoir les arrangements n à n, il faut écrire successivement, après chaque arrangement $(n-1)$ à $(n-1)$, les $m-(n-1)$ ou les $(m-n+1)$ lettres qui n'y entrent pas. Tous les arrangements n à n sont ainsi obtenus, car on peut former un arrangement n à n quelconque, en plaçant la $n^{ième}$ lettre considérée à la suite de l'arrangement formé par les $(n-1)$ autres lettres. Tous les arrangements obtenus sont distincts; car ils diffèrent par la dernière lettre s'ils correspondent à un même arrangement $(n-1)$ à $(n-1)$, et, si la lettre qui les termine est la même, ils diffèrent au moins par l'ordre de leurs $(n-1)$ premières lettres, puisqu'ils proviennent de deux arrangements $(n-1)$ à $(n-1)$ différents. Chaque arrangement $(n-1)$ à $(n-1)$ donnant lieu à $(m-n+1)$ arrangements n à n, on a la formule générale

$$A_m^n = A_m^{n-1}(m-n+1).$$

Supposons successivement dans cette formule $n = 2$, $n = 3$,

$n = 4, \ldots, n = n$, il vient

$$A_m^2 = A_m^1 (m - 1),$$
$$A_m^3 = A_m^2 (m - 2),$$
$$A_m^4 = A_m^3 (m - 3),$$
$$\ldots \ldots \ldots \ldots \ldots$$
$$A_m^n = A_m^{n-1} (m - n + 1).$$

Si l'on multiplie toutes ces égalités membre à membre et si l'on remarque que le premier membre de chaque égalité est égal au premier facteur du second membre de l'égalité suivante, on a, en opérant les réductions et en remplaçant A_m^1 par sa valeur m,

$$A_m^n = m (m - 1) (m - 2) (m - 3) \ldots (m - n + 1).$$

Cette formule, qui *donne le nombre des arrangements n à n de m objets quelconques*, est composée de n facteurs : le premier facteur est m, les autres facteurs diminuent successivement d'une unité jusqu'au $n^{ième}$ qui est $(m - n + 1)$.

Permutations.

408. Si l'on fait $n = m$ dans la formule précédente, on a le nombre des arrangements de m objets pris m à m. Ces arrangements, où entrent tous les objets donnés, ont reçu le nom de *permutations*. Si l'on désigne leur nombre par P_m et si l'on renverse l'ordre des facteurs du second membre, on a évidemment

$$P_m = 1.2.3.4.5 \ldots m.$$

Les facteurs du second membre forment la suite naturelle des nombres entiers, depuis 1 jusqu'à m.

Combinaisons.

409. Supposons qu'on ait formé les combinaisons n à n de m objets, c'est-à-dire les arrangements n à n de ces m objets, qui diffèrent au moins par l'un des objets qui y entrent (406). En prenant toutes ces combinaisons, dont nous désignerons le nombre par C_m^n, et en effectuant les permutations des n objets qui composent chacune d'elles, on obtient tous les arrangements n à n des m objets donnés.

En effet, chaque permutation donne un arrangement n à n. Aucun arrangement n'est omis, car chaque combinaison correspond à un certain arrangement, en laissant de côté l'ordre des objets qui y entrent; et, en effectuant toutes les permutations de ces objets, on doit trouver l'arrangement particulier qu'on a en vue. Aucun arrangement n'est répété; car ceux qui proviennent d'une même combinaison diffèrent par l'ordre des objets, et ceux qui ne proviennent pas d'une même combinaison diffèrent au moins par l'un des objets qui les composent.

Chaque combinaison contenant n lettres donne lieu à un nombre P_n de permutations, qui est égal (408) à $1.2.3\ldots n$. On a d'ailleurs, d'après ce qu'on vient d'établir,

$$A_{n}^{n} = C_{n}^{n} \times P_n.$$

On en déduit (407)

$$C_m^v = \frac{A_m^n}{P_n} = \frac{m(m-1)(m-2)(m-3)\ldots(m-n+1)}{1\ldots 2\ldots\ldots 3\ldots\ldots 4\ldots\ldots\ldots n}.$$

Cette formule générale renferme n facteurs entiers au numérateur et n au dénominateur. Les premiers vont en décroissant depuis m jusqu'à $(m-n+1)$, les seconds vont en croissant depuis 1 jusqu'à n.

Le nombre des combinaisons possibles étant nécessairement entier, la formule démontre ce théorème :

Le produit de n nombres entiers consécutifs quelconques est toujours divisible par le produit des n premiers nombres entiers.

410. On peut donner à la formule des combinaisons une autre expression qui est souvent plus commode. Complétons les facteurs du numérateur jusqu'à 1, en multipliant les deux termes de la fraction du second membre par $1.2.3\ldots(m-n)$. Il vient, en renversant l'ordre au numérateur,

$$C_m^n = \frac{1.2.3.4\ldots\ldots(m-2)(m-1)m}{1.2.3.4\ldots n \times 1.2.3.4\ldots\ldots(m-n)}.$$

Le numérateur contient alors m facteurs qui sont les nombres entiers de 1 à m; le dénominateur en contient aussi m qui sont les nombres entiers de 1 à n et de 1 à $(m-n)$.

Cette nouvelle forme démontre le théorème suivant :

Le produit des m premiers nombres entiers est toujours divisible par le produit des n premiers nombres entiers multiplié par celui des (m — n) premiers nombres entiers, quel que soit n, pourvu qu'il soit moindre que m.

411. *Le nombre des combinaisons de m objets pris n à n est égal au nombre des combinaisons de m objets pris (m — n) à (m — n).*

En effet, quand on a formé une combinaison n à n, les (m — n) objets restants forment une combinaison (m — n) à (m — n). Les deux nombres de combinaisons sont donc identiques.

La formule, sous la dernière forme indiquée (410) le prouve aussi immédiatement; car si l'on y change n en (m — n), on a

$$C_m^{m-n} = \frac{1.2.3.4\dots \dots \dots \dots m}{1.2.3\dots(m-n)\times 1.2.3\dots n}.$$

Il n'y a pas d'autre changement, si l'on compare l'expression de C_m^{m-n} à celle de C_m^n, que le renversement des deux produits 1.2.3...n et 1.2.3...(m — n) au dénominateur.

Ainsi, le nombre des combinaisons de 12 objets pris 5 à 5 est égal au nombre des combinaisons de 12 objets pris 7 à 7, parce que 5 + 7 = 12.

D'une manière générale, les deux exposants n et (m — n) sont *complémentaires* par rapport à l'indice commun m.

412. *On peut demander, parmi les combinaisons n à n de m objets, combien il y en a qui contiennent p objets déterminés.* En ôtant ces p objets, il en reste (m — p). Si l'on forme les combinaisons (n — p) à (n — p) de ces (m — p) objets, et si l'on range à la droite de chacune d'elles les p objets laissés de côté, on a évidemment toutes les combinaisons n à n qui contiennent ces p objets. Le nombre demandé est donc C_{m-p}^{n-p}.

Si l'on demande, au contraire, parmi les combinaisons n à n de m objets, combien il y en a qui ne contiennent aucun objet choisi parmi p objets déterminés, on voit qu'en mettant à part ces p objets, il en reste (m — p). Le nombre de combinaisons demandé est donc celui de (m — p) objets pris n à n ou C_{m-p}^n.

Enfin, si l'on veut savoir, parmi les combinaisons n à n de m objets, combien il y en a qui contiennent au moins un objet choisi parmi p objets déterminés, on commence par former le nombre C_{m-p}^n des combinaisons qui ne contiennent aucun des p objets désignés, et on le retranche du nombre C_m^n des combinaisons considérées.

413. *Le nombre des combinaisons de m objets pris n à n est égal à la somme des nombres de combinaisons de $(m-1)$ objets pris n à n et $(n-1)$ à $(n-1)$.*

C'est ce qui résulte immédiatement des deux premiers alinéas du numéro précédent, lorsqu'on y suppose $p = 1$; car on peut partager les combinaisons de *m* objets pris *n* à *n* en deux groupes : l'un composé des combinaisons qui renferment un certain objet désigné, l'autre composé de celles qui ne contiennent pas cet objet. On a ainsi la formule remarquable

$$C_m^n = C_{m-1}^{n-1} + C_{m-1}^n.$$

Probabilité.

414. *La* probabilité *d'un événement est le rapport du nombre des cas favorables ou des cas désignés au nombre des cas possibles, lorsqu'ils sont tous également possibles.*

Si une urne renferme 20 boules, 12 blanches et 8 noires, la probabilité, pour la sortie d'une boule blanche, est représentée par $\frac{12}{20}$ ou $\frac{3}{5}$ et, pour la sortie d'une boule noire, par $\frac{8}{20}$ ou $\frac{2}{5}$, c'est-à-dire que, sur 5 boules successives, il est *probable* que l'on en retirera 3 blanches et 2 noires.

La roue de la *Loterie* pouvait amener 90 numéros, sur lesquels il en sortait 5 au hasard. Prendre un extrait, c'était désigner un numéro qui devait se trouver parmi les 5 sortants pour qu'on eût gagné. Le nombre des cas possibles était égal au nombre des combinaisons de 90 objets pris 5 à 5, c'est-à-dire (409) à

$$\frac{90.89.88.87.86}{1.2.3.4.5}.$$

Le nombre des cas favorables était celui des combinaisons de 90 objets pris 5 à 5, qui contiennent un objet déterminé (412), c'est-à-dire celui des combinaisons de 89 objets pris 4 à 4 ou

$$\frac{89.88.87.86}{1.2.3.4}.$$

La probabilité de gagner l'extrait était donc égale au quotient des deux expressions précédentes ou à $\dfrac{5}{90} = \dfrac{1}{18}$. Sur 18 cas possibles, il y en avait donc 1 favorable à la personne qui prenait l'extrait, et 17 à la loterie. On pariait 1 contre 17. Lorsqu'on gagnait l'extrait, la loterie payait 15 fois la mise.

Lorsqu'on désignait *deux, trois, quatre, cinq* numéros, on prenait un *ambe*, un *terne*, un *quaterne* ou un *quine*. En raisonnant, comme pour l'extrait, on trouve :

Pour la probabilité favorable à la sortie d'un ambe donné, $\dfrac{2}{801}$: la loterie payait 270 fois la mise ;

Pour la probabilité favorable à la sortie d'un terne donné, $\dfrac{1}{11748}$: la loterie payait 5500 fois la mise ;

Pour la probabilité favorable à la sortie d'un quaterne donné, $\dfrac{1}{511038}$: la loterie ne payait que 75000 fois la mise ;

Pour la probabilité favorable à la sortie d'un quine donné, $\dfrac{1}{43949268}$: la loterie avait supprimé le quine.

Nous reviendrons plus tard (*Algèbre supérieure*) sur la théorie des *probabilités* ou des *chances*.

Formule du binôme.

415. Nous avons vu (29) que le produit de n polynômes s'obtient en formant *tous les produits n à n* des termes des polynômes proposés, c'est-à-dire que, dans chaque terme du produit, il doit entrer comme facteurs un terme du premier polynôme, un terme du deuxième, un terme du troisième,..., un terme du $n^{ième}$.

Appliquons cette règle à la formation du produit des m binômes

$$(x + a)(x + b)(x + c)\ldots(x + l),$$

et supposons qu'on ordonne le produit par rapport aux puissances décroissantes de x.

En prenant les m premiers termes des m binômes, on a évidemment x^m.

En prenant, dans $(m-1)$ binômes, leur premier terme x, et dans le $m^{ième}$ binôme son second terme $a, b, c,\ldots$ ou l, on obtient des termes de la forme ax^{m-1}; et la somme de tous ces termes est

$$(a + b + c + \ldots + l)x^{m-1}.$$

Tel est le terme en x^{m-1} du développement. Si l'on représente par S_1 la somme de tous les seconds termes des binômes, le terme en x^{m-1} prend la forme $S_1 x^{m-1}$.

En prenant, dans $(m-2)$ binômes, leur premier terme x, et dans les deux binômes restants leurs seconds termes a et b, a et c, a et d,..., ou k et l, on obtient des termes de la forme abx^{m-2}, et la somme de tous ces termes est

$$(ab + ac + ad + \ldots + kl)\, x^{m-2}.$$

Tel est le terme en x^{m-2} du développement. Si l'on représente par S_2 la somme des produits 2 à 2 des seconds termes des binômes, le terme en x^{m-2} prend la forme $S_2 x^{m-2}$.

On voit de même que le terme en x^{m-3} est de la forme $S_3 x^{m-3}$, S_3 représentant la somme des produits 3 à 3 des seconds termes des binômes.

D'une manière générale, si l'on prend dans $(m-n)$ binômes leur premier terme x, et dans les n binômes restants leur second terme, on obtient des termes en x^{m-n}; et la somme de tous ces termes ou le terme en x^{m-n} du développement a pour expression $S_n x^{m-n}$, en représentant par S_n la somme des produits n à n des seconds termes des binômes.

On obtient enfin le terme de degré 0 par rapport à x, en prenant les m seconds termes des m binômes. Ce terme, le dernier du développement, est $abcd\ldots kl$, et nous le représenterons par S_m, produit des m seconds termes des binômes. Le développement cherché peut donc s'écrire

$$x^m + S_1 x^{m-1} + S_2 x^{m-2} + S_3 x^{m-3} + \ldots$$
$$+ S_n x^{m-n} + \ldots + S_{m-1} x + S_m.$$

416. Supposons maintenant, dans l'égalité

$$(x+a)(x+b)(x+c)\ldots(x+l)$$
$$= x^m + S_1 x^{m-1} + S_2 x^{m-2} + S_3 x^{m-3} + \ldots$$
$$+ S_n x^{m-n} + \ldots + S_{m-1} x + S_m,$$

tous les seconds termes des binômes égaux à a. Le premier membre devient $(x+a)^m$. Il faut chercher ce que deviennent dans le second membre les quantités $S_1, S_2, S_3, \ldots, S_n, \ldots, S_m$.

S_1 est la somme des seconds termes des binômes; ces seconds termes devenant tous égaux à a, on a, puisque le nombre des binômes est m,

$$S_1 = ma.$$

S_2 est la somme des produits 2 à 2 des seconds termes des m binômes ou la somme des combinaisons 2 à 2 formées avec ces seconds termes. Tous ces seconds termes étant égaux à a, toutes les combinaisons deviennent égales à a^2; S_2 est donc égale à a^2 multiplié par le nombre des combinaisons de m objets pris 2 à 2, qui est $\dfrac{m(m-1)}{1 . 2}$. On a donc

$$S_2 = \frac{m(m-1)}{1 . 2} a^2.$$

De n.ême, S_3 est égale à $\dfrac{m(m-1)(m-2)}{1 . 2 . 3} a^3$.

D'une manière générale, S_n est la somme des produits n à n des seconds termes des m binômes ou la somme des combinaisons n à n de ces seconds termes. Tous ces seconds termes étant égaux à a, toutes les combinaisons deviennent égales à a^n; S_n est donc égale à a^n multiplié par le nombre des combinaisons de m objets pris n à n, qui est $\dfrac{m(m-1)(m-2)\ldots(m-n+1)}{1 . 2 . 3 \ldots n}$.

On a donc

$$S_n = \frac{m(m-1)(m-2) . .(m-n+1)}{1 . 2 . 3 \ldots n} a^n.$$

Enfin, S_m, représentant le produit des m seconds termes des binômes, devient égale à a^m, et l'on peut écrire

$$(x+a)^m = x^m + \frac{m}{1} a x^{m-1} + \frac{m(m-1)}{1 . 2} a^2 x^{m-2} + \ldots$$
$$+ \frac{m(m-1)(m-2)\ldots(m-n+1)}{1 . 2 . 3 \ldots n} a^n x^{m-n} + \ldots$$
$$\ldots + \frac{m}{1} a^{m-1} x + a^m.$$

On voit que ce développement contient $m+1$ termes. Les termes extrêmes sont x^m et a^m. Dans les termes intermédiaires, l'exposant de x va en diminuant et l'exposant de a en croissant d'une unité, en passant d'un terme au suivant, de sorte que, dans chaque terme, la somme des exposants des deux lettres est toujours égale à m.

Quant aux coefficients, les termes extrêmes ont pour coefficients l'unité, et les termes intermédiaires les différents nombres de combinaisons qu'on peut former en prenant m objets 1 à 1, 2 à 2, 3 à 3, ..., n à n, ... $(m-1)$ à $(m-1)$.

On peut dire aussi que le coefficient du dernier terme est le nombre des combinaisons de m objets pris m à m, puisque ce nombre est évidemment égal à l'unité.

La formule du binôme s'écrit donc encore commodément comme il suit, en employant la notation habituelle des nombres de combinaisons de m objets pris 1 à 1, 2 à 2, 3 à 3,..., m à m :

$$(x + a)^m = x^m + C_m^1 a x^{m-1} + C_m^2 a^2 x^{m-2} + C_m^3 a^3 x^{m-3} + \ldots$$
$$+ C_m^n a^n x^{m-n} + \ldots + C_m^{m-1} a^{m-1} x + C_m^m a^m.$$

417. *Dans le développement du binôme, les coefficients des termes situés à égale distance des extrêmes sont égaux.*

En effet, le coefficient du terme *qui en a n avant lui* est C_m^n. Le terme *qui en a n après lui* en a $(m - n)$ avant lui, puisque le nombre total des termes du développement est égal à $(m + 1)$; son coefficient est donc C_m^{m-n}. Or, nous avons démontré (**411**) l'identité

$$C_m^n = C_m^{m-n}.$$

Si l'exposant m est *impair*, le nombre $(m + 1)$ des termes du développement est *pair :* les coefficients de ces termes se reproduisent alors deux à deux à égale distance des extrêmes, et il suffit de calculer la *moitié* de ces coefficients.

Si l'exposant m est *pair,* le nombre $(m + 1)$ des termes du développement est *impair :* les coefficients de ces termes se reproduisent alors deux à deux, à égale distance des extrêmes et du terme du milieu qui n'a pas de correspondant; il faut alors calculer la *moitié plus un* de ces coefficients.

418. Les termes du développement se déduisent successivement les uns des autres, d'après une loi très-simple.

Le *terme général* étant celui qui en a n avant lui, écrivons ce terme et celui qui le précède, en les désignant par T_n et T_{n-1}. On a

$$T_{n-1} = \frac{m(m-1)(m-2)\ldots(m-n-2)}{1 \cdot 2 \cdot 3 \ldots (n-1)} a^{n-1} x^{m-n+1},$$

$$T_n = \frac{m(m-1)(m-2)\ldots(m-n+1)}{1 \cdot 2 \cdot 3 \ldots n} a^n x^{m-n}.$$

(On peut remarquer que l'exposant de a dans un terme indique combien ce terme a de termes avant lui, et l'exposant de x combien ce terme en a après lui.)

Si l'on divise membre à membre les deux égalités qu'on vient d'écrire, on trouve évidemment

$$T_n = T_{n-1} \frac{m-n+1}{n} \frac{a}{x}.$$

Il en résulte que, *pour passer d'un terme du développement au suivant, il faut multiplier le coefficient du terme donné par l'exposant de x dans ce terme et le diviser par l'exposant de a dans le terme qu'on veut former; puis, augmenter l'exposant de a et diminuer celui de x d'une unité.*

En appliquant cette règle, on obtient immédiatement (417)

$$(x+a)^7 = x^7 + 7ax^6 + 21a^2x^5 + 35a^3x^4 + 35a^4x^3$$
$$+ 21a^5x^2 + 7a^6x + a^7,$$
$$(x+a)^8 = x^8 + 8ax^7 + 28a^2x^6 + 56a^3x^5 + 70a^4x^4$$
$$+ 56a^5x^3 + 28a^6x^2 + 8a^7x + a^8.$$

419. Si l'on a à opérer le développement d'une puissance quelconque, entière et positive, d'un binôme de forme quelconque, tel que $8a^3 + 5a^2b$, on pose

$$8a^3 = A, \quad 5a^2b = B,$$

et l'on détermine, d'après la règle précédente, la puissance correspondante du binôme $(A + B)$. On exprime ensuite les différentes puissances de A et de B, en fonction de a et de b.

420. La formule trouvée (416) ne dépend pas du signe de a. Si le second terme du binôme donné change de signe, la formule démontrée subsiste donc. Seulement, dans le développement, les termes qui contiennent a à une puissance impaire changent de signe, de sorte que les signes $+$ et $-$ doivent alterner. On a ainsi

$$(x-a)^m = x^m - C_m^1 ax^{m-1} + C_m^2 a^2x^{m-2} - C_m^3 a^3x^{m-3} + \ldots$$
$$\pm C_m^n a^n x^{m-n} \mp \ldots \pm C_m^m a^m.$$

Remarques relatives à la formule du binôme.

421. On peut préciser davantage les remarques faites au n° 417, en s'appuyant sur la loi démontrée au n° 418.

D'après cette loi, en multipliant le coefficient du *terme général* par la fraction

$$\frac{m-n}{n+1},$$

on forme le coefficient du terme suivant. Les coefficients du développement vont donc en *augmentant*, tant que cette fraction est supérieure à l'unité. Or, de l'inégalité

$$\frac{m-n}{n+1} > 1,$$

on déduit

(1) $$n < \frac{m-1}{2}.$$

Nous devons distinguer deux cas.

1° *m est impair.*

Si m est impair, $(m-1)$ est pair, n peut recevoir la valeur $\frac{m-1}{2}$. L'inégalité posée se changeant ainsi en égalité, la fraction $\frac{m-n}{n+1}$ devient elle-même égale à 1, et le terme qui suit le terme général reproduit le coefficient de ce terme.

Le rang du terme général, qui est $(n+1)$, est exprimé, dans cette hypothèse, par

$$\frac{m-1}{2} + 1 = \frac{m+1}{2}.$$

On est donc alors parvenu au milieu du développement : le terme qu'on vient de considérer en termine la première moitié, le terme suivant en commence la seconde.

L'exposant de a, dans le terme qui finit ainsi la première moitié du développement, est $n = \frac{m-1}{2}$; l'exposant de x dans le même terme est $m - n = \frac{m+1}{2}$.

Dans le cas où m est impair, on reconnaît donc qu'on est arrivé au milieu du développement, à ce fait que, dans le dernier terme formé, les exposants de a et de x diffèrent d'une unité.

2° *m est pair.*

Si m est pair, $(m-1)$ est impair, n ne peut recevoir la valeur $\frac{m-1}{2}$.

Si l'on a $n = \dfrac{m}{2} - 1$, l'inégalité (1) est encore satisfaite, et le coefficient du terme qui suit celui qu'on considère continue d'augmenter; mais, pour $n = \dfrac{m}{2}$, l'inégalité (1) change de sens, la fraction $\dfrac{m - n}{n + 1}$ devient elle-même moindre que 1, et les coefficients du développement commencent à diminuer.

Le coefficient maximum répond, par suite, à $n = \dfrac{m}{2}$. Le rang du terme général est exprimé, dans cette hypothèse, par

$$n + 1 = \frac{m}{2} + 1.$$

On est donc alors parvenu au milieu du développement, et le terme qu'on vient de considérer n'a pas de correspondant.

L'exposant de a dans le terme du milieu étant $n = \dfrac{m}{2}$, celui de x dans le même terme est $m - n = \dfrac{m}{2}$.

Dans le cas où m est pair, on reconnaît donc qu'on est arrivé au milieu du développement, à ce fait que, dans le dernier terme formé, les exposants de a et de x sont égaux.

422. Ce qui précède conduit immédiatement à la solution de cette question :

Parmi les nombres de combinaisons qu'on peut former avec m objets en les prenant 1 à 1, 2 à 2, 3 à 3, ..., m à m, quel est le plus grand?

On n'a qu'à chercher quel est le plus grand coefficient du développement de la $m^{ième}$ puissance d'un binôme quelconque.

Si m est impair, il y a au milieu du développement deux coefficients égaux plus grands que tous les autres et qui ont pour expressions (**421**)

$$C_m^{\frac{m-1}{2}} \quad \text{et} \quad C_m^{\frac{m+1}{2}}.$$

Si m est pair, le coefficient maximum du développement

est celui du terme du milieu et a pour expression

$$C_m^{\frac{m}{2}}.$$

Par exemple, on obtient le plus grand nombre de combinaisons qu'on puisse former avec 7 objets, en les prenant 3 à 3 ou 4 à 4. On obtient le plus grand nombre de combinaisons qu'on puisse former avec 10 objets en les prenant 5 à 5.

423. Si l'on fait, dans la seconde expression du développement de $(x + a)^m$ [416], $x = a = 1$, on trouve

$$2^m = 1 + C_m^1 + C_m^2 + C_m^3 + \ldots + C_m^n + \ldots + C_m^m.$$

La somme des nombres de combinaisons qu'on peut former en prenant m objets 1 à 1, 2 à 2, 3 à 3,..., m à m, a donc pour expression $2^m - 1$.

Si, dans l'expression du développement de $(x - a)^m$ [420], on introduit les mêmes hypothèses, on trouve

$$0 = 1 - C_m^1 + C_m^2 - C_m^3 + \ldots \pm C_m^n \mp \ldots \pm C_m^m.$$

Quand on considère toutes les combinaisons formées en prenant m objets 1 à 1, 2 à 2, 3 à 3,..., m à m, le nombre des combinaisons où il entre un nombre impair d'objets surpasse donc d'une unité le nombre des combinaisons où il entre un nombre pair d'objets. Mais nous venons de voir que la somme de ces deux nombres est $2^m - 1$; par conséquent, le premier est exprimé par 2^{m-1} (c'est un nombre pair) et le second par $2^{m-1} - 1$ (c'est un nombre impair).

424. Nous avons établi (413) la relation

$$C_m^n = C_{m-1}^{n-1} + C_{m-1}^n.$$

On a donc, en remplaçant m par $m + 1$,

$$C_{m+1}^n = C_m^{n-1} + C_m^n.$$

Sous cette forme, la relation indiquée démontre que, *dans le développement de* $(x + a)^{m+1}$, *les différents termes ont pour coefficients les coefficients des termes de même rang dans le développement de* $(x + a)^m$, *augmentés chaque fois du coef-ficient du terme précédent dans le même développement.*

Ainsi, ayant calculé, par exemple, le développement

$$(x + a)^6 = x^6 + 6ax^5 + 15a^2x^4 + 20a^3x^3 + 15a^4x^2 + 6a^5x + a^6,$$

on peut en déduire immédiatement

$$(x + a)^7 = x^7 + (6 + 1)ax^6 + (15 + 6)a^2x^5 + (20 + 15)a^3x^4$$
$$+ (15 + 20)a^4x^3 + (6 + 15)a^5x^2 + (1 - 6)a^6x + a^7,$$

c'est-à-dire

$$(x + a)^7 = x^7 + 7ax^6 + 21a^2x^5 + 35a^3x^4 + 35a^4x^3$$
$$+ 21a^5x^2 + 7a^6x + a^7,$$

comme on l'a trouvé directement au n° 418.

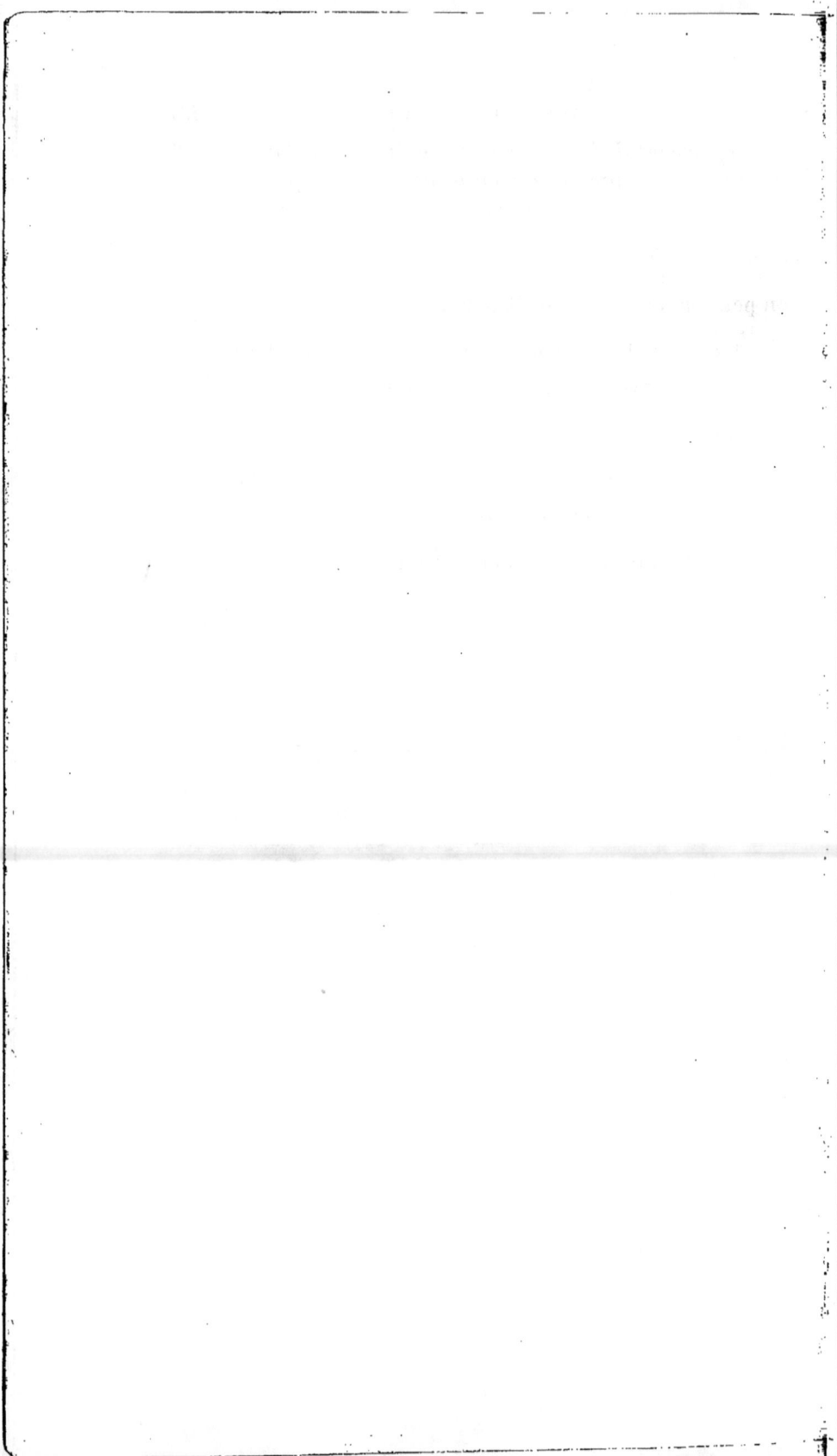

QUESTIONS PROPOSÉES

sur

L'ARITHMÉTIQUE ET L'ALGÈBRE ÉLÉMENTAIRE.

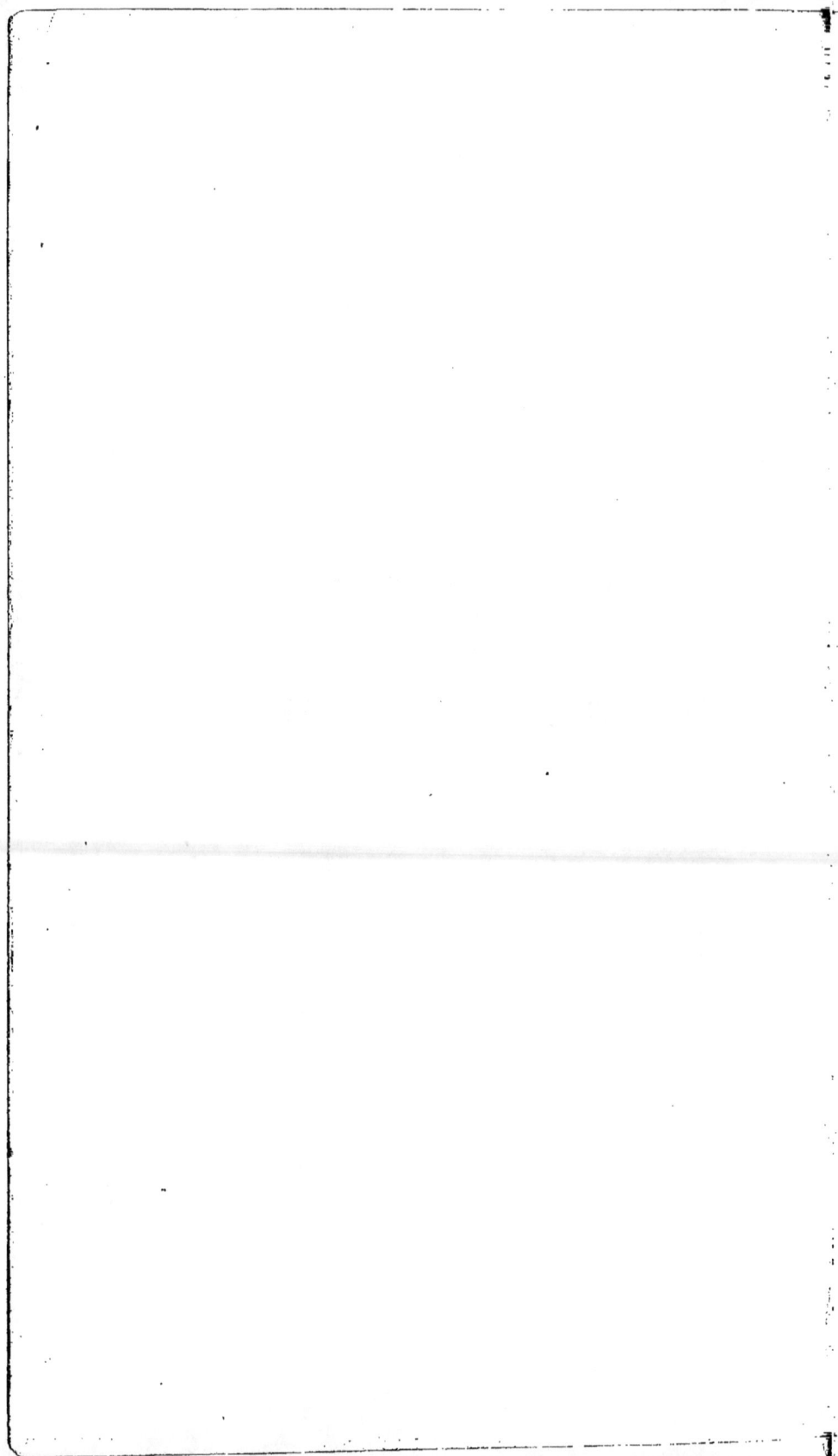

QUESTIONS PROPOSÉES

SUR

L'ARITHMÉTIQUE.

LIVRE PREMIER.

NUMÉRATION ET OPÉRATIONS FONDAMENTALES
SUR LES NOMBRES ENTIERS.

1. Trouver deux nombres, connaissant leur somme 4282 et leur différence 1876.

2. Trouver trois nombres, sachant que les sommes respectives du premier et du deuxième, du premier et du troisième, du deuxième et du troisième, sont 8413, 6913, 5714.

3. Partager le nombre 10944 en quatre parties telles, que la deuxième soit le triple de la première, la troisième le quadruple de la deuxième et la quatrième le quintuple de la troisième.

4. Calculer la différence qui existe entre la vingtième puissance de 2 et la dixième puissance de 3.

5. Un volume comprend 684 pages d'impression, renfermant chacune en moyenne 42 lignes; chaque ligne comprend elle-même en moyenne 54 lettres; combien ce volume contient-il de lettres?

6. La distance de Paris à Marseille étant de 863 kilomètres, en combien d'heures sera-t-elle parcourue par une locomotive faisant en moyenne 41 kilomètres par heure?

7. Convertir 365000000 de secondes en minutes, le nombre de minutes trouvé en heures, et les heures en jours.

8. La distance de la Terre au Soleil est d'environ 38000000 de lieues, de 4000 mètres chacune. La lumière mettant 8 minutes 8 secondes à franchir cette distance, on demande combien de lieues elle parcourt en une seconde.

9. La Terre, supposée sphérique, a un rayon égal à 6366 kilomètres. La plus grande et la plus petite distance de la Lune à la Terre étant de 62 et de 58 rayons terrestres, et sa distance moyenne de 60 rayons terrestres, on demande d'exprimer ces trois distances en lieues de 4 kilomètres.

10. On suppose qu'une certaine année la France ait produit 71697484 hectolitres de blé. Sachant que le poids moyen de 1 hectolitre de blé est de 75 kilogrammes et estimant sa valeur moyenne à 28 francs, on demande le poids total et la valeur totale de la récolte.

11. Deux mobiles sont actuellement distants de 9984 mètres et se dirigent l'un vers l'autre ; le premier parcourant 42 mètres et le second 36 mètres par minute, on demande dans combien de temps leur rencontre aura lieu.

12. On a à faire moudre 568 sacs de blé dans une ville assiégée. On peut employer quatre moulins. Le premier peut moudre 13 sacs par jour, le deuxième 16 sacs, le troisième 18 sacs, le quatrième 24 sacs. On demande combien de jours durera la mouture et combien de sacs on doit envoyer à chaque moulin.

13. Une garnison, composée de 2828 hommes, n'a plus que pour 25 jours de vivres ; elle fait une sortie où elle perd 303 hommes ; combien pourra-t-elle tenir de jours, en supposant qu'elle n'éprouve pas de nouvelles pertes ?

14. On n'a à sa disposition que cinq poids de 1 gramme, cinq poids de 10 grammes, cinq de 100 grammes, cinq de 1000 grammes, etc. Indiquer comment on peut alors, à l'aide d'une balance, évaluer en grammes le poids d'un objet quelconque.

15. On écrit la suite naturelle des nombres sans séparer les différents chiffres et en la poursuivant indéfiniment. Quel est le 39457e chiffre de cette suite ?

16. De combien diminue le produit de deux facteurs lorsqu'on augmente le plus grand et qu'on diminue le plus petit de m unités ?

17. La somme de deux nombres étant 936664, et le quotient du plus grand par le plus petit étant 381, trouver ces deux nombres.

18. Lorsqu'on divise successivement deux nombres par leur différence, les deux quotients obtenus ne diffèrent que d'une unité et les restes correspondants sont égaux entre eux.

19. Une division ayant été effectuée, on divise le dividende par le quotient trouvé, et l'on demande dans quel cas la seconde division donne, pour quotient et pour reste, le diviseur et le reste de la première.

20. Une division ayant été effectuée, on la recommence après avoir augmenté le diviseur de m unités : on demande dans quel cas les deux opérations conduisent au même quotient.

LIVRE DEUXIÈME.

PROPRIÉTÉS ÉLÉMENTAIRES DES NOMBRES ENTIERS.

----

21. Pour qu'un nombre soit divisible par 6, il faut et il suffit que la somme du chiffre des unités et du quadruple de tous les autres chiffres soit divisible par 6.

22. Pour qu'un nombre soit divisible par 4, il faut et il suffit que la somme du chiffre des unités et du double du chiffre des dizaines soit divisible par 4.

23. Pour qu'un nombre soit divisible par 8, il faut et il suffit que la somme du chiffre des unités, du double du chiffre des dizaines et du quadruple du chiffre des centaines soit divisible par 8.

24. Démontrer que, si l'erreur commise dans la multiplication de deux nombres provient de ce que le premier chiffre à droite de l'un des produits partiels n'a pas été écrit, comme il convient, sous le deuxième chiffre à droite du produit partiel précédent, la preuve par 9 ne peut pas indiquer l'erreur. Examiner si la preuve par 11 peut toujours mettre l'erreur en évidence.

25. La différence des carrés de deux nombres impairs est toujours divisible par 8, et la somme des mêmes carrés n'est jamais divisible par 4.

26. La somme des carrés de deux nombres non divisibles par 7 ne peut jamais être divisible par 7.

27. a et b étant deux nombres non divisibles par 3, la différence $(a^6 - b^6)$ est divisible par 9.

28. Lorsque deux nombres ont, dans un ordre quelconque, les mêmes chiffres significatifs, leur différence est un multiple de 9.

29. Les puissances successives de deux nombres a et b donnent deux à deux les mêmes restes quand on les divise par la différence $(a - b)$. — En conclure que la différence $(a^m - b^m)$ est toujours divisible par la différence $(a - b)$.

30. Le plus grand commun diviseur de deux nombres ne change pas

quand on divise l'un d'eux par un de ses diviseurs, pourvu que ce diviseur soit premier avec l'autre nombre.

31. Démontrer que le plus grand commun diviseur de deux nombres A et B est égal au nombre des multiples de B contenus dans la suite

$$\text{A} \times 1, \quad \text{A} \times 2, \quad \text{A} \times 3, \quad \dots, \quad \text{A} \times \text{B}.$$

32. Démontrer que, pour obtenir le plus grand commun diviseur de trois nombres A, B, C, on peut chercher le plus grand commun diviseur d de A et de C, puis le plus grand commun diviseur d' de B et de C, puis enfin le plus grand commun diviseur des nombres d et d'.

33. Il y a une infinité de couples de nombres ayant 15, par exemple, comme plus grand commun diviseur, et pour lesquels la recherche de ce plus grand commun diviseur exige huit divisions. — Trouver les deux plus petits nombres qui satisfont à ces conditions. — Généraliser la question.

34. n désignant un nombre entier quelconque, démontrer que les trois produits

$$n(n+1)(n+2), \quad n(n+1)(2n+1), \quad n(2n+1)(7n+1)$$

sont respectivement divisibles par 6.

35. Le produit de cinq nombres consécutifs est toujours divisible par 120.

36. Le produit $n(n^2+2)$ est toujours divisible par 3.

37. Si n est un nombre impair, la différence $(n^5 - n)$ est divisible par 48.

38. Deux nombres entiers consécutifs sont premiers entre eux, et il en est de même de deux nombres impairs consécutifs.

39. Quelle est la plus haute puissance d'un nombre premier, tel que 7 par exemple, qui divise le produit des 1000 premiers nombres? — Généraliser la question.

40. Tout nombre premier, supérieur à 3, est un multiple de 6 augmenté de 1 ou diminué de 1. — La réciproque n'est pas vraie.

41. Tout nombre premier, supérieur à 2, est un multiple de 4 augmenté ou diminué de 1. — La réciproque n'est pas vraie.

42. Si deux nombres sont premiers entre eux, le plus grand commun diviseur de leur somme et de leur différence est 1 ou 2.

43. Si deux nombres sont premiers entre eux, il en est de même de leur somme ou de leur différence comparée à leur produit.

44. Si a et b désignent deux nombres premiers entre eux, les deux nombres $(a + b)$ et $(a^2 + b^2 - ab)$ ne peuvent avoir d'autre commun diviseur que 3.

45. A partir de 5, le carré d'un nombre premier, étant diminué de 1, est toujours divisible par 12.

46. Si l'on divise le plus petit commun multiple de plusieurs nombres par chacun de ces nombres, les quotients obtenus sont premiers entre eux.

47. Pour avoir le plus petit commun multiple de trois nombres A, B, C, on peut chercher le plus petit commun multiple M de A et de C, puis le plus petit commun multiple M' de B et de C, puis enfin le plus petit commun multiple des nombres M et M'.

48. Le plus grand commun diviseur de deux nombres a et b est aussi celui qui existe entre leur somme ou leur différence et leur plus petit commun multiple.

49. Trouver deux nombres, connaissant leur plus grand commun diviseur et leur plus petit commun multiple. — Discussion.

50. Trois événements se reproduisent périodiquement, le premier tous les 15 jours, le deuxième tous les 22 jours, le troisième tous les 36 jours. Ces trois événements ayant lieu simultanément un jeudi, au bout de combien de jours se reproduiront-ils de même ensemble un jeudi? — Généraliser la question.

51. Si les diviseurs d'un nombre N sont écrits les uns à la suite des autres, dans l'ordre de leur grandeur, le produit de deux diviseurs placés à égale distance des extrêmes est toujours égal à N.

52. Trouver le plus petit des nombres qui ont 360 diviseurs.

53. De combien de manières différentes peut-on décomposer un nombre N en deux facteurs premiers entre eux? — Démontrer que le nombre des solutions est égal à $2^n - 1$, n étant le nombre des facteurs premiers distincts de N.

54. Le plus petit commun multiple de trois nombres est égal à leur produit multiplié par leur plus grand commun diviseur et divisé par le produit des plus grands communs diviseurs de ces trois nombres considérés deux à deux.

55. Soient quatre nombres A, B, C, D; P est leur produit, P' leur plus grand commun diviseur, P'' le produit des six plus grands communs diviseurs de ces nombres pris deux à deux, P''' le produit des quatre plus grands communs diviseurs de ces nombres pris trois à trois. Démontrer que le plus petit commun multiple des quatre nombres A, B, C, D est représenté par le quotient PP''': P'P''.

LIVRE TROISIÈME.

LES FRACTIONS ET LES NOMBRES DÉCIMAUX.

56. Deux fractions irréductibles ne peuvent avoir pour somme un nombre entier que si elles ont même dénominateur.

57. La somme de trois fractions irréductibles ne peut être un nombre entier que si chaque dénominateur divise le produit des deux autres.

58. Quel nombre doit-on ajouter à chacun des termes de la fraction $\frac{9}{13}$ pour que la nouvelle fraction obtenue diffère de l'unité d'une quantité moindre que $\frac{1}{1000}$?

59. Des deux quantités $\frac{2}{15} + \frac{11}{12}$ et $\frac{3}{14} + \frac{9}{10}$, chercher quelle est la plus grande.

60. Calculer l'expression $x = \dfrac{\left(2 + \dfrac{5}{7}\right)\left(3 - \dfrac{4}{9}\right)}{\left(10 - \dfrac{3}{4}\right)\left(7 + \dfrac{11}{12}\right)} : \dfrac{\dfrac{23}{11}}{\dfrac{13}{33}}$.

61. Évaluer $\frac{5}{8}$ d'heure en minutes, secondes et fraction de seconde.

62. Évaluer 37 minutes 34 secondes en fraction d'heure.

63. Une balle élastique rebondit à une hauteur qui est les $\frac{7}{9}$ de celle d'où elle est tombée. Après avoir rebondi 3 fois, elle s'élève à $\frac{8}{11}$ de mètre : trouver de quelle hauteur on l'avait laissée tomber d'abord.

64. 100 parties de poudre de guerre renferment 75 parties d'azotate de potasse ou salpêtre, 12 parties et demie de charbon, 12 parties et demie de soufre. Trouver la composition de 32 kilogrammes de poudre.

65. Lorsqu'un liquide, après avoir dissous une certaine quantité d'un sel à une température donnée, *refuse* d'en dissoudre davantage, on dit qu'il est *saturé*. Cela posé, sachant qu'une dissolution saturée de sel marin

44.

renferme 27 parties de sel sur 100 parties, à la température ordinaire, et étant donnés 1200 kilogrammes d'eau salée renfermant 4 parties de sel sur 100 parties, on demande la quantité d'eau qu'il faut faire évaporer pour obtenir une dissolution saturée.

66. L'usure annuelle est sur les grandes routes de $\frac{255}{1000}$ de mètre cube par kilomètre parcouru et par tonne transportée. On demande la circulation *moyenne* journalière qui nécessite l'emploi annuel de 1800 mètres cubes de pierres cassées pour entretenir une route de 1500 mètres. Il faut remarquer que le mètre cube de *pierres cassées* ne renferme en réalité, à cause des vides, que $\frac{6}{11}$ de mètre cube de *pierre*.

67. La houille en *morceaux* pèse 810 kilogrammes par mètre cube, et le mètre cube de houille en morceaux ne représente, à cause des vides, que $\frac{6}{11}$ de mètre cube de houille en *roche*. Un chemin de fer a brûlé une certaine année 42341050 kilogrammes de coke. On demande le volume occupé dans la mine par la houille qui a produit ce coke, sachant que la houille, en se transformant en coke, perd le tiers de son poids.

68. Une personne remplit son verre de vin pur et en boit le quart, elle achève de le remplir avec de l'eau et en boit le tiers, elle achève de le remplir avec de l'eau et en boit la moitié, elle achève enfin de le remplir avec de l'eau et boit le verre entier. On demande combien elle a bu, chaque fois, d'eau et de vin, et combien elle a bu d'eau en totalité.

69. Trois sources alimentent un réservoir : la première et la deuxième, coulant ensemble le rempliraient en 30 heures ; la deuxième et la troisième, en 36 heures ; la première et la troisième, en 24 heures. On demande en combien de temps le réservoir sera rempli : 1° par les trois sources coulant ensemble ; 2° par chaque source coulant isolément.

70. Démontrer que les fractions $\frac{43}{85}$, $\frac{4343}{8585}$, $\frac{434343}{858585}$ sont équivalentes. — Généraliser la question.

71. Un marchand achète deux pièces d'étoffe : la première, qui a 85^m,45 de longueur, coûte 17^{fr},85 le mètre ; la seconde, qui a 112^m,25 de longueur, coûte 21^{fr},30 le mètre. Comme le marchand paye comptant, on lui fait une remise de 6 pour 100 sur le prix total. Combien a-t-il à payer ?

72. Les farines se vendaient autrefois par *sacs* contenant 157 kilogrammes de farine ; on les vend aujourd'hui par *quintaux métriques* de 100 kilogrammes. Cela posé, un marchand ayant acheté 342 sacs de farine au prix de 31786^{fr},85 la revend à raison de 63^{fr},70 le quintal. On demande quel est son bénéfice total, et combien il gagne pour 100 sur son prix

d'achat, en tenant compte du droit de commission des facteurs à la vente, qui est fixé à 0^{fr},80 par quintal.

73. On traite annuellement dans une usine 11 250 000 kilogrammes de minerai de cuivre argentifère. Le minerai, sur 100 parties, en contient 2,4 de cuivre et 0,0000695 d'argent. La perte en cuivre, due aux procédés d'extraction, est de 4 pour 100, et la perte en argent est de 5 pour 100. Calculer les productions annuelles de cuivre et d'argent et les valeurs correspondantes, en estimant à 220 francs le kilogramme d'argent extrait, et à 2^{fr},10 le kilogramme de cuivre.

74. Un cheval peut traîner une voiture contenant un poids de 1500 kilogrammes; sa vitesse est de 4^{km},25 par heure; le temps pour le chargement et le déchargement est évalué à 10 minutes. Pour un travail journalier de 10 heures, on paye 5 francs au conducteur de la voiture. Calculer le prix du transport de 500 mètres cubes de terre à une distance de 97 mètres, sachant que le mètre cube de terre pèse 1600 kilogrammes.

75. Les profondeurs de trois puits artésiens sont 220 mètres, 395 mètres, 543 mètres; les températures des eaux correspondantes sont 19°,75, 25°,33, 30°,50. On demande de vérifier si le rapport qui existe entre les accroissements de température est égal à celui qui existe entre les accroissements de profondeur; on demande ensuite de calculer quelle température devrait avoir l'eau fournie par le troisième puits pour que l'égalité supposée pût exister.

76. Le grand axe de l'orbite de la planète Mars est égal, en prenant pour unité le grand axe de l'orbite terrestre, à 1,52369. Sachant que, d'après Kepler, le rapport qui existe entre les carrés des temps pendant lesquels deux planètes exécutent leurs révolutions est égal à celui que présentent les cubes des grands axes de leurs orbites, on demande de trouver en jours la durée de la révolution de Mars, la Terre effectuant la sienne en 365^j,25628.

77. Convertir 3 heures, 53 minutes, 7 secondes, en nombre décimal, l'heure étant prise pour unité.

78. Les mines de cuivre de la Grande-Bretagne ont donné, une certaine année, 152 615 000 kilogrammes de minerai, et l'on en a extrait 13 900 000 kilogrammes de cuivre. Le Chili et l'Australie ont fourni cette même année à l'Angleterre 41 490 000 kilogrammes de minerai, et l'on en a extrait 9 009 000 kilogrammes de cuivre. On demande la *richesse* en cuivre du minerai indigène et du minerai importé, c'est-à-dire combien 100 kilogrammes de chacun d'eux fournissent de kilogrammes de cuivre.

79. On admet généralement que, à mesure qu'on s'enfonce dans le sol, la température augmente de 1 degré environ tous les 30 mètres. A Paris, la température, à 28 mètres au-dessous du sol, dans les caves de l'Obser-

vatoire, est constante et égale à 11°,7. En supposant que la loi indiquée ne subisse aucune modification, on demande de calculer la température au centre de la Terre, le rayon de notre globe sensiblement sphérique pouvant être pris égal à 6366 kilomètres.

80. Convertir chacune des fractions $\frac{17}{40}$, $\frac{17}{81}$ en une somme de fractions ayant pour dénominateurs les puissances successives de 12. Les deux sommes cherchées seront-elles composées d'un nombre limité ou d'un nombre illimité de fractions? — Généraliser la question.

81. Démontrer que le produit de deux fractions décimales périodiques simples moindres que l'unité est une fraction décimale périodique simple.

82. On suppose qu'une fraction ordinaire irréductible, dont le dénominateur est un nombre premier autre que 2 et 5, donne naissance à une fraction décimale dont la période comprenne un nombre pair de chiffres, et l'on demande de prouver : 1° que, si l'on partage également la période, les chiffres qui se correspondent dans les deux parties sont toujours complémentaires par rapport à 9 ; 2° que les restes qui, dans l'opération de la réduction, répondent aux chiffres ainsi comparés, sont eux-mêmes complémentaires par rapport au dénominateur de la fraction ordinaire.

83. Calculer avec dix décimales exactes le produit des nombres 0,434294481903251,... et 0,693147180559945,....

84. Calculer avec dix décimales exactes le quotient du nombre 0,301029995663981,... par le nombre 0,693147180559945...

85. Lorsque deux fractions irréductibles ont des dénominateurs premiers avec 10 et divisibles l'un par l'autre, et qu'on les réduit en décimales, les nombres de chiffres des périodes correspondantes sont aussi divisibles l'un par l'autre.

LIVRE QUATRIÈME.

DES NOMBRES INCOMMENSURABLES.

86. Les différences successives des carrés des nombres entiers consécutifs forment la suite des nombres impairs.

87. La cinquième puissance d'un nombre est toujours terminée par le même chiffre que ce nombre.

88. Démontrer que la somme des n premiers nombres impairs est égale à n^2.

89. Lorsqu'un carré est la somme de deux autres carrés, l'un des trois carrés est un multiple de 5, ou tous les trois remplissent cette condition.

90. Le carré d'un nombre impair est un multiple de 8 augmenté de 1.

91. Tout nombre impair, qui est la somme de deux carrés, est un multiple de 4 augmenté de 1.

92. Si un nombre pair est la somme de deux carrés, sa moitié est aussi la somme de deux carrés.

93. Un nombre entier ne peut être un carré parfait, si, le chiffre de ses unités étant 6, le chiffre de ses dizaines est pair; ou si, le chiffre de ses unités étant 1, 4 ou 9, le chiffre de ses dizaines est impair.

94. Un nombre pair, qui est la somme de deux carrés, est un multiple de 8 augmenté de 2 ou de 4.

95. La différence des carrés de deux nombres premiers entre eux ne peut être un carré que si la somme et la différence de ces deux nombres sont elles-mêmes des carrés.

96. Quand on a déterminé un ou plusieurs chiffres de la racine carrée d'un nombre entier, et qu'on veut trouver le chiffre suivant, il faut effectuer une division dont le quotient est le chiffre cherché ou un chiffre trop fort. Démontrer que, si le nombre déjà écrit à la racine n'est pas inférieur à 5, le quotient considéré, s'il est plus grand que le chiffre cherché, ne peut le surpasser que d'une unité.

97. Si l'on écrit, les uns à la suite des autres, les chiffres qui représentent les dizaines des carrés entiers successifs terminés par le même chiffre (1, 4, 6 ou 9), la suite obtenue est périodique, la période a dix chiffres, et, de plus, deux chiffres de la période placés à égale distance des chiffres extrêmes sont égaux.

98. Si, à la racine carrée d'un nombre égal à l'unité augmentée d'une fraction proprement dite, on substitue l'unité augmentée de la moitié de cette même fraction, l'erreur relative commise est moindre que la huitième partie du carré de la fraction complémentaire.

99. Le prix d'un diamant étant proportionnel au carré de son poids, démontrer qu'en brisant le diamant en deux morceaux on diminue sa valeur, et que la dépréciation est maximum quand les deux morceaux ont des poids égaux. — Étendre cette proposition au cas où le diamant est séparé en un nombre quelconque de morceaux.

100. Démontrer que, si le reste de la division d'un nombre entier par 9, est 2, 3, 4, 5, 6 ou 7, ce nombre n'est pas un cube parfait.

101. Démontrer qu'un nombre entier ne peut être un cube parfait : 1° si, le chiffre de ses unités étant 2 ou 6, le chiffre de ses dizaines est pair ; 2° si, le chiffre des unités étant 4 ou 8, le chiffre des dizaines est impair ; 3° si, le chiffre des unités étant 5, le chiffre des dizaines n'est ni 2 ni 7.

102. Si l'on écrit à la suite les uns des autres les chiffres des dizaines des cubes successifs, terminés par un même chiffre pair autre que zéro (2, 4, 6 ou 8), la suite obtenue est périodique et la période a cinq chiffres.

103. La différence entre le cube d'un nombre et ce nombre lui-même est toujours divisible par 6.

104. Le cube d'un nombre quelconque est un multiple de 7 augmenté ou diminué de 1.

105. Chercher combien il y a de carrés parfaits et de cubes parfaits entre les deux nombres 78 et 728547. Remarquer *a priori* que le nombre des carrés doit toujours être plus considérable que celui des cubes.

106. Comment peut-on reconnaître si un nombre entier donné est la différence de deux cubes consécutifs, et, dans le cas où il en est ainsi, comment peut-on trouver ces deux cubes?

107. Quand on a déterminé un ou plusieurs chiffres de la racine cubique d'un entier, et qu'on veut trouver le chiffre suivant, on effectue une division dont le quotient est le chiffre cherché ou un chiffre trop fort. On demande de démontrer que, si le nombre déjà écrit à la racine n'est pas

inférieur à 10, le quotient considéré, s'il est plus grand que le chiffre cherché, ne peut le surpasser que d'une unité.

108. Si N désigne un nombre entier dont la racine cubique a, au moins, $2n + 2$ chiffres ; si a désigne le nombre formé par les $n + 2$ premiers chiffres de $\sqrt[3]{N}$ suivis de n zéros, et q le quotient entier de la division de $N - a^3$ par $3 a^2$, on a $\sqrt[3]{N} = a + q$, exactement ou à moins d'une unité.

109. Les deux nombres $4897,85$ et $235,786$ sont l'un et l'autre affectés d'une erreur qui peut aller jusqu'à 2 unités de l'ordre du dernier chiffre, en plus ou en moins. On demande de trouver le produit de ces deux nombres, en se bornant à calculer les chiffres sur l'exactitude desquels on peut compter.

110. Les deux nombres $5784,29$ et $732,268$ sont l'un et l'autre affectés d'une erreur qui peut aller jusqu'à 3 unités de l'ordre du dernier chiffre, en plus ou en moins. On demande de trouver le quotient de ces deux nombres, en se bornant à calculer les chiffres sur l'exactitude desquels on peut compter.

111. Calculer, à moins de $0,00001$, le carré et le cube du nombre

$$\pi = 3,141592653589793238846\ldots.$$

112. Calculer, avec la plus grande approximation possible, le quotient $\frac{g}{\pi^2}$, le nombre g ayant pour valeur $9,80896\ldots.$

113. Quelle est la plus grande approximation avec laquelle on puisse calculer le carré et le cube du nombre g.

114. Calculer, à moins de $0,00001$, le quotient

$$\frac{4\pi^3 - 24\pi}{\pi^4 - 12\pi^2 + 24}.$$

115. Calculer, à moins de $0,001$,

$$\sqrt{\frac{2 + \sqrt{3}}{3 + \sqrt{5}}}.$$

116. Calculer, à moins de $0,000001$, les expressions

$$\frac{1}{4}\left(\sqrt{3 + \sqrt{5}} \pm \sqrt{5 - \sqrt{5}}\right),$$

$$\frac{1}{4}\left(\sqrt{5 + \sqrt{5}} \pm \sqrt{3 - \sqrt{5}}\right).$$

LIVRE CINQUIÈME.

LES MESURES ET LES APPLICATIONS.

---

117. Calculer le prix d'une poutre en chêne de $9^m,40$ de longueur, de $0^m,52$ de largeur et de $0^m,35$ d'épaisseur, sachant que le mètre cube de chêne vaut 144 francs.

118. Calculer le prix d'une conduite en fonte ayant 356 mètres de longueur, sachant que les tuyaux qui la composent ont $0^m,260$ de diamètre extérieur et $0^m,251$ de diamètre intérieur, que le mètre cube de fonte pèse 7200 kilogrammes, et que la fonte employée vaut $0^{fr},40$ le kilogramme.

119. En supposant qu'au chemin de fer de Paris à Lyon les rails pèsent 38 kilogrammes par mètre courant, que la longueur d'un rail soit de 5 mètres, et que 100 kilogrammes de rails coûtent 37 francs, on demande de calculer : le poids total des rails, le volume occupé par eux, leur nombre et le prix total des deux voies. On sait qu'il y a 512 kilomètres de Paris à Lyon, et que le poids spécifique du fer est 7,7.

120. Pour ensemencer un hectare, on emploie en moyenne $204^{lit},8$ de blé; combien faut-il de mètres cubes de blé pour ensemencer 1 kilomètre carré?

121. Quand la température s'élève de zéro à 100 degrés, une barre de fer de 1 mètre augmente de $0^m,0012\,5833$, une barre de cuivre de 1 mètre augmente de $0^m,0018\,7500$, une barre de plomb de 1 mètre augmente de $0^m,0028\,6667$. Cela posé, on a soudé ensemble, bout à bout, une barre de fer, une de cuivre et une de plomb; les longueurs de ces trois parties à zéro degré sont respectivement $3^m,859$, $2^m,438$, $0^m,816$. On demande de calculer la longueur totale de la barre à 100 degrés, les données étant supposées exactes à une demi-unité près de l'ordre du dernier chiffre.

122. La distance moyenne de la Lune à la Terre étant de 60 rayons terrestres (de 6366 kilomètres), on demande de calculer en combien de jours, minutes et secondes, le son, qui parcourt 340 mètres par seconde, serait transmis de la Terre à la Lune, s'il existait une atmosphère pour le transmettre.

123. En supposant que la circonférence de la Terre, supposée sphérique, contienne 40 000 000 de mètres, et sachant que cette circonférence est divisée géométriquement en 360 degrés, chaque degré en 60 minutes, chaque minute en 60 secondes, on demande la valeur en mètres d'un degré, d'une minute, d'une seconde.

124. D'après le principe d'Archimède un corps, plongé dans un fluide, subit une poussée de bas en haut qui lui fait perdre une partie de son poids égale au poids du fluide déplacé. Cela posé, sachant qu'un morceau de fer pèse $12^{kg},475$ dans le vide, on demande combien il pèse dans l'eau, combien il pèse dans l'huile d'olive, dont le poids spécifique est $0,915$, combien il pèse dans l'air, dont le poids spécifique, par rapport à l'eau, est $0,0012932$. Le poids spécifique du fer en barre est $7,788$.

125. On demande combien il y a de centimètres cubes dans un lingot d'or valant 35416 francs. On sait que 1 décimètre cube d'or pèse $19^{kg},26$, et que le kilogramme d'or vaut 3100 francs.

126. Un litre de charbon de terre pesant $1^{kg},33$, combien y a-t-il de stères dans 108 quintaux métriques de charbon de terre?

127. Calculer à moins de 1 millimètre la longueur de l'aune, sachant qu'elle valait 3 pieds 7 pouces 10 lignes 10 points.

128. Calculer à moins de 1 décilitre la capacité de 3 muids, 1 feuillette, 1 quartaut, 7 veltes, 6 pintes.

129. Évaluer en francs une somme égale à 504 livres, 15 sols, 8 deniers.

130. Évaluer en livres, sols et deniers, une somme égale à $2412^{fr},85$.

131. Un amphithéâtre ayant une capacité de 2463 mètres cubes, calculer le poids d'oxygène contenu dans l'air qu'il renferme. On sait que l'air contient 23 pour 100 de son poids d'oxygène, et nous avons indiqué son poids spécifique dans l'énoncé du problème 124.

132. Borda a trouvé $440^{lignes},5593$ pour la longueur du pendule qui bat la seconde à Paris; exprimer cette longueur à moins de 1 millimètre.

133. Dans le thermomètre centigrade, l'intervalle entre la température de la glace fondante et celle de l'eau bouillante est divisé en 100 parties égales ou degrés; dans le thermomètre Réaumur, le même intervalle correspond à 80 degrés. Comment passe-t-on d'une température exprimée en degrés centigrades à cette même température exprimée en degrés Réaumur, et réciproquement?

134. Le thermomètre Farenheit est gradué de manière à marquer 32 degrés dans la glace fondante et 212 degrés dans la vapeur d'eau bouillante. Comment passe-t-on d'une température exprimée en degrés centigrades ou Réaumur à la même température exprimée en degrés Farenheit, et réciproquement?

135. Un mobile parcourt une circonférence, d'un mouvement uniforme, en $7^h 23^m 35^s$; on demande en combien de temps ce mobile parcourra un arc de $57°17'44'',75$.

136. Démontrer que chacune des deux proportions

$$\frac{A}{C} = \frac{A'}{C'}, \quad \frac{Am + Cn}{Ap - Cq} = \frac{A'm + C'n}{A'p - C'q}$$

est une conséquence de l'autre (m, n, p, q désignent des nombres quelconques).

137. Démontrer que, si les quatre termes d'une proportion sont écrits par ordre de grandeur, la somme des extrêmes est plus grande que la somme des moyens. — En déduire que la moyenne proportionnelle de deux nombres est moindre que leur moyenne arithmétique.

138. Démontrer que, dans une suite de rapports égaux, la racine carrée de la somme des carrés des antécédents est à la racine carrée de la somme des carrés des conséquents comme un antécédent est à son conséquent.

139. Démontrer que les quatre sommes obtenues en ajoutant deux proportions terme à terme ne forment une nouvelle proportion que dans les deux cas suivants : 1° si les rapports de la première proportion sont égaux à ceux de la seconde; 2° si le rapport des antécédents ou des conséquents de la première est égal au rapport des termes correspondants de la seconde proportion.

140. Deux arcs d'une même circonférence comprennent respectivement $38''41'3'',4$ et $52°15'12'',8$: quel est leur rapport?

141. Si trois nombres a, b, c, rangés par ordre de grandeur, sont tels qu'on ait

$$\frac{a - b}{b - c} = \frac{a}{c};$$

ils forment une *proportion harmonique*; le nombre b est alors la *moyenne harmonique* entre a et c, qui sont les *deux extrêmes*.

Cela posé, démontrer que, dans toute proportion harmonique, l'inverse de la moyenne harmonique est égale à la demi-somme des inverses des deux extrêmes.

142. Démontrer que, dans la suite indéfinie $1, \frac{1}{2}, \frac{1}{3}, \frac{1}{4}, \frac{1}{5}, \ldots$, trois termes consécutifs quelconques forment une proportion harmonique.

143. Le nombre des vibrations transversales qu'une corde tendue exécute dans l'unité de temps est proportionnel à la racine carrée du poids qui la tend, et inversement proportionnel à sa longueur, à son diamètre, ainsi qu'à la racine carrée de son poids spécifique. Cela posé, une corde de cuivre, ayant $0^m,363$ de longueur, $0^m,0015$ de diamètre et tendue par un poids de $13^{kg},35$, exécute 1999 vibrations en une seconde : on demande combien de vibrations exécutera une corde de platine de $0^m,451$ de longueur, $0^m,00025$ de diamètre, tendue par un poids de $4^{kg},49$. Le poids spécifique du cuivre est $8,8$ et celui du platine $21,5$.

144. 100 parties de l'alliage des caractères d'imprimerie contiennent 80 parties de plomb et 20 parties d'antimoine : on demande combien il entre de plomb et d'antimoine dans $16^{kg},375$ de cet alliage.

145. On a $8^{kg},250$ d'argenterie au titre de $0,950$: on demande combien de cuivre il faut ajouter pour obtenir un alliage propre à faire de la monnaie.

146. Une personne a souscrit trois billets, l'un de 600 francs, payable dans 4 mois ; le deuxième de 1500 francs, payable dans 8 mois ; le troisième de 700 francs, payable dans 10 mois. Elle désire remplacer ces trois billets par un billet unique à l'échéance d'un an. Quel en sera le montant, le taux de l'intérêt étant $4,5$ pour 100 par an ?

147. Un billet payable dans 58 jours a été escompté au taux de 5 pour 100 par an et a produit $1481^{fr},25$. On demande quelle était sa valeur nominale.

148. On appelle *unité de chaleur* la quantité de chaleur nécessaire pour élever de 1 degré C. la température de 1 kilogramme d'eau, et *chaleur spécifique d'un corps* le nombre d'unités de chaleur nécessaire pour élever de 1 degré C. la température de 1 kilogramme de ce corps.

Cela posé, combien faut-il dépenser d'unités de chaleur pour faire passer la température d'un morceau de fer, pesant 37 kilogrammes, de 15 degrés à 85 degrés, sa chaleur spécifique étant, dans cet intervalle, égale à $0,1255$?

149. L'eau, en se congelant, augmente de $\frac{1}{15}$ de son volume ; trouver le poids spécifique de la glace par rapport à l'eau.

150. On demande le volume d'air nécessaire pour brûler entièrement 1 kilogramme de carbone, sachant : 1° que l'air atmosphérique ne renferme en oxygène que les $0,21$ de son volume ; 2° que, dans l'acide carbonique produit par la combustion, le rapport du poids de l'oxygène à celui du carbone est $\frac{8}{3}$; 3° que le poids spécifique de l'oxygène par rapport à l'air est $1,1026$.

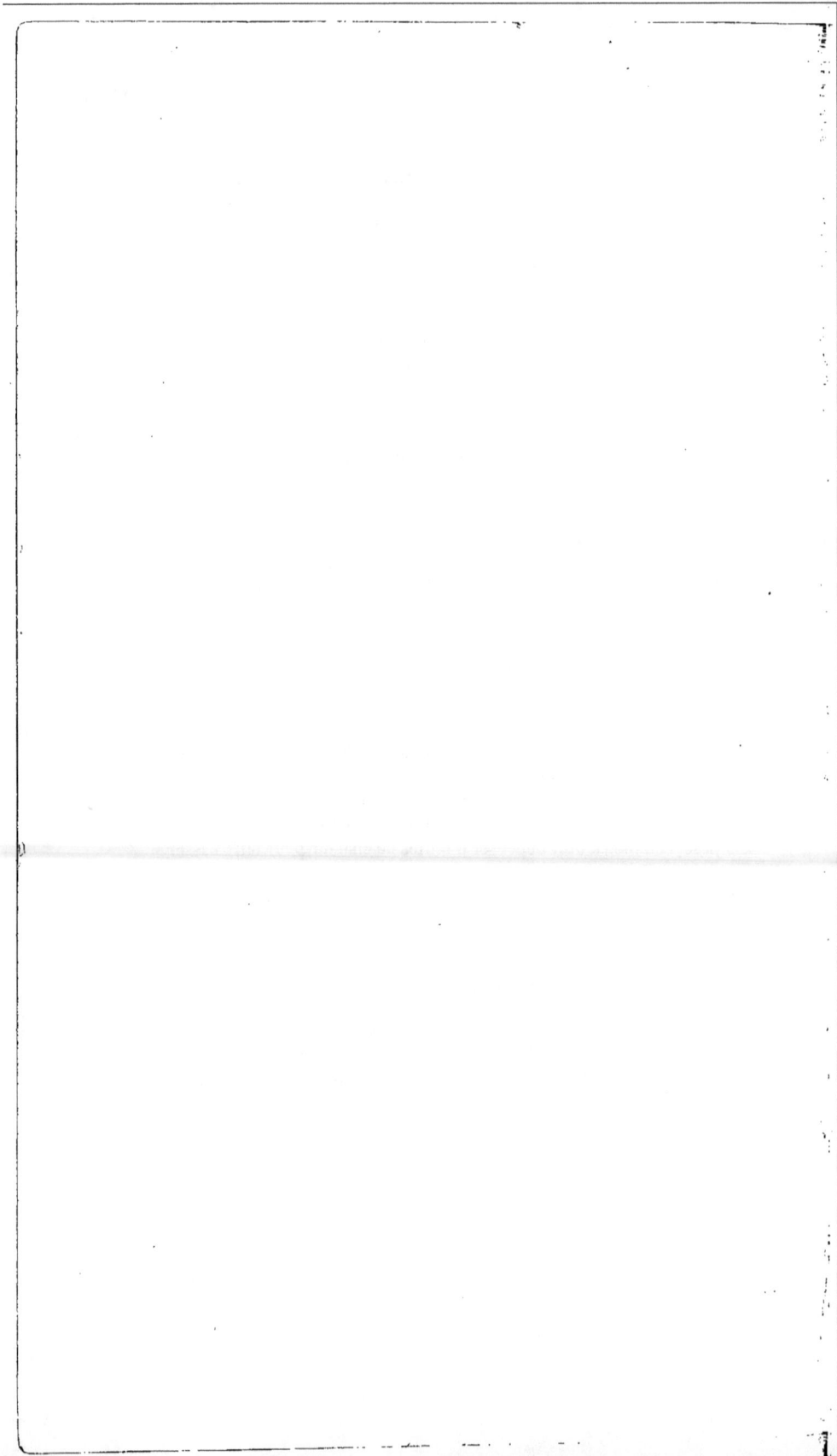

QUESTIONS PROPOSÉES

SUR

L'ALGÈBRE ÉLÉMENTAIRE.

LIVRE PREMIER.

LE CALCUL ALGÉBRIQUE.

1. Diviser $1 + x$ par $1 - x - x^2$.

2. Vérifier que la somme

$$\frac{a^3}{(a-b)(a-c)} + \frac{b^3}{(b-a)(b-c)} + \frac{c^3}{(c-a)(c-b)}$$

est égale à $a + b + c$.

3. Vérifier la formule

$$\frac{x+a}{x-b} = 1 + \frac{a+b}{x} + \frac{b(a+b)}{x^2} + \frac{b^2(a+b)}{x^3} + \ldots.$$

4. Vérifier l'égalité

$$(a^2 + b^2 + c^2)(a'^2 + b'^2 + c'^2) - (aa' + bb' + cc')^2$$
$$= (ab' - ba')^2 + (ac' - ca')^2 + (bc' - cb')^2.$$

5. Effectuer le produit

$$(a + b + c)(a + b - c)(a + c - b)(b + c - a).$$

En rapprochant le premier et le quatrième facteur, le deuxième et le troisième facteur, et en se reportant au théorème démontré (30, **II**), on arrive rapidement au produit

$$2a^2b^2 + 2a^2c^2 + 2b^2c^2 - a^4 - b^4 - c^4.$$

6. Quelle valeur doit-on attribuer au coefficient indéterminé k pour que le polynôme

$$a^4 + ka^3b - 2a^2b^2 + 3ab^3 - b^4$$

soit divisible par $a^2 - ab + b^2$?

On poursuit la division jusqu'au reste du premier degré en a, et, en écrivant que ce reste est nul indépendamment de toute valeur attribuée à a ou à b, on trouve la valeur demandée, qui est $k = 1$.   .

7. Chercher si le polynôme

$$x^3 - 10x^2 + 23x - 14$$

est divisible par le produit $(x - 1)(x - 2)$.

Déterminer le quotient.

8. Vérifier que l'expression

$$\frac{x^2y^2}{a^2b^2} + \frac{(y^2 - a^2)(a^2 - x^2)}{a^2(b^2 - a^2)} + \frac{(b^2 - y^2)(b^2 - x^2)}{b^2(b^2 - a^2)}$$

est égale à l'unité.

9. Réduire la fraction $\dfrac{x^2 - 6x + 5}{x^3 - 31x + 30}$ à sa plus simple expression.

On y arrive facilement en cherchant d'abord quelles valeurs prennent les deux termes du rapport donné lorsqu'on suppose $x = 1$. On doit trouver $\dfrac{1}{x + 6}$.

10. Simplifier la fraction

$$\frac{a(a - c) - c(a + c)}{\dfrac{a}{a + c} - \dfrac{c}{a - c}}.$$

11. Vérifier que la somme

$$\frac{a^4}{(a - b)(a - c)(a - d)} + \frac{b^4}{(b - a)(b - c)(b - d)}$$
$$+ \frac{c^4}{(c - a)(c - b)(c - d)} + \frac{d^4}{(d - a)(d - b)(d - c)}$$

est égale à $a + b + c + d$.

12. Chercher pour quelles valeurs de p et de q le binôme $x^4 + 1$ est exactement divisible par le trinôme $x^2 + px + q$.

13. Vérifier que le polynôme

$$(a + b - x)^m + x^m - a^m - b^m$$

est toujours exactement divisible par le produit $(x-a)(x-b)$. — Calculer le quotient dans le cas de $m=4$.

14. Dans quel cas le polynôme

$$(a+b+c)^m - a^m - b^m - c^m$$

est-il divisible par le produit $(a+b)(b+c)(c+a)$? — Calculer le quotient dans le cas de $m=3$.

15. Vérifier que le polynôme

$$n x^{n+1} - (n+1)x^n + 1$$

est toujours divisible par $(x-1)^2$, et trouver la loi de formation du quotient.

16. Simplifier l'expression

$$\dfrac{x - \dfrac{xz(1-y)}{z+x^2 y}}{1 + \dfrac{x^2(1-y)}{z+x^2 y}}.$$

17. Simplifier l'expression

$$\dfrac{\dfrac{a^2+b^2}{b} - a}{\dfrac{1}{b} - \dfrac{1}{a}} \cdot \dfrac{a^2-b^2}{a^3+b^3}.$$

18. Vérifier que

$$\left(\frac{a}{b}+\frac{b}{a}\right)^2 + \left(\frac{b}{c}+\frac{c}{b}\right)^2 + \left(\frac{c}{a}+\frac{a}{c}\right)^2 = 4 + \left(\frac{a}{b}+\frac{b}{a}\right)\left(\frac{b}{c}+\frac{c}{b}\right)\left(\frac{c}{a}+\frac{a}{c}\right).$$

19. Simplifier l'expression

$$\dfrac{a}{b + \dfrac{c}{d + \dfrac{e}{f}}}.$$

20. Vérifier l'égalité

$$\frac{1}{a^2 b^2} = \frac{1}{(a+b)^2}\left(\frac{1}{a^2}+\frac{1}{b^2}\right) + \frac{2}{(a+b)^3}\left(\frac{1}{a}+\frac{1}{b}\right).$$

21. L'expérience prouve que, lorsqu'une tige verticale, fixée à l'une de ses extrémités, est sollicitée par un certain poids qui agit dans le sens de l'extension de la tige, la résistance variable opposée par la tige est proportionnelle à sa section et, en outre, au rapport de l'allongement qu'elle éprouve à sa longueur primitive. Écrire l'expression algébrique de cette résistance F pour une section A, une longueur primitive L et un allongement variable x.

22. On suppose l'égalité

$$a^2 = b^2 + c^2,$$

et l'on demande si a^3 est plus grand ou plus petit que $b^3 + c^3$.

Pour résoudre la question, on peut comparer $(a^3)^2$ avec $(b^3 + c^3)^2$, en remarquant que $(a^3)^2 = (a^2)^3$.

23. Réduire l'expression

$$\frac{x + \sqrt{x^2 - 1}}{x - \sqrt{x^2 - 1}} - \frac{x - \sqrt{x^2 - 1}}{x + \sqrt{x^2 - 1}}.$$

24. Prouver qu'on a

$$\left[\frac{a + (a^2 - b)^{\frac{1}{2}}}{2} \right]^{\frac{1}{2}} + \left[\frac{a - (a^2 - b)^{\frac{1}{2}}}{2} \right]^{\frac{1}{2}} = \left(a + b^{\frac{1}{2}} \right)^{\frac{1}{2}}.$$

On élève les deux membres au carré.

25. Effectuer le produit

$$(\sqrt{a} + \sqrt{b} + \sqrt{c})(\sqrt{a} + \sqrt{b} - \sqrt{c})(\sqrt{a} - \sqrt{b} + \sqrt{c})(\sqrt{a} - \sqrt{b} - \sqrt{c}).$$

En rapprochant le premier et le quatrième facteur, le deuxième et le troisième facteur, on trouve facilement le résultat demandé

$$a^2 + b^2 + c^2 - 2ab - 2ac - 2bc.$$

26. Simplifier l'expression

$$5\sqrt{98 - 7\sqrt{147}} - \sqrt{162 - 27\sqrt{27}}$$

et prouver qu'elle est égale à $26\sqrt{2 - \sqrt{3}}$.

27. Vérifier que l'expression

$$x = \left[-q + (q^2 + p^3)^{\frac{1}{2}} \right]^{\frac{1}{3}} + \left[-q - (q^2 + p^3)^{\frac{1}{2}} \right]^{\frac{1}{3}}$$

satisfait à la condition

$$x^3 + 3px + 2q = 0.$$

28. Vérifier les égalités

$$\sqrt{8 + \sqrt{15}} = \frac{1}{\sqrt{2}}(\sqrt{15} + 1),$$

$$\sqrt{8 - \sqrt{15}} = \frac{1}{\sqrt{2}}(\sqrt{15} - 1).$$

29. Vérifier l'égalité

$$\sqrt{3 - \sqrt{7}} = \sqrt{\frac{3 + \sqrt{2}}{2}} - \sqrt{\frac{3 - \sqrt{2}}{2}}.$$

30. Vérifier l'identité

$$(a^2 + b^2 + c^2 + d^2)(a'^2 + b'^2 + c'^2 + d'^2) - (aa' + bb' + cc' + dd')^2$$
$$= (ab' - ba')^2 + (ac' - ca')^2 + (ad' - da')^2$$
$$+ (bc' - cb')^2 + (bd' - db')^2 + (cd' - dc')^2,$$

et en conclure que le produit de deux sommes de quatre carrés est lui-même la somme de quatre carrés.

45.

LIVRE DEUXIÈME.

LES ÉQUATIONS DU PREMIER DEGRÉ.

---

31. Résoudre l'équation

$$\frac{3\,abc}{a+b} + \frac{a^2 b^2}{(a-b)^3} + \frac{(2a+b)b^2}{a(a+b)^2}\, x = 3\,cx + \frac{b}{a}\,x.$$

$$\left(x = \frac{ab}{a+b}\cdot \right)$$

32 Résoudre l'équation

$$\frac{7\,x^p}{x+1} + \frac{3\,x^p + 6\,x^{p+2}}{x^2 - 1} = \frac{6\,x^{p+1}}{x-1}\cdot$$

$$(x = 4.)$$

33. Résoudre l'équation

$$2\,x + 2\sqrt{a^2 + x^2} = \frac{5\,a^2}{\sqrt{a^2 + x^2}}\cdot$$

$$\left(x = \frac{3\,a}{4}\cdot \right)$$

34. Un renard poursuivi par un lévrier a 60 sauts d'avance : il en fait 9 pendant que le lévrier en fait 6; mais 3 sauts du lévrier en valent 7 du renard. Au bout de combien de sauts le lévrier atteindra-t-il le renard ? (72 sauts.)

[Il faut prendre pour unité de longueur le saut du lévrier.]

35. Trouver une proportion dont les quatre termes surpassent quatre nombres donnés a, b, c, d, d'une même quantité.

36. Trouver une fraction telle, que si l'on augmente ses deux termes de 3, elle devienne égale à $\frac{5}{7}$, et que si on les diminue de 1, elle devienne égale à $\frac{2}{3}\cdot$ $\left(\frac{17}{25}\cdot \right)$

37. Trouver un nombre qui soit un multiple de 7 plus 2, un multiple de 9 moins 5, et tel, que son quotient par 7 surpasse de 3 unités son quotient par 9. (121.)

38. Un bassin est alimenté par deux tuyaux de conduite. Le premier coulant pendant 7 heures et le second pendant 9 heures, on obtient 189 mètres cubes d'eau. Si l'on ouvre le premier tuyau pendant 4 heures et le second pendant 5 heures, on obtient 107 mètres cubes d'eau. On demande la quantité d'eau fournie par chaque tuyau en 1 heure. (18 mètres cubes, 7 mètres cubes.)

39. Résoudre le système

$$\frac{x}{3} + \frac{y}{5} + \frac{2z}{7} = 58,$$

$$\frac{5x}{4} + \frac{y}{6} + \frac{z}{3} = 76,$$

$$\frac{x}{2} - \frac{y}{5} + \frac{7z}{40} = \frac{174}{5}.$$

$(x = 10,6, \quad y = 11,9, \quad z = 182,1.)$

40. Résoudre le système

$$3,14x - 7,13y + 2,05z = 7,4477,$$
$$0,9\ x + 4,21y - 1,04z = 4,0345,$$
$$2,57x - 0,84y + 2,11z = 10,3608.$$

$(x = 2,94, \quad y = 0,73, \quad z = 1,62.)$

41. Résoudre le système

$$ax + by = 2ab,$$
$$bx + ay = a^2 + b^2.$$

$(y = a, \quad x = b.)$

42. Résoudre le système

$$ax - by + cz = a^2 + b^2 + c^2,$$
$$bx + ay - cz = a^2 + b^2 - c^2,$$
$$-ax + by + cz = c^2 - a^2 - b^2.$$

$(x = a + b, \quad y = a - b, \quad z = c.)$

43. Pour qu'une fraction de la forme $\dfrac{Ax + B}{A'x + B'}$, soit indépendante de x, quelle relation doit exister entre les coefficients constants?

44. Pour qu'une fraction de la forme $\dfrac{Ax + By + C}{A'x + B'y + C'}$ soit indépendante de x et de y, à quelles relations doivent satisfaire les coefficients constants?

45. Inscrire un rectangle de périmètre donné $2p$ dans un triangle de base b et de hauteur h. — Discussion.

46. Résoudre le système

$$ax - by = 2(a^2 + b^2),$$
$$(a - b)(x - a) + (a + b)(y + b) = 2(a^2 - b^2),$$

et vérifier les valeurs obtenues.

$$(x = 2a + b, \quad y = a - 2b.)$$

47. Résoudre le système

$$5x + 3y - 11z = 13,$$
$$4x - 5y + 4z = 18,$$
$$9x - 2y - 7z = 25.$$

(Incompatibilité.)

48. Résoudre le système

$$2x - 3y + 4z = 7,$$
$$3x + 2y - 5z = 8,$$
$$5x - y - z = 15.$$

(Indétermination.)

49. Résoudre le système

$$x + ay + a^2z + a^3u + a^4 = 0,$$
$$x + by + b^2z + b^3u + b^4 = 0,$$
$$x + cy + c^2z + c^3u + c^4 = 0,$$
$$x + dy + d^2z + d^3u + d^4 = 0.$$

$$[x = abcd, \quad y = -(abc + abd + acd + bcd),$$
$$z = ab + ac + ad + bc + bd + cd, \quad u = -(a + b + c + d.)]$$

50. Trouver deux nombres dont la somme, la différence et le produit, soient respectivement proportionnels aux quantités données s, d et p.

51. 10 pierres sont rangées en ligne droite à 1 mètre de distance les unes des autres. Déterminer sur cette droite un point X tel, qu'il y ait n fois plus de chemin à faire pour transporter successivement chaque pierre au point X que pour les transporter à la place occupée par la première pierre. On suppose que l'on parte dans les deux cas de la première pierre. — Discussion. (*Voir* les *Éléments d'Algèbre d'*Eugène Rouché.)

52. Soient s, s', s'' les surfaces de trois prés dans lesquels l'herbe est supposée d'égale hauteur et croît uniformément. Le premier pré ayant nourri n bœufs pendant t jours, et le deuxième n' bœufs pendant t' jours, on demande combien de bœufs le troisième pré peut nourrir pendant t'' jours. (*Arithmétique universelle* de NEWTON.)

53. Deux mobiles parcourent une circonférence de longueur l avec des vitesses v et v'; ils sont séparés au départ par un arc de d mètres. On demande de déterminer les époques de leurs rencontres successives dans les quatre hypothèses suivantes : les deux mobiles marchant dans le même sens ou en sens opposés, le premier part t secondes avant ou après le second.

En introduisant directement dans la question les quantités négatives, réduire à une seule les quatre formules obtenues.

54. Deux triangles rectangles ayant leurs côtés a et b, a' et b', dirigés suivant les mêmes droites, on demande de calculer les longueurs des perpendiculaires abaissées du point d'intersection des deux hypoténuses sur les côtés confondus. — Discussion.

55. Les trois aiguilles d'une montre à secondes sont ensemble sur midi ; chercher à quelle heure l'aiguille des secondes est la bissectrice de l'angle des deux autres aiguilles.

56. Des trois sommets d'un triangle, dont les côtés a, b, c sont donnés, on décrit trois circonférences tangentes deux à deux : trouver les rayons de ces circonférences.

57. Calculer les trois côtés d'un triangle dont on connaît les trois médianes α, β, γ.

58. Trouver sur l'hypoténuse d'un triangle rectangle un point tel, que la somme de ses distances aux deux côtés de l'angle droit soit égale à une quantité donnée k. — Discussion.

59. Calculer le côté du carré inscrit dans un triangle donné. — Discussion.

60. Étant donnés trois mélanges composés de trois substances différentes, déterminer les quantités qu'on doit prendre de chacun d'eux pour former un nouveau mélange tel, que les substances considérées s'y trouvent dans des rapports désignés.

61. Trouver les arêtes d'un parallélépipède rectangle, sachant qu'elles sont proportionnelles aux nombres a, b, c, et que, si elles varient respectivement des quantités m, n, p, l'aire totale du parallélépipède varie de la quantité s.

62. Inscrire dans un cercle de rayon donné un triangle isocèle dont base et la hauteur soient dans un rapport donné.

63. On donne une circonférence de rayon r, un point A situé dans son plan à une distance d du centre, et une droite $AB = b$, menée du point A

à un point B de la circonférence: trouver la longueur de la corde interceptée par la circonférence sur la droite AB prolongée. — Discussion.

64. Calculer la valeur du déterminant

$$\begin{vmatrix} 5 & -10 & 11 & 0 \\ -10 & -11 & 12 & 4 \\ 11 & 12 & -11 & 2 \\ 0 & 4 & 2 & -6 \end{vmatrix}.$$

(8100.)

65. Calculer la valeur du déterminant

$$\begin{vmatrix} 7 & -2 & 0 & 5 \\ -2 & 6 & -2 & 2 \\ 0 & -2 & 5 & 3 \\ 5 & 2 & 3 & 4 \end{vmatrix}.$$

(−972.)

66. Calculer la valeur du déterminant

$$\begin{vmatrix} 25 & -15 & 23 & -5 \\ -15 & -10 & 19 & 5 \\ 23 & 19 & -15 & 9 \\ -5 & 5 & 9 & -5 \end{vmatrix}.$$

(194400.)

67. Vérifier l'identité

$$\begin{vmatrix} (b+c)^2 & a^2 & a^2 \\ b^2 & (c+a)^2 & b^2 \\ c^2 & c^2 & (a+b)^2 \end{vmatrix} = 2abc(a+b+c)^3.$$

68. Vérifier les identités

$$\begin{vmatrix} 0 & 1 & 1 & 1 \\ 1 & 0 & z^2 & y^2 \\ 1 & z^2 & 0 & x^2 \\ 1 & y^2 & x^2 & 0 \end{vmatrix} = \frac{1}{x^2 y^2 z^2} \begin{vmatrix} 0 & x & y & z \\ x & 0 & xyz^2 & xy^2z \\ y & xyz^2 & 0 & x^2yz \\ z & xyz & x^2yz & 0 \end{vmatrix}$$

$$= \begin{vmatrix} 0 & x & y & z \\ x & 0 & z & y \\ y & z & 0 & x \\ z & y & x & 0 \end{vmatrix} = -(x+y+z)(y+z-x)(z+x-y)(x+y-z).$$

(Ce déterminant représente seize fois le carré de l'aire du triangle dont les côtés sont $x, y, z.$)

69. Vérifier l'identité

$$\begin{vmatrix} o & c & b & d \\ c & o & a & e \\ b & a & o & f \\ d & e & f & o \end{vmatrix} = a^2 d^2 + b^2 e^2 + c^2 f^2 - 2\,abde - 2\,bcef - 2\,adcf.$$

70. Démontrer que l'inégalité

$$3(1 + a^2 + a^4) > (1 + a + a^2)^2$$

est satisfaite pour toute valeur positive ou négative de a.

71. Démontrer que les deux relations

$$l^2 + m^2 + p^2 = 1 \quad \text{et} \quad l'^2 + m'^2 + p'^2 = 1$$

entraînent l'inégalité

$$ll' + mm' + pp' < 1.$$

72. Démontrer l'inégalité

$$\left(\frac{a^2}{b}\right)^{\frac{1}{2}} + \left(\frac{b^2}{a}\right)^{\frac{1}{2}} > \sqrt{a} + \sqrt{b}.$$

73. Deux points F et F' étant situés à la distance $2c$ l'un de l'autre, et un point M de leur plan satisfaisant à la condition

$$FM + F'M = 2a,$$

a étant une constante supérieure à c, trouver entre quelles limites peut varier la distance FM.

74. Démontrer l'inégalité

$$(a + b - c)^2 + (a + c - b)^2 + (b + c - a)^2 > ab + bc + ca.$$

75. Démontrer les inégalités

$$6\,abc < ab(a + b) + bc(b + c) + ca(c + a) < 2(a^3 + b^3 + c^3).$$

LIVRE TROISIÈME.

LES ÉQUATIONS DU SECOND DEGRÉ.

———

76. Résoudre l'équation

$$\frac{a-b}{4(x-a)} + \frac{x+2b}{a+b} = 2.$$

$$\left(x' = \frac{3a+b}{2}, \quad x'' = \frac{3a-b}{2}.\right)$$

77. Résoudre l'équation

$$\frac{x+a}{x-a} + \frac{x+b}{x-b} + 2\,\frac{a^2-6ab+b^2}{(a+b)(a-3b)} = 0.$$

$$\left(x' = \frac{a-b}{2}, \quad x'' = -\frac{4ab^2}{a^2-4ab+b^2}.\right)$$

78. Résoudre l'équation

$$(7 - 4\sqrt{3})x^2 + (2 - \sqrt{3})x - 2 = 0.$$

$$\left[x' = 2 + \sqrt{3}, \quad x'' = -2(2 + \sqrt{3}).\right]$$

79. Résoudre l'équation

$$\sqrt{2x+9} + \sqrt{3x-15} = \sqrt{7x+8}.$$

$$\left(x' = 8, \quad x'' = -\frac{23}{5}.\right)$$

80. Résoudre l'équation

$$ax^3 + x + a + 1 = 0.$$

81. Résoudre l'équation

$$\sqrt{2x+4} - 2\sqrt{2-x} = \frac{12x-8}{\sqrt{9x^2+16}}.$$

$$\left(x = \pm\frac{4\sqrt{2}}{3}, \quad x = \frac{2}{3}.\right)$$

82. Résoudre l'équation

$$\frac{4a^2x}{3x-a} = \frac{b^2(3x+a)}{x-b}.$$

Comparer les résultats donnés par l'équation et la formule générale de résolution, lorsqu'on suppose $3b = 2a$.

83. Former une équation qui admette les solutions

$$x = 0, \quad x = \pm(a+b) \quad x = \pm(a-b),$$

et vérifier le résultat obtenu.

84. Déterminer q dans l'équation

$$x^2 - 13x + q = 0,$$

de manière que la différence des carrés des deux racines soit égale à 39.

$(q = 40.)$

85. Déterminer p dans l'équation

$$x^2 - px + 15 = 0,$$

de manière que la différence des carrés des deux racines soit égale à 16.

$(p = \pm 8, \quad p = \pm 2i.)$

86. Résoudre l'équation

$$2x^2 + 3x - 5\sqrt{2x^2 + 3x + 9} + 3 = 0.$$

(On pose $2x^2 + 3x = z$.)

87. Chercher la relation qui doit exister entre les coefficients de l'équation

$$ax^2 + bx + c = 0,$$

pour que ses racines x' et x'' satisfassent à la condition

$$mx' + nx'' = k;$$

m, n, k sont des nombres donnés.

88. Les quatre points A, B, A', B' étant sur une circonférence, et C étant le point de rencontre des droites AB et A'B', on donne les longueurs des cordes AB $= b$, A'B' $= b'$, et la distance CA $= a$; calculer la distance CA' $= x$ à moins de $0^M,0005$, en appliquant la formule trouvée aux données suivantes : $b = 2^M,008$, $a = 0^M,5$, $b' = 2^M,6$. $\quad (x = 0^M,417.)$

89. Trouver le nombre de côtés d'un polygone, sachant qu'il a 275 diagonales.

90. On suppose qu'on commence à faire mouvoir le piston d'une pompe aspirante : trouver à quelle hauteur l'eau s'élève dans le tuyau d'aspiration après le premier, le deuxième, le troisième,... coup de piston, et chercher combien de coups de piston sont nécessaires pour que l'eau gagne la soupape d'aspiration.

91. Trouver les côtés d'un triangle rectangle, sachant que ces côtés sont exprimés par trois nombres entiers consécutifs.

92. Les trois arêtes d'un parallélépipède rectangle sont proportionnelles aux nombres a, b, c, et, si on les augmente respectivement des longueurs m, n, p, le volume du parallélépipède s'accroît de k mètres cubes : calculer ces trois arêtes.

93. On demande de construire sur l'une des faces d'un cube un tronc de pyramide de même hauteur, de manière que le rapport des deux volumes soit égal à k. — Discussion.

94. Couper une sphère par un plan perpendiculaire à un diamètre donné, de manière que la section obtenue soit équivalente à la différence des deux calottes sphériques déterminées par le plan sécant.

95. Couper une sphère par deux plans perpendiculaires à un diamètre donné et également distants du centre de la sphère, de manière que la somme des sections obtenues soit équivalente à la zone limitée par les deux plans sécants.

96. Trouver sur la droite indéfinie déterminée par deux points donnés A et B un point tel, que sa distance au point A soit *moyenne harmonique* entre sa distance au point B et la longueur AB (voir *Questions proposées sur l'Arithmétique*, n° 141).

97. Un tube recourbé, parfaitement calibré (*manomètre à air comprimé*), renferme du mercure, qui est de niveau dans les deux branches sous la pression atmosphérique représentée par la hauteur barométrique normale $0^M,76$. La branche fermée contient de l'air sec, occupant un volume v qui répond à une longueur de n millimètres. On demande de combien le mercure doit s'élever dans la branche fermée pour que la pression qui s'exerce dans la branche ouverte soit équivalente à k atmosphères. On regarde la température comme constante et égale à zéro degré. — Discussion.

98. Un tube cylindrique en verre, parfaitement calibré et fermé à sa partie supérieure, contient de l'air sec. On le plonge dans une cuve à mercure, de manière que le niveau du mercure soit le même à l'intérieur et à l'extérieur du tube. Le tube s'élève alors de a centimètres au-dessus du niveau de la cuve. On demande quelle hauteur le mercure doit atteindre dans le tube, par rapport au niveau du réservoir, lorsqu'on soulève ce tube de manière qu'il s'élève de b centimètres au-dessus du même ni-

veau. La pression atmosphérique est connue et représentée par H. — Discussion.

99. Étant donné un triangle équilatéral de côté a, on prend sur chacun de ses côtés, à partir d'un sommet et dans le même sens, une longueur constante égale à x. En joignant les points ainsi obtenus, on forme un second triangle équilatéral. — Déterminer x de manière que le côté de ce triangle soit égal à b. — Discussion.

100. Résoudre les équations

$$xy = 17 \quad \text{et} \quad x^2 + y^2 = 132,65.$$

$$(x = \pm 11,42, \quad y = \pm 1,49, \quad x = \pm 1,49, \quad y = \pm 11,42.)$$

101. Résoudre les deux équations

$$x + y = 2a \quad \text{et} \quad \frac{x}{y} - \frac{y}{x} = \frac{4ab}{a^2 - b^2}.$$

$$\left[x' = a + b, \quad y' = a - b, \quad x'' = \frac{a(b-a)}{b}, \quad y'' = \frac{a(b+a)}{b}. \right]$$

102. Résoudre le système

$$x + y = 11, \quad x^3 + y^3 = 341.$$

$$(x' = 6, \quad y' = 5, \quad x'' = 5, \quad y'' = 6.)$$

103. Résoudre le système

$$x^3 - y^3 = 24a^2 b + 2b^3, \quad x - y = 2b.$$

$$(x = \pm 2a + b, \quad y = \pm 2a - b.)$$

104. Résoudre le système

$$y - x = a + b, \quad \frac{y}{x} - \frac{x}{y} = \frac{a^2 - b^2}{ab}.$$

$$\left[x' = \frac{b(a+b)}{a-b}, \quad y' = \frac{a(a+b)}{a-b}, \quad x'' = -a, \quad y'' = b. \right]$$

105. Trouver quatre nombres proportionnels aux nombres 2, 5, 9, 11, sachant que la somme des carrés des trois premiers nombres demandés est égale à 2750.

$$(x = 10, \quad y = 25, \quad z = 45, \quad u = 55.)$$

106. Résoudre le système

$$xy = 108, \quad 3xy - x^2 + y^2 = 36,$$

et vérifier les solutions obtenues.

$$(x = \pm 18, \quad y = \pm 6, \quad x = \pm 6i, \quad y = \mp 18i.)$$

107. Résoudre le système

$$x - y + \sqrt{\frac{x-y}{x+y}} = \frac{20}{x+y}, \quad x^2 + y^2 = 34.$$

108. Trouver les côtés d'un triangle rectangle, connaissant l'hypoténuse et la somme obtenue en ajoutant la hauteur correspondante aux deux côtés de l'angle droit.

109. Trouver les côtés d'un triangle rectangle, connaissant la hauteur et la somme des côtés de l'angle droit.

110. Résoudre le système

$$3x^2 - 4xy + 2y^2 = 17, \quad y^2 - x^2 = 16.$$

$$\left(x = \pm 3, \quad y = \pm 5; \quad x = \pm \frac{5}{3}, \quad y = \pm \frac{13}{3}.\right)$$

111. Résoudre le système

$$x + y = a, \quad x^5 + y^5 = b^5.$$

112. Résoudre le système

$$4(x+y) = 3xy, \quad x + y + x^2 + y^2 = 26.$$

$$(x = 4, \quad y = 2; \quad x = 2, \quad y = 4.)$$

113. Résoudre le système

$$\frac{x^2}{y} + \frac{y^2}{x} = 18, \quad x + y = 12.$$

$$(x = 8, \quad y = 4; \quad x = 4, \quad y = 8.)$$

114. Résoudre le système

$$x(12 - xy) = y(xy - 3), \quad xy(y + 4x - xy) = 12(x + y - 3).$$

$$\left(x = 0, \ y = 0; \quad x = \pm 3i, \ y = 3 \mp 3i; \quad x = \pm\sqrt{3}, \ y = \pm 2\sqrt{3}.\right)$$

115. Résoudre le système

$$\sqrt{\frac{x}{y}} + \sqrt{\frac{y}{x}} = \frac{7}{\sqrt{xy}} + 1, \quad \sqrt{xy}(x+y) = 78.$$

$$(x = 4, \quad y = 9; \quad x = 9, \quad y = 4.)$$

116. Résoudre le système

$$\sqrt{\frac{a^2 - x^2}{y^2 - b^2} + \frac{y^2 - b^2}{a^2 - x^2}} + \sqrt{\frac{a^2 + x^2}{y^2 + b^2} + \frac{y^2 + b^2}{a^2 + x^2}} = 4, \quad xy = ab.$$

$$\left(x = \pm b\sqrt{2 \pm \sqrt{3}}, \quad y = \pm a\sqrt{2 \mp \sqrt{3}}.\right)$$

117. Résoudre le système

$$\frac{x}{a} + \frac{y}{b} = 1, \quad \frac{x}{a} + \frac{z}{c} = 1, \quad yz = bc.$$

$$(x = 0, \quad y = b, \quad z = c; \quad x = 2a, \quad y = -b, \quad z = -c.)$$

118. Résoudre le système

$$\frac{1}{x} + \frac{1}{y} + \frac{1}{z} = 9, \quad \frac{2}{x} + \frac{3}{y} = 13, \quad 8x + 3y = 5.$$

$$\left(x = \frac{1}{2}, \quad y = \frac{1}{3}, \quad z = \frac{1}{4}; \quad x = \frac{5}{26}, \quad y = \frac{15}{13}, \quad z = \frac{15}{44}. \right)$$

119. Résoudre le système

$$3x + 3y - z = 3,$$

$$x^2 + y^2 - z^2 = \frac{14 - 9z}{2},$$

$$x^3 + y^3 + z^3 = 3xyz + \frac{17z + 44}{4}.$$

$$\left(x = \frac{3}{2}, \quad y = \frac{1}{2}, \quad z = 3; \quad x = \frac{1}{2}, \quad y = \frac{3}{2}, \quad z = 3. \right)$$

120. Résoudre le système

$$x^2 + xy + y^2 = c^2,$$

$$x^2 + xz + z^2 = b^2,$$

$$y^2 + yz + z^2 = a^2.$$

[On dirige le calcul de manière à déterminer d'abord la somme

$$(xy + xz + yz).]$$

121. Trouver les quatre termes d'une proportion, connaissant leur somme, celle de leurs carrés et celle de leurs cubes.

122. Par un point pris sur la bissectrice d'un angle droit, mener une droite telle, que la partie interceptée sur elle par les côtés de l'angle ou leurs prolongements ait une longueur donnée (*Problème de* Pappus).

123. Inscrire dans un angle donné une droite de longueur donnée, de manière que le triangle ainsi formé soit équivalent à un carré donné. — Discussion.

124. Couper une sphère donnée par un plan tel, que le segment sphérique à une base ainsi déterminé soit équivalent au cône de même base qui a son sommet au centre de la sphère. — Discussion.

125. Couper une sphère donnée par un plan tel, que le segment sphé-

rique à une base ainsi déterminé soit dans un rapport donné avec le sec-
teur sphérique qui lui correspond. — Discussion.

126. Calculer les côtés d'un triangle rectangle, connaissant son périmètre $2p$ et la somme $\frac{2}{3}\pi r^3$ des volumes engendrés par ce triangle en
tournant successivement autour de chaque côté de l'angle droit.

127. Inscrire dans une circonférence donnée un triangle isoscèle, connaissant la somme de sa base et de sa hauteur.

128. Inscrire dans une sphère donnée un tronc de cône de hauteur
et de volume donnés.

129. Circonscrire à une sphère donnée un tronc de cône dont l'aire
totale ait un rapport donné avec l'aire de la sphère.

130. Inscrire dans une sphère donnée un cylindre tel, que le rapport
de son volume à la somme des volumes des segments sphériques que ses
bases déterminent soit égal à un nombre donné. — Discussion.

131. Étant donnée l'équation

$$5x^2 - 12xy + 4y^2 + 54x - 4y - 139 = 0,$$

on demande entre quelles limites on doit faire varier x pour que la valeur
de y reste réelle, et entre quelles limites on doit faire varier y pour que
la valeur de x reste réelle.

$(x < 5$ ou > 7, y quelconque.)

132. Quelle est la marche à suivre pour résoudre l'équation

$$x^4 + ax^3 + bx^2 - ax + 1 = 0?$$

Appliquer cette marche à l'équation

$$x^4 + 4x^3 - 6x^2 - 4x + 1 = 0.$$

133. Partager un nombre donné a en deux parties telles, que la somme
de m fois le carré de la première et de p fois le carré de la seconde soit
un minimum.

134. Étant donnée une droite limitée AB, la diviser en deux parties AC
et BC telles, que la somme

$$\overline{AC}^2 + 3\overline{BC}^2$$

soit un minimum. $\left(AC = \frac{3}{4}AB.\right)$

135. Étant données les hauteurs h et h' de deux cylindres de révolution, on demande de déterminer leurs rayons x et x', de manière que la somme de leurs aires latérales soit égale à $4\pi a^2$ et que la somme v de leurs volumes soit un minimum. $\left(v = \dfrac{4\pi a^4}{h+h'}, \quad x = x' = \dfrac{2a^2}{h+h'}. \right)$

136. Inscrire dans une sphère donnée un cône dont l'aire latérale soit un maximum.

$\left(\text{La hauteur du cône cherché est les } \dfrac{4}{3} \text{ du rayon de la sphère.} \right)$

137. Parmi tous les parallélépipèdes rectangles dont les diagonales ont la même longueur, quel est celui de surface maximum? (Le cube.)

138. Prouver que, la somme $x + y = a$ étant donnée, la règle qui conduit au maximum du produit $x^p y^q$ est encore applicable au cas où les quantités positives p et q sont fractionnaires.

139. Diviser un nombre donné en deux parties telles que, si l'on divise la première par la seconde et la seconde par la première, la somme des quotients obtenus soit un minimum.

140. Diviser un nombre donné en deux parties telles, que la somme de leurs racines carrées soit un maximum.

141. Chercher le maximum et le minimum de l'expression

$$\frac{(x-a)(x-b)}{x}.$$

142. Étant donné un cercle tangent aux deux côtés d'un angle droit, mener à ce cercle une troisième tangente telle, que l'aire du triangle rectangle ainsi déterminé soit un maximum ou un minimum.

143. Trouver, parmi tous les cônes de révolution dont l'aire totale est la même, celui de volume maximum, et vérifier qu'il est semblable au cône de volume minimum circonscrit à la sphère (*voir* n° 289).

144. Trouver, parmi tous les cônes de révolution qui ont même apothème, celui de volume maximum.

145. Une localité A se trouve placée à une distance moyenne $AB = d$ d'une ligne de chemin de fer XY, et ses habitants se rendent souvent à une ville D placée sur cette ligne. En quel point C doivent-ils prendre le chemin de fer, pour que le temps qu'ils mettent à parcourir la route AC en voiture et la portion de chemin de fer CD en wagon soit un minimum? Les vitesses en voiture et en wagon sont de v kilomètres et de v' kilomètres par heure, et la distance BD est égale à a. — Discussion.

146. Trouver, parmi tous les cylindres qui ont même aire totale, celui de volume maximum.

DE C. — *Cours.* I.

147. Inscrire dans une sphère donnée le parallélépipède rectangle de volume maximum.

148. Sur une droite limitée AB, de longueur donnée a, on prend un point C; sur AC, on construit un triangle équilatéral ADC, et, sur CB, on construit un carré CBFG. En joignant le sommet D du triangle équilatéral au sommet G du carré, on forme un pentagone ABFGD. Chercher pour quelle position du point C l'aire de ce pentagone est un maximum ou un minimum.

149. Résoudre le système

$$x + y = a.$$
$$xy - 3x - 5y = b.$$

Si l'on suppose a donné, entre quelles limites peut varier b pour que les valeurs de x et de y restent réelles? Inversement, si b est donné, entre quelles limites peut varier a pour que la même condition soit remplie?

150. Par un sommet d'un triangle ou d'un carré donné, mener dans son plan une droite telle, que le volume engendré par la rotation du triangle ou du carré autour de cette droite soit un maximum.

151. Parmi tous les trapèzes isoscèles dont la petite base et les côtés non parallèles conservent les mêmes longueurs a et c, trouver celui dont l'aire est maximum.

152. Inscrire dans un demi-cercle donné le trapèze de périmètre maximum.

(Ce trapèze est un demi-hexagone régulier.)

153. On donne, sur une première droite AA', deux points fixes a et b, et l'on fait glisser sur une seconde droite BB' un segment cd de longueur constante; pour quelle position du segment cd l'aire de la pyramide $abcd$ est-elle un minimum?

154. Couper un tétraèdre ABCD par un plan parallèle à deux arêtes opposées AC et BD, de manière que l'aire de la section obtenue EFGH soit un minimum.

155. De tous les triangles rectangles de même périmètre, quel est celui dans lequel la hauteur correspondant à l'hypoténuse est un maximum?

156. On a deux parallèles AB et CD coupées par une sécante BC; par un point D, donné sur la seconde parallèle, on mène une seconde sécante DOA. Pour quelle position de cette sécante la somme des aires des deux triangles DOC, AOB est-elle un maximum ou un minimum?

157. Trouver sur une droite donnée un point tel, que la somme de ses distances à deux points donnés, situés dans un même plan avec la droite, soit un minimum.

158. Sur la droite qui joint les centres de deux sphères données, trouver entre ces deux centres un point tel, que la somme des zones vues de ce point sur les deux sphères soit un maximum.

159. On donne un prisme hexagonal régulier $ABCDEFA'B'C'D'E'F'$, et l'on prend un point S quelconque sur le prolongement de son axe OO'; par ce point et par les côtés du triangle équilatéral ACE, on fait passer trois plans. Ces plans détachent du prisme trois tétraèdres, dont les bases sont les triangles ABC, CDE, EFA, et dont es sommets H, K, L sont situés sur les arêtes latérales BB', DD', FF', et les remplacent par un tétraèdre unique SACE, placé au-dessus du prisme.

Le volume du décaèdre ainsi formé est indépendant de la position du point S et toujours équivalent à celui du prisme considéré. Cela posé, on demande pour quelle position du point S la surface de ce décaèdre est un minimum.

(C'est le problème de la construction géométrique des ALVÉOLES DES ABEILLES; *voir* les *Éléments d'Algèbre* d'EUGÈNE ROUCHÉ.)

160. Chercher le minimum de l'expression

$$a x^m + \frac{b}{x^n} \cdot$$

161. Étudier les variations de la fonction

$$y = \frac{x^2 + 2x - 3}{x^2 - 8x + 12}$$

et construire la courbe représentative.

162. Étudier les variations de la fonction

$$y = \frac{x^2 - 9x + 12}{x^2 - 3x + 2} \cdot$$

et construire la courbe représentative.

163. Étudier les variations de la fonction

$$y = \frac{3x^2 + 2x - 3}{4x^2 - 10x + 7}$$

et construire la courbe représentative.

164. Étudier les variations de la fonction

$$y = \frac{x^2 - 4x - 5}{x^2 - 2x + 1}$$

et construire la courbe représentative.

165. Étudier les variations de la fonction

$$y = \frac{x^2 + 2x + 1}{x^2 - 2x + 1}$$

et construire la courbe représentative.

166. Étudier les variations de la fonction

$$y = \frac{x^2 + 4x}{x^2 + 4x + 4}$$

et construire la courbe représentative.

167. Étudier les variations de la fonction

$$y = \frac{2x^2 + 3x - 2}{x^2 + 4x + 4}$$

et construire la courbe représentative.

168. Étudier les variations de la fonction

$$y = \frac{3x^2 - 3}{2x^2 - 8}$$

et construire la courbe représentative.

169. Étudier les variations de la fonction

$$y = \frac{2x^2 - 5x - 4}{5x^2 - 8x - 10}$$

et construire la courbe représentative.

170. Inscrire dans une demi-circonférence donnée le rectangle d'aire maximum.

171. Étant donné un quadrant, parmi tous les triangles qu'on forme en menant une tangente à l'arc du quadrant jusqu'à la rencontre des rayons qui le limitent, quel est celui dont l'aire est minimum?

172. Étant donné un angle RAS et un point fixe P, mener par ce point une droite DE telle, que la somme des segments AD et AE, qu'elle intercepte sur les côtés de l'angle, soit un minimum.

173. Le sommet A de l'angle droit d'un triangle rectangle ABC repose sur une droite DE. Si le triangle ABC tourne autour du point A, en restant dans son plan, quelle doit être sa position pour que la somme des perpendiculaires BD et CE, abaissées des sommets B et C sur la droite DE, soit un maximum? Pour quelle position du même triangle ABC la somme des aires des deux triangles ADB, AEC est-elle un maximum?

174. On donne une demi-circonférence de centre C et de diamètre AB, et un point fixe P sur le rayon CB; trouver sur la demi-circonférence un point D tel, que la somme des distances DA et DP soit un maximum.

175. On donne le diamètre AB d'un cercle; trouver sur ce diamètre un point C tel, que l'aire du rectangle, qui a pour dimensions la distance AC et la corde DE, menée perpendiculairement par le point C au diamètre AB, soit un maximum.

176. Trouver, à l'intérieur d'un triangle, un point tel, que la somme des carrés des droites qui le joignent aux trois sommets du triangle soit un minimum.

LIVRE QUATRIÈME.

PROGRESSIONS ET LOGARITHMES. — FORMULE DU BINOME.

———

177. Chercher la condition pour que trois nombres donnés a, b, c puissent faire partie d'une même progression par différence ou par quotient.

178. Quels sont les nombres commensurables qui peuvent faire partie d'une progression par quotient renfermant les termes 1 et 10?

179. Quelles sont les progressions par différence dans lesquelles la somme de deux termes quelconques fait aussi partie de la progression?

180. Quelles sont les progressions par quotient dans lesquelles le produit de deux termes quelconques fait aussi partie de la progression?

181. Si, dans une suite de nombres, chacun est la demi-somme de ceux qui le comprennent, cette suite est une progression par différence; elle est une progression par quotient, si chacun des nombres qui la composent est moyen proportionnel entre ceux qui le comprennent.

182. Trouver la limite de la somme des fractions

$$\frac{1}{2} + \frac{2}{4} + \frac{3}{8} + \frac{4}{16} + \frac{5}{32} + \frac{6}{64} + \frac{7}{128} + \ldots,$$

dont les numérateurs forment une progression par différence et les dénominateurs une progression par quotient.

(La limite cherchée est 2, somme des termes de la progression indéfinie

$$1 + \frac{1}{2} + \frac{1}{4} + \frac{1}{8} + \frac{1}{16} + \frac{1}{32} + \ldots.$$

Il faut décomposer la somme donnée en une série de progressions partielles, dont les sommes respectives constituent les termes de la progression indiquée.)

183. La production du fer en France a été, en 1826, de 1 156 850 quintaux métriques, et, en 1847, de 3 601 901 quintaux métriques; calculer ce qu'elle devrait être en 1876, si l'accroissement annuel de la production pouvait être regardé comme constant.

184. Deux courriers A et B suivent une même route dans le même sens. A est en arrière de 1500 mètres; mais il va deux fois plus vite que B. Montrer que, pour rencontrer B, A doit parcourir

$$1500^M + \frac{1500^M}{2} + \frac{1500^M}{4} + \dots,$$

et calculer le chemin total. — Généraliser la question.

185. Démontrer que si, dans une progression par quotient, on prend quatre termes tels, qu'entre le premier et le deuxième il y ait autant de termes qu'entre le troisième et le quatrième, les quatre termes considérés forment une proportion.

186. Démontrer que la somme des carrés des n premiers nombres entiers a pour expression

$$\frac{n(n+1)(2n+1)}{6}.$$

187. Démontrer que la somme des cubes des n premiers nombres entiers est égale au carré de la somme de leurs carrés.

188. Démontrer que, si a^2, b^2, c^2 sont en progression par différence, il en est de même des fractions

$$\frac{1}{b+c}, \quad \frac{1}{c+a}, \quad \frac{1}{a+b}.$$

189. Trouver la somme des n premiers termes de la suite

$$1 - 3 + 5 - 7 + 9 - 11 + \dots.$$

190. Trouver la somme des n premiers termes de la suite

$$1 - 2 + 3 - 4 + 5 - 6 + \dots.$$

191. Trouver la somme des n premiers termes de la suite

$$1.2 + 2.3 + 3.4 + 4.5 + 5.6 + 6.7 + \dots.$$

$$\left[\frac{n(n+1)(n+2)}{3}. \right]$$

192. Démontrer que, si a, b, c, d sont en progression par quotient, on a

$$(a^2 + b^2 + c^2)(b^2 + c^2 + d^2) = (ab + bc + cd)^2$$

et

$$(a - d)^2 = (b - c)^2 + (c - a)^2 + (d - b)^2.$$

193. Trouver la somme des n premiers termes de la suite

$$a + (a+b)r + (a+2b)r^2 + (a+3b)r^3 + (a+4b)r^4 + \dots.$$

$$\left\{ \frac{a - [a + (n-1)b]r^n}{1 - r} + \frac{br(1 - r^{n-1})}{(1-r)^2}. \right\}$$

194. Trois nombres, dont la somme est 15, sont en progression par différence; si on les augmente respectivement de 1, 4 et 19, ils deviennent en progression par quotient; trouver ces nombres.

(2, 5, 8.)

195. On a quatre nombres, dont les trois premiers sont en progression par quotient et les trois derniers en progression par différence; la somme des deux extrêmes est 14, la somme des deux intermédiaires est 12; trouver ces nombres.

(2, 4, 8, 12.)

196. Dans une progression par différence, on donne le premier terme, la raison et la somme des termes; trouver le nombre des termes et le dernier terme. — Discussion.

197. Dans une progression par différence, on donne le dernier terme, la raison et la somme des termes; trouver le nombre des termes et le premier terme. — Discussion.

198. Démontrer que, si a, b, c sont en progression par différence, on a

$$\frac{2}{9}(a+b+c)^3 = a^2(b+c) + b^2(c+a) + c^2(a+b);$$

et que, si les mêmes nombres sont en progression par quotient, on a

$$a^2 b^2 c^2 \left(\frac{1}{a^3} + \frac{1}{b^3} + \frac{1}{c^3} \right) = a^3 + b^3 + c^3.$$

199. Trouver la limite de la somme des termes de la suite indéfinie

$$a + ar + (a+ab)r^2 + (a+ab+ab^2)r^3 + (a+ab+ab^2+ab^3)r^4 + \dots,$$

r et br étant moindres que l'unité.

$$\left[\frac{a(1 - br + br^2)}{(1-r)(1-br)}. \right]$$

200. Si $\varphi(n)$ représente la somme des n premiers termes d'une progression par différence, on a

$$\varphi(n+3) - 3\varphi(n+2) + 3\varphi(n+1) - \varphi(n) = 0.$$

201. S_n représentant la somme des n premiers termes d'une progression par quotient donnée, trouver l'expression de la somme

$$S_1 + S_2 + S_3 + \dots + S_n.$$

[a étant le premier terme et q la raison de la progression donnée, l'expression demandée est

$$\frac{aq(q^n - 1)}{(q-1)^2} - \frac{na}{q-1}.$$]

202. Si S représente la somme des n premiers termes de la progression $\div a : aq : aq^2 : \ldots$, si S' représente la somme des n premiers termes de la progression $\div a : aq^{-1} : aq^{-2} : \ldots$, et si l est le dernier terme de la première progression, on a

$$aS = lS'.$$

203. [Dans une progression par quotient indéfiniment décroissante, chaque terme est dans un rapport constant avec la somme de tous ceux qui le suivent. Écrire la progression dans laquelle le rapport constant indiqué est égal à p.

204. Deux progressions, l'une par différence, l'autre par quotient, ont les mêmes termes extrêmes et le même nombre de termes; dans laquelle de ces progressions la somme des termes est-elle la plus grande?

205. En joignant les milieux des côtés d'un quadrilatère quelconque, on obtient un parallélogramme; en opérant de même sur ce parallélogramme et sur les suivants, on a une suite indéfinie de parallélogrammes inscrits les uns dans les autres; chercher la limite de la somme de leurs aires.

206. En joignant les milieux des côtés d'un triangle quelconque, on obtient un autre triangle sur lequel on peut faire la même opération, et ainsi de suite indéfiniment; chercher la limite de la somme des aires de tous les triangles inscrits ainsi les uns dans les autres.

207. Dans un cercle donné, on inscrit un carré; dans ce carré, on inscrit un cercle; dans ce cercle, on inscrit de nouveau un carré, et ainsi de suite indéfiniment; chercher la limite de la somme des aires des carrés ainsi construits.

208. Dans un triangle équilatéral donné, on inscrit un cercle auquel on mène une tangente parallèle à la base du triangle; dans le triangle équilatéral déterminé par cette tangente, on inscrit un nouveau cercle, et l'on continue indéfiniment la même opération; chercher la limite de la somme des aires des cercles ainsi construits.

209. Si l'on fait tourner le triangle équilatéral donné dans la question précédente, autour de sa hauteur, on obtient un cône équilatéral; les différents cercles inscrits dans les triangles successifs engendrent une série de sphères inscrites dans le cône, et qui s'appuient tangentiellement sur les plans parallèles à la base du cône décrits par les tangentes menées aux différents cercles parallèlement à la base du triangle principal; chercher la limite de la somme des volumes des sphères ainsi construites.

210. Trouver la somme des n premiers termes de la suite

$$q + 2q^2 + 3q^3 + 4q^4 + 5q^5 + 6q^6 + \ldots.$$

211. En supposant qu'une machine pneumatique fonctionne toujours avec la même efficacité, démontrer que les quantités d'air qui restent dans le récipient, aussi bien que les quantités d'air successivement extraites, décroissent en progression par quotient lorsque le nombre des coups de piston croît en progression par différence.

212. Résoudre l'équation
$$7^{2x-3} = 182.$$

213. Résoudre l'équation
$$9^{x^2-2x+1} = 675.$$

214. Résoudre le système
$$\log x^3 + \log y^2 = 2,4571943,$$
$$\log x - \log y = 1,2375206.$$

215. Calculer, en myriamètres carrés et en myriamètres cubes, la surface et le volume de la Terre supposée sphérique.

216. Calculer, par rapport au mètre, la longueur du pendule qui bat la seconde à Paris. (La Mécanique donne la formule générale $t = \pi \sqrt{\dfrac{l}{g}}$, où t exprime en secondes la durée d'une oscillation du pendule, π le rapport de la circonférence au diamètre, l la longueur du pendule, g l'accélération due à l'action de la pesanteur. A Paris, on a $g = 9^M,8088$.)

217. Trouver le logarithme du nombre 144 dans le système dont la base est $2\sqrt{3}$.

218. Démontrer que, si les nombres a, b, c sont en progression géométrique, $\log_a N$, $\log_b N$, $\log_c N$ forment une proportion harmonique.

219. Calculer le poids d'une sphère d'argent de rayon égal à $0^M,4832$, en prenant $10,47$ pour poids spécifique de l'argent.

220. Calculer les dimensions du litre destiné à la mesure des liquides et celles du litre destiné à la mesure des matières sèches.

(On trouve, dans le premier cas, $h = 0^M,172$ et $d = 0^M,086$, et, dans le second, $h = d = 0^M,1084$.)

221. Trouver la base du système dans lequel 13 est égal à son logarithme.

222. Chercher combien il faut prendre de termes dans la suite naturelle des nombres, pour que le produit correspondant surpasse un nombre donné, 10^{15} par exemple.

223. Calculer la force ascensionnelle d'un ballon sphérique qui, vide pèse $178^{kg},54$ et qu'on remplit d'hydrogène. Le taffetas verni du ballon pèse $0^{kg},25$ par mètre carré. L'hydrogène impur qu'on emploie pèse $0^{kg},1$ par mètre cube. Le mètre cube d'air atmosphérique pèse $1^{kg},3$.

224. Dans un pays, le nombre annuel des naissances est $\frac{1}{45}$ de la population totale au commencement de l'année considérée, et le nombre annuel des décès est $\frac{1}{60}$ de cette même population. Trouver en combien d'années doublera le nombre des habitants de ce pays.

225. Calculer la valeur acquise au bout de 25 ans par un capital de 12 450 francs, placé à intérêts composés, au taux de 4,5 pour 100.

Si les intérêts sont capitalisés tous les six mois au lieu d'être capitalisés tous les ans, quelle est la valeur acquise par le même capital au bout du même temps?

226. Au bout de combien de temps un capital, placé à intérêts composés, au taux de 5 pour 100, acquiert-il une valeur triple?

227. A quel taux faut-il placer un capital pour que sa valeur soit doublée en 12 ans, les intérêts étant capitalisés tous les six mois?

228. A quel taux faut-il placer un capital pour qu'il soit triplé au bout de 25 ans, les intérêts étant capitalisés tous les ans?

229. On place à intérêts composés pendant 20 ans, et à la fin de chaque année, une annuité de 2500 francs. Calculer la valeur du capital ainsi produit, le taux adopté étant celui de 5 pour 100.

230. Quelle annuité faut-il placer, à la fin de chaque année, pendant 18 ans, pour constituer à la fin de la dernière année un capital de 85 600 francs? Les placements annuels sont effectués au taux de 4,5 pour 100.

231. On a placé à intérêts composés et à la fin de chaque année, pendant 25 ans, une annuité de 2250 francs. Le capital ainsi produit s'élevant à 101 345 francs, on demande à quel taux les placements successifs ont été effectués.

232. On emprunte 1 000 000 de francs payables dans 29 ans, au taux de 5 pour 100. Quelle annuité faut-il donner pour éteindre progressivement la dette? (66 046 francs.)

233. On place 100 000 francs à 4,5 pour 100 par an. On retire chaque année 2000 francs d'intérêt, et on laisse le reste des intérêts dus s'accumuler avec le capital. Au bout de 20 ans, après le prélèvement de la dernière annuité de 2000 francs, à quelle somme a-t-on droit? (178 429 francs.)
Établir la formule générale qui correspond à ce problème.

234. Une Compagnie emprunte un capital C, qu'elle doit rembourser en payant tous les six mois une même somme a. Le taux de l'intérêt est fixé à i pour 1 franc et pour 6 mois. Au bout de combien de semestres l'emprunt sera-t-il amorti?

Établir la formule générale qui correspond à ce problème, en vérifier l'exactitude en supposant $a = C(1 + i)$, et l'appliquer aux données suivantes :
$$C = 6\,000\,000, \quad i = 0,0225, \quad a = 0,03\,C.$$

235. Si l'on décompose la $p^{ième}$ annuité a, appliquée au remboursement d'une dette C en deux parties, dont l'une est l'intérêt simple pendant la $p^{ième}$ année de la somme restant due au commencement de cette $p^{ième}$ année, et dont l'autre, que nous désignerons par α_p, doit être affectée à l'amortissement de cette même somme, on a la formule
$$\alpha_p = \frac{a}{(1 + r)^{n-p+1}},$$
en désignant par n le nombre d'années qui correspond à l'extinction de la dette.

236. Trouver la valeur actuelle d'une rente annuelle payable pendant n années, le taux étant de r pour 1 franc, et le premier payement devant avoir lieu dans un an.

237. Trouver le plus grand terme du développement de $(x + a)^m$.

[Ce terme est $\dfrac{m(m-1)(m-2)\ldots(m-k+1)}{1 \cdot 2 \cdot 3 \ldots\ldots\ldots k} a^k x^{m-k}$, k étant le plus grand entier contenu dans la fraction $\dfrac{(m+1)a}{x+a}$.]

238. Trouver la somme des carrés des coefficients du binôme.

[Cette somme est représentée par le coefficient du terme en $a^m x^m$ dans le développement de $(x + a)^{2m}$.]

239. Développer l'expression
$$\left(a + \sqrt{a^2 - 1}\right)^6 + \left(a - \sqrt{a^2 - 1}\right)^6,$$
suivant les puissances décroissantes de a.

240. Démontrer que la différence entre les coefficients de x^{k+1} et de x^k dans le développement de $(1 + x)^{m+1}$ est égale à la différence des coefficients de x^{k+1} et de x^{k-1} dans le développement de $(1 + x)^m$.

241. Si l'on représente par $T_0, T_1, T_2, T_3, \ldots$ les différents termes du développement de $(x + a)^m$, démontrer la formule
$$(T_0 - T_2 + T_4 - \ldots)^2 + (T_1 - T_3 + T_5 - \ldots)^2 = (a^2 + x^2)^m.$$

NOTES.

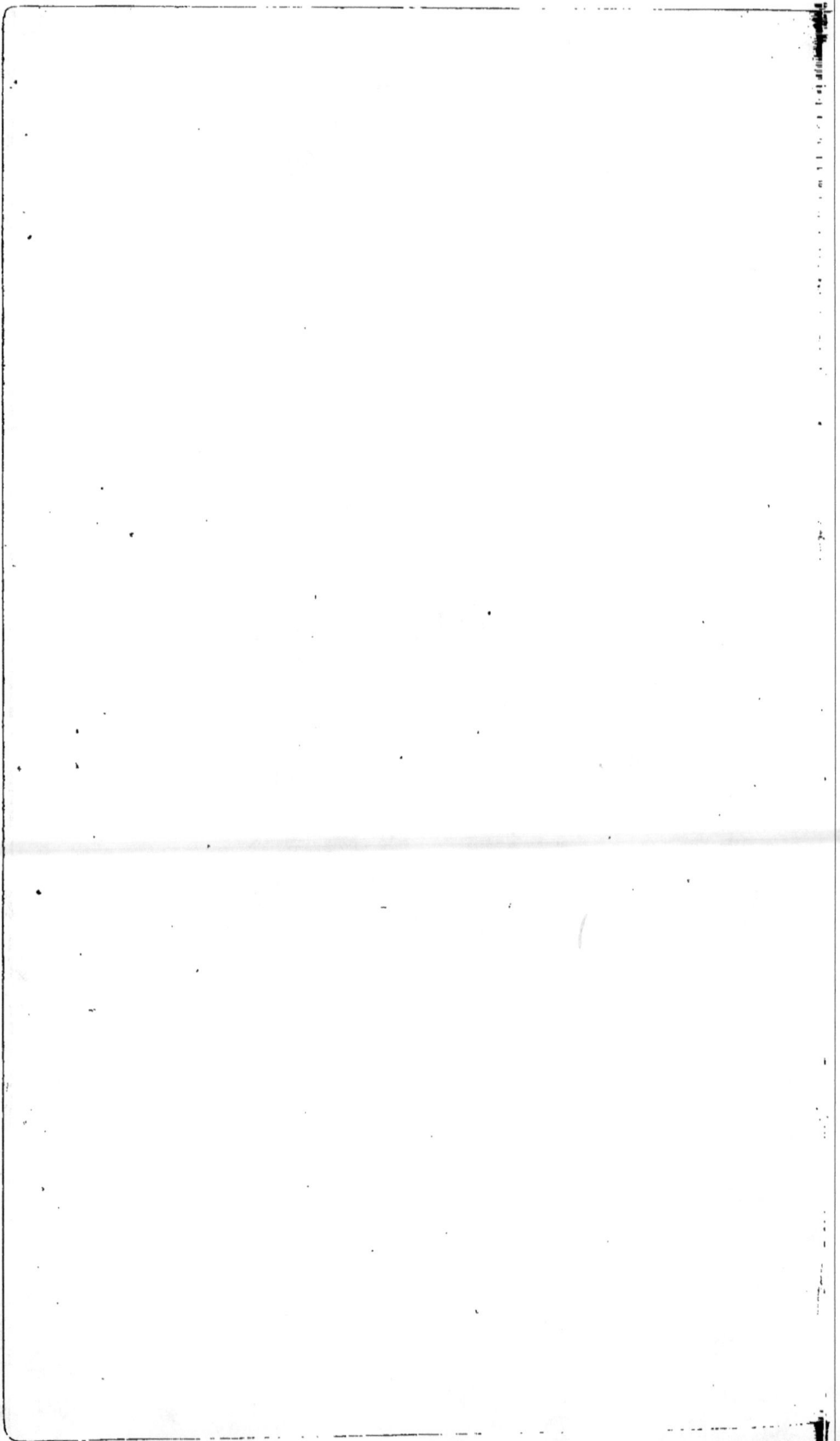

NOTES.

NOTE I.

EMPLOI DE L'ALGÈBRE EN CHIMIE.

Nous voulons, dans cette Note, appeler l'attention sur l'utilité du calcul en Chimie. Au point de vue pratique, le passage des *formules* chimiques aux poids des éléments qu'elles renferment est indispensable, et, faute de s'y exercer au commencement de leurs études, les élèves comprennent souvent mal le sens de ces symboles qui peignent si admirablement l'ensemble des réactions opérées et permettent de les retenir sans peine. Quelques exemples très-simples rempliront le but que nous nous proposons.

1° *Supposons qu'on veuille préparer* 1 *mètre cube d'oxygène à l'aide du bioxyde de manganèse, et qu'on demande quelle proportion de ce dernier composé on doit employer.*

La *formule* du bioxyde de manganèse est MnO^2, ce qui veut dire qu'il se compose de *un équivalent* de manganèse pour *deux équivalents* d'oxygène. En d'autres termes, sur $43^{\text{parties}},87$, le bioxyde de manganèse renferme $27^{\text{parties}},87$ de manganèse ($27,87$ *est l'équivalent de ce corps*) et 16 parties d'oxygène (16 *représente deux fois l'équivalent de ce gaz*).

Par la calcination, le bioxyde abandonne une partie de son oxygène et passe à l'état d'oxyde inférieur. La formule de ce nouvel oxyde est $MnO^{\frac{4}{3}}$ ou Mn^3O^4. On voit par là que, sur 2 équivalents d'oxygène, $\frac{2}{3}$ sont mis en liberté, c'est-à-dire que le bioxyde cède le *tiers* de son oxygène.

Cela posé, on se sert de l'égalité

$$MnO^2 = MnO^{\frac{4}{3}} + O^{\frac{2}{3}},$$

qui rend compte de la réaction qui s'est opérée.

1 mètre cube d'oxygène renfermant 1000 litres, on veut en obtenir un poids égal à $1^{Kg},430$. Il faut donc que la quantité de bioxyde employée contienne au moins $1^{Kg},430 \times 3$ ou $4^{Kg},29$ d'oxygène; mais, d'après la composition indiquée, $43^{Kg},87$ de bioxyde contiennent 16 kilogrammes d'oxygène. Il suffit donc de poser la proportion

$$\frac{x}{4,29} = \frac{43,87}{16}, \quad \text{d'où} \quad x = 11^{Kg},76;$$

par suite, le poids de bioxyde à employer est au moins égal à $11^{Kg},76$. Ce poids doit être notablement plus élevé, parce qu'on perd les premières parties du gaz qui sont mêlées d'air, et que la décomposition du bioxyde n'est jamais complète.

Le résultat obtenu indique quelles dimensions on doit donner à la cornue et au fourneau.

2° *Supposons qu'on ait un mélange de chlorure et d'iodure d'argent pesant 10 kilogrammes; on fait passer sur ce mélange un courant d'hydrogène et l'on obtient $6^{Kg},8$ d'argent métallique. On demande le poids de chacun des composés mélangés.*

Appelons x le poids du chlorure d'argent, y le poids de l'iodure. On a

$$(1) \qquad\qquad x + y = 10.$$

Maintenant la formule du chlorure d'argent est AgCl, celle de l'iodure d'argent est AgI. L'équivalent de l'argent est 108, ceux du chlore et de l'iode sont 35,43 et 126. Sur $143^{parties},43$ de chlorure d'argent, il y en a donc 108 d'argent, et, sur 1 partie de chlorure d'argent, il y en a $\frac{108}{143,43}$ d'argent. Sur x kilogrammes de chlorure d'argent, la quantité d'argent est donc $\frac{108}{143,43}x$. De même, sur y kilogrammes d'iodure d'argent, la quantité d'argent est $\frac{108}{234}y$. On doit donc avoir

$$(2) \qquad\qquad \frac{108}{143,43}x + \frac{108}{234}y = 6,8.$$

En résolvant les équations (1) et (2), on trouve

$$x = 7^{Kg},495 \quad \text{et} \quad y = 2^{Kg},505.$$

3° *On dissout dans l'eau un mélange de sulfate neutre de potasse et de sulfate neutre de soude pesant $3^{Kg},267$. Si l'on traite la liqueur par l'azotate de baryte, on obtient $4^{Kg},797$ de sulfate de baryte insoluble. On demande combien la dissolution renfermait de sulfate de soude et de sulfate de potasse.*

Désignons par x le poids du sulfate de potasse, par y celui du sulfate de soude. On a d'abord

$$(1) \qquad\qquad x + y = 3,267.$$

Maintenant, la formule du sulfate de baryte est BaO, SO^3. L'équivalent de l'oxygène est 8, celui du barium est 68,64, celui du soufre est 16; par conséquent, l'équivalent de la baryte est 76,64, celui de l'acide sulfurique est 40, et celui du sulfate de baryte est 116,64. Sur 116^{parties},64 de sulfate de baryte, il y en a 40 d'acide sulfurique; par conséquent, sur 4^{Kg},797 de sulfate de baryte, il existe une quantité z d'acide sulfurique, qui est donnée par la proportion

$$\frac{z}{4,797} = \frac{40}{116,64}, \quad \text{d'où} \quad z = 1^{Kg},645.$$

Cette valeur représente la quantité totale d'acide sulfurique renfermée dans le mélange donné.

La formule du sulfate de potasse est KO, SO^3, celle du sulfate de soude est NaO, SO^3. L'équivalent du potassium étant 39,14 et celui du sodium étant 23, l'équivalent du sulfate de potasse est 87,14 et celui du sulfate de soude est 71.

Sur 87^{parties},14, le sulfate de potasse renferme 40 parties d'acide sulfurique; sur 1 partie, il en renferme $\frac{40}{87,14}$. Par suite, la quantité x de sulfate de potasse correspond à $\frac{40}{87,14}x$ d'acide sulfurique. De même, le poids y de sulfate de soude renferme $\frac{40}{71}y$ d'acide sulfurique. On a donc pour seconde équation

(2)
$$\frac{40}{87,14}x + \frac{40}{71}y = z = 1,645.$$

En résolvant les équations (1) et (2), on trouve

$$x = 1^{Kg},874 \quad \text{et} \quad y = 1^{Kg},393.$$

NOTE II.

THÉORIE ET USAGE DE LA RÈGLE A CALCUL.

Description de la règle.

Dans tout ce qui va suivre, nous supposons que le lecteur a entre les mains une règle à calcul, soit la règle en bois construite par M. *Gravet-Lenoir,* soit la règle à enveloppe de verre de M. *Léon Lalanne.*

L'instrument se compose d'une partie fixe ou *règle* proprement dite et d'une partie mobile ou *réglette.* La règle présente en son milieu une rainure dans laquelle la réglette, qu'on fait mouvoir à l'aide d'un petit bouton métallique, glisse à frottement doux.

La règle présente, *sur sa face antérieure,* deux *échelles principales,* l'une *au-dessus,* l'autre *au-dessous* de la réglette. L'échelle *supérieure* est formée de deux échelles identiques placées à la suite l'une de l'autre; l'échelle *inférieure* est la reproduction de chacune d'elles, mais elle a une longueur *double.*

L'une des faces *latérales* de la règle est divisée en centimètres et en millimètres, depuis zéro jusqu'à 26 centimètres. Cette division se continue dans le fond de la rainure, de 26 à 52 centimètres, ce qu'on aperçoit en enlevant la réglette. La règle peut donc servir à la fois d'instrument de calcul et d'instrument de mesure. Lorsque la longueur à mesurer est comprise entre 26 et 52 centimètres, on fait glisser la réglette vers la droite, de manière que la règle plus la partie de la réglette qui la dépasse représentent la longueur donnée. On lit alors la mesure cherchée au fond de la rainure, au point où commence la réglette.

Sur la partie *postérieure* de la règle est adaptée une table de nombres usuels, qui renferme tous les éléments de la conversion des mesures anciennes en nouvelles.

La réglette porte *deux échelles identiques* à l'échelle *supérieure* de la règle, de sorte qu'il y a coïncidence parfaite entre les divisions supérieures de la règle et celles de la réglette quand on fait correspondre exactement le n° 1 de la réglette avec le n° 1 de la règle.

Cela posé, les divisions des échelles de la règle et de la réglette sont *proportionnelles* aux logarithmes des nombres à partir de 1. On marque, à chaque division obtenue, *non le logarithme, mais le nombre correspondant*. Ainsi, l'intervalle compris entre le log de 1 ou o et le log de 10 ou 1 étant égal à l'unité, les chiffres

$$2, \quad 3, \quad 4, \quad 5, \quad 6, \quad 7, \quad 8, \quad 9, \quad 10$$

correspondent à des distances de l'origine 1 égales à

$$\log 2, \quad \log 3, \quad \log 4, \quad \log 5, \quad \log 6, \quad \log 7, \quad \log 8, \quad \log 9, \quad \log 10$$

ou

$$0,301, \quad 0,477, \quad 0,602, \quad 0,699, \quad 0,778, \quad 0,845, \quad 0,903, \quad 0,954, \quad 1.$$

L'échelle *supérieure* de la règle se compose, comme nous l'avons dit, de deux parties identiques qui vont toutes les deux de 1 à 10. Comme le logarithme de 20 est égal au logarithme de 10 augmenté du logarithme de 2, que le logarithme de 30 est égal au logarithme de 10 augmenté du logarithme de 3, etc., il vaudrait mieux numéroter les divisions de la seconde partie : 10, 20, 30, 40, 50, 60, 70, 80, 90, 100 (c'est ce qu'a fait M. Léon Lalanne).

Les neuf divisions de chaque moitié de l'échelle supérieure de la règle sont subdivisées chacune en *dix* parties, de manière que les distances des *nouveaux* points de division à l'origine 1 soient *proportionnelles* aux logarithmes des nombres

1,1	1,2	1,3	1,4	1,5	...
2,1	2,2	2,3	2,4	2,5	...
...	...	...	...	...	...
9,1	9,2	9,3	9,4	9,5	...
11	12	13	14	15	...
21	22	23	24	25	...
..	..	..	..	..	...
91	92	93	94	95	...

Enfin on a subdivisé les subdivisions obtenues elles-mêmes en *cinq* parties de 1 à 2, et en *deux* parties de 2 à 5, de manière que les distances des *nouveaux* points de division à l'origine 1 soient *proportionnelles* aux logarithmes des nombres

1,02	1,04	1,06	1,08	...
2,05	2,15	2,25	2,35	...
....	....	....	....	...
4,05	4,15	4,25	4,35	...
10,2	10,4	10,6	10,8	...
20,5	21,5	22,5	23,5	...
....	....	....	....	...
40,5	41,5	42,5	43,5	...

47.

Les échelles de la réglette sont, nous le répétons, identiques à l'échelle supérieure de la règle.

Les divisions *principales* sont indiquées par des traits plus longs que les subdivisions du *premier ordre,* et celles-ci par des traits plus longs que les subdivisions du *second ordre.*

En résumé, on voit que la règle présente comme une *table de loga-rithmes* dont les nombres varient de *deux centièmes* de 1 à 2, de *cinq centièmes* de 2 à 5, de *un dixième* de 5 à 10, de *deux dixièmes* de 10 à 20, de *cinq dixièmes* de 20 à 50, et de *une unité* de 50 à 100.

Comme la partie décimale d'un logarithme ne dépend que de la valeur absolue des chiffres qui composent le nombre correspondant, on peut dire encore que la table inscrite sur la règle renferme les parties déci-males des logarithmes des nombres variant successivement d'*une unité* entre 1 et 100, celles des logarithmes des nombres variant de *deux unités* entre 100 et 200, celles des logarithmes des nombres variant de *cinq unités* entre 200 et 500, et enfin celles des logarithmes des nombres variant de *dix unités* entre 500 et 1000.

Pour les nombres non compris dans la table, il faut donc *interpoler,* c'est-à-dire suppléer aux divisions qui manquent sur la règle par une esti-mation à vue, nécessairement *approximative.*

L'échelle *inférieure* de la règle est divisée d'une façon analogue; mais, comme les divisions principales y ont une longueur double, on a pu mul-tiplier les subdivisions de manière à avoir la partie décimale des loga-rithmes des nombres qui varient de *un centième* entre 1 et 2, de *deux centièmes* entre 2 et 4, de *cinq centièmes* entre 4 et 10.

Lecture d'un nombre sur la règle ou sur la réglette. — On peut faire cette lecture sans se préoccuper de la place de la virgule dans le nombre proposé, puisque, la caractéristique de son logarithme étant connue d'a-vance, il ne s'agit que d'en déterminer la partie décimale.

Soit à lire un nombre de *trois* chiffres, tel que 172. Ce nombre, tom-bant entre 100 et 200, se trouve sur la règle. On peut le lire *à volonté* sur la partie de gauche ou sur la partie de droite de l'échelle supérieure. On peut, en effet, supposer que la partie de gauche succède à une pre-mière échelle identique, qui serait formée, par exemple, en faisant glisser la réglette vers la gauche et en faisant coïncider le premier 10 de son échelle supérieure avec l'origine 1 de la règle. 1 ou 10 représente le pre-mier chiffre 1 de 172, le 7 correspond à la septième subdivision du pre-mier ordre qui vient après, et le 2 à la première subdivision du second ordre qui succède à celle-ci.

Soit le nombre 27,45. On cherche à lire sur la règle le nombre 27,45 ou le nombre 2,745. Le chiffre 2 correspond à la division 2 de la règle, le chiffre 7 à la septième subdivision du premier ordre qui vient après; mais il faut estimer *à vue* l'intervalle à ajouter pour les chiffres suivants 4 et 5. Si l'on avait à lire 2,75, on s'arrêterait à la première subdivision du second ordre qui suit la septième du premier ordre : on s'arrête donc un peu avant, en estimant à vue les $\frac{9}{10}$ environ de la subdivision considérée.

Si l'on veut enfin lire le nombre 5478,12, on néglige les deux chiffres décimaux, et l'on cherche à lire seulement 5,478 ou 54,78 ou 547,8. On prend le chiffre 5 de la règle : la quatrième subdivision suivante du premier ordre correspond au chiffre 4. Quant à l'intervalle à ajouter pour les derniers chiffres 7 et 8, il faut l'estimer à vue en prenant environ les $\frac{8}{10}$ ou les $\frac{4}{5}$ de la subdivision du second ordre qui vient après celle qu'on a d'abord considérée.

En résumé, on lit *exactement* sur la règle les nombres de un ou de deux chiffres et les nombres de trois chiffres inférieurs à 200. Pour les nombres de trois chiffres supérieurs à 200 ou pour les nombres de quatre chiffres, on est le plus souvent obligé d'estimer approximativement l'intervalle qui correspond au dernier ou aux deux derniers chiffres à droite. On ne peut pas lire sur la règle les nombres qui ont plus de quatre chiffres.

Usage de la règle.

Multiplication. — Nous savons que, si l'on considère un produit de deux facteurs a et b, on a

$$\log ab = \log a + \log b.$$

Au moyen des échelles identiques tracées sur la règle et sur la réglette, l'addition des deux logarithmes se fait immédiatement, de sorte qu'on peut lire en même temps sur la règle le produit cherché.

En effet, on n'a qu'à amener l'*indicateur* (¹) de la réglette *sous* le premier facteur *lu sur la règle* : le produit se trouve alors *sur la règle*, au-dessus du second facteur *lu sur la réglette*. En opérant ainsi, la distance de l'origine de la règle au point où on lit le produit est bien égale à la somme des logarithmes des deux facteurs.

Une remarque est essentielle. On peut toujours, par le déplacement de la virgule, ramener les deux facteurs à n'avoir qu'un chiffre à leur partie entière. On n'ajoute alors, à l'aide de la règle, que les parties décimales des deux logarithmes. On reconnaît que la somme de ces parties est plus petite ou plus grande que l'unité, en voyant si l'expression du produit tombe sur la règle entre 1 et 10 ou, au delà, sur la seconde partie de l'échelle supérieure. On peut, d'après cela, déterminer *a priori* la caractéristique exacte du produit cherché, et l'on peut alors, sans difficulté, marquer dans ce produit la place de la virgule.

(¹) Pour plus de rapidité, nous appelons *indicateur* l'origine ou le n° 1 de la réglette.

Soit à multiplier 234 *par* 716. On multiplie 2,34 par 7,16. Le produit approximatif 16,8 se trouvant sur la seconde partie de la règle, la somme des parties décimales des logarithmes des deux facteurs est plus grande que 1. Il en résulte que la caractéristique du produit (qui se compose de la somme des caractéristiques des logarithmes des deux facteurs et de la retenue entière fournie par la somme des parties décimales de ces logarithmes) est ici égale à 5 : le produit contient donc *six* chiffres, et ce produit approché est 168000. Le produit réel est 167544. L'erreur par excès est ici égale à 456 ; l'erreur relative est, par suite, moindre que $\dfrac{456}{167000}$ ou $\dfrac{1}{366}$ environ.

Règle générale, le produit a autant de chiffres que les deux facteurs ou autant moins 1, suivant qu'il tombe dans la seconde ou dans la première partie de la règle.

Soit encore à multiplier 0,0275 *par* 45,8. Nous chercherons le produit de 2,75 par 4,58. La règle donne 12,6. Ce produit se trouve sur la seconde partie de la règle. La caractéristique du produit est donc égale à $\overline{2}+1+1$ ou à zéro : il n'a, par suite, qu'un chiffre à sa partie entière et est 1,260. Le produit réel est 1,2595. Nous avons trouvé le produit cherché, à l'aide de la règle, à 0,0005 près par excès : cette approximation est tout à fait accidentelle.

Si l'on avait à multiplier 3,78094 par 0,0074583, on multiplierait 3,78 par 7,46....

Si l'on a à multiplier un même nombre par une série de facteurs différents, on place l'indicateur sous le multiplicande constant et l'on cherche sur la règle, au-dessus des facteurs considérés lus sur la réglette, les multiples demandés.

On peut opérer la multiplication en *renversant* la réglette, c'est-à-dire en l'engageant dans la rainure, de manière que le bouton métallique se trouve à gauche de l'opérateur au lieu d'être à droite.

Il est visible que, dans cette position, si l'on fait correspondre le multiplicateur lu sur la réglette renversée au multiplicande lu sur la règle, le produit répond sur la règle à l'indicateur ou, sur la réglette, à l'origine de la règle ; car l'intervalle qui sépare l'origine de la règle de l'indicateur est alors égal au logarithme du multiplicande lu sur la règle de gauche à droite, augmenté du logarithme du multiplicateur lu sur la réglette renversée de droite à gauche.

Cette seconde méthode nous conduit naturellement au meilleur procédé à suivre pour effectuer une division à l'aide de la règle.

Division. — Le dividende représente le produit du diviseur par le quotient. Par conséquent, *la réglette étant supposée renversée,* si l'on amène l'indicateur *sous le dividende lu sur la règle,* le quotient se trouve *sur la réglette au-dessous du diviseur lu aussi sur la règle,* ou bien le quotient se trouve *sur la règle, au-dessus du diviseur lu sur la réglette.* En effet, dans un cas comme dans l'autre, on retranche du logarithme du dividende le logarithme du diviseur, c'est-à-dire qu'on satisfait à la condition

$$\log \frac{a}{b} = \log a - \log b.$$

Une remarque est essentielle. On peut toujours, par le déplacement de la virgule, ramener le dividende et le diviseur à n'avoir qu'un chiffre entier. En opérant ainsi, on ne change rien à la partie décimale des deux logarithmes; on rend seulement égale à zéro la caractéristique de chacun d'eux, de sorte qu'on ne retranche, à l'aide de la règle, que leurs parties décimales. Cela posé, si le diviseur modifié est plus petit que le dividende modifié, la soustraction est directement possible, et la caractéristique du quotient est réellement égale à la différence des caractéristiques du dividende et du diviseur. *Dans ce cas, on trouve le quotient sur la règle, à gauche du dividende.*

Si, au contraire, le diviseur modifié surpasse le dividende modifié (pour s'en assurer, il suffit de comparer leurs premiers chiffres significatifs sur la gauche), *on ne peut lire le diviseur sur la réglette qu'au delà de l'origine de la règle.* Cette circonstance indique que la soustraction des parties décimales des deux logarithmes n'est pas directement possible, et la caractéristique du quotient est réellement égale à la différence des caractéristiques du dividende et du diviseur, moins 1. Pour rendre la soustraction possible, on augmente d'une unité la partie décimale du logarithme du dividende, *en portant l'indicateur sous le dividende lu sur la seconde partie de la règle;* et, au-dessus du diviseur lu sur la réglette, on trouve le quotient (ou le nombre qui correspond, quant aux chiffres qui le composent, à la partie décimale du logarithme du quotient). *Dans ce cas, on voit que le quotient se trouve sur la première partie de la règle, à droite du dividende lu sur cette même partie.*

Soit à diviser 357 par 829. Nous diviserons 3,57 par 8,29. Le premier chiffre à gauche du diviseur l'emporte sur le premier chiffre à gauche du dividende. Il faut donc lire le dividende sur la seconde partie de la règle, et amener l'indicateur au-dessous de lui. On trouve alors 432 pour quotient. La caractéristique du logarithme du quotient est, d'après ce qui précède, égale à $2 - 2 - 1$ ou à $\overline{1}$; le premier chiffre significatif du quotient est, par suite, un chiffre de dixièmes, c'est-à-dire que ce quotient est 0,432. Le quotient réel est 0,431. L'erreur est de 0,001 par excès, l'erreur relative est $\dfrac{1}{432}$.

Soit encore à diviser 9,8088 par 0,994. On divisera 9,81 par 9,94. Le premier chiffre significatif à gauche du dividende est égal au premier chiffre significatif à gauche du diviseur; mais le chiffre suivant du diviseur l'emporte sur le chiffre suivant du dividende; il faut donc chercher encore le dividende sur la seconde partie de la règle. On trouve 985 pour quotient. La caractéristique réelle du logarithme de ce quotient est $0 - \overline{1} - 1$

ou o, c'est-à-dire qu'il n'a qu'un chiffre à sa partie entière : il est, par suite, égal à 9,85. Le véritable quotient est 9,86.

Si l'on ne voulait pas renverser la réglette, on amènerait l'indicateur sous le diviseur lu sur la règle et on lirait sur la réglette le quotient au-dessous du dividende.

Dans une position quelconque de la réglette *non renversée,* vers la droite, le nombre de la règle placé au-dessus de l'indicateur indique le *rapport constant* des nombres qui se correspondent deux à deux sur la règle et sur la réglette; car le logarithme du nombre lu au-dessus de l'indicateur, augmenté du logarithme du nombre pris comme diviseur sur la réglette, reproduit le logarithme du nombre pris comme dividende sur la règle. *Si l'on a un diviseur constant et des dividendes variables,* il vaut donc mieux ne pas renverser la réglette. On amène l'indicateur sous le diviseur constant et, au-dessous des dividendes successifs lus sur la règle, on lit évidemment sur la réglette les quotients correspondants. Au contraire, il faut renverser la réglette, *si l'on a un dividende constant et des diviseurs variables.* On amène l'indicateur sous le dividende constant et, au-dessus des diviseurs successifs lus sur la réglette renversée, on lit sur la règle les quotients correspondants.

Remarque. — On peut, *à l'aide d'une seule lecture,* effectuer une multiplication et une division, c'est-à-dire multiplier un nombre donné par un rapport donné. Soit

$$x = \frac{a \times b}{c}.$$

On amène le diviseur c lu sur la réglette au-dessous du facteur a lu sur la règle; puis, au-dessus du facteur b lu sur la réglette, on trouve x. En effet, le logarithme de x est égal à la différence log a — log c, augmenté de log b. Si la réglette sort *vers la gauche,* la différence log a — log c est négative.

Si l'on voulait opérer en *renversant* la réglette, on amènerait le facteur b lu sur la réglette au-dessous du facteur a lu sur la règle; puis on trouverait x sur la règle au-dessus du diviseur c lu sur la réglette. En effet, on doit avoir

$$\log a + \log b = \log c + \log x.$$

Si le diviseur c ne correspond dans ce cas à aucun nombre de la règle, c'est-à-dire s'il est situé sur la partie de la réglette qui sort *vers la gauche,* on opère en lisant le facteur *a* sur la seconde partie de la règle, à partir du premier 10. Le facteur b est toujours lu sur la première partie de la réglette renversée. Quant au diviseur c, on le lit sur la seconde partie de la réglette renversée, à partir du premier 10, et x est le nombre correspondant sur la première partie de la règle.

Carrés et racines carrées. — Puisqu'on a

$$\log a^2 = 2 \log a,$$

il est évident que si on lit, sur l'échelle *inférieure* de la règle, le nombre *a*, on trouve au-dessus, sur l'échelle *inférieure* de la réglette, identique à son échelle supérieure, le carré a^2 de ce nombre. Car les divisions de l'échelle inférieure de la règle ayant une longueur *double*, les nombres qui correspondent sur la réglette aux nombres inscrits sur la règle ont en réalité des logarithmes deux fois plus grands. *Inversement*, la racine carrée de a^2 étant *a*, si on lit le nombre a^2 sur l'échelle inférieure de la réglette, on lit au-dessous, sur la règle, sa racine *a*.

Ainsi, *en faisant correspondre l'indicateur à l'origine de la règle, tous les nombres de l'échelle inférieure de la règle ont pour carrés les nombres correspondants de l'échelle inférieure de la réglette; et, réciproquement, les nombres de l'échelle inférieure de la réglette ont pour racines carrées les nombres correspondants de l'échelle inferieure de la règle.*

En se reportant à ce que nous avons dit en parlant de la multiplication, il est évident d'ailleurs que la caractéristique du logarithme d'un carré est égale *au double* ou *au double plus un* de la caractéristique du logarithme du nombre élevé au carré, suivant que le carré obtenu, lu sur l'échelle inférieure de la réglette, tombe *avant* ou *après* le premier 10 de cette réglette. On saura donc toujours placer convenablement la virgule dans le résultat.

Soit demandé le carré de 0,07871. On cherche 7,87 sur l'échelle inférieure de la règle, et le nombre correspondant sur la réglette est 62. Comme ce résultat tombe sur la seconde partie de la réglette, la caractéristique du logarithme du carré demandé est $\overline{2} \times 2 + 1$ ou $\overline{3}$. Ce carré est donc 0,00620. Le véritable carré est 0,0061952641.

S'il s'agit d'extraire une racine carrée, il n'y a aucune difficulté, parce qu'on sait toujours quel doit être le rang du premier chiffre significatif à gauche de la racine. Il faut seulement remarquer qu'on doit toujours modifier par la pensée le nombre dont on cherche la racine, de manière qu'il tombe entre 1 et 100, puisque l'échelle inférieure de la règle est *simple* et ne va que de 1 à 10. De plus, le diviseur ou le multiplicateur employé doit toujours être une puissance *paire* de 10 (*Arithm.*, 289.)

Cherchons la racine carrée de 567,823. On lit le nombre 5,68 sur la réglette. On trouve au-dessous, sur la règle, le nombre 2,382. La racine carrée demandée est donc 23,82. On tombe ici, par exception, sur la racine exacte.

Pour calculer l'expression

$$x = \sqrt{ab},$$

on amène l'indicateur sous le facteur *a* lu sur l'échelle *supérieure* de la règle, on lit le facteur *b* sur l'échelle inférieure de la réglette et, au-dessous de ce facteur, sur l'échelle inférieure de la règle, on trouve *x*. En effet, *x* correspond ainsi au produit *ab* lu sur l'échelle supérieure de la règle, identique à l'échelle inférieure de la réglette.

Pour calculer l'expression

$$x = \sqrt{\dfrac{a}{b}},$$

on peut amener le diviseur b lu sur la réglette au-dessous du dividende a lu sur la règle. Au-dessus de l'indicateur, on trouve alors le quotient et, au-dessous de ce même indicateur, la racine carrée du quotient ou x.

Cubes et racines cubiques. -- On a

$$\log a^3 = 3 \log a.$$

Par conséquent, pour avoir le cube de a, on amène l'indicateur au-dessus de ce nombre lu sur l'échelle *inférieure* de la règle et, au-dessus de ce même nombre lu alors sur la réglette, on trouve évidemment son cube lu sur l'échelle supérieure de la règle. En effet, on ajoute ainsi le logarithme de a^2, ou $2 \log a$ au logarithme de a. Si le cube demandé tombe au delà de la seconde partie de l'échelle supérieure de la règle, on peut remplacer l'indicateur par le premier 10 de la réglette, et lire le résultat sur la règle, au-dessus du nombre donné lu sur la première partie de la réglette.

On peut aussi opérer en *renversant* la réglette. On fait coïncider, dans ce cas, la division qui correspond au nombre a lu sur la réglette, avec celle qui correspond au même nombre lu sur l'échelle *inférieure* de la règle. Le cube a^3 est alors le nombre qui correspond, sur la réglette, à l'origine de la règle ou, sur la règle, à l'indicateur. Il faut se rappeler qu'on peut supposer la règle continuée à droite, la réglette renversée continuée à gauche.

Cette remarque nous conduit immédiatement à la meilleure manière d'opérer pour obtenir la racine cubique d'un nombre. Après avoir retourné la réglette, on fait correspondre le nombre donné, lu sur la réglette, à l'origine de la règle ou le nombre donné, lu sur l'échelle supérieure de la règle, à l'indicateur. On cherche ensuite les traits qui coïncident ou semblent le mieux coïncider, sur la réglette et sur l'échelle inférieure de la règle : ces traits, *s'ils correspondent à des nombres égaux,* indiquent la racine cubique demandée.

On voit que les nombres dont on veut obtenir la racine cubique doivent être compris entre 1 et 1000, puisque cette racine, lue sur l'échelle *inférieure* de la règle, doit être comprise entre 1 et 10.

D'après ce qui précède, suivant qu'on lit le cube d'un nombre *sur la première partie de la réglette, sur la seconde ou au delà* (auquel cas on peut prendre pour indicateur le premier 10 de la réglette renversée et lire le cube cherché à droite du premier 10 de la règle, considéré comme origine), la caractéristique du logarithme de ce cube est égale *au triple* de la caractéristique du logarithme du nombre donné, ou *à ce triple plus* 1, ou *à ce triple plus* 2. On saura donc toujours placer convenablement la virgule dans le résultat obtenu.

Cherchons le cube de 0,08457. Nous lirons 8,46 sur l'échelle inférieure de la règle, et nous amènerons le premier 10 de la réglette au-dessus de ce nombre. Nous lirons ce même nombre sur la réglette, à gauche de ce point, et nous trouverons au-dessus, sur la règle, le cube cherché 603. La caractéristique du logarithme de ce cube est ici égale à $\overline{2} \times 3 + 2$, c'est-à-dire à $\overline{4}$. Le cube demandé est donc 0,000603. Le véritable cube est 0,000604850974293.

S'il s'agit d'extraire une racine cubique, il n'y a aucune difficulté, parce qu'on sait toujours quel doit être le rang du premier chiffre significatif à gauche de la racine.

Cherchons, par exemple, la racine cubique de 0,04. Nous chercherons la racine de 0,040 ou celle de 40. Nous placerons le 1 de la réglette renversée sous le 4 de la seconde partie de l'échelle supérieure de la règle, et nous chercherons les traits qui, en coïncidant, indiquent le même nombre sur la réglette et sur l'échelle inférieure de la règle. *La coïncidence ne peut avoir lieu qu'entre les deux nombres 3,4 de la réglette et de la règle.* On trouve environ 3,42. Le premier chiffre de la racine devant être un chiffre de dixièmes, cette racine est 0,342.

Logarithmes. — On peut aussi, à l'aide de la règle, déterminer le logarithme d'un nombre donné.

L'échelle inférieure de la règle donne les logarithmes des nombres de 1 à 10, *l'unité adoptée étant la longueur même de cette échelle.* Par suite, pour avoir le logarithme d'un nombre lu sur l'échelle, il suffit de chercher à quelle fraction de la longueur de l'échelle il correspond. A cet effet, la face *postérieure* de la réglette est divisée, sur une longueur égale à l'échelle inférieure de la règle, en 500 parties égales, chaque intervalle représentant $\frac{2}{1000}$ de la longueur totale considérée comme unité ; seulement le sens de la graduation est *de droite à gauche*. Il en résulte que, lorsqu'on fait coïncider la dernière division (1000) du revers de la réglette avec le nombre dont on veut le logarithme, la réglette sort *vers la droite* d'une longueur précisément égale au logarithme cherché. On lit alors ce logarithme sur la réglette retournée, au point qui correspond au 10 de l'échelle inférieure de la règle.

Ainsi, on demande le logarithme de 0,0435. On cherche 4,35 sur l'échelle inférieure de la règle, et l'on fait coïncider le 1000 du revers de la réglette avec ce nombre. Le 10 de l'échelle inférieure de la règle correspond alors à la 639ᵉ division de la réglette. Par suite, le logarithme demandé est $\overline{2}$,639. Le véritable logarithme est $\overline{2}$,63849.

On peut inversement trouver, à l'aide de cette disposition, le nombre qui correspond à un logarithme donné.

En résumé, on voit que la règle est un instrument ingénieux avec lequel on peut effectuer rapidement les calculs qui n'exigent pas une très-grande exactitude. L'approximation obtenue dépend de la grandeur de la règle qui, en permettant de multiplier les divisions, permet aussi de lire les nombres plus sûrement. Dans certains cas, une règle de grandes dimensions, placée à demeure dans un bureau de calculateurs, serait appelée à rendre de très-bons services. De plus, cet appareil peut facilement être modifié suivant les besoins, de manière à s'appliquer à des opérations spéciales. Sur ce sujet, nous renverrons à l'excellente Notice publiée par M. Léon Lalanne.

Avec les petites règles ordinaires, on peut compter en général sur une approximation *relative* au moins égale à $\frac{1}{300}$. Mais il faut beaucoup s'exercer, et il est nécessaire d'avoir l'habitude de sa règle, comme un musicien a l'habitude de son instrument. Dans tous les cas, ceux-là seuls qui sauraient calculer sans le secours de la règle pourront s'en servir utilement.

TABLES NUMÉRIQUES.

TABLE I.

Nombres premiers inférieurs à 3600.

1	191	443	727	1021	1319	1627	1993	2311
2	193	449	733	1031	1321	1637	1997	2333
3	197	457	739	1033	1327	1657	1999	2339
5	199	461	743	1039	1361	1663	2003	2341
7	211	463	751	1049	1367	1667	2011	2347
11	223	467	757	1051	1373	1669	1017	2351
13	227	479	761	1061	1381	1693	2027	2357
17	229	487	769	1063	1399	1697	2029	2371
19	233	491	773	1069	1409	1699	2039	2377
23	239	499	787	1087	1423	1709	2053	2381
29	241	503	797	1091	1427	1721	2063	2383
31	251	509	809	1093	1429	1723	2069	2389
37	257	521	811	1097	1433	1733	2081	2393
41	263	523	821	1103	1439	1741	2083	2399
43	269	541	823	1109	1447	1747	2087	2411
47	271	547	827	1117	1451	1753	2089	2417
53	277	557	829	1123	1453	1759	2099	2423
59	281	563	839	1129	1459	1777	2111	2437
61	283	569	853	1151	1471	1783	2113	2441
67	293	571	857	1153	1481	1787	2129	2447
71	307	577	859	1163	1483	1789	2131	2459
73	311	587	863	1171	1487	1801	2137	2467
79	313	593	877	1181	1489	1811	2141	2473
83	317	599	881	1187	1493	1823	2143	2477
89	331	601	883	1193	1499	1831	2153	2503
97	337	607	887	1201	1511	1847	2161	2521
101	347	613	907	1213	1523	1761	2179	2531
103	349	617	911	1217	1531	1867	2203	2539
107	353	619	919	1223	1543	1871	2207	2543
109	359	631	929	1229	1549	1873	2213	2549
113	267	641	937	1231	1553	1877	2221	2551
127	373	643	941	1237	1559	1879	2237	2557
131	379	647	947	1249	1567	1889	2239	2579
137	383	653	953	1259	1571	1901	2243	2591
139	389	659	967	1277	1579	1907	2251	2593
149	397	661	971	1279	1583	1913	2267	2609
151	401	673	977	1283	1597	1931	2269	2617
157	409	677	983	1289	1601	1933	2273	2621
163	419	683	991	1291	1607	1949	2281	2633
167	421	691	997	1297	1609	1951	2287	2647
173	431	701	1009	1301	1613	1973	2293	2657
179	433	709	1013	1303	1619	1979	2297	2659
181	439	719	1019	1307	1621	1987	2309	2663

Nombres premiers inférieurs à 3600 [suite].

2671	2741	2843	2957	3067	3191	3307	3391	3517
2677	2749	2851	2963	3079	3203	3313	3407	3527
2683	2753	2857	2969	3083	3209	3319	3413	3529
2687	2767	2861	2971	3089	3217	3323	3433	3533
2689	2777	2879	2999	3109	3221	3329	3449	3539
2693	2789	2887	3001	3119	3229	3331	3457	3541
2699	2791	2897	3011	3121	3251	3343	3461	3547
2707	2797	2903	3019	3137	3253	3347	3463	3557
2711	2801	2909	3023	3163	3257	3359	3467	3559
2713	2803	2917	3037	3167	3259	3361	2469	3571
2719	2819	2927	3041	3169	3271	3371	3491	3581
2729	2833	2939	3049	3181	3299	3373	3499	3583
2731	2837	2953	3061	3187	3301	3389	3511	3593

TABLE II.

Nombres composés, non divisibles par 2, 3 ou 5, depuis 1 jusqu'à 3600.

49	7×7	319	11×29	517	11×47
77	7×11	323	17×19	527	17×31
91	7×13	329	7×47	529	23^2
119	7×17	341	11×31	533	13×41
121	11^2	343	7^3	539	$7^2 \times 11$
133	7×19	361	19^2	551	19×29
143	11×13	371	7×53	553	7×79
161	7×23	377	13×29	559	13×43
169	13^2	391	17×23	581	7×83
187	11×17	403	13×31	583	11×53
203	7×29	407	11×37	589	19×31
209	11×19	413	7×59	611	13×47
217	7×31	427	7×61	623	7×89
221	13×17	437	19×23	629	17×37
247	13×19	451	11×41	637	$7^2 \times 13$
253	11×23	469	7×67	649	11×59
259	7×37	473	11×43	667	23×29
287	7×41	481	13×37	671	11×61
289	17^2	493	17×29	679	7×97
299	13×23	497	7×71	689	13×53
301	7×43	511	7×73	697	17×41

Nombres composés, non divisibles par 2, 3 ou 5, depuis 1 jusqu'à 3600 [suite].

703	19×37	1111	11×101	1469	13×113
707	7×101	1121	19×59	1477	7×211
713	23×31	1127	$7^2 \times 23$	1501	19×79
721	7×103	1133	11×103	1507	11×137
731	17×43	1139	17×67	1513	17×89
737	11×67	1141	7×163	1517	37×41
749	7×107	1147	31×37	1519	$7^2 \times 31$
763	7×109	1157	13×89	1529	11×139
767	13×59	1159	19×61	1537	29×53
779	19×41	1169	7×167	1541	23×67
781	11×71	1177	11×107	1547	$7 \times 13 \times 17$
791	7×113	1183	7×13^2	1561	7×223
793	13×61	1189	29×41	1573	$11^2 \times 13$
799	17×47	1199	11×109	1577	19×83
803	11×73	1207	17×71	1589	7×227
817	19×43	1211	7×173	1591	37×43
833	$7^2 \times 17$	1219	23×53	1603	7×229
841	29^2	1241	17×73	1631	7×233
847	7×11^2	1243	11×113	1633	23×71
851	23×37	1247	29×43	1639	11×149
869	11×79	1253	7×179	1643	31×53
871	13×67	1261	13×97	1649	17×97
889	7×127	1267	7×181	1651	13×127
893	19×47	1271	31×41	1661	11×151
899	29×31	1273	19×67	1673	7×239
901	17×53	1309	$7 \times 11 \times 17$	1679	23×73
913	11×83	1313	13×101	1681	41^2
917	7×131	1331	11^3	1687	7×141
923	13×71	1333	31×43	1691	19×89
931	$7^2 \times 19$	1337	7×191	1703	13×131
943	23×41	1339	13×103	1711	29×59
949	13×73	1343	17×79	1717	17×101
959	7×137	1349	19×71	1727	11×157
961	31^2	1351	7×193	1729	$7 \times 13 \times 19$
973	7×139	1357	23×59	1739	37×47
979	11×89	1363	29×47	1751	17×103
989	23×43	1369	37^2	1757	7×251
1001	$7 \times 11 \times 13$	1379	7×197	1763	41×43
1003	17×59	1387	19×73	1769	29×61
1007	19×53	1391	13×107	1771	$7 \times 11 \times 23$
1027	13×79	1393	7×199	1781	13×137
1037	17×61	1397	11×127	1793	11×163
1043	7×149	1403	23×61	1799	7×257
1057	7×151	1411	17×83	1807	13×139
1067	11×97	1417	13×109	1813	$7^2 \times 37$
1073	29×37	1421	$7^2 \times 29$	1817	23×79
1079	13×83	1441	11×131	1819	17×107
1081	23×47	1457	31×47	1829	31×59
1099	7×157	1463	$7 \times 11 \times 19$	1837	11×167

Nombres composés, non divisibles par 2, 3 ou 5, depuis 1 jusqu'à 3600 [suite].

1841	7×263	2209	47^2	2567	17×151
1843	19×97	2219	7×317	2569	7×367
1849	43^2	2227	17×131	2573	31×83
1853	17×109	2231	23×97	2581	29×89
1859	11×13^2	2233	$7 \times 11 \times 29$	2587	13×199
1883	7×269	2249	13×173	2597	$7^2 \times 53$
1891	31×61	2257	37×61	2599	23×113
1897	7×271	2261	$7 \times 17 \times 19$	2603	19×137
1903	11×173	2263	31×73	2611	7×373
1909	23×83	2279	43×53	2623	43×61
1919	19×101	2291	29×79	2627	37×71
1921	17×113	2299	$11^2 \times 19$	2629	11×239
1927	41×47	2303	$7^2 \times 47$	2639	$7 \times 13 \times 29$
1937	13×149	2317	7×331	2641	19×139
1939	7×277	2321	11×211	2651	11×241
1943	29×67	2323	23×101	2653	7×379
1957	19×103	2327	13×179	2669	17×157
1961	37×53	2329	17×137	2681	7×383
1963	13×151	2353	13×181	2701	37×73
1967	7×281	2359	7×337	2717	$11 \times 13 \times 19$
1969	11×179	2363	17×139	2723	7×389
1981	7×283	2369	23×103	2737	$7 \times 17 \times 23$
1991	11×181	2387	$7 \times 11 \times 31$	2743	13×211
2009	$7^2 \times 41$	2401	7^4	2747	41×67
2021	43×47	2407	29×83	2759	31×89
2033	19×107	2413	19×127	2761	11×251
2041	13×157	2419	41×59	2771	17×163
2047	23×89	2429	7×347	2773	47×59
2051	7×293	2431	$11 \times 13 \times 17$	2779	7×397
2057	$11^2 \times 17$	2443	7×349	2783	$11^2 \times 23$
2059	29×71	2449	31×79	2807	7×401
2071	19×109	2453	11×223	2809	53^2
2077	31×67	2461	23×107	2813	29×97
2093	$7 \times 13 \times 23$	2471	7×353	2821	$7 \times 13 \times 31$
2101	11×191	2479	37×67	2827	11×257
2107	$7^2 \times 43$	2483	13×191	2831	19×149
2117	29×73	2489	19×131	2839	17×167
2119	13×163	2491	47×53	2849	$7 \times 11 \times 37$
2123	11×193	2497	11×227	2863	7×409
2147	19×113	2501	41×61	2867	47×61
2159	17×127	2507	23×109	2869	19×151
2167	11×197	2509	13×193	2873	$13^2 \times 17$
2171	13×167	2513	7×359	2881	43×67
2173	41×53	2519	11×229	2891	$7^2 \times 59$
2177	7×311	2527	7×19^2	2893	11×263
2183	37×59	2533	17×149	2899	13×223
2189	11×199	2537	43×59	2911	41×71
2197	13^3	2561	13×197	2921	23×127
2201	31×71	2563	11×233	2923	37×79

Nombres composés, non divisibles par 2, 3 ou 5,
depuis 1 jusqu'à 3600 [suite].

2929	29×101	3143	7×449	3379	31×109
2933	7×419	3149	47×67	3383	17×199
2941	17×173	3151	23×137	3397	43×79
2947	7×421	3157	$7 \times 11 \times 41$	3401	19×179
2951	13×227	3161	29×109	3403	41×83
2959	11×269	3173	19×167	3409	7×487
2977	13×229	3179	11×17^2	3419	13×263
2981	11×271	3193	31×103	3421	11×311
2983	19×157	3197	23×139	3427	23×149
2987	$\overline{29} \times 103$	3199	7×457	3431	47×73
2989	$7^2 \times 61$	3211	$13^2 \times 19$	3437	7×491
2993	41×73	3223	11×293	3439	19×181
3007	31×97	3227	7×461	3443	11×313
3013	23×131	3233	53×61	3451	$7 \times 17 \times 29$
3017	7×431	3239	41×79	3473	23×151
3029	13×233	3241	7×463	3479	$7^2 \times 71$
3031	7×433	3247	17×191	3481	59^2
3043	17×176	3263	13×251	3487	11×317
3047	11×277	3269	7×467	3493	7×499
3053	43×71	3277	29×113	3497	13×269
3059	$7 \times 19 \times 23$	3281	17×193	3503	31×113
3071	37×83	3283	$7^2 \times 67$	3509	$11^2 \times 29$
3077	17×181	3287	19×173	3521	7×503
3091	11×281	3289	$11 \times 13 \times 23$	3523	13×271
3097	19×163	3293	37×89	3551	53×67
3101	7×443	3311	$7 \times 11 \times 43$	3553	$11 \times 17 \times 19$
3103	29×107	3317	31×107	3563	7×509
3107	13×239	3337	47×71	3569	43×83
3113	11×283	3341	13×257	3577	$7^2 \times 73$
3127	53×59	3349	17×197	3587	17×211
3131	31×101	3353	7×479	3589	37×97
3133	13×241	3367	$7 \times 13 \times 37$	3599	59×61
3139	43×73	3377	11×307	3601	13×277

48.

TABLE III.

Racines carrée et cubique des 100 premiers nombres,
avec sept décimales.

N	$\sqrt{N}$	$\sqrt[3]{N}$	N	$\sqrt{N}$	$\sqrt[3]{N}$
1	1,0000000	1,0000000	40	6,3245553	3,4199519
2	1,4142136	1,2599210	41	6,4031242	3,4482172
3	1,7320508	1,4422496	42	6,4807407	3,4760266
4	2,0000000	1,5874011	43	6,5574385	3,5033981
5	2,2360680	1,7099759	44	6,6332496	3,5303483
6	2,4494897	1,8171206	45	6,7082039	3,5568933
7	2,6457513	1,9129312	46	6,7823300	3,5830479
8	2,8284271	2,0000000	47	6,8556546	3,6088261
9	3,0000000	2,0800838	48	6,9282032	3,6342411
10	3,1622777	2,1544347	49	7,0000000	3,6593057
11	3,3166248	2,2239801	50	7,0710678	3,6840314
12	3,4641016	2,2894286	51	7,1414284	3,7084298
13	3,6055513	2,3513347	52	7,2111026	3,7325111
14	3,7416574	2,4101422	53	7,2801099	3,7562858
15	3,8729833	2,4662121	54	7,3484692	3,7797631
16	4,0000000	2,5198421	55	7,4161985	3,8029525
17	4,1231056	2,5712816	56	7,4833148	3,8258624
18	4,2426407	2,6207414	57	7,5498344	3,8485011
19	4,3588989	2,6684016	58	7,6157731	3,8708766
20	4,4721360	2,7144177	59	7,6811457	3,8929965
21	4,5825757	2,7589243	60	7,7459667	3,9148676
22	4,6904158	2,8020393	61	7,8102497	3,9364972
23	4,7958315	2,8438670	62	7,8740079	3,9578915
24	4,8989795	2,8844991	63	7,9372539	3,9790571
25	5,0000000	2,9240177	64	8,0000000	4,0000000
26	5,0990195	2,9624960	65	8,0622577	4,0207256
27	5,1961524	3,0000000	66	8,1240384	4,0412401
28	5,2915026	3,0365889	67	8,1853528	4,0615480
29	5,3851648	3,0723168	68	8,2462113	4,0816551
30	5,4772256	3,1072325	69	8,3066239	4,1015661
31	5,5677644	3,1413806	70	8,3666003	4,1212853
32	5,6568542	3,1748021	71	8,4261498	4,1408178
33	5,7445626	3,2075343	72	8,4852814	4,1601676
34	5,8309519	3,2396118	73	8,5440037	4,1793392
35	5,9160798	3,2710663	74	8,6023253	4,1983364
36	6,0000000	3,3019272	75	8,6602540	4,2171633
37	6,0827625	3,3322218	76	8,7177979	4,2358236
38	6,1644140	3,3619754	77	8,7749644	4,2543210
39	6,2449980	3,3912114	78	8,8317609	4,2726586

Racines carrée et cubique des 100 premiers nombres,
avec sept décimales [suite].

N	$\sqrt{N}$	$\sqrt[3]{N}$	N	$\sqrt{N}$	$\sqrt[3]{N}$
79	8,8881944	4,2908404	90	9,4868330	4,4814047
80	8,9442719	4,3088695	91	9,5393920	4,4979414
81	9,0000000	4,3267487	92	9,5916630	4,5143574
82	9,0553851	4,3444815	93	9,6436508	4,5306549
83	9,1104336	4,3620707	94	9,6953597	4,5468359
84	9,1651514	4,3795191	95	9,7467943	4,5629026
85	9,2195445	4,3968296	96	9,7979590	4,5788570
86	9,2736185	4,4140049	97	9,8488578	4,5947009
87	9,3273791	4,4310476	98	9,8994949	4,6104363
88	9,3808315	4,4479602	99	9,9498744	4,6260650
89	9,4339811	4,4647451	100	10,0000000	4,6415888

TABLE IV.

Poids spécifiques des substances les plus usuelles, celui de l'eau
à la température de 4 degrés centigrades étant pris pour unité.
(*Voir* p. 222.)

CORPS SOLIDES.	POIDS SPÉCIFIQUE.
Aluminium fondu.........................	2,56
» laminé...........................	2,67
Argent fondu............................	10,47
Cuivre fondu............................	8,85
» laminé............................	8,95
Étain..................................	7,29
Fer fondu..............................	7,20
» forgé...............................	7,79
» météorique.........................	7,30 à 7,80
Acier non écroui.......................	7,816

Poids spécifiques des substances les plus usuelles, celui de l'eau à la température de 4 degrés centigrades étant pris pour unité.

[Suite.]

CORPS SOLIDES.	POIDS SPÉCIFIQUE.
Mercure solide, à — 40°..................	14,39
Nickel fondu............................	8,28
» forgé............................	8,67
Or fondu..............................	19,26
» laminé............................	19,36
Platine fondu..........................	21,50
» laminé............................	22,67
Plomb................................	11,35
Soufre octaédrique.....................	2,07
» prismatique.....................	1,96 à 1,99
Zinc..................................	7,19
Carbone { Anthracite....................	1,34 à 1,46
Diamant....................	3,50 à 3,53
Graphite....................	2,09 à 2,24
Bitumes (asphalte).....................	0,83 à 1,16
Houille...............................	1,28 à 1,36
Lignites..............................	1,10 à 1,35
Albâtre calcaire.......................	2,69 à 2,78
» gypseux.....................	2,26 à 2,32
Ardoise (schiste)......................	2,64 à 2,90
Basalte...............................	2,78 à 3,10
Calcaire lithographique.................	2,67 à 2,70
Calcaire grossier { en morceaux..........	1,94 à 2,06
en poudre.............	2,60 à 2,68
Granit................................	2,63 à 2,75
Grès bigarré des Vosges { en morceaux......	2,19 à 2,25
en poudre........	2,62 à 2,65
Grès quartzeux........................	2,55 à 2,65
Gypse (pierre à plâtre) en morceaux........	2,17 à 2,20
Plâtre fin.............................	2,264
Marbres calcaires......................	2,65 à 2,74
» magnésiens.....................	2,82 à 2,85
Porphyre.............................	2,61 à 2,94
Briques, les plus cuites.................	2,20
Sable pur.............................	1,90

Poids spécifiques des substances les plus usuelles, celui de l'eau
à la température de 4 degrés centigrades étant pris pour unité.

[Suite.]

CORPS SOLIDES.	POIDS SPÉCIFIQUE.
Sable terreux	1,70
Terre végétale légère.....................	1,40
Terre argileuse...........................	1,60
Terre glaise..............................	1,90
Moellons, les plus denses	2,30
» les moins denses................	1,70
Mortier ordinaire	1,60
Verre blanc de Saint-Gobain..............	2,488
Chêne, le plus pesant (cœur)..............	1,17
» le plus léger (sec).................	0,85
Hêtre, orme	0,852 — 0,80
Sapin jaune	0,657
Peuplier.................................	0,383
Glace, à zéro............................	0,92
Liége....................................	0,24

CORPS LIQUIDES.	POIDS SPÉCIFIQUE.
Mercure, à zéro..........................	13,596
Brome...................................	2,966
Acide sulfurique hydraté (SO^3, HO)	1,841
Acide azotique fumant (AzO^5, HO)..........	1,451
» du commerce..............	1,220
Acide chlorhydrique hydraté (ClH, $6HO$)....	1,208
Sulfure de carbone (CS^2).................	1,263
Essence de térébenthine ($C^{20}H^{16}$)...........	0,861
Alcool absolu ($C^4H^6O^2$)	0,795
Éther ($C^8H^{10}O^2$)........................	0,730
Esprit de bois ($C^2H^4O^2$)	0,978
Alcool ordinaire (esprit-de-vin)............	0,837
Éther acétique..........................	0,89
Éther chlorhydrique......................	0,874
Eau de mer (en moyenne).................	1,026
Lait....................................	1,03

**Poids spécifiques des substances les plus usuelles, celui de l'eau
à la température de 4 degrés centigrades étant pris pour unité.**

[Suite.]

CORPS LIQUIDES.	POIDS SPÉCIFIQUES.
Vin..	0,99
Huile d'olive............................	0,915
Huile de lin..............................	0,940
Huile de navette.......................	0,919

CORPS GAZEUX (à la température de zéro degré et sous la pression de 0^m,76).	POIDS SPÉCIFIQUE.
Air atmosphérique......................	0,001293187
Oxygène.................................	0,001430
Hydrogène...............................	0,00008958
Azote....................................	0,001256
Chlore...................................	0,00318
Acide chlorhydrique.....................	0,001635
Acide bromhydrique.....................	0,00363
Acide iodhydrique.......................	0,00573
Ammoniaque.............................	0,000761
Hydrogène phosphoré....................	0,00152
» arsénié......................	0,00349
Acide sulfureux..........................	0,00287
Acide azoteux...........................	0,0034
Oxyde de carbone.......................	0,001254
Acide carbonique	0,0019774
Vapeur d'eau............................	0,000806
Vapeur d'arsenic........................	0,01344
Vapeur de mercure......................	0,00896

TABLE V.

Puissances successives de $(1+r)$, nécessaires pour le calcul des intérêts composés, des annuités, etc. (*Voir* p. 648, 656, 659.)

NOMBRE d'années.	TAUX DE L'INTÉRÊT : 100r.							
	2,5	3	3,5	4	4,5	5	5,5	6
	fr	fr	fr	fr	fr	fr	fr	fr
1	1,025000	1,030000	1,035000	1,040000	1,045000	1,050000	1,055000	1,060000
2	1,050625	1,060900	1,071225	1,081600	1,092025	1,102500	1,113025	1,123600
3	1,076891	1,092727	1,108718	1,124864	1,141166	1,157625	1,174241	1,191016
4	1,103813	1,125509	1,147523	1,169859	1,192519	1,215506	1,238825	1,262477
5	1,131408	1,159274	1,187686	1,216653	1,246182	1,276282	1,306960	1,338226
6	1,159693	1,194052	1,229255	1,265319	1,302260	1,340096	1,378843	1,418519
7	1,188686	1,229874	1,272279	1,315932	1,360862	1,407100	1,454679	1,503630
8	1,218403	1,266770	1,316809	1,368569	1,422101	1,477455	1,534687	1,593848
9	1,248863	1,304673	1,362897	1,423312	1,486095	1,551328	1,619094	1,689479
10	1,280085	1,343916	1,410599	1,480244	1,552969	1,628895	1,708144	1,790848
11	1,312087	1,384234	1,459970	1,539454	1,622853	1,710339	1,802092	1,898299
12	1,344889	1,425761	1,511069	1,601032	1,695881	1,795856	1,901207	2,012196
13	1,378511	1,468534	1,563956	1,665074	1,772196	1,885649	2,005774	2,132928
14	1,412974	1,512590	1,618695	1,731676	1,851945	1,979932	2,116091	2,260904
15	1,448298	1,557967	1,675349	1,800944	1,935282	2,078928	2,232476	2,396558
16	1,484506	1,604706	1,733980	1,872981	2,022370	2,182875	2,355263	2,540352
17	1,521618	1,652848	1,794676	1,947900	2,113377	2,292018	2,484802	2,692773
18	1,559659	1,702433	1,857489	2,025817	2,208479	2,406619	2,621466	2,854339
19	1,598650	1,753506	1,922501	2,106849	2,307860	2,526950	2,765647	3,025600
20	1,638616	1,806111	1,989789	2,191123	2,411714	2,653298	2,917757	3,207135
21	1,679582	1,860295	2,059431	2,278768	2,520241	2,785963	3,078234	3,399564
22	1,721571	1,916103	2,131512	2,369919	2,633652	2,925261	3,247537	3,603537
23	1,764611	1,973587	2,206114	2,464716	2,752166	3,071524	3,426152	3,819750
24	1,808726	2,032794	2,283328	2,563304	2,876014	3,225100	3,614590	4,048935
25	1,853944	2,093778	2,363245	2,665836	3,005434	3,386355	3,813392	4,291871
26	1,900293	2,156591	2,445959	2,772470	3,140679	3,555673	4,023129	4,549383
27	1,947800	2,221289	2,531567	2,883369	3,282010	3,733456	4,244401	4,822346
28	1,996495	2,287928	2,620172	2,998703	3,429700	3,920129	4,477843	5,111687
29	2,046407	2,356566	2,711878	3,118651	3,584036	4,116136	4,724124	5,418388
30	2,097568	2,427262	2,806794	3,243398	3,745318	4,321942	4,983951	5,743491
31	2,150007	2,500080	2,905031	3,373133	3,913857	4,538039	5,258069	6,088101
32	2,203757	2,575083	3,006708	3,508059	4,089981	4,764941	5,547262	6,453387
33	2,258851	2,652335	3,111942	3,648381	4,274030	5,003189	5,852362	6,840590
34	2,315322	2,731905	3,220860	3,794316	4,466362	5,253348	6,174242	7,251025

FIN DU PREMIER VOLUME.

COMBEROUSSE (Charles de), Ingénieur, Professeur de Mécanique et Examinateur d'admission à l'École Centrale des Arts et Manufactures. — **Cours de Mathématiques**, à l'usage des candidats à l'École Polytechnique, à l'École Normale supérieure et à l'Ecole Centrale des Arts et Manufactures. 3 vol. in-8, avec figures dans le texte et pl.   3o fr.

Chaque volume se vend séparément, savoir :

Le tome Ier : *Arithmétique, Algèbre élémentaire.* 2e édit.; 1876.   1o fr.

On vend à part : *Arithmétique* ....   4 fr.
                    Algèbre élémentaire ......   6 fr.

Le tome II : *Géométrie plane, Géométrie dans l'espace, Complément de Géométrie, Trigonométrie, Complément d'Algèbre* (avec figures dans le texte) ....   1o fr.

Le tome III : *Géométrie analytique, Géométrie descriptive* (avec Atlas de 53 planches contenant 274 figures) ....   1o fr.

ROUCHÉ (Eugène), Professeur à l'École Centrale, Répétiteur à l'École Polytechnique, etc., et **COMBEROUSSE (Charles de)**, Professeur à l'École Centrale et au Collège Chaptal, etc. — **Traité de Géométrie élémentaire**, conforme aux derniers Programmes officiels, renfermant un très-grand nombre d'Exercices et plusieurs Appendices consacrés à l'Exposition des PRINCIPALES MÉTHODES DE LA GÉOMÉTRIE MODERNE. 3e édition, revue et notablement augmentée. In-8, XXXVI-89o pages, avec 611 figures dans le texte et 1o85 *Questions proposées*; 1873-1874 ....   12 fr.

On vend séparément, savoir :

Ire PARTIE. — *Géométrie plane* .... 5 fr.
IIe PARTIE. — *Géométrie dans l'espace, courbes et surfaces usuelles.* 7 fr.

AVERTISSEMENT. — En se bornant aux parties imprimées en caractères ordinaires, le lecteur aura à sa disposition un Traité entièrement conforme aux derniers *Programmes officiels.* Les Candidats aux Écoles spéciales trouveront dans les parties en petits caractères d'utiles développements. Enfin les *Appendices* qui terminent les différents Livres sont consacrés à l'exposition des *nouvelles Méthodes géométriques.*

Les Auteurs ont indiqué, pour les Élèves studieux, un très-grand nombre d'*Exercices* classés par paragraphes.

ROUCHÉ (Eugène) et DE COMBEROUSSE (Charles). — **Éléments de Géométrie**, entièrement conformes aux programmes. 2e édition, revue et corrigée. In-8; 1873 .... 5 fr.

Ces nouveaux **Éléments de Géométrie** (qu'il ne faut pas confondre avec le *Traité de Géométrie élémentaire* des mêmes Auteurs) sont entièrement conformes aux derniers Programmes officiels. Ils renferment toutes les parties de la Géométrie enseignées successivement dans les établissements d'instruction publique, depuis la classe de troisième jusqu'à celle de Mathématiques spéciales inclusivement, et sont destinés aux élèves appelés à suivre ces différents cours.

SERRET (J.-A.), Membre de l'Institut. — **Traité d'Arithmétique**, à l'usage des candidats au Baccalauréat ès sciences et aux Écoles spéciales. 6e édition, revue et mise en harmonie avec les derniers programmes officiels, par **J.-A. SERRET** et par **Ch. de COMBEROUSSE**, Professeur de Cinématique à l'École Centrale, et de Mathématiques spéciales au Collège Chaptal. In-8; 1875 .... 4 fr. 5o c.

LIBRAIRIE DE GAUTHIER-VILLARS,

QUAI DES AUGUSTINS, 55, A PARIS.

SCHRÖN (L.). — **Tables de logarithmes à 7 décimales**, pour les nombres de 1 jusqu'à 108000 et pour les lignes trigonométriques de 10 secondes en 10 secondes; et **Table d'Interpolation pour le calcul des parties proportionnelles**; précédées d'une *Introduction* par M. J. Hoüel, Professeur à la Faculté des Sciences de Bordeaux. 2 beaux volumes grand in-8° jésus, tirés sur vélin collé. Paris, 1875.

	PRIX :	
	Broché.	Cartonné.
Tables de Logarithmes......................	8 fr.	9 fr. 75 c.
Table d'Interpolation........	2	3 25
Tables de Logarithmes et Table d'Interpolation réunies en un seul volume................	10	11 75

Ces Tables, dont nous publions une édition française, se distinguent de toutes celles qui ont paru jusqu'à ce jour par les soins extrêmes qui ont été apportés à tout ce qui peut en augmenter la précision et en faciliter l'usage. Elles remplissent les conditions suivantes :

1° Éviter toute opération écrite dans les calculs auxiliaires d'interpolation.

2° Atteindre, en même temps, une exactitude supérieure à celle que peuvent donner les autres Tables de même étendue;

3° Permettre au calculateur de varier à son gré les méthodes d'interpolation suivant qu'il recherchera de préférence la précision ou la rapidité dans ses opérations;

4° Offrir, pour les calculs à 6 décimales, des moyens aussi commodes et plus exacts que les Tables ordinaires à 6 figures;

5° Donner aux Tables une disposition qui plaise à l'œil sans le fatiguer;

6° Réduire les erreurs de moitié, dans les calculs logarithmiques, sans augmenter le nombre des chiffres de la Table, en prenant soin de distinguer, par un point ou par un petit trait horizontal placé sous le dernier chiffre, les logarithmes *approchés par excès* des logarithmes *approchés par défaut*.

SERRET (J.-A.), Membre de l'Institut, Professeur au Collège de France. — **Traité de Trigonométrie**. In-8, avec figures dans le texte; 5° édition, revue et augmentée; 1875. (*L'introduction de cet Ouvrage dans les Écoles publiques est autorisée par décision du Ministre de l'Instruction publique et des Cultes en date du 5 août 1862.*)............... 4 fr.

TYNDALL (John), Professeur à l'Institution royale et à l'École royale des Mines de la Grande-Bretagne. — **Le Son**, traduit de l'anglais et augmenté d'un *Appendice* par M. l'Abbé Moigno. Un beau volume in-8, orné de 171 figures dans le texte; 1869........................... 7 fr.

TYNDALL (J.), Professeur de Philosophie naturelle à l'Institution Royale de la Grande-Bretagne. — **La Chaleur**, *Mode de mouvement*. Deuxième édition française, traduite de l'anglais, sur la 4° édition, par M. l'Abbé Moigno. Un beau volume in-18 jésus de xxxii-576 pages, avec 110 figures dans le texte; 1874..................................... 8 fr.

TYNDALL (John). — **La Lumière**; *six Lectures faites en Amérique pendant l'hiver de* 1872-1873; Ouvrage traduit de l'anglais par M. l'Abbé Moigno. In-8, avec portrait de l'auteur et nombreuses figures dans le texte; 1875... 7 fr.

1957   Paris. — Imprimerie de GAUTHIER-VILLARS, quai des Augustins, 55.

www.ingramcontent.com/pod-product-compliance
Lightning Source LLC
Chambersburg PA
CBHW030010220326
41599CB00014B/1763